普通高等教育农业部“十二五”规划教材
高等农林教育“十三五”规划教材

草产品加工与贮藏学

贾玉山　玉　柱　格根图　杨富裕　主　编

中国农业大学出版社
·北京·

内 容 简 介

本书是普通高等教育农业部"十二五"规划教材。全书内容包括绪论、牧草及饲料作物原料收获技术、青贮饲料调制技术、干草加工与贮藏技术、成型草产品加工与贮藏技术、饲草型全混合日粮加工与贮藏技术、草产品精深加工与贮藏技术、农作物秸秆饲料化技术、木本植物资源饲料化技术、青绿多汁饲料资源饲料化技术、低毒牧草资源饲料化技术、食品工业副产品饲料化技术、东北区草产品加工、华北区草产品加工、西北区草产品加工、青藏高原区草产品加工、南方草产品加工。本书注重理论与实践有机结合，在搜集、甄选当前国内外有关草产品加工与贮藏的前沿理论与最新科研成果的基础上，结合生产实践，重点介绍草产品加工与贮藏的科学理论和工艺技术。

本书既可作为高等院校草业科学、动物科学、食品等专业的本科生教材，也可作为草业科学、动物科学、食品加工等领域的研究生和生产技术人员的培训教材与参考书。

图书在版编目（CIP）数据

草产品加工与贮藏学 / 贾玉山等主编. —北京：中国农业大学出版社，2019.2
ISBN 978-7-5655-2185-0

Ⅰ. ① 草…　Ⅱ. ①贾…　Ⅲ. ①牧草 – 饲料加工 – 高等学校 – 教材　②牧草 – 饲料 – 贮藏 – 高等学校 – 教材　Ⅳ. ① S54　② S816.33

中国版本图书馆 CIP 数据核字（2019）第 041710 号

书　名　草产品加工与贮藏学
作　者　贾玉山　玉　柱　格根图　杨富裕　主编

策划编辑　张秀环　　**责任编辑**　田树君
封面设计　郑　川
出版发行　中国农业大学出版社
社　址　北京市海淀区圆明园西路 2 号　　**邮政编码**　100193
电　话　发行部 010-62818525, 8625　　读者服务部 010-62732336
编辑部 010-62732617, 2618　　出　版　部 010-62733440
网　址　http://www.cau.press.cn　　**E-mail** cbsszs@cau.edu.cn
经　销　新华书店
印　刷　涿州市星河印刷有限公司
版　次　2019 年 5 月第 1 版　　2019 年 5 月第 1 次印刷
规　格　787×1 092　16 开本　26.75 印张　650 千字
定　价　78. 00 元

编委会名单

主　编　贾玉山　内蒙古农业大学

玉　柱　中国农业大学

格根图　内蒙古农业大学

杨富裕　中国农业大学

副主编　邵　涛　南京农业大学

刘庭玉　内蒙古民族大学

编　者（排名不分次序）

贾玉山　内蒙古农业大学

格根图　内蒙古农业大学

玉　柱　中国农业大学

杨富裕　中国农业大学

吴　哲　中国农业大学

高文俊　山西农业大学

李秋凤　河北农业大学

邵　涛　南京农业大学

闫艳红　四川农业大学

赵国琦　扬州大学

张桂杰　宁夏大学

刘庭玉　内蒙古民族大学

任秀珍　内蒙古民族大学

侯美玲　内蒙古民族大学
白春生　沈阳农业大学
曲善民　黑龙江八一农垦大学
尚占环　兰州大学
郭旭生　兰州大学
苗彦军　西藏农牧学院
姜义宝　河南农业大学
审　稿　张秀芬　内蒙古农业大学

前　言

在国民经济和社会发展第十二个五年规划期间，我国草产业发展进入了一个新的发展阶段。一方面，国内草产业从业企业和人员规模迅速壮大，产业发展逐渐呈现出规模化、机械化、现代化特色，国家适时出台的鼓励发展草牧业和实施“粮改饲”战略等政策，也为草产业的高速发展注入了强心剂。另一方面，由于我国对美国、加拿大、澳大利亚等国家的苜蓿干草和燕麦干草进口量快速增加，在满足国内养殖业优质饲草需求的同时，对国内草产业带来了较大的冲击，国内草产业面临着较强的竞争压力，迫切需要改变生产经营模式，提高草产品质量。另外，我国幅员辽阔，不同区域自然气候、地形地貌和农业生产特点均存在较大差异。因此，不同区域的饲草资源特点和生产模式也不尽相同。基于上述产业发展和区域饲草生产需求，本书编写组在编写该书时，在章节设置和编著内容方面，较“十二五”之前的同类教材进行了大篇幅的改动，在突出本书技术内容的先进性、新颖性的同时，兼顾其实用性和适用性。希望本书作为教材，在全国不同地区高校草业科学专业本科教学中能够适用；作为技术指导书，全国饲草主产区从业人员都能够找到可借鉴的技术内容和方法。

全书主要分为草产品加工贮藏共性技术和区域性草产品加工技术两部分，共16章内容。其中，共性技术包括：草产品原料收获技术，青贮饲料、植物干草、成型草产品、饲草型全混合日粮等主流草产品加工贮藏技术，农作物秸秆、木本资源、低毒牧草、食品工业副产品等非常规饲草资源开发利用技术以及高附加值草产品和青绿多汁饲料加工利用技术等内容。区域性技术包括：东北地区、华北地区、西北地区、青藏高原地区和南方饲草产区5个区域的饲草生产适用性技术。

全书由来自国内15所高等院校的长期在教学和生产一线的20余名专家学者共同编著。其中，贾玉山、玉柱、格根图、杨富裕任主编，邵涛、刘庭玉任副主编。全书在编写组人员交叉审稿的基础上，由贾玉山、格根图、邵涛进行最终统稿。内蒙古农业大学张秀芬教授总审稿。

在本书编写过程中，内蒙古农业大学国家级重点学科——草业科学，农业部饲草栽培、加工与高效利用重点实验室，草地资源教育部重点实验室，内蒙古自治区草品种育繁工程技术研究中心，教育部“草地资源可持续利用”创新团队，内蒙古自治区草原英才工程“草产品加工利用关键技术研发与产业化示范创新人才团队”和国家“十三五”牧草产业体系干草调制贮藏岗位科学家团队，为本书中的多项研究内容提供了宝贵的资料和资助。

本书中大多数技术内容为本书编写组各位专家学者30多年来主持完成的多项科研项目的结晶。其中，许多新技术内容来源于国家重点研发计划“干草低损耗高品质规模化生产及产品加工技术研究与示范”与“内蒙古河套盐碱地抗盐生态治理和优质草饲生态产业技术研究与集成示范”，国家自然科学基金“苜蓿干燥过程中营养物质对环境因子变化响应机制的研究”（编号 31572461）与“典型草原牧草刈割后干燥机制与营养物质变化相关性研究”（编号 31760710）等科研项目。

编者对部分章节内容进行了多次重大返工和修订，力求将最好的研究成果呈献给读者。尽管如此，由于编者科学研究水平和文字编写水平有限，对有些问题的研究和阐述仍有浅尝辄止之感。希望广大读者对本书中的疏漏和不足之处提出批评和修改意见，以便今后修正、勘误。

编 者

2018.11

目　录

绪　论

【学习目标】

- 掌握草产品加工与贮藏的概念。
- 了解草产品加工与贮藏的发展趋势。
- 掌握牧草饲料的分类方法。

第一节　草产品加工与贮藏的概念与意义

一、草产品加工与贮藏的概念

牧草饲料亦称饲草作物、饲草饲料或饲草，包括牧草和饲料作物。牧草饲料通过一定的加工手段而制成的产品称为草产品。草产品从狭义上讲是指牧草饲料经收获、加工得到的用于饲喂动物的饲草产品。从广义上讲，牧草饲料经收获、加工形成的所有产品，包括饲草产品、食草产品、药草产品及绿草产品等，都可称为草产品。饲草产品是草食家畜优质日粮的重要组成部分，也是多种畜禽配合饲料中蛋白质和维生素的补充原料，具有较高饲用价值。草产品原料来源广泛，包括人工栽培牧草、天然草地牧草、饲料作物、农林副产品、植物性添加剂及其他植物性原材料等。

草产品加工是指牧草饲料（原料）适时收获后，依据原料特性，通过物理、化学或生物学处理，生产出高功能性组分、高转化效率草产品的过程。草产品贮藏是指将草产品贮藏于贮草棚等设施内，通过调控环境条件，以达到安全贮存草产品的目的，使草产品优质性状可长时间保存。

二、草产品加工与贮藏的意义

（一）草牧业健康持续发展的重要环节

牧草饲料通过加工形成的各种草产品，具有一定的形态、形状和规格。从发达国家牧草产业化发展的历程看，在实现牧草饲料商品化的过程中，其加工与贮藏是整个草产业链条的中心环节，是草产品从分散生产走向社会化生产、从农产品转化为商品的重要手段。通过科学的加工与贮藏，可以实现牧草专业化、规模化、社会化生产，契合产业化对生产过程的组织经营要求，助推草产业成为独立的产业。

（二）草畜结合的桥梁与纽带

草产品加工与贮藏是草业与畜牧业有机结合的中间环节。运用科学合理的加工与贮藏方法可以为畜牧业生产提供优质饲草产品，促进畜牧业从粗放型向集约型转变，提高畜牧业生产效率。

我国牧草饲料作物生长常常受制于季节性气候变化。夏秋季节雨热同期，牧草生长迅速、营养物质含量高，牧草供给充足；冬春季节牧草枯萎凋亡，产量低、营养品质差，供应不足，影响家畜生长，甚至威胁家畜生存。草产品加工与贮藏有利于解决时间和空间尺度上草畜不平衡的矛盾，可以为生产优质畜产品提供坚实的物质基础。

（三）适应国内外草产品的市场需求

发展草产品加工是草产业参与国际竞争的必然需求，草产品在国内外均具有广阔的市场。美国、加拿大和澳大利亚是草产品主要出口国，而我国是草产品主要进口国之一。

从国内牧草贸易状况总体来看，我国牧草产品国内市场短缺，草产品进口量也在逐年增加，仍处于净进口状态。目前，我国牧草产业“两区一带”的格局已经形成，草产品生产能力日益提高，但仍无法满足我国巨大的市场需求。发展草产品加工是草产业参与国际竞争的必然需求，草产品在国内外均具有广阔的市场。因此，大力发展我国牧草饲料加工业，提升饲草产品的数量和质量，提高产品的市场竞争力，即可利用地域和产品质量优势占领部分国内外市场。

（四）有利于农业三元种植结构形成，保障国家粮食安全和促进农牧民增收

我国传统农业长期以粮食和经济作物二元结构为主，饲草产业长期处于副业地位。随着人们生活水平的提高，人们的膳食结构发生了很大的改变，对牛羊等草食家畜畜产品的需求逐渐增加，而且对畜产品的品质要求越来越高，也更加重视食品的安全性，这就要求在我国农业结构中加大草食畜牧业所占的比重。因此，必须及时调整和优化农业的产业结构，从“粮—经”二元结构向“粮—经—饲”三元结构转变，通过间、混、套、轮作的方式实现“引草入田”，增加饲草的生产能力，满足草食畜牧业快速发展的需求。草产品加工贮藏的技术可以将“粮改饲”生产的大量牧草饲料作物原料加工成优质的饲草产品，有利于解决“粮改饲”过程中遇到的瓶颈问题。此外，大力发展草牧业，对我国畜牧业以及农业产业结构调整具有重要意义。随着牧草种植面积大幅上升，对农村劳动力的需求不断增加，从而增加农村和牧区就业和创收机会，带动农牧民致富，对建设和谐安定的新牧区（农村）具有积极作用。

三、本课程的性质和任务

草产品加工与贮藏学是以保持和提高牧草饲料的营养价值、减少加工贮藏过程中营养物质的损失为基本原则，重点研究牧草饲料及其他饲料加工与贮藏技术的科学。就学科性质而言，草产品加工贮藏学是草地培育学、牧草及饲料作物栽培学的继续；就其应用而言，草产品加工与贮藏服务于畜牧业，是草业和畜牧业不可缺少的重要环节，是高等农业院校草业科学专业和动物科学专业的一门专业基础课或专业课。

草产品加工与贮藏学的任务是运用动物营养学原理和草产品加工原理、采用现代生物技术和机械装备，结合高新技术对产品进行科学检测，揭示牧草饲料在加工贮藏过程中营

养物质变化的规律和影响因素，研发能有效保持和提高牧草饲料品质的加工工艺和生产工艺，为畜牧业生产提供优质的饲草产品，提高牧草饲料的利用率。

随着现代畜牧业的发展，牧草饲料加工与贮藏的重要性日益突显。通过本课程的学习，可初步掌握牧草饲料收获、加工与贮藏方面的基本理论与先进技术，为促进草业和畜牧业的发展贡献力量。

第二节　草产品加工与贮藏的发展概况

发达国家的饲草商品化、规模化生产是由先进的技术和发达的机械化支撑的。欧美国家在牧草收获、干草调制（干燥、切碎、压扁等）、牧草青贮、牧草深加工、牧草检测和储运等技术研究领域取得了显著成效，研究出多种行之有效的草产品加工技术，并开发了多种类型的饲草配套加工机械，从牧草收获、加工、包装入库等各个环节实现了机械化和自动化。我国在牧草产品加工技术方面，通过引进消化及自行研制也取得了一定的进展，但目前使用比较普遍的收获、打捆等机械设备仍主要依赖进口，如叶蛋白质加工设备、茎叶分离设备、颗粒饲料加工设备等。总体而言，我国牧草加工业仍然存在产量低、能耗高、质量标准不完善等亟待解决的问题。

国外的干草产品主要有草捆、草粉、草颗粒和草块等种类，牧草加工过程中其营养成分损失不超过 5%～8%，产品的营养价值较高。青贮方面，在混合青贮、高水分牧草青贮、生物添加剂青贮以及防止二次发酵等工艺方面的研究取得了显著进展。青贮设备既向大型密闭式的青贮袋和真空室的青贮窖发展，又向作业效率高、移动性强的裹包青贮发展。牧草青贮加工与利用也逐渐走向机械化和自动化。目前，我国饲草产品以草捆、草块、草颗粒等初级产品为主，并在许多地区（甘肃、新疆、内蒙古、辽宁、黑龙江、陕西等）建立了饲草产品加工厂，全国饲草生产加工企业共有 450 多家，总设计生产能力 500 多万 t，但总实际生产加工量仅 100 多万 t。饲草产品品种主要是紫花苜蓿和羊草，其中紫花苜蓿占 90% 以上。饲草产品种类主要是草捆占 77%、草块占 2%、草颗粒占 8%、草粉占 7%，其他草产品占 6%，但由于生产规模较小，加工手段落后等问题，限制了饲草产品生产的进一步发展。而牧草深加工产品还处于科研或少量生产阶段，导致产品种类单一，不能满足不同区域的需求。另外，由于利用率、附加值和科技含量低，缺乏先进生产技术的带动，造成大部分草产品质量较低，因此并不具备国际竞争力。

目前，国外草产品加工业的发展趋势是加强对草产品的精深加工。美国、英国、澳大利亚、俄罗斯等国家十分重视从栽培牧草中提取蛋白质、膳食纤维、叶绿素、不饱和脂肪酸、β- 胡萝卜素等有效物质的技术研究和产品开发，对苜蓿等进行多层次加工和综合利用，以及工业化生产叶蛋白质、纤维素等，并以此为基础，用于饲料业、食品业和医药业中，取得了较高的经济效益。

我国饲草产品加工业的发展在取得辉煌成绩的同时，也暴露出了一些问题。首先，我国牧草产品加工产业仍处于发展阶段，尚不规范，还没有形成规模。其次，我国虽然是仅次于澳大利亚的世界第二草原大国，但草地生产力水平较低。因此，要求我们必须依靠先进的牧草加工技术，建立完善的牧草生产、加工和供应体系，来实现资源优化配置，促进牧草资源的有效利用，保证其均衡供应，提高草地生产力水平。

总体来看，我国饲草产品加工业还很落后。商品用饲草产品缺口大，且生产的饲草产品质量不高，在国际市场上缺乏竞争力。造成这一现象的原因很多，如关键技术落后、机械化程度低、空间布局不合理等。面对种种制约性问题，今后我国草产品加工的发展应该有以下几个主要的趋向：一是加强基础研究，如草产品营养以及利用方式、延长产业链、开发多种产品并进行深加工等，是今后饲草产品发展的必然趋势；二是在加工机械方面，在现有产品研究的基础上，研究水平和产品开发力度需进一步提高，继续跟踪国际先进水平。今后研发重点是苜蓿刈割压扁机具技术、小方捆机关键技术、打结器部件产品、高密度打捆技术与打捆机具设备等；三是进一步完善草产品生产标准，今后草产品加工要在全国统一标准，严格执行，才能不断培育发展国内市场，并逐步抢占国际市场；四是今后我国配合饲料用草和规模化养殖场用草的数量至少在 1 000 万 t，另外，我国 75% 以上地区的牲畜冬季缺草，地区和季节性不平衡也将进一步推动草产品的发展和流通；五是为饲草产品上、下游客户提供对接金融期货服务平台的服务。

一、牧草刈割与田间快速干燥技术

为了加快豆科牧草的干燥技术，已经研发出了茎秆压扁技术。压扁可加快茎秆的干燥速度，使茎秆和叶片的干燥程度趋于同步，可有效地减少叶片损失。为更进一步加快牧草的水分散失速度，还研制出了各种有效干燥剂，主要是使用化学制剂加速豆科牧草的干燥速度。国外应用较多的有碳酸钾、碳酸钾＋长链脂肪酸混合液、长链脂肪酸甲基脂乳化液＋碳酸钾等。

二、草捆加工技术

草捆加工是牧草商品化生产的主导技术，草捆加工主要有田间捡拾行走作业和固定作业两种方式。田间行走作业多用于大面积天然草地及人工草地的干草收获；固定作业常用于分散小块地干草的集中打捆及已收获农作物秸秆和散干草的打捆。草捆的形状主要有方形和圆形两种形状，每种草捆又有不同大小的规格。在各种形状及规格的草捆中，以小方捆的生产最为广泛。通常，牧草含水量在 17%～22% 时开始打捆，也可在含水量较高（22%～25%）的条件下捡拾打捆。在超过安全水分的条件下打捆时，可采用喷洒装置在草条上喷洒防霉剂，以保证高水分干草草捆能安全贮藏。将牧草作为商品草来生产时，在第一次捡拾打捆的基础上用高密度打捆机二次加压，使草捆密度进一步增加，不仅节省贮藏空间，而且减少运输成本。

三、干草粉加工技术

近年来，牧草粉碎技术发展较快，在传统的饲草粉碎和铡切的工艺基础上，形成了揉碎和揉切的新工艺。揉碎工艺是在揉搓机构的作用下揉切成丝状，茎节被完全破坏；而揉切是综合铡切和揉碎两种方式的一种切碎工艺，兼有两者的优点。这些工艺的研发不仅改进了牧草粉碎效率，也大大改善了牧草产品营养成分的利用率。

四、牧草成型加工技术

成型饲料具有与空气接触面积小、物料密度大和可生产全价复合料等优点，该技术在美国发展较快，此外还研制开发了田间草块加工联合机。例如 WBSCS168 型移动式草块机，由美国奥润贝尔公司生产，是一种新型移动式、适合小型规模加工的小草块加工设备。该公司除了研制各种类别和型号的成型饲料加工设备机械之外，还开发了不同种类牧草制粒、制块技术，不同畜禽专用颗粒配方以及茎叶分离后茎秆草颗粒和叶片草颗粒技术等。

五、青贮加工技术

饲草青贮加工技术的正式研究始于 19 世纪后半叶，并且在畜牧业发达国家中占有重要位置。国外青贮技术主要包括抑制牧草有氧不稳定技术、生物青贮添加剂开发技术、豆科牧草青贮技术。此外，通过采用凋萎、半干和青贮添加剂或通过更先进的机械加工和贮藏设备等措施，改进青贮技术，改善加工工艺，从而使青贮调制真正成为牧草饲料加工与贮藏的主要方法。为了抑制青贮过程中不良微生物的生长和繁殖，在实践中常常采用凋萎青贮法和半干青贮法，以调制出品质和适口性更好的青贮饲料。由于气候原因，有些地区的多雨季节，牧草刈割后很难顺利进行晾晒工作，难以保证青贮饲料优良的品质和稳定性。为此，除传统的各种酸类添加剂外，还不断研制开发出了新的乳酸菌和纤维素酶等生物添加剂，显著提高了青贮发酵品质和营养价值。青贮工艺的改善，提高了青贮作业效率，大大节省了劳动力成本，新开发的灌装式青贮袋青贮工艺、拉伸膜裹包青贮工艺、联合拉伸膜裹包青贮工艺、切碎打捆裹包青贮工艺、高效率裹包青贮工艺等在牧草加工过程中发挥着越来越重要的作用。

六、草产品深加工技术

叶蛋白质饲料又称绿色蛋白质浓缩物，是以新鲜牧草或青绿植物的茎叶为原料，经压榨后，从其汁液中提取出高质量的浓缩蛋白质饲料。以青绿饲草为原料生产叶蛋白质饲料有着广阔的发展前景。自 20 世纪 90 年代以来，叶蛋白质研究的范围从单纯的叶蛋白质制品向高档叶蛋白质精制品、食品、医药保健产品及精细化工产品等方向发展，呈全方位、多层次综合研究开发的特点。

普通膳食纤维若作为无能量的填充剂，生理功能十分有限。通过高技术处理可以强化膳食纤维在促进人体健康方面的功能。目前正在研究开发将多种牧草膳食纤维添加于饮料、面点、糖果、汤料、膨化食品和保健食品中，一般添加量为 3%～30%。

此外，具有药用价值的草本植物是中药的主要部分和中医治疗疾病的重要物质基础，是制药等工业的重要原料。中草药是草产品的重要组成部分，是人类社会生存和发展不可缺少的自然资源之一。油脂植物广泛存在于植物界，就食用而言，植物油脂远远优于动物油脂，许多植物都含有不饱和脂肪酸和甘油酯成分，可预防和治疗心血管病；在工业方面，植物油脂是油漆和涂料的主要原料之一，在人们日常生活中不可或缺。

七、饲草产品质量监测技术

随着饲草产业的快速发展，饲草的安全检测和质量监控也越来越受到重视。目前已研制出了草产品快速检测设备，开展了收获、加工、贮藏和运输过程中的营养成分的全程检验，建立了优质牧草产品生产的标准化体系。

第三节 牧草饲料的分类

发达国家在实现牧草饲料的商品化过程中，草产品加工是整个畜牧业产业链条的重要环节，也是牧草饲料从分散生产走向社会化生产，从农产品转变为商品的重要步骤。草产品根据终端产品的形式和特点可以分为不同的类别。因草业是为畜牧业服务的，所以也需遵循畜牧业饲料的分类方法。常用的牧草饲料分类方法主要有习惯性分类法、国际饲料分类法和国内饲料分类法。

一、牧草饲料分类

1. 干草

广义上的干草包括所有可饲用的干制植物性原料，基本上涵盖了哈里斯国际饲料分类体系中的第一类饲料——粗饲料，即所有干物质中粗纤维含量大于等于 18%，以风干状态存在的饲料和原料。如干制的牧草、饲料作物和农作物秸秆、藤、蔓、秧、秕壳以及可饲用的灌木、树叶等。而狭义的干草是特指牧草或饲料作物在质量兼优时期刈割，并经过一定的干燥方法制成的粗饲料，制备良好的干草仍保持青绿色，故也称为青干草。

2. 青贮饲料

青贮饲料是指在青贮容器中的厌氧条件下经过发酵处理的饲料产品。新鲜的或萎蔫的或者是半干的青绿饲料（牧草、饲料作物、多汁饲料及其他新鲜饲料），在密闭条件下利用青贮原料表面上附着的乳酸菌的发酵作用，或者在外来添加剂的作用下促进或抑制微生物发酵，使青贮原料 pH 下降而保存的饲料叫青贮饲料，这一过程称为青贮。

3. 草粉

草粉是以牧草为主要原料，经人工快速高温干燥、粉碎工艺而生产的草产品。草粉主要作为畜禽的维生素、蛋白质和钙磷补充料，是畜禽配合饲料中的重要原料。

4. 成型草产品

成型草产品是指将干草粉、草段、秸秆、秕壳等原料或粉状的配合饲料、混合饲料加工成颗粒状、块状、饼状及片状等固型化的饲草料。

5. 饲草型全混日粮

饲草型全混合日粮是指以牧草为原料，将精饲料、矿物质、维生素和其他添加剂用特制的搅拌机进行科学的混合，供畜群自由采食，能提供足够营养以满足畜体需要的日粮。

6. 叶蛋白质饲料

叶蛋白质饲料又称绿色蛋白质浓缩物，是以新鲜牧草或青绿植物的茎叶为原料，经压榨后，从其汁液中提取出高质量的浓缩蛋白质饲料。

7. 植物性添加剂

植物性添加剂是指以植物为原料，从中提取特殊物质，具有促进家畜生长、增强免疫、改善畜产品风味的添加剂。

二、习惯性分类法

1. 按原料分类

主要分为动物性饲料、植物性饲料、矿物质饲料、维生素饲料等。

2. 按形态分类

主要分为固态饲料（包括颗粒状、块状、粉状饲料）和液态饲料两种。

3. 按提供的营养成分分类

分为精饲料、粗饲料、蛋白质补充料等。

4. 按饲养动物分类

分为牛饲料、羊饲料、猪饲料、鸡饲料、鱼虾饲料及特种动物饲料等。

三、国际饲料分类法

国际饲料分类目前尚未统一，但应用最广泛的是美国学者哈里斯（L. E. Harris）1963年提出的分类系统。

（一）国际饲料分类

1. 粗饲料（分类编码：1-00-000）

干物质（dry matter，DM）中粗纤维含量（crude fiber，CF）大于等于18%，以风干物为饲喂形式的饲料，如干草、干秸秆。

2. 青绿饲料（分类编码：2-00-000）

天然水分含量在60%以上的新鲜饲草及以放牧形式饲喂的人工栽培牧草和天然牧草。

3. 青贮饲料（分类编码：3-00-000）

以新鲜的植物性饲料为原料，以青贮方式调制成的饲料。

4. 能量饲料（分类编码：4-00-000）

干物质中粗纤维（CF）含量小于18%，同时粗蛋白质（crude protein，CP）含量小于20%的一类饲料，如玉米籽实、糠麸类。

5. 蛋白质补充饲料（分类编码：5-00-000）

干物质中粗纤维（CF）含量小于18%，同时粗蛋白质（CP）含量大于或等于20%的一类饲料，如豆饼、胡麻饼、鱼粉。

6. 矿物质饲料（分类编码：6-00-000）

可供饲用的天然矿物质及化工合成的无机盐，如硫酸亚铁、碘化钾等。

7. 维生素饲料（分类编码：7-00-000）

人工合成或提纯的单一维生素或复合维生素，但不包含富含维生素的天然青绿饲料在内。

8. 饲料添加剂（分类编码：8-00-000）

出于保证或改善饲料品质，防止其质量下降；促进动物生长繁殖，保障动物健康的目的，向饲料中加入的少量或微量的物质。但不包括合成氨基酸、矿物质和维生素。

（二）国际饲料分类编码模式

1. 编码模式

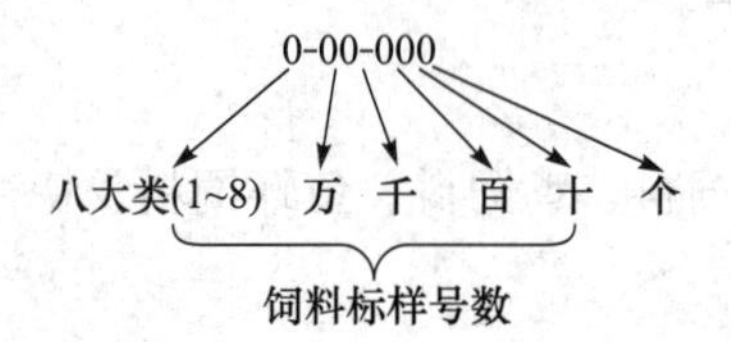

2. 编码方式的饲料标样容量

8 类 ×99 999 位 =799 992 种

例如：苜蓿干草的编码为 1-00-092，表示其属于粗饲料，位于饲料标样总号数的第 92 位。玉米籽实的编码为 4-02-879，表示其属于能量饲料，位于饲料标样总号数的第 2 879 位。

四、国内饲料分类法

我国饲料分类法采用传统分类与国际分类相结合的方法，1987 年由农业部正式批准，在国际标准八大类基础上拓展为 16 个亚类。

（一）国内饲料分类

1. 青绿饲料类

CFN：2-01-0000　天然水分含量高于 45% 的新鲜牧草、野菜、藤蔓、秸秧及未完全成熟的谷物植株。

2. 树叶类

CFN：2-02-0000　刚摘下的树叶，饲用时水分含量高于 45%。属于青绿饲料。

CFN：1-02-0000　风干后的乔木、灌木、半灌木树叶。此时，干物质含量不低于 18%，属粗饲料。

3. 青贮饲料类

CFN：3-03-0000　常规青贮饲料，水分含量 65%～75%。

CFN：3-03-0000　低水分青贮（半干青贮）饲料，水分含量 45%～55%。

CFN：4-03-0000　欧美盛行的湿贮饲料，水分含量 28%～35%。

4. 块根、块茎、瓜果类

马铃薯、番薯、胡萝卜、饲用甜菜、落果、瓜皮等。

CFN：2-04-0000　鲜喂，水分含量高于45%，属青绿饲料。

CFN：4-02-0000　干喂，属能量饲料。

5. 干草类

CFN：1-05-0000　干物质中粗纤维含量不低于18%，属粗饲料，如老茎干。

CFN：4-05-0000　干物质中粗纤维含量小于18%，粗蛋白质含量小于20%，属能量饲料，如优质禾草。

CFN：5-05-0000　干物质中粗纤维含量小于18%，粗蛋白质含量大于等于20%，属蛋白质饲料，如优质豆科草粉。

6. 农副产品类

农作物的藤、蔓、秸、秧、荚、壳等。

CFN：1-06-0000　干物质中粗纤维含量不低于18%，属粗饲料，如秕壳。

CFN：4-06-0000　干物质中粗纤维含量小于18%，粗蛋白质含量小于20%，属能量饲料，如禾本科作物。

CFN：5-06-0000　干物质中粗纤维含量小于18%，粗蛋白质含量不低于20%，属蛋白质饲料，如豆科作物。

7. 谷实类

CFN：4-07-0000　干物质中粗纤维含量小于18%，粗蛋白质含量小于20%，如玉米、高粱、稻谷。

8. 糠麸类

CFN：4-08-0000　干物质中粗纤维含量小于18%，粗蛋白质含量小于20%，如小麦麸皮、米糠。

CFN：1-08-0000　干物质中粗纤维含量大于18%。如米糠中掺入稻壳。

9. 豆类

CFN：5-09-0000　干物质中粗纤维含量小于18%，粗蛋白质含量不低于20%，如大多数豆科饲料。

CFN：4-08-0000　干物质中粗纤维含量小于18%，粗蛋白质含量小于20%，如江西爬豆。

10. 饼粕类

CFN：1-10-0000　干物质中粗纤维含量不低于18%，属粗饲料，如葵花及棉籽饼。

CFN：4-10-0000　干物质中粗纤维含量小于18%，粗蛋白质含量小于20%，属能量饲料，如玉米胚饼。

CFN：5-10-0000　干物质中粗纤维含量小于18%，粗蛋白质含量不低于20%，属蛋白质饲料，如豆饼。

11. 糟渣类

CFN：1-11-0000　干物质中粗纤维含量不低于18%，属粗饲料，如干渣。

CFN：4-11-0000　干物质中粗纤维含量小于18%，粗蛋白质含量小于20%，属能量饲料，如醋糟、酒糟。

CFN：5-11-0000　干物质中粗纤维含量小于18%，粗蛋白质含量不低于20%，属蛋白质饲料，如豆腐渣。

12. 草籽树实类

CFN：1-12-0000　干物质中粗纤维含量不低于18%，属粗饲料，如果皮等比重较大的籽实。

CFN：4-12-0000　干物质中粗纤维含量小于18%，粗蛋白质含量小于20%，属能量饲料，如沙枣、稗草籽。

CFN：5-12-0000　干物质中粗纤维含量小于18%，粗蛋白质含量不低于20%，属蛋白质饲料，如橡树籽。

13. 动物性饲料类

CFN：1-12-0000　干物质中粗纤维含量不低于18%，属粗饲料，如骨粉、贝壳粉。

CFN：4-13-0000　干物质中粗纤维含量小于18%，粗蛋白质含量小于20%，属能量饲料，如油脂。

CFN：5-13-0000　干物质中粗纤维含量小于18%，粗蛋白质含量不低于20%，属蛋白质饲料，如鱼粉、血粉。

14. 矿物质饲料类

CFN：6-14-0000　石灰石粉、沸石粉，但不包括骨粉。

15. 维生素料类

CFN：7-15-0000　维生素A、维生素B、维生素C、维生素D、维生素E等。

16. 添加剂及其他

CFN：8-16-0000

（二）中国饲料分类编码模式

1. 编码模式

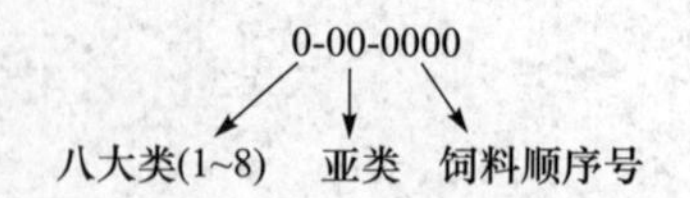

2. 国内饲料分类的优点

（1）饲料标样容量增大：8类×16亚类×9 999位=1 279 872种。

（2）增加2、3层次编码，在划分上更加清楚。

（3）用户可以根据分类原则判断饲料性质，又可根据亚类检索出饲料资源出处。

思考题

1. 简述草产品加工与贮藏的含义。
2. 谈谈草产品加工与贮藏的重要意义。
3. 结合国内外草产品加工与贮藏的现状，谈谈我国牧草饲料加工业的发展方向。

参考文献

[1] 张秀芬. 饲草饲料加工与贮藏. 北京：农业出版社，1992.
[2] 董宽虎，沈益新. 饲草生产学. 北京：中国农业出版社，2003.
[3] 玉柱，贾玉山. 牧草饲料加工与贮藏. 北京：中国农业出版社，2010.
[4] 黄建辉，薛建国，郑延海，等. 现代草产品加工原理与技术发展. 科学通报，2016，61（02）：213-223.

第一章　牧草及饲料作物原料收获技术

【学习目标】

- 了解牧草及饲料作物适时收获的意义。
- 掌握牧草适时收获的原理和适时收获期。
- 掌握饲料作物的适时收获的原理和适时收获期。
- 了解牧草及饲料作物的机械化收获。
- 牧草及饲料作物原料适时收获的注意事项。

第一节　牧草及饲料作物适时收获的意义

牧草及饲料作物的适时收获是指在饲草饲料生产过程中，在牧草及饲料作物质量和产量兼优时期进行及时刈割贮藏的生产环节。适时收获是饲草饲料生产的关键措施之一。它不仅关系到饲草饲料本身的产量及质量，还间接影响采食饲草饲料畜禽的畜产品数量和品质以及利用后的草地生产力的维持和提高。

一、适时收获是生产优质饲草饲料的基本前提

在实际生产中，调制加工优质饲草饲料时，不论是天然打草场的牧草，还是人工栽培牧草及饲料作物，都必须在其营养物质产量最高时期进行刈割，即首先要保证原料的品质。然后再通过后续的加工调制技术生产优质的饲草饲料。否则，无论采取何种加工方法与先进技术，都不可能用品质较差的原料生产出优质的饲草饲料。这是生产优质饲草饲料的基本前提。例如，适时收获的玉米秸秆经过厌氧发酵可调制成优质的青贮饲料，可成为冬春季节草食家畜优良的青绿多汁饲料；黄枯以后的玉米秸秆不再具备青绿多汁的特性，无论是采用氨化还是微贮发酵技术调制加工，最终也只能作为家畜果腹的粗饲料。

二、适时收获是提高单位面积土地生产能力的有效途径

通过实施牧草及饲料作物适时收获技术，可以对再生性强的牧草和饲料作物进行多次刈割利用。经多次刈割收获的饲草饲料，无论在产量还是质量上均显著高于一次性收获方式。例如，张秀芬等（1998）以沙打旺为对象进行的研究表明，采用两次刈割技术收获沙打旺，单位面积鲜草产量和干草产量分别为 21 335 kg/hm^2 和 7 695 kg/hm^2，较传统的一次刈割技术鲜、干草产量分别提高了 29.25% 和 11.47%；两次刈割沙打旺牧草干物质中粗蛋白质含量较一次性刈割提高了 3.6%，胡萝卜素含量提高了 59.7 mg/kg。因此，适时收获可

以改变一年一次性收获牧草及饲料作物的传统习惯，实施一年多次收获，提高土地利用效率。

三、适时收获可以显著提高饲草饲料的饲料报酬

据恩斯明格（1980）报道，无论是豆科和禾本科或者是混播牧草，在始花期每推迟刈割一天，牧草的消化率和采食量均会下降0.5%及以上，总营养价值下降1%及以上。因此必须根据不同牧草及饲料作物的产量及营养物质含量，适时刈割，使之既不影响牧草的生长发育，又能获得高产优质的饲草饲料。适时收割的牧草，由于干物质产量和可消化营养物质含量高，牲畜采食后产生的畜产品量也相应较高（表1-1）。

表1-1　红三叶和猫尾草混播草地在不同刈割期的干草产量及畜产品量

收割期	干草产量/（kg/hm²）	干草中可消化蛋白质/（kg/hm²）	畜产品/（kg/hm²）	
			牛乳	肉
始花期	3 550	185	5 243	291
盛花期	4 440	86	4 324	216
结荚期	4 350	60	1 435	73

注：引自贾慎修等（1980）。

四、适时刈割是维持草地生产力和维护草地健康的有效途径

草地资源是一种可更新的资源，但是在特定的时间和空间范围内它又是一种有限的资源。无论是天然草地还是人工草地，如果利用不得当均会导致草地退化。过度频繁和过晚的刈割对人工草地生产能力和健康水平都会产生很大的负面作用。而应用适时刈割技术，可以科学地规划草地刈割频次和刈割时间，不仅可以获得质优量多的饲草饲料，还不会对草地健康造成任何负担。何玮等（2006）通过对牛鞭草和白三叶混播草地实施不同频次刈割试验研究后得出：刈割次数过多，虽然可以提前牧草的利用期，但此时草地各种牧草的地下和地上部分生长量都较小，生长势还比较弱，积累的营养物质较少，在整个生产期间，草地产量和质量呈现出下降趋势，而适当的刈割次数，虽然在一定程度上推迟了牧草的利用期，但是各种牧草生长势较旺，不仅地上部分产草量较高，地下部分的生物量也增大，积累的营养物质较多，为下茬草再生长奠定了良好的基础，因此使草地表现出良好的生产性能。

第二节　饲草原料收获的原理

借鉴国内外有关草产品原料适时收获技术研究成果，结合我们多年来的实践研究经验，适时收获草产品原料需要遵循下列原理。

一、以单位面积内可收获的总消化养分（TDN）最高为基本标准

依据牧草和饲料作物生育期内地上部分产量增长和营养物质积累的动态规律可知，牧

草产量和营养物质积累量并不同步。一般情况下，牧草及饲料作物随着生育期的推移，营养物质含量在牧草和饲料作物开花前后达到最高，之后随着营养物质向生殖器官的转移和营养体内纤维性物质含量的增加，牧草和饲料作物植株内的可消化营养物质含量逐渐下降；地上生物量在生长初期增长缓慢，从分蘖或拔节期开始进入快速生长时期，至结实期停止生长。因此，早期收获虽然使原料中营养物质含量较高，但是由于可收获原料量过低，单位面积内收获的总消化养分量（产量和可消化总养分含量的乘积）低；相反，刈割过晚，虽然收获的原料量高，但是由于原料中可消化养分含量过低，单位面积内收获的总消化养分量并不高。综合考虑，单位面积上的原料产量和营养物质含量，以其乘积——单位面积内收获的总消化养分量最高时期收获最为理想。

二、有利于牧草的再生

牧草和饲料作物刈割后的再生主要靠刈割刺激分蘖节、根茎或叶脉处休眠芽的生长来实现，未受损伤的茎叶继续生长也起作用（程积民等，1998）。研究表明牧草被刈割后的再生能力取决于牧草的生物学特性，不同的牧草再生能力不同。如贝加尔针茅的再生能力较强，因为它属于下繁禾本科牧草，刈割后生长点不易受损伤，且残留的叶片较多，故恢复生长较快。麻花头的根茎内贮藏养分较多，刈割后能及时供给植株生长所需养分，因此再生能力也较强。另外，刈割时残留在残茬上的叶片面积的大小、叶片的生长阶段以及所残留的叶片占整个植株的叶片比例等都影响再生，再生速度随着剩余叶片的叶面积指数的增加而增加。赵萌莉等（2000）的研究表明，在不刈割的情况下，牧草在生长季内贮藏养分含量变化呈“V”字形，但植物的贮藏养分含量对于刈割反应十分敏感，一个生长季内，若连续多次刈割，会导致贮藏养分（主要是可溶性碳水化合物）含量的下降。不合理的刈割技术对牧草的再生能力也会产生一定的负面影响。如刈割对于新麦草草地影响的研究表明：近地面刈割能增加分蘖发生数，但 3 次以上连续刈割将造成分蘖数的显著下降，使植株生物量下降，甚至造成植物死亡。因此，牧草和饲料作物的收获要充分考虑多次刈割对贮藏性营养物质含量的影响，保证刈割后贮藏性营养物质含量能够满足再生需求。

三、有利于多年生或二年生牧草及饲料作物的安全越冬

多年生或二年生牧草根系营养物质的积累，直接影响到牧草的越冬成活率和翌年牧草的返青生长。如果牧草刈割太晚，根系发育不良，养分积累太少，对越冬不利，甚至在翌年会出现大面积的死亡，牧草最后一次刈割应在当地平均霜降期来临前 1 个月左右进行，使在上冻前能恢复一定生长高度。杨恒山等（2004）在内蒙古东部的西辽河平原进行的紫花苜蓿多次刈割试验表明：在该地区紫花苜蓿刈割 4 茬以上，根系营养物质用于再生生长消耗较多，致使紫花苜蓿根小且根中总糖含量显著偏低，直接影响到紫花苜蓿的安全越冬和来年的再生生长。

四、天然草地以草群中优势种的最适刈割方式为准

天然草地草群中植物种类多，不同植物的适宜收获时期和技术不一致。因此，为把损失减少到最小，保证收获草产品原料品质和产量，我们以草群中优势种的最佳刈割时期和

刈割技术为主，适当考虑草群中其他牧草的刈割时期，确定最适刈割收获方式。

五、根据不同的利用目的，确定适时刈割期

在生产中除了要遵循上述收获原理外，还可根据具体的生产需求确定适时的牧草刈割时期。如以生产高蛋白质和高维生素的苜蓿草粉为目的时，应在孕蕾期进行刈割，虽然产量略低一些，但草粉品质提高，经济效益好；若在开花期刈割，虽草粉产量较高，但草粉质量下降，经济效益相对低。

第三节　常用饲草及饲料作物的适时收获技术

一、牧草的收获期

（一）豆科牧草的适时收获

豆科牧草富含蛋白质（占干物质的16%～22%）、维生素和矿物质，而不同生育期的营养成分变化比禾本科牧草更为明显。例如，开花期刈割比孕蕾期刈割粗蛋白质含量减少33%～50%，胡萝卜素减少50%～80%。不同生育期紫花苜蓿所含营养成分如表1-2和表1-3所示。

表1-2　不同生育期苜蓿营养成分的变化　%

生育期	干物质	占干物质				
		粗蛋白质	粗脂肪	粗纤维	无氮浸出物	粗灰分
营养生长	18.0	26.1	4.5	17.2	42.2	10.0
花前	19.9	22.1	3.5	23.6	41.2	9.6
初花	22.5	20.5	3.1	25.8	41.3	9.3
盛花	25.3	18.2	3.6	28.5	41.5	8.2
花后	29.3	12.3	2.4	40.6	37.2	7.5

注：引自张秀芬（1992）。

表1-3　紫花苜蓿不同生长阶段胡萝卜素含量的变化　mg/100 g

生长阶段	春季再生	现蕾前	现蕾期	开花期	种子成熟
胡萝卜素含量	17.5～29.3	16.4	13.0	10.7	3.5

豆科牧草生长发育过程中所含必需氨基酸从孕蕾始期到盛花期几乎无变化，而后逐渐降低，衰老后，赖氨酸、蛋氨酸和色氨酸等减少33%～50%。

豆科牧草叶片中的蛋白质含量较茎为多，占整个植株蛋白质含量的60%～80%（表1-4），因此，叶片的含量直接影响到豆科牧草的营养价值。豆科牧草的茎叶比随生育期而变化，在现蕾期叶片质量要比茎秆质量大，而至终花期则相反（表1-5）。因此收获越晚，

叶片的损失越多，品质就越差，从而避免叶片损失也成了晒制干草过程中需要注意的首要问题。

表 1-4 几种豆科牧草茎叶中的粗蛋白质含量 %

牧草种类	叶	茎
苜蓿	24.0	10.6
红三叶	19.3	8.1
杂三叶	20.7	9.5

注：引自贾慎修等（1982）。

表 1-5 不同生育期紫花苜蓿茎叶质量分数 %

生育期	叶	茎
现蕾期	57.3	42.7
开花期	56.6	43.4
50% 开花	53.2	46.8
终花期	33.7	66.3

注：引自贾慎修等（1982）。

早春收割幼嫩的豆科牧草对其生长是有害的，会大幅度降低当年的产草量，并降低来年苜蓿的返青率。这是由于其根中碳水化合物含量低，同时根部在越冬过程中受损伤且不能得到很好的恢复所造成的。北方地区豆科牧草最后一次的刈割需在早霜来临前 1 个月进行，以保证越冬前其根部能积累足够的养分，保证安全越冬和来年返青。

综上所述，从豆科牧草产量、营养价值和有利于再生等情况综合考虑，豆科牧草的最适收割期应为现蕾盛期至始花期。

（二）禾本科牧草的适时收获

禾本科牧草在拔节至抽穗期，叶多茎少，纤维含量较低，质地柔软，蛋白质含量较高；但到后期茎叶比显著增大，蛋白质含量减少，纤维素和半纤维素含量增加，消化率降低。

对多年生禾本科牧草而言，总的趋势是粗蛋白质、粗灰分的含量在抽穗前期较高，开花期开始下降，成熟期最低；而粗纤维的含量，从抽穗至成熟期逐渐增加（表 1-6）。从产草量上看，一般产量高峰出现在抽穗期至开花期，也就是说禾本科牧草在开花期内产量最高，而在孕穗至抽穗期饲用价值最高（表 1-7）。

表 1-6 羊草的化学成分含量动态（占风干重百分比） %

生育期	粗蛋白质	纤维素	无氮浸出物
拔节期	26.24	26.01	23.25
抽穗期	15.42	32.29	30.60
开花期	14.39	35.36	36.68

续表 1-6

生育期	粗蛋白质	纤维素	无氮浸出物
结实期	7.42	41.33	40.74

表 1-7　羊草的营养物质总收获量　g

生育期	抽穗期	开花期	结实期
产草量	284	581	750
粗蛋白质总收获量	44.1	83.6	55.7
粗纤维总收获量	92.6	205.4	310

根据多年生禾本科牧草的营养动态，同时兼顾产量、再生性以及下一年的生产力等因素，大多数多年生禾本科牧草在用于调制干草或青贮时，应在抽穗至开花期刈割。而秋季应在停止生长前 30 d 刈割。当然在实际生产中，根据牧草种类的不同还有一些细微的差异，应该区别对待。几种常用禾本科牧草的适时刈割期见表 1-8。

表 1-8　几种禾本科牧草的适时刈割期

种类	适宜刈割期	备注	种类	适宜刈割期	备注
羊草	开花期	花期一般在 6 月末到 7 月底	黑麦草	抽穗—初花期	花期一般在 6 月末到 7 月底
老芒麦	抽穗期		鸭茅	抽穗—初花期	
无芒雀麦	孕穗—抽穗期		芦苇	孕穗期	
披碱草	孕穗—抽穗期		针茅	抽穗期—开花期	芒针形成以前
冰草	抽穗—初花期				

注：引自张秀芬（1992）。

（三）常见豆科牧草的适时收获技术

1. 苜蓿

大量的研究表明，孕蕾期至初花期是苜蓿总可消化物质含量、蛋白质及微量元素较多的时期，能保证苜蓿草产品的质量及产量。在晾晒过程中不损失叶片的情况下，一般苜蓿草干草中的粗蛋白质含量可达 18%～20%、粗脂肪含量为 2.4% 左右、粗纤维含量为 36% 左右、无氮浸出物为 35% 左右、粗灰分为 9% 左右。另外，大面积的苜蓿草收获，很难保证全部在初花期收完，一般可掌握在现蕾期开始收获（50% 的植株出现花蕾即现蕾期），经历初花期到 15% 的植株开花时收割完毕。

刈割期：孕蕾期至初花期（10% 的植株开花）是最佳的刈割时期。

刈割频度：每年可刈割 3～4 次，不同地区有不同的次数，应以当地最佳刈割次数为宜。

刈割留茬高度：冬前最后一次刈割的留茬高度 8 cm 以上，利于苜蓿的越冬和翌年生长。

2. 沙打旺

（1）沙打旺适时收获技术。沙打旺生育后期老化粗硬，叶片较其他豆科牧草更易脱落；且植株体内硝基脂肪酸含量随生育期的推迟而持续增加。

刈割期：现蕾期到开花初期，第一次刈割，必须保证有 30～40 d 的再生期，第二次在霜冻枯死前刈割。返青后 100～110 d，株高 50 cm 时刈割。

刈割频度：种植当年割一次，2 年以后每年割 2 次。

刈割留茬高度：割后留茬 5～8 cm。

（2）沙打旺收获试验研究。为提高沙打旺的产量和质量，我们对沙打旺进行了刈割次数与刈割期筛选试验。试验组分别在 6 月 10 日、20 日、30 日进行第一次刈割，在 8 月 10 日、20 日、30 日进行第二次刈割试验，对照组在秋季（9 月中下旬）进行一次刈割。每次刈割均重复做 10 个样方，以平均干草产量为指标进行比较。将每次刈割的沙打旺打成不同直径的小捆进行立式干燥，以叶片脱落率为指标，在不同直径小捆及常规晾晒方法之间进行比较。

将两次刈割和一次性刈割沙打旺产量比较结果示于表 1-9。

表 1-9　不同刈割次数沙打旺产草量对比

项目	两次刈割			一次性刈割	产量变化 /%	变化幅度 /%
	第一次	第二次	合计			
刈割时间	6 月 10～20 日	8 月 10～20 日		9 月 25 日		
株高 /cm	55～77	35～40		56～80		
鲜草产量 /（kg/hm^2）	15 668	5 667	21 335	16 506	+321.9	+29.3
干草产量 /（kg/hm^2）	5 592	2 114	7 700	6 903	+53.1	+11.3

从表 1-9 可知，两次刈割技术可以使沙打旺鲜草产量、干草产量比一年一次刈割分别提高 29.3% 和 11.3%。因此，可以认为改进刈割技术（刈割次数和刈割期）是提高沙打旺产量的重要措施之一。对两次刈割的沙打旺草粉进行粗蛋白质、胡萝卜素、粗纤维等营养成分分析结果见表 1-10。

表 1-10　不同刈割次数沙打旺草粉营养成分对比

项目	粗蛋白质 /%	粗纤维 /%	胡萝卜素 /（mg/kg）
两次刈割	14.8	29.7	97.8
一次刈割	11.2	34.8	38.1
变化幅度	+3.6	+5.1	+59.7

由表 1-10 可知，一次性刈割的时间为 9 月末，此时沙打旺木质化程度高、茎秆粗硬，造成粗蛋白质、胡萝卜素含量急剧下降，而粗纤维含量迅速增加，总体营养价值降低。而两次刈割技术具有提高沙打旺草粉营养价值的作用，与一次性刈割相比，粗蛋白质含量提

高3.6%，粗纤维含量降低5.1%，胡萝卜素含量提高59.7 mg/kg。

沙打旺应采取两次刈割技术，其干草粉产量、营养价值高；第一次刈割在6月10～20日，第二次刈割在8月10～20日进行；立式打捆干燥是保存沙打旺叶片、提高沙打旺草粉质量的一种切实可行的技术。

3. 草木樨

草木樨现蕾期后香豆素含量迅速增加。香豆素在霉菌的作用下，可转变为双香豆素，抑制家畜肝脏中凝血原的合成，延长凝血时间，致使家畜出血过多而死亡。

刈割期：现蕾期，最好在初花期和孕蕾期刈割。

刈割频度：东北当年春播的可刈割2～3次，南方地区当年春播的可刈割3次，秋播的刈割后产量很高，但刈割后生长能力很差。

刈割留茬高度：做饲草用第一年应在7月刈割，霜后还能再刈割一次，若天旱只能在霜前刈割一次，留茬高度在9～12 cm；第二年应在初花期刈割，留茬高度在6～9 cm。

4. 红三叶草

红三叶苗期生长缓慢，过早刈割对其生长和营养物质积累均不利。

刈割期：调制干草在开花期刈割为宜，调制青贮在开花后期刈割为宜，青刈饲用应在开花前期刈割。

刈割频度：一般在早春播种的当年刈割至少2～3次，秋播的当年和翌年共刈割3～5次。在北方可刈割3次，在南方可刈割4～5次。

刈割留茬高度：留茬高度以4～6 cm为宜。

5. 红豆草

红豆草孕蕾期粗蛋白质含量15.27%，粗纤维32.01%，无氮浸出物46.23%。从干物质消化率来看，红豆草高于苜蓿，在开花至结荚期一直保持在75%以上，进入成熟期之后消化率降至65%以下。

刈割期：青饲宜在现蕾到始花期刈割，晒制干草可在盛花期刈割 。

刈割频度：可割2～3次。

刈割留茬高度：留茬3～5 cm。

（四）天然草地牧草的适时收获

在我国北方草原牧区，收贮天然草地牧草依然是畜牧业生产中饲草贮藏的主要方式和途径。科学合理地收贮天然牧草不仅可以提高收贮饲草的产量和品质，而且对维护天然草地的生态安全也起到积极的推动作用。天然草地牧草收获的基本原理是，以草群中的优势种适时收获期为基准收获期。在长期的研究中，我们总结了一部分草原的优势种和伴生种植物的刈割收获情况。

1. 针茅

针茅是优良牧草，开花前各种家畜均喜食，尤其是春季。但果实成熟时对家畜有一定的危害，特别是绵羊，具锋利基盘的颖果不仅易刺伤其口腔黏膜和腹下皮肤，而且芒针混入羊毛时也影响毛的品质，所以果实成熟期的大针茅草地质量显著降低，有经验的牧民常在此期间移场放牧，以避免危害。颖果脱落后，适口性又有所提高。大针茅植株冬季残留性颇好，是分布区内家畜最基本的放牧地。

刈割期：开花前。

刈割频度：年刈割 1～2 次。

刈割留茬高度：6～8 cm。

2. 羊草

羊草的主要特征是营养枝比例大，抽穗期粗蛋白质含量 24.14%，粗纤维 28.76%，无氮浸出物 34.60%。该时期刈割调制的干草颜色浓绿，气味芳香，是饲喂各种牲畜的上等青干草。羊草再生能力强，耐牲畜践踏，春季返青早，生长期长，叶量丰富，质地柔软，为各种家畜喜食，营养价值高。夏秋能抓膘催肥，适合放牧利用。

刈割期：抽穗期。

刈割频度：年刈割 1 次。

刈割留茬高度：6～8 cm。

3. 披碱草

披碱草抽穗期粗蛋白质含量 11.65%，粗纤维 39.08%，无氮浸出物 42.0%。调制好的披碱草干草，颜色鲜绿，气味芳香，适口性好，马、牛、羊均喜食。披碱草干草制成的草粉亦可喂猪。青刈披碱草可直接饲喂家畜或调制成青贮饲料喂饲。披碱草再生性差，一年可刈割 1～2 次，再生草可用来放牧，果后营养期长，一直可利用到秋末。

刈割期：抽穗期。

刈割频度：年刈割 1～2 次。

刈割留茬高度：6～8 cm。

4. 老芒麦

老芒麦的叶量大，营养枝条较多，播种当年叶量占总量的 50% 左右，种植第二年以后，抽穗期叶量一般占 40%～50%，茎秆占 35%～47%，花序占 6%～15%。老芒麦草质柔软，适口性好，各类家畜均喜食。老芒麦适宜刈割期为抽穗期，这时营养物质最丰富，产草量也较高，一般干草产量为 4 500～7 500 kg/hm^2，高产可达 10 500 kg/hm^2 以上，适宜的利用年限为 4～5 年。抽穗期粗蛋白质含量 13.90%，粗纤维 26.95%，无氮浸出物 38.84%。牧草返青早，枯黄迟，绿草期较一般牧草长 30 d 左右，从而提早和延迟了青草期，对各类牲畜的饲养都有一定的经济效果。

刈割期：抽穗期。

刈割频度：年刈割 1～2 次。

刈割留茬高度：6～8 cm。

5. 冰草

冰草在抽穗前，质地柔软，营养价值较高，适口性好，各种家畜均喜食。抽穗期，粗蛋白质含量 19.03%，粗纤维 35.97%，无氮浸出物 35.42%。既能用作青饲，也能晒制干草、制作青贮饲料或放牧。延迟收割，茎叶变得粗硬，适口性和营养成分均降低，饲用价值下降。秋季家畜喜食再生草，冬季牧草枯黄时牛和羊也喜食。

刈割期：抽穗至开花期。

刈割频度：年刈割 1～2 次。

刈割留茬高度：6～8 cm。

6. 无芒雀麦

无芒雀麦返青早，枯黄晚，绿色期长，再生性好，适宜放牧或刈割用。无芒雀麦叶片宽厚，质地柔软，品质优良。抽穗期，粗蛋白质含量 16.0%、粗脂肪含量 6.3%、粗纤维含量 30.0%、无氮浸出物含量 44.2%。无芒雀麦根系发达，固土力强，覆盖良好，是优良的水土保持植物。其可消化蛋白质的含量随着生长而呈下降趋势，但总可消化干物质呈现增加趋势。产量的高峰在抽穗期，粗蛋白质含量在此时也达最高。无芒雀麦可以调制干草，也可放牧利用。

刈割期：抽穗期。

刈割频度：年刈割 2 次。

刈割留茬高度：6～8 cm。

7. 拂子茅

拂子茅在夏末和秋季草质变粗糙，各种家畜对其的喜食性降低或放牧时基本不采食。同样，在开花前调制的干草，营养较丰富，各种家畜均喜食。结实后草质变硬，营养显著下降。

刈割期：开花期。

刈割频度：年刈割 2 次。

刈割留茬高度：4～6 cm。

8. 羊茅

羊茅叶量丰富，茎秆细软，适口性好，抽穗前各种家畜均喜食，羊、马最喜食。抽穗前后，适口性下降。冬季保存性好，春秋及冬季是最佳放牧利用时期。耐牧性强，耐践踏和牲畜啃食，再生草可放牧利用，其营养价值高。

刈割期：抽穗期。

刈割频度：年刈割 1～2 次。

刈割留茬高度：4～6 cm。

9. 芨芨草

芨芨草的茎叶粗糙，韧性较大，家畜采食困难。开花以前粗蛋白质和胡萝卜素含量较丰富，拔节至开花以后逐渐降低，而粗纤维含量增加，适口性下降。在拔节期间，芨芨草粗蛋白质的品质较好，必需氨基酸含量高，大约与紫花苜蓿的干草不相上下。芨芨草作为放牧利用时，霜冻后的茎叶各种家畜均可采食。因其生长高大，为冬、春季牲畜避风卧息的草丛地，当冬季矮草被雪覆盖，家畜缺少可饲牧草的情况下，芨芨草便是主要饲草。因此，牧民习惯以芨芨草多的地方作为冬营地或冬、春营地。大面积的芨芨草草滩为较好的割草地，割后再生草亦可放牧家畜。

刈割期：抽穗期、开花前期进行刈割。

刈割频度：年刈割 1 次。

刈割留茬高度：12～14 cm。

10. 芦苇

芦苇抽穗前的嫩茎、叶为各种家畜所喜食，抽穗后植株体内纤维素和木质素成分迅速增加，适口性下降。目前芦苇草地大多数都作为放牧地利用，少部分用作割草地。

刈割期：抽穗期。

刈割频度：年刈割 2～3 次。

刈割留茬高度：8～10 cm。

（五）其他牧草的适时收获

1. 聚合草

聚合草栽种的第一年，在南方一般可刈割 2～4 次，在东北和西北只能刈割 2～3 次。生长第二年以后，每年 4—5 月株高 50 cm 左右刈割第 1 次，以后每隔 35～40 d 刈割 1 次；南方一年可收 4～6 次，北方一年可收 3～4 次。

收获时留茬高度不超过 5 cm 为好，这样留茬高度发芽出叶多，可提高产量。最后一次刈割时间应在停止生长前的 25～30 d，以便留有足够的再生期，保证根系贮存足够的营养，形成良好的越冬芽，以利于安全越冬。

2. 串叶松香草

串叶松香草收草利用时适宜的刈割期为孕穗至初花期。孕蕾期茎叶比为 0.74∶1，每 4 kg 鲜草可晒制 1 kg 干草。种子成熟极不一致，且成熟后易脱落，成熟一批采摘一批，采收种子时，因茎枝较脆应轻放，以免折断茎枝，降低种子产量。我国南方采收种子易受雨水和台风危害，头茬刈割收草，再生草采收种子，以降低株高，避开雨季和台风季节。

3. 苦荬菜

苦荬菜在株高 40～50 cm 时即可首次刈割，留茬 15～20 cm，隔 5～6 周后即可进行第二次刈割，到秋末最后一次刈割时可齐地刈割，采种植株一般不宜刈割，但在温带地区可在刈割后利用再生株采种。因其种子极易落粒，故应分期分批采收。

4. 木地肤

木地肤是高蛋白质优质饲用植物。其青草和干草的适口性均好，是牛、马、骆驼、羊等喜食的植物。木地肤在播种当年不宜放牧，可刈割少量干草，留茬不能低于 8 cm，第二年秋天可刈割晒制干草，3 年后可用于春、秋、冬季放牧。夏季绵羊主要采食叶、细枝和花序。据新疆伊犁地区的试验，第三年达到成株时，鲜草产量可达 3 750～7 500 kg/hm^2，种子产量 225～300 kg/hm^2；内蒙古正镶黄旗试验测试，鲜草产量 4 320 kg/hm^2。

5. 一年生禾本科牧草及青刈谷类作物的适宜刈割期

一般根据当年的营养动态和产草量两个因素来确定。几种常见的一年生禾本科牧草及青刈谷类作物的适宜刈割期见表 1-11。

表 1-11　几种一年生禾草及谷类作物的刈割期

种类	适时刈割期	备注
扁穗雀麦	孕蕾—抽穗期	第一次刈割可适当提前
青刈燕麦	乳熟—蜡熟期	
青刈谷子	孕蕾—开花期	
青刈大麦	孕穗期	

注：引自张秀芬（1992）。

二、饲料作物的适时收获

（一）青贮饲料作物的适时收获

饲料作物营养价值的下降会影响采食量，因此，刈割晚易引起可消化营养物质采食量的损失。在结实期干物质采食量只保持早期刈割的 75%，而其 TDN 下降为早期的 46%。

根据青贮品质、营养价值、采食量和产量等综合因素的影响，禾本科作物的最适宜刈割期为抽穗期（大概出苗或返青后 50～60 d），而豆科作物开花初期最好。专用青贮玉米（即带穗整株玉米），多在蜡熟期收获，并要选择在当地条件下初霜期来临前能达到蜡熟期的早熟品种。兼用玉米（即籽粒做粮食或精饲料，秸秆做青贮饲料的玉米），目前多选用籽粒成熟时茎秆和叶片大部分呈绿色的杂交品种，在蜡熟末期及时收果穗后，抢收茎秆做青贮。青贮高粱则在乳熟后期刈割。

表 1-12　几种饲料作物调制青贮的适宜收获期

青饲料种类	适宜收割期	收割时含水量 /%	青饲料种类	适宜收割期	收割时含水量 /%
杂交苏丹草	约 90 cm 高	80	燕麦	乳熟期	78
带穗玉米	蜡熟期	65～70	大麦	始穗至蜡熟前期	70～82
整株高粱	蜡熟初期至中期	70	黑麦	始穗至蜡熟前期	75～80

注：引自顾洪如（2002）。

（二）草料兼收饲料作物的适时收获

饲料作物在生长过程中，各个时期的营养物质含量不同，因此，确定适宜的收获期很重要，对于草料兼收的作物更为重要。

草料兼收的作物在考虑产量和品质时，也有所侧重。对于像玉米、高粱、燕麦和大麦等禾谷类籽实饲料作物，其籽实是重要的精饲料，是单胃家畜、家禽的基本饲料成分。此类饲料含大量的碳水化合物，淀粉占 70% 左右，粗蛋白质 6%～10%，粗纤维、粗脂肪、粗灰分各占 3% 左右，所含矿物质中磷较多，钙较少。以收获籽实为目的，一般在籽粒蜡熟末期或完熟期时收获。对于豆类籽实，如大豆（包括黄豆、黑豆、秣食豆）、豌豆、蚕豆及野豌豆等，此类饲料粗蛋白质含量一般在22%以上，如大豆为33%～45%，是畜禽优良的蛋白质补充饲料，一般其收获期在籽实的完熟期。

（三）青刈饲料作物的适时收获

青饲（刈）作物指利用农田栽培的农作物或饲料作物，在其结实前或结实期收割作为青饲料利用的饲料。常见的有青刈玉米、青刈燕麦、青刈大麦、大豆苗、豌豆苗、蚕豆苗等。

一般青刈作物用于直接饲喂家畜或青贮。青刈饲料柔嫩多汁，适口性好，营养价值比收获籽实后剩余的秸秆高，尤其是青刈禾谷类作物其无氮浸出物含量高，用作青贮效果好。此外，青刈燕麦和青刈大麦也常用来调制青干草。

幼嫩期青刈的高粱和苏丹草中含有氰苷配糖体，家畜采食后会在体内转变为氢氰酸而中毒。为了防止中毒，宜在抽穗期刈割，也可调制成干草或青贮饲料，使毒性减弱或消失。

1. 青饲玉米

玉米是我国的主要粮食作物之一，栽培面积和总产量仅次于水稻和小麦，居于第三位。由于玉米植株高大、生长迅速、含糖量高、产量高，所以作为家畜的青饲料具有重要意义。

青刈玉米的产量和品质与收获期有很大关系。适时刈割的玉米才能达到最高营养价值。青刈玉米柔嫩多汁，口味良好，新鲜饲喂，适于作牛、猪的青饲料。制成干草供冬春饲喂，营养丰富，无氮浸出物含量高，易消化。据报道，鲜玉米植株中粗蛋白质和粗纤维的消化率各为65%和67%，而粗脂肪和无氮浸出物的消化率则分别高达72%和73%。

2. 青饲高粱

高粱植株和玉米一样是优质青饲料。它茎叶青绿，尤其是甜茎种，是猪、牛、马、羊的好饲料。鲜喂、青贮或调制干草均可。但应注意的是，高粱新鲜茎叶中含氢氰配糖体，可在酶的作用产生氢氰酸而起毒害作用。过于幼嫩的茎叶不能直接利用，多量采食易引起中毒。调制青贮饲料或晒制干草后毒性消失。

（四）块根、块茎类饲料作物的适时收获

块根、块茎类饲料作物是指甘薯、胡萝卜、马铃薯等以地下部块根、块茎等营养器官为饲料的饲料作物。这类作物无固定的收获期，但收获期可由外界温度条件确定，通常在早霜前收获。下面以饲用甘薯、胡萝卜为例简单介绍块根的收获过程。

1. 饲用甘薯的收获

饲用甘薯的收获，要兼顾藤叶产量和薯块产量。如果收获合理，则薯块的产量不会显著减少，还可获得大量新鲜的藤叶。一般在草层高度为45 cm时进行第一次收割。在华南和华东地区，甘薯可割藤3～5次，而在华北一带则只割2～3次。在高温多雨季节，每30 d可割1次；在干旱季节，每45 d割1次；温度下降或干旱季节，刈割的间隔日数延长，甚至长达72 d。到下霜以前，可以最后一次齐地刈割。甘薯块根是无性营养体，没有明显的成熟期，只要气候条件适宜，就能继续生长。在适宜的生长条件下，生长期越长，产量

越高。甘薯收获过早，会缩短薯块膨大的时间，使其产量降低；收获过迟，因气温已下降到甘薯生长温度的低限，对提高产量作用不大，而且常常因低温冷害的影响，造成薯块品质下降，不耐贮藏。最好在地温 18℃时开始收获。另外，在此范围内还要注意先收春薯，后收夏薯；先收留种薯，后收食用薯。甘薯收获是一项技术性很强的工作，关系到贮藏工作的成败。因此，从收获开始至入窖结束，应始终做到轻刨、轻装、轻运、轻放，尽量减少搬运次数，严防破皮受伤，避免传染病害。

2. 胡萝卜的收获

胡萝卜肉质根的形成，主要在生长后期。越成熟，肉质根颜色越深，营养价值越高，所以胡萝卜宜在肉质根充分肥大时收获。7—8 月播种的晚熟品种，12 月可以收获，产量可达 30～60 t/hm^2。北方寒冷地区应在霜冻来临前收获，以防受冻，不耐贮藏。每公顷肉质根产量为 37.5 t 左右，叶产量为 15 t。一般采用窖贮。上冻前选向阳避风，排水良好的地方挖窖。窖深、宽各 2～3 m，长度视贮量而定。入窖前晾晒 1 d，选无碰伤、无腐烂的肉质根，削去茎叶，层层摆好，摆至土壤结冻线以下为止。窖里的相对湿度控制在 85%～95%，每隔 30～50 d 倒一次窖，及时剔除烂根。

第四节　饲草原料机械化收获技术

一、牧草收获机械

在茎叶繁茂、生物量最大、单位面积营养物质产量最高时收获青草，可用镰刀等人工割草工具，但为了减少损失，短期收获，提高效率，以便于饲喂和调制，在地面平整、草地面积大时，常采用机械收获法。机械收获时，既有普通的割草机，也有直接在田间进行刈割和粉碎的牧草联合收获机。

（一）割草机

割草机按切割原理，可分为往复切割器式（称往复式）（图 1-1）和旋转切割器式（称旋转式）两种。按动力配套方式不同，又分为牵引式、悬挂式、半悬挂式和自走式（图 1-2）以及割草压扁铺条机。

图 1-1　92GHB-2.1（1.8）型割草机

图 1-2　牧神 9GTZ-3.6 型自走式全液压割草压扁机

1. 往复式割草机

往复式割草机适用于收割天然草地牧草和种植牧草。它割茬低而均匀，铺放整齐，功率消耗小，价格便宜，使用调整方便。但要求草场平坦，障碍物少，在切割高产或湿润牧草时，易发生堵刀。

2. 旋转式割草机

旋转式割草机采用水平或垂直切割器。水平旋转式割草机包括圆盘式和转镰式两种；垂直式割草机包括卧式滚筒式割草机和甩刀式割草机。

3. 割草压扁铺条机

牧草干燥时间的长短，实际上取决于茎秆干燥时间的长短。如豆科牧草及一些杂类草，当叶片含水率降到15%～20%时，茎的水分仍为35%～40%，所以加快茎秆的干燥速度，就能加快牧草的整个干燥过程。

牧草压扁机功能就是能将牧草茎秆压裂，破坏茎的角质层以及维管束，并使之暴露于空气中，茎内水分散失的速度就可大大加快，基本能与叶片的干燥速度一致。这样既缩短了干燥期，又使牧草各部分干燥均匀。

（1）牧草压扁技术要求有如下几点。

① 配套性要求。为了加速干燥由割草机割倒并形成条铺的牧草，近年来，通常将割草机与不同形式的压扁机配套使用，满足现代化的干草生产要求，实现将牧草地收割、茎秆压扁和铺成草垄等作业由机器连续一次完成。

② 压扁性能要求。目前，国内外常用的茎秆压扁机有两种，即圆筒形压扁机和波齿形压扁机。圆筒型压扁机装有捡拾装置，压扁机将草茎纵向压裂；而波齿形压扁机有一定间隔将草茎压裂。一般认为，圆筒形压扁机压裂的牧草，干燥速度较快，但在挤压过程中往往会造成新鲜汁液的外溢，破坏茎叶形状，因此，要合理调整圆筒间的压力，以减少损失。根据现代农业的要求，割下的牧草必须有40%以上应在压辊间通过，失落的草叶和断茎秆的损失，以干物质质量分数表示，不得超过压扁牧草总重量的2%。

（2）牧草压扁机械主要有如下几类。按与动力的连接形式可分牵引式压扁机和自走式压扁机。按切割形式可分往复切割器和旋转切割器形式。割草压扁机辊的材料有橡胶和钢两种。现有的割草压扁机中压辊有两种组合方式，一种是一个光棍和一个槽辊相配合，其作用以压扁为主，成为压扁辊，其中槽辊常由橡胶制；成为碾折辊，由橡胶或钢制，碾折作用较强，适于高秆丰产牧草，当使用钢制碾折辊时，辊棱必须修圆，以免切断牧草茎叶。

压扁机的工作部件由两个水平的、彼此做相反方向转动挤压辊组成。新鲜牧草从这两个压辊间通过。有弹簧压在一根压辊的轴上，使压辊之间产生压力。当割下的牧草以比较均匀的薄层在压辊间通过时，压扁机压辊的工作效率就高。

（二）青饲料收获机

青饲料收获机在田间将青饲料收割、切碎并吹送到拖车上，运回饲养场，现喂或青贮。青饲料收获机按切碎饲料方式可分为直接切碎式和收割切碎式两种。甩刀式青饲料收获机属直接切碎式，它将直立的青饲料直接切成碎段；有多种收割台的通用型青饲料收获属于收割切碎式。甩刀式青饲料收获机用同一部件进行收割切碎和抛送，因此其结构简单。但它只能用来收获青绿牧草、青绿燕麦及甜菜叶等饲料作物，不适于青（黄）玉米等高秆作物。

二、饲用玉米收获机械

饲用玉米，是指专门用于畜牧业饲料的玉米品种，包括粒用饲料玉米和青贮饲料玉米。粒用饲料玉米主要有优质高蛋白质玉米和高油玉米，青贮玉米包括青贮专用型和粮饲兼用型玉米两种。粒用玉米和青贮玉米对应的收获机械不同。

（一）粒用玉米收获机械

国外的玉米收获机械主要有两种类型：一种是以美国和德国等为代表的、大功率联合收割机配套用的玉米摘穗台（我国称其为玉米割台）；另一种以苏联生产的 KCKY-6 型为代表的玉米联合收割机。美国的玉米摘穗台与联合收割机配套使用，可一次完成玉米摘穗、脱粒和秸秆还田作业。其主要特点是在田间可直接收割玉米籽粒，然后运输到农户。KCKY-6 型自走式玉米收割机能够一次完成玉米摘穗、剥皮和秸秆还田（或青贮作业），其配套动力为 147 kW，适用于大面积作业，生产率为 1.33～2 hm^2/h。

（二）青贮玉米收获机械

青贮玉米收获机械，既有配套中耕作物割台的通用型青饲料收获机（图 1-3），也有专用的青贮玉米收获机（9ZQY-0.6 型）（图 1-4）。

图 1-3　4Q-185 青饲料收获机

图 1-4　4YZ-3 型自走式玉米收获机

1. 配套中耕作物割台的通用型青饲料收获机

一般割幅可为 2 行，大型者可达 3～4 行。割台由切割器和夹持机构组成。工作时，青玉米由切割器割下后，由夹持机构送到主机。机身的主要工作部件是喂入装置和切碎装置。机身和割台组合，可将喂入的各种青饲料和青贮饲料切成碎段，然后抛送入挂在机身后的拖车内。在机身上除上述部件外，还有机架、行走轮、传动部分等。自走式收获机上还装有发动机和操纵部分。

青玉米首先由切割器割断，同时被夹持机构夹住并向中央集中和向上提升，但由于夹持机构上方有一槽梁挡住，故最后玉米秆成为根部向右而平卧，再被喂入装置压紧和卷入，由切碎器切成碎段后抛向拖车。

2. 9ZQY-0.6 型青贮玉米收获机

该机是新疆农业科学院农业机械化研究所根据我国当前农牧业生产规模、农牧区经济、技术条件、配套动力及维修使用条件等实际情况，在引进国外样机，经过试验分析、消化、吸收的基础上研制的一种小型悬挂式新机具。它具有结构简单、切碎质量好、投资少和使用维修方便等特点，主要用于收获青（黄）贮玉米。

作业时，机器前进旋转的剪刀将玉米茎秆割断，两喂入辊相对旋转夹持茎秆送到切碎室，被高速回转的刀盘破茎切碎，并由抛送叶片抛起经抛料筒输送到抛车内。

该机与 40 kW 拖拉机右铡悬挂，三点连接，机组行驶速度 5 km/h。生产率 0.2 hm^2/h 以上。切碎长度小于 25 mm 的切段占 75%～80%，破茎率大于 90%，适应玉米行距为 45 cm 以上，割茬高度不大于 15 cm，收割损失率小于 3%，机重 500 kg。

三、块根块茎类饲料作物收获机械

块根块茎类饲料作物的收获机械是收割、采摘或挖掘块根块茎类饲料作物的食用部分，并附带装运、清理、分级和包装等作业的机械。

（一）块根块茎类饲料作物收获机械的类型

块根块茎类饲料作物收获机械是指收获马铃薯、胡萝卜等的机械，有挖掘式和联合作业式两种类型。

1. 挖掘式收获机械

挖掘式收获机能完成切顶和挖掘作业，并将收获物铺放成条。

2. 联合作业式收获机械

联合作业式收获机械有两种类型：一种是夹住茎叶把收获物从土壤中拔出，然后分离茎叶和土壤；另一种是先切去茎叶，然后将收获物从土壤中挖出，并清除土壤和杂草。

图 1-5 马铃薯收获机

（二）块根块茎类饲料作物收获机械

块根块茎类饲料作物收获机械较多，这里列举马铃薯和胡萝卜收获机械。

1. 马铃薯收获机

一般马铃薯收获机（图 1-5）只用于马铃薯的收获，少数机型也可用于挖收甘薯、胡萝卜等。20 世纪初，出现了能将泥土与薯块分离的升运链式马铃薯收获机和抛掷轮式马铃薯挖掘机，50 年代后发展了能一次完成挖掘、分离土块和茎叶及装箱或装车作业的马铃薯联合收获机。

2. 胡萝卜收获机

用机械收获胡萝卜等有两种方法：一种是将块根和茎叶从土壤内拔出，然后分离茎叶和土壤，按这种原理工作的机械被称为拔取式收获机（图 1-6）；另一种是在块根从土壤内被拔出之前，先切去茎叶，然后再把块根从土壤内挖出，并清除土壤和其他杂物，按这种方法工作的机械被称为挖掘式收获机。

图 1-6　4HBZ-1 型自走式胡萝卜联合收获机

第五节　牧草及饲料作物原料适时收获的注意事项

1. 通过适时收获技术，实施多次刈割收获，并不等于无节制地频繁刈割

为了保证草地长期高产稳产，必须要严格控制牧草的刈割次数。就紫花苜蓿而言，北京地区一年可刈割 4～5 次，而在东北、内蒙古一般只能刈割 2～3 次，在华北南部，如河南南部、苏北等淮河流域可刈割 5～6 次。另外，最后一次刈割应在冬至停止生长前 2～4 周时进行；多数禾本科牧草第一茬草适宜在抽穗期收获，以后 30～40 d 可刈割一次，在华北中南部地区一年可刈割 4～5 次，东北地区一年可刈割 2～3 次。

2. 不同种类牧草的再生生长点不一致，要根据牧草的种类选择适宜的留茬高度

不同牧草刈割时要求留茬高度不同，豆科牧草中从根茎萌发新枝条的紫花苜蓿一般留茬高度为 4～5 cm。禾本科牧草中的上繁草，如无芒雀麦、黑麦草、猫尾草和冰草等一般留茬高度为 6～8 cm，而一些从茎枝腋芽上萌发新枝的百脉根、柱花草等要求留茬高度为 20～50 cm，以利于其恢复和再生。

3. 制定牧草的刈割期要因种而异，不能生搬硬套

4. 适时收获技术要同科学的种植管理技术和饲草调制技术相结合

生产中如果采用适时刈割期多次刈割利用技术，则每年的 6—8 月需要进行一次或多次牧草收获工作。

思 考 题

1. 牧草及饲料作物适时收获的意义是什么?
2. 确定牧草及饲料作物适时收获期的原则有哪些?
3. 大多数豆科和禾本科牧草的适时收获期分别在生长期的哪个阶段比较合适?
4. 简述饲料作物的适宜收获期。
5. 牧草收获中涉及的机械有哪些?

参 考 文 献

[1] 张秀芬. 饲草饲料加工与贮藏. 北京：农业出版社，1992.
[2] 董宽虎，沈益新. 饲草生产学. 北京：中国农业出版社，2003.
[3] 陈宝书. 牧草饲料作物栽培学. 北京：中国农业出版社，2001.
[4] 徐柱. 中国牧草手册. 北京：化学工业出版社，2004.
[5] 李宝筏. 农业机械学. 北京：中国农业出版社，2003.
[6] 贾玉山，张秀芬，格根图，等. 不同刈割技术对沙打旺草粉质量的影响. 内蒙古草业，1998，2：33-35.
[7] 何玮，张新全，杨春华，等. 刈割次数、施肥量及混播比例对牛鞭草和白三叶混播草地牧草品质的影响. 草业科学，2006，23（4）：39-42.
[8] 杨恒山，曹敏建，郑庆福，等，刈割次数对紫花苜蓿草产量、品质及根的影响. 作物杂志，2004，2：33-35.
[9] 农业部农业机械化管理司主编. 牧草生产与秸秆饲用加工机械化技术. 北京：中国科学技术出版社，2005.

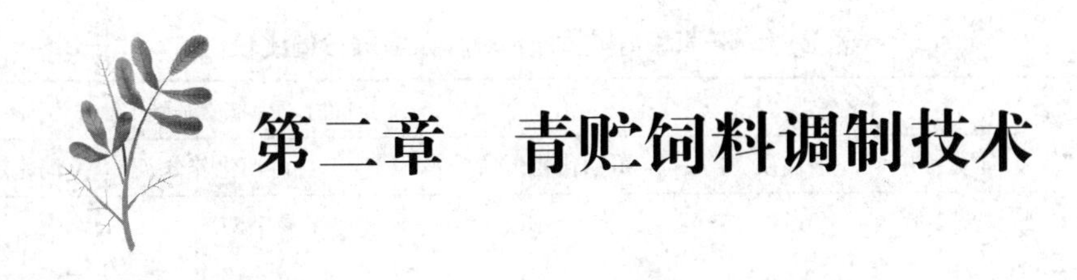

第二章　青贮饲料调制技术

【学习目标】

- 了解青贮饲料调制的意义。
- 熟悉青贮发酵的过程。
- 掌握青贮饲料调制技术。
- 熟悉改善青贮饲料常用的添加剂。

第一节　青贮饲料调制意义

一、青贮概念

青贮饲料是指在青贮容器中厌氧条件下发酵处理得到的饲料产品。将新鲜的或萎蔫的或半干的青绿饲料（牧草、饲料作物、多汁饲料及其他新鲜饲料）在密闭条件下利用青贮原料表面上附着的乳酸菌或者外来添加剂的作用下，抑制不良微生物生长，促进乳酸菌发酵，使青贮原料 pH 下降而保存得到的饲料叫青贮饲料，这一过程称为青贮。乳酸菌是青贮发酵过程中主要的有益微生物，在厌氧条件下它占主导地位，大量繁殖并产生乳酸，而不良微生物的生长繁殖受到抑制，因此青贮原料的营养价值保存下来。青绿饲料经过发酵后调制出的青贮饲料，能保持原料的青绿多汁特性，质地柔软，营养丰富，并有特殊的酸香气味，具有适口性好、采食量高和消化率高等优点。

二、青贮饲料调制的意义

（一）有效保存青绿饲料营养物质

青绿饲料可以调制加工成干草、青贮饲料或成型饲料。青绿饲草饲料在密封厌氧条件下保存，物质的氧化分解作用微弱，可减少营养物质的损失。与青贮原料相比，优良的青贮饲料碳水化合物总量变化不大，可溶性碳水化合物大部分转化为乳酸，蛋白质损耗少，胡萝卜素可保持在 90% 以上，营养价值仅降低 3%～10%（表 2-1）。而青绿饲料晒制干草的过程中，由于植物细胞的呼吸作用、枝叶脱落及机械作用等原因，营养价值损失 30%～50%。例如，将玉米秸分别制成青贮饲料和风干玉米秸后，青贮饲料中粗蛋白质和粗脂肪含量分别是风干玉米秸的 2 倍和 5 倍左右，并且粗纤维和无氮浸出物含量较低。

表 2-1 干草和青贮饲料消化率及营养价值比较

饲草种类	消化率		营养价值（干物质基础）		
	能量 /%	粗蛋白质 /%	可消化粗蛋白质 /%	总可消化养分 /%	消化能 /（MJ/kg）
自然干草	58.2	66.0	10.1	57.3	10.71
人工干草	57.9	65.4	10.1	59.4	10.63
干草饼	53.1	58.6	9.1	53.3	9.75
青贮饲料	59.0	69.3	11.3	60.5	11.59

注：引自玉柱和贾玉山（2010）。

（二）适口性好，利用率高

青贮饲料含水量较高，鲜嫩多汁。在青贮过程中，微生物发酵产生大量乳酸和部分乙酸，气味酸甜清香，家畜乐于采食。有些植物如菊芋、蒿类和向日葵等茎叶经过青贮，原料的特殊气味消失，适口性增加。粗糙干硬的原料，经过青贮调制过程中切短、水分调制、微生物发酵等方法处理后，可提高家畜的采食率。

青贮饲料的能量、蛋白质、粗纤维消化率均高于同类干草，并且青贮饲料干物质中的可消化粗蛋白质（DCP）、总可消化养分（TDN）和消化能（DE）含量也较高（表 2-1）。青贮原料的能量以及营养物质在青贮过程中能够得到很好的保存，制成的青贮饲料具有较高的消化率和利用率（表 2-2 和表 2-3）。青贮过程中机械处理使青贮原料表面积增加，增加了消化液与饲料的接触面积，降低动物采食活动消耗的能量，从而提高了饲料利用率，经济效益明显提高。例如在青贮玉米的收获过程中，有效破碎玉米籽粒可以增加玉米籽粒的利用率。

表 2-2 日粮中使用干草或青贮饲料对阉牛生长率的影响

	干草①（5.6 t DM/hm^2）			青贮饲料①②（5.0 t DM/hm^2）		
日粮中精饲料（%，活体重）③	0.5	1.0	1.5	0.5	1.0	1.5
干物质采食量 /（kg/d）						
饲草料	4.36	3.86	2.82	4.99	4.26	3.58
精饲料	1.39	2.90	4.47	1.45	2.94	4.39
合计	5.75	6.76	7.29	6.44	7.20	7.97
活体重增加④						
kg/d	0.33	0.63	0.88	0.81	1.09	1.20
kg/ 每吨饲料 DM	57	93	121	126	151	151

注：① 青贮饲料和干草由一年生黑麦草和地三叶调制。

② 青贮饲料中用酶添加剂处理和未处理，酶添加剂对牲畜生产无影响。

③ 精饲料由 67% 的大麦、30% 的羽扇豆和 3% 的矿物质组成。

④ 混合日粮的活体重增加。

引自 Jacobs 和 Zorilla-Rios (1994)。

表 2-3　苜蓿青贮饲料和干草饲喂奶牛的牛奶产量　kg/d

研究	储存方法	日粮中的精饲料 /%	收获时所处的成熟阶段			
			现蕾初期	现蕾中期	初花期	盛花期
1	干草	45	26.6		25.5	25.5
	青贮饲料	45	27.2		27.0	27.7
2	干草	40		30.7	32.1	
	青贮饲料	40		33.6	33.4	
3	干草	40	35.0		36.0	
	青贮饲料	40	38.1		37.0	

注：引自 Nelson 和 Satter (1990，1992)。

（三）扩大饲料来源，有效利用资源

青贮饲料的来源广泛，原料可以是饲料作物、牧草和工农业副产品，还可以是畜禽不愿采食或不能直接采食的无毒青绿植物。这些原料经过青贮调制加工，都可以变成畜禽喜食的饲料。

禾本科牧草、豆科牧草和饲料作物都是良好的青贮原料，而青绿作物秸秆、块根块茎、小灌木、木本植物饲料、树叶及水生饲料、杂类草、绿肥草、瓜藤菜秧、高水分谷物、糟渣等均可用来制作青贮饲料。青贮可以有效地改善原料的物理性状和质地，消除抗营养因子，消除特殊气味和毒素，改善原料饲用价值，扩大饲草来源，降低畜禽对粮食的消耗。目前，秸秆、甘薯藤、马铃薯茎叶、甜菜渣、胡枝子、柠条、芦苇、果渣、籽粒苋和水葫芦等均有用作青贮原料的研究，有些已经被开发成为青贮饲料。因此，青贮对开发潜在饲草资源与有效利用农业资源方面有重要的作用。

（四）长期保存利用，调节饲草平衡利用

牧草或饲料作物生长成熟有季节性变化，产量和营养物质含量也受到气候条件、田间管理水平的影响。干草在贮藏过程中，受到环境湿度、有害微生物和自身含水量的影响，有可能出现发酵发热、发霉变质和发生火灾，造成营养损失。青贮饲料可以通过适时收获调制，及时保存营养物质，在青贮过程中受外界环境变化干扰小，不易发生火灾，可实现长期安全贮藏。在适宜的保存管理条件下，青贮饲料营养损失小，不易发生品质劣变，保存期可以长达 20～30 年。

因此，青贮饲料可以保证全年家畜对青绿饲草的需求，平衡年度内至年度间的饲草供给。在饲草生长旺季，适时收获后制作成青贮饲料，可以解决在冬季和初春青绿饲料供应不足的问题。在目前的农作物种植方法中，轮作可以起到调节土地使用状况、减轻土传病虫害、改善土壤物理和养分结构的作用。利用青贮饲料可以按照适宜的轮作方案种植饲草，保证青绿饲料的均衡供应，调整干旱风险和洪涝风险，改善土地质量，有利于长期生产。青贮饲料有利于对牲畜产业和土地进行全局管理，实现提高土地生产力、资源利用率和产品管理控制的目的。

（五）减少家畜消化系统疾病和寄生虫病的发生，也可减轻杂草危害

在饲料作物生长过程中可能会出现病虫害，如玉米、高粱的钻心虫和牧草上的一些害虫。将遭受病虫害的作物制作成青贮饲料可以利用青贮过程中产生的酸类物质及青贮过程创造的缺氧环境，使寄生虫及其虫卵或病菌失去活力，故可减少家畜寄生虫病和消化道疾病的发生。青贮原料中掺杂的少量杂草并不会对青贮过程产生影响。如果原料中混入过多的阔叶杂草则会影响青贮饲料的质量，因为阔叶杂草的消化率低，干物质含量低，缓冲能值高。

青贮饲料制作过程能够使杂草种子失去活力，因此在青贮中混入的杂草种子不会传播。在青贮中混入的禾本科牧草种子，如稗草、早雀麦、狗尾草和野燕麦等，种子的发芽率和发芽力都会降低到零。阔叶杂草，如藜、地肤、圆叶锦葵和卷茎蓼等，青贮过程中它们的种子发芽率降低到 2% 以下，发芽力降低到 3%～6%。将杂草及时青贮，不仅为家畜贮备了饲草，而且减少了杂草的危害。

第二节　青贮饲料调制原理

一、青贮原理

青贮是一个复杂的过程，在这个过程中发生着物理、化学和微生物的变化。在密闭的环境中，青贮原料中残存的氧气被植物的酶和好氧微生物消耗殆尽，如果原料的含水量较高，会接着进行厌氧发酵，可溶性糖转化成为酸类物质，饲料中的营养物质被保存下来，成为青贮饲料。青贮过程中涉及氧气、可溶性糖和营养物质含量的变化和微生物生理活动、菌群的变化等。青贮需要在密封的环境中进行，密封的目的在于防止贮存过程中外部空气进入青贮环境内，使青贮尽快进入厌氧发酵过程。青贮初期，牧草饲料中氧气消耗的速度主要决定于原料的压实程度和密封效果。可溶性糖在有氧呼吸作用下变成二氧化碳，在厌氧发酵作用下变成乳酸和乙酸等酸类物质或乙醇和其他发酵产物，产生的酸类物质使青贮饲料 pH 下降，下降到一定程度后使不良微生物尤其是梭状芽孢杆菌和大肠杆菌的活动受到抑制，有利于营养物质的保存。

在乳酸大量存在的环境中，梭状芽孢杆菌和大肠杆菌等有害微生物的生长和代谢受到抑制，能够有效地降低饲草中营养物质的损耗。乳酸菌是兼性厌氧微生物，能够利用可溶性糖类（主要是五碳糖和六碳糖），形成以乳酸为主的有机酸，通过酸类物质的抑菌作用抑制其他微生物的繁殖，而乳酸菌对低湿度的酸性环境有较高的耐受能力，能够在青贮中成为优势菌群。在饲料作物的地上部分也附着着乳酸菌，但数量较少。在牧草植株上，乳酸菌的数量是真菌和肠细菌的 0.1%。

目前主要有两种抑制青贮饲料营养物质降解的方法。第一种是利用乳酸菌制造酸性环境，将可溶性糖转化为以乳酸为主的有机酸，利用青贮中的氢离子和有机酸本身抑制其他细菌的繁殖，这种抑制作用与 pH、水分含量和温度有关。一般情况下，原料干物质含量在 200 g/kg 左右，密闭情况良好，pH 保持在 4.0 或者更低，青贮的质量就能够得到保证。第二种是利用渗透压来抑制微生物生长。在青贮前，将牧草的含水量调节至较低的水平，乳

酸菌在低湿度的环境下依然可以生长繁殖，产生乳酸，而有害菌，如梭状芽孢杆菌则不能生长。

在青贮过程中，乳酸的生成速度是抑制有害菌生长和保存营养物质的关键因素。影响乳酸生成速度的因素有很多，如原料中乳酸菌的初始数量、环境温度、有效底物含量和原料加工程度等。现代青贮饲料收获、加工设备可以把原料切碎、揉丝、籽粒破碎和揉切等，破坏植物细胞壁，释放出汁液，促进乳酸菌生长。这种方式加工的青贮饲料质地柔软，也更易被牲畜采食利用。

二、青贮发酵的基本过程

青贮过程发生着复杂的反应，涉及大量的物理、化学和微生物学变化。现已查明，大约有 47 属 140 种的细菌、酵母菌和霉菌等参与青贮发酵过程。从原料收获开始，营养成分就发生着变化，这种变化随着青贮阶段的进行有着鲜明的特点。从营养物质的变化角度，青贮过程大致分为 4 个阶段。

（一）有氧发酵阶段

在有氧发酵阶段，主要进行植物呼吸作用和好气性微生物的繁殖。

新鲜的饲草在刈割时，虽然植物停止生长，但是植物细胞并没有立即死亡，刈割后 1～3 d 仍能进行呼吸作用，分解营养物质。呼吸作用在萎蔫期及从密封到青贮容器内达到厌氧条件之间发生。饲草组成的变化主要通过植物酶催化反应起作用，在这个阶段，植物酶将复杂的碳水化合物（淀粉、半纤维素和果聚糖）转化为简单的糖类（水溶性碳水化合物）。然后，水溶性碳水化合物与氧气在植物酶的作用下被分解为二氧化碳和水，直到底物逐一被消耗完。植物酶还可以将蛋白质转化为非蛋白氮化合物（多肽、氨基酸、氨基化合物和氨）。

在呼吸作用生成二氧化碳的同时，能量也被释放出来。在这个过程中，温度升高。呼吸作用进行的时间与多种因素相关，如饲草本身特性、萎蔫时间、萎蔫条件、干物质含量、青贮温度、制作青贮的时间以及压实程度。尽管呼吸作用造成的损失不可避免，但可以通过青贮过程尽量降低营养损失。

有氧发酵阶段持续至青贮容器内的氧气被消耗殆尽。在这个阶段，除了植物本身的活动，好氧微生物如霉菌、酵母和其他一些细菌也在生长。它们会影响到可溶性碳水化合物的含量，也会增加干物质和能量的损失。在这期间，腐败微生物会分解原料中的粗蛋白质，并且利用原料中的水溶性碳水化合物，形成少量乙酸、二氧化碳以及吲哚乙酸。

如果在这一阶段，青贮饲料的温度变得很高，还会发生美拉德反应（也称为褐化反应或焦糖化反应），蛋白质和氨基酸与半纤维素成分结合形成难以消化的结合物，虽然青贮饲料适口性提高，但是青贮质量明显下降。

（二）厌氧发酵阶段

随着青贮环境中氧气的消耗，植物呼吸作用和好氧性微生物的活动减弱直至停止，这个过程大约持续 3 d，然后青贮进入厌氧发酵阶段。由于上一阶段植物酶的作用，植物细胞和组织破碎，释放出细胞内容物，肠细菌、乳酸菌、梭菌、酵母菌和某些杆菌竞争营养物质，微生物种群发生变化，转换的速度与pH下降的速度有关。在理想的状态下，乳酸菌支配着发酵过程，将可溶性碳水化合物通过一系列代谢过程转化成乳酸和其他有机酸，造成青贮饲料的pH迅速下降，形成酸性环境，抑制腐败细菌和梭状芽孢杆菌等有害菌的活动，甚至能造成有害微生物的死亡。这个阶段能够持续1周左右，也可能持续超过1个月，这与青贮原料的性质和青贮条件有关。

如果有足够的碳水化合物，青贮饲料的pH能降低至4左右，而当使用水分含量较低的原料进行青贮时，乳酸菌的活动也会被抑制，最终的pH可能会超过5，这样的青贮也可做出较好的青贮饲料。

如果pH下降速度太慢，水分含量较高，青贮密封30 d左右，梭菌会成为青贮过程中占优势的微生物。通常情况，梭菌发酵造成青贮pH升高至5.0～7.0，并且导致青贮饲料的干物质和能量损失。大量研究表明，青贮过程中梭菌发酵产生的大量氨、胺和丁酸类等不利代谢产物，造成青贮饲料发臭具有刺鼻性气味，很可能对反刍家畜的自由采食造成不利影响。

（三）稳定阶段

随着pH下降和乳酸菌活动的减弱，青贮会进入第三个时期：稳定阶段。进入这个时期后，微生物的活动几乎停止，只有一些耐酸的碳水化合物酶类还能继续发挥作用，将植物组织继续水解，生成少量可溶性碳水化合物，补充发酵底物。此外，还有一些耐酸的蛋白酶将含氮化合物转化成氨。在这种情况下，乳酸菌的活动也被乳酸和低pH的环境抑制，不耐酸的杆菌和梭菌形成孢子，耐酸的酵母转化为无活性状态。在这一阶段，营养物质损失较少，青贮饲料质量稳定。

（四）开启使用阶段

当青贮饲料开启使用后，青贮容器打开，氧气可以进入青贮设施表面，甚至达到青贮饲料1 m深的内部。大量的有害微生物在氧气存在的环境下从休眠状态转换至生长状态，尤其是酵母菌和霉菌。有害菌的活动会引起青贮饲料有氧变质，发热，乳酸含量下降，pH升高，降低青贮饲料的饲用价值；同时，有氧腐败变质的青贮饲料中霉菌和霉菌毒素的存在会对牛奶的质量与安全以及人类和动物的健康造成严重的威胁。青贮饲料暴露在空气中后，酵母菌首先开始活动，通过降解乳酸，产生CO_2和水，并伴随着发热，酵母菌大量繁殖后，青贮饲料的pH升高，然后霉菌（主要包括*Aspergillus*、*Fusarium*和*Pencillium*）和需氧菌（如芽孢杆菌和单增李斯特菌）开始活动并进一步消耗青贮饲料中糖类和蛋白质等营养物质，导致有氧腐败损失。

三、青贮发酵中的微生物

在青贮整个过程存在着复杂的微生物种群交替，这与青贮原料的特性、青贮所处的阶段密切相关。主要的微生物有乳酸菌、酵母菌、霉菌、梭菌和大肠杆菌。每种微生物占优势菌群的时期和在青贮中起到的作用均有不同。

（一）乳酸菌

制作优质青贮饲料主要依赖乳酸菌。乳酸菌是能把糖类物质发酵产生大量乳酸的一类革兰氏阳性、无孢子细菌。青贮密封后，乳酸菌可以在短时间活跃起来，将可溶性碳水化合物转化为乳酸，有利于青贮原料的保存。乳酸菌在自然界中大量存在，它们附着在原料上或收获机械上。

大量研究表明，牧草作物自然附着微生物对牧草青贮发酵很重要，并且影响青贮发酵品质。各种不同种类的牧草作物附着的微生物主要包括 2 大类：乳酸杆菌（*Lactobacillus*）和产乳酸球菌，其中球菌包括明串珠球菌（*Leuconostoc*）、乳酸球菌（*Lactococcus*）、链球菌（*Streptococcus*）、肠球菌（*Enterococcus*）、片球菌（*Pediococcus*）和魏斯氏球菌（*Weissella*）。产乳酸球菌是牧草作物和禾草植株附着的主要乳酸菌，而同型发酵乳杆菌的数量较少。牧草原料附着的乳酸菌种类、数量及其生理生化特性是影响青贮发酵的重要因素，通过研究其特性可确定是否需要使用乳酸菌添加剂。

乳酸菌生长最适宜的 pH 范围为 4.0～6.0，不同属的乳酸菌存在差异。乳杆菌属（*Lactobacillus*）比较耐酸，可以在 pH 3.5 以下生长；魏斯氏菌属（*Weissella*）、明串珠菌属（*Leuconostoc*）和肠球菌属（*Enterococcus*）在 pH 4.5 以下生长受到抑制。不同属乳酸菌的最适生长温度也存在差异，如乳杆菌属（*Lactobacillus*）最适生长温度为 30℃，大多数可在 15℃下生长但是不能在 45℃下生长，但发酵乳杆菌（*L. fermentum*）可在 45℃下生长但不能在 15℃下生长；片球菌属（*Pediococcus*）中啤酒片球菌（*P. damnosus*）、戊糖片球菌（*P. pentosaceus*）和乳酸片球菌（*P. acidilactici*）的最适生长温度分别为 25℃、35℃和 40℃；链球菌属（*Streptococcus*）和肠球菌属（*Enterococcus*）的生长温度范围为 10～45℃，最适生长温度为 37℃；明串珠菌属（*Leuconostoc*）的生长温度范围为 10～37℃，最适生长温度为 25℃。这种对环境耐受能力的差异可能是由乳酸菌的酶和转运蛋白的不同造成的。与青贮有关的肠球菌（*Enterococcus faccalis* 和 *E. faecium*）能在 pH 为 9.6 的条件下开始生长，并且能把 pH 降到 4.0。乳酸杆菌在最初 pH 为 6.4～6.5 的弱酸性基质上生长最好，并且通常把 pH 降到比链球菌更低的水平，一些菌种能使 pH 降低到 3.5。*P. acidilactici* 和 *P. pentosaceus* 有类似的降低 pH 的特性，适宜的 pH 范围是 6.0～6.5，它们通常能降低 pH 到 4.0，而 *P. dainnosus* 的最适宜 pH 要略低些。

另外，有研究表明，只有少量具有渗透压耐受性的乳酸菌可以在低水分条件下生长。不同的乳酸菌对渗透压的适应性也有很大差别，例如，肠球菌属（*Enterococcus*）和链球菌属（*Streptococcus*）的菌种都可在 6.5% 的 NaCl 环境下生长，而乳球菌属（*Lactococcus*）的大多数菌种只能在 4% NaCl 中生长。

根据乳酸菌发酵终产物的不同，主要分为 2 类，一类是同质型发酵乳酸菌，利用糖发酵，终产物主要是乳酸；另一类是异质型发酵乳酸菌，发酵产生乳酸、乙酸、乙醇和二氧化碳。异型发酵乳酸菌又可细分为兼性异型发酵乳酸菌和专性异型发酵乳酸菌两类。同型乳酸发酵的乳酸菌都存在糖酵解（EMP）途径，因此必然存在其中的关键酶——1,6- 二磷酸果糖醛缩酶，它可把 1,6- 二磷酸果糖分解为 3- 磷酸甘油醛；而进行异型乳酸发酵的乳酸菌则缺乏此醛缩酶，但却能经己糖磷酸（HMP）途径把 6- 磷酸葡萄糖氧化为 6- 磷酸葡萄糖酸，然后进一步使其脱羧成磷酸戊糖，再进一步经此途径特有的关键酶——磷酸转酮酶分解成 3- 磷酸甘油醛和乙酰磷酸。同型发酵乳酸菌只利用六碳糖（葡萄糖）发酵产生乳酸，如乳酸乳球菌（*Lactococcus lactis*）、戊糖片球菌（*Pediococcus pentosaceus*）和粪肠球菌（*Enterococcus faecalis*）等；兼性异型发酵乳酸菌可利用六碳糖或五碳糖（戊糖）产生乳酸、乙酸、CO_2、乙醇等，如植物乳杆菌（*Lactobacillus plantarum*）、干酪乳杆菌（*Lactobacillus casei*）、清酒乳杆菌（*Lactobacillus sake*）和鼠李糖乳杆菌（*Lactobacillus rhamnosus*）等；专性异型发酵乳酸菌只利用五碳糖产生乳酸、乙酸、二氧化碳、乙醇等，如短乳杆菌（*Lactobacillus brevis*）、发酵乳杆菌（*Lactobacillus fermentum*）和布氏乳杆菌（*Lactobacillus buchneri*）等。

由表 2-4 可知，乳酸菌的种类很多，在青贮过程中，乳酸菌种的变化，存在的数量和优势菌群与许多因素有关。发酵初期常见的优势菌种是植物乳杆菌，因为它可以对多种底物进行发酵，竞争力强，产酸速度快，最容易进行生长繁殖。一般发酵 4 d 后，异质发酵型乳酸菌，如 *L. buchneri* 和 *L. brevis*，由于具有更强的乙酸耐受能力，成为主要的乳酸菌种。

表 2-4 乳酸菌类型

发酵类型	乳酸菌种类	糖发酵
同型发酵	嗜酸乳杆菌 *Lactobacillus acidophilus*	六碳糖→乳酸
	戊糖片球菌 *P. pentosaceus*	
	弯曲乳杆菌 *L. curvatus*	
	粪肠球菌 *Enterococcus faecalis*	
兼性异型发酵	植物乳杆菌 *L. plantarum*	六碳糖或五碳糖→乳酸、乙酸、CO_2、乙醇
	干酪乳杆菌 *L. casei*	
	清酒乳杆菌 *L. sake*	
	鼠李糖乳杆菌 *Lactobacillus rhamnosus*	
专性异型发酵	短乳杆菌 *L. brevis*	五碳糖→乳酸、乙酸、CO_2、乙醇
	布氏乳酸杆菌 *L. buchneri*	
	纤维二糖乳杆菌 *L. cellobiosus*	
	发酵乳杆菌 *L. fermentum*	
	绿色乳杆菌 *L. viridescens*	
	肠系膜明串珠菌 *Leuconostoc mesenteroides*	

（二）醋酸菌

醋酸菌（acetic acid bacteria），严格好氧，不能进行厌氧发酵。醋酸菌可以依靠空气传播，在自然界中广泛存在。它可以将乙醇、甘油和乳酸作为碳源，也能够利用正丙醇、正丁醇和葡萄糖产生乙酸。在糖充足的情况下，优先将葡萄糖变为醋酸；当糖源缺乏的情况下，将乙醇转化为乙醛，再将乙醛转化为乙酸。醋酸菌最适生长温度为 25～30℃，最适 pH 为 5.4～6.3。醋酸菌在发酵初期和开启使用阶段都能够活动。由于醋酸菌能耐受较酸的环境，在开启使用阶段，醋酸菌常与酵母菌一起消耗乳酸，引起青贮饲料 pH 升高和腐败。

由于醋酸菌严格好氧，在青贮装填过程中尽量减少空气残留将抑制醋酸菌的活动；开启利用阶段保证每天的青贮饲料使用量也能够减少醋酸菌带来的损失。

（三）丙酸杆菌

丙酸杆菌（*Propionibacterium*）属于革兰氏阳性菌，兼性厌氧，大多数丙酸杆菌可以在有一定空气的环境下生长。它属于化能异养菌，能够利用葡萄糖和其他碳水化合物产生丙酸和乙酸。最适生长温度为 30～37℃，最适 pH 为 7 左右。丙酸杆菌还可以利用乳酸生成丙酸，而且与糖类相比，丙酸杆菌优先利用乳酸。虽然丙酸有利于青贮饲料的保存，但是丙酸杆菌对青贮饲料的影响较小，因为丙酸杆菌活性较弱，对青贮饲料的乳酸发酵几乎无影响或只在很小的程度上有影响。有人研究利用丙酸杆菌作为青贮添加剂，利用其生产的丙酸来提高青贮饲料在有氧暴露期间的稳定性，以保存青贮饲料营养物质。

（四）肠杆菌

肠杆菌，兼性厌氧，可以进行呼吸代谢和发酵代谢，通过利用有机化合物、糖、有机酸或多元醇获得能量。肠杆菌适宜生长 pH 约为 7.0。青贮初期较活跃，乳酸菌的繁殖可以抑制肠杆菌的活动。

大多数肠杆菌被认为是没有致病性的，而在青贮饲料中这些细菌由于和乳酸菌竞争可发酵糖分，并能够降解蛋白质，所以被认为是一种不良微生物。蛋白质的降解不但降低了青贮饲料的营养价值，而且会产生一些有毒的化合物，如生物胺和一些支链脂肪酸。生物胺会降低青贮饲料的适口性，同时蛋白质降解形成的氨化物增加了青贮饲料的缓冲能，从而抑制青贮饲料 pH 的降低。青贮饲料中肠杆菌的一个典型特点是它们能够把硝酸盐分解成亚硝酸盐，亚硝酸盐进而可被肠杆菌降解形成氨和 N_2O，同时也可被降解形成 NO。在空气中 NO 被氧化成黄棕色的混合气体（NO_2，N_2O_3，N_2O_4）。而 NO 和 NO_2 对于肺组织具有损害作用，造成急性肺炎。所以为了防止家畜接触这些有害的气体，不应将青贮池设置在离畜舍较近的地方。但青贮饲料中少量的亚硝酸盐对青贮饲料发酵品质有益，因为亚硝酸盐和 NO 对梭菌具有很好的抑制作用。

在饲料原料上附着的肠杆菌较少，如果有萎蔫过程，肠杆菌的数量还要降低。肠杆菌的繁殖速度快，在发酵初期，能够利用可溶碳水化合物等营养物质迅速增殖，产生乙酸、乳酸、乙醇和二氧化碳等。当 pH 下降到 5.0 以下，肠杆菌的生长受到抑制。因此，肠杆菌的作用只在发酵初期显著，如果青贮被延迟，肠杆菌将起主导作用，饲料的干物质和能量损失严重，而且青贮饲料的适口性差。此外，肠杆菌可以分泌毒素，使家畜生病。

（五）酵母菌

酵母菌属于真菌类，兼性厌氧，在厌氧环境中，可以将糖类转化为乙醇。酵母菌能在 pH 为 3.0～7.5 的范围内生长，一些菌株可以耐受 pH 2.0 甚至更低的酸度，最适 pH 为 4.5～5.0。大多数酵母菌在 0～37℃温度范围内生长，仅有少数可在高于 45℃条件下生长，最适生长温度一般为 20～30℃。酵母本身无害，但是对于青贮来说，酵母菌的作用比较复杂。

酵母菌耐性较强，在富含乙醇、强酸、高渗透压、干燥或高温环境下都有一定的耐受能力。与大多数细菌相比，酵母菌对干燥环境敏感性较低，通常在水分活度低于 0.9 水平下生长，耐渗透压的酵母菌能在水分活度为 0.6 的低水平下生长。干物质含量高的青贮饲料能促进酵母菌繁殖。在青贮饲料中，酵母菌的数量和种群也有变化，原料中以隐球酵母属和红酵母属的无芽孢酵母菌为主，青贮后以酵母属和汉逊酵母属的有芽孢酵母菌为主。

酵母菌可以利用青贮饲料中的可溶性碳水化合物进行代谢，利用营养成分供应自身需要，生产蛋白质，能够增加青贮饲料中的蛋白质含量。在厌氧条件下生成乙醇，增加青贮饲料的酒香味。但是，当酵母菌的活动强烈时，它参与青贮饲料的有氧变质过程。在青贮初期，酵母菌可以利用糖类，与乳酸竞争发酵底物，产生的二氧化碳等代谢物不能有效地促进青贮。在厌氧环境中，酵母菌继续分解糖类，将其转化为乙醇，而乙醇没有保存青贮饲料营养价值的作用。开启青贮饲料后，酵母菌利用青贮中产生的乳酸等有机酸，使 pH 升高，其他微生物也同时活跃起来，使青贮饲料温度升高，容易腐败变质。

（六）霉菌

霉菌不是分类学名称，是对形态细长的丝状真菌的通称。霉菌种类多，分布广，是青贮饲料中导致有氧变质的主要微生物。霉菌能够分泌多种酶，如淀粉酶、果胶酶和纤维素酶等，可以分解原料中的纤维素、淀粉和细胞壁成分，也可以利用糖类和乳酸。绝大多数霉菌的生长需要氧气，所以霉菌通常存在于青贮饲料中有一定空气的部位。霉菌生长仅需要水、氧气和底物，适应的 pH 和温度范围都很宽。

霉菌可以在压实系数较低的青贮中散布，而在压实的青贮中，霉菌被限制在青贮表面。霉菌对青贮饲料的危害在于它与酵母菌共同作用，导致有氧腐败。而且霉菌还能够产生霉菌毒素。目前青贮饲料中常见的霉菌为青霉属（*Penicillium*）、镰刀菌属（*Fusarium*）、曲霉属（*Aspergillus*）、白霉属（*Mucor*）、丝衣霉属（*Byssochlamys*）、犁头霉属（*Absidia*）、节菱孢属（*Arthrinium*）、地丝菌属（*Geotrichum*）、红曲霉（*Monascus*）、帚霉属（*Scopulariopsis*）和木霉属（*Trichoderma*）等。

霉菌的危害在于它会降低青贮饲料的饲喂价值和适口性，而且霉菌分泌的毒素会对人类和家畜健康造成危害。霉菌孢子常常会引起肺部疾病和过敏性反应，同时霉菌毒素也会对健康造成严重危害，如消化紊乱、免疫功能降低、肝肾损伤及流产等。产霉菌毒素的霉菌主要有烟曲霉、娄地青霉、丝衣霉和黄曲霉，其中，黄曲霉是一种对酸具有强耐受性，能在低氧和高浓度 CO_2 条件下生长的霉菌，是青贮饲料中最主要的一种霉菌。已知黄曲霉产生的黄曲霉毒素 B_1 能够从家畜饲料中转移到牛奶当中，从而对人类健康造成威胁。

（七）梭菌

梭菌即梭状芽孢杆菌，是一类能形成内生孢子的厌氧菌，在无氧条件下进行丁酸发酵，大多数梭菌不仅发酵碳水化合物，而且可利用青贮饲料中的各类有机氮化物，产生氨态氮、丁酸和胺等腐败物质，从而造成青贮饲料营养价值下降，并使青贮饲料有一定的臭味。另外，梭菌对牛奶品质有损害作用。这主要是因为梭菌孢子在通过家畜消化道时仍然存活，进而通过粪便污染奶牛乳房和牛奶。耐酸的酪丁酸梭菌（*Clostridium tyrobutyricum*）是奶牛养殖业中一种最常见的梭菌。除了发酵碳水化合物外，酪丁酸梭菌还能够降解乳酸形成丁酸、H_2 和 CO_2。

$$2\ \text{lactic acid} \longrightarrow 1\ \text{butyric acid} + 2H_2 + 2CO_2$$

饲草青贮时丁酸发酵不但会抑制乳酸发酵，而且一些梭菌能导致严重的健康问题。如一种毒性极强的梭菌是肉毒梭状芽孢杆菌（*Clostridium botulinum*），它能导致中毒，对家畜有致命危害。但幸运的是这种梭菌对酸具有极不耐受性，所以发酵良好的青贮饲料中不容易生长肉毒梭状芽孢杆菌。

典型的梭酸发酵青贮饲料是指青贮饲料中丁酸的含量超过 0.5%（干物质基础），pH 大于 5，青贮饲料中干物质的含量较低且胺化物含量较高。梭菌和肠道菌一样，均会受酸性条件的抑制，所以生产实践中科学的青贮方法能够快速有效降低青贮饲料的 pH，从而可防止梭菌的生长和梭酸发酵。另外，梭菌对低水分条件非常敏感，所以青贮前原料的萎蔫，提高青贮原料的干物质含量也是一种防止青贮饲料产生梭酸发酵的措施。同时，梭菌也会被青贮饲料中的亚硝酸盐和 NO 等含氮化合物所抑制。一般而言，pH 在 7～7.4，青贮原料水分含量在 70% 以上时有利于梭菌生长。青贮饲料中梭菌发酵产生氨态氮和丁酸，丁酸产生较难闻的气味，严重影响了家畜的适口性。一般而言，青贮饲料中氨态氮、丁酸越多，青贮品质越差。

四、青贮发酵过程的养分变化

与青贮原料相比，青贮饲料的营养价值有所下降，干物质和蛋白质含量也含减少。随着时间的延长，营养损失越多。造成营养价值损失的因素包括：制作过程中在田间各种机械作业造成的损失、植物进行呼吸作用、微生物的活动、较高水分青贮流汁损失、有氧变质造成的损失、空气渗入以及密封设施破损造成的损失（表 2-5）。

表 2-5　青贮过程中的能量损失及原因

青贮过程	能否避免	损失量 /%	损失原因
植物呼吸	不可避免	1～2	植物酶
青贮发酵	不可避免	2～4	微生物
汁液渗透	可避免	5～7	原料含水量
田间凋萎	可避免	2～5	天气、管理技术、牧草种类
二次发酵	可避免	0～20	原料、含水量、青贮设施、季节
贮存期好气性变质	不可避免	0～10	装填时间、密度、青贮设施、密封状况、原料

注：引自张秀芬（1992）。

可以通过一些措施减少上述损失。首先，选择优质的饲料作物并在最适收获阶段进行刈割，刈割后通过凋萎或者晾晒调节水分含量，或者通过混合青贮、添加剂来增加青贮饲料品质和控制青贮过程，保持青贮原料、青贮机械、青贮设施的卫生情况，选择适宜的青贮设施进行青贮以最大限度减少不必要的损失。

（一）田间各种机械作业造成的损失

田间损失包括两部分，一部分是由于机械作业造成的损失，主要包括刈割、翻晒、搂草、运输和切碎过程中的各种损失；另一部分是在田间晾晒过程中植物呼吸和微生物活动造成的损失，主要包括可溶性营养物质含量下降和干物质损失。可以通过刈割后直接青贮降低机械作业造成的损失，在保证原料含水量适宜的前提下，刈割的同时进行切碎和装填作业。现在可以通过捡拾打捆裹包机实现高效率的田间作业，减少损失。如果原料的含水量较高，可以通过田间晾晒的方法调节原料水分。这时，由于植物酶和微生物发酵的作用，造成田间晾晒损失。只要田间晾晒的损失小于直接青贮不良发酵造成的损失，就应该进行田间晾晒，控制青贮过程中总损失。

（二）生化反应过程产生的损失

刚完成装填的青贮饲料中，还残留氧气，植物细胞也没有死亡，有氧微生物还很活跃。在这个时期，植物细胞利用残留的氧气进行呼吸作用，将糖类物质转化成 CO_2 和水，同时释放大量的热能。如果青贮设施内残存空气较多，呼吸作用的强度较大，持续时间也较长，原料中糖分和养分损失也较多。当青贮进入厌氧阶段后，乳酸菌活跃起来，将糖转化为乳酸，降低青贮饲料的 pH，达到一定程度后，乳酸菌的活动也停止。如果青贮原料中的糖分较少或者在前期有氧阶段消耗很多，乳酸菌的生长和繁殖就会受到抑制，乳酸菌不能成为优势菌，产酸量降低，造成养分流失。同时，在蛋白酶等的作用下，蛋白质被降解成肽、氨基酸，继续降解成氨和酰胺等，蛋白质降解率升高，饲草发生腐坏或变质，大量养分被消耗，造成青贮过程失败，牧草品质下降甚至失去饲喂价值。

（三）青贮设施周围和表面损失

在青贮过程中，最理想的环境是保持密封，空气或者水分被隔离在设施外。但实际情况往往很难实现良好的密封，空气从青贮设施顶部、边缘或破损处进入内部，造成干物质损失。在青贮饲料表层和贴近墙壁约 10 cm 或者更厚一层的青贮饲料往往因为发生霉变或者被污染而不能利用。如果青贮的制作和管理环节没有控制好，这种好气性变质造成的损失可能占干物质含量的 15%～20%。为减少这种损失，需要从原料、青贮技术、青贮设施、管理和使用方法上综合控制。青贮设施需要清洁，可以在青贮设施墙壁铺上塑料；收获时选择合适的收获期并调节含水量；装填工作要迅速，保证装填密度；封盖设施顶部时，可以铺垫塑料膜并压好；日常管理过程中，经常检查青贮设施，发现破损及时修补，尽量减少损失。

（四）渗流液损失

在青贮早期，由于压实、植物酶和微生物的作用，植物细胞被破坏，汁液从细胞内部释放出来。如果青贮原料的水含量过高或者含水量较高且切得过碎，或者由于雨水、饲草中带有露水，过剩的水分会聚集，在青贮过程中就会形成渗流液。渗流液中不仅有水，还有一部分可溶性碳水化合物、有机酸、可溶性含氮化合物、矿物质等容易消化吸收的营养物质。出现渗流液不仅使养分流失，还可能引起环境污染。

为减少渗流液损失，需要控制青贮原料的含水量。当干物质含量为25%～30%时，一般青贮设施都不会产生渗流液，在压力较高的青贮塔中很有可能有渗溶液出现。将青贮原料进行萎蔫，调节水分是减少渗流液损失的有效措施。

（五）有氧变质造成的损失

开启使用后，空气与发酵好的青贮饲料接触，饲料中的好氧性细菌、霉菌大量生长繁殖，使通气部分的青贮饲料发生霉变、窖内温度上升，导致青贮饲料的品质败坏。青贮饲料的有氧变质大体上分为3个类型（表2-6）。

表2-6　有氧变质类型

类型	温度变化规律	pH变化规律	青贮饲料状态
快速败坏型	开窖后第1天温度达到峰值	开窖后，pH随时间的增加而上升。当青贮料的缓冲能力达到极限时，pH急速上升，经过中性到微碱性阶段	彻底腐烂，呈堆肥状
亚快速败坏型	开窖后第2～3天开始出现第一个升温高峰，随着温度下降到接近气温，到第4～5天时又出现第二个升温高峰	pH在出现第一个温度高峰后持续上升	好氧性微生物增殖，蛋白质、氨基酸分解，温度达到最高峰之后开始下降，青贮饲料腐烂变质
缓慢升温型	开窖后第6～8天以后温度才开始逐渐上升		随着温度的上升，青贮饲料慢慢腐烂

青贮饲料有氧变质的发生受到多种因素的影响，有几种情况容易增加有氧变质的概率，例如，刈割时期较迟，青贮原料遇到早霜；原料切短长度不合适，切得过长，装填密度小；装填后没有压实；开启后，每天的取用量不够，暴露在空气中的青贮饲料没有及时覆盖或覆盖不严等。

第三节　青贮饲料调制技术

一、青贮发酵的关键因素

影响青贮饲料发酵的关键因素有：作物或牧草类型和收获期、干物质含量和调制方法。其中，作物或牧草原料的质量是青贮的限制因素，收获期影响饲草的产量和质量，干物质含量和处理措施影响到成功制作青贮饲料的概率。

（一）作物或牧草类型和收获期

作物或牧草类型和收获期影响原料含糖量、干物质含量、初始状态的营养成分含量等。理想的青贮饲料原料应该具有一定的可溶性糖含量，且缓冲能值较低，物理结构理想，易于压实。青贮原料上面附着的乳酸菌在 1×10^5 CFU/mL 以上。

受到作物或牧草类型和收获期的影响，饲草中非结构性碳水化合物的含量、组成不同，但其是青贮过程中主要的底物，影响着酸类物质浓度。饲草中结构性碳水化合物对青贮过程影响较小。

缓冲能值是饲草对抗 pH 变化的能力，对青贮过程而言，一般衡量方法是 pH 从 6.0 降低至 4.0 所需要消耗的乳酸的量或将 pH 从 4.0 升高至 6.0 所消耗的 NaOH 的量。缓冲能值与非结构性碳水化合物的含量在衡量饲草的青贮难易程度方面作用非常重要。

不同饲草品种，饲草不同部位、生境和田间管理措施影响了饲草表面附着的微生物种群、数量，进而影响青贮过程。

饲草本身含有的有机酸、含氮化合物、抗营养因子等也对青贮有一定的影响。

（二）干物质含量

理想的青贮饲料原料的干物质含量应该在一定范围内，适宜的干物质含量为 30%～35%，水分过高，容易产生渗出液，营养直接流失，而且梭菌容易繁殖，影响营养价值和发酵品质；水分过低，原料难以压实，也不利于乳酸菌的繁殖。

饲草本身的水分含量受作物或牧草类型、品种、生长时期和生境的影响；饲草体表水分含量主要受天气条件、产量、植株形态、生长习性的影响。

（三）调制方法

调制方法，如切短、揉切、装填、压实、密封等，也是影响青贮饲料发酵的关键因素之一。原料的切碎方法应根据饲喂的牲畜、原料特性而定。原料装填时需要尽量压实，尽量减少残存的空气，青贮过程必须保持良好的气密性。装填速度越快越好，装填速度越快，植物的呼吸作用和好氧微生物的活动越容易受到抑制，从而保存更多的营养物质。

二、青贮容器

青贮过程中用于保存青贮饲料的容器称为青贮容器。青贮容器的种类繁多，大体上可分为实验室青贮容器和生产用青贮容器两大类。

生产用青贮容器主要有堆积式青贮、青贮塔、青贮窖、青贮壕和拉伸膜裹包青贮等几种类型。

（一）堆积式青贮

堆积式青贮没有固定的地点，一般选取平坦干燥的地面，铺一层塑料膜，然后在上面堆放青贮原料并逐层堆积压实，形成 2～3 m 高的草堆，然后用塑料膜覆盖，并覆盖上另一层塑料膜，将其四周与堆底铺垫的塑料重叠黏合，用密封带或其他方法密封起来，然后在垛顶和草堆周围压上旧轮胎或者重物，隔绝空气，形成密闭环境以促进发酵，降低氧化损失（图 2-1）。为加速形成厌氧环境，可以采用真空泵抽出堆内空气。为防止塑料膜因天气原因造成破损和漏气，可以在草堆周围放置沙袋。

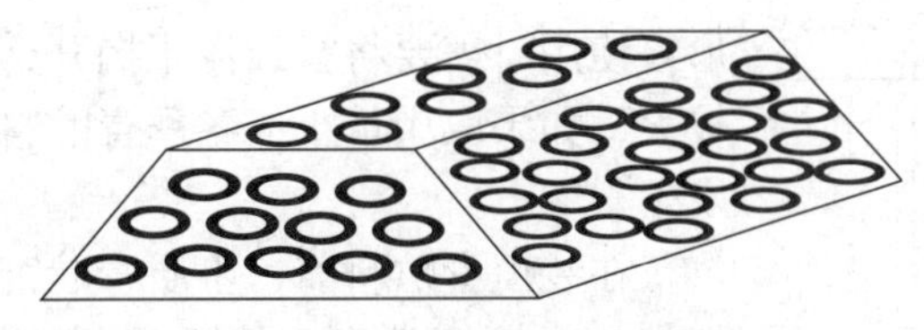

图 2–1　堆积青贮示意图

塑料膜一般使用农用塑料薄膜，但其使用年限短，也可使用特制的红色或黑色专用青贮塑料薄膜。如果青贮堆密封得好，大约 30 d 可以制成优质的青贮饲料。

（二）青贮塔

青贮塔对建造质量要求高，相对来说需要专业技术人员进行设计和施工，适合在具有一定饲养规模的、机械化水平较高而且具有较好的经济条件的饲养场中使用。青贮塔可分为全塔式和半塔式两种，全塔式整体位于地上，半塔式由地上和地下两部分组成。青贮塔一般为筒状，高度 7～10 m，甚至更高（图 2-2）。国外一般使用水泥预制件制作塔内部，塔外使用金属或其他不透气材料，如果敷以气密材料，还可以做成限氧青贮塔。国内大多使用砖、石、水泥建造青贮塔，在塔身的一侧，间隔 2 m 建造正方形（60 cm × 60 cm）小窗，可以在取料和空闲时打开。青贮塔在装填完成后，可以使用真空泵抽尽塔内空气，制造良好的缺氧环境，最大限度保存养分。青贮过程中，由于受到自身挤压，青贮料将汁液排向塔底，底部需要装有排液装置，塔顶安装呼吸装置，使塔内保持常压状态。

图 2–2　塔式青贮示意图

青贮塔青贮是目前保存青贮饲料的最有效的方法之一，适合在任何环境条件下进行青贮饲料的制作，经久耐用，但是单位容积造价高。

（三）青贮窖

青贮窖是我国最普遍使用的青贮容器，形状有圆形、长方形、马蹄形等，修建方式有地下式和半地下式（图 2-3）。青贮窖造价较低，规格灵活，作业方便，可以由混凝土或者泥土制成，但是贮存损失较大。圆形青贮窖占地面积小，容积大，但是使用过程比较麻烦。圆

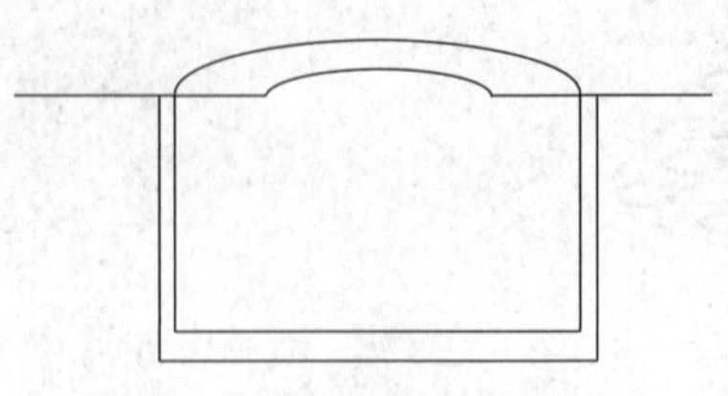

图 2-3 窖式青贮示意图

形窖使用时需要将窖顶泥土揭开，一层层取用，由于窖口较大，如果取用量小，冬季青贮料容易冻结，而夏季容易发生霉变。

在装填青贮料前，土质青贮窖四周要铺上塑料，第二年使用时注意消毒、清除残留的饲料和泥土，铲掉旧土层，防止污染。

如果长期使用，可以建造砖混青贮窖，青贮窖内部用水泥抹匀，形成较光滑的内壁，使青贮料分布均匀，利于压实。青贮窖底部不用水泥，仅用砖石铺满，有利于青贮料汁液渗漏。有条件的话，还可以在青贮窖上方建一个顶棚，防止日光和雨水造成损失。

长方形青贮窖的青贮原料装填过程和堆式青贮类似，以楔形块状填入青贮原料，逐层压实，青贮窖填满之后在顶部覆盖塑料进行密封，并在塑料薄膜表面压上重物，如沙袋、旧轮胎或成捆的稻草，防止空气进入。

（四）青贮壕

青贮壕是利用长条状的壕沟进行青贮，一般分为地下式和半地下式。壕沟两端呈坡状，逐渐升高至地面。青贮壕造价低，对建筑材料要求低，也便于机具进行装填和取用。青贮壕的缺点是密封面积大，贮存的营养损失率高，冬季青贮饲料形成冻块，夏季又容易有氧变质，在恶劣的天气条件下，不容易取用。

青贮壕的建造追求“平”“直”“弧”。“平”是指青贮壕的壕壁平整，防止填入青贮料后出现空隙，造成霉变；“直”是指壕壁上下垂直不倾斜；“弧”是指侧壁与壕底最好呈现弧形，如果由于其他原因，建成的青贮壕侧壁与底界呈现直角，可能造成青贮料压实程度不够，交界处发生霉变。

青贮壕一般建设在地势较高、避风向阳、有排水设施、饲喂方便的地方。近年来也出现了建造在地上的青贮壕，在平地上建起平行的两面水泥墙，墙之间就形成了青贮壕，这种地上式的青贮壕便于机械化作业，也便于排水（图 2-4）。

图 2-4 青贮壕示意图

（五）拉伸膜裹包青贮

拉伸膜裹包青贮是将青贮原料打捆，采用青贮专用塑料拉伸膜进行包裹密封形成厌氧环境发酵制成的优质草料。拉伸膜裹包青贮不需要固定的青贮设施，但是对包装材料和作业机械有一定要求。拉伸膜裹包青贮需要使用塑料拉伸膜，它是一种专门为裹包青贮研制的塑料拉伸回缩膜，厚度很小，具有黏性，在进行裹包草捆时，拉伸膜回缩包裹在草捆上，还能隔绝空气和水分。

近几年来以拉伸膜裹包形式贮存的饲料量大量增加，这种制作青贮饲料的方法在英国等许多国家广泛应用。目前，世界上有两种类型的拉伸膜裹包青贮：小型拉伸膜裹包青贮和大型缠绕式青贮。小型拉伸膜裹包青贮是指将收获的新鲜牧草，如玉米秸秆、紫花苜蓿、稻草、地瓜藤、芦苇等各种青绿植物揉切后，用打包机高密度压实打成方捆或圆捆，然后用专用青贮塑料拉伸膜裹包起来，造成密闭的发酵环境，牧草自行发酵，抑制腐败变质，保存新鲜草料的营养成分。大型缠绕式青贮是指将压制的方捆或圆捆，采用特制的机械，紧紧排列在一起，外面缠以拉伸膜，制成大型成条状的青贮饲料（图 2-5）。

图 2–5　拉伸膜裹包青贮

（六）塑料袋青贮

塑料袋青贮是将含水量为 60% 左右的青贮原料，装入厚质塑料薄膜，压实装满，并排除袋内空气，扎紧袋口完成密封，进行青贮。根据塑料袋的容积大小，可将青贮用塑料袋分为小型和大型两类。

青贮用塑料袋应无毒无害，不易损坏，以黑色不透光或者半透光为佳。目前市场上也有专用的青贮袋，不易老化，可以重复使用。农户也可以使用化肥袋或者农用乙烯薄膜袋，或者将二者套起使用。这种类型青贮袋制成的是小型塑料袋青贮。

大型塑料袋青贮适合大批量青贮，生产效率较高，使用袋式灌装机，将青贮袋套在灌装口上，用输送器将切碎的牧草送入灌装口，然后制成高密度的青贮，完成发酵过程（图 2-6）。塑料青贮袋在存放过程中可能发生损坏，需要及时用黏结剂修补。

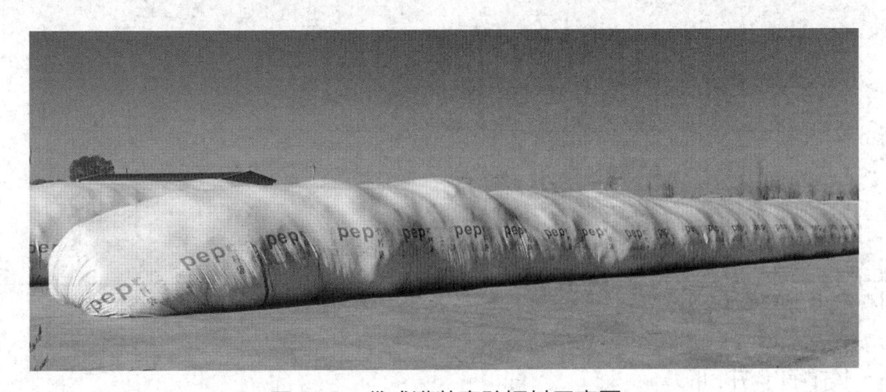

图 2–6　袋式灌装青贮饲料示意图

（七）青贮容器的要求及容量估测

一般来说，需要根据实际饲喂或生产的需要设计青贮容器的位置、样式和规格。

青贮容器一般建造在土质坚实、地势较高、地下水位较低、距离牲畜棚舍较近、制作和取用方便的地方。可根据需要建成不同类型、不同形状的容器。建造和使用时，需要保证青贮容器的壁面光滑，且便于装填和压实。在多雨地区，还可以搭棚，降低雨淋在青贮过程带来的损失。

设计青贮容器时，需要考虑青贮原料的种类、水分含量、切碎压实程度以及青贮容器的种类等有关因素。可以根据以下公式计算青贮容器的容量。

圆形窖和圆形青贮塔容量为：

容量 = π× 青贮塔或窖的半径 × 青贮塔或窖的深度 × 单位体积内的容重

长形青贮窖的容量为：

容量 = 窖长 × 窖深 × 窖宽 × 单位体积内的容重

一般来说，为了避免青贮饲料腐败变质，需要保证每天青贮饲料的取用量。

三、青贮添加剂

在青贮中适当地使用添加剂可以降低发生不良发酵、营养损失和营养价值下降的可能性，添加的添加剂能够起到改善发酵质量、减少青贮损失、改善营养价值或降低好氧腐败的作用，还有可能提高动物生产性能。根据青贮添加剂的作用效果，可将其分为 5 类：①发酵促进剂；②发酵抑制剂；③好气性变质抑制剂；④营养性添加剂；⑤吸收剂（表 2-7）。

表 2-7　青贮添加剂

发酵促进剂		发酵抑制剂		好气性变质抑制剂	营养性添加剂	吸收剂
细菌培养剂	碳水化合物	酸	其他			
乳酸菌	葡萄糖	无机酸	甲醛	乳酸菌	尿素	大麦
	蔗糖	甲酸	多聚甲醛	丙酸	氨	秸秆
	糖蜜	乙酸	亚硝酸钠	己酸	双缩脲	稻草
	谷类	乳酸	二氧化硫	山梨酸	矿物质	聚合物
	乳清	安息香酸	硫代硫酸钠	氨		甜菜粕
	甜菜粕	丙烯酸	氯化钠			斑脱土
	橘渣	羟基乙酸	二氧化碳			
		硫酸	二硫化碳			
		柠檬酸	抗生素			
		山梨酸	氢氧化钠			

注：引自 McDonald 等（1991）。

（一）发酵促进剂

发酵促进剂主要从两个方面改善乳酸发酵条件：增加青贮原料中乳酸菌数量，调整乳酸菌种类，增加产乳酸能力强的菌株；改善乳酸菌发酵条件，增加乳酸产生所需底物，促进乳酸菌的发酵速度。发酵促进剂主要包括乳酸菌制剂、酶制剂、绿汁发酵液、糖类及含糖量高的饲料。

1. 乳酸菌制剂

自然状态下，青贮原料上附着的乳酸菌数量较低，为提高青贮早期乳酸菌繁殖速度，促使青贮快速进入乳酸发酵阶段，可以在青贮原料中添加乳酸菌制剂。近年来随着乳酸菌制剂生产水平的提高，可以通过先进的保存技术将乳酸菌活性长期保持在较高水平。

目前，主要使用的菌种有植物乳杆菌、肠球菌、布氏乳杆菌、戊糖片球菌及干酪乳杆菌。从干物质保存的角度来说，同型发酵乳酸菌优于异型发酵乳酸菌，因为后者在发酵过程中除了产生乳酸，还会产生乙酸、甘油、CO_2，而乳酸降低 pH 的能力优于乙酸。

乳酸菌添加效果与原料中可溶性糖含量有关，同时也受原料缓冲能力、干物质含量和细胞壁成分的影响，所以乳酸菌添加量也要考虑乳酸菌制剂种类及上述影响因素。对于猫尾草、鸭茅和意大利黑麦草等禾本科牧草，乳酸菌制剂在各种水分条件下均有效，最适宜的水分范围为轻度到中等含水量；苜蓿等豆科牧草的适应范围则比较窄，一般在含水量中等以下的萎蔫原料中利用，不能在高水分原料中利用。调制青贮的专用乳酸菌添加剂应具备如下特点：①生长旺盛，在与其他微生物的竞争中占主导地位；②具有同型发酵途径，以便使六碳糖产生最多的乳酸；③具有耐酸性，尽快使 pH 降至 4.0 以下；④能利用葡萄糖、果糖、蔗糖和果聚糖发酵，可以利用戊糖发酵则更好；⑤生长繁殖温度范围广；⑥在低水分条件下也能生长繁殖。

2. 酶制剂

添加的酶制剂主要用来分解饲草中复杂的碳水化合物，主要是细胞壁分解酶，产生被乳酸菌可利用的可溶性糖类。添加酶制剂对于含糖量低的成熟牧草不仅可以缓解乳酸菌发酵底物不足的问题，还可以改善青贮饲料的有机物消化率，这是因为酶制剂能够水解植物细胞壁，降低纤维含量。研究发现，在青贮饲料中添加纤维素酶、半纤维素酶、木聚糖酶、果胶酶、淀粉酶等可以改善发酵效果（表 2-8）。

表 2-8　奶牛对一种添加酶制剂的禾草 / 三叶草青贮的反应（青贮占日粮组成的 50%）

	未处理对照	酶处理
青贮组成		
干物质含量 /%	30.7	28.1
pH	4.25	4.04
乳酸 /% DM	9.7	7.4
乙酸 /% DM	1.9	2.6
氨基酸 /% 总氮	8.7	10.1
动物生产		
干物质摄入量 /（kg/d）	20.9	22.9
产奶量 /（kg/d）	30.6	31.4
脂肪 /（kg/d）	1.05	1.07
蛋白质 /（kg/d）	0.90	0.93
产奶效率 /（kg 奶 /kg DM 摄入量）	1.47	1.38

目前酶制剂通常是商业化酶制剂，可以与乳酸菌一起使用。作为青贮添加剂的酶制剂应当使青贮早期产生足够的糖分，并提高青贮饲料营养价值和消化率，不应存在蛋白质分解功能。遗憾的是，目前商业酶制剂主要是来源于真菌等浅层培养物的浓缩物，不同公司采用不同的菌种，生产的酶制剂酶活力和组成有所不同，而且缺乏测定活力的标准方法，当使用酶制剂时，添加的比例很重要。添加比例太低，在青贮发酵开始时不能有效地释放可溶性碳水化合物；添加比例太高，会造成生产成本增加。近年的生物技术发展为青贮提供了更多可选择的酶制剂，降低了成本。

3. 糖类和富含糖分的饲料

通过乳酸菌发酵，如果产生 1.0%～1.5% 的乳酸，就可以使青贮饲料 pH 降至 4.2 以下。为了达到此目的，牧草原料中的可溶性含糖量一般需要在 2% 以上。当牧草体内可溶性糖含量不足时（如豆科牧草、含氮较高的牧草、狼尾草及热带牧草），添加糖类物质和富含糖分的添加剂可明显改善发酵效果。这类添加剂包括糖蜜、葡萄糖、蔗糖、糖蜜饲料、水果渣、谷类、米糠类等。糖蜜是制糖工业的副产品，黏度较高，一般将其与水混合使用。除了改善发酵以外，糖蜜中所含的养分也是家畜营养源，还能提高青贮消化率。

一些食品行业副产品，如柑橘渣、苹果渣或菠萝渣，可以添加到青贮原料中增加糖含量，但是它们是季节性产品，混匀也比较困难，干物质含量低，在使用时可能增加青贮饲料营养成分流失的风险。

4. 绿汁发酵液

绿汁发酵液是近年来研制的一种青贮添加剂，具有绿色、安全和有效的特点。将新鲜的牧草榨汁并过滤，然后在滤液中加入适量的糖，经过厌氧发酵，就得到了绿汁发酵液。它的制作成本低廉，工艺流程简单经济，也不会造成污染。绿汁发酵液的功能与乳酸菌添加剂类似，能够促进乳酸发酵并降低 pH，使乳酸菌成为饲料发酵过程中的优势菌种，抑制有害微生物的繁殖。绿汁发酵液可以显著改善苜蓿青贮饲料的发酵品质和营养品质，可以降低丁酸含量，减少非蛋白氮含量，还可以提高干物质回收率和粗蛋白质含量。

（二）发酵抑制剂

1. 无机酸

由于无机酸对青贮设备、家畜和环境不利，目前使用不多。

2. 甲酸和甲酸盐

从 20 世纪 60 年代末开始，国外广泛使用添加甲酸进行青贮。甲酸有直接降低 pH 的效果，并有抗菌功能。添加甲酸能抑制植物的呼吸作用，甲酸也是一种抑菌剂，可以减弱不良微生物的活动，把营养物质的降解限制在最低水平，保证饲料品质。添加甲酸能明显降低丁酸和氨态氮的生成，从而改善发酵品质。添加甲酸对于乳酸的生成也会产生影响。甲酸会抑制乳酸菌的发酵，减少乳酸的含量，总酸含量也会降低。添加甲酸能减少青贮发酵过程中蛋白质的降解，提高蛋白质的利用率。添加浓度为 85% 的甲酸，禾本科牧草添加量为湿重的 0.3%，豆科牧草为 0.5%，混播牧草为 0.4%。与乳酸、乙酸、丙酸相比，甲酸降低 pH 的效果更显著，而且能抑制乳酸菌的活动，适合在含糖量低或者蛋白质含量高的牧草青贮中使用。当调制条件不利时，如雨淋情况下，可以添加甲酸进行青贮。表 2-9 中是在遭受雨淋的高水分苜蓿中使用甲酸进行青贮的效果。

表 2-9　甲酸添加紫花苜蓿青贮的发酵品质和成分组成

项目	无添加	添加 0.3% 甲酸
pH	4.74	3.96
水分 /%	80.9	80.0
粗蛋白质 /% 有机物	21.5	20.7
蛋白氮 /% 全氮	37.1	50.5
氨态氮 /% 全氮	12.9	4.2
可溶性糖 /% 有机物	0.6	3.5
有机酸 /% 有机物		
乳酸	4.2	3.9
乙酸	9.2	2.9
丙酸	0.7	0.1
丁酸	0.1	0.0

注：引自玉柱和孙启忠（2011）。

青贮中还可以使用甲酸钙和四甲酸铵。甲酸盐的酸化效果较差，但是能够有效地抑制梭菌，而且腐蚀性更低。

（三）好气性变质抑制剂

好气性变质抑制剂有乳酸菌制剂、丙酸、己酸、山梨酸和氨等。在牧草或玉米中添加丙酸调制青贮饲料时，单位鲜重添加 0.3%～0.5% 时有效，而增加到 1.0% 时效果更明显。在美国，玉米青贮中也广泛采用氨。表 2-10 列举了添加好气性变质抑制剂对有氧稳定性的改善效果。

表 2-10　添加剂对有氧稳定性的改善效果

作物	添加剂（活性成分）	使用比例（以鲜重计）	试验数	对稳定性改善 /d*
禾草	异型发酵乳酸菌	10^5 CFU/g**	1	2.9
玉米	异型发酵乳酸菌	10^5 CFU/g	5	3.7
	苯甲酸盐 / 丙酸盐	4 kg/t	2	5.9
	甲酸盐 / 丙酸盐	4 kg/t	1	4.7
	尿素	2 kg/t	2	4.2
全株谷物	异型发酵乳酸菌	10^5 CFU/g	1	2.1
	尿素	2 kg/t	1	6.6

注：* 腐败开始之前的天数。

**CFU= 菌落形成单位。

引自 Honig 等（1999）。

（四）营养性添加剂

营养性添加剂主要用于改善青贮饲料营养价值，某些营养性添加剂还对青贮发酵有促进作用。营养性添加剂中的尿素、氨等非蛋白氮在青贮的过程中可以通过微生物的作用，形成菌体蛋白质，提高粗蛋白质含量。添加非蛋白氮的青贮中要保证含糖量较高，这样能为菌体生长提供充足的碳源和氮源。

目前此类添加剂中应用最广的是尿素。尿素能够在含糖量较高而粗蛋白质含量较低的原料中使用，均可获得理想的青贮效果。饲喂结果表明，添加尿素获得的优良青贮饲料对动物的生长起到促进作用，不会对动物健康造成影响。

乙酸尿素、硝酸尿素、盐酸联氨、甲酸联氨、氯化铵等也是很好的营养添加剂，还有防腐作用。

（五）吸收剂

吸收剂主要是用来吸收青贮发酵时产生的流汁，吸收的效果受青贮饲料作物的物理结构、应用方法、青贮容器构造的影响。用作吸收剂的材料一般有稻草秆、甜菜渣、丙烯酰胺和斑脱土。

在欧洲，干燥的甜菜渣、脱水酒糟和秸秆都被用作吸收剂。在澳大利亚，破碎的大麦籽粒、整粒燕麦被用作吸收剂。在我国主要利用粉碎的稻秸、玉米秸秆、豆荚和麸皮等作为吸收剂。

四、青贮调制方法

青贮饲料的分类方法有几种：根据青贮原料不同，分为单一青贮、混合青贮和配合青贮；根据加工方法不同，分为切碎青贮、揉碎青贮、整株青贮；根据青贮原料含水量不同，可将青贮饲料划分为常规青贮、半干青贮以及高水分青贮。在这里，主要讲述常规青贮，半干青贮、高水分青贮、混合青贮、揉碎青贮和整株青贮的调制方法。

（一）常规青贮及调制技术

常规青贮是将含水量为 60%～70% 的青贮原料进行调制，是目前应用最广泛的青贮形式。常规青贮利用乳酸菌发酵制造的酸性环境抑制腐败菌繁殖，保存营养物质。

1. 适时刈割

青贮原料的刈割时期影响青贮饲料的发酵品质和营养价值。青贮饲料的营养价值，除了与青贮原料的种类和品种有关外，还与刈割时期有关。一般早期刈割能够保证原料具有较高的营养价值，但刈割过早，单位种植面积的营养物质总量较低，同时调制的青贮饲料较难获得良好的发酵品质；刈割过迟，不仅会造成青贮原料营养价值下降，牲畜采食量也会降低。因此，选择适宜的刈割时期，可以获得单位种植面积上最高产量的总可消化营养物质，同时可溶性碳水化合物含量、含水量、蛋白质含量和纤维素含量也较为合适，有利于收获后青贮调制。

一般情况下，为了获得较好的营养价值、采食量、总产量和青贮品质的牧草，禾本科牧草需要在抽穗期刈割；豆科牧草需要在现蕾期至初花期刈割；青贮高粱在乳熟期带穗刈割；青贮玉米在乳熟期至蜡熟期整株刈割。进行青贮调制的目的是获得高质量的青贮，在实际进行原料收获时需要综合考虑原料的种类和品种，从实际情况出发，确定最佳刈割时期。

2. 水分调节

青贮原料的水分含量是决定青贮饲料发酵品质的主要因素之一。如果收获的原料含水量较高，达到 75%～80% 或以上，即使原料的可溶性碳水化合物含量高也不能保证调制成优质青贮饲料。青贮时如果水分过高，会产生“酸性”发酵或梭菌发酵，青贮饲料酸味刺鼻，无酸香味，营养物质损失大；水分过低，青贮原料不易压实，则青贮发酵程度低，导致发霉变质。水分过多的原料，可通过晾晒凋萎的方法，使其水分含量降低，达到要求后再行青贮，也可添加秸秆粉、糠麸类饲料或者其他含水量低的饲料调节整体含水量，混合青贮；水分过低的原料，可以加水将青贮原料预先处理再进行青贮调制。

全株玉米青贮时最适宜的水分含量为 65%，苜蓿等豆科牧草适宜的青贮的水分含量为 55%～65%，禾本科牧草适宜青贮的水分含量为 60%～70%。

3. 原料的切碎

原料的切短和压裂是促进青贮发酵的重要措施。适宜的切碎长度可有效地释放细胞渗出液，降低青贮原料空隙中空气含量，有利于青贮时压实，有效地利用青贮设施，增加青贮装填密度，有效促进乳酸菌繁殖，增加获得高品质青贮饲料的可能性。切碎的青贮饲料还有利于家畜采食，提高青贮饲料的利用率。一般要求青贮原料的切碎长度为 1～2 cm，其中 15% 的草段应大于 2 cm，以确保给反刍家畜提供足量的有效纤维含量。

对于难以消化吸收的玉米籽实，籽粒破碎能够提高籽粒中淀粉的消化率，提高青贮饲料中能量。对于全株玉米青贮而言，切碎的同时还应该破碎玉米籽粒，并且破碎率需达到 90% 以上，以提高淀粉的利用率。对于将整株原料运至青贮加工点进行青贮制作时，揉丝切碎是一种很好的切碎方式，并能增加青贮原料压实密度，确保发酵效果。

4. 装填压实

为避免青贮过程中发生腐败变质，切碎的原料在青贮设施中都要装匀和压实，而且装填速度越快，压实程度越好，营养损失越小，青贮饲料的品质越好。装填过程中要一层一层装匀，压实一层之后再继续装填，直到完成整个容器的装填压实。

在青贮容器靠近壁和角的地方不能留有空隙，压不到的边角可人力踩压，以减少空气残留，促进乳酸菌的繁殖并抑制好氧性微生物的活力。青贮原料压得越实，装填密度越大，青贮饲料发酵效果越好。一般要求青贮饲料的装填密度应达鲜草 500 kg/m^3。青贮时原料装填密度越大，青贮后青贮饲料干物质的损失也越小。用拖拉机压实要注意不要带进泥土、油垢、金属制品等污染物，以免造成青贮饲料腐败，或者造成牲畜食用过程中发生危险，损害健康。

5. 密封

原料装填压实之后，需要立即密封和覆盖，其目的是将空气与青贮原料隔离开来，并防止雨水进入。青贮容器不同，其密封和覆盖方法也有所差异。以青贮窖为例，在原料的上面盖一层 10～20 cm 切短的秸秆或青干草，草上覆盖双层塑料薄膜，底层为无害的塑料，顶层为密封性较好的塑料，再压上旧轮胎或者用土覆盖，窖顶呈弧线，以利于及时排雨水，窖四周挖排水沟，便于雨水或者渗出液的排出。密封后，需经常检查，发现下陷、裂缝或空隙时，用湿土抹好，以保证高度密封。

（二）半干青贮

1. 半干青贮概念

半干青贮又称低水分青贮，是将青贮原料含水量降低至 45%～60%，细胞质渗透压 55～60 Pa 时，切碎，装填至青贮窖内。此时含水量使细胞处于接近于生理干燥状态，某些腐败菌和霉菌，甚至乳酸菌活动和微生物活性都因水分限制而被抑制，这样营养成分就被保存下来，虽然青贮饲料中最终 pH 较高，而且形成的有机酸浓度不高，但半干青贮的品质也没有太大的影响，依然能够保持较好的水平。因此，任何一种牧草或饲料作物，不论其含糖量高低，都可制作半干青贮，即使是难以青贮的豆科牧草，也可调制成半干青贮。

半干青贮调制技术是研究较丰富的饲草贮藏方式和技术之一，当前在美国、加拿大、欧洲和日本等畜牧业发达国家应用广泛，我国从 20 世纪 80 年代开始尝试，在苜蓿、沙打旺等牧草的半干青贮技术方面也有成功的报道，但生产实践中普及程度与发达国家还有差距。

从青贮原料选取角度来讲，半干青贮原料主要选择可溶性糖含量低且不易青贮的豆科牧草，所以半干青贮一般指的是苜蓿等豆科牧草青贮。

2. 半干青贮的基本原理

半干青贮是在青绿饲草刈割后进行晾晒萎蔫，使原料水分含量降至 45%～60%，此时植物细胞汁液渗透压增加，接近于生理干旱状态。在密闭的青贮窖中形成的厌氧环境中，由于预干，发酵作用受到抑制，尤其是丁酸菌、腐生菌等有害微生物区系的繁殖受到抑制，从而使青贮料中的丁酸含量显著减少，同时避免高水分青贮由于渗液而造成的营养损失。因此，在青贮过程中，微生物活性较弱，蛋白质分解少，有机酸产生量较少。

尽管在半干青贮过程中，乳酸菌发酵受到了一定的限制，但与其他微生物活动相比，乳酸菌受到的抑制作用相对较轻，乳酸菌发酵仍能在一定程度上进行，青贮达到稳定时乳酸在总酸的比例中表现绝对优势。由于整个半干青贮过程产生的酸较少，pH 很难降至常规青贮的水平，与常规青贮相比，半干青贮发酵品质评定指标中 pH 的要求较低，还需要参考其他因素综合评价。与常规青贮类似，半干青贮在调制过程中选择适宜的刈割时期，保证一定的装填密度，高效地进行装填和密封，能够制作出高品质的青贮饲料。

半干青贮过程中产生的乳酸含量、酸碱度的变化及原料中的含糖量重要性降低，从而较一般青贮法扩大了原料的范围，在一般青贮法中被认为不易青贮的原料也都可以通过半干青贮法获得较好的贮存。尽管半干青贮法可一定程度对微生物造成生理干燥状态，限制其生长繁殖，但是保证高度厌氧的条件仍然十分必要。

3. 半干青贮的优点

（1）适用范围广。半干青贮含水量低，干物质含量高，利用渗透压抑制有害微生物生长。这种调制方法为难以用常规青贮方法调制的含糖量低、蛋白质含量高的饲料作物提供了一种青贮调制技术。在收获时遇到不利于干草调制的地区可以利用这种调制方法解决饲料作物调制的问题，也保证了饲料品质。尤其是缓冲能高的牧草，如苜蓿的青贮，虽然使用青贮添加剂也能进行此类饲料作物的调制，但是成本大大增加。

（2）发酵品质良好。在对青贮饲料的发酵品质进行分析时，优质青贮饲料的标准之一是乳酸含量占总酸的比例大，而丁酸和氨态氮生成量少。由于半干青贮调制过程中非常不利于梭菌的繁殖，半干青贮饲料中几乎不存在丁酸（表 2-11），并且氨态氮占总氮比例极少。因此半干青贮可避免直接进行高水分牧草青贮调制时发生的腐败现象，能获得品质优良的青贮饲料。

表 2-11 水分对发酵品质的影响 %

窖号		含水量	有机酸占总酸的比例		
			乳酸	乙酸	丁酸
中型窖	1	54.1	95.7	13.4	0.9
	2	53.6	80.7	19.3	0
	3	70.6	62.6	13.2	24.2
小型窖	4	82.1	61.4	28.4	10.2
	5	72.6	79.8	13.1	7.1
	6	60.7	85.9	13.8	0.3

注：引自高野信雄（1970）。

（3）可消化养分含量高。在调制干草的过程中，因落叶、光照、氧化等作用，饲料中的叶片，尤其是柔嫩的叶片和花序损失较多，很难保留，养分损失可高达 35%～40%，胡萝卜素损失更达 90%。常规青贮过程较长，在有氧呼吸阶段、厌氧阶段均有营养损失。与这两种调制方式相比，半干青贮能保存更多的养分。首先，半干青贮饲料几乎完整保存了青饲料的叶片和花序，胡萝卜素和维生素的损失也较低。其次，由于半干青贮发酵过程慢，同时有高渗压，抑制了蛋白质水解和丁酸的形成，因而养分损失较少；并且干物质含量高，采食量高。以青贮饲料为主要饲料饲养乳牛时，半干青贮饲料的养分供给量明显高于普通青贮饲料。多数试验表明，半干青贮的增重效果比普通青贮要好，产奶量也较高。

（4）家畜干物质摄取量大，饲喂效果好。半干青贮水分较低，牲畜采食量显著高于同样原料调制的高水分青贮的采食量。在有些国家，养殖户用半干青贮代替牲畜日粮中的干草、块茎饲料和青贮饲料，可以简化饲喂流程，降低管理费用，也取得了良好的经济效果。

（5）营养损失少，利用效率高。水分含量高的饲草原料在调制青贮过程中容易出现渗流液，流出的干物质损失超过 10%，当原料水分降低至 60% 左右时，几乎不存在流出损失。所以半干青贮避免了渗流液损失，营养损失少，尤其是极易被家畜消化的成分保存较好，饲喂后利用率高。

（6）运输效率高。由于半干青贮含水量低，干物质含量高，所以在原料从田间到青贮设施进行装填或直接进行田间晾晒、捡拾切碎、裹包青贮，以及把完成青贮过程的饲料从青贮设施或贮存地点运送到饲喂地点或养殖场的整个过程中，工作效率比普通青贮高。

从水分含量与采食量、利用效率、饲喂效果和作业效率等的关系中可推出含水量在60%左右的半干青贮效果最佳（表2-12）。

表2-12　半干青贮的效果

项目	水分含量	效果
利用效率	70%以下	与高水分相比，提高30%
流汁损失	60%	可避免
装填量	60%	单位体积内多贮藏50%的原料
臭酸	60%以下	因不含酪酸而不危害家畜
臭味	65%以下	无腐败味，具芳香酸气味
可消化养分	60%以下	可消化粗蛋白质比高水分青贮多2倍
采食量	60%以下	乳牛适口性强，多采食50%～70%
作业效率	70%以下	由于无效水分的搬运大大减少，可成倍增加作业效率
饲喂效果	60%以下	可以不利用干草，单一饲喂泌乳效果比高水分青贮好
低水分目标	45%～65%	

注：引自高野信雄（1970）。

4. 半干青贮的缺点

调制半干青贮料的关键是调节水含量，青绿饲料刈割后需要晾晒萎蔫，为了降低养分损失，晾晒萎蔫的时间越短越好。在调制青贮时，如果遇到阴雨天、空气湿度高的天气，青贮原料的水分较难降低，尤其是在南方的梅雨季节，进行半干青贮调制几乎是不可能的。因此，半干青贮的调制需要一定的气候条件。

5. 半干青贮的发酵过程

（1）好氧性发酵期。半干青贮的调制需要经过较长的好氧性发酵期。通过凋萎使其含水量降至45%～65%时，原料呼吸强度要明显弱于新鲜原料，因此，好氧性细菌需要经过较长时间的生长繁殖，才能在青贮设施内形成厌氧状态。好氧性细菌的长时间活动导致青贮窖内温度升高。发酵初期，半干青贮发酵温度通常高于高水分青贮。

调制半干青贮，需要控制晾晒程度。如果晾晒过度，那么好氧性细菌由于活跃度不够，耗尽青贮窖内氧气需要更长的时间，影响快速进入厌氧状态的速度，导致好氧性发酵期延长，并且也降低青贮窖内的最终CO_2的浓度。在晾晒过程中应避免原料含水量降至50%以下。

（2）乳酸发酵期。青贮设施密封后，经过3～7 d的好氧性发酵期，青贮设施内氧气被消耗完毕，进入厌氧状态，乳酸菌进入繁殖阶段。原料中可溶性碳水化合物被乳酸菌利用，产生乳酸等有机酸，pH下降。由于萎蔫的作用，原料上本就不多的乳酸菌会死掉一部分，在发酵过程中，乳酸菌也受到低水分、高渗透压等因素影响，生长繁殖受到一定程度的抑制。与常规青贮相比，乳酸菌繁殖缓慢，乳酸生成量也较低。乳酸发酵期可持续到装填原料之后 7～20 d。

通常发酵良好的青贮饲料 pH 下降迅速，10 d 之内就可降至 4.2 左右；而半干青贮的 pH 下降缓慢，在 pH 的较高水平下（4.4～4.6）就已达到稳定状态。

（3）发酵稳定期。半干青贮 pH 难以下降到 4.2 或更低的水平。对于半干青贮而言，乳酸对安全贮藏的意义并不大，只要降低原料水分，创造和保持高渗透压的酸性厌氧条件，抑制梭菌等腐败微生物繁殖，就能达到安全贮藏的目的。

6. 半干青贮调制技术

（1）天气预测。牧草收获季节，天气状况的预测对于牧草刈割时期的确定和制作青贮饲料非常重要。牧草刈割前，需要查看一周内甚至更长时间的天气预报，以根据天气情况选择和安排适宜的牧草刈割时期，尽量避开阴雨天气，防止雨淋对牧草生产造成的损失，特别是豆科牧草雨淋后会对青贮饲料的发酵品质造成严重的影响。

（2）收获。牧草特别是紫花苜蓿收割时，收割机带压扁功能为好，以缩短田间晾晒时间。不同牧草适宜刈割的时期见表 2-13。第一年建植的苜蓿，初花期刈割；往年建植的苜蓿第一茬刈割时期在现蕾中期到初花期之间为宜，第一茬以后茬次的刈割时期为现蕾后期至初花期。多年生禾本科牧草第一茬刈割的适宜时期为抽穗期，而豆科牧草的刈割时期需根据豆科牧草的成熟期来确定。牧草刈割时，豆科牧草留茬高度 8 cm 左右，禾本科牧草 5 cm 左右。晾晒草幅要宽，至少占割幅的 70%，以使刈割后的牧草被割茬顶起，有助于加快水分散失；同时，可防止牧草被土壤污染，提高牧草青贮饲料品质。

表 2-13　牧草种类及适宜刈割时期

牧草种类	刈割时期
苜蓿第一年建植第一茬	初花期
苜蓿往年建植第一茬	现蕾中期至初花期
苜蓿往年建植第一茬以后茬次	现蕾后期至初花期
红三叶第一茬	1/4～1/2 开花期
红三叶第一茬以后茬次	1/4 开花期
多年生禾本科牧草第一茬	抽穗期
多年生禾本科牧草第一茬以后茬次	第一茬刈割后的 5～6 周
小谷物类牧草	抽穗早期
禾本科 - 豆科混播牧草	根据豆科牧草的成熟期定

表 2-13 所述不同种类牧草的刈割时期是综合考虑牧草刈割时的产量和营养价值以及确保安全越冬等因素而确定的。牧草越成熟，虽然产量高，但可溶性碳水化合物含量低，则青贮饲料发酵品质越低。如表 2-14 所示，紫花苜蓿最适宜的刈割时期——现蕾期的粗蛋白质含量最高。到盛花期时，粗蛋白质含量降低了 7%，纤维含量增加了 6%，相对饲喂价值相应地降低了近 30。

表 2-14　不同刈割时期苜蓿营养价值变化情况

刈割时期	CP/%	NDF/%	ADF/%	相对饲喂价值（RVF）	体外干物质消化率 /%
现蕾	22.4	38	33.3	151	73.8
初花	19.6	41	36.4	135	70.9
盛花	15.3	44.3	39.1	122	67.3
结荚	13.9	49.0	43.2	104	63.56

注：RFV（relative feeding value），粗饲料相对饲喂价值。

（3）水分调节。牧草青贮前的水分含量是调制优质青贮饲料和确保青贮饲料发酵品质的最关键环节。半干青贮一般指青贮原料含水量为 45%～55% 时进行青贮饲料的调制。一般情况下，调节牧草的水分含量有两种措施。第一种常用的措施是牧草刈割后，在田间进行晾晒萎蔫，使青贮原料的水分达到最适宜青贮的含量。原料收获后，田间晾晒的时间应根据牧草刈割时期的含水量和当地的天气条件而定，晾晒时间越短牧草营养损失越少。要达到低水分青贮含水量的要求，一般需在田间晾晒 24～36 h。另外一种水分调节的方法就是在牧草刈割的时候使用干燥剂。生产中常用的干燥剂主要有碳酸钠和碳酸钾，使用这两种干燥剂可提高牧草茎秆中水分的散失速度，但由于成本的问题，生产中很少使用干燥剂。就裹包青贮而言，苜蓿最理想的打捆水分含量为 45%～55%。打捆时水分含量高于 65%，易产生“酸型”梭菌发酵，进而使牧草青贮饲料积累大量丁酸；水分含量为 55%～65%，会产生过度发酵，草捆表面和塑料膜之间会凝结水汽；水分含量为 45%～55%，青贮料发酵品质最好；水分含量为 35%～45%，发酵不彻底，裹包时需要加厚拉伸膜裹包层数；水分含量为 25%～35%，只有微量发酵，应尽快饲喂家畜；水分含量小于 25%，适宜制作裹包干草。有机酸及其盐溶液可缓解或抑制高水分裹包青贮饲料的不良发酵。若裹包青贮饲料用于商品化生产，则打捆时牧草水分含量以 45%～55% 为宜。

青贮原料的干物质（DM）含量与青贮饲料发酵品质息息相关。在一定范围内，青贮原料的 DM 含量与青贮饲料中总有机酸的含量为负相关的关系。而就青贮饲料中乳酸含量而言，其随青贮饲料的 DM 含量增加呈现先增加后降低的趋势，且 DM 含量在 40% 左右时，乳酸的含量最高，发酵品质也最好。

（4）捡拾切碎。田间晾晒达到适宜打捆的水分后，用搂草机集成草条，便于捡拾。同时，避免集拢时过多的尘土被带入草条。牧草切碎可在田间用捡拾切碎机边捡拾边切碎，或者将晾晒好的牧草收集后在固定场所用粉碎机切碎。牧草切得越碎，青贮时的青贮密度越大，可提高青贮饲料的紧实度，减少颗粒间 O_2 含量，发酵品质也就越好。同时，对紫花苜蓿而言，切得越碎，可充分释放苜蓿中的可溶性碳水化合物（WSC），有利于乳酸菌快速利用紫花苜蓿中有限的糖原，提高发酵品质。但考虑到反刍家畜的瘤胃功能正常和反刍消化生理，牧草在切碎时需要保证有一定量的长草段，也称有效纤维。理论上牧草适宜的切碎长度为 1～2.5 cm，最好在 1 cm 左右，同时要求有 15% 的草段大于 2.5 cm，以确保给反刍家畜提供足量的有效纤维含量。对于全株玉米青贮而言，切碎的同时还应该破碎玉米籽粒，并且破碎率需达到 90% 以上，以提高淀粉的消化率。

（5）装填压实密封。切碎的原料在青贮设施中都要装匀和压实，尽量压实，尤其是靠近壁和角的地方不能留有空隙，以减少空气，利于乳酸菌的繁殖和抑制好氧性微生物的活力。青贮原料压得越实，装填密度越大，青贮饲料发酵效果越好。一般要求低水分青贮饲料的鲜草装填密度应达 450 kg/m^3 左右。实践中判断较好的压实程度为青贮原料装填压实表面能明显看到拖拉机的轮胎印迹。青贮时原料装填密度越大，青贮后青贮饲料干物质的损失也越小。用拖拉机压实要注意不要带进泥土、油垢、金属等污染物，压不到的边角可人力踩压。

原料装填压实之后，应立即密封和覆盖。其目的是隔绝空气与原料接触，并防止雨水进入。青贮容器不同，其密封和覆盖方法也有所差异。以青贮窖为例，在原料的上面盖一层 10～20 cm 切短的秸秆或青干草，草上盖塑料薄膜，再压 50 cm 的土，窖顶呈馒头状以利于排水，窖四周挖排水沟。密封后，需经常检查，发现裂缝和空隙时用湿土抹好，以保证高度密封。

（6）工艺流程。半干青贮制作的主要环节有原料的适时收获，青贮原料水分调控，田间捡拾切碎，添加剂的使用，青贮原料的装填压实或打捆裹包，青贮原料的密封等（图 2-7）。

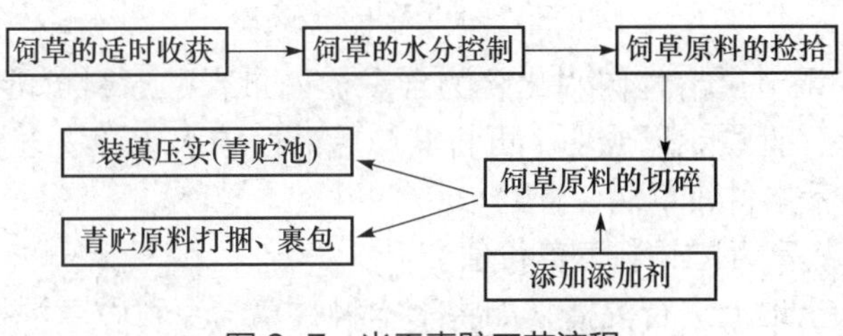

图 2-7　半干青贮工艺流程

（7）产品质量。由于半干青贮主要是苜蓿等豆科牧草青贮，其质量判定标准与常规的玉米青贮或禾草青贮不完全一样。目前，还没有专门针对苜蓿青贮的质量评价标准。但由于苜蓿等豆科牧草半干青贮可溶性糖含量低，所以其发酵程度不如常规的全株玉米等谷物类作物青贮饲料。从感官上看，优质苜蓿半干青贮的色泽为深绿色或黄绿色，气味酸香。半干青贮饲料的 pH 为 4.3～5.0，乳酸含量为 4%～8%，丙酸的含量小于 0.5%，丁酸的含量小于 0.1%。

（8）利用。苜蓿等豆科牧草在半干青贮过程中由于苜蓿自身蛋白酶的作用使苜蓿中大部分真蛋白质被分解而产生非蛋白氮（nonprotein nitrogen，NPN）。据研究，青贮后苜蓿中的 NPN 可以达到苜蓿总 N 的 44%～87%。半干青贮时蛋白质的降解不仅使青贮饲料的缓冲能增加，产生的胺化物影响家畜的采食量，而且还会造成高蛋白质青贮饲料中蛋白质的损失。通常 NPN 不能被家畜有效地利用，大部分以尿氮的形式排出，并会造成环境污染。所以饲喂苜蓿半干青贮饲料时，需增加日粮中碳水化合物的比例，同时需增加日粮中过瘤胃蛋白质的使用量，从而更有效地利用半干青贮饲料中的粗蛋白质。

（三）高水分青贮

高水分青贮是把收获的原料直接青贮。由于不经过晾晒和水分调节环节，能够减少天气情况影响和田间管理损失，而且作业简单，效率高。

高水分青贮在田间管理损失较小，但是由于原料含水量较高，可能在青贮过程中产生渗出液，带走一部分干物质，增加营养物质的损失；而且在高水分的环境下，梭菌发酵很难得到抑制，甚至发生腐败，降低青贮饲料的发酵品质。为了保证发酵品质，有必要使用添加剂等调制措施。

高水分青贮与其他青贮形式相比，具有以下优点：调制环节少，作业时间短；降低天气变化的影响，有效应对不利条件，能够及时收获和保存牧草。

（四）混合青贮

混合青贮是指将两种或两种以上青贮原料混合调制的青贮饲料。制作混合青贮要满足青贮的基本要求，一般情况下，混合青贮比单一青贮饲料营养全面，适口性好。

调制混合青贮饲料有以下 3 种方式。

（1）通过混合，调节干物质含量。如果青贮原料的水分含量高，干物质含量低，可以与干物质含量高的原料混合，如将蔬菜废弃物或副产品、水生饲料、瓜类和块根块茎类与农作物秸秆或糠麸等含水量低的饲料混合青贮，不仅提高青贮成功的可能性，还可以减少渗流液损失。

（2）通过混合，调节可溶性碳水化合物含量。如果青贮原料可溶性碳水化合物太少，那么乳酸发酵程度差，青贮难以成功，可将其与可溶性碳水化合物含量高的原料一起混合青贮，如豆科牧草与禾本科牧草混合青贮。

（3）通过混合，提高青贮饲料营养价值。

此外，还可以在土地上进行混播，如将禾本科牧草与豆科牧草混播，这样在收获的过程中直接收获两种牧草，进行混合青贮，不仅实现了混合青贮的目的，还节省了劳动力。

（五）揉碎青贮

揉碎是利用揉碎机对牧草和饲料作物进行处理，从横向进行切断，从纵向进行揉搓。通过揉搓，青贮原料变成丝状，原料的物理结构被充分破坏，更有利于青贮发酵和营养物质的利用。揉碎处理有利于植物汁液流出，促进乳酸菌发酵。揉碎处理将原料茎节、尖刺等不利采食和消化的结构消除，提高饲料的适口性和家畜的采食率。揉碎处理可以破坏植物的纤维结构，增加木质素、纤维素和半纤维素与微生物及酶的接触面积，有利于提高家畜对粗饲料的消化率。这种青贮方式对于木质化程度高的原料、作物秸秆、木本饲料作用效果明显，有利于增加青贮饲料原料资源。

表 2-15　不同加工方法对柠条消化率的影响

项目	切碎	揉碎	粉碎
有机物表观消化率 /%	64.3	67.8	60.2
粗蛋白质表观消化率 /%	62.7	65.5	59.4
中性洗涤纤维表观消化率 /%	67.4	73.4	64.9
酸性洗涤纤维表观消化率 /%	57.2	62.4	55.8

注：* 柠条为当年生开花期。

引自刘强（2005）。

（六）整株青贮

整株青贮是指牧草或饲料作物收获后不经物理加工处理，整株装填进行青贮的调制方式。

整株青贮省去了切碎等处理环节，为了保证青贮品质，对原料的要求比较高，一般选择质地柔软的牧草或作物进行青贮。为降低有氧呼吸阶段的营养损失，需要尽量排除间隙中的氧气，整株青贮在收获过程中可以用刈割压扁机对牧草进行压扁、压裂，将茎秆部位的空气排出，还有利于植物汁液的流出，有利于乳酸发酵。

近年来，由于机械的发展，草捆青贮方式在我国得到了迅速推广普及。在实施牧草草捆青贮时，可采用捡拾打捆机将整株牧草打成高密度草捆，草捆外缠上拉伸膜或装入袋中调制成青贮饲料。这种整株青贮形式机械化程度高，产品品质好，逐渐成为调制整株青贮的主要方法。

为了保证全株青贮饲料的发酵品质，有必要使用青贮添加剂。可以将添加剂喷洒在整株原料表面，然后进行青贮。

整株青贮在使用时，可根据需要进行切碎或揉碎处理，提高动物的采食量和消化率。将整株青贮饲料与精饲料调制 TMR 混合日粮时，可通过搅拌车进行切碎混合。

五、青贮饲料质量

青贮饲料质量的优劣受到多个因素影响，如原料的种类与品种、收获时期及原料品质、青贮技术及保存条件等。

青贮饲料发酵品质能够在一定程度上反映贮藏过程中的养分损失和青贮饲料产品的营养价值，高质量的青贮饲料不会损害家畜正常的生理功能和优良的生产性能。对青贮饲料品质进行完整的评价需要通过感官和实验室两方面评价，分析青贮饲料的品质并评价其作为饲料的利用价值。

（一）感官评定

感官鉴定是根据青贮饲料的气味、色泽和质地等指标，评定青贮品质。评价者对青贮饲料从气味、颜色、手感等感官评价的基础上，根据经验及青贮饲料的评价标准判断饲料对应的等级。从评判方法来说，感官鉴定受到一定的主观影响，所以对评价者要求经验丰富，通常情况下需要综合多个评价者的意见，较为客观地进行青贮饲料的评价。

1. 观察色泽

打开密封的青贮饲料后，可以首先观察饲料的颜色，从颜色上首先判断是否能够饲喂，还可以通过颜色判断收获时期是否合适（表 2-16）。

表 2-16　青贮品质与其对应的饲料颜色

品质	颜色	说明
良好	青绿色或黄绿色	原料适时刈割
中等	黄褐色或暗褐色	原料刈割时已有黄色
低劣	暗色、褐色、墨绿色或黑色	与青贮原料的原来颜色有显著的差异，这种青贮饲料不宜喂饲家畜

2. 辨别气味

品质优良的青贮饲料，闻上去给人以舒适感，主要以乳酸发酵为主；品质中等的青贮饲料可能在青贮过程中醋酸菌或酵母较活跃，产生了一定量的乙酸或者乙醇；低劣的青贮饲料闻上去刺鼻，而且饲料品质低下，不能饲喂（表 2-17）。

表 2-17　青贮品质与其对应的气味

品质	气味	说明
良好	具较浓的酸味、果实味或芳香味，气味柔和，不刺鼻	乳酸含量高，发酵品质较高
中等	稍有酒精味或醋味，芳香味较弱	发酵品质一般
低劣	堆肥味、腐败味、氨臭味	饲料已变质，不能饲用

3. 检查质地

品质良好的青贮饲料在装填时压得非常紧密，抓在手中却能散开，略微湿润，质地柔软，能清晰地看出原料的茎、叶、花瓣在收获时期的状态，叶片、茎的叶脉和绒毛也能够看出。品质较差的青贮饲料质地松散，粗糙发硬，较为干燥，或者黏成团状，说明青贮由于水分过低或者过高的原因没有形成良好的青贮饲料。腐败变质的青贮饲料不能使用。

可根据德国农业协会的青贮质量感官评分标准来指导青贮饲料的感官评定（表 2-18）。

表 2-18　青贮饲料感官评定标准

项目	评分标准			分数
气味	无丁酸嗅味，有芳香果味或明显的面包香味			14
	有微弱的丁酸臭味，或较强的酸味、芳香味弱			10
	丁酸味颇重，或有刺鼻的焦糊臭或霉味			4
	有很强的丁酸臭或氨味，或几乎无酸味			2
质地	茎叶结构保持良好			4
	叶子结构保持较差			2
	茎叶结构保存极差或发现有轻度霉菌或轻度污染			1
	茎叶腐烂或污染严重			0
色泽	与原料相似，烘干后呈淡褐色			2
	略有变色，呈淡黄色或带褐色			1
	变色严重，墨绿色或褪色呈黄色，呈较强的霉味			0
总分	10～20	10～15	5～9	0～4
等级	1 级　优良	2 级　尚好	3 级　中等	4 级　腐败

注：引自玉柱和贾玉山（2010）。

（二）实验室鉴定

为了获得更精确的青贮品质评价，需要进行实验室鉴定，主要通过对青贮样品进行化学分析来判断发酵情况，包括测定 pH、有机酸（乙酸、丙酸、丁酸、乳酸）的总量和构成、氨态氮占总氮的比例等。取样时，要根据青贮设施选取取样点，用取样器或者用利刀切取正方体的青贮饲料样块。如果青贮设施较大，样品量较多，可以用四分法缩减样品量。

1. pH

进行 pH 测定时，需要使用新鲜的青贮样品，可以使用 pH 计或者比色法测定。青贮饲料的乳酸发酵程度高，pH 较低；发生不良发酵程度高则 pH 较高。一般对常规青贮饲料来说，pH 4.2 以下为优；pH 4.2～4.5 为良；pH 4.6～4.8 为可利用；pH 4.8 以上不能利用。但对半干青贮饲料不能单纯通过 pH 进行判断，还需根据营养价值来判断。

2. 有机酸

有机酸总量及其构成能够在一定程度上反映青贮发酵品质及青贮饲料品质的优劣，主要测定的有机酸一般包括：乳酸、乙酸、丙酸、丁酸。

随着仪器分析技术的发展，多采用气相色谱和高效液相色谱等分析手段来进行多种有机酸的测定，这些分析手段效率高，而且具有精确度高、检出限低、能够同时进行多种有机酸定量等优点。根据青贮饲料中有机酸的含量并计算组成可判定青贮饲料的发酵品质。目前，世界上普遍采用弗氏评分法评定青贮饲料的等级（表 2-19）。

表 2-19　弗氏评分（修订版，1966）

重量比 /%	得分	重量比 /%	得分	重量比 /%	得分	重量比 /%	得分
乳酸							
0.0～25.0	0	40.1～42.0	8	56.1～58.0	16	69.1～70.0	24
25.1～27.5	1	42.1～44.0	9	58.1～60.0	17	70.1～71.2	25
27.6～30.0	2	44.1～46.0	10	60.1～62.0	18	71.3～72.4	26
30.1～32.0	3	46.1～48.0	11	62.1～64.0	19	72.5～73.7	27
32.1～34.0	4	48.1～50.0	12	64.1～66.0	20	73.8～75.0	28
34.1～36.0	5	50.1～52.0	13	66.1～67.0	21	75.0～	30
36.1～38.0	6	52.1～54.0	14	67.1～68.0	22		
38.1～40.0	7	54.1～56.0	15	68.1～69.0	23		
乙酸							
0.0～15.0	20	24.1～25.4	15	30.8～32.0	10	37.5～38.7	5
15.1～17.5	19	25.5～26.7	14	32.1～33.4	9	38.8～40.0	4
17.6～20.0	18	26.8～28.0	13	33.5～34.7	8	40.1～42.5	3
20.1～22.0	17	28.1～29.4	12	34.8～36.0	7	42.6～45.0	2
22.1～24.0	16	29.5～30.7	11	36.1～37.4	6	45.0～	0
丁酸							
0.0～1.0	50	8.1～10.0	9	17.1～18.0	4	32.1～34.0	–2
1.6～3.0	30	10.1～12.0	8	18.1～19.0	3	34.1～36.0	–3
3.1～4.0	20	12.1～14.0	7	19.1～20.0	2	36.1～38.0	–4

续表 2-19

重量比 /%	得分	重量比 /%	得分	重量比 /%	得分	重量比 /%	得分
4.1～6.0	15	14.1～16.0	6	20.1～30.0	1	38.1～40.0	–5
6.1～8.0	10	16.1～17.0	5	30.1～32.0	–1	40.0～	–10

注：引自自给饲料品质评价研究会（2001）。

弗氏评分法主要应用于评价高水分的青贮饲料，而且在青贮过程中乳酸发酵旺盛。在评价低水分青贮饲料如半干青贮或者乳酸发酵受抑制的青贮饲料时，往往评价品质过低。因此在实际应用中应注意评价范围。

3. 氨态氮

氨态氮占总氮的比例可以反映出青贮饲料发酵过程中蛋白质的降解情况，也是衡量青贮饲料发酵品质的重要指标之一。氨态氮的比例越高，表明青贮过程中蛋白质的降解越多。为获得比例数据，需要用新鲜的青贮样品，加入碱性物质使氨挥发，通过比色法或者用酸液吸收氨气来测定氨的含量。总氮可用凯氏定氮法测定。

第四节　青贮饲料管理

一、青贮饲料的管理

青贮饲料是饲喂牲畜的优质粗饲料。青贮饲料品质与青贮原料、青贮技术和管理措施密切相关。在青贮贮存过程中，产生的渗出物、呼吸作用、发酵、空气渗入都会造成干物质和营养物质的损失。良好的管理措施是降低青贮过程中营养物质损失的重要手段。

一般青贮窖贮存的青贮饲料贮量大，开窖取用后短时间内不可能饲喂完，开启之前和开启之后的妥善管理可以使青贮饲料保持良好的品质，降低损失。

（一）开启前的管理

1. 及时检查，防止漏气

装填封盖后的青贮原料进入乳酸发酵阶段，开始萎缩下沉，形成缝隙或空洞，空气和水汽有可能进入设施内，造成损失。青贮封闭后，从第 3 天开始，每天进行窖顶的检查，如果出现窖顶下沉或空洞，补上新土并踩实。经过 10 d 左右，窖内青贮进行到乳酸发酵的中后期就不会萎缩下沉，这时用泥土覆盖，将窖顶做成弧形或球形，并高出窖口 30 cm，踩实并覆盖防水的塑料，然后再覆盖泥土或者旧轮胎，防止塑料被掀开。

2. 发现破损及时修补

封好的青贮窖要防止家畜、鸟类破坏。可以在窖的四周设置障碍，防止家畜踩踏青贮窖。要定期检查塑料布，如果出现漏洞，应及时用青贮专用的胶带修补，避免空气和雨水进入窖内，影响饲料的青贮品质。

3. 做好防雨和排水设施

封好的青贮窖内不能进水，如果雨水进入青贮窖，可能影响适口性，甚至引起青贮饲料腐烂变质。在青贮窖的顶部应该光滑，有一定弧度，确保雨水及时流下，青贮窖窖口应高于地面，防止雨水倒灌。青贮窖的四周应当建造排水沟，防止雨水积存，进入青贮窖。

4. 增加覆盖物，防止盖层受冻

青贮饲料在保存过程中一般都要经过冬季，在冬末春初开启使用。在北方调制的青贮饲料还需要防止青贮饲料冻结。为了防冻，在冬季上冻前，可以在窖顶上盖上一层干玉米秸秆、麦秸、稻秸等进行保温。取料的窖口也应该盖上较厚的干草，每次取料后也要注意盖好窖口。

5. 防治鼠害，减少损失

青贮饲料散发的香味，易招引老鼠咬食或打洞。如果青贮窖被老鼠打洞，气密性会受到破坏，影响青贮品质。因此，要经常检查青贮窖，如果发现了鼠洞，要及时修补。如果投放鼠药防止鼠害，要记录鼠药的投放地点，防止混入饲料中被家畜食用。

（二）开启后的管理

青贮饲料发酵完全后可以开窖取用，但需要注意开窖时间和开窖方法。

1. 开窖时间

青贮饲料进入稳定阶段的时间因青贮原料的不同而有所差异。一般来说，含糖量较高，含水量适宜，容易青贮的饲草，如玉米、苏丹草及高粱等禾本科牧草发酵 30～35 d 就可以开启使用，质地较硬的玉米秸秆需要推迟到 50 d 左右；豆科牧草，如苜蓿及其他含蛋白质丰富的饲草，由于含糖量较低，缓冲能较高，属于不易青贮的饲料，达到青贮稳定阶段过程约需 50 d 以上。

2. 开窖方法

开窖前，应清除窖顶覆盖的泥土、干草等，以防止杂物混入青贮饲料引起变质。长方形窖自一端开口，分段取用。圆形青贮窖自上而下分层取用。青贮窖取用时尽量保持饲料表面平整，不要挖洞取料。有条件的大型牧场可以用取料机自上而下垂直取料。每天按照饲喂量计算取料量，保证每天较均匀地取用。取料后把青贮窖踏实，并用塑料布盖严，尽量减少饲料暴露在空气中的时间。取料口用木棍、草捆覆盖，防止家畜踩踏或掉入泥土，保持青贮饲料环境卫生。

（三）避免有氧变质

1. 有氧变质的不利影响

青贮饲料发生有氧变质，不仅造成青贮饲料的干物质和营养物质的损失，还增加了青贮饲料加工成本。有氧变质与青贮饲料调制技术、青贮窖环境的变化有关，而外界气温、装填密度以及青贮原料的水分含量、刈割时期、每日取用方法都会影响有氧变质程度。青

贮饲料发生有氧腐败时，适口性下降，家畜采食量受到影响，能量和蛋白质利用率降低。有氧变质过程中也容易产生霉菌毒素，家畜采食劣质青贮饲料会产生泌乳量下降、中毒、下痢、流产、繁殖障碍等现象，而且使泌乳期的奶牛乳房炎发病率明显上升。

有氧变质使青贮饲料质量下降，而且给采食这种青贮饲料的家畜带来危害，损害养殖户的经济利益。因此，应采取相应措施尽量避免青贮饲料的有氧变质。

2. 避免有氧变质

（1）微生物方法。为防止有氧变质，在青贮时可采取合适的调制技术，抑制引起二次发酵的酵母菌及霉菌的活动。具体方法如下：①控制原料水分含量，使之为 60%～70%；②切短长度为 1.0～2.0 cm，切段均匀整齐；③添加有效的乳酸菌，促进乳酸菌发酵，使青贮饲料的 pH 快速下降，从而抑制酵母菌、霉菌等微生物不良发酵；④充分压实，使装填密度达到 700 kg/m^3 以上；⑤迅速密封；⑥熟化 1～2 个月。

（2）物理方法。有氧变质是因青贮饲料接触空气而发生的，所以可以用物理的方法阻止空气进入青贮饲料，这是防止有氧变质的基本措施。在青贮整个过程中，都需要注意避免空气与青贮饲料接触。

青贮前，清洁整理青贮设施，检查青贮窖的壁面是否平整，有无裂纹或破损，及时修补。铁皮气密式塔的呼吸袋有无破损，做到密闭无漏气。为防止鼠虫害引起的青贮设施破损，可在塑料布上覆土 20 cm，也可撒杀虫剂等。

适时刈割，太迟则作物含水量较低，质地较粗硬，不利于压实，青贮密度较低；此外，原料要尽量切短，充分压实，提高青贮密度。这样开封后空气不易进入青贮饲料内部，可有效防止有氧变质。

青贮窖容积与青贮饲料的取出量相适应。即使增加青贮密度，开启后也很难做到密封，饲料中留有空隙，空气从青贮饲料表面进入，浅处较多，深处渐少，如果每日取料量较少，空气则会进入青贮饲料的深处，引起好氧菌的增殖。所以，必须在好氧菌明显增殖前取出青贮饲料投饲。为此需要根据养殖规模和饲喂量设计青贮设施，保证每日取料厚度在 15～20 cm 及以上。青贮设施也可以分格取用，青贮塔可使用有氧变质防止板。

（3）利用化学方法。在青贮饲料中添加一些化学添加剂可以有效地防止有氧变质。添加 0.3%～0.5% 的丙酸，可相当程度地抑制好氧菌的繁殖，添加量为 0.5%～1.0% 时，大部分好氧菌被抑制。也可添加甲酸钙复合剂（主要成分为甲酸钙），可选择性地抑制酵母及霉菌的繁殖，添加量为 2.0%～0.5%。其他添加剂如尿素、山梨酸、丙烯酸也可防止二次发酵。

（4）合理取料，需要做到以下两方面。

① 正确取料。大型青贮窖要做到迅速取料，按顺序、分层次从窖中取料。竖窖从上到下，长形窖由一端向里。取料时开口要小，动作要快，取完料后立即封闭窖口，并用重物压上，防止空气进入，防止青贮饲料因表面暴露造成不必要的损失。

如果因天气或其他原因导致青贮饲料表层发霉或变质，应及时取出扔掉，不能饲喂给家畜。

② 准确取料。要根据家畜每天青贮饲料的用量，合理安排每天青贮饲料的取用量，要做到每天需要喂多少取多少；取料以当日喂完为准，以保持青贮饲料的新鲜。另外，取出

的青贮饲料应放在通风、阴凉、干净处，防止污染。

二、青贮饲料的饲喂

青贮饲料在使用初期需要进行驯饲，帮助家畜采食。驯饲方法有 4 种：①在家畜空腹饥饿时先饲喂少量青贮饲料，再喂其他饲料；②将青贮饲料与精饲料混合后饲喂，再喂其他饲料；③将青贮饲料放在饲草底层，上层放常喂的草料，使家畜适应青贮饲料的气味；④将青贮饲料与常用草料混合均匀后饲喂。青贮饲料的比例可以逐渐增加，完成驯饲。

青贮饲料在饲喂时需要和其他饲料合理搭配使用。青贮饲料由于含水量较多，不能满足家畜，尤其是产奶母畜、种公畜和生长育肥家畜的营养需要。另外，长期单一饲喂青贮饲料，家畜会发生厌食或拒食现象。为满足家畜的营养需要，青贮饲料需要与干草、青草、精饲料和其他饲料搭配使用。

在饲喂初期，青贮饲料投喂量应当少一些，逐渐增加到足量。饲喂过程中不能间断，以免青贮饲料因取用不及时造成有氧变质或牲畜因频繁更换饲料造成消化不良和生产不稳定。有条件的养殖户可以将精饲料、青贮饲料、干草搅拌均匀，制成“全混合日粮”饲喂，效果会更好。在饲喂过程中，如果家畜有拉稀现象，应减少青贮饲料的比例或停止饲喂，待恢复正常再继续饲喂。对于患肠胃疾病、拉稀、临产母畜要控制饲喂量，尽可能少喂甚至不喂，以免加重病情或引起孕畜流产。

实际饲喂过程量可以参考表 2-20。

表 2-20　不同家畜青贮饲料的饲喂量

家畜种类	适宜喂量 /(kg/ 头)	家畜种类	适宜喂量 /(kg/ 头)
产奶牛	15.0～20.0	犊牛（初期）	5.0～9.0
育成牛	6.0～20.0	犊牛（后期）	4.0～5.0
役牛	10.0～20.0	羔羊	0.5～1.0
肉牛	10.0～20.0	羊	5.0～8.0
育肥牛（初期）	12.0～14.0	仔猪（1.5 月龄）	开始驯饲
育肥牛（后期）	5.0～7.0	妊娠猪	3.0～6.0
马、驴、骡	5.0～10.0	初产母猪	2.0～5.0
兔	0.2～0.5	哺乳猪	2.0～3.0
鹿	6.5～7.5	育成猪	1.0～3.0

注：引自玉柱（2003）。

新鲜取出的青贮饲料气味芳香，营养丰富，家畜喜食。把青贮饲料从贮存容器中取出时，青贮饲料暴露在空气中会发热，发生有氧变质。为保证饲喂效果，每天取出数量以当天喂完为宜，保证每天取料，既可以保证青贮设施内青贮饲料品质稳定，也能给家畜提供新鲜的青贮饲料。在饲喂时也可以加入添加剂抑制有氧变质。

表 2-21 TMR 混合日粮中添加亚硫酸盐对青贮饲料好氧稳定性和家畜产奶量的影响

	未处理	处理
青贮饲料温度 /℃	22.2	13.0
干物质采食量 /（kg/d）	20.4	21.4
产奶量 /（kg/d）	26.9	28.0
奶中蛋白质含量 /%	3.56	3.68
奶中脂肪含量 /%	4.56	4.83

注：TMR（干物质成分）玉米青贮饲料 50%、牧草青贮饲料 13%、碎小麦 21%、糖蜜 5%、精饲料 21%。
以上数据引自 R.H.Phipps 的试验数据。

在冬季，需要避免青贮饲料冻结，可以在青贮饲料外部盖上干草或毛毡。饲喂冻结的青贮饲料后，反刍动物的瘤胃温度下降，少量摄食影响不大，但大量摄食会消耗家畜大量的体热，对家畜的呼吸、循环等系统造成不良影响。

有些青贮饲料酸度过大，在饲喂前需要进行处理。可以使用石灰水处理或者在精饲料里添加小苏打，降低瘤胃酸中毒的可能性。也可以在饲喂时掺入一定量的干草或玉米秸秆，起到降低酸度和提高干物质采食量的作用。青贮饲料不能单独饲喂，每次饲喂的青贮饲料应与干草、精饲料、矿物质预混料混合好，均衡家畜摄入的营养，提高日粮利用率。

饲喂时还应该做好饲喂管理工作，使用饲槽进行饲喂可以降低饲喂成本。在地面上饲喂，由于雨水天气、家畜践踏、卧息或排泄的影响，浪费较大。在每天饲喂前要清洁饲槽，及时移去腐败变质的饲草。

思 考 题

1. 饲料青贮的原理是什么？
2. 青贮饲料一般有哪些发酵过程？
3. 常规青贮饲料调制的技术要点有哪些？
4. 青贮饲料中有哪些常见的乳酸菌？
5. 青贮添加剂有哪几类？
6. 什么是半干青贮？
7. 什么是裹包青贮？

参 考 文 献

[1] 玉柱，贾玉山．牧草饲料加工与贮藏．北京：中国农业科技出版社，2010.
[2] 玉柱，孙启忠．饲草青贮技术．北京：中国农业大学出版社，2011.
[3] 张以芳，罗富成，刘旭川．微贮饲料发酵剂及微贮饲料技术．草业科学，2000，6：67-70.
[4] 曹致中．草产品学．北京：中国农业出版社，2005.
[5] 鲜秀梅，马文涛．秸秆饲料加酶处理技术．中国畜牧杂志，2005，7：63.
[6] 龙忠富．EM 秸秆饲料研究与应用概况．贵州畜牧兽医，1999，3：11-13.

[7] 董宽虎，沈益新. 饲草生产学. 北京：中国农业出版社，2003.
[8] 徐春城. 现代青贮理论与技术. 北京：科学出版社，2013.
[9] 白春生，玉柱，薛艳林，等. 裹包层数对苜蓿拉伸膜裹包青贮品质的影响. 草地学报，2007，15：39-42.
[10] 玉柱，白春生，韩建国，等. 苜蓿拉伸膜裹包青贮饲料品质的影响. 草业科学（增刊），2007：377-380.
[11] Nonaka K. Studies on stable method for making of low-moisture round bale silage and evaluation of its quality. Res Bull Nati Agric Res Cent for Hokkaido Reg，2002，176：1-55.
[12] Kaiser A G，Peltz J W，Bornes H W. 顶级刍秣：成功的青贮. 周道玮，陈玉香，王明玖，等译. 北京：中国农业出版社，2008.

第三章　干草加工与贮藏技术

【学习目标】

- 了解干草调制的意义和干草的种类。
- 掌握干草的营养特征和产业技术特点。
- 了解调制干草的原理和工艺，掌握干草调制的方法。
- 掌握干草贮藏的方法。
- 了解干草的利用。
- 了解干草调制过程中的机械。

第一节　概　　述

干草在实际生产中有广义和狭义之分。广义上的干草包括所有可饲用的干制植物性原料，基本上涵盖了哈里斯国际饲料分类体系中的第一类饲料——粗饲料，即所有干物质中粗纤维含量大于等于 18%，以风干状态存在的饲料和原料。如干制的牧草、饲料作物和农作物秸秆、藤、蔓、秧、秕壳以及可饲用的灌木、树叶等。而狭义的干草特指牧草或饲料作物在质量兼优时期刈割，并经过一定的干燥方法制成的粗饲料，良好的干草仍保持青绿色，故也称为青干草。青干草可以看成是青饲料的加工产品，是为了保存青饲料的营养价值而制成的贮藏产品。本章重点论述狭义干草的加工和贮藏。

优质的干草具有颜色青绿、叶量丰富、质地柔软、气味芳香、适口性好、易消化等特点，是草食家畜的日粮组成中必不可少的重要组成部分。特别是在当前草食家畜饲养规模化、集约化趋势下，干草的作用越来越被畜牧业生产者所重视。新鲜饲草通过调制干草，可实现长时间保存和商品化流通，保证草料的异地异季利用，调制干草可以缓解饲草饲料在一年四季中供应的不均衡性，也是制作草粉、草颗粒和草块等其他草产品的原料。调制干草的方法和所需设备因地制宜，既可利用太阳能自然晒制，也可采用大型的专用设备进行人工干燥调制，调制技术较易掌握，制作后取用方便，是目前常用的加工保存饲草的方法。

一、干草调制的目的意义

调制干草是解决年度内不同时期饲草供应不均衡的有效方法之一，众所周知，无论冷季型饲草还是暖季型饲草都不可能在一年中的每个时期都旺盛生长，而家畜对饲草的需求却保持相对均衡，变化较小，因此每一个牧场都面临着如何将生长旺盛时期多余的饲草保存下来，待到饲草料短缺的时候再使用的问题，而调制优质干草可以很好地解决这一问题。

调制干草是解决区域间饲草料供应不平衡的有效方法之一，区域间家畜的需求与饲草料的供给之间存在不平衡。以奶牛场为例，大型奶牛场一般选择建在大城市的周围，其所需饲草料需要从其他区域调入，优质干草是调入的首选。

（一）保障饲草饲料的均衡供应，缓解饲草生产季节性不平衡引发的生产矛盾

我国的饲草饲料作物的生产具有明显的季节性，表现为夏、秋季牧草生长旺盛，饲草饲料盈余，冬、春两季则出现饲草饲料的短缺，给畜牧业的生产带来严重的不稳定性。由于冷季牧草停止生长，放牧家畜只能采食到残留于草地上的枯草，而枯草的营养价值只有夏、秋牧草的30%～40%，特别是在“白灾”的时候，牧民根本无法放牧，畜牧业将遭受严重的打击，畜牧业生产始终徘徊在“夏壮、秋肥、冬瘦、春死”的循环中。为此，在植物生长季节，调制和贮备优质干草，为家畜均衡提供饲草，对于减少冬、春季家畜死亡，保障畜牧业的健康发展具有重要的意义。

（二）优质干草饲用价值高，可以节约精饲料

优质干草含有家畜所必需的营养物质，是钙、磷、维生素等营养物质的重要来源。优质的牧草经过科学的调制，粗蛋白质含量可达10%～20%，可消化碳水化合物达40%～60%，另外还富含脂肪、矿物质和维生素，能基本上满足日产奶5 kg以下的奶牛营养需要。我国奶牛平均每个泌乳期产奶量为4 000 kg，而畜牧业发达国家均在8 000～10 000 kg，差距较大。其主要原因是我国缺乏优质蛋白质饲草的支撑，饲养奶牛仅靠秸秆、精饲料和青贮玉米不能发挥优良奶牛品种的产奶性能。只有蛋白质饲草供应充足，才能提高产奶量。上海、广东、福建大型奶牛场改变饲料结构，增加高蛋白质饲草，大幅度地提高了牛奶的产量和质量，并降低了成本。随着我国现代化畜牧业的发展，以奶业为龙头的草食家畜饲养业将在我国畜牧业乃至农业结构中占有重要的位置，在草食家畜饲养业高效发展中起支撑作用的高蛋白质饲草的生产将进入一个新的发展时期。

（三）加工后的干草或草产品便于运输，可作为商品来销售

鲜草不利于运输，而加工后的优质干草产品便于运输，其已经成为国际贸易中的热门产品，全世界每年的贸易额高达50亿美元。随着我国经济的发展和对外贸易的开放，干草和草产品已逐渐商品化。我国地域辽阔，尤其是东北、华北和西北地区适宜发展牧草生产。目前，国际市场对草产品尤其是对苜蓿草产品的需求急剧递增，日本、韩国及东南亚一些国家每年均需要大量的苜蓿草产品。我国是日本的近邻，干草运输成本要比美国和加拿大等国的运输成本低60%左右。因此，借助我国的地域优势，如果能抓住这个市场，可使干草及草制品成为我国重要的出口创汇商品。

（四）调制干草方法简便，原料丰富，有利于我国养殖业的发展

我国是畜牧业大国，近些年，随着我国经济的发展和人们生活水平的提高，畜产品的

需求量进一步增加，从而大大刺激了我国草食畜禽养殖业的发展。干草的调制方法简便，农牧民方便操作，且原料有禾本科牧草、豆科牧草及其他优质牧草，来源丰富，干草的数量和质量直接影响我国畜牧业，是当今我国畜牧业能否稳定发展的关键因素之一。

（五）干草的加工可带动其他行业的发展

伴随着农业现代化的发展，干草的调制逐步采用机械化干燥的方法，同时就要求有配套的收获、搂草、运输和烘干等机械，最终带动了运输和机械加工等相关产业的发展。

二、干草的种类

关于干草的种类，目前没有统一的分类方法。根据不同的分类方法，干草可形成许多种类，现简要介绍如下。

（一）按照牧草的植物学分类划分

常见的可将干草分为禾本科、豆科、菊科、莎草科、十字花科等，在每个科里面，可根据饲草品种的名称命名干草名。如苜蓿干草为豆科干草，黑麦草干草为禾本科干草等。

1. 豆科干草

豆科干草包括苜蓿、沙打旺、三叶草、草木樨等。这类干草富含蛋白质、钙和胡萝卜素等，营养价值较高，饲喂草食家畜可以补充饲料中的蛋白质。

2. 禾本科干草

禾本科干草包括羊草、冰草、披碱草、黑麦草、无芒雀麦、鸡脚草及苏丹草等。这类干草来源广、数量大、适口性好。天然草地绝大多数是禾本科牧草，是牧区、半农半牧区的主要饲草。

3. 谷类干草

谷类干草为栽培的饲用谷物在抽穗—乳熟或蜡熟期刈割调制成的干草，包括青玉米秸、青大麦秸、燕麦秸、谷子秸等。这一类干草虽然含粗纤维较多，但却是农区草食家畜的主要饲草。

4. 混合干草

从天然草地或混播人工草地收获并调制干燥的混合牧草干草为混合干草。

5. 其他干草

以根茎瓜类的茎叶、蔬菜及野草、野菜等调制的干草。

（二）按照栽培方式划分

根据调制干草所用的鲜草栽培方式和来源，可将干草分为天然草地干草和人工草地干草。其中，人工草地干草又可以根据栽培模式划分为单一品种干草和混播草地干草。例如，苜蓿干草为单一品种干草，白三叶 + 黑麦草干草为混播草地干草，而草原上收获的干草为天然牧草干草。

（三）按照干燥方法划分

根据调制干草时的干燥方法，可将干草分为晒制干草和烘干干草两类。一般而言，烘干干草质量优于晒制干草。

（四）按加工调制的产品类型划分

根据最终加工调制的产品类型可将干草划分为散干草和干草捆。

散干草通常露天垛藏。含水量降至 15%～18% 时即可进行堆垛。常见垛形有长方形和圆形两种。通常长方形垛宽 4～5 m，高 6～7 m，长 8 m 以上；圆形垛直径 4～5 m，高 6～7 m。

干草捆是目前应用最广泛的草产品，其他草产品基本上都是在草捆的基础上进一步加工而来的，干草捆主要是通过自然晾晒使牧草脱水干燥并打捆而得的。与其他草产品相比，干草捆具有加工成本低、工艺简便、贮藏时间长、营养保存完好、饲喂时取用方便等优点。干草打捆后贮藏，草捆紧实，密度大，相对体积小，便于贮藏、运输和取用，是饲草产品商品化生产的一个重要环节。干草捆加工是牧草商品化生产的主导技术，在国外早已得到广泛应用。美国出口的草产品中 80% 以上都是干草捆。干草捆又可以根据草捆的形状分为圆草捆（图 3-1）和方草捆（图 3-2）；根据草捆的加工密度分为高密度捆（200～350 kg/m^3）、中密度捆（100～200 kg/m^3）和低密度捆（$<100\ kg/m^3$）。目前国内外打捆机的种类较多，主要有捡拾打捆机（图 3-3）和固定式高密度二次打捆机（图 3-4）。捡拾打捆机在田间捡拾干草条，边捡拾边压制成草捆。按照草捆性状又可分为方草捆机和圆草捆机。固定式高密度打捆机固定作业，人工或机械从入口喂草，将饲草或作物秸秆压制成高密度草捆。目前的机械化作业多采用捡拾打捆机进行田间作业。各种打捆机由于成捆原理、构造等不同，压成草捆的性状、密度、大小等都不一样（表 3-1）。

图 3-1　圆形草捆

图 3-2　方形草捆

打捆机喂入量、压缩力及压缩密度是打捆机最主要的技术参数，它们三者之间关系的协调直接影响着草捆的质量。打捆时饲草由捡拾器、输送喂入装置、压缩室草捆密度装置、草捆长度控制装置、打捆机构等自动地将饲草压缩捆绑后推出压缩室，经放捆板落地等一

图 3-3 压捆机

图 3-4 二次压捆机

表 3-1 常见的草捆参数

项目	圆捆		方捆	
	小圆捆	大圆捆	小方捆	大方捆
密度	150 kg/m^3	205 kg/m^3	150 kg/m^3	205 kg/m^3
最大截面	直径 90 cm	直径 125 cm	36 cm × 46 cm	90 cm × 120 cm
可调长度	120 cm	120 cm	40～110 cm	60～300 cm
通用长度	120 cm	120 cm	80 cm	180 cm
单捆重量	95 kg	300 kg	20 kg	400 kg

系列的工艺过程来完成打捆作业。大量的试验证明，喂入量对饲草压缩过程有很大的影响，喂入量不同，所得到的压缩力和压缩密度也不同，在相同的压缩密度下，不同喂入量所对应的压缩力也不同。随着喂入量的增加，压缩力增加，当喂入量增加到一定程度后压缩力开始下降。当喂入量一定时，压缩密度取决于压缩力的大小，它们之间有一个临界值。

打捆时压缩的过程分为松散与压紧两个阶段。在松散阶段，压缩力随压缩密度的增加而很快上升；在压紧阶段，压缩力随压缩密度的增加而下降，压缩力和压缩密度之间也有一个临界值。

1. 二次压缩打捆

草捆在仓库里贮存 20～30 d 后，当含水量降到 12% 以下时，即可进行二次压缩打捆，规格一般为 30 cm × 40 cm × 55 cm，单捆质量为 32 kg 左右，高密度打捆的目的主要是为了降低运输成本。二次打捆的草捆在生产中存在一定的问题，因为密度太大，家畜采食时比较费力，造成家畜能量的消耗。

2. 打捆时注意的问题

（1）在干草打成草捆前，要求其必须干燥均匀而无湿块，含水量在 20% 以下，对于捡拾打捆机，要求搂集成规则的草条，无乱团，以防止湿块和乱团发霉，产生热量而自燃。

（2）对干草尤其是豆科青干草进行打捆时，应选择在早晚反潮或有露水时进行，以减少叶片及营养物质的损失。降低打捆时叶片损失的一个方法，就是向干草表面喷洒有机酸（最常用的是丙酸），这样能使打捆时干草的含水量达到30%，而不是安全防腐所要求的15%～20%。

（3）打捆时，打捆机的前进方向应与刈割和摊晒的方向一致。打捆的前进速度要足够慢，以使干草被干净、整齐地送进打捆机。

（4）打捆作业时对机具的要求较高，必须认真检修和调试，打捆缠线机构要准确，以防穿线针对孔不正和散捆故障的发生，同时牵引速度要均匀适当，否则会造成打捆失败和断针损失。

三、干草的营养特征

天然草地调制的干草因草地类型、自然气候和收割调制方法等不同，其品质和特性存在较大差异。如果收割时调制方法得当，干燥过程中未发生雨淋和霉变现象，营养物质比较全面，尤其维生素、微量元素较丰富，是草食家畜不可缺少的粗饲料。人工栽培牧草往往品种较单一，如禾本科牧草无氮浸出物含量较高，茎叶柔软，适口性好，是能量饲料的主要来源。豆科牧草以富含蛋白质和钙为特点，是提供蛋白质的主要饲料。而禾本科与豆科牧草建立的混播草地，则具有以上两类牧草的共同特点。

（一）优质干草营养丰富

干草的营养和饲用价值受牧草品种、收割时期、调制方法等因素的影响，差异很大，优质干草营养完善，一般粗蛋白质含量为10%～20%；无氮浸出物含量为40%～54%；干物质含量为85%～90%。

干草是奶牛、绵羊、马的重要能量来源，表3-2可反映这些动物采食的干草和其他饲料在总能采食量中的比例。

表3-2　由干草和其他饲料所提供的能量的比例　%

动物	精饲料	干草	其他饲草	放牧地牧草
泌乳牛	37.9	23.1	19.4	19.6
其他奶牛	19.4	29.0	5.9	45.7
肥育肉牛	69.8	16.3	8.7	5.2
其他肉牛	8.7	15.5	4.1	71.7
绵羊、山羊	10.4	4.7	3.1	81.8
马和骡	20.6	18.3	10.2	50.9

对奶牛、绵羊、马来说，从干草中获得的能量占总能的1/4～1/3。从干草本身含的有效能来看，虽然比能量饲料差，但高于青贮饲料。优质豆科青干草的粗蛋白质含量比玉米籽实和青贮都高得多，见表3-3。

表 3-3　玉米籽实、玉米青贮和 3 种质量的苜蓿干草的总可消化养分（TDN）和粗蛋白质（CP）的价值比较

指标	玉米籽实	玉米青贮	苜蓿干草		
			高质量	中等质量	低质量
TDN/%	94.7	67.7	58.9	57.6	54.7
CP/%	10.2	8.2	16.1	14.1	11.9
与玉米籽实的价值比较 /%	100	83.0	83	77.7	70.4

优质干草，其原料植物中的矿物元素保存良好，一般含钙都比较丰富，含磷略差。矿物质和维生素含量较丰富，豆科青干草含有丰富的钙、磷、胡萝卜素、维生素 K、维生素 E、维生素 B 等多种矿物质和维生素。

干草是动物维生素 D 的主要来源，一般晒制干草维生素 D 含量为 100～1 000 IU/kg。青饲料在晒制过程中，其他维生素损失都比较严重，唯有维生素 D 含量增加，而其他植物性饲料维生素 D 的含量都比较低或没有，所以干草中的维生素 D 对动物有特别重要的意义。

干草与其原料青草相比，粗纤维含量增高，各种营养物质的消化率降低，所以就干物质来说，干草的营养价值降低。地上晒制干草的淀粉价比鲜草降低 50%，见表 3-4。

表 3-4　多年生黑麦草与其干草的成分和营养价值比较

成分	化学成分 /% DM			干物质消化率 /%			可消化有机营养物质比例 /% DM		
	鲜草	地面晒干的干草	架上干燥的干草	鲜草	地上晒干的干草	架上干燥的干草	鲜草	地上晒干的干草	架上干燥的干草
有机物	93.2	92.5	90.8	76.3	59.1	67.6	71.1	54.7	61.4
粗蛋白质	12.8	9.9	12.1	63.6	47.3	59.3	8.1	4.7	7.2
粗脂肪	2.2	1.4	1.6	43.5	10.9	27.9	1.0	0.2	0.4
粗纤维	26.9	36.2	32.4	76.8	69.4	75.9	20.6	25.1	24.6
无氮浸出物	51.3	45.0	44.7	79.6	54.9	65.2	41.0	26.6	29.1
淀粉价	—	—	—	—	—	—	62.0	35.4	42.5

（二）干草具有较高的饲用价值

优质干草呈青绿色，柔软，气味芳香，适口性好。干草中的有机物消化率为 46%～70%，纤维素消化率达 70%～80%，蛋白质具有较高的生物学效价。因此，青干草是草食家畜营养价值较平衡的粗饲料，是日粮中能量、蛋白质、维生素的主要来源。除了供给草食家畜营养物质外，干草在家畜生理上起着平衡和促进胃肠蠕动作用，是草食家畜日粮中的重要组成部分。

（三）干草是形成乳脂肪的重要原料

草食家畜在利用瘤胃微生物分解干草纤维的过程中，能产生挥发性的脂肪酸，即乙酸、

丙酸、丁酸等物质，是草食家畜合成乳脂肪的重要原料。减少干草饲喂量，可导致乳脂率降低。

（四）干草是加工其他草产品的原料

晒制或烘干成的干草，可以进一步制成草饼、草粉、草颗粒，其中草粉可作为配合饲料中的原料，为各种家畜所利用。

四、干草的消化率

干草品质的高低不仅要看营养物质含量的多少，更主要的是要看消化率的高低。晒制成的干草的营养物质的消化率，均低于原来的青绿饲料。

首先，牧草干燥时纤维素的消化率下降。这可能是因为果胶类物质中的部分胶体转变为不溶解状态，并沉积到纤维质细胞壁上，使细胞壁加厚。

其次，牧草干燥时可溶性碳水化合物与含氮物质的损失，在总损失量中占较大比重，影响干草中营养物质的消化率。草堆、草垛中干草发热时有机物质消化率下降较多。如红三叶鲜草，气温为35℃时，一天内营养物质的消化率变化不大；当升高到45～50℃时，蛋白质消化率降低14%；在压制成的干草捆中如温度升到53℃时，蛋白质的消化率降低约18%。人工干燥时几秒钟或几分钟就可以干燥完毕，则牧草的消化率变化不大。

五、干草调制原理

青饲料水分含量高，细菌和霉菌容易生长繁殖使青饲料发生霉烂腐败，所以，在自然或人工条件下，使青饲料迅速脱水干燥，至水分含量为14%～17%时，所有细菌、霉菌均不能在其中生长繁殖，从而达到长期保存的目的。

也就是说，通过自然或人工干燥方法使刈割后的新鲜饲草迅速处于生理干燥状态，细胞呼吸和酶的作用逐渐减弱直至停止，饲草的养分分解很少。饲草的这种干燥状态防止了其他有害微生物对其所含养分的分解而产生霉败变质，达到长期保存饲草的目的。

干草调制过程一般可分为两个阶段。第一阶段，从饲草刈割到水分降至40%左右。这个阶段的特点是：细胞尚未死亡，呼吸作用继续进行，此时养分的变化是分解作用大于同化作用。为了减少此阶段的养分损失，必须尽快使水分降至40%以下，促使细胞及早萎亡，这个阶段养分的损失量一般为5%～10%。第二阶段，饲草水分从40%降至17%以下。这个阶段的特点是：饲草细胞的生理作用停止，多数细胞已经死亡，呼吸作用停止，但仍有一些酶参与一些微弱的生化活动，养分受细胞内酶的作用而被分解。此时，微生物已处于生理干燥状态，繁殖活动也已趋于停止。

六、影响干草品质的主要因素

影响干草品质的因素很多，其主要因素是牧草种类、收获时间、加工方法及贮藏方法等。

（一）牧草的种类

由于牧草种类的不同及同一种类的不同品种在营养价值上有较大的差异，导致干草成品营养成分含量不同。一般来说，豆科植物干草的品质好于禾本科植物干草。

（二）收获时间

牧草的收获期对草产品的质量影响很大。收获期越早，草产品中粗蛋白质等可消化营养成分比重就越大，粗纤维等含量较少，但植株含水量高，晾晒时间长，营养损失增加；收获期越晚，粗纤维含量增加，蛋白质含量比重小，干草质量下降。一般来说，豆科牧草的最佳刈割期在现蕾期到初花期，禾本科牧草的最佳刈割期在抽穗期到开花期。刈割时间是影响干草质量的第一要素。

（三）加工方法

不同的加工方法对干草品质有很大的影响。在自然干燥中，由于牧草各部分干燥速度不一致，叶片特别容易折断，特别是豆科牧草在晾晒、打捆、搬运时，由于叶子、叶柄容易干燥，而茎、秆的干燥速度较慢，叶极易脱落。而叶正是营养含量最丰富的部分，致使干草质量下降。人工干燥的方法脱水速度快，干燥时间短，营养损失少，牧草品质好。

（四）贮藏方法

贮藏条件的不同也是引起干草品质好坏的主要因素之一。遮阳、避雨、地面干燥的贮藏条件有利于干草的长时间保存。一般垛藏的干草要使水分在18%以下，还要注意保持良好通风。

（五）自然条件

在调制加工和贮藏干草过程中，干草所处的自然环境条件也对干草品质产生一定的影响。例如，雨淋不仅会使牧草遭受腐败微生物的侵蚀而导致腐烂破坏，而且还会使牧草中的可溶性成分流失，造成营养损失。另外，鲜草若经长时间晒制，会使植物中的胡萝卜素、叶绿素和维生素C等大量损失，尤其是维生素类损失严重，所以，晒制干草时应尽量避免牧草长时间在强光下暴晒。

七、国内外干草产业发展进程及现状

（一）国外干草产业发展现状

世界各国草地农业发展现状按照其所具有的自然禀赋和生产经营方式不同，大体可以分为3类。

第一类主要以美国、澳大利亚、加拿大为代表，这些国家草地资源禀赋比较丰富，面积广阔，一般是天然草场与人工草场相结合，采用轮牧的形式，粗放经营，农场规模比较大，生产力水平比较高。以美国为例，美国具有发展畜牧业的先天优势，面积广阔，降水丰沛且均匀，美国的畜牧业占农业总产值的50%左右，是典型的资金和技术密集型产业，牛肉总产量和牛肉人均产量均居世界首位。整个草原畜牧业生产体系呈现明显的集约化和规模化特征，将小牧场逐渐合并为大牧场，应用新技术，提高生产力水平，其生产经营以市场为导向，自由化程度高，政府对生产经营仅仅起引导和辅助作用；具有完善的疫病防治机构，行业协会在产业发展中起到承前启后的衔接作用；此外，草原畜牧业相关法律比较完善，尤其是针对产品质量和安全方面的法律，由专门的监督员来负责产品安全的检测。农牧业研究机构遍布各处，利用行业协会可以将最新的研究成果推广到生产实践中。

第二类以西欧、北欧和新西兰为代表，这些地区和国家原始资源不够丰富，草原面积没有第一类广阔，主要以人工草场为主，其高水平的生产效率主要依靠高度的集约化经营以及新技术的应用。以新西兰为例，新西兰的草原畜牧业在其经济中占有举足轻重的地位，其羊肉和奶制品的出口量居世界第1位，羊毛出口居世界第2位。新西兰山地丘陵面积占国土面积的75%，属温带海洋性气候，植物生长旺盛，天然牧场或农场占国土面积50%以上。新西兰的畜产品生产主要依靠提高单产，重视草地的改良和人工草场的建设，全部牧区都实行划区轮牧，生产力水平很高，每平方米的羊毛产量居世界首位；新西兰非常重视草原的集约化经营，虽然草原规模不大，但生产力水平很高，尤其是生产中机械化、电气化的应用，大大地节约了劳动力，其劳动生产率远远高于世界其他国家；在提高生产力的同时，新西兰也非常重视对草原的保护和建设，严格遵守“草畜平衡”的原则，在对国家的气候和草原生长状况进行详细分析的基础上，控制和调整家畜数量和结构，使家畜对牧草的消耗与牧草的生长时期相适应；此外，严格甄选牧草草种，选择蛋白质含量高，具有固氮特性的豆科牧草作为主要品种，在满足家畜营养需求的同时，尽量减少对环境的破坏。

第三类为中亚、西南亚和非洲的一些国家，这些国家经营方式大部分都比较落后，依靠天然草地，草地改良及草地保护都比较滞后，虽然可以取得一定的经济效益，但是往往以牺牲生态效益作为代价，不能获取长期可持续的发展。以中亚地区为例，一方面这些国家畜牧业历史悠久，国内产业以农牧业、石油开采业等第一产业为主，产业结构比较简单；虽光热资源丰富，但水资源短缺，农业劳动力所占劳动力比重比较大，中亚五国中农业人口占总人口的1/4；另一方面，这些国家的农业技术水平比较落后，农业机械化程度低，经营粗放，农业投入严重不足，几乎占不到全部GDP的1%；农牧业出口比例占世界市场的比例很小，且出口品种单一，主要以初级产品中的棉花、蚕丝等为主，产业化程度很低。

（二）国外干草产品研究开发进展

1. 牧草刈割与田间快速干燥技术

牧草茎秆压扁、茎叶分离、人工脱水干燥、防腐储运、高密度干草捆加工以及牧草叶蛋白质提取等技术日臻完善。晴天刈割是获得优质干草的重要前提条件，为此常采用避开阴天和雨天，选择连续3～5 d晴天刈割作业的方法。阴天牧草干燥速度慢，营养物质损失大，如遭雨淋，干草质量则下降极快。为加快豆科牧草的田间干燥速度，研发了茎秆压扁技术。压扁可加快茎秆的干燥速度，使茎秆和叶片的干燥进程趋于同步，这样将有效地减少因叶片过干而造成的落叶损失。为了进一步加快牧草的水分散失速度，各种干燥剂应运而生，如碳酸钾、碳酸钾＋长链脂肪酸的混合液、碳酸钾＋长链脂肪酸甲基酯的乳化液等制剂是常用的苜蓿干燥剂。

2. 草捆加工技术

草捆加工是牧草商品化生产的主导技术，国外草捆加工主要有田间捡拾行走作业和固定作业两种方式，田间捡拾行走作业多用于大面积的天然草地及人工草地的干草收获，固定作业常用于分散小地块草场的集中打捆及农作物秸秆和散干草的常年打捆。草捆的形状主要有方形和圆形，而每种草捆又有大小不同的规格。在各种形状的草捆中，以小方草捆的生产最为广泛。加工小方草捆的技术关键是牧草打捆时的含水量，通常在牧草含水量为17%～22% 时开始打捆，打出的草捆密度在 200 kg/m^3 左右，这样的草捆无须田间干燥，可以立即装车运走，在贮存期间会逐渐干燥到 15% 以下的安全含水量。有时为了减少落叶损失，可在含水量较高（22%～25%）的条件下开始捡拾打捆，在这种情况下，要求操作者将草捆密度控制在 130 kg/m^3 以下，且大型草捆在天气允许的情况下应该留在田间继续干燥，这种低密度草捆的后续干燥速度较快，待草捆含水量降至安全标准范围内，再运回堆垛贮存。为了减少捡拾压捆时干草的落叶损失，捡拾压捆作业一般在早晨和傍晚空气湿度较大时进行。在安全含水量以上打捆时，再用喷洒装置在草条上喷洒防霉剂，使高水分干草草捆能安全贮藏。另外，将牧草作为商品干草生产时，在第一次捡拾打捆的基础上用高密度打捆机二次加压，使密度进一步增加，这不仅节省贮藏空间，而且降低运输成本。

3. 干草粉加工技术

近年来，国外饲草粉碎技术发展较快，在传统的饲草粉碎和铡切的工艺基础上，形成了揉碎和揉切新技术。常见的有“先切后粉”“粗粉再加工”及“一次成粉”3 种工艺，在含水量为 17% 左右时可采用前两种方法，当含水量为 15% 时则可经过 800～1 000℃的高温后“一次成粉”作为混合饲料或畜禽配合饲料使用。揉碎工艺是在揉碎机械的作用下，将牧草揉切成丝状，茎节被完全破坏。而揉切是综合铡切和揉碎两种方式的切碎工艺，兼有两种工艺的优点。这些工艺的研发不仅提高了牧草粉碎效率，同时大大改善了牧草产品的营养成分。

4. 牧草产品质量安全检测体系

由于二噁英污染和疯牛病、口蹄疫等传染病的出现，饲草饲料安全和质量监控越来越受到人们的重视，许多国家研发了草产品快速检测装置，开展了收获、加工、贮藏和运输过程中的安全检验，并建立了草产品标准化体系。

（三）国内干草产业发展现状

1. 我国干草产业发展历程

我国干草产业的发展历史悠久，早在汉元时期就有史书记载，但是由于长期受到自给自足模式的束缚，改革开放之后，我国干草产业才开始快速发展。进入 21 世纪，我国干草产业在国家西部开发、退耕还草、退牧还草的政策支持下，取得了较快的发展。大型的牧草加工企业不断兴起。2001 年首届苜蓿大会的召开更是推动了我国干草产业的发展。2005

年之后由于受粮食补贴、退耕还林等国家政策、市场价格以及其他因素的影响，干草产业发展起伏波动很大，严重制约了干草产业的健康、稳定、持续发展。近几年来，随着全国生态建设的全面开展，我国农业产业结构调整和退耕还草力度的加大，干草产业开始逐步恢复发展。干草加工技术已经成为草地生态建设关键技术。

2. 国内干草发展现状

近几年来，我国的干草产业蓬勃发展，畜牧业逐步向现代化发展，为实现国家现代化迈出了新的一步，干草产业在推进现代化畜牧业进程中至关重要。

目前，国内青干草及成型草产品加工技术正趋于成熟。成型草产品加工也逐渐向产业化方向发展，对草颗粒、草块的加工技术及混合型草颗粒加工技术研究取得了一定进展，尤其是对作物秸秆、非常规饲草等资源的开发利用，正深入研究和重点开发混合草颗粒加工技术。该技术主要基于营养系统组合原理，将不同饲草原料按照不同配比加工成颗粒，提高牧草利用效率和饲用价值。

第二节　干草的调制技术

一、干草调制过程中的成分变化

（一）水分的变化

饲草饲料作物的干燥是牧草生产过程中的关键环节，能否把大量的饲草变成可利用的优质的干草商品就取决于这一环节的成败。

刚刚收获的新鲜牧草，含水量在 50%～80%，而干草的安全贮藏含水量最多不能超过 20%。为了获得含水量较低的干草，必须使植物从体内散失大量的水分。

牧草收获后，起初植物体内的水分散失速度很快，这一阶段从植物体内部散发掉的水分是贮藏于细胞和组织间隙的游离态的水，在天气良好的晴天，经过 5～8 h 的晾晒，禾本科牧草含水量下降到 40%～45%，豆科牧草下降到 50%～55%。此后，植物体散水的速度越来越慢，这一阶段散失的主要是植物体内的结合水。

影响牧草及饲料作物水分散失速度的主要因素有以下几种。

1. 外界气候条件

牧草及饲料作物水分散失的速度受空气湿度、空气流动速度和空气温度等多方面气候因素的影响。当空气湿度较小，空气温度较高和空气流动速度较大时，可加速水分的散失。

2. 植物保蓄水分能力的大小

植物因其种类不同，保蓄水分的能力也不同。在外界气候条件相同的条件下，植物保蓄水分能力越大，水分散失速度越慢。豆科牧草一般比禾本科牧草保蓄水分能力强，所以，其水分散失速度比禾本科慢。例如，豆科植物在现蕾期刈割需要 75 h 才能晒干，而在抽穗期刈割的禾本科牧草仅需 27～47 h 就能晒干。这主要是因为豆科牧草含碳水化合物少，胶体物质含量多，所以持水能力强，水分散失速度较慢。

3. 植物体各部分散水速度

植物体的各个部分含水量不同，散水速度也不同，所以植物体各个部分的干燥速度也是不一致的（表 3-5）。叶的表面积大，水分从内层细胞向外层移动的距离要比茎短，所以叶比茎的干燥速度要快得多。试验证明叶片干燥速度比茎快 5 倍左右。当叶片已完全干燥时，茎的水分还很高。由于茎秆干燥慢导致整个植物体干燥时间延长，牧草的营养成分因生理生化过程造成的损失增加，叶片和花序等幼嫩部分脱落损失。所以应采取合理方法如压扁茎秆等，尽量使植物体各部分的水分的均匀散失，以缩短干燥时间，减少损失。

表 3-5　紫花苜蓿各部分水的散失速度

植物各部分	新割植物水分 /%	植物收割后					
		30 h		75 h		126 h	
		水分 /%	水分下降 /%	水分 /%	水分下降 /%	水分 /%	水分下降 /%
整株	75.7	60.4	20.2	45.9	39.2	29.2	61.4
茎	71.5	59.1	17.3	48.9	31.6	35.6	50.2
叶	73.2	49.5	33.2	39.8	45.6	16.8	77.0
花序	79.2	68.9	13.0	54.3	31.4	32.3	59.2

注：引自贾慎修（1982）。

（二）其他成分的变化

干草调制过程中，随着水分的散失，其他营养物质也发生变化。特别是牧草和饲料作物在刈割初期，植物细胞还具有一定的活性，细胞中的水解酶和分解酶继续将大分子的营养物质降解为小分子的营养物质。例如，可溶性碳水化合物被降解为寡聚糖、双糖和单糖；蛋白质被降解为氨类小分子含氮化合物。小分子营养物质一部分被细胞的生理生化反应消耗，一部分水溶性的随着水分的散失流失，所以整体上在干草调制过程中可溶性营养物质含量下降。除了干草中的酶含量和活性影响干草的营养物质外，宿存于干草表层的微生物和环境条件也会对营养物质含量有一定的影响。例如，在调制成干草的过程中，饲草中麦角固醇经日光中的紫外线作用后，转化为维生素 D，可使牧草中维生素 D 的含量大大增加。牧草干燥过程中的养分变化状况见表 3-6。

另外，牧草干燥后期或贮藏的过程中，由于酶的作用产生醛类如丁烯醛、戊烯醛和酸类如乙醇烯，使干草有一种特殊的芳香气味，这是干草品质优劣的一项重要指标。

表 3-6　牧草干燥过程中养分变化

阶段		第一阶段	第二阶段
特点		1. 在活细胞中进行 2. 以异化作用为主导的生理过程	1. 在死细胞中进行 2. 在酶参与下以分解为主导的生化过程
养分变化	糖	1. 呼吸作用消耗单糖，使糖降低 2. 将淀粉转化为双糖、单糖	1. 单双糖在酶的作用下变化很大，其损失随水分减少、酶活动减弱而减少 2. 大分子的碳水化合物（淀粉、纤维素）几乎不变

续表 3-6

阶段		第一阶段	第二阶段
养分变化	蛋白质	1. 部分蛋白质转化为水溶性氮化物 2. 在降低少量酪氨酸、精氨酸的情况下，增加赖氨酸和色氨酸含量	1. 短期干燥时不发生显著变化 2. 长期干燥时，酶活性加剧使氨基酸分解为有机酸进而形成氨，尤其当水分高时（50%～55%），拖延干燥时间，蛋白质损失很大
	胡萝卜素	1. 初期损失极小 2. 在细胞死亡时大量破坏，为损失总量的 50%	1. 牧草干燥后损失逐渐减少 2. 干草被雨淋氧化加强，损失增大 3. 干草发热时含量下降

注：引自张秀芬（1992）。

二、干燥调制过程中的损失

牧草及饲料作物在干燥过程中营养成分有不同程度的损失。一般情况下牧草在干燥过程中总营养损失 20%～30%，饲料单位损失 30%～40%，可消化蛋白质损失 30% 左右。在牧草干燥过程中的总损失量里，以机械作用造成的损失最大，可达 15%～20%，尤其是豆科干草叶片脱落造成的损失；其次是呼吸作用消耗造成的损失，为 10%～15%；由于酶的作用造成的损失为 5%～10%；由于雨露等淋洗溶解作用等造成的损失则为 5% 左右，见表 3-7。

表 3-7　良好天气调制干草的损失　　%

损失种类	干物质	可消化干物质	损失种类	干物质	可消化干物质
呼吸作用	10 以下	5～15	酶的作用	5～10	5～10
机械作用	5～10	5～10	总计	10～30	15～35

（一）刈割后生理生化变化造成的损失

牧草及饲料作物收获之后，伴随着体内水分的散失，营养物质的变化要先后经过两个复杂的过程。首先是牧草凋萎期，其特点是一切变化均在活细胞中进行，然后是牧草干燥后期，这一阶段的一切变化均在死细胞中发生。

1. 牧草凋萎期（饥饿代谢阶段）

牧草被刈割以后，植物的细胞并未立刻死亡，短时间内同化作用仍在微弱进行。因刈割后的牧草与根分离，营养物质的供应中断，由同化作用转向分解作用，而且只能分解植物体内的营养物质，导致饥饿代谢。这一时期植物体内总糖含量下降，少量蛋白质被分解成以氨基酸为主的氨化物，部分氨可转化为水溶性氨化物，而且降低了酪氨酸、精氨酸含量，增加了赖氨酸和色氨酸含量。

2. 牧草干燥后期（自体溶解过程）

植物细胞死亡以后，在植物体内酶的参与下进行生化的过程，一般把这种在死细胞中进行的物质转化过程称为自体溶解。这一时期碳水化合物几乎不变，但蛋白质的损失和氨基酸的破坏随这一时期的延长而加大，特别是在牧草水分较高时。另外，在植物体内氧化酶的破坏和阳光的漂白作用下，一些色素因氧化而被破坏。为了避免或减轻植物体内养分因呼吸和氧化作用的破坏而受到严重的损失，应该采取有效措施，使水分降低到 17% 以下，并尽可能减少阳光的直接暴晒。

（二）机械作用引起的损失

调制干草过程中（主要指晒制干草），由于牧草各部分干燥速度（尤其是豆科牧草）不一致，因此在搂草、翻草、堆垛等一系列作业中，叶片、嫩茎和花序等细嫩部分易折断、脱落而损失。一般禾本科牧草损失 2%～5%，豆科牧草损失最大，为 15%～35%。例如当损失叶片占苜蓿全重的 12% 时，其蛋白质的损失约占总蛋白质含量的 40%，因为叶片中所含的蛋白质远远超过茎中的含量。

机械作用造成损失的多少与植物种类、刈割时期及干燥技术有关。为减少机械损失，应适时刈割，在牧草细嫩部不易脱落时及时集成各种草垄或小草堆进行干燥。干燥的干草进行压捆，应在早晨或傍晚进行。国外有些牧草加工企业则在牧草水分降到 45% 左右时就打捆或直接放进干燥棚内，进行人工通风干燥，这样可大大减少营养物质的损失。

（三）光化学作用造成的损失

晒制干草时，阳光直射的结果是植物体内所含的胡萝卜素、叶绿素及维生素 C 等，均因光化学作用的破坏而损失很多，其损失程度与日晒时间长短和调制方法有关。据试验，不同的调制方法，干草中保留的胡萝卜素含量不同，刚割下的鲜草含 163 mg/kg；人工干燥的干草含 135 mg/kg；避光干燥的干草含 91 mg/kg；在散射光（阴干）下干燥的干草含 50 mg/kg；草垄中干燥的干草含 38 mg/kg；平摊地面上干燥的干草仅含 22 mg/kg。

（四）雨淋损失

晒制干草时，最忌雨淋。雨淋会增大牧草的湿度，延长干燥时间，从而由于呼吸作用的消耗而造成营养物质的损失（表 3-8）。雨淋对干草造成的破坏作用，主要发生在干草水分下降到 50% 以下，细胞死亡以后，这时原生质的渗透性提高，植物体内酶的活动将各种复杂的养分水解成较简单的可溶性养分，它们能自由地通过死亡的原生质膜而流失，而且这些营养物质的损失主要发生在叶片上，这是因为叶片上的易溶性营养物质接近叶片表面。由于雨淋导致的营养物质损失，远比机械损失大得多。

表 3-8 毛苕子晒干过程与雨淋后养分变化 %

处理	色泽	水分	粗蛋白质	粗脂肪	粗纤维	无氮浸出物	粗灰分
淋过 1 次雨	黄褐	13.40	15.99	1.19	35.11	29.54	5.03
未淋过雨	青绿	13.52	22.52	1.91	27.93	27.34	6.85

注：引自四川农学院（1979）。

（五）微生物作用引起的损失

微生物一直宿存于植物体的表面，但只有在细胞死亡之后才能繁殖起来。死亡的植物体是微生物生长的良好培养基。微生物在干草上生长需要一定的条件，比如干草的含水量、气温与大气湿度。细菌活动的最低需水量约为植物体含水量的 25% 以上；气温要求在 25～30℃，而当空气湿度在 85%～90% 及以上时，即可能导致干草发霉。这种情况多在连阴雨天发生。

发霉的干草品质降低，水溶性糖和淀粉含量显著下降。发霉严重时，脂肪含量下降，含氮物质总量也显著下降，蛋白质被分解成一些非蛋白质化合物，如氯、硫化氢、吲哚等气体和一些有机酸，因此发霉的干草不能饲喂家畜，因其易使家畜患肠胃病或者流产等，尤其对马危害更大。

三、干草调制原则

根据干草调制的基本原理，在牧草调制过程中，必须掌握以下基本原则。

（1）尽量加速牧草的脱水，缩短干燥时间，以减少由于生理、生化作用和氧化作用造成的营养物质损失。尤其要避免雨水淋湿。

（2）在干燥末期应力求牧草各部分的含水量均匀。

（3）牧草在干燥过程中，应防止雨露的淋湿，并尽量避免在阳光下长期暴晒。应当先在草场上使牧草凋萎，然后及时搂成草垄或小草堆进行干燥。干旱地区，干草产量较低，刈割后直接将草搂成草垄进行干燥。

（4）搂草、聚垄、压捆等作业，应在植物细嫩部分尚不易折断时进行。

四、干草调制工艺流程

目前，生产中常用的干草调制工艺流程可以分为自然干燥工艺、人工快速干燥工艺和高水分牧草调制工艺。

（一）自然干燥法调制干草工艺

1. 前期处理阶段

对豆科类牧草调制干草，在刈割前，最好进行选择干燥剂进行前处理。选择合适的干燥剂，按要求配制成溶液喷洒到牧草上。试验证明，干燥剂有助于缩短新鲜饲草调制成干草的时间，降低营养物质损失。但是对于禾本科牧草，干燥剂效果不太明显。

2. 中期处理阶段

根据场地条件，对刚刈割的牧草采取压扁、切短等措施，主要的目的是加快牧草的干燥速度。如利用机械收割，有些收割机就包含有压扁的工序。自然干燥法中压扁干燥比普通干燥的牧草干物质损失减少 2～3 倍，碳水化合物损失减少 2～3 倍，粗蛋白质损失减少 3～5 倍。

3. 干燥晒制阶段

为了使植物细胞迅速死亡，停止呼吸，减少营养物质的损失，选晴朗的天气，将刚收割的牧草在原地或附近干燥地铺成薄长条暴晒，先进行薄层平铺暴晒 4～5 h，使鲜草中的水分迅速蒸发，由原来的75%以上减少到40%左右。饲草水分由40%减少到14%～17%是一个缓慢蒸发的过程。如果此时仍采用平铺暴晒法，不仅会因阳光照射过久使胡萝卜素大量损失，而且一旦遭到雨淋后养分损失会更多。当水分降到40%左右时，可利用晚间或早晨的时间进行一次翻晒，可以减少苜蓿叶片的脱落，同时将两行草垄并成一行，以保证打捆机打捆速度。或改为小堆晒制，将平铺地面的半干青草堆成小堆，堆高约1 m，直径约1.5 m，重约50 kg，继续晾晒4～5 d，等全干后收贮。

4. 原地打捆

在晴天阳光下晾晒2～3 d，当苜蓿草的含水量在18%以下时，可在晚间或早晨进行打捆，以减少苜蓿叶片的损失及破碎。在打捆过程中，应该特别注意的是不能将田间的土块、杂草和腐草打进草捆里。调制好的干草应具有深绿色或绿色，并有芳香的气味。

5. 草捆贮存

草捆打好后，应尽快将其运输到仓库里或贮草坪上码垛贮存。码垛时草捆之间要留有通风间隙，以便草捆能迅速散发水分。底层草捆不能与地面直接接触，以避免水浸。在贮草坪上码垛时垛顶要用塑料布或其他防雨设施封严。

6. 二次压缩打捆

草捆在仓库里或贮草坪上贮存20～30 d后，当其含水量降到12%～14%时即可进行二次压缩打捆，两捆压缩为一捆，其密度可达350 kg/m^{3}左右。以此密度打捆后，体积减小一半，便于贮存和降低运输成本。

干草的自然干燥法调制加工作业内容为刈割、压扁、摊晒（散草）、翻草、搂草、捡拾打捆。饲草在收获或干燥后，还涉及及时的运输和库区贮藏过程。

1. 刈割作业

将豆科类牧草调制成干草时，在刈割前，最好进行干燥剂处理。选择合适的干燥剂，按要求配制成溶液喷洒到牧草上。试验证明，干燥剂有助于缩短新鲜饲草调制成干草的时间，降低营养物质损失。对于禾本科牧草，干燥剂效果不是很明显。生产中应根据苜蓿的产量、茎叶比、总可消化营养物质含量、对后茬草的影响及单产面积获得的总营养物质的量来确定适宜的刈割期、刈割茬次和刈割留茬高度。

（1）影响因素。

① 刈割期的选择。就单一因素来讲，刈割期对干草最终品质的影响最为重要。在确定刈割期时，生产者需要同时考虑和权衡植物生长阶段和近期天气情况两个因素。虽然不同饲草调制干草的最佳刈割期存在差异，但是都要兼顾饲草产量和品质两个方面。需要注意的是，饲草的产量和品质是负相关的，即产量高时品质较差，品质高时产量较低。因此，在生产中要权衡二者的关系，使单位面积获得的总的营养物质最大化。

一般情况下，处于营养生长阶段的饲草体内淀粉、蛋白质含量高，纤维素含量较低，饲草品质较好，总可消化养分（TDN）高，但是单位面积产量较低。饲草进入生殖生长阶段后，植物茎秆木质化程度增加，虽然饲草产量进一步提高，但是蛋白质含量和总消化养分却降低了。如表3-9所示，随着紫花苜蓿生育时期的推迟，粗蛋白质的含量明显降低，而纤维素的含量不断增加，导致干物质消化率降低。D.M. 鲍尔等总结了常用饲草的适宜刈割时期，并得到了大多数生产者的认可（表 3-10），这些适宜刈割期的确定同时考虑了饲草产量和饲草品质两方面因素，具有很好的借鉴和指导作用。

表 3-9　不同生育期苜蓿的养分变化情况

生育时期	粗蛋白质 /%	粗纤维 /%	干物质消化率 /%
孕蕾期	20.3	23.11	60.74
初花期	18.4	31.87	59.36
盛花期	17.5	42.85	46.65
结实期	15.1	52.49	38.21

表 3-10　不同饲草的适宜刈割时期

草种	刈割时期
紫花苜蓿	首次刈割为现蕾期，以后每年在 10% 植物开花时刈割；春季播种的当年，首次刈割为中花期或盛花期
鸭茅、猫尾草和高羊茅	首次刈割为孕穗至抽穗初期，再生草每隔 4～6 周刈割 1 次
红三叶、箭三叶、绛三叶	初花期
截叶胡枝子	40～45 cm
燕麦、大麦、黑麦草、小麦	孕穗至抽穗初期
一年生胡枝子	初花期，且在下层叶片脱落之前
白三叶	伴生禾草适宜刈割的时间
杂种狗牙根	首次刈割高度为 40～50 cm，之后每隔 4～5 周刈割，如果每隔 3 周刈割品质更高
百脉草	伴生禾草适宜刈割的时间
苏丹草、高丹草	75～100 cm

② 刈割茬次。留茬高时，苜蓿的营养层和叶层还留在地面上，既影响草产量也影响干草的营养价值。留茬过低，虽然当年或当茬可获得较多干草，但是由于割去全部茎叶，减弱了生命力，连续低茬割草会引起草地急剧衰退。适宜留茬高度应结合其生物学特性和管理水平而确定，一般来讲，低留茬的刈割能够刺激根颈而多发枝条。在长期的研究中，我们总结了一部分草原的优势种和伴生种植物的刈割收获情况（表 3-11）。

表 3-11　草原的优势种和伴生种植物的刈割茬次

草种类型	刈割频次
针茅、羊草、披碱草、老芒麦、冰草、羊茅	年刈割 1 次或 2 次
拂子茅、无芒雀麦	年刈割 2 次
芨芨草	年刈割 1 次
芦苇	年刈割 2 次或 3 次

③ 留茬高度。留茬高度对饲草的再生非常重要。经营饲草生产与谷物的一个重要区别

就是饲草收获对象是营养体且全年刈割多次，因此再生速度对全年的产量非常重要。植物通过光合作用固定二氧化碳，并通过体内各种机制，将其转化成能量物质贮存在不同部位以便再生或度过各种危机。一般情况下，植物将贮藏部分存在地下根或茎。例如，紫花苜蓿将营养物质贮藏在地下根部，因此刈割高度对其影响较小；狗牙根和白三叶将营养物质贮藏在地面匍匐茎内，因此也耐低茬刈割。许多冷季型饲草，如无芒雀麦、鸭茅，尤其是高羊茅，将营养物质贮藏在根基部，如果留茬高度过低就会破坏这部分区域，严重影响其再生长，建议此类草的留茬高度为 5～8 cm。

苏丹草、高粱－苏丹草杂种和珍珠粟的留茬高度需要为 15～20 cm，过低的留茬高度将限制其再生，反而会降低全年的产量。此外，较高的留茬高度还会避免家畜酸中毒，因为上述饲草在逆境情况下会在茎基部积累硝酸盐，家畜食用过多硝酸盐将会酸中毒。在长期的研究中，我们总结了一部分草原的优势种和伴生种植物的刈割收获情况（表 3-12）。

表 3-12　草原的优势种和伴生种植物的刈割留茬高度

草种类型	刈割留茬高度
针茅、羊草、披碱草、老芒麦、冰草	6～8 cm
拂子茅、羊茅	4～6 cm
芨芨草	12～14 cm
芦苇	8～10 cm
无芒雀麦	5～8 cm

④ 天气情况。需要考虑的因素还有短期的天气情况，如果出现阴雨天气，刈割时间可适当灵活选择。严格按照不同的时期在雨天进行割草作业对牧草质量影响很大，因为雨水将延长饲草的干燥时间，造成粗白质、消化率和非结构性碳水化合物显著降低，酸性洗涤纤维、中性洗涤纤维和木质素含量显著增加，干草品质下降（表 3-13）。因此，应结合天气情况适当调整刈割时间，避开雨水。

表 3-13　雨淋对苜蓿营养品质的影响　%DM

生长阶段	没有雨淋	调制过程中 5 mm 降水	调制过程中 10 mm 降水
水分	$6.25a^{Bc}$	7.33^{Ba}	8.47^{Aa}
粗蛋白（CP）	18.43^{Aa}	17.97^{aB}	16.85^{Aa}
中性洗涤纤维（NDF）	51.15^{abC}	53.42^{aB}	54.25^{Aa}
酸性洗涤纤维（ADF）	32.06^{aB}	33.74^{Aa}	33.94^{Aa}
粗灰分（CA）	8.17^{Aa}	8.06^{Aa}	8.04^{Aa}
相对饲用价值（RFV）	116.27^{Aa}	109.04^{aBb}	107.10^{aBc}

注：同列数据标注不同字母表示有显著性差异。

由表 3-13 可知，随着降雨量的增加，苜蓿的水分含量增加，即苜蓿的干物质含量减少，对照组中苜蓿的水分含量为 6.25%，而降雨量为 10 mm 时，其值增加到 8.47%，酸性洗涤纤维和中性洗涤纤维含量也随降雨量的增加而增加，而粗蛋白质含量和相对饲喂价值下降，其中相对饲喂价值下降了 8%；粗灰分含量变化值几乎不受降雨量的影响。

对于需要越冬的多年生饲草，应在饲草完全停止生长（霜冻来临）前 1 个月完成全部收获作业。在这段时间内，饲草生长与根系非碳水化合物的累积息息相关，留下充足的生长时间，让根系积累更多的营养物质，有利于饲草安全越冬和来年春季的返青，同时也会提高多年生饲草的利用年限。再生草可以在植物完全停止生长之后的冬春季供家畜自由采食。

（2）牧草收获机械。在茎叶繁茂、生物量最大、单位面积营养物质产量最高时收获青草，可用镰刀等人工割草工具，但为了减少损失、短期收获、提高效率，以便于饲喂和调制，在地面平整、草地面积大时，常采用机械收获法。机械收获时，既有普通的割草机，也有直接在田间进行刈割和粉碎的牧草联合收获机。割草机按切割原理，可分为往复式切割机（称往复式）和旋转式切割机（称旋转式）两种。按动力配套方式不同又分为牵引式、悬挂式、半悬挂式和自走式以及割草压扁铺条机。

① 往复式割草机。往复式割草机适用于收割天然草地牧草和种植牧草。它割茬低而均匀，铺放整齐，功率消耗小，价格便宜，使用调整方便。但往复式割草机存在的问题是其要求草场平坦，障碍物少，因此切割高产或湿润牧草时，易发生堵刀。另外，往复式割草机也不能灵活地调整草行宽度。

A. 牵引往复式割草机。以 9GJ-2.1 型机引单刀割草机为例，该机适于收割产草量不高的天然牧草和种植牧草。配套动力为 11～22 kW 拖拉机。工作时可同时连接 1～3 台，该机灵活性较高，挂接方便，并能较好地适应地形。

该机主要由机架、切割器、传动机构、起落机构、倾斜调节机构、牵引及转向机构等组成。9GJ-2.1 型割草机见图 3-5。

割草机工作时，地轮驱动传动机构，然后传动曲柄连杆机构，带动割刀作往复运动切割牧草，并将割下的牧草均匀地铺放在地上。

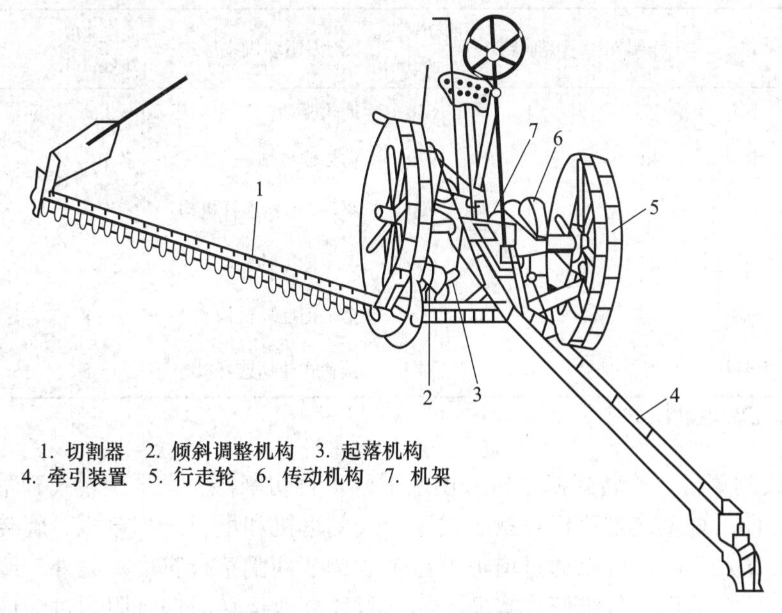

图 3-5　9GJ-2.1 型割草机

B. 悬挂往复式割草机。悬挂往复式割草机本身没有行走轮，直接通过悬挂装置连接在拖拉机上。它的切割器由拖拉机动力输出轴驱动，由液压系统控制升降。它比牵引往复式割草机构造简单，操纵灵活机动，生产率高。但对不同型号拖拉机适应性较差，挂接较麻烦。

以 9GH-2.1 型单刀后悬挂割草机为例，该机由悬挂架、传动机构、切割器和升降机构等组成。9GH-2.1 型割草机见图 3-6。

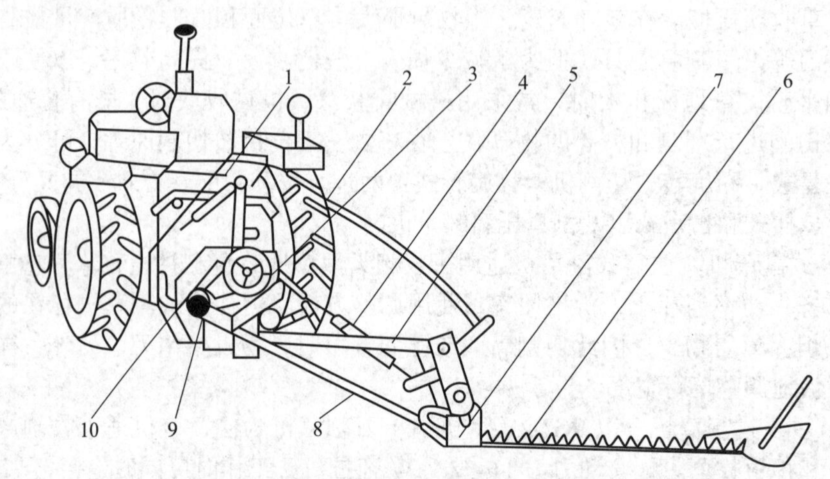

1. 提升转臂　2. 提升钢丝绳　3. 大皮带轮　4. 前拉杆　5. 后拉杆
6. 切割器　7. 挂刀架　8. 连杆　9. 曲柄及小皮带轮　10. 悬挂机架

图 3-6　9GH-2.1 型割草机

国内外常用的部分往复式割草机的技术性能见表 3-14。

表 3-14　国内外常用的部分往复式割草机的技术规格

机型	型式	工作幅 /m	切割器数	曲柄转速 /(r/min)	割刀驱动机构形式	工作速度 /(km/h)	配套动力
9G-1.4	畜力	1.37	1	640	地轮驱动	3.6	双马
9GSH-4.0	牵引	4.0	2	920	动力输出轴	10	
美国约翰迪尔公司 450	机引	2.13	1	900	驱动 / 曲柄连杆机构	8～10	
		2.74	1	900	动力输出轴驱动		
9GWH-1.6	机引	1.6			全平衡摆环机构	6～8	
9GX-1.6	后悬挂				偏置式曲柄连杆机构	6～8	15～20 kW 拖拉机

注：引自农业部农业机械化管理司（2005）。

② 旋转式割草机。旋转式割草机采用水平或垂直切割器。水平旋转式割草机包括圆盘式和转镰式两种；垂直式割草机包括卧式滚筒式割草机和甩刀式割草机。旋转式割草机切割速度快，工作效率高，可以通过增加刀盘个数调节刈割草行宽度。另外，旋转式割草机更安全耐用，不易损坏，且维修成本低，如当刀片高速运转时遇到阻力过大或障碍物，刀

片可回摆，从而避免损坏。刀片一边刃口磨损后，可以换边使用，更换刀片也较往复式割草机方便。在旋转式割草机，除装有往复式割草机相似的安全装置外，在切割器上还有防护罩，以保证人身安全。

A. 圆盘式割草机。圆盘式割草机分上、下传动两种，上传动圆盘式割草机有旋转滚筒，而且相邻两个滚筒与机架形成一个框形空档，所以也称立式滚筒式割草机或龙门式滚筒机。它通常由挂接部分、机架（切割器梁）、切割器和转动装置等构成，接挂部分一般用型钢焊接而成，用来连接拖拉机的三点悬挂系统和割草机的机架或刀梁。由于几个旋转切割器都装在机架上，皮带或齿轮传动装置都装在机架或空心机梁内，所以机架必须牢固，用钢板焊成。切割器包括刀盘、刀盘上方的圆柱形滚筒、刀盘下方的滑盘等。刀盘用于安装割刀，刀盘上的割刀一般为不刚性连接，要有一定的摆动量。滚筒主要用于传递动力，它和刀盘成钢体，一起旋转。此外，旋转的滚筒对已割倒的牧草起成条作用，使相邻滚筒间被割下的牧草铺放成整条的草条，它可以满足低茬刈割，但缺点是结构不够紧凑。刀盘下面的滑盘不旋转，它的主要作用是支撑割草机和调节割茬高度。该机通常有 2～3 或 4～6 个旋转切割器，割幅达 2.7 m。下传动圆盘式割草机的切割器是一个刀盘组件，没有滚筒和滑盘。刀梁直接由传动箱或滑掌支撑。刀盘成缺口螺旋形，其下有长槽孔刀架，供安装割刀用。相邻的旋转切割器割刀的配置或所割范围都有一定的重叠量，但割刀不能相互撞击（用刀盘的配置或刀盘的缺口控制，只要切割器保证同步旋转，切刀就不会撞击）。该机一般有 4～6 个刀盘，割幅可达 2.7 m 左右。最外侧的刀盘上有一个锥柱旋转体，配合挡草板分离已割牧草，使割倒的牧草相隔铺放，以免下一行程作业时压草。下传动割草机结构紧凑，传动平稳、可靠，但切割器下方传动装置位置太高，通常采用将切割器向前倾斜一定的角度的方法来进行低茬刈割。

B. 转镰式割草机。转镰式割草机切割器在垂直轴上安装若干长割刀（镰刀）构成。割刀和立轴为钢性连接，其长度一般为 280～450 mm，切割器直径一般为 0.6～1.0 m。由于切割器直径大，在转速不太高时，割刀外端也可达到很高的圆周线速度。例如，直径为 0.6 m 的切割器转速为 300 r/min 时，其割刀圆周前沿或直线速度可达 90 m/s。转镰式割草机由于纵向尺寸较大，一般多采用半悬挂式，靠拖拉机悬挂系统和地轮调节割茬高度。这种割草机在牧草收获中已不多用，主要用于草坪修整。

C. 甩刀式割草机。甩刀式割草机是一种工作部件垂直旋转的割草机械，基本工作原理和工作过程是靠机罩前沿或专门的部件将未割的牧草堆成倒装状态，随后被旋转的甩刀击断。牧草在机罩内受一定程度的压缩和弯折后，从机器尾部排出。甩刀式切割器的圆周线速度一般在 25～30 m/s 范围内，以防草被打击过碎。经压缩和折弯后的牧草可缩短风干时间。这类机器适合于收割茂密、植株粗壮和倒伏的牧草。根据资料统计，用甩刀式割草机收获不倒伏牧草时，收获量要比传统的割草机减少 5%～10%；收获倒伏牧草时，其收获量与传统的割草机相当或稍有提高。把甩刀式切割器换成切碎收获工作部件，再配以装载机具，可用于收获切碎联合收割机排出的草秸、玉米秆、绿肥、块根、茎叶和其他多叶牧草。

D. 卧式滚筒割草机。卧式滚筒割草机切割器由滚筒和装在其上的螺旋式割刀结构组成。切割支撑可以调节。当滚筒旋转时，螺旋式割刀利用滑切的原理切割牧草。它适用于收获细小质轻的牧草。多数采用地轮驱动，割幅较宽时用动力输出轴或液压马达驱动。

2. 压扁作业

利用自然干燥方法进行干草调制时经常遇到茎叶干燥速度不一致的问题。牧草干燥时间的长短，实际上取决于茎秆干燥时间的长短。如豆科牧草及一些杂类草，当叶片含水率低到 15%～20% 时，茎的含水率为 35%～40%，所以加快茎秆的干燥速度，就能加快牧草的整个干燥过程。

牧草压扁的过程就是将牧草茎秆压裂，破坏茎的角质层以及维管束，并使之暴露在空气中，茎内水分散失的速度就可大大加快，基本能跟上叶片的干燥速度。这样既缩短了干燥时间，又使牧草各部分均匀干燥。自然干燥法中压扁干燥比普通干燥的牧草干物质损失减少 2～3 倍，碳水化合物损失减少 2～3 倍，粗蛋白质损失减少 3～5 倍。

（1）牧草压扁技术要求。

① 配套性要求。为了加速干燥由割草机割倒并形成条铺的牧草，近年来，通常将割草机与不同形式的压扁机配套使用，满足现代化的干草生产要求，实现将牧草从收割、茎秆压扁到铺成草垄等作业，由机器连续一次完成。

② 压扁性能要求。目前，国内外常用的茎秆压扁机有两种，即圆筒形和波齿形。圆筒形压扁机装有捡拾装置，压扁机将草茎纵向压裂；而波齿形压扁机有一定间隔将草茎压裂。一般认为；圆筒形压扁机压裂的牧草，干燥速度较快，但在挤压过程中往往会造成新鲜汁液的外溢，破坏茎叶形状，因此，要合理调整圆筒间的压力，以减少损失。根据现代农业的要求，割下的牧草必须有 40% 以上应在压辊间通过，失落的草叶和断茎秆的损失（以干物质含量百分率表示）不得超过压扁牧草总重量的 2%。

（2）牧草压扁机械。按与动力的连接形式可分牵引式和自走式。按切割形式可分往复切割器和旋转切割器形式。割草压扁机辊的材料有橡胶和钢两种。现有的割草压扁机中压辊有两种组合方式，一种是一个光辊和一个槽辊相配合，其作用以压扁为主，称为压扁辊，其中槽辊常由橡胶制成。另一种称为碾折辊，由橡胶或钢制成，碾折作用较强，适于高秆丰产牧草，当使用钢制碾折辊时，辊棱必须修圆，以免切断牧草茎叶。

压扁机的工作部件由两个水平的、彼此做相反方向转动的挤压辊组成。新鲜牧草就从这两个压辊间通过。有弹簧压在一根压辊的轴上，使压辊之间产生压力。当割下的牧草以比较均匀的薄层通过压辊时，压扁机压辊的工作效率就高。

① 9GQX-137 型前悬挂割草压扁机。9GQX-137 型前悬挂割草压扁机与 13.25 kW 拖拉机配套，主要有分草装置、拔禾轮、切割器、导草装置、压扁输送机构、束草装置、地轮仿形机构等部分组成。该机可一次完成分草、拔草、切割、导草、压扁输送、束草等作业。9GQX-137 型前悬挂割草压扁机可广泛用于农牧区草场和丘陵地草场收割作业。主要技术参数；外形尺寸 1 568 mm × 1 362 mm × 980 mm（长 × 宽 × 高）；割茬高度≤ 80 mm；工作幅度 1 370 mm；重割率≤3%；割茎率≥97%；生产率 0.26 hm^2/h；作业速度 5.47 km/h；整机质量 230 kg。

② 牧神 M 苜蓿压扁机收获机。牧神 M-5000 型和 M-3000 型苜蓿压扁收获机由我国新疆机械研究院自主研制生产。该机型由拔禾装置、切割装置、传动系统等主要部件组成。其特点是可一次性完成苜蓿类饲草的切割、压扁和铺条工作，其独特的设计能最大限度保护牧草的营养成分，使茎叶同步干燥，减少土壤压实，加快下茬作物的生长，而且效率高、可靠性好、割茬高度好、切割角度调整方便。主要适用于苜蓿类饲料的收获集条作业。该

系列机型的基本技术参数见表 3-15。

表 3-15　牧神M系列苜蓿压扁收获机主要性能参数

机型	牧神 M-5000 型	牧神 M-3000 型
作业幅度 /m	5	3
作业方式	自走式	牵引式
作业速度 /(km/h)	10～18	≤13
生产率（苜蓿）/(t/h)	80～120	40～100
配套动力 /kW	150（自带动力）	≥30
外形尺寸（长 × 宽 × 高）/mm	7 260 × 3 050 × 4 200	4 900 × 4 530 × 1 400
整机重量 /kg	8 000	1 750
牧草铺放宽度 /mm	1 000～1 900（可调）	1 000～1 900（可调）
割茬高度 /mm	≤120	40～150

注：引自农业部农业机械化管理司（2005）。

③ 法国 KUHN 公司 FC202 割草压扁机。KUHN 公司 FC202 割草压扁机割幅宽度 2 m，割盘 4 个，刀片 8 个，压扁处理幅度 1.3 m，草铺幅宽 0.7～1.3 m；使用动力 40～55 马力（1 马力 =735 W），三点后悬挂，折叠运输，横向展开工作；生产率每小时收割 1.5～2 hm^2（22.5～30 亩）；收割后，通过压扁装置，破坏茎秆的天然蜡质层，并有 3～5 cm 折边，加快牧草干燥时间，使茎秆和叶片干燥速度保持一致。

3. 摊晒作业（散草）

为了使植物细胞迅速死亡，停止呼吸，减少营养物质的损失，选择晴朗的天气，将刚收获的饲草在原地或附近干燥地铺成薄长条暴晒，先进行薄层平铺暴晒 4～5 h，使鲜草中的水分迅速蒸发，由原来的 75% 以上减少到 40% 左右。

4. 翻晒作业

饲草水分由 40% 减少到 14%～17%，是一个缓慢蒸发的过程。如果此时仍采用平铺暴晒法，不仅会因阳光照射过久损失大量胡萝卜素，而且一旦遭到雨淋，营养物质损失会更多。当水分降到 40% 左右时，可利用晚间或早晨的时间进行一次翻晒，可以减少牧草叶片的脱落，同时将两行草垄并成一行，以保证打捆机饲喂速度。或改为小堆晒制，将平铺地面的半干青草堆成小堆，堆高约 1 m，直径 1.5 m，重约 50 kg，继续晾晒 4～5 d，等全干后收贮。有试验表明，在紫花苜蓿含水量为 30% 的时候进行翻晒作业，将损失 10% 的含量，主要是叶片损失，从而造成干草品质明显下降。如果早上进行刈割操作，天晴时下午可以进行第一次翻晒，晾晒时间没有严格的要求，只要草行上层的饲草干了就可以进行翻晒作业。

翻晒作业可用摊晒机完成，要求对饲草翻动均匀，草条蓬松以利于水分的散失，尽量减少泥土污染饲草。大多数情况下，无须单独配置摊晒机，搂草机稍加改动就可以具有摊晒机的功能。多转子水平旋转摊搂草机就是集摊晒机和搂草机特点于一身的干草调制机械。

5. 搂草作业

为了增加牧草干燥速率，刈割后的草行往往较宽，加上翻晒处理后草行非常松散，不利于打捆机进行打捆作业。在草行准备打捆前，需要通过搂草作业将草行收窄，并适当压紧，以便打捆机进行打捆。此外，搂草作业也提供了一次将底部干燥略差的饲草翻到草行表面的机会，可以进一步提高整个草行的干燥速度和干燥均匀度。

搂草作业通常采用搂草机完成，对搂草机的作业要求是搂集干净，漏搂率低；形成的草条连续、密度均匀，便于后续的捡拾打捆作业；草条蓬松，便于干燥；机具调节适当，饲草受泥土污染轻。横向搂草机在作业时饲草移动距离大，草条连续性差。另外，由于搂齿接触地面，草条容易受到泥土和其他异物污染，因此已逐渐被侧向搂草机所取代。侧向搂草机按照结构可分为滚筒式、指轮式、水平旋转式和传送带式 4 种类型。

下面以指盘式摊搂草机、多转子水平旋转摊搂草机、横向搂草机为例分别说明。

（1）指盘式摊搂草机。指盘式摊搂草机还可以分为牵引式和悬挂式。现以牵引式为例简要说明其构造。

牵引式指盘摊搂草机由机架、指盘、地轮等部分构成（图 3-7）。机架一般用钢管、角钢或其他型钢焊接，它的形状和尺寸取决于指盘的布置方式和指盘数，每台机具通常有 4～6 个指盘。指盘是摊搂草工作部件，由圆盘、弹齿和轴套孔构成，通过曲拐轴与机梁连接。曲拐轴的一头装在指盘的轴套孔内，另一端装在机梁上的轴承孔内。这样，指盘既能绕自身中心旋转，又能绕机梁上的轴承摆动，在地面呈浮动状态。当机器前进时，指盘平面与前进方向间有一定的夹角，由于弹齿尖与地面接触，所以在指盘平面内产生一个分力，驱动指盘旋转。前一个指盘把草拨向下一个指盘的作用范围内，依次拨向最后一个指盘，在最后一个指盘的内侧形成草条。改变指盘与前进方向的夹角，使上一个指盘拨动的草不能到达下一个指盘的作用范围，机器便处于摊草工作状态。

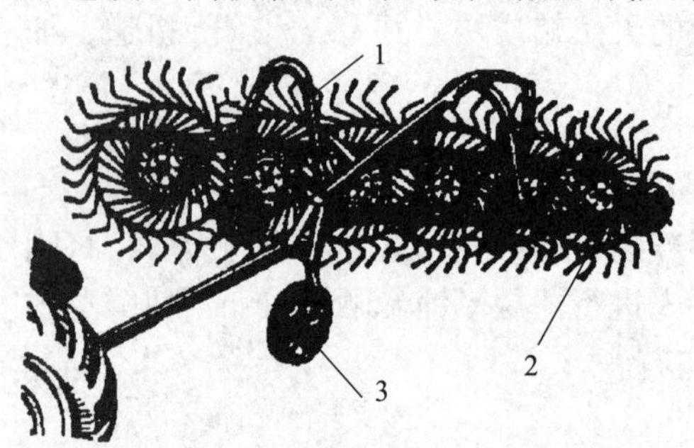

1. 机架　2. 指盘　3. 地轮

图 3-7　牵引式指盘摊搂草机

引自农业部农业机械化管理司（2005）

（2）多转子水平旋转摊搂草机。它是集水平旋转摊晒机和搂草机特点于一身的干草调制机械。动力输出轴通过中央锥齿轮传动机构驱动空心机架内的万向传动轴，万向传动轴再通过每个转子的锥齿轮传动机构驱动转子旋转。机架可绕万向节弯曲，使转子成搂草、摊晒或运输状态（图 3-8）。搂草时最外侧的两个转子都向内旋转，把草拨向中间两个也向内旋转的转子，在两个挡草屏间形成草条。摊晒时各转子排列成直线，相邻的转子反方向旋转，去掉挡草板。运输时两外侧的转子向前或向后折回。转子由圆盘、弹齿臂和弹齿构成。每个转子有 4～6 个弹齿臂，每个弹齿臂的外端安装一副弹齿。

多转子水平旋转摊搂草机作业速度为 15 km/h 左右，幅宽约 6 m。搂草时草条从两侧向中央集中，草移动距离短，破碎损失少，沾污轻。每个转子的工作幅有一定重叠，弹齿臂交错，草受到一定程度的弯折，有利于加速干燥。适用于各种类型的草地。

（3）横向搂草机。横向搂草机草条与机器的作业行驶方向垂直而得名。相互平行的弧形搂齿在整个搂幅内构成一个弧形的曲面。作业时，搂草机前进，草进到搂齿的前段，然后沿曲面上升，当达到极限高度后，在后续牧草的推动下而降落，先落下的草向中心卷入，后续草依次卷在外层（图 3-9）。机器行驶到放草位置时搂草器升起，放草成条。

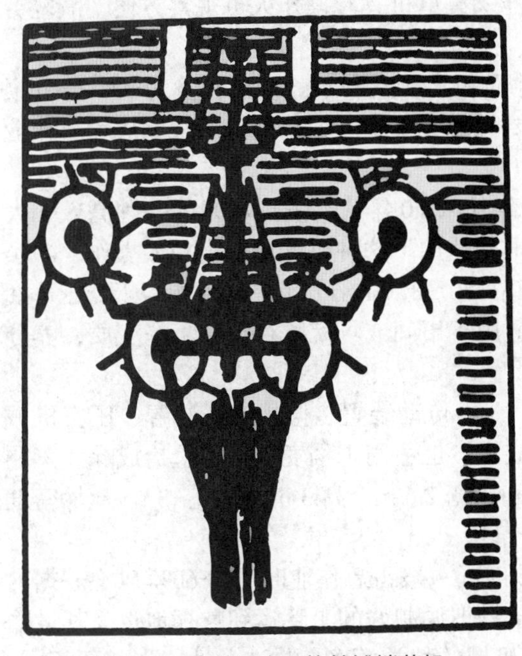

图 3-8　多转子水平旋转摊搂草机

引自农业部农业机械化管理司（2005）

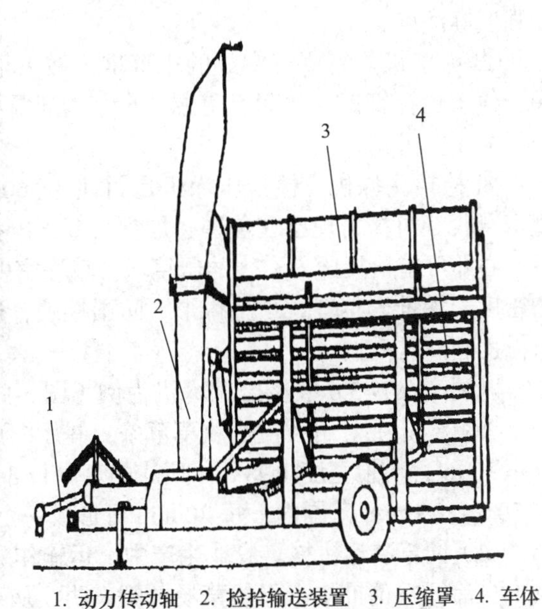

1. 动力传动轴　2. 捡拾输送装置　3. 压缩罩　4. 车体

图 3-9　9JD-3.6 型捡拾压垛机

引自农业部农业机械化管理司（2005）

（4）传带式摊搂草机。该类机械的特点是纵向尺寸小，机动性强，能摊晒和搂不规则地块的边角饲草，漏草率低，适合小面积草地应用。

（5）滚筒式摊搂草机。能够调节滚筒转速、倾斜度和变换旋转方向，完成田间干草调制的多项作业。作业时弹齿不触地，草不易污染，草条蓬松，适用于高产草地。但在低产天然草地作业时，由于弹齿不触地，会造成细碎茎叶漏草率高。

6. 打捆作业

打捆时间的确定和饲草含水量密切相关。含水量过高时进行打捆作业将使过多的水分带进草捆，造成草捆局部霉变，严重时由于局部发热，热量在不易散失的情况下进行累积，达到燃点后一旦遇到空气将会起火，引起火灾。含水量过低时，和翻晒、搂草作业类似，打捆作业将会造成大量的叶片破碎、脱落，造成收获指数下降，同时饲草品质也会降低，科学合理的建议是：在草捆含水量为 15%～18% 时进行打捆作业，大草捆和高密度草捆的含水量还要低些。

干草调制过程中能否进行合理的贮藏和运输，是关系到饲草质量的重要环节。应该选择适宜的贮运方式，各项作业密切配合和相互衔接，以达到贮运的目的。田间打捆作业由捡拾压捆机完成，对捡拾压捆机的技术要求包括：捡拾草条要干净，饲草遗漏率低；压捆密度均匀适中，不易发生霉变；草捆成层压缩，开捆后易散开；捆结牢固，运输途中不易散开。

（1）集垛机。

① 集草机。集草机的主要用途是把搂草机集成的草条堆集成草堆，并送往堆垛地点，也可直接用来堆集比较厚实的草条及摊晒于地面的作物茎秆。集草机有畜力和动力两类。动力集草机有前悬挂式和后悬挂式两种。前悬挂式集草机具有操作人员观察方便、减轻劳动强度等优点。

② 垛草机。集草机集成的小草堆松散占地面积大，不利于长期贮存。为减少养分损失，便于贮存管理，集草机集成的小草堆还需要垛成大草堆。垛草机是用来完成垛草作业项目的作业机具。

③ 捡拾压垛机。捡拾压垛机是 20 世纪 60 年代末 70 年代初发展起来的一种高效、大型饲草收获机械，现已在美国、加拿大等国家推广使用。这种机器可以由一人操作，半小时左右即可捡拾集压 6～7 t 的干草垛。草垛密度在 70～120 kg/m^3 范围内，相当于低压草捆的密度。垛堆码整齐，顶呈拱形，防雨性强，适用于田间或场院贮存。草不易变质，养分保持良好。

以国产 9JD-3.6 型捡拾压垛机为例（图 3-9），由传动装置、捡拾输送装置、压实机械和车体组成。主要用于捡拾牧草草条，并压缩成垛。也适用于稻麦茎秆的捡拾成垛。车厢容积 33 m^3，捡拾宽度 1.98 m，所成的草垛长 3 m，宽 2.6 m，高 3 m，重 2～3 t。草垛密度在 70～110 kg/m^3 范围内，每 20 min 可形成一个草垛。

（2）饲草装运机械。农业生产中，运输作业时间一般占总作业时间的 60% 以上。据内蒙古自治区呼伦贝尔市天然草场试验表明，从草场把调制好的干草运到贮存地点，其运输成本一般占总作业成本的 70% 以上。饲草装运机械的种类繁多，构造、性能也各不相同。按作业用途分为散草捡拾装运、草捆装运和草垛装运三大类，各种打捆机由于成捆原理和构造不同，压成草捆的形状、密度、大小等都不一样。

① 散草捡拾装运车。

A. 类型。一般散草装运车由一人操作，进行捡拾草条装车、运输、卸车作业。比较完善的捡拾装运车除捡拾、装载、卸车外，还有切割、搂集、切碎、压缩、计量等附件或工作机械，可以直接收割饲草或搂集草条，并切碎、装入车厢，运到贮存或饲喂地点，再按计量要求卸车。这类机器可直接收获青草饲喂牲畜，也可以收获调制青贮饲料的饲草。

散草捡拾装运车按动力来源可分为牵引式和自走式；按装载机械要分为低装载式和高装载式；按承载轴数可分为单轴式和双轴式；按车厢容积可分为大、中、小型。

B. 基本构造。以多用途散草捡拾装运车为例，由捡拾器、输送机构、切碎机构、车底传送机构和卸计量装置等组成。

② 压捆机。将散乱的饲草压成捆，便于饲草的运输和贮存，进而使之能够以商品的形式进入市场。压捆机分为固定式压捆机和捡拾压捆机两类。根据压制的草捆形状可分为方捆机和圆捆机。根据草捆密度分为高密度捆（200～350 kg/m^3）、中密度捆（100～200 kg/m^3）和低密度捆（＜100 kg/m^3）（表 3-16）。

表 3-16　不同草捆的技术参数

项目	小型草捆			大型草捆	
压缩程度	一般压缩	高压	一般压缩	一般压缩	高压
密度 /(kg/m^3)	80～130	<200	80～120	50～100	125～175
形状	方形	方形	圆柱形	方形	方形
最大截面 / cm^2	42.5 × 55	42.5 × 55	直径 150～180	150 × 150	118 × 127
长度 /cm	50～120	50～120	120～168	210～240	250
重量 /kg	8～25	<50	300～500	300～500	500～600

A. 方捆捡拾压捆机。以 9KJ-1.4A 型方捆捡拾压捆机为例（图 3-10），该机为活塞式压捆机，适合于捡拾收割机留下的牧草条铺。其主要由捡拾器、输送喂入装置、压缩室、草捆密度调节装置、草捆长度控制装置、打捆机构、曲柄连杆机构、传动机构和牵引装置等组成。

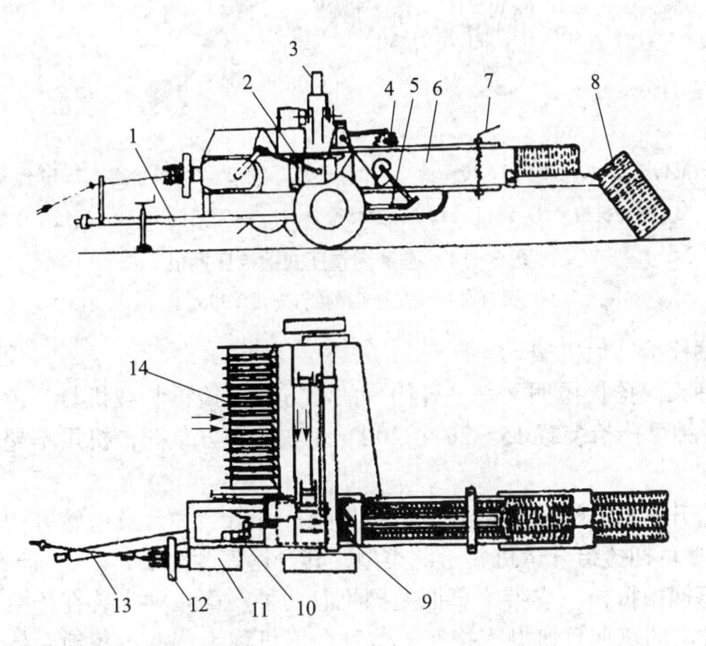

1．牵引梁　2．活塞　3．输送喂入装置　4．草捆长度控制装置　5．穿针
6．压缩室　7．草捆密度调节装置　8．草捆　9．打结结构　10．曲柄
11．主传动箱　12．飞轮　13．万向节传动轴　14．捡拾器

图 3-10　9KJ-1.4A 型方捆捡拾压捆机构造与工件过程

引自农业部农业机械化管理司（2005）

B. 圆捆机。圆捆机调制的草捆呈圆形，直径可达 2 m 左右。其结构简单，使用调节方便，草捆便于饲喂，耐雨淋，适于露天存放，捆绳用量少。按工作部件形式分为长胶带式、短胶带式、链式和辊子式等，按工作原理可分为内卷绕式和外卷绕式。其中长胶带式、链

式为内卷绕式，短胶带式和辊子式为外卷绕式。

图 3-11 为一种皮带式内卷绕捡拾压捆机。其主要部件包括捡拾器、输送喂入装置、卷压机构、卸草后门、传动机构和液压操纵机构。

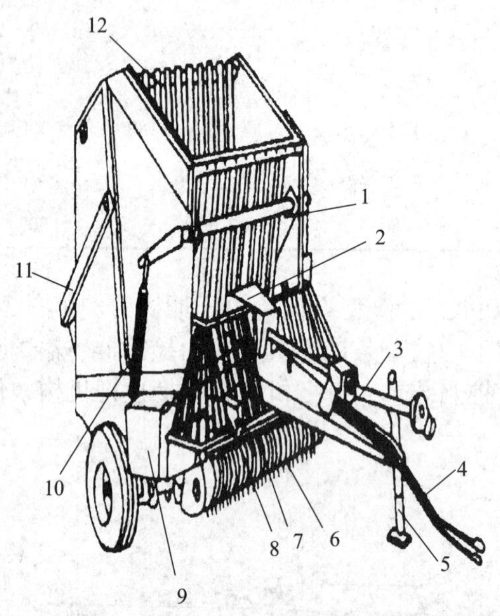

1．摇臂　2．传动箱　3．传动轴　4．油管　5．支架　6．捡拾器　7．送绳导管
8．割绳机构　9．绳箱　10．张紧弹簧　11．卸草后门　12．卷压室皮带

图 3-11　圆捆内卷压式捡拾压捆机

引自农业部农业机械化管理司（2005）

③ 小方草捆捡拾装运机械。

A. 捡拾抛捆叉。捡拾抛捆叉是一种简易的小方草捆捡拾装载机具，由机梁、油缸和草叉等构成。每分钟可捡拾装载 15～20 个 20 kg 左右的小方草捆，机重不超过 100 kg，结构简单，挂接方便。

B. 链式捡拾升运机。链式捡拾升运机由机架、升运、平台及地轮等构成。我国小批量生产的 9JK-2.7 型草捆捡拾升运机属于此类型，其升运高度为 2.7 m，生产率 250 捆 /h。

C. 皮带式草捆抛掷机。皮带式草捆抛掷机有两种。第一种为装在捡拾压捆机尾部通道末端，把压捆排出的草捆直接抛入拖车，这种抛掷机称为草捆不落地一体化抛掷机，或称为直接抛掷机。第二种单独与拖拉机挂接，从地面捡拾草捆并抛掷入车，称为捡拾抛掷机。它利用上下高速回转的两组皮带，使草捆以 10 m/s 左右的速度脱离机器，借惯性抛入拖车。

D. 集捆装载机。小方草捆的集捆装载，由集捆机和装载机配套作业，集捆机挂接在捡拾压捆机的后面，草捆由捡拾压捆机排出后，先在集捆机平台上按 8 × 2、12 × 2 或 12 × 3 等方式排列成 16、24 或 36 等不同捆数的草捆层。平台排满后，由液压或机械式机构把草捆（保持平台上的排列顺序）放在田间地面。

E. 自动草捆车。自动草捆车有牵引式和自走式两种，是目前小方草捆捡拾装运机械中自动化程度和生产效率较高的机具。由捡拾、输送、第一平台、第二平台、第三平台及液压系统构成。工作过程分为捡拾、输送、排层、码垛、卸垛。根据机型的大小，每车可装运草捆 40～160 个，最大载重量可达 6 t。一个人操作可完成捡拾草捆、运输卸车码垛全作业过程。

④ 圆草捆装运机械。

A. 前置装载机。它是一种简单的大圆草捆装载机具，可由液压推举式垛草机或其他前置装载机（举起高度 2 m 以上）改装而成。通常采用双齿捆叉，叉齿的距离在草捆直径的 2/3 左右，叉齿长与草捆长度相同或略短。叉齿纵向顺草捆下面插入，举时草捆稳定在两叉齿之间。

另一种前置式圆捆装载机为钳夹叉式。两个叉杆的前端装有齿尖（向内的叉齿），叉杆张开的距离大于草捆的长度，两叉齿对准草捆中心，靠油缸使两叉杆向内收回，两齿尖插入草捆中心，依靠提升缸提起草捆并装到车上。钳夹式圆草捆装载机除完成装载作业外，还可用于拆捆。将草捆升起，抽去捆绳，使草捆与成捆时卷压方向的反向转动，圆草捆便很容易分层脱散。

B. 圆草捆装运车。圆草捆重量一般在 300 kg 以上。生产中常见的装载运输机具有两种形式，即立装式和平装式。立装式和平装式是指草捆在运输车上的停放方式而言，立装式草捆呈垂直状态，垂直排放在车底板上；平装式草捆呈水平状态，横向或纵向依次排放在车底板上。

立装式圆草捆装运车由捡拾装置、车架和液压系统等部分构成。平装式圆草捆装运车有纵向平装和横向平装两种形式。

C. 草垛装运车。草垛装运车是和捡拾压垛机配套的一种快速装载运输专用机具。它由车身、液压系统、行走系统、捡拾传送机构等构成。

（二）人工快速干燥法调制干草工艺

一般可选择晴朗天气的上午刈割饲草，刈割后最好就地摊晒 2～4 h，使水分减少到 60% 以下。牧草人工干燥法基本上分为两种，即通风干燥法和高温快速干燥法。采用通风干燥法一般需要建造干草棚，棚内设有电风扇、吹气机、送风器和各种通风道，也可在草垛的一角安装吹风机、送风器，在垛内设通风道送风，对刈割后在地面预干到含水 50% 的牧草进行不加温干燥。

高温快速干燥法的工艺过程是将切短的牧草快速通过高温干燥机，牧草干燥机常为水平滚筒式，多用石油或煤作燃料，将送入滚筒的空气温度加热到 80℃左右，饲草在滚筒内经 2～5 s，含水量从 70% 左右迅速降低到 10%～15%，出口处温度降低到 10℃。整个干燥过程由恒温器和电子仪器控制。采用高温快速干燥法调制的干草可保存牧草养分的 90% 以上，利用高温快速干燥法制作的干草一般采用价值较高的原料，主要是豆科牧草，如美国干草粉中 95% 以上是由苜蓿制作的。

（三）高水分牧草调制工艺

国外利用无水氨、乳酸接种等方法对不同含水量苜蓿草捆进行处理研究发现，在苜蓿草捆含水量为 20%～25% 和 25%～30% 时，无水氨处理的苜蓿，其干物质、粗蛋白质及中性洗涤纤维量是最高的；乳酸菌处理苜蓿的粗蛋白质含量及可溶性氮含量要低于无水氨处理的苜蓿。高彩霞等研究了高水分苜蓿干草的贮藏，以尿素和干草防霉剂（主要成分为丙酸、丙三醇、甘油二酯）等处理，发现在贮藏过程中尿素和干草防霉剂均降低了草捆的含水量。干草防霉剂和尿素处理苜蓿干草在贮藏过程中可释放出氨，能杀死真菌，所以可以明显降低微生物的活动。这些研究都对高水分苜蓿干草的调制提供了理论依据。

调制干草的方法应根据实际情况而定，在调制干草时必须防止雨露淋湿。在牧草刚收割时，雨露的浸淋不会对于草质量产生大的影响，但干燥到一定程度后，雨露的浸淋会造成养分的大量损失，干物质损失可达 20%～40%，磷的损失达 30%，氮的损失达 20%。阳光直接照射的结果，使饲草所含的胡萝卜素和叶绿素因光合作用而破坏。为了不损失过多的养分，要防止叶片脱落，在翻晒、堆积和运输过程中都应对叶片加以保护。

在选择使用自然晒制法调制干草时，更应该根据当地气候、场所的实际情况，灵活运用，尽可能避开阴雨天气。在人力、物力、财力比较充裕的情况下，可以从小规模的人工干燥方法入手逐步向大规模机械化生产发展，提高所调制干草的质量。无论是何种调制方式都要尽量减少机械和人为造成的牧草营养物质损失。在干草调制过程中，由于刈割、翻草、搬运、堆垛等一系列手工和机械操作，不可避免地造成细枝嫩叶的破碎脱落，一般情况下，叶片损失达 20%～30%，嫩枝损失 6%～10%。因此在晒草的过程中除选择合适的收割期外，应尽量减少翻动和搬运，减轻机械作用造成的损失。

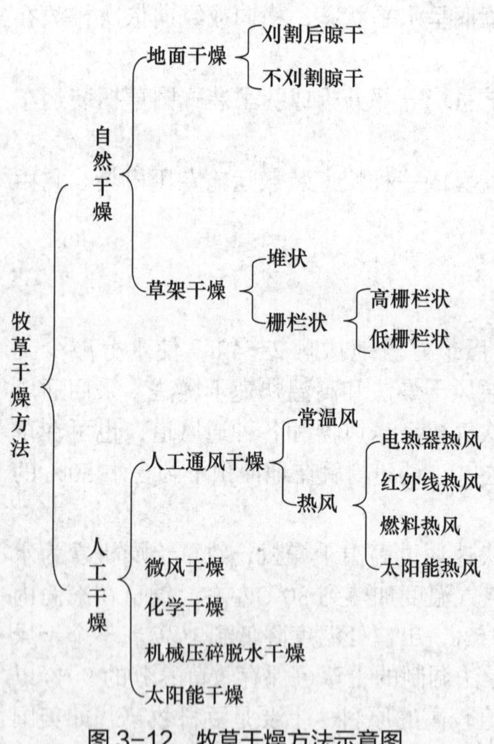

图 3-12 牧草干燥方法示意图

牧草及饲料作物干燥方法的种类很多，但大体上可分为两类，即自然干燥法和人工干燥法，见图 3-12。自然干燥法主要是借助自然的阳光和风调制干草，如地面干燥、草架干燥和发酵干燥等方法均属此类。人工干燥方法是指借助机械设备通过高温和加速空气流动速度调制干草的方法。人工干燥的原理是扩大牧草与大气间的水分势差，使失水速度加快。由于空气的高速流动带走了牧草周围的湿气，并且减少水分移动的阻力。虽然人工干燥法与自然干燥法相比，加工成本高，但是调制的干草品质好。随着科学技术的发展，各种各样的干燥设备得以开发和利用，我国许多大型的饲草生产企业和养殖场都开始采用人工干燥法调制干草。

下面对几种常用的干燥方法进行介绍。

1. 地面干燥法

我国东北、内蒙古东部以及南方一些山地草原区，刈割期正值雨季，应注意使牧草迅速干燥。

牧草刈割后就地干燥 4～6 h，使其含水量降至 40%～50% 时，用搂草机搂成草垄继续干燥。当牧草含水量降到35%～40%，牧草叶片尚未脱落时，用集草器集成草堆，经2～3 d可达完全干燥。豆科牧草在叶子含水量26%～28%时叶片开始脱落；禾本科牧草在叶片含水量为22%～23%，即牧草全株的总含水量在35%～40%以下时，叶片开始脱落。为了保存营养价值高的叶片，搂草和集草作业应在叶片尚未脱落以前，即牧草含水量不低于35%～40%时进行。

牧草在草堆中干燥，不仅可以防止雨淋和露水打湿，而且可以减少日光的光化学作用造成的营养物质损失，增加干草的绿色及芳香气味。试验证明，搂草作业时，侧向搂草机的干燥效果优于横向搂草机。例如，干燥时期相同，使用侧向搂草机搂成的草垄中，牧草在堆成中型草堆前，含水量为17.5%，全部干燥期间，干物质损失3.64%，胡萝卜素的损失为60.4%；而使用横向搂草机，则分别为29%、6.73%和62.1%。

2. 双草垄速干法

割草后稍微干燥一下，即用搂草机搂成双行的小草垄。经过一定程度干燥后，再用左、右两组联挂的侧向搂草机把两行草垄合为一行。这样可使牧草在草垄中比较疏松，有利于空气流通。此法适于在产草量中等（2 000～3 000 kg/hm^2）的割草场应用。

3. 草捆干燥法

在多雨的季节调制干草时，可以采用草捆干燥法。将刈割后的牧草摊晒至含水量为40%左右时，打成低密度草捆（80～100 kg/m^3），然后草捆和草捆之间间隔着（留好通风道）堆垛，草垛顶部做好防雨设施，继续干燥（图3-13）。也可以打成直径为20～40 cm的松散小圆捆，然后将草捆矗立于地面继续进行干燥。草捆干燥法不仅可以解决雨季调制干草的难题，还可以有效地保存叶片。

图3-13　设通风道的干草捆草垛

引自贾慎修（1982）

4. 鼓风干燥法

把刈割后的牧草压扁并在田间预干到含水量50%时，装在设有通风道的干草棚内，用鼓风机或电风扇等吹风装置进行常温鼓风干燥（图3-14）。这种方法可有效降低牧草营养物质的损失（表3-17）。

图 3-14 牧草的常温鼓风干燥

引自贾慎修（1982）

表 3-17 采用不同干燥方法的干草化学成分（干物质）

成分	青绿牧草	干草调制地点	
		干草棚	野外地面
粗蛋白质 /%	12.57	10.27	7.97
纤维素 /%	28.16	30.08	34.97
胡萝卜素 /(mg/kg)	141.00	83.00	66.80

注：引自贾慎修（1982）。

5. 高温快速干燥法

高温快速干燥法是将鲜草切短，通过高温气流，使牧草迅速干燥。干燥时间的长短决定于烘干机的种类和型号，从几小时到几分钟，甚至数秒钟，牧草的含水量从 80%～85% 下降到 15% 以下。接着将干草粉碎制成干草粉或经粉碎压制成颗粒饲料。有的烘干机入口温度为 75～260℃，出口温度为 25～160℃，也有的入口温度为 420～1 160℃，出口温度为 60～260℃。最高入口温度可达 1 000℃，出口温度下降 20%～30%。虽然烘干机中热空气的温度很高，但牧草的温度很少超过 30～35℃。人工干燥法使牧草的养分损失很少，但是烘烤过程中，蛋白质和氨基酸受到一定的破坏，而且高温会破坏青草中的维生素 C，对胡萝卜素的破坏不超过 10%。

综上所述，地面晒制的干草，蛋白质和胡萝卜素损失最多，人工机械法调制的干草营养损失最少，架上晒制的损失居于两者之间（表 3-18）。

表 3-18 不同调制方法对干草营养物质损失的影响

调制方法	可消化蛋白质的损失	胡萝卜素含量 /（mg/kg）
地面晒制	20%～50%	15
架上晒制	15%～20%	40
机械烘干	5%	120

注：引自张秀芬（1992）。

在生产中，亦可将刈割后的鲜草在田间晾晒一段时间，当鲜草含水量降至某种程度，因气候条件不允许继续晾晒下去，或因空气湿度较大，不可能在短期内使水分降低到安全水分时，将这些半干草人工干燥，并加工成所需的草产品。这种方法的优点是，烘干时所耗能量较小，固定投资和生产成本均较低，可提高生产效益。这一方法适合在降水量 300～650 mm 的地区使用。

6. 压裂牧草茎秆

牧草干燥时间的长短，实际上取决于茎秆干燥时间的长短。如豆科牧草及一些杂草类，当叶片含水量降低到 15%～20% 时，茎的水分仍为 35%～40%，所以加快茎的干燥速度，就能加快牧草的整个干燥过程。

使用牧草压扁机将牧草茎秆压裂，破坏茎的角质层以及维管束，并使之暴露于空气中，茎内水分散失的速度就可大大加快，基本能跟上叶片的干燥速度。这样既缩短了干燥期，又可使牧草各部分干燥均匀。许多试验证明，好的天气条件下，如牧草茎秆压裂，干燥时间可缩短 1/2～1/3。这种方法最适于豆科牧草，可以减少日光暴晒时间，减少叶片脱落及养分损失，干草质量显著提高，能调制成含胡萝卜素多的绿色芳香干草。牧草刈割后压裂，虽可造成养分的流失，但与加速干燥所减少的营养物质损失相比，还是利多弊少。

目前国内外常用的茎秆压扁机有两类，即圆筒形和波齿形。圆筒形压扁机装有捡拾装置，压扁机将草茎纵向压裂；而波齿形压扁机有一定间隔地将草茎压裂。一般认为：圆筒形压扁机压裂的牧草，干燥速度较快，但在挤压过程中往往会造成鲜草汁液的外溢，破坏茎叶形状，因此要合理调整圆筒间的压力，以减少损失。现代化的干草生产常将牧草的收割、茎秆压扁和铺成草垄等作业，由机器连续一次完成。牧草在草垄中晒干（3～5 d）后，便由干草捡拾压捆机将干草压成草捆。

苏联将苜蓿与无芒雀麦混播牧草适时收获后，按不同的办法调制成干草，贮藏 90 d 后测定干草中的营养成分，见表 3-19。

表 3-19　不同处理的苜蓿与无芒雀麦混播牧草干草的营养成分

处理	干物质 /%	粗蛋白质 /%	粗纤维 /%	糖 /%	胡萝卜素 /(mg/kg)
田间干燥	81.9	9.2	30.0	1.8	18
压捆	82.0	13.5	27.1	3.6	60
破碎	81.9	13.1	27.8	3.8	58

压捆和破碎干草的可消化营养物质比散晒干草高 8%～10%。调制破碎干草不仅可提高饲料品质，而且能改善其加工性能。可单独或配合成混合饲料使用。

7. 太阳能干燥法

太阳能干燥的原理是将牧草刈割后在田间进行自然干燥，在含水量降至一定程度（如豆科牧草含水量降至 45% 左右）时进行收集，采用太阳能工厂化干燥，按照一定高度、一定密度将散干草或草捆堆放在太阳能干燥仓内，把用太阳能加热的空气从干燥仓底部吹入，利用加热的空气带走草捆水分而达到干燥的目的。该方法是一种低成本、高品质、干燥效果好的干燥方法。其工艺路线见图 3-15，干燥设备见图 3-16。

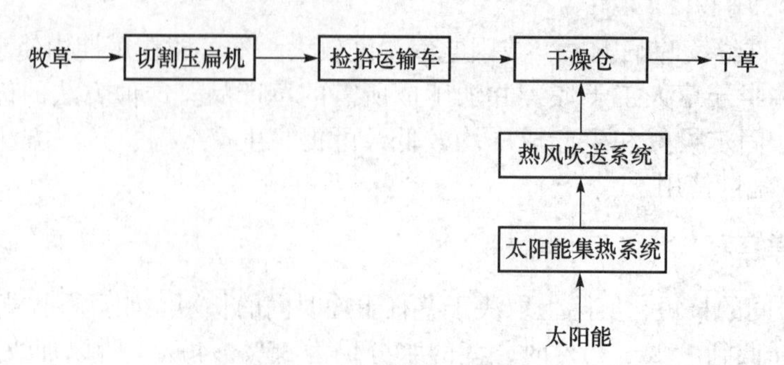

图 3-15 太阳能干燥工艺流程

图 3-16 太阳能干燥设备

8. 豆科牧草与作物秸秆分层压扁法（秸秆碾青法）

先把麦秸或稻草铺成平面，厚约 10 cm；中间铺适时刈割的新鲜豆科牧草 10 cm；上面再加一层麦秸或稻草。然后用轻型拖拉机或其他碾压器进行碾压，压至豆科牧草的绝大部分水分被麦秸或稻草吸收。最后晾晒风干、堆垛，垛顶抹泥防雨。此法调制的豆科牧草干草呈绿色，品质好，同时还提高了麦秸和稻草的营养价值。适于小面积高产豆科牧草的调制。

9. 施用化学制剂加速田间牧草的干燥

近年来，国内外研究对刈割后的苜蓿喷撒碳酸钾溶液和长链脂肪酸酯，以破坏植物体表的蜡质层结构，加快干燥。

第三节 青干草收获储运技术

一、天然青干草特性介绍

1. 针茅草

针茅草就是俗称的狼针草，分为贝加尔针茅、大针茅、克氏针茅等，禾科多年生植物。其优势为抗旱耐寒能力强，雨水充足年景可以长到 50～90 cm，所以成熟后的籽实容易传播扩繁。另外，在抽穗以前，含有较多的粗蛋白质，但在结实以后，则急剧下降。粗纤维的含量偏高，结实以后显著升高，所以掌握好收获时间会提高饲喂价值及经济效益。受狼针草长得高、容易传播及分蘖性强的特点，所以其在呼伦贝尔及锡林郭勒草原上很普遍，主要分布在锡林浩特市周边一些旗县。

2. 五花草

五花草指五花草甸和部分草甸草原过渡带上的牧草。主要是杂类草为主，有地榆、委陵菜、洽草、羊草及菊科、莎草科的植物为主。营养丰富，多以开花结果实植物为主，有很多是中草药成分，例如，乌拉盖德勒哈达那边的芍药谷、百合洼、黄芪、知母等，多分布在锡林浩特东乌旗、乌拉盖、白音锡勒、多伦等地。此类牧草种类繁多，营养丰富，因其秋季结实，因此对牲畜增膘保膘有一定帮助。受此影响，在收获设备及时间上需要精准把握。

3. 羊草（碱草）

禾科多年生植物，又名碱草，主要分布在黑龙江、内蒙古、青海等地，为规模化养殖者大多喜欢采购的牧草。作为根茎繁殖类植物，因其特性在土质肥沃雨水充足情况下，其他植物很难长过碱草。数量很少，但产量很高，一年可刈割 2～3 茬，营养丰富，所有草食动物皆可食用。相对其他牧草，碱草在收获及使用方面更容易操作。

4. 其他草类

其他草类包括草甸打草场、林间打草场、沼泽草甸打草场所产的杂草类。

二、天然青干草收获

1. 收获前期准备工作

（1）关注地方政府下发或公示的《关于打草场管理相关文件》。

（2）做好防火安全培训及演练工作。

（3）根据收获面积做好收获机械准备工作。

2. 收获时间掌握

根据不同种类牧草做好收获排期准备工作，通常顺序如下。

（1）先收获多年连毛坡草甸（一年以上未收获的草场），因为多年未收获，有很多底草夹杂，品质一般，在 7—8 月收获可以补充牧场第三季度库存以解某些规模化牧场燃眉之急。收获连毛坡草时不宜过早集趟，应该用转子式搂草机，不宜用指盘式搂草机或大耙搂，一是对草场破坏严重，另外就是易把多年未收获已经形成肥状的黑草底子搂上，在行业里称为底柴，当捆入这些底柴时如果掌握不好水分或淋雨后很容易发霉变质，甚至滞销，造成牧场牲畜采食下降、产奶量下滑，给产业造成的负面影响极其严重。

（2）然后收获针茅草，针茅草未完全成熟前长出来的一束一束的羊胡子草（针茅草）是众多牧场最喜欢采购的牧草，草质柔软，适口性好。但收获晚了，狼针（即籽实）形成后对牲畜采食率会有影响，牲畜口腔和皮毛会受到伤害，甚至造成牲畜死亡。

（3）其次收获五花草和羊草，这两种牧草如果收获迟了会影响品质及产量，如果遭到霜冻，五花草叶片会脱落。五花草在收获时很难掌握干度，水分超标很容易发霉变质。割草机放片后根据牧草的稀疏茂密程度，需要晾晒2～3 d，然后再进行搂趟，集趟后再风干1～2 d，进行检测水分，水分达到15%以下后方可进行打捆，如果过干会造成很多叶片碎落，降低五花草的品质。五花草不适合打大方捆（300～350 kg高密度捆），一是很难掌握草捆水分，二是大方捆大多是以大牧场采购为主，但五花草多为牧民养羊和肉牛场及马场、动物园喜欢采购的牧草。所以五花草捆的销售半径不超600 km。

3. 收获和收获设备

（1）割草机。目前国内收获天然青干草大多数用国产普通机刀，既经济又便捷，无太多技术含量，普通农牧民皆可操作。割草标准：根据植被长势稀疏情况，确定割否，如果青草高度不超20 cm或过于稀疏就没有割的必要。留茬高度在6 cm，根据近几年国家及地方草原保护法规定，每打20 m留30 m的草籽带。如果不是五花草或草密度不是很厚，可以前面割后面直接搂趟子；五花草需要先放片，晾晒后再集趟子，否则会延长打捆时间。

（2）注意事项。防火安全工作，换机刀片时注意安全。

（3）搂草机。分传统耙子搂、指盘式搂草机和转子式搂草机，草趟子薄可以用传统耙子搂，趟子厚用指盘式搂草机或转子式搂草机，转子式搂草机可以调高低，仿形效果比指盘式要好很多，不落草，不会像指盘式搂草机着地狠，把老草底子都搂到草趟里，但近些年随着人们过度刈割，天然草趟比较薄，用转子式搂草机成本相对要高一些。

（4）搂草标准。碱草和针茅等禾科草割倒后晾晒半天就可以集趟子，五花草因为茎粗叶厚，需要1～2 d方可集趟，集趟后再经过1～2 d晾晒后经测试再打捆。搂草时注意草趟要扶直，调好高度不搂底柴，以便捆草机捡拾干净不丢草。视天气情况，搂起来的草要及时打捆，否则搂起来的干草会被大风瞬间卷走。捆草机中，天然青干草打捆目前市场上以美团爱科赛尔1844捆草机和纽荷兰小方捆机为主，草捆重量在35～40 kg/捆，这些草捆基本作为商品草使用，捆草成本在3.5～4元/捆，牧民自己用也经济实惠，饲喂方便，还有用国产小捆机，成本在1～1.5元/捆。

（5）捆草标准。当抓一把草用力拧有折断的草并能听到干燥的声音即可以打捆，或用捆草机试捆几捆用测水仪检测，水分不超15%即可打捆。打捆时的压力可以根据水分而定，如果1～2 d会降雨，不得不打捆，水分相对高那么压力就小一些，打包后按标准及时上垛。如果水分完全合格，可以加大压力打捆，一来捆草省成本，二来运输省成本。五花草打捆迟了会有大量叶片脱落，所以必须掌握好打捆时间。

三、仓储

1. 仓储基本条件

交通便利、通风干燥、避开风口、远离生活区，根据收储半径及产量，仓库面积可大可小。目前市场牧草标准规格为100 m × 12 m × 4.5 m，檐高不能低于4.5 m，否则小型叉车或入库装车高度会受限。根据不同区域气候特点，脊高也不一样，风雪大的区域相对脊高要设计得高一些，否则会出现被雪压塌现象。

2. 户外垛放

首先选择合适地理位置码垛，外垛齐里垛实。从一头开始阶梯式向垛尾码放，根据数量确定垛长开始垛。整个垛呈“金”字塔式。以 35 kg 方捆为例，最下面一层要侧立码放（着地面积小，最后装车前可以把着地面部分进行清理处理），横向 5 捆，第二层顺向平码 7 捆，第三层横向平码 5 捆，第四层顺向平码 6 捆，第五层横向平码 4 捆，第六层顺向平码 4 捆，第七层横向平码 2 捆，第八层顺向平码 1 捆完毕。加盖配坠物的苫布。

3. 储草库垛放

先从库房最里面向外面阶梯式垛起，里垛实外垛齐，最后从库房门口封垛。

4. 安全措施

根据仓库面积配备消防设备设施，干粉灭火器、拍打器、铁锹、防火沙、风力灭火器等。

四、运输

近几年各地区草原保护法规定不允许大型车辆驶入草原深处，只能停在草原路上进行装车。春、秋雨天不能驶入草原装车，那样会严重破坏草原或草原路。在草甸上的草车不能丢落草捆，会影响牧草生长，装车过程中有断绳现象，要把散草装上草车，夹在草捆中一起拉出草场，否则下一年打草会有底柴影响牧草品质。长途运输的草车为了生命及财产安全要及时购买草业保险，确保后视镜及车尾监控要正常使用，行驶过程中不占道，以便后方来车能及时避让。

第四节　干草贮藏技术

干草贮藏是牧草生产中的重要环节，可保证一年四季或丰年歉年干草的均衡供应，保持干草较高的营养价值，减少微生物对干草营养物质的分解作用。干草水分含量的多少对干草贮藏成功与否有直接影响，因此在牧草贮藏前应对牧草的含水量进行判断。生产上大多采用感官判断法或手持式饲草水分测定仪来确定干草的含水量。实验室分析常用烘箱利用减重原理测定干草含水量，最近微波测定法也得到了一定的应用。

一、干草含水量判定

（一）干草水分含量的感官判断方法

当调制的干草水分达到 15%～18% 时，即可进行贮藏。为了长期安全地贮存干草，在堆垛前，应使用最简便的方法判断干草所含的水分，以确定是否适于贮藏。其方法如下。

1. 含水量在 50% 以下的干草

（1）禾本科干草：经晾晒后，茎叶由鲜绿色变成深绿色，叶片卷成筒状，基部茎秆尚保持新鲜，取一束草用力拧挤，呈绳状，而不能挤出水分，此时含水量为 40%～50%。

（2）豆科干草：晾晒至叶片卷缩，由鲜绿色变成深绿色，叶柄易折断，茎秆下半部叶片开始脱落，茎秆颜色基本未变，压迫茎时，能挤出水分，茎的表皮可用指甲刮下，这时的含水量为 50% 左右。

2. 含水量 25% 左右的干草

（1）禾本科干草：紧握干草束或揉搓时，不发出沙沙响声，易将草束拧成紧实而柔软的草辫，经多次搓拧或弯曲而不折断。

（2）豆科干草：手摇草束，叶片发出沙沙声，易脱落。

3. 含水量 18% 左右的干草

（1）禾本科干草：紧握草束或揉搓时，只有沙沙响声，而无干裂声。放手时草束散开缓慢，但不能完全散开。叶卷曲，弯曲茎时不易折断。

（2）豆科干草：叶片、嫩茎及花序稍触动易折断，弯曲茎易断裂，不易用指甲刮下表皮。

4. 含水量 15% 左右的干草

（1）禾本科干草：紧握或揉搓草束时，发出沙沙声和破裂声（茎细叶多的干草听不到破裂声），茎秆易断，拧成的草辫松开手后，几乎完全散开。

（2）豆科干草：叶片大部分脱落且易破碎，弯曲茎秆极易折断，并发出清脆的断裂声。

（二）微波法快速测定干草含水量

微波是频率在 300～300 000 MHz 的高频电磁波，短时间即可达到所设定的加热温度。在微波烘干系统中，微波能量具有一种内在热量生成能力，可以轻易地穿透样品的内部各层次而直接吸收水分，使水分能快速蒸发。利用微波加热的特点，可以实现物料含水量的快速测定。目前，在土壤、粮食、饲料的水分测定中，有关微波法的研究和应用非常广泛。

国外的研究者利用微波炉法测定玉米青贮饲料及干草含水量，结果表明利用微波法测定干草含水量，精密度和准确度都较高。我国采用微波炉法测定苜蓿和三叶草的含水量，结果表明使用微波炉法测定的含水量与经典烘箱法的测定值间符合性好，精确度高，准确性好。

微波炉测定含水量仅需微波炉和天平即可实现对干草含水量的迅速测定。用微波炉将干草烘干数分钟直至重量不再变化，计算前后的重量差，即可得到含水量。对苜蓿和三叶草的试验表明，每个样品的测定时间仅为 4～5 min，样品量仅需不足 30 g。

另外一种更为简单的方法就是双手分别抓住一束干草的两端，用力拉。如果一次就拉断了，说明干草可以进行堆垛作业了，否则还需要进行继续晾晒。对于不同的贮藏方法，要求干草的含水量不同。

二、干草贮藏技术

1. 散干草贮藏技术

（1）技术描述。散干草通常露天堆垛，当调制的干草含水量降低为 15%～18% 时，即可进行堆垛。常见堆垛形式为长方形垛和圆形垛两种，长方形垛一般宽 4～5 m，高

6～6.5 m，长不少于 8 m；圆形垛一般直径为 4～5 m，高 6～7 m。散干草的堆垛作业可由人工操作或干草堆垛机（悬挂式或液压式）完成。应选择地势干燥处作为垛址。草垛应以树枝、秸秆或砖块等干燥且透气性好的材料作底，厚度不少于 25 cm。垛底周围设置排水沟，通常深 30 cm，底宽 20 cm，沿宽 40 cm。垛草时应分层进行，且逐层压实。垛顶可覆盖劣质草，并用重物压实或以绳索捆住垛顶，以防风害。

（2）优点。经济节约。

（3）缺点。易受雨淋、日晒、风吹、虫鼠和微生物等不良条件影响，使干草褪色，营养成分流失，甚至造成干草霉烂变质。

（4）注意事项。长方形垛的窄端应对准主风方向，水分较高的干草应堆在草垛四周靠边处，便于干燥和散热；在雨雪较多地区，草垛从上至下应逐渐放宽，垛顶中部隆起高于四周，以减轻雨淋和利于排水。在气候潮湿地区，垛顶应凸起；在干旱地区，垛顶坡度可稍缓，应适当增加草垛高度以减少干草堆藏中的损失。

2. 打捆干草贮藏技术

（1）技术描述。草捆通常垛藏于干草棚、专用仓库或露天堆垛，顶部加防水层。常见的垛型为长方形，垛宽 3～5 m，高 18～20 层，长 20 m 左右。底部草捆立铺，且与干草捆的宽面相互挤紧，窄面向上，整齐铺平，不留通风道或任何间隙。其余各层堆平，上层草捆之间的接缝应和下层草捆之间的接缝错开。底层草捆应从第二层草捆开始，可在每层中设置 25～30 cm 宽的通风道，在双数层开纵向通风道，在单数层开横向通风道。垛顶部呈带檐双斜面状。简单的草棚只有支柱和棚顶，四周无墙体，成本较低，如为露天贮藏，垛顶部应覆以 1～2 层塑料布、苫布或草帘等遮雨物。

（2）优点。干草垛体积小，密度大，贮藏方便；经济节约；营养物质损失少。

（3）缺点。堆垛方法不当，容易塌陷漏雨。

（4）注意事项。对贮藏的草捆要指定专人负责；定期检查和管理，防止垛顶塌陷漏雨和垛基受潮；要特别注意防火。

3. 二次压缩打捆

草捆在仓库中贮藏 20～30 d，当含水量降低到 12%～14% 时，即可进行二次压缩打捆。两捆压缩为 1 捆，其密度可达 350 kg/m^3 左右。方草捆的优点是便于贮藏、运输和商品化，高密度打捆的目的主要是为了降低运输成本。二次打捆的草捆在生产中存在一定的问题，因为密度太大，家畜采食时比较费力，造成家畜能量的消耗。因此饲喂时，往往需要用电锯或手据将草捆锯开。

干草二次打捆由打捆机械完成，打捆机械主要有捡拾捆草机、固定式高密度捆草机（图 3-17）。较普遍的方草捆大小为 35.6 cm × 45.8 cm ×（81.3～91.5）cm，草捆密度为 160～300 kg/m^3；圆草捆长为 100～170 cm，直径为 100～110 cm，草捆密度为 110～250 kg/m^3。大圆草捆的质量最大可达 850 kg，常见的质量为 600 kg。二次高密度打捆机固定作业是将中等密度的方捆或捡拾压捆机的成捆干草进行二次压缩。苜蓿草捆经二次高密度压缩后，其密度可由原来的 150～180 kg/m^3 提高到 320～380 kg/m^3。

（1）优点。机械作业效率高；缩减牧草所占的面积，便于搬运和贮藏；降低了营养损失，能够保持干草的色泽和香味。

图 3-17　固定式高密度打捆机

（2）注意事项。打捆时牧草含水量要适中，水分过高易导致发热或霉变，水分过低不易打捆成型，且会造成叶片过量脱落损失，草捆在干燥处堆放，便于通风晾晒和防雨露淋湿。

4. 安全贮藏时间的确定

通过对苜蓿进行 4 种不同的处理（CK、WL、WH、FC）可知（表 3-20），苜蓿在贮藏 360 d 时仍能达到 2 级干草标准，超过 360 d 后，品质会有所下降，即 360 d 为苜蓿的安全贮藏时间（表 3-21）。

表 3-20　苜蓿干草捆贮藏试验设计方案

处理	方法
CK	田间晾晒过程中未做任何处理，晾晒至干草含水量 28%～30%，添加 NA
WL	低水分对照处理，即干草含水量 17%～18%
WH	高水分对照处理，即干草含水量 28%～30%
FC	压扁结合喷施 2.5% 的碳酸钾进行田间晾晒，晾晒至干草含水量 28%～30%，添加 NA

注：引自张晓娜（2013）。

表 3-21　不同处理贮藏苜蓿 360 d 营养成分含量变化（DM）　%

处理	CP	EE	CF	CA	NDF	ADF	NFE	TDN
WH	9.31	2.14	38.75	9.37	59.74	47.57	40.43	50.06
WL	13.71	2.27	37.53	9.14	52.94	44.18	37.35	50.97
CK	16.71	2.31	37.19	14.29	51.69	42.15	29.5	55.76
FC	18.17	2.57	35.41	13.82	51.13	39.54	30.03	58.19

注：引自张晓娜（2013）。

第五节　干草的利用

调制干草的目的是为家畜提供营养，由于家畜种类和生产目的不同，对营养物质的需求也不尽相同，因此，在实际生产中，我们需要根据不同的家畜选择不同的干草饲喂配方，从而达到饲喂效益的最大化。

一、牛的干草利用

干草是奶牛最重要的饲草，干草的日饲喂量可达奶牛体重的3%以上，干草水分含量应少于18%，以防霉变。优质干草可满足和维持每天生产9.1 kg牛奶的需要。在实际生产中常用的干草有紫花苜蓿、三叶草等豆科牧草和羊草、燕麦、黑麦草等禾本科牧草，其中，豆科干草质量最好，它不仅是蛋白质、胡萝卜素、钙和其他矿物质的优质来源，而且质地柔软、有芳香味、适口性好，但饲喂要适当，过量会破坏饲料中钙、磷的平衡，会抑制奶牛发情。为了提高定量的饲草饲料价值，并将其经济、有效地转化为畜产品，必须对不同阶段牛提供不同的饲草饲料供给方案。

1. 奶牛

奶牛的饲草饲料供给包括犊牛、青年牛、泌乳奶牛。

（1）犊牛。犊牛出生后1周即可进行训练，即在牛槽或草架上放置优质干草任其自由采食，并及时补喂干草从而促进犊牛的瘤胃发育和防止舔食异物。犊牛出生后20 d就可在混合精饲料中加入幼嫩的青草或切碎的胡萝卜、甜菜和南瓜等。最初每天可以加10～20 g，满5周龄后，干草饲喂可占谷物混合料的50%。随着犊牛年龄的增长，到60 d时，饲喂量可达1～1.5 kg，青贮料可以从60 d开始供给，最初每天可以供给100 g，3月龄可供给1.5～2 kg。

（2）青年牛。断奶至12月龄的青年牛，要尽可能地利用优质青粗饲料，6～10月龄是育成母牛发育最快的时期，建议日粮中粗饲料占75%，谷物饲料占25%。12～15月龄期间，粗饲料应饲喂苜蓿或干草，其中干物质占50%～65%，玉米青贮占35%～50%，育成牛日粮中干物质饲喂应达其体重的4%。受孕至第一次产犊阶段，日粮不宜过于丰富，应以品质优良的青草、干草、青贮料和块根为主，精料可少喂或不喂。

（3）泌乳奶牛。泌乳奶牛的日粮中应含有优质青绿多汁饲料和干草，一般由优质青粗饲料供给的干物质占整个日粮的60%左右。日粮一般应含有2种以上的粗饲料（干草、秸秆），2～3种多汁饲料（青贮、块根、块茎类）和4～5种精饲料。全价日粮中优质干草或干草粉应占15%～20%、青贮饲料占25%～30%、多汁饲料占20%、精饲料占30%～40%。

2. 肉牛

优质粗饲料是肉牛饲养的主要饲料，常用粗饲料包括干草、青贮料和加工处理的秸秆等。以干物质计算，肉牛日粮中粗饲料的比例最低为15%，在育肥过程中必须保证相对数量的粗饲料，否则牛采食量会显著下降。一般情况下，在育肥前期要饲喂大量的粗饲料，应占日粮的55%～65%，育肥中期应占45%，育肥后期应占15%～25%。

二、羊的干草利用

羊在不同生产目的和阶段下的营养物质需求存在一定的差异，在实际生产中，常根据不同营养需要配制饲料供给，包括种公羊、繁殖母羊、育成羊、羔羊以及育肥绵羊的饲草饲料供给方案。

1. 种公羊

种公羊在配种前 1～1.5 个月，日粮由非配种期增加到配种期的饲养标准。苏联的种公羊在放牧期除了要保障优质的草场放牧外，每只日补饲 0.6～0.8 kg 的精饲料。在舍饲日粮中，禾本科干草占 35%～40%、多汁饲草占 20%～25%、精饲料占 40%～45%。在非配种期，除了放牧采食外，种公羊还应补给一定的能量、维生素、蛋白质和矿物质饲料。

2. 繁殖母羊

我国东北地区给细毛羊和半细毛羊每天每只补饲精饲料 0.2～0.3 kg，干草 1.5～2.0 kg。苏联对于在泌乳前期 6～8 周的母羊的日粮搭配是：各种禾本科和苜蓿干草 1.3 kg、玉米青贮料 2.0 kg、大麦碎料 0.6 kg，另外添加矿物质、食盐和维生素。泌乳后期，对产羔母羊每只每日补饲精饲料 0.2 kg、青贮饲料 1～1.5 kg、豆科干草 0.5～1.0 kg、胡萝卜 0.2～0.5 kg，并喂给豆浆和饮用温水。产双羔母羊，补饲精饲料增加到 0.3～0.4 kg。

3. 育成羊

羔羊 10 日龄就可以训练吃草料，以刺激其消化器官的发育。羔羊 20 日龄后，可随母羊一起放牧。1～2 月龄后，羔羊每天喂 2 次，补精饲料 150 g，3～4 月龄，每天喂 2～3 次，补精饲料 200 g。饲料要多样化，最好用豆饼、玉米、麸皮等 3 种以上的混合饲料和优质干草，其中优质干草以苜蓿、青刈大豆为主。胡萝卜切碎与精饲料混喂，羔羊最喜食。

4. 育肥绵羊

对于体重 30 kg 以上的育肥绵羊，其日粮组成可采用豆科干草 0.34～0.45 kg、青贮玉米 0.68～1.14 kg、谷物 0.57～0.79 kg、蛋白质补充料 0.05 kg。在 10～60 d，淘汰的产毛羯羊的育肥羊的配方可采用：玉米 43%、亚麻饼 13.4%、麦麸 10.7%、食盐 0.4%、苜蓿粉 21.5%、小麦麸壳 11%。另外，每 50 kg 的饲料中需加入 1 g 的微量元素添加剂。

三、马的干草利用

粗饲料应是优质的干草，最好是优良的禾本科和豆科的混合干草，豆科干草应占 1/3～1/2。在配种期及早喂给青绿多汁饲料，如早生的野草、野菜，人工栽培牧草等，有利于精子的产生。在放牧期，可用刈草袋的 1/2 或全部日干草饲喂量，早春没有青绿饲料，可喂给胡萝卜。精饲料应因地制宜，杂粮地区以谷类为主，再选用一些适口性强、对精液形成有良好作用的饲料，如油饼、玉米和高粱等混合喂给。在配种期还应喂给食盐等矿物质饲料和鸡蛋、骨肉粉等动物性饲料。非哺乳期的种母马和休闲的成年马只用优质干草饲喂即可。每 100 kg 的马需要 1～2 kg 的优质干草，多叶的、有芳香味、没有其他杂草和杂物的优质干草是首选。粗硬不洁、难以消化的饲料会造成马肠道紊乱，甚至引起消化性疾病。此外，较符合马肠胃的饲料不要频繁改变，以免其影响消化，若要更换，应逐步实施。

四、鹅的干草利用

鹅能够充分地利用新鲜饲草、优质干草等较单一的日粮，新鲜饲草所含的营养成分齐全，蛋白质、矿物质和维生素含量丰富，木质素含量低，适口性好，消化率高，且成本低廉，是鹅的主要饲料来源。由于新鲜饲草的水分含量较好，营养浓度较低，雏鹅、肉用仔鹅需要补充精饲料。青绿多汁饲草与精饲料的饲喂比例大致为1.5∶1，肉鹅∶雏鹅为1∶1。豆科和禾本科干草，野生饲草的干草以及品质较好的农作物秸秆产品都可以作为鹅的日粮组成部分。这类饲草主要作为冬季饲料使用，有条件的地方可与含水量多的青绿饲料或多汁饲料搭配饲喂，效果最好。

五、兔的干草利用

兔日粮中能量、粗蛋白质、粗纤维及钙、磷的摄入要平衡，使兔既能表现出应有的生产性能，又能有效地利用饲料。兔子日粮中粗纤维的含量：幼兔应为10%～12%、成年兔应为14%～17%。当日粮中粗纤维含量过低时，兔易发生消化紊乱、生长迟缓，甚至死亡；粗纤维含量过高时，会加重消化道负担，影响大肠对粗纤维的消化，削弱其他营养物质的消化和吸收利用。

兔属于草食动物，除采食部分精饲料外，日粮应以新鲜饲草、树叶等多汁饲料和优质干草为主。对兔而言，夏、秋季应以青绿饲料为主，冬、春季以干草、草块和块茎类饲料为主。大部分青绿饲料具有良好的适口性，蛋白质营养价值高，易消化吸收。此外，青绿饲料除维生素D外，其他维生素的含量均很高。

几乎所有的栽培饲草都可以作为兔的饲料。价值最高的是豆科饲草，如紫花苜蓿、白三叶、红三叶、紫云英等，含蛋白质高且适口性好。常用的多汁饲料有胡萝卜、大萝卜、马铃薯、西葫芦、甘蓝、大白菜等。多汁饲料单独饲喂时，由于其纤维少、淀粉和水分含量高，容易引起兔消化异常，因此需要与精饲料混合饲喂。此外，由于其蛋白质含量相对较少，也需与豆科饲草同时饲喂。

六、猪的干草利用

猪的营养需要根据猪的类型、生理阶段、性别、年龄以及生产目的不同而异。从猪的生理活动而看，其营养需要可分为维持和生产两部分。猪比其他家畜生长发育快，对各种营养物质的需求量大，要求质量高，不但要求饲料含有丰富的蛋白质、矿物质、维生素等营养要素，还要求各种氨基酸的比例适中。

作为单胃动物的猪也能利用高品质的草产品，获得较高的生产性能。养猪生产中最常用的是豆科饲草、脱水苜蓿粉和脱水草颗粒等。相对于直接饲喂苜蓿草粉，草颗粒的饲料转化率可提高25%，其他饲料如籽粒苋、菊芋、苦荬菜等多汁饲料，黑麦草、黑麦和无芒雀麦等禾本科饲草和青贮饲料等在一定程度上也可使用。

豆科饲草除了提供丰富的蛋白质外，还是很好的钙源，同时还可提供所需的大多数维生素。对于生长肥育的猪，苜蓿可以占其日粮干物质的5%～12%，苜蓿草粉含有多数维生素和未知生长因子，是在生猪养殖中最常用的饲料形式。试验表明，猪能够利用苜蓿粉含量达50%的日粮，但是所占比例过高会降低猪的增重和饲料利用效率。

禾本科饲草黑麦、无芒雀麦和多花黑麦草等可作为猪的青饲料，好的玉米、禾本科和豆科饲草青贮饲料配以适量的补充料，可作为怀孕母猪和青年母猪日粮的重要组成部分。用青贮饲料饲喂母猪的优点是不仅能降低仔猪的成本，而且能防止母猪长得过肥。粗纤维不足使母猪容易发生便秘和胃溃疡等疾病，增加生产成本。生产中常将新鲜多汁饲草切成1～2 cm 的小段，根据含水量的不同添加 10%～40% 的精饲料（常用的是麦麸和玉米）进行混合青贮，控制水分在 60%～70% 就可以成为猪喜食的青贮饲料。8 月龄以上的猪，消化系统已经发育完成，可以利用相对较多的饲草。怀孕母猪的能量需要比育肥猪稍低，怀孕期适量的饲草能够节省大量的精饲料，节约养殖成本。

七、鸡的干草利用

家禽的主要饲草是脱水苜蓿粉，主要用处是作为肉鸡皮肤、腿和鸡蛋蛋黄色素的主要来源。由于苜蓿粉的能量含量相对较低，因此用量限制在 5.0% 以下，超过 5.0% 将显著增加肉鸡单位增重的能耗。家禽日粮中最常用的苜蓿粉含粗蛋白质不小于 17%，粗纤维不大于 27%。另外，也常用到营养价值更好的苜蓿叶粉，粗蛋白质大于 20%，粗纤维低于 18%。鸡是单胃动物，饲料中粗纤维的含量不能过高，超过 10% 就会造成其生产性能的下降。

思 考 题

1. 简述干草含水量的测定方法。
2. 将散干草贮藏方法和打捆干草贮藏方法的优缺点进行对比分析。

参 考 文 献

[1] 张秀芬. 饲草饲料加工与贮藏. 北京：中国农业出版社，1992.
[2] 董宽虎，沈益新. 饲草生产学. 北京：中国农业出版社，2003.
[3] 陈宝书. 牧草饲料作物栽培学. 北京：中国农业出版社，2001.
[4] 徐柱. 中国牧草手册. 北京：化学工业出版社，2004.
[5] 李宝筏. 农业机械学. 北京：中国农业出版社，2003.
[6] 贾玉山，张秀芬，格根图，等. 不同刈割技术对沙打旺草粉质量的影响. 内蒙古草业，1998（2）：33-35.
[7] 何玮，张新全，杨春华. 刈割次数、施肥量及混播比例对牛鞭草和白三叶混播草地牧草品质的影响. 草业科学，2006，23（4）：39-42.
[8] 杨恒山，曹敏建，郑庆福，等. 刈割次数对紫花苜蓿草产量、品质及根的影响. 作物杂志，2004（2）：33-35.
[9] 农业部农业机械化管理司主编. 牧草生产与秸秆饲用加工机械化技术. 北京：中国科学技术出版社，2005.
[10] 陈鹏飞，戎郁萍，玉柱，等. 微波炉测定紫花苜蓿含水量的初步研究. 中国草地学报，2006，28（3）：53-55.
[11] 陈卢亮，玉柱. 微波炉测定三叶草含水量的研究. 草地学报，2007，15（5）：465-468.

第四章　成型草产品加工与贮藏技术

【学习目标】

- 了解成型草产品在畜牧业生产中的意义。
- 掌握成型草产品加工贮藏原理。
- 掌握颗粒饲料、块（饼）状饲料、砖形饲料和膨化饲料的加工工艺。
- 了解成型草产品加工机械。
- 掌握成型草产品的贮藏技术。

第一节　成型草产品在牧业生产中的意义

畜牧业生产和牧草饲料加工过程中，为了提高饲料报酬、改善适口性、便于贮藏运输和产业化生产，越来越多地采用牧草饲料固型化加工方式。干草粉、草段、秸秆和秕壳等原料单独或与粮食籽粒、配合饲料混合加工成颗粒状、块状、饼状及片状等固型化的产品即为成型草产品，其中以颗粒状加工方式应用最广泛。

现代饲料业的发展促进了成型饲料的生产加工，国际上在20世纪20年代后期开始生产并使用颗粒饲料。我国在20世纪70年代，引进了成型饲料生产设备，开展颗粒饲料的研制生产工作，先后在安徽蚌埠米厂、上海虹桥和桃浦等地兴建了3个颗粒饲料生产车间，加工生产的槐树叶粉颗粒饲料，曾远销日本、新加坡等国，起初由于饲养规模小，动力费用高，颗粒饲料推广较慢。随着畜牧业的快速发展，我国成型饲料得到了快速发展，目前成型制粒已成为家禽饲料、水产饲料、观赏动物等饲料的主要生产方式，收到了良好的经济效益和社会效益。近年来，我国成型草产品加工技术取得了大的突破，相关机械设备完全自主化，越来越多的草产品以成型方式生产加工。以牧草、作物秸秆、非常规饲草等饲料资源为原料开发的全价型颗粒饲料，由于其节省劳力、良好的饲喂效果已经被大中型集约化养殖场采用。

成型草产品生产工艺条件的要求较高，生产成本有所增加，但由于它具有许多优点，经济效益显著，已得到了广泛的应用和发展。

一、便于贮藏、包装、运输，减少营养损失

成型草产品加工后具有一定的形状、大小、硬度和光滑的表面，其体积比粉状、散料减少33%～50%，对于秸秆类粗饲料其体积缩小的程度是原来的10%～14%，可减少仓容，有利于贮藏、包装和运输。成型草产品的散落性好，吸湿性小，贮藏稳定性高，不易发霉变质。

粉状饲料形式则易受外界环境的影响，营养成分发生改变，草粉在贮存过程中易在水分和热的作用下分解，即使装在三层纸袋中，贮存 9 个月，胡萝卜素也将损失 65%，蛋白质损失 1.6%～15.7%，青草粉的容重很小，为 0.18～0.2 t/m^3，增加了贮运费用。如果将草粉压制成成型饲料，在压粒时添加抗氧化剂，这种情况就会改善，草颗粒贮存 9 个月后胡萝卜素仅损失 6.6%，蛋白质损失 0.35%；容重提高到 0.55～0.65 t/m^3（细粒状配合饲料为 0.50 t/m^3，粗粒状配合饲料为 0.65 t/m^3）。

二、提高畜禽适口性，增加采食量

成型草产品密度大，体积减小，营养浓度高，加工工艺制粒熟化后，原料成分（玉米、豆粕、牧草和秸秆）散发天然的香味，适口性明显增加，动物的采食量也显著增加。同时节约了动物采食所需要的时间，降低了能量消耗。

粉、散状和 TMR 饲料在饲喂过程中，常常因各组分的密度、容重和颗粒大小等不同而发生自动离析分级现象，导致混合均匀度下降，影响饲养效果。成型草产品大小均匀，减少向空中、水中飞散粉尘而造成的损失和残留在器具上的浪费。特别是鱼虾饵料，粉状饲料飞散到水中的损失可达 20%～30%，飞散的饵料腐败后会污染水质，造成巨大的损失。

三、便于动物消化吸收，提高饲料利用率

成型草产品加工过程中，由于水分、压力和热力的综合作用，淀粉糊化、蛋白质变性、纤维素和脂肪结构形式有所变化，减慢牧草饲料在消化道的通过速度，增加消化时间，从而使牧草饲料的消化率提高 10%～12%。饲料制粒过程中因蒸汽处理及机械作用，破坏了谷粒糊粉层细胞的细胞壁，使细胞中的有效成分释放出来，便于畜禽消化吸收利用。通过制粒碳水化合物会发生部分裂解，淀粉糊化，能量利用率提高。此外，饲料中磷的有效性和某些氨基酸的利用率也因制粒而改变。

四、消毒杀菌，减少疾病发生

粉料由于粉尘多，给病原微生物提供了舒适的生存环境，带有病原微生物的粉尘进入畜禽的呼吸道会诱发疾病，而饲喂成型颗粒饲料的饲养场空气粉尘较少。经高温高压处理，饲料中某些有毒有害物质或营养抑制因子（如胰蛋白酶抑制因子、血球凝集素等）因热作用而被破坏，同时制粒过程中产生的高温可以有效杀灭大部分病原微生物和寄生虫卵，大大降低了动物通过饲料传染疾病的概率。颗粒饲料成分相对稳定，可避免由于饲料变换频繁所导致的动物消化机能紊乱，克服了水拌粉料剩料夏季发霉、冬季冰冻现象。实践证明颗粒料使家兔的腹泻、口腔炎和异食癖明显减少。

五、扩大饲料种类和来源

许多不易利用的饲料资源如许多果树修剪时的叶、枝条，农作物副产品、秕壳、秸秆以及各种树叶等经过合理的饲料配制，加工成型草产品饲喂畜禽，可成为家畜所喜食的饲草，扩大饲料种类和来源。

六、提高工作效率和经济效益

成型草产品可以直接饲喂畜禽，降低了饲养员的工作强度，提高了工作效率。以羊场为例，过去饲养员加工饲料时要粉碎、搅拌、运输至羊舍再饲喂，一人只能养 300～500 只。采用颗粒饲料，直接送至羊舍，一人可饲养 1 000 只，如果采用自动喂料，可饲养 2 000 只。同时羊生长速度快，缩短饲养周期，提高圈舍利用效率。

颗粒饲料的加工是在粉料的基础上又增加的一道工序，加工费用明显提高。但使用颗粒饲料是否有利，需要估测颗粒饲料的经济效益。如果只考虑颗粒饲料在提高饲料转化效率上的直接效益，而不考虑其在贮藏、包装、运输等方面的有利因素作为决定采用制粒工艺的“安全因子”，只要制粒工艺所增加的成本不超过因颗粒饲料所提高的饲养效果而增加的产品产值，颗粒饲料就是有经济效益的。

第二节　成型草产品加工与贮藏原理

一、成型草产品的种类

成型草产品可分为颗粒饲料、草块（饼）状饲料、砖形饲料和膨化饲料等几种类型。

（一）颗粒饲料

颗粒饲料是将饲料配方中的各种原料粉碎，混合均匀后，通过机械压缩且强制通过模孔聚合成型的饲料。这种饲料与粉状饲料相比，具有密度大、体积小、适口性好、养分分布均匀等优点，在世界发达国家和国内大中型集约化养殖场已被广泛采用。颗粒饲料产品要求形状均匀、硬度适宜（或用坚实度表示）、表面光滑、碎粒与碎块少于 5%，产品安全贮藏的含水量低于 12%～14% 等。市场上颗粒产品大小取决于两方面的因素：一是饲养动物的采食行为及年龄，如仔猪更喜欢小颗粒饲料，1～7 日龄小鸡颗粒饲料的直径为 1.0～2.0 mm，7～30 日龄为 2.2 mm，30 日龄以上为 3 mm 左右，成禽 4～6 mm；绵羊、犊牛 6～8 mm，大家畜 10～18 mm，兔 5～6 mm，鱼、虾 4～12 mm；二是制粒机的生产效率，采用模孔直径大和较薄的环模生产颗粒饲料效率高、能耗小，但颗粒直径较大。

颗粒饲料主要有硬颗粒、软颗粒、膨化饲料和膨胀饲料等种类。

硬颗粒饲料是用压模方法将粉状饲料挤压成的粒状饲料，主要用于饲养鸡、鸭、兔、猪、牛、马、羊、鸟、鱼等。硬颗粒在制粒过程中加水（蒸汽），原料含水量一般为 17%～18%，其密度为 1.3 g/cm^3 左右，成品经冷却后即可包装贮运。

软颗粒饲料是液体含量较高的颗粒饲料，主要用作某些鱼类和特种动物的饲养。软颗粒原料含水量在 30% 以上，其密度为 1.0 g/cm^3 左右，一般边加工边饲喂，经干燥后即可贮运。

膨化颗粒饲料，又称漂浮饲料，是经调质、增压挤出模孔和骤然降压过程而制得的膨松颗粒饲料。膨胀颗粒是饲料经调质、增压挤出及骤然降压，使其体积膨大，制成蓬松的规则颗粒。饲料经膨胀加工或膨化制粒后，消化率显著提高。据报道，谷物经膨化后，猪对饲料的消化率可提高 5%～15%，豆粕消化率可提高 2%～6%，鱼类饲料消化率可提高

10%～35%。一些低营养价值原料，经膨化或膨胀加工后，显著提高消化率，进而可充分利用饲料资源，降低配方成本。

（二）草块（饼）状饲料

1. 草块

草块的加工分为田间压块、固定压块和烘干压块 3 种类型。田间压块是由专门的干草收获机械（田间压块机）完成的，能在田间直接捡拾干草并制成成型的块状产品，密度为 700～850 kg/m^3，草块大小为 30 mm × 30 mm ×（50～100）mm。田间压块要求干草必须达到 10%～12% 的水分含量，而且至少 90% 为豆科牧草。固定压块是由固定压块机强迫粉碎的干草通过挤压钢模，形成大约 32 mm × 32 mm ×（37～50）mm 的干草块，密度为 600～1 000 kg/m^3。烘干压块由移动式烘干压块机完成，由运输车运来原料，并切成 20～50 mm 长的草段，由传送带将其输入干燥滚筒，使水分由 75%～80% 降至 12%～15%，干燥后的草段直接进入压块机压成直径为 55～65 mm、厚约 10 mm、密度为 300～450 kg/m^3 的草块。

2. 草饼

草饼以牧草为原料，不经粉碎直接压制成直径或横切面大于长度的干草饼。制作干草饼是在田间条件下，鲜草收获后直接利用干草饼生产机制饼。如卷扭制饼机可将含水量 80% 的牧草制饼，但制饼的牧草以含水量 35%～40% 为最适宜，草饼容重约 800 kg/m^3。有些制饼机对纤维素含量高、蛋白质和糖分含量低的原料不易压成坚实草饼。田间直接把牧草压制成饼，可免受不良气候的影响，减少营养物质的损失，是加工青绿饲料的先进工艺。为了获得全价性饼状饲料，制饼过程中可以加入糖蜜、尿素、谷物等原料及添加剂。

（三）砖形饲料

饲料舔砖是指把用于牛、羊补饲的蛋白质饲料、尿素、矿物质、精饲料、草粉或秸秆粉，在保护剂、黏结剂的作用下，进行多级混合，压制成砖块状营养添加剂饲料，供牛、羊舔食。它是一种高能量、高蛋白质的强化饲料，可以补充牛、羊冬季或早春饲料缺乏时的营养不足，从而促进生长发育，对母畜产仔、泌乳均有好处。饲料舔砖要有一定的硬度，以防止牲畜舔食过量。实践证明，盐砖可提高羊的产毛抓绒量，防止反刍动物异食癖，提高羔羊初生重，促进其生长发育，减少冬春季节体重下降速度，提高奶牛的产奶量等。按营养特性，舔砖分为矿物质舔砖和蛋白质舔砖，前者主要由食盐、钙及矿物质预混合饲料及少量糖蜜组成，后者主要由非蛋白氮、粗蛋白质、糖蜜、部分谷物能量饲料及复合预混合饲料组成。为避免牛、羊舔食过量而中毒，加入适量的草粉或秸秆粉，降低采食量。

（四）膨化饲料

膨化饲料是将原料处于高温、高压、高剪切力、高水分的环境中，通过连续混合、调质、升温增压、熟化、挤出模孔和骤然降压后形成的一种膨松多孔饲料。鱼用饲料采用膨化加工以后能漂在水面上，有利于鱼类觅食，减少了散失浪费和水质污染。

膨化改变了饲料原料中各成分的物理结构和化学特性，挤压膨化可使物料淀粉糊化，蛋白质变性，破坏一些天然存在的抗营养因子和有毒物质，同时高温杀灭物料中的微生物，使饲料在贮藏期间能够发生霉变的各种酶钝化。试验表明，高温高压短时膨化农作物秸秆的加工方法基本上不损失秸秆的粗蛋白质和粗脂肪，同时提高秸秆的采食量和利用率，克服秸秆体积大、不宜长期保存的缺点，具有社会环保效益。膨化饲料对不耐热的营养成分有破坏作用，而且能耗较大，加工成本较高。膨化饲料多用于养鱼，也用于提高粗饲料的营养价值，如稻壳膨化，或用于生产补充饲料等。

二、成型草产品加工原理

（一）颗粒饲料的成型原理

压粒是一个挤压式的热塑过程，粉料是一种流动性不连续的粉粒松散体，在压力作用下粉料相互移近并重新排列，空隙间气体不断排出，使粉料的间隙不断减少，粉粒越密集，其连接力越大，最后压制成具有一定密度、一定强度的颗粒饲料。关于维持颗粒成型的结合力极为复杂，至今尚不完全清楚。目前一般分为 3 种，即一次结合力（烧结），二次结合力（压缩）和三次结合力（胶结料）。颗粒本身就是靠这 3 种结合力而维持，一次结合力和二次结合力是物料中固有的，但可以通过物体间距离靠近而加强。三次结合力是在制粒中施加给物料的。饲料的制粒，通常是添加少量的水分，通过强压挤出而制粒。

1. 常规颗粒成型原理

以环模制粒机为例，在颗粒饲料成粒过程中，物粒在颗粒机内的存在状态可分为 3 个区域，即供料区、压紧区和挤压区。

（1）供料区。在这个区域，物料几乎不受任何机械外力的作用。但由于环模在转子带动下做逆时针旋转，物料受到离心力的作用，紧贴在环模的内表面，又由于相互之间摩擦力的作用，跟着环模一起旋转。物料密度为 0.4～0.7 g/cm^3。

（2）压紧区。在此区域内，物料开始接受模具的挤压作用，粉粒间产生相对运动，粉粒逐渐接近，空隙逐渐变小，产生不可逆的塑性变形。物料密度达到 0.9～1.0 g/cm^3。

（3）挤压区。随着模具的转动，物料进入挤压区，进入该区后，挤压力急剧加大，粉粒进一步排紧，接触面进一步增大，产生较好的连接。当挤压力继续增加，超过模孔对物料的摩擦力时，物料即被压入模孔。此时物料密度为 1.2～1.4 g/cm^3。由于在挤压区和压紧区内物料开始变形，故二者又总称为变形区。

压辊变形区的角度参数：物料进入变形区后，开始被吸入，随着物料的不断推进，挤压力不断地增加，这种变化过程可以用以下几个角度参数来表示。

（1）物料对压辊的包角 α。是指在变形区内，压辊表面各点与压辊圆心的连线和压模与压辊圆心角间的连线构成的夹角。压辊表面上的各点不同，其包角也是不同的。随着物料的不断推进，包角逐渐减小，物料的密度逐渐增大。

（2）压辊对物料的攫取角 β。是指在变形区内，环模圆心与压辊开始咬入物料时的起点连线并延长过环模的直线和压模与压辊圆心连线形成的夹角。

（3）颗粒挤出角 γ。是指在挤压区内，环模上的弧所对应的角。

（4）α、β、γ 的影响。3 个角越大，颗粒饲料的生产性能越高，其角均随着压辊和压模直径比值的增加而增大。

粉状物料在制粒过程中承受的挤压力来自压模和压辊的转动，随着压模的转动，压辊及卸料器的作用力，使物料从供料区进入压紧区，从压紧区进入挤压区，间隙逐渐减小，迫使物料从模孔中通过。

2. 挤压膨化颗粒成型原理

原料由供料器均匀地送入螺杆挤压腔内，挤压腔的空间容积沿物料前进方向逐渐变小，物料所受到的扩压力逐渐增大。同时物料在挤压腔内的移动过程中还伴随着强烈的剪切、揉搓与摩擦作用。有时根据需要还可通过在膨化腔外加装电加热片辅助加热，这样共同作用的结果，使物料温度急剧升高，物料中的淀粉随之糊化。整个物料变成融化的塑性胶状体。到物料从挤出模孔排出的瞬间，压强骤然降至 0.1 MPa，水分迅速变成蒸汽而增大体积，使物料体积亦迅速膨胀，水蒸汽进一步蒸发逸散而使物料含水量降低，同时温度也很快下降。物料随即凝结，并使凝结的胶体物料中呈许多微孔。连续挤出的柱状或片状膨化产品经旋转切刀切断后进行冷却，有时还需进行干燥和喷涂添加剂（如油脂、维生素等）等后续处理工序。

（二）草块成型原理

1. 小草块成型原理

草块压制机主要由喂料绞龙、保安磁铁、机体、主轴、偏心压辊、压板、环模、主轴端盖、出料罩、动力等组成。从机器的组成中，可以看出小草块压制机械采用的工作原理与环模制粒机的工作原理基本一致，只是其模孔截面不同。粉碎后的草料进入喂料绞龙后由绞龙轴上的搅拌圆棒喂进机体进料口，流经保安磁铁时除去铁杂，在旋转主轴上喂料刮刀的作用下，沿机体内筒壁的导料螺旋进入偏心压辊和环模之间的压制区，由沿环模内沟槽公转和摩擦自转的偏心压辊将草料挤压进模孔中，偏心压辊每完成一次公转周期就将充满环模沟槽内的草料挤入模孔中，形成草块的一个料层，随着物料的连续喂入，草块被挤出模孔，碰到出料罩的锥面上被撅成一定长度的草块，草块的长度可通过调节出料罩锥面与环模之间的距离来控制。草块压制机压制的草块横截面积通常都在 10 cm × 10 cm 以内。

2. 大草块成型原理

大截面草块压块设备主要由活塞、曲柄连杆机构、草块上下成型腔、草块密度调节装置、水分调质装置、减速和传动机构以及螺旋输送机、皮带输送机等饲草输送装置部分组成。

切碎的饲草由水平螺旋输送机和立式螺旋输送机送入草块成型腔中，并在活塞的推动和饲草之间相互挤压与成型腔摩擦的作用力下，每个活塞行程可压制成 5～7 cm 厚的草片。连续运转，逐渐形成由多个薄片集成的大截面草块。在活塞往复运动的同时，不断加入新草，草块由出草口连续不断地排出。

压制出的草块密度在 0.4～0.7 t/m^3，根据饲草品种、含水量的不同，密度有所不同。草块的截面积为 25 cm × 25 cm、30 cm × 30 cm 等不同规格。由于采用了活塞往复式的草块成型机构，草块在成形过程中，每个行程形成一层 5.7 cm 厚的薄草片，因此，草块长度可以自由确定，通常为了包装和运输方便，达到一定长度进行截断后打捆。

大截面压块设备的关键问题是解决成型腔的耐磨问题，通常可以采用耐磨钢材，或者设计成易于更换的衬套形式。

3. 草饼成型原理

饲草压饼机由液压站和压饼机两大部分组成。液压站由液压油箱、液压油泵站、电气控制柜等部分组成。压饼机由送料油缸、预压缩油缸、料箱、压缩室、推移室、推移室夹紧机构、机座等部分组成。

根据饲草压缩受力特性，机构采用三级压缩的液压结构，油泵的调定压力随负荷变化而变。压缩开始时，系统由两个泵以低压大流量供油，保证了牧草起始的压力压缩要求，随着压缩活塞的移动，草饼密度加大，同时负载增加，液压泵的调定压力是随负载改变而变化的，这样使负荷均衡合理，并能有效地降低功耗。

饲草压饼机的工作时切成 3～5 cm 的草段由绞龙送入送料室，由送料油缸推动推草板，使松散牧草被压缩后进入预压缩室，此时草的密度可达 0.15 g/cm^3。经预压缩油缸向下推动压缩活塞在预压缩室内进行第二次压缩，压缩后密度可达到 0.4～0.6 g/cm^3。在成型室中压成直径 6～12 cm 的草棒。前两级为闭式压缩，节省能耗，第三级为开式压缩。草棒在成形压缩油缸的压力下被压缩，当压力小于推移室调节的推移阻力时，草棒被压缩成草饼，此时的密度达到 0.6～0.89 g/cm^3。随着液压系统的压力逐步升高，使压缩油缸的推力大于推移阻力后将成形草饼向前推移，每个草饼保压 30～40 s 后，从推移室推出装入成品袋。

（三）膨化饲料成型原理

膨化机有一副螺杆和螺套，具有混合和揉搓的功能。原料进入膨化腔内以后，物料在螺杆螺套之间受挤压、摩擦、剪切等作用，其内部压力不断升高，最大达 4 MPa，温度不断上升，最高可达 140℃。在 3～7 s 的时间内温度和压力的急剧升高，物料的组织结构发生变化，使淀粉进一步糊化，蛋白质变性，粗纤维破坏，杀灭沙门菌等有害菌。高温高压物料从出料口出来，其压力在瞬间突然释放，水分发生部分闪蒸，冷却后物料呈疏松多孔的结构，膨胀后的物料呈团状、絮状或粗屑状。

膨化机的喂料器为保证均匀稳定喂料，可根据挤压电动机的额定电流值调整喂料量。一般用电磁调速电机或变频器进行调速，改变喂料器的喂料量。进料斗的出口常用螺旋绞龙向挤压膨化段喂料。膨化腔由螺杆、螺套、模板、卡骨等组成。螺杆、螺套都是分段组合的，可以根据膨化饲料的种类和要求调整压缩程度，改变膨化饲料的膨化度。

膨化机构按作用和位置在倒塌度上分 3 段。喂料段：此段螺杆螺距较大，主要将物料进行输送并压缩，使物料充满螺旋槽内。压缩段：此段螺杆的螺槽沿物料推移方向由深变浅，对物料进行压缩。挤出段：螺槽更浅，螺距逐渐变小，挤压力可达 3.0～10 MPa，温度能达到 120～150℃，此段压力最大、温度最高，所以螺杆、螺套的磨损也最严重。挤出段的出口为模板，模板的形状根据不同饲料的需求设计而成不同的模孔，物料从模板的模孔中挤出，进入大气，压力和温度骤降，使其体积迅速膨胀，水分快速蒸发脱水凝固就成了膨化料。

三、成型草产品贮藏原理

成型草产品成分在贮藏期间，由于本身性质和质量、贮藏条件、管理水平等原因将造成多方面的损失，包括重量的损失、质量的降低、对饲养动物健康的危害损失以及经济的损失等。因此，采用最佳的贮藏条件和有效的贮藏技术，在保证成型草产品质量、尽可能地减少贮藏过程中饲料在数量和质量方面的损失具有重要意义。

影响成型草产品贮藏的主要环境因子包括温度、湿度和环境气体成分等。此外，如仓房不干净或建造质量低劣，而造成漏雨或鼠雀、虫害的发生也将加速饲料劣变。因此，对贮藏环境中的另外一些影响因子和不利因素，也必须加以控制或消除。

（一）控制水分和温度

饲料在贮藏过程中的高温、高湿环境，是引起饲料发热霉变的主要原因。因为高温、高湿不仅可以激发脂肪酶、淀粉酶、蛋白酶等水解酶的活性，加快饲料中营养成分的分解速度，同时还能促进微生物、贮粮害虫等有害生物的繁殖和生长，产生大量的湿热，导致饲料发热霉变。

（二）防霉治菌

饲料在贮藏、运输、销售和使用过程中，极易发生霉变。霉菌大量生长和繁殖会污染饲料，不仅消耗、分解饲料中的营养物质，使饲料质量下降、报酬降低，而且畜禽食用后会出现消化能力降低、淋巴功能下降而引起腹泻、肠炎等症状，严重的可造成死亡。因此应十分重视饲料的防霉治菌问题。实践证明，除了改善贮藏环境以外，最有效的方法就是采取物理或化学的手段防霉治菌。

（1）辐射防霉灭菌。饲料经粉碎或颗粒化加工后，都会感染一些致病菌如沙门氏菌和大肠杆菌等。辐射饲料可达到灭菌效果，使其长期贮藏而不变质。霉菌对射线辐射反应敏感，据试验表明，将饲料采用γ射线辐射处理后，置于30℃、相对湿度为80%的条件下，也没有霉菌繁殖。

（2）添加防霉剂。饲料中使用防霉剂要注意剂量，剂量过高不仅会影响饲料原有的味道和适口性，还会引起动物急、慢性中毒和药物超限量残留。另外防霉剂本身的溶解度、饲料贮藏环境及饲料污染程度等，都会影响到防霉剂的作用效果。因此，可根据环境和饲料水分含量等实际情况灵活使用防霉剂。例如，在秋、冬干燥凉爽的低温季节，饲料水分在11%以下，一般无须使用防霉剂，水分在12%以上就应使用防霉剂；如果饲料含水较高，且逢高温高湿季节，应适当加大防霉剂的用量，以确保较好的防霉效果。

（3）气调防霉。霉菌生长需要氧气，只要空气中含氧量达到2%以上，霉菌就可以很好地生长，尤其是在仓库空气流通的情况下，霉菌更容易生长。气调防霉通常采用缺氧或充入二氧化碳、氮气等气体，使氧气浓度控制在2%以下，或使二氧化碳浓度增高到40%以上。

（4）袋装防霉。使用包装袋贮存饲料，可以有效控制水分、氧气，起到防霉作用。国外研制的新型防霉包装袋，可以保证新包装的饲料长期不发生霉变，这种包装袋由聚烯烃树脂构成，其中含有0.01%～0.05%的香草醛或乙基香草醛，聚烯烃树脂膜可以使香草醛或乙基香草醛慢慢挥发，渗透进饲料中，不仅能防止饲料发霉，还具有芳香气味，增加饲料的适口性。

（三）通风与密闭的合理运用

贮藏期间应根据具体情况采取通风与密闭，即掌握有利时机进行通风降温降湿，又必须及时密闭降低外界高温、高湿对饲料的影响，保持原来干燥、低温状态。在通风季节，如属下列情况可通风：库内温度高于库外；库内库外温度相同，但库外湿度低；库内库外湿度相同，但库外温度高而湿度低，或湿度高而温度低，则要计算库内外空气的绝对湿度，如库外的绝对湿度低于库内的绝对湿度，方可通风。通风是以饲料堆具有空气渗透性和孔隙性为基础。由于饲料是热的不良导体，利用室内外自然温差和压差进行通风，它受气候影响较大且效果较慢。贮量较大时，可采用机械强制通风。机械通风就是在仓库内设通风地沟、排风口，或者在饲料堆或筒仓内安装可移动式通风管或分配室，机械通风不受季节影响，效果好，但耗能大。当外界温度、湿度高于仓内时应密闭仓库，可采用压盖密闭、套囤密闭、塑料薄膜密闭和全仓密闭等措施。

（四）防除鼠虫害

防除籽实饲料受到老鼠和害虫的危害，是确保安全贮藏的重要措施，其基本原则是安全、经济、高效。根据各地的防治经验，可归纳为检疫防治、清洁防治、物理机械防治及化学药物防治等，均有一定的效果。

（五）避免污染

成型草产品的贮藏，除了要防止营养成分损失外，还需防止彼此之间混杂引起的物料之间的交叉污染，特别是毒性原料及含药成品的堆放，必须严格分类存放和贮藏。为了减少饲料营养成分的损失，确保饲料贮藏安全，必须制定好贮藏计划，使原料和成品能在最短的时间内用完或出售。

第三节　成型草产品加工技术

一、颗粒饲料的加工

（一）饲料配方

多种原料以不同比例在各类动物饲料中得到有效应用，虽然从理论上讲动物的营养需要得到了满足，但饲料经制粒后，其质量却发生了较大的变化，因而饲料加工正在向改进颗粒质量的特定配方技术改进，不同饲料原料的制粒特性影响着饲料质量。

（二）原料接收

原料进厂接收是饲料厂饲料生产的第一道工序，也是保证生产连续性和产品质量的重要工序。原料接收任务是将饲料厂所需的各种原料用一定的运输设备运送到厂，并经质量检验、称重计量、初清入库存放或直接投入使用。原料接收能力必须满足饲料厂的生产需要，并采用适用、先进的工艺和设备，以便及时接收原料，减轻工人的劳动强度，节约能耗，降低生产成本，保护环境。饲料厂原料接收和成品的输出工作量都很大，所以饲料厂接收设备的接收能力一般为饲料厂生产能力的3～5倍。此外，原料品种繁多，数量差异较大，包装形式各异，这都给原料接收工作带来了复杂性。

1. 原料接收工艺

（1）散装接收工艺。散装火车或散装货车入场的原料，经汽车地中衡和火车道称重后，自动卸料到下料坑。袋装的原料通过人工投料或机器投料。

（2）原料的水路接收。气力输送装置由吸嘴、料管、卸料器、关风机、除尘器风机等组成。分为移动式和固定式，优点是粉尘少、吸料干净、结构简单、操作方便，缺点是耗能高。

（3）液体原料的接收。液体原料接收之前要检验，合格后输入到贮藏罐中，贮藏罐一般有斜底和锥形底两种。

2. 原料的清理

进入饲料厂的原料可分为植物性原料、动物性原料、矿物性原料和其他小品种的添加剂。其中动物性原料、矿物性原料以及维生素、药物等的清理已在原料生产过程中完成，一般不再清理。饲料厂需清理的主要是谷物性原料及其加工副产品。糖蜜、油脂等液体原料的清理则在管道上放置过滤器等进行清理。饲料谷物中常夹杂着一些沙土、皮屑、秸秆等杂质。少量杂质的存在对饲料成品的质量影响大。由于成品饲料对含杂的限量较宽，所以饲料原料清理除杂的目的，不单是为了保证成品的含杂不要过量，而且为了保证加工设备的安全生产，减少设备损耗以及改善加工时的环境卫生。饲料加工厂常用的清理方法有2种。

（1）筛选法。用以筛除大于及小于饲料的泥沙、秸秆等大杂质和小杂质。

（2）磁选法。用以分除各种磁性杂质。

此外，在筛选以及其他加工过程中常辅以吸风除尘，以改善车间的环境卫生。

3. 原料贮存

饲料厂不同于其他粮食工厂的显著特点之一是原料及成品的种类繁多，并且各品种所占的比例差异较大。所以原料及成品的贮存，对于饲料厂来说是一个十分重要的问题，它直接影响到生产的正常进行及工厂的经济效益。正确设计仓型和计算仓容量是饲料厂设计的主要工作，在选择与设计时主要考虑以下几个方面。

（1）根据贮存物料的特性及地区特点，选择仓型，做到经济合理。

（2）根据产量、原料及成品的品种、数量计算仓容量和仓的个数。

（3）合理配置料仓位置，以便于管理，防止混杂、污染等。

用于原料及成品的贮存主要有房式仓和立筒库（也称为筒仓）。房式仓造价低，容易建造，适合于牧草、粉料、油料饼粕及包装的成品。小品种价格昂贵的添加剂原料还需用特定的小型房式仓由专人管理。房式仓的缺点是装卸工作机械化程度低、劳动强度大，操作管理较困难。立筒库的优点是个体仓容量大、占地面积小，便于进出仓机械化，操作管理方便，劳动强度小，但造价高，施工技术要求高，适合于存放谷物等粒状原料。

（三）原料粉碎

饲料粉碎是利用粉碎工具（锤片粉碎机的锤片、筛片、齿板，辊式粉碎机的压辊，球磨机的钢球等）对物料施力，当其作用超过物料颗粒之间的内聚力（结合力）时而破碎的过程。随着粉碎过程的进行，物料的比表面积不断地增加，固体饲料破裂成小块或细粉数随之增多，这种过程一般只是几何形状的变化。粉碎可增加物料的表面积以利于消化吸收，使某些物料易于处理和输送，提高物料的混合均匀度，有利于制粒、挤压等进一步加工。

对于不同的饲养对象、不同的饲养阶段，有不同的粒度要求。①仔猪饲料粉碎粒度以300～500 mm为最佳；②育肥猪饲料的粉碎粒度为500～600 mm；③母猪饲料的粉碎粒度为400～500 mm最适宜；④肉鸡饲料粉碎粒度在700～900 mm，产蛋鸡饲料粉碎粒度以1 000 mm为宜；⑤鱼饲料的粒度应在200 mm以下；⑥仔鳗和稚鳖要求饲料粉碎粒度小于100 mm，成鳗和成鳖饲料粉碎粒度控制在150 mm以下。

1. 粉碎方法

成型草产品加工过程中，对于饲草、谷物和饼粕等饲料，常用击碎、磨碎、压碎与锯切碎的方式将其粉碎。

（1）击碎。击碎是利用安装在粉碎室内的工作部件高速运转，对物料实施打击碰撞，依靠工作部件对物料的冲击力使物料颗粒碎裂的方法，它是一种无支承粉碎方式，其优点是适用性好，生产率较高，可以达到较细的产品粒度，且产品粒度相对比较均匀；缺点是工作部件的速度要求较高，能量浪费较大。有爪式粉碎机、锤片式粉碎机和劲锤式粉碎机。

（2）磨碎。磨碎是利用两个刻有齿槽的坚硬磨盘表面对物料进行切削和摩擦而使物料破碎的方法。这种方法主要是靠磨盘的正压力和两个磨盘相对运动的摩擦力作用于物料颗粒而达到破碎目的。它可根据需要将物料颗粒磨成各种粒度的产品，含粉末较多，产品升温也较高。利用这种方法进行工作的有钢磨和石磨，主要机型为磨盘式粉碎机。

（3）压碎。压碎是利用两个表面光滑的压辊以相同的转速相对转动，对夹在两压辊之间的物料颗粒进行挤压而使其破碎的方法。这种方法依靠的主要是两压辊对物料颗粒的正压力和摩擦力，它不能充分粉碎物料。

（4）锯切碎。锯切碎是利用两个表面有锐利齿的压辊以不同的转速相对转动，对物料颗粒进行锯切而使其破裂的方法，它特别适用于粉碎谷物饲料，它可以获得各种不同粒度的成品，而且粉末量也较少，但它不适于加工含油饲料或含水量大于18%的饲料。

选择粉碎方法时，首先考虑被粉碎物料的物理机械性能。对于特别坚硬的物料，击碎和压碎的方法很有效，对韧性物料用研磨为好，对脆性物料以锯切和劈裂为宜。草产品加工中，谷物饲料粉碎以击碎及锯切碎为佳，对含纤维多的糠麸类物料以盘式磨为好。饲草、秸秆等高纤维饲料目前国内外饲料厂普遍采用锤片式粉碎机，该机利用高速、旋转的锤片撞击作用使物料破碎，其结构简单、操作方便、价格便宜、适应性广，除水分较高饲料外，几乎可粉碎所有饲料。

锤片粉碎机一般由供料装置、机体、转子、齿板、筛片（板）、排料装置以及控制系统等部分组成。锤片饲料粉碎机的工作过程主要由两方面构成：一是饲料受锤片的冲击作用，二是锤片和饲料、筛片（或齿板）和饲料以及饲料相互间的摩擦作用，对于谷物、矿物等脆性饲料，主要受冲击作用而粉碎，对于牧草、秸秆和蔓藤类饲料，韧性大，主要受摩擦作用而粉碎。工作时原料从喂料斗进入粉碎室，受到高速回转锤片的打击而破裂，以较高的速度飞向齿板，与齿板撞击进一步破碎，如此反复打击，使物料粉碎成小碎粒，在打击、撞击的同时还受到锤片端部与筛面的摩擦、搓擦作用而进一步粉碎。在此期间，较细颗粒由筛片的筛孔漏出，留在筛面上的较大颗粒，再次受到粉碎，直到从筛片的筛孔漏出。牧草的粉碎和排粉过程与谷粒粉碎过程不同，在锤片的前方，草料受锤片的驱赶积成小堆，并将其压向筛片，在锤片的冲击作用下，使牧草与锤片棱角工作面和筛面发生剧烈的搓擦，直至粉碎成细粒。在锤片的后部筛片上出现物料涡流运动，同时在筛片下方产生阵发性排料现象。提高锤片粉碎机的生产效能的关键之一是提高筛子的筛落能力，以克服其排粉效率低于粉碎效率的缺点。其次，在结构设计上，要尽可能破坏物料的环流层，使细粒能及时地排出，避免重复而无效的过度粉碎。

2. 粉碎工艺

粉碎工艺与配料工艺有着密切的联系，按其组合形式可分为先配料后粉碎和先粉碎后配料两大工艺。

（1）先粉碎后配料的工艺。该工艺是指将牧草、粒状原料先进行粉碎，然后进入配料仓进行配料、混合等工艺，这种工艺主要用于加工牧草和谷物含量高的配料饲料，国内外饲料厂多采用此生产工艺。

（2）先配料后粉碎的工艺。该工艺是将所有参加配料的各种原料，按照一定比例并通过配料秤称重后，混合在一起进入粉碎机粉碎的工艺。

按原料粉碎次数又可分为一次粉碎工艺和二次粉碎工艺。

（1）一次粉碎就是用粉碎机将粒料一次粉碎成配合用的粉料。该工艺简单、设备少，是最普通、最常用的一种工艺。该工艺的主要缺点是成品粒度不均、电耗较高。

（2）二次粉碎工艺是弥补一次粉碎工艺的不足，在第一次粉碎后，将粉碎物进行筛分，对粗粒再进行一次粉碎的工艺。该工艺的成品粒度一致、产量高、能耗也省。其不足是要增加分级筛、提升机、粉碎机等，使建厂投资增加。二次粉碎工艺又分为单一循环二次粉碎工艺、阶段二次粉碎工艺和组合二次粉碎工艺。二次粉碎都能获得粒度均匀、节能的效果，大型饲料厂多采用此工艺。

（四）配料计量

配料是按照成型草产品配方的要求，采用特定的配料装置，对多种不同品种的饲用原料进行准确称量的过程。配料工序是生产过程的关键性环节。饲料配料计量系统指的是以配料秤为中心，包括配料仓、给料器、卸料机构等，实现物料的供给、称量及排料的循环系统。配料秤的性能一般包括正确性、灵敏性、稳定性和不变性。现代饲料生产要求使用高精度、多功能的自动化配料计量系统。电子配料秤是现代饲料企业中最典型的配料计量系统。配料装置按其工作原理可分为重量式和容积式。

1. 重量式配料秤

重量式配料秤是按照物料的重量，进行分批或连续的配料计量装置。重量式配料秤的计量精度和自动化程度均较高，对不同的原料具有较好的适应性。其结构复杂、造价高，对管理维护要求高。重量式配料秤主要适用于大型草产品加工厂，它采用全自动化程序控制，只需输入需要的各成分重量和批数，配料程序即可自动地连续进行，直至完成预定的批数为止。

2. 容积式配料计量器

容积式配料计量器是按照物料容积比例大小进行连续和分批配料的配料计量装置。容积式配料计量器结构简单，操作维修方便，有利于生产过程的连续。但它受到物料特性（容重、颗粒大小、水分和流动性等）、料仓的结构形式和料仓充满程度的变化等诸因素的影响，致使其计量准确度差。而且每改变一次配方，就要调试一次。容积式配料计量器适用于小型草产品加工厂。

（五）混合

饲料混合的主要目的是将按配方配合的各种原料组分混合均匀，使动物采食到符合配方要求的各组分分配均衡的饲料。草产品生产中，混合既是确保饲料产品质量以提高饲养效果的重要环节，又是提高整个生产系统生产率的关键。加工厂主混合机的生产率决定该生产线的生产率，被称为饲料厂的“心脏”。草产品的混合均匀度是反映加工质量的一项重要指标，也是评价混合机混合性能的一个主要参数。

1. 混合工艺

混合工艺可分为分批混合和连续混合两种。

（1）分批混合。分批混合就是将各种混合组分根据配方的比例配合在一起，并将它们送入周期性工作的批量混合机分批地进行混合。混合一个周期，即生产出一批混合好的饲料。这种混合方式改换配方比较方便，每批之间的相互混杂较少，是目前普遍应用的一种混合工艺。这种混合工艺的称量给料设备启闭操作比较频繁，因此大多采用自动程序控制。现代饲料厂普遍使用分批混合机。

（2）连续混合工艺。连续混合工艺是将各种饲料组分同时分别地连续计量，并按比例配合成一股含有各种组分的料流，进入连续混合机后，则连续混合而成一股均匀的料流。连续混合工艺由喂料器、集料输送、连续混合机三部分组成。喂料器使每种物料连续地按配方比例由集料输送机均匀地将物料输送到连续混合机，完成连续混合操作。这种工艺的优点是可以连续地进行，容易与粉碎及制粒等连续操作的工序相衔接，生产时不需要频繁地操作。但是在更换配方时，流量的调节比较麻烦，而且在连续输送和连续混合设备中的物料残留较多，所以两批饲料之间的互相混合问题比较严重。

近年来，由于添加微量元素以及饲料品种增多，连续配料、连续混合工艺的配合饲料厂日趋少见。一般均以自动化程序不同的批量混合工艺进行生产。混合效果的好坏主要通过混合均匀度来反映。物料的物理机械特性（如参与混合的各种物料组分所占的比例、粒度、黏附性、形状、容重、水分、静电效应等）的不同，往往会影响其混合均匀度。在物料的混合过程中，物料的密度和粒径对混合均匀度有很大影响。容重大、粒径小的颗粒会在容重小的、粒径大的颗粒间滑动，逐步沉在混合机底部；粒径越趋于一致，越容易混合均匀，所需的混合时间也越短。粉料的水分在14%～15%以下时，可以得到较适宜的物料密度，有助于达到所要求的混合均匀度。若水分含量等于或高于这个范围，则需要增加混合时间或采取其他措施才能达到一定的混合效果。此外，某些微量成分还会产生静电效应附着在机壳上，影响混合效果。

2. 混合机种类

（1）卧式螺带混合机。该机是配合饲料厂的主流混合机。该机有单轴式和双轴式两种。单轴式的混合室多为U形，也有O形；双轴式则为W形。其中O形适用于预混合料的制备，亦可用于小型配合饲料加工厂；U形是普通的卧式螺带混合机，也是目前国内外配合饲料厂应用最广泛的一种混合机；W形则使用较少，多用于大型饲料加工厂。

（2）双轴桨叶混合机。该机混合速度快、混合质量好、适应范围广，在大型饲料厂中迅速获得广泛应用，该机型有如下优点：①混合速度快，每批混合时间为0.5～2.5 min；②混合均匀度高，变异系数 $CV \leqslant 5\%$；③比重、粒度、形状等物性差异较大的物料在混合时不易产生偏析；④液体添加量范围大，添加量最大可达到20%；⑤装填充满系数可变范围大，从0.4～0.8；⑥吨料耗电小，比普通卧式螺带混合机约低60%；⑦适用范围广，不仅适用于饲料行业，也可适用于饲料添加剂、化工、医药、农药、染料、食品行业。

（3）立式螺旋混合机。又叫立式绞龙混合机，主要由螺旋部分机体、进出口和传动装置构成。立式螺旋混合机具有配备动力小、占地面积小、结构简单、造价低的优点。但混合均匀度低，混合时间长，效率低，且残留量大，易造成污染，如更换配方必须彻底清除筒底残料，非常麻烦。因此一般适于小型饲料厂的干粉混合或一般配合饲料的混合，不适用于预混合饲料厂。

（4）立式行星锥形混合机。由圆锥形壳体、螺旋工作部件、曲柄、减速电机、出料阀等组成，传动系统主要是将减速器的运动径齿轮变速传递给两悬臂螺旋，实现公转、自转两种运动形式。立式行星锥形混合机的优点：占地面积较小，制造成本较低，出料口可以高于进料口，当混合机放置在地面上时可以不抬高不挖坑而进行正常的混合及打包工作。由于出料较慢，机下缓冲仓可不设置。但是如与同体积的卧式螺带混合机相比，多批料的混合时间较长，混合均匀度较差，特别是物料的残留量较多，变换配方时批次之间的互混污染严重。因此在大型工厂中很少应用，一般用于小型工厂机组及饲养场的饲料加工车间。

（5）V形混合机。在饲料厂中，多用于添加剂的稀释混合。在混合粉料时，还可加入一定数量的液体。V形混合机内，一般装有高速旋转的打板，可以防止产生结块。

（6）单轴桨叶式混合机。分为单层桨叶混合机和双层桨叶混合机，单层桨叶混合机结构简单，维修方便，混合周期为1.5 min，混合均匀度变异系数 $CV \leqslant 5\%$，可适应多种性质的物料混合，底部全长双开门结构，可配喷吹装置，残留量极小，转子与机壳间隙可调。

（六）制粒

1. 调质

调质就是所有物料进入混合机开始到进入制粒机环模腔之间所有的添加和改变。饲料调质就是饲料熟化过程之一，使生粉料转化为具有一定熟度的粉料，良好的调质工艺和设备有利于降低饲料制粒和膨化成型制粒的粉化率，提高饲料的消化吸收率，增加水产颗粒饲料在水中的稳定性。调质还可提高制粒机的产量，降低电耗，减少压模和压辊的磨损并使其寿命延长 30%～50%，破坏和杀灭有害因子。影响调质的因素有水分、温度和时间。

（1）调质时间。调质时间即物料通过调质筒所需的时间。实践证明，物料调质效果除和蒸汽添加量有关外，调质时间也是一个非常重要的因素。调质时间的长短直接影响物料的熟化程度。在一定范围内，调质时间越长，物料的熟化程度就越好，物料的互相黏结性也就越好，越易于制粒。如果调质时间很短，熟化程度不一致，有的已熟化，有的还未熟化，制粒效果就差。理想的调质时间是当物料充满系数不小于 0.5，调质输送量满足制粒要求时，物料在调质筒内的停留时间，一般的制粒机受尺寸限制，不可能为了延长调质时间而把调质器的直径和长度做得过大，但可以通过以下两种方法来调整调质时间：一是采用调频技术，给调质筒配一台变频器，根据生产实际需要，通过调节调质筒的掌轴转速来调整调质时间。当调质时间过长时，加大掌轴转速，调质时间过短时，减慢掌轴转速；二是可以通过调整调质筒内叶片与掌轴的夹角来适当延长或缩短物料在调质器中的停留时间。测定物料调质时间可用如下两种简单方法：一是通过测定调质筒的掌轴转速和调质筒内叶片之间的距离来计算；二是单独开动调质器电机进料，打开制粒机门盖，在调质筒进料处投入数十粒染色颗粒，设下投入时间，另外用编织袋在调质筒出料口接取物料，当看到一半以上颗粒时，再记下时间，这段时间间隔基本上可以认为是调质时间。调质时间以 10～30 s 为宜，超过 30 s 后，制粒性能稍有降低，单位功率产量也稍有减少。当变换不同孔径压模时，操作工可根据实际生产率调整叶片角度，以获得最佳调质时间。

（2）水分。调质过程中需要大量的热量和水分，使原料中每一个粒子的表面都接触到热量和水分，相对温度较低的粉料粒子与蒸汽相接触时，蒸汽中的热量会传递给粉料粒子，使这些粒子的温度升高。粒子表面和内部间存在温度差和湿度差，粉料粒子表面一旦发生液体冷凝，热量和水分就会进入粒子内部，豆粕和棉籽粕等原料的热传导系数很低，所以热量和水分的移动都相当缓慢。因此原料磨得较细时会提高颗粒料的质量，其主要原因在于细磨粉的粒子较小，热量和水分向粒子内部移动得较快，而粒子的总表面积较大时，蒸汽冷凝的水较多会造成这一过程缓慢。但是若不达到合理的湿度水平就不能达到目标温度，在豆粕和谷物等原料比较干燥的情况下，其温度也较高，这时若不超过目标温度就不能使足够的蒸汽进入粉料。调质器提供滞留和接触时间以优化颗粒料质量，挤压机或膨化器则提供压力以迫使粉料通过具有适当大小孔洞的压模从而使其形成颗粒料，如果水分不足则造成粒形不完整甚至压模失败，因此在调质过程中增加 1%～2% 的水分可以提高颗粒料的质量和生产效率。但由于饲料配方的不同，调质最佳的粉料湿度应控制在 16.0%～17.5%，该过程可通过在中央处理单元中调整各项阈值并在实际生产中调校实现，调质过程占颗粒饲料水分最终含量的 4%～5%。

（3）温度。调质过程中，受蒸汽的温度以及水分影响，谷物的淀粉颗粒会在 50～60℃就进行吸水膨胀，豆类的淀粉颗粒会在 55～75℃进行吸水膨胀，以至于产生了破裂，会转变成黏性非常大的糊状物质，这就是淀粉糊化的过程，淀粉要求糊化的温度一向都是控制在 75℃以上。畜禽颗粒料的制粒温度在 78～83℃，目的是使淀粉糊化和杀灭有害菌，玉米、小麦、薯类等淀粉类原料的糊化温度在 58～72℃，要用饱和蒸汽，经减压阀后蒸汽压力最好在 2.5 kg/cm² 左右，要确保蒸汽系统气水分离器、疏水阀工作正常，避免因含水蒸汽进入调制器而造成湿堵机故障。水产颗粒料的制粒温度要在 90℃以上，目的是使蛋白质变性及灭菌，蒸汽压力可以选用 4 kg/cm² 左右。

2. 调质器的种类

（1）单轴桨叶式调质器。这种调质器是国内外饲料加工中使用最早、应用量最广的调质器，结构较简单，其圆柱形壳体中间装有一条搅动轴，搅动轴上安装多个可以调节、更换的桨叶。调质器工作时，粉料颗粒在桨叶搅动下进行两个方向的运动，一是绕轴转动，二是沿轴向推移，运动轨迹近似于螺旋线。一般调质器的转速为 150～450 r/min，物料的推进速度与轴转速和桨叶的拾物角度有关，在转速一定的条件下，可以通过调整桨叶的拾物角度来控制物料的调质时间，如果将桨叶的角度减小到比较中间的位置，即与桨叶轴成为 75°～85° 的夹角，这样就可以减弱每个桨叶对物料的推出作用从而延长物料在调质室内的滞留时间。一般单轴桨叶式调质器长 2～3 m，粉料可以在调质室内滞留 20～30 s，熟化度达 20% 左右，基本可以满足一些普通颗粒饲料的调质要求。

（2）蒸汽夹套调质器。此类调质器大体结构与单轴桨叶式调质器相似，不同的是壳体采用双层夹套，夹套内通入蒸汽起保温作用。这种蒸汽夹套调质器在工作中对粉料的加热作用有限，因为热量只通过调质器的表面传给粉料，而这一表面积与容量之比通常很低，加之一般调质粉料的导热性能差，以至于没有多少热量可以传递给粉料。但是蒸汽夹套阻止了调质室与室外常温大气直接进行热交换，有效地减少了热损失，使调质器内部能保持较高温度，因此在寒冷的冬天和气温较低的地区使用这种调质器作用较显著。

（3）二通、三通调质器。为了延长和控制粉料在调质器内的滞留时间，在制粒机的上方叠加 2～3 个标准的单轴桨叶式调质器，就是我们通常所说的二通、三通多层调质器。这种调质器的特点是互相串联，有多重蒸汽注入口，工作时粉料依次通过各个调质器，延长了粉料的调质时间，物料与蒸汽能更充分接触混合，可将粉料的熟化度提高到 40% 左右。

（4）双轴异径差速桨叶式调质器。双轴异径差速桨叶式调质器又称 DDC 预调质器，它是在单轴桨叶式调质器的基础上发展起来的，其壳体由半径不同的两个大半圆焊接而成，壳体内装有两根转速不同的叶片搅动轴，壳体中部设有多个可单独调节蒸汽量的蒸汽注入口和液体添加口，工作时由于双轴转速不等、旋向相反、桨叶差速搓动运动，使粉料和添加液从两搅动轴中间向上抛起并与蒸汽一起形成对流，又充分剪切和交错混合，粉料在桨叶的作用下，局部运动轨迹呈“8”字形，并绕轴旋转向前推进，运动路线大为增长，因此粉料的轴向移动速度有更大的可调范围。一般长 2 m 左右的调质器，调质时间可以控制在几十秒至 240 s，可满足特殊颗粒饲料高熟化率和高杀菌率的要求，熟化度通常可达 50%～60%，同时具有较高相对运动的桨叶能相互“洗刷”，使这一类型的调质器有较高的自清洁能力，粉料在调质室的残留现象也有所改善。

（5）膨胀器。膨胀器又名环隙挤压机，其工作原理与挤压机相同，都是用机械能来增加制粒之前加入粉料中的热量。粉料在压力的作用下被迫通过螺杆和压模之间的狭窄间隙，产生压实和剪切，与螺杆和缸体发生激烈的摩擦，并产生大量的热量，以此达到熟化、杀菌和改善制粒状况的目的。不同之处在于膨胀器的压模间隙可调，工作中可以通过调整压模间隙，控制粉料在调质室的挤压、摩擦、剪切强度，从而控制扩散入粉料的热量。

（6）通用颗粒熟化机。是由高效的调质器和一台短滞留时间的改进型挤压机组合而成。在工作过程中，调质器提供滞留和接触时间以优化饲料的质量，而改进的挤压机则迫使粉料通过具有适当大小空洞的压模从而使其形成颗粒饲料。这种设备的淀粉糊化程度相当高，一般大于70%，饲料颗粒品质优良，耐水持久，即使在粉料中加入大于10%的脂肪，所生产颗粒饲料的质量仍然可以接受。此系统还有一个特点就是更换压模非常简易方便。目前这种调质制粒设备在水产饲料、幼畜饲料和宠物饲料方面有广泛的应用前景。

3. 制粒工艺

（1）环模制粒机制粒工艺。该制粒机工作时，粉料先进入喂料器，喂料器内设有控制装置，控制着进入调质器的粉料量和均匀性，其供料量随着制粒机的负荷进行调节。若负荷较小，就加大喂料器转速；若负荷较大，就减小喂料器的转速。

（2）平模制粒机制粒工艺。该制粒机工作时，物料由进料斗进入喂料螺旋。喂料螺旋由无级变速器控制其转速来调节喂料量，保证主电机的工作电流在额定负荷下工作。物料经喂料螺旋进入搅拌器，在此加入适当比例的蒸汽充分混合。混合后的物料进入制粒系统，位于压粒系统上部的旋转分料器均匀地把物料撒布于压模表面，然后由旋转的压辊将物料压入模孔从底部压出。经模孔出来的棒状饲料由旋转切刀切成要求的长度，最后通过出料圆盘以切线方向排出机外。

4. 颗粒机对制粒质量的影响

（1）压模。压模是颗粒机的关键部位，其结构参数直接影响到颗粒料的形成。

① 压模孔径：孔径对颗粒硬度影响不大，对产量影响显著，孔径越大，产量越高，能耗越低。当孔径为6～8 cm时，产量已基本保持不变。

② 压模厚度：压模厚度往往取决于物料特性和模孔直径。压制不同的颗粒饲料需采用最佳长径比，以获取最大的产量和高质量的产品。

③ 模孔形式：常见的模孔形式有直形孔、外锥形孔和内锥形孔。

④ 压模开孔率：在压模有足够强度的前提下，尽量提高开孔率。

⑤ 压模材质：压模必须具有耐磨损、耐变形、耐压、耐高温等优点。

（2）压模与压辊间隙。压模与压辊间隙大小可影响制粒的能力和硬度。其间隙增大，物料层加厚，挤压量增加，动力消耗也相应增加。当物料层厚度加大时，造成挤压区内物料压入力减小，压辊在压模上容易发生打滑现象，大大地降低了产量，严重时压不出颗粒。压模与压辊间隙过小，会加速压模磨损，有时会压坏模孔入口处，一般要求其间隙为0.1～0.4 mm。检验压模与压辊间隙是否合适的简单方法是将一张卡片纸塞入模与孔间隙处短暂开动一下机器，若卡片纸上有明显的印纹而没有被破碎，则间隙适中；若卡片纸被挤碎，则间隙过小；若卡片纸没有任何印纹，则间隙过大。

（3）制粒机的转速。制粒机的转速影响颗粒的硬度和粉化率，对生产能力无太大的影响。制粒时应根据原料的种类和颗粒类型选择最佳的速度，超出需要的高速旋转会使原料不能连续压缩，而使颗粒出现断带，影响颗粒料的质量。

（七）冷却

在制粒过程中由于通入高温、高湿的蒸汽，同时物料被挤压产生大量的热，使得颗粒饲料刚从制粒机中出来时，含水量达 16%～18%，温度高达 75～85℃。必须使其水分降至 14% 以下，温度降低到比不超过空气温度 8℃，这就需要冷却。

1. 冷却工艺

冷却工艺按照空气介质与颗粒料流动方向可分为逆流冷却和顺流冷却两种。

（1）逆流冷却工艺是冷却介质的流动方向和颗粒料流动方向相反的一种冷却工艺。这种冷却工艺制得颗粒饲料表面光滑，很少有龟裂现象，粉化率低，耐水时间长。

（2）顺流冷却工艺是冷却介质的流动方向和颗粒料流动方向相同的一种冷却工艺。这种方法产品表面表现干燥不完全，表面发生龟裂，不光滑，粉化率高，耐水时间短，因此在实际工作中宜选择逆流冷却工艺。

2. 冷却器

冷却器安装方式分为立式冷却器和卧式冷却器，立式冷却器具有所需安装面积小、安装方便等特点。卧式冷却器具有压降较小、抗水冲击性强等特点。

（1）立式冷却器的冷却工艺。颗粒饲料进入立式冷却器顶部料斗后，经过分料装置，被均匀地分配到两个冷却室。当冷却室内装满颗粒饲料后，料位器运行使出料斗开始工作，进行排料，这时冷却器外表的百叶窗打开，在吸风机负压作用下冷却空气进入冷却室与饲料进行湿热交换，然后通过中部集流孔排出机外。

（2）卧式冷却器的冷却工艺。颗粒饲料进入卧式冷却器顶部料斗后，颗粒饲料被均匀地撒落在移动的输送机筛板上，与此同时，空气从冷却器底部进入冷却室，垂直向上穿过输送机筛板，最后被抽走，排出机外。

（八）破碎

颗粒饲料的生产过程中，为了节省能耗、增加产量、提高质量，往往是将物料先制成一定大小的颗粒，然后再根据畜禽饲用时的粒度用破碎机破碎成合格的产品。

（九）筛分

颗粒饲料经破碎工艺处理后，会产生一部分不符合要求的物料，因此破碎后的颗粒饲料要筛分成颗粒整齐的产品。物料进入分级筛，符合要求的产品进入料仓称重打包，不符合要求的产品重新返回制粒。

（十）成品

成品是各种物料通过一系列加工，最终达到饲喂要求的成型产品。成品的包装有散装和袋装两种。我国草产品加工厂目前多采用袋装形式，只有少数厂家用散状饲料或饲料罐车。

（十一）苜蓿草颗粒加工

苜蓿草以其高含量的粗蛋白质，适宜的中性洗涤纤维和酸性洗涤纤维含量，以及丰富的维生素、微量元素，被誉为“牧草之王”。在苜蓿草颗粒生产中，一般不添加其他原料。

1. 苜蓿草粉制粒

苜蓿草颗粒生产工艺如图 4-1 所示。

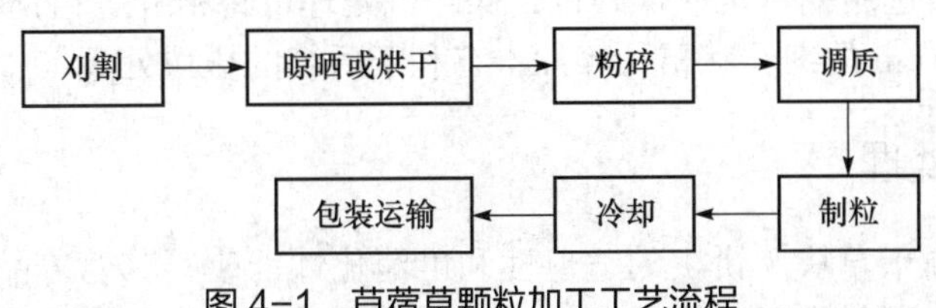

图 4-1　苜蓿草颗粒加工工艺流程

苜蓿草粉压粒比常规配合饲料压粒困难得多，原因是苜蓿草粉的纤维素多、容重小以及缺乏油脂。另外苜蓿草粉制粒时，应加入蒸汽或热水进行调质。用于生产草颗粒的原料苜蓿草粉含水量为 12%～14%，温度 50℃左右。刚挤出的苜蓿草颗粒温度可达 75～90℃，含水量为 16%～18%，不便贮运，需要进行冷却和干燥，冷却后其含水量可降低至 13% 以下。当温度低于 24℃时即可进行包装。

由于苜蓿草粉纤维素含量高、草粉流动性差，压粒的生产率仅为配合饲料压粒的 1/3 左右，主要工作部件（压模、压辊、切刀等）的寿命只有制作常规配合饲料的压粒机的 1/4 左右，苜蓿草粉压粒的功耗也增高。

2. 苜蓿草颗粒加工的工艺特点

（1）苜蓿草粉容重小，易产生粉尘，因此，草粉输送装置宜采用风送，输送器的直径相对谷物类饲料加工机械要大。草粉流动性差，在料仓中易结拱，要求料仓的设计合理或采用破拱装置。

（2）苜蓿草粉的纤维素含量高，草粉间摩擦系数大，在制粒过程中原料与压模孔间的阻力较大，因此颗粒机的压模孔径要适当。一般苜蓿草颗粒压制时的模孔直径为 6～8 mm。

（3）压模与压辊的间隙大时，原料厚度增大，会减轻挤压区内对原料的压力，使压辊打滑，降低产量，甚至不出颗粒；间隙过小，会增加磨损。一般苜蓿草颗粒压制时，压模与压辊的间隙为 0.5 mm 左右。

二、干草块（饼）的加工

干草块（饼）的成型加工工艺对干草块（或饼）的质量、加工成本及其贮存、运输性能等有直接影响。目前，干草块（饼）的成型加工的基本工艺包括原料的机械处理、原料预处理、添加补充料、调质、成型和冷却 6 个方面。

（一）原料的机械处理

进行成型加工之前，为了便于压块成型和提高压块效率，原料必须先经过适当的机械处理，切成适宜的长度。根据反刍动物的消化生理特点，其所食饲草的适宜纤维长度为 20～30 mm。因此，一般要求压块机所压制的粗饲料块截面尺寸在 30 mm 左右。为了获得较适宜的草块纤维长度，压制草块的原料不可切得太碎或太长，若原料切得太碎，其长度小于模孔直径时，则草块的纤维长度、坚实度和成型率都会急剧下降。相反，若原料切得太长，也会使物料在压制过程中产生更多的破裂，减少所要求的纤维长度，同时会增加压块过程中的能量损耗。一般压块粗饲料长度以与草块截面尺寸之比以（1.5～3）: 1为宜。切碎处理的机械一般选用铡草机或揉碎机，揉碎机处理可将秸秆等粗饲料原料沿纵向揉搓、剪切而形成长8～10 cm的细丝状秸秆碎片，有利于后续的压块处理。

（二）原料预处理

为了进一步提高干草块（饼）的适口性和可消化性，改善其营养品质，在压制草块之前，对干草块（饼）原料进行适当的预处理，特别是对秸秆等低质粗饲料，化学预处理显得更为重要，它不仅能提高秸秆饲料的营养品质和利用率，而且能改善秸秆的压块性能。目前，生产中最常用化学预处理技术是碱化处理和氨化处理。为提高其处理效率和处理效果，通常需采用特制的化学处理反应罐进行。

（三）添加补充料

一般的干草块（饼）通常由单一物料压制而成，但是单一的物料往往营养不平衡，如秸秆饲料养分含量低，特别是含氮量严重不足。因此，为了使干草块（饼）的营养均衡，需要将禾本科牧草或秸秆和豆科牧草按一定比例混合配比压制草块（饼），这样能明显改善草块（饼）的营养品质和压块性能。另外，若压制草块（饼）的基础原料是秸秆饲料，则首先需要补充一定的氮源，氮源中除了一部分非蛋白氮外，应有适当比例的蛋白质补充料和过瘤胃蛋白质，以利于不同饲料间产生正组合效应。此外，科学合理地设计秸秆草块的配方，补充适宜比例的青绿饲料、能量饲料、矿物质饲料、微量元素和维生素添加剂等也是必要的措施，甚至还可以添加某些起代谢调节作用的非营养性添加剂和糖蜜等黏结剂，以便调制出营养平衡的秸秆草块饲料，并改善秸秆压块的成型效果和压制效率。精饲料补充料和添加剂的补充，会提高秸秆草块饲料的成本，同时也增加物料混合均匀的难度。

草块或草颗粒生产时需要加入一定量的添加剂起黏合、抗氧化、防腐和增强营养的作用，常用的添加剂有丙酸、膨润土、淀粉、糖蜜、矿物质和酒糟等。膨润土用于把草段黏合在一起，减少掉落的碎块。膨润土的缺点是易造成压制的草块硬度增加，动物难以咀嚼。

（四）调质

调质过程中必须给物料添加一定比例的水，使物料含水量达到适宜的水平。过低的物料含水量会使得压块时所需功耗很大，且很难成型，成型草块的坚实度也不够高。相反，若物料含水量过高，因水的不可压缩性和润滑作用，草块的密度和坚实度也将下降，以至不能成型，而且含水量过高会增加草块干燥处理和贮存的困难。在调质器中，高压蒸汽的作用有助于液体向固相物料的渗透，可使秸秆饲料充分软化和熟化，黏结力增强，有效地降低压制过程中的能量损耗，并减少压模的磨损，从而改善秸秆饲料的压块性能，提高秸秆的成型率和压块效率。

研究表明，较适宜的压制物料含水量范围是：豆科牧草12%～18%、禾本科牧草18%～25%、秸秆20%～24%。值得注意的是，即使饲料原料本身的含水量已达到上述要求也必须加入少量的水，以改善物料的压块性能。

（五）成型

调质好的物料需采用特制的压块机压制成型，成型草块的外形尺寸一般为截面 30 mm × 30 mm 的长方块或直径 30～32 mm 的圆柱形草块。压块机分为柱塞式、环模式、平模式及缠绕式等，其中环模式压块机因其攫取物料性能较好，所以目前使用较多。

1. 捡拾压块机

捡拾压块机属于环模式，能在田间直接捡拾风干的草条并压制成草块。一般由捡拾器、喷水装置、输送装置、切碎器、压块机构和草块输送装置等组成。压制成的草块大小为 30 mm × 30 mm ×（100～150）mm，密度为 700～850 kg/m^3。

2. 固定作业式干草压块机

固定作业式干草压块机是将干草切碎成长 3～5 cm，然后压制成具有一定密度的草块。适用于有电源的打贮草站、牧草饲料公司和牧草饲料加工厂点等，尤其适于牧草原料产区就地加工使用。如内蒙古农业大学等单位研制的 9KU-650 型干草压块机，其工艺如下：牧草切段长 3～5 cm，加入适量的水分（约 30%），送入输送装置，由输送绞龙搅拌，送入喂入装置，将物料连续、均匀地强制喂入主机压块室内，在摩擦力及压力的作用下，挤压成方形草棒，再由安装在机壳上的切刀切成适当长度的草块。其生产率为豆科牧草 1～1.5 t/h，禾本科牧草 0.5～10 t/h，草块规格 30 mm × 30 mm ×（40～50）mm，密度为 0.6～1.0 kg/cm^3。主机转速高档适于压制豆科牧草，低档适于压制禾本科牧草及作物秸秆。

3. 移动式烘干压饼机

移动式烘干压饼机与有关机具配套作业，以新鲜牧草为原料，在机内烘干制块，能使牧草的养分损失减少到最低限度。移动式烘干压饼机是由高温干燥机、压饼机、发动机、热发生器和燃料箱等组成。干燥机为气流滚筒式，压饼机为柱塞式，机组装在气胎轮架上。

制饼工艺流程如下：由运输车运来牧草，先切成 2～5 cm 长的碎段，由带活动底的接收槽和运送器等输入干燥滚筒，使水分由 75%～85% 降至 12%～15%，干燥后的草段直接进入压饼机压制成直径 55～65 rnm，厚约 10 mm 的草饼。贮存时草饼含水量一般不超过 12%，密度为 300～450 kg/m^3。为获得全价性的饼状饲料，压制过程中可根据饲喂对象的需要添加尿素、矿物质及各种添加剂。

4. 缠绕（卷扭）式压块机

缠绕（卷扭）式压块机是将不经过切碎的牧草用缠绕方法拧挤成圆柱形草棒，然后切断成饼状或块状。

（1）缠绕式捡拾压块机。缠绕式捡拾压块机可将新鲜牧草不经切碎直接压制成草块，欧美国家应用较多，其优点如下：①对原料湿度要求不严格。该压块机可将含水量 80% 的牧草制饼，最适宜的制饼含水量为 35%～45%。②能耗低。该压块机比其他制饼机能耗低 67% 以上，每小时每吨能耗为 5～7.5 kW。③对原料种类适应范围广。豆科、禾本科牧草均可压块，密度为 800 kg/m^3 左右。缠绕压块机亟待解决的问题是如何降低成品的干燥成本。

（2）辊式牧草压饼机。采用辊式缠绕滚压分层成型原理，它较压缩式、挤压式压饼机功耗小，加工牧草的密度适中，适口性好，对牧草湿度、长度均要求不高，适用范围较广，生产率 350 kg/h，草饼直径 80 mm，长 60～70 mm，密度大于 400 kg/m^3，配套电机动力 10 kW。如内蒙古农业大学等单位研制的 9YG-76 型辊式牧草压饼机，其特点是对牧草不需切碎、直接加工成饼。

（六）冷却

刚压制出机的草块饲料，其湿度略低于压制前的物料，温度达 45～60℃。因此，需要做冷却和干燥处理，以确保草块具有良好的贮存特性。草块的冷却不单是冷却其表面，还是一个控制草块内部温度和湿度的过程，通常可在立式或卧式冷却器中进行。草块成品含水量控制在 14% 以下，可采用烘干或自然干燥的方法，前者干燥效果较好，但成本较高；后者的干燥效果较差，需较长的干燥时间，如在室内阴干需 48～96 h，此时草块的含水量可降至 12%～15%。若需长期贮存，则草块的含水量还应进一步降低到 12% 以下。

（七）田间烘干压块成套设备

田间烘干压块成套设备包括割草、捡拾装载、运输和烘干压块机等，以烘干草块机为主要机具。这种成套机械可烘干压制不经调制的青草为高品质草块。

田间烘干压块的主要优点是能使饲草的养分损失减少到最低限度，获得高质量的草块。在田间自然干燥调制干草的过程中，养分损失一般为 35%～40%，而田间烘干压块不需要进行田间干草调制，因而避免了气候条件对收获作业的影响，而且对饲草的品种和含水量没有特殊要求，因而地区适应性广，特别适于饲草含水率高、多雨和空气湿度大的地区。该设备虽然有上述许多优点，但烘干压块燃料费用较高，推广应用中有一定的局限性。

田间烘干压块机适应于中国南方多雨地区，主要由料仓、烘干系统、压块机、草块冷却运输装置等部分构成。配套机具为拖拉机、割草机和带捡拾切碎器的装载车组成的供草机组，草块拖车和油罐小车等。其作业半径为 2 000 m，收完后即可转移地段。

（1）料仓。料仓长 1.3 m，宽 2.5 m，高 2.8 m，容量为 14 m^3。料仓装有自动计量装置和电子称重系统。供草机组把长度为 10～15 mm 的切碎青草装入料仓后，通过自控装置把碎草喂入烘干系统。

（2）烘干系统。包括烘干滚筒、发动机、发电机及有关附属设备。烘干滚筒长 6 m，直径 2.2 m，脱水能力为 2 800 kg/h，烘干效率为 740 kg/h（干物质）。热风由供热能力为 2 928.8～10 460 MJ/h 的燃烧器供给，燃烧器的供热能力为无级调节。发动机功率为 52.92 kW，发电机功率为 10 kW。青草通过该烘干系统后，湿度必须降至 12%。当青草的初始湿度为 80%，以 740 kg/h（干物质）的生产率烘干到要求的湿度时，其燃油消耗为 220 kg/h。

（3）压块机。压块机包括一台柱塞式压块机及其有关的控制装置。压缩室的直径为 65 mm，生产率为 1 000 kg/h。压块机有一套电子控制装置，以保证物料状态不太稳定的情况下压块机仍能正常工作。

（4）草块冷却输送装置。草块从压缩系统排出后经输送器输送在冷却输送器上。冷却输送器长 5.5 m，一方面是输送草块，另一方面可使草块自然降温。冷却输送器的输送高度为 3.5 m，可把草块装入低于 3.2 m 的拖车上。

配套机具和压块机可由 1 人操作，一个班次（10 h）可生产草块 7 t，草块的密度为 600 kg/m^3。

三、饲料舔砖

根据补饲重点和原料组成的不同，饲料舔砖的生产工艺也不同，主要有凝结法和压制法两种。

（一）凝结法

凝结法也称浇注法，它是借助于配方中的糖蜜、金属氧化物和磷酸之间所产生的凝聚作用，使混合物在反应过程中经搅拌逐渐变稠，最后形成硬块。它主要用于补充能量和蛋白质为主的饲料舔砖的生产，侧重解决牛羊春乏期或干旱期的乏弱、营养不良以及死亡问题。制作方法：第一步是将糖蜜、磷酸盐、矿物质、尿素和水等按比例加入反应管内混匀，必要时可加入一些凝固剂（如氧化镁），再混合均匀。物料混合时会发生放热反应，因此一般在反应罐外加有夹套通入水，对反应的混合物进行冷却，以使块状物料获得较好的外观和形状。第二步是把混合液灌注到一定形状的容器内，一般是瓦楞纸板箱或多层纸袋中，在室温下经 4 h，物料开始由稠变硬，继续静置 20～24 h，即形成硬块，最后倒出容器包装即可。凝结法制块的质量主要受固体原料的粒度、液态原料的稠度、混合液搅拌的时间及注入容器后的静置时间和温度等因素的影响，不同的配方应找出不同的工艺参数。

（二）压制法

压制法是采用压制设备压制成块，主要用于以非蛋白氮、矿物质元素和维生素为主的饲料舔砖的制作。压制法的加工过程是先将原料按比例加入糖蜜混合机内，同时加入糖蜜和油脂，必要时可加入黏结剂和支撑剂，使产品的整块性和硬度均符合质量要求。然后在调质器中通入蒸汽进行热处理使物料软化，并增强可塑性，随后分批定量进入挤压成型机，将物料挤压成块，最后出机包装。

压制法制作的舔砖特点为：①硬度高，质地好，易控制舔食量；②生产制作快，节省空间和人力，容易成型并可直接进入成品库；③生产环节少，易于工厂化生产，压制成型的舔砖其物料较干，不潮解不松散，无须干燥环节。其不足之处是成型的时间长，质地松散，质量不稳定，生产效率不高，计量不准确。

饲料舔砖生产成套设备由粉料提升机，糖蜜加热、加压系统，搅拌机，贮料仓以及成型机构组成。工作时粉碎的物料由提升机送入桨式搅拌机搅拌，然后将加有尿素、食盐等物质的糖蜜加热混合，经加压以雾状喷入搅拌机内进行二次搅拌，最后将混合均匀的物料送入贮料仓，定量地添加到液压机的模具中压制成型。液压机根据所用动力不同分为手动式和电动式两种，选用时可根据其工作压力和舔砖的硬度做出选择。浇注法所用设备为搅拌机，将物料搅拌均匀，它是通过严格控制黏结剂和固化剂的添加比例来控制舔砖的硬度。

生产过程中所用的模具则根据生产舔砖的形状而定，方形的可以用制砖模具，圆形的可采用无缝钢管或尼龙管。

四、膨化饲料

膨化饲料按照工艺分为干法膨化和湿法膨化两种，干法膨化从设备上减少了调质器及其附属蒸汽锅炉和管道，因此设备简单、投资少，但饲料的熟化程度、密度等质量参数不如湿法膨化效果好，而且各物理参数的定量关系存在一定的局限性。

（一）膨化工艺

1. 清选

采用手工或者筛选、磁选等方法去除牧草饲料中的铁屑、砂石和泥块等杂质，防止对输送设备的叶片、挤压螺杆和压力环造成磨损或断裂，影响膨化质量。

2. 粉碎

牧草饲料在膨化前需粉碎成一定的粒度，一般情况下，其粉碎粒度为 3 mm 左右，以使调质均匀，提高膨化产量和质量。

3. 调质

将粉碎后的物料放入调质机中，根据不同种物料控制不同的蒸汽添加量。如果蒸汽量添加量过多，物料的含水量增加，物料的熟化程度越高，使物料变得更加蓬松，不易膨化，相反，如果添加过少，物料含水量过低、密度过大，也不利于膨化，因此，调质是膨化前不可或缺的环节。调质后物料的含水量要求是这一环节的重要参数，而蒸汽添加量又是决定含水量的重要因素，表 4-1 列举了几种不同物料的蒸汽添加量以供参考。

表 4-1 物料的蒸汽添加量

物料	蒸汽添加量
大豆原料	7%～8%
玉米原料	10%
豆类秸秆	25%～35%
玉米秸秆	20%～30%
牧草	20%～25%

注：数据根据廖建华、王宏立等研究论文整理所得。

4. 挤压膨化

将调质好的牧草饲料由料斗输入膨化机的挤压腔，在螺杆的机械推动和高温、高压的混合作用下，完成挤压膨化加工。加工时，挤压腔的温度应控制在 110℃左右，挤压腔压力应控制在 1.5～2.0 MPa。

5. 干燥与冷却

从喷嘴出来的膨化物料后，通过干燥工艺将膨化过程的多余水分去除，干燥方式有人工干燥或自然干燥两种，考虑到饲料营养成分的受热损失，干燥温度应控制在 85℃左右，当干燥至规定含水量后，将其冷却到常温。

6. 真空喷涂

喷涂维生素、酶制剂和油脂等热敏性添加剂，在真空状态下快速进入膨化颗粒内部，不会发生氧化损失，可延长保质贮存期。

（二）膨化设备

目前用于生产膨化饲料的主要设备为螺杆式挤压膨化机，其种类和型号很多，按螺杆数量来分，可分为单螺杆式、双螺杆式和多螺杆式挤压膨化机，以单螺杆式、双螺杆式挤压膨化机应用最为广泛；按螺杆的配置来分，可分为等距螺杆和变距螺杆两种；按螺杆的直径来分，可分为等径螺杆和变径螺杆两种。

1. 单螺杆式挤压膨化机

它主要由进料装置、调质器、螺杆挤压腔体、成型模板与切刀、参数检测与控制系统以及驱动动力等部分所组成。

螺杆式挤压膨化机是将输送、换热、搅拌、加压、揉合及剪切等作用集于一体，在一台设备上完成诸如调质、蒸煮、灭菌和糊化成型等一系列连续的操作过程。

含有一定量淀粉比例的粉粒状原料由旋转式加料器均匀地送入调质器，在调质室内进行调湿和升温，经搅拌混合使物料各组分的温度和湿度均匀一致。调质后的物料送入螺杆挤压腔内，挤压腔内螺杆通常被制成变径（齿根直径）和变螺距的几何形状，使挤压腔空间容积沿物料前进方面逐渐变小；在稳定的螺杆转速下，物料所受到的挤压力逐步增大，其压缩比可达4～10，同时物料在腔内的移动过程中还伴随着强烈的剪切、揉合与摩擦作用，有时根据需要还可通过机筒夹套内流过的水蒸汽对物料进行间壁加热，这样共同作用的结果是使物料温度急骤升高（110～200℃），物料中的淀粉随即产生糊化，整个物料变成融化的塑性胶状体。在挤出模板之前，物料中所含水分的温度虽然很高，但在相应较大的压强下水分一般并未转变成水蒸汽，直到物料从挤出模孔排出的瞬间，压强骤然降至101 kPa，水分迅速变成过热蒸汽而增大体积，使物料体积亦迅速膨胀，水蒸汽进一步蒸发逸散的结果使物料水分含量降低，同时由于温度也很快下降，糊化淀粉随即凝结，水蒸气的逸散使凝结的胶体状物料中留下许多微孔。

连续挤出的柱状或片状膨化产品经旋转切刀切断后送入冷却、干燥和喷涂等后处理工段。

2. 双螺杆式挤压膨化机

双螺杆挤压膨化机的挤压腔内安装着一对联动的螺杆，它又可以分为几种类型。按两螺杆的相对旋转方向可分为同向旋转和逆向旋转型。按运动过程两螺杆的啮合程度可分为全啮合、部分啮合和无啮合型。另外，还有按照螺杆的结构、螺杆的安装方式等进行分类的。在各种类型的双螺杆挤压膨化机中，同向旋转全啮合型膨化机因其有良好的混合效果、较高的单机产量以及螺杆表面的自清能力而被广泛地采用。这种双螺杆膨化机在运转中，物料被相互啮合的螺杆齿廓分隔成一些小腔室，各小室的物料在螺杆的推动作用下均匀地做正位移运动，这也使得各小室内物料的温度和所受的剪切力比较容易控制。

与单螺杆挤压膨化机比较，双螺杆膨化机具有以下一些主要操作特性：①通过螺杆的物料流量稳定，一般不会出现断流或波涌现象，生产过程稳定可靠；②双螺杆膨化机运动过程机械转化的热量通常可以提供挤压膨化所需大部分热量，少量的补充热量来自加热夹套。而单螺杆膨化机往往需要在调质阶段预加部分热量；③物料沿螺杆长度方向被分隔在若干小腔室内，又因螺杆转速较低，物料在机内滞留的时间分布范围比较窄，这使物料温度比较容易控制，能量利用充分，产量和质量均很稳定；④一对螺杆的啮合和均匀地挤压推送物料有利于螺杆表面物料的自行清除，这样工作完毕后腔内物料残留量极少，维持了物料输送的稳定性，若要改变配方生产另一种膨化饲料时，通常不必卸机清理；⑤与相同驱动功率的单螺杆膨化机相比，双螺杆膨化机生产率较大，适应加工物料湿度的范围较宽。

双螺杆膨化机的结构较复杂，机械加工精度要求高，因而，当选用这种机型时，用于生产设备的投资要大得多。

第四节　成型草产品贮藏技术

一、安全贮藏的水分

成型草产品含水量的多少是其能否安全贮藏的关键因素。一般来说，成型草产品的安全贮藏含水量应为 11%～15%。南方地区因其气候比较湿润，所以对成型草产品安全贮藏含水量的要求也较高，应控制在 11%～12%；北方地区相对于南方气候较为干燥，一般成型草产品含水量控制在 13%～15% 就可以达到安全贮藏的目的。

二、安全贮藏的方法

添加防腐剂是保证成型草产品安全贮藏的重要措施。常用的防腐剂主要包括丙酸、丙酸钙、丙酸钠、甲醛、克霉灵、焦亚硫酸钠等。防腐剂在成型草产品的加工过程中进行添加，其中防腐效果最好的是丙酸钙，而且安全。丙酸钙能抑制菌体细胞内酶的活性，通过使菌体蛋白质变性而达到防霉防腐的目的。试验表明，将浓度为 1% 左右的丙酸钙添加到含水量为 19.92%～21.36% 颗粒牧草饲料中，在平均温度 25.73～31.84℃，平均相对湿度为 68%～72% 的条件下，贮存 90 d，没有发霉现象，而且开口与封口保存，差异不明显。生产实践中，还应注重筛选来源广、价格低廉和效果好的防霉剂。如利用氧化钙（CaO）作为防霉剂，不仅来源广、成本低，而且还可作为畜禽的钙源。新鲜豆科牧草加工颗粒饲料时，加入 1.0%～1.2%（占干物重）的氧化钙，此时原料的 pH 为 7.23～7.46。然后将颗粒饲料干燥到含水量为 15%～21.5% 时，在平均温度为 22.6℃，平均相对湿度为 34%～54% 的条件下，贮存 30 d，结果表明，无论在晒干、阴干及在贮藏过程中均无发霉现象，而未添加氧化钙的颗粒牧草饲料在阴干过程中 72 h 即开始出现霉点。

三、贮藏期间的管理

成型草产品在贮藏期间要加强管理，以防吸湿结块、微生物侵染及害虫、发热变质等影响产品质量，造成不必要的经济损失。

（一）保持通风、注意防潮

成型草产品的贮藏仓库内应保持干燥、凉爽、避光、通风，注意防潮，以避免仓内温度、湿度过高而造成结块、发热变质。因此，最好在干燥、低温、低湿的条件下进行贮藏。

（二）注意防除鼠虫害

防除贮藏库内的老鼠和害虫是确保安全贮藏极为重要的管理措施之一。在贮藏期间，要采用检疫防治、清洁卫生防治、物理机械防治及化学药物防治等措施，消灭存在的鼠虫害隐患，减少由鼠虫害造成的损失。其中常用的化学药剂有磷化氢、氯化锌等。此外，使用中药山苍籽（或山苍籽油）和花椒等防治害虫和防止牧草饲料霉变，具有来源广、成本低、无污染、使用安全和效果好等优点。

（三）加强安全防火措施

成型草产品含水量低，在贮藏库内应严禁烟火并设立消防栓。同时应定期检查仓库内有无火灾隐患，把由火灾造成损失的可能性减少到最低限度。

思考题

1. 简述成型牧草饲料的定义与种类。
2. 简述成型草产品在牧业生产中的意义。
3. 简述成型草产品原料及特点。
4. 简述成型草产品加工与贮藏原理。
5. 颗粒饲料的加工技术有哪些？
6. 干草块（饼）的加工技术有哪些？
7. 膨化饲料加工技术有哪些？
8. 饲料混合工艺的种类有哪些？
9. 调制的影响因素有哪些？
10. 成型草产品贮藏期间的技术措施有哪些？

参考文献

[1] 张秀芬. 饲草饲料加工与贮藏. 北京：中国农业出版社，1992.
[2] 玉柱，贾玉山，张秀芬. 牧草加工贮藏与利用. 北京：化学工业出版社，2004.
[3] 曹致中. 草产品学. 北京：中国农业出版社，2005.
[4] 李德发，龚利敏. 配合饲料制造工艺与技术. 北京：中国农业大学出版社，2003.
[5] 庞声海，饶应昌. 饲料加工机械使用与维修. 北京：中国农业出版社，2000.
[6] 吴运生，王东，沈良菊. 膨化技术与饲料工业发展. 粮食与饲料工业，2003，3：21-22.
[7] 杨红军，时建忠，顾宪红，等. 膨化生产 SPF 动物饲料的尝试. 粮食与饲料工业，2007，6：33-35.
[8] 王宏立，张祖立. 挤压膨化技术在秸秆饲料加工中的应用. 农机化研究，2007，9：173-174.
[9] Mahungu S M. Residence time distribution and barrel fill in pet food twin-screw extrusion cooking. Cereal Chemistry, 2000, 77(2)：220-222.
[10] 王德成. 牧草生产与秸秆饲用加工机械化技术. 北京：中国农业科学技术出版社，2005.
[11] 玉柱. 草块加工工艺流程. 农业知识（科学养殖），2010，9（27）：35.
[12] 张涛，胡跃高，曾昭海，等. 草块加工工艺及其影响因素. 草业科学，2004，21（5）：55-58.

[13] 谭鹤．饲料贮藏技术．北京：金盾出版社，2009．
[14] 李小林．浅议调质工艺影响饲料质量的几个因素．饲料工业，1997，18（2）：8-10．
[15] 沈维军．配合饲料加工技术与原理．北京：中国林业出版社，2012．
[16] 朝鲁孟其其格．混合草颗粒制粒技术及饲用价值评价的研究．呼和浩特：内蒙古农业大学，2010．
[17] Behnke K C，秦崇德．颗粒料制作和粉料调质问题的探讨．饲料广角，2005，14：25-26，34．
[18] 邢建军，李德发，代建国，等．颗粒饲料加工工艺研究进展．饲料工业，2001，22（8）：7-10．
[19] 周文明，王义明．颗粒饲料加工工艺中原料的接收技术与粉碎工艺．南方农机，2015，7：35-37．
[20] 马文智．颗粒饲料质量影响因素分析．中国饲料，2005，2：30-33．
[21] 臧艳茹．膨化技术制备颗粒饲料的研究．天津：天津理工大学，2010．
[22] 李辉，闰飞，边远，等．饲料调质设备的发展研究现状．农业机械，2016，7：120-123．
[23] 王春华．我国牧草饲料加工与利用的思考．江西饲料，2017，1：21-22．
[24] 贾玉山，侯美玲，格根图，等．中国草产品加工技术展望．草业与畜牧，2016，224：1-6．
[25] 玉柱，贾玉山．牧草饲料加工与贮藏．北京：中国农业大学出版社，2010．

第五章　饲草型全混合日粮加工与贮藏技术

【学习目标】

- 掌握饲草型全混合日粮在畜牧业生产中的意义。
- 理解并掌握饲草型全混合日粮技术的原理。
- 理解并掌握饲草型全混合日粮的技术要点和生产工艺。
- 掌握其他饲草型全混合日粮技术。

第一节　饲草型全混合日粮在畜牧业生产中的意义

一、饲草型全混合日粮的概述

目前，我国现代养殖业已由传统的精粗分饲的饲养体制向现代化（科学化、集约化、规模化）发展。在草食动物生产中，全混合日粮（total mixed ration，TMR）饲喂方法已替代传统的饲喂方法在国内的现代化和规模化养殖场中广泛使用。粗饲料比重通常占草食家畜日粮的60%～70%，甚至更高，是草食家畜和瘤胃微生物的重要营养源。粗饲料的品质对草食家畜生产性能和健康有极大的影响，并直接关系到精饲料的补给量与成本，最终影响到养殖者的效益。但在实际生产过程中，不重视粗饲料科学利用的问题相当普遍，在牧草与秸秆的利用方面还停留在“单打一”的层次，尤其在秸秆利用方面，采取了包括物理、化学、微生物等手段，虽使采食量提高，但单一的加工调制方法并不能真正克服牧草、秸秆本身的营养障碍，利用率未必能够提高，也就是说单一的加工处理并不能全面利用牧草与秸秆的营养价值，要想提高牧草、秸秆饲用的效果，必须将粗饲料的加工调制与营养调控型补饲结合起来，进行整体调控。

近些年来，以饲草为主的饲草型全混合日粮技术研究得到重视，饲草型全混合日粮是指依据反刍动物不同生理阶段的营养需求，把干草、青贮饲料等粗饲料，精饲料和各种添加剂按照一定比例充分混合成一种营养浓度适衡的日粮以满足动物营养需要的饲养技术。饲草型全混合日粮技术注重饲草料的营养加工与调配，调控日粮中饲草之间的组合效应，使牧草和秸秆等粗饲料转化效率大幅度提高，被充分有效地利用。

二、饲草型全混合日粮的特点

(一)饲草型全混合日粮的优点

1. 营养平衡

由于日粮中各组分比例适当，且混合均匀，草食家畜每次采食都能获得营养均衡、精粗料比例稳定的日粮，这可以避免草食动物出现挑食和营养失衡的现象，有利于维持草食家畜瘤胃内环境的稳定，提高瘤胃微生物的活性，使瘤胃内蛋白质和碳水化合物的利用趋于同步，显著提高了饲料的利用率。

2. 提高家畜生产性能和健康状况

饲草型全混合日粮技术，有利于控制日粮的营养水平，可根据不同生长阶段的家畜不同的生理和营养需要量，开发不同类型日粮产品，使各类日粮都能满足不同生产性能的营养需求，有利于发挥不同家畜的生产潜能，减少各类消化道疾病及营养应激反映的概率。

3. 提高配合牧草及秸秆的利用效率

目前国内外在粗饲料的利用上大多依靠传统的加工调制技术，较少考虑家畜自身存在的营养潜力及饲料间的组合效应。饲草型全混合日粮技术采用整体营养调控理论和电脑优化饲料配方技术，通过合理搭配精粗日粮，充分考虑饲料之间的组合效应，发挥粗饲料间的正组合效应，消除或抑制负组合效应的发生，达到日粮的最佳利用效果。

4. 降低精饲料使用量

通过不同品种牧草与秸秆的合理搭配，能够充分发挥其营养成分互补潜力，从而达到进入动物体内营养的平衡，有效地控制精饲料及各种添加剂的使用量，满足草食家畜不同生产性能需求。这对于像中国这样一个精饲料资源有限而非常规饲料资源十分丰富的发展中国家来说意义深远。

5. 有利于充分利用当地饲料资源

某些传统方法饲喂适口性差、消化率低的饲料，如番茄渣、棉籽饼、糟渣等，经过牧草型全混合日粮技术处理后适口性得到改善，许多原来难以利用的工业副产物得到有效利用，如番茄渣的利用既可从一定程度上缓解蛋白质资源的供需不平衡，又可明显降低饲料成本，具有明显的经济效益。

6. 有助于控制生产

可根据牛奶、羊肉内成分的变化，在一定范围内对饲草型全混合日粮进行调节，以获得最佳经济效益。

7. 节省劳动力，提高劳动效率

饲草型全混合日粮技术生产全部机械化，因此大大节省了劳动力和时间，提高了工作效率，这对于规模化养殖具有重大意义。

8. 提高经济效益

在草原牧区粮食型饲料资源基本都需要外调，生产成本居高不下，很难大量生产应用耗粮型全混合日粮，因此，根据不同家畜品种和生产用途研究开发饲草型全混日粮对于牧区而言是寻求低成本全混日粮的有效途径。

9. 日粮原料质量得以保障

由于牧草收获期及加工工艺的不同，牧草营养成分也在上下浮动，当原料营养成分发生变化时，原来的配方会使日粮营养变得不均衡，因此，饲草型全混合日粮的原料应经常检验，从而也从源头上确保质量安全。

（二）饲草型全混合日粮技术的局限性

（1）长纤维青干草很难与精饲料和青贮饲料混合，搅拌时间过长易造成分层。

（2）设备投入昂贵，需要全套的秤、搅拌机和传送设备，对于中小型牛场并不适用。

（3）日粮必须定期进行精确配制并经常核对。

（4）需要定期根据生理阶段、生产性能对畜群进行分群饲喂。

三、饲草型全混合日粮在畜牧业生产中的意义

饲草型全混合日粮技术是保证畜产品安全、缓解饲料粮紧缺的重要环节，是实现草食家畜养殖业所需饲料均衡供应、改善和提高牧草饲用价值和利用率的手段，在我国现代畜牧业发展中占有极其重要的地位。

（一）发展饲草型全混合日粮技术是解决人畜争粮的有效途径

近年来，随着人们生活水平的提高，农牧业快速发展，居民消费结构不断发生变化，我国人均口粮消费逐渐减少，而畜产品消费大幅度增加。由于我国传统畜牧业结构属于典型的“耗粮型”，饲料用粮占粮食总量的比例也随之大幅度提高。20 世纪 80 年代初我国养殖业全部饲料用粮占全国粮食总产量的 20%～25%，即消耗粮食 7 200 万 t 左右。最近几年，该比重则上升到 43%～45%，即消耗粮食 19 800 万 t，是 20 世纪 80 年代初的 2.75 倍，人畜争粮已成为不争的事实。专家预测，21 世纪人畜争粮的矛盾将进一步突出，粮食短缺每年将达到 5 000 万 t。在此背景下，我国开始大力发展草食畜牧业，畜牧业结构由“耗粮型”向“节粮型”转变，发展节粮型畜牧业是保障畜产品有效供给、缓解粮食供求矛盾、丰富居民膳食结构的重要途径。节粮型畜牧业，是指充分利用牧草、农副产品、轻工副产品等非常规饲料资源，在减少粮食消耗的同时形成畜产品高效产出的畜牧业，这些畜产品主要包括奶牛、肉牛、肉羊、绒毛羊、兔和鹅等。

我国有丰富的饲草资源，草原面积达 60 亿亩（1 亩≈666.7 m^2），占世界草原面积近 10%，草原不仅是重要的生态屏障，还是草食畜禽的基本生产资料。随着优质牧草开发利用力度逐步加大，以苜蓿为代表的豆科牧草蛋白质含量在 20% 左右，营养价值高，种植面积超过 2 200 万亩。同时我国非常规饲草资源非常丰富，据统计，我国各种可饲用的作物秸秆、藤蔓、荚壳等农副产品总产量约可达 8.42 亿 t，可收集利用量 6.86 亿 t，饲用量 1.77 亿 t，按照饲料单位折算，相当于 5 300 亿 t 玉米的净能量，约为我国现实玉米总产量的 40%。但

目前用于反刍动物饲用的秸秆量约 2.1 亿 t，仅占秸秆总量的 30%。如果我国能有 1/2 的秸秆用于养畜，在现有养殖水平下可养 8 亿只羊，相当于我国现有草食家畜养殖总量的 2/3，可节约饲料粮约 1 亿 t。但是目前秸秆的利用率非常低，既浪费资源又污染环境。因此，合理开发利用优质牧草、农作物秸秆资源，可为我国草食家畜的快速发展作出巨大贡献。

饲草型全混合日粮技术通过饲料组合效应原理，使适口性较差、营养价值低的粗饲料通过合理搭配，成为营养均衡的日粮，充分发挥粗饲料营养素互补的生产潜力，提高粗饲料的利用率，优化动物生产，为粗饲料的科学合理利用提供了一条新的发展道路。全混合日粮饲养技术可缓解饲料资源供需不平衡的矛盾，有利于大力发展我国节粮型草食畜牧业。

（二）发展饲草型全混合日粮技术是保证畜产品安全的重要措施

由于我国粮食资源尤其是饲料蛋白质资源的短缺，很大程度上需要从国外进口。2014 年进口大豆 7 140 万 t，玉米 260 万 t，其他谷物 1 692 万 t，薯类（主要是干木薯）867 万 t，玉米酒糟（玉米制品）541 万 t，总进口量已达 1.06 亿 t。这样就导致饲料价格上涨，一些非法者为了降低生产成本，就会添加一些不符合标准或违禁物品（如生长素、瘦肉精、三聚氰胺等），造成畜产品质量不合格，危及消费者的利益，甚至人身安全。此外，由于现代畜牧业逐渐向高效、安全、集约化发展，舍饲在中国现阶段甚至往后相当长的一段时间内是不可改变的养殖模式，家畜远离草原会导致或多或少的缺少某些营养物质，常处于亚健康状态，这就导致畜产品质量下降。优质牧草是反刍家畜最理想的日粮，如果合理利用当地的饲草及农作物秸秆资源，则可以有效地降低饲料成本，同时保证畜产品质量。饲草型全混日粮技术是一种高效配合技术，能高效地利用每种牧草特性，充分发挥草食家畜瘤胃机能，同时最大化地利用当地饲料资源，减少精饲料的用量，从而有效地控制饲料成本，使生产者获得较高的收益，也避免了滥用农药、兽药、饲料添加剂、动物激素、动物源性饲料等的现象，保证了畜产品安全。

（三）发展饲草型全混合日粮技术可有效解决草原牧区四季牧草产品供应不均衡问题

饲草的生长完全受制于季节性的气候变化，在夏、秋雨热同期季节，生长迅速、营养物质含量高、牧草供给充足；冬、春季节植物枯萎死亡，牧草产量低、品质差、供应不足，影响放牧家畜生产力的发挥，因此存在饲草产品季节性不平衡问题。对于夏、秋生长旺季的牧草，采用产业化方式将其收集、加工、调制，达到长期保存、供应牧草生产淡季及枯草期的使用，部分牧草还可作为商品出售。经过全混合日粮技术加工生产的草产品，可有效提高草产品的耐储性，更有利于贮藏和运输，从而使季节间、地区间草食家畜日粮得以均衡供应，为舍饲、半舍饲提供充足日粮，提高各类牧草及农业副产品的利用率，从而减少对粮食的需求，为防灾减灾型畜牧业提供了技术支持。

（四）发展饲草型全混合日粮技术是丰富国内草产品市场的需要

目前中国草产品流通量每年仅为 30 万 t，据不完全统计，按中国配合饲料年产量 1 亿 t

估算，可用于配合饲料的草产品潜在市场为 1 500 万 t 左右。随着节粮型畜牧业的快速发展，饲草料资源需求不断增加，供求缺口不断加大，这都严重制约了草食畜牧业的发展。禁牧、休牧期也需要大量的草产品储备来满足牧区的养殖业发展需求，尤其是自然灾害频发地区，防灾减灾每年都需要大量的优质耐贮草产品。中国草产品的生产水平与发达国家相比仍然存在很大差距，无论种类、数量和质量都不能满足中国畜牧业发展和生态环境建设对优质草产品的需求。饲草型全混合日粮的发展不仅要注重品种、数量，还要求有质量做保证，这都是建立在饲草型全混合日粮技术可有效控制成本的基础之上。因此，加大牧草和秸秆等饲草料资源开发利用力度，发展饲草型全混合日粮技术是我国现代畜牧业发展的市场需求。

饲草型全混合日粮技术是牧草高效转化利用的关键技术，也是我国草食家畜养殖业走向现代化、科学化的必由之路。随着我国现代牧草产业技术的发展，以及国内优质干草、草业产业化过程的不断加快和牧场粗饲料条件日趋改善，饲草型全混合日粮饲养技术必将得到大力推广应用，从而加速我国草食家畜养殖业现代化生产的实现。

第二节　饲草型全混合日粮加工原理

饲草型全混合日粮技术是以饲料间的组合效应理论为基础的。

一、组合效应的概念和类型

过去的饲料价值评定体系是在“可加性”的原则基础上建立起来的，即日粮的营养价值等同于日粮中各组分的营养价值之和。随着日粮能量评价体系研究的不断深入，饲料之间的组合效应逐渐被人们认识。早在 19 世纪末，德国动物营养学家发现日粮中淀粉含量过高会影响青干草的消化率，这是关于饲料之间组合效应的最早报道。随后 Ewing 也发现对于饲喂蛋白质含量低的农副产品与秸秆日粮的反刍家畜，由于日粮缺乏可降解蛋白质，会降低日粮的消化率与反刍家畜的生产性能，并将混合日粮中一种组分对另一组分的影响定义为饲料的组合效应。Forbes 等在 1931 年正式提出了饲草料之间的非加性理论（组合效应）。1933 年，Forbes 等指出，单个饲料的净能值在很大程度上依赖于与其配合的其他饲料组分。1964 年，Blaxter 报道，饲喂反刍家畜不同饲料组成的日粮时，日粮的表观消化率不等于各个日粮组分的表观消化率的加权值之和。目前，组合效应逐渐被动物营养学界广泛认同，而且受到越来越多的动物营养学家和动物生产者的关注。2000 年，卢德勋指出日粮的组合效应实质上是指来自不同饲料源的营养性物质、非营养性物质以及抗营养物质之间互作的整体效应。

饲料组合效应的定义有狭义和广义之说，其中狭义的饲料组合效应是指日粮内的饲料与饲料之间或饲料营养物质之间产生的组合效应。广义的饲料组合效应除包括狭义的组合效应外，还包括饲料营养物质与饲料内营养活性物质以及抗营养物质之间产生的组合效应，同时也包括这些营养因素与非营养因素或措施之间的互作效应。

根据饲料间互作关系的性质不同，饲料组合效应可分为 3 种类型：当饲料的整体互作使日粮内某组分的利用率或采食量指标高于各个饲料原料数值的加权值时，为正组合效应；反之，若日粮的整体指标低于各个饲料原料数值的加权值时，为负组合效应；若二者相等，则为零组合效应。正组合效应可提高粗饲料的消化率和采食量，负组合效应可引起饲料能值的变化，降低有效代谢能。如 Silva 等（1984）发现，饲料中补充苜蓿等易消化物质，可提高纤维的整体消化率，饲料中添加大麦等则会引起纤维消化率下降。闫伟杰（2005）发现在饼粕与纤维型基础料组合时，30% 豆粕或 40% 棉籽饼会产生最大的正组合效应。张吉鹍等（2010）的研究结果表明，在低质饲草中补饲质量较好的饲草，会产生正组合效应。

饲料之间不存在纯的正组合效应或负组合效应，每种组合效应的表现形式都是正、负组合效应互作的结果，也就是说正组合效应包含着负组合效应，负组合效应中存在着正组合效应。影响饲料配合组合效应的因素有很多，如动物种类、饲养水平、饲养环境、饲料种类、饲料质量、配合比例、加工调制、评定组合效应的方法和指标以及营养调控措施等。

饲草型全混合日粮技术就是在该理论的基础上，通过调整饲料配比，充分发挥日粮不同成分间的正组合效应，从而增加饲料的利用率，提高动物生产性能，改善经济效益。

二、组合效应的衡量指标

（一）采食量

Gill 和 Powell 首次提出将草食家畜对饲草料采食量的变化作为衡量饲草料组合效应的指标，但未对其进行量化；卢德勋提出用替代率（substitution rate，SR）来对饲料组合效应的程度进行定量，其计算公式如下。

SR=（对照组粗饲料 DMI－试验组粗饲料 DMI）/（试验组精饲料 DMI－对照组精饲料 DMI）

式中，DMI 为动物的干物质采食量，kg/d。

当 SR＜0 时，为正组合效应；当 SR＞0 时，为负组合效应；当 SR=0 时，为零组合效应。SR 绝对值的大小可反映组合效应的强弱程度。

（二）消化率

消化率也是衡量饲料间组合效应的重要指标。Mould（1988）认为日粮中各个单一饲料的消化率加权求和作为日粮消化率的期望估算值，将日粮消化率的实测值与期望估算值进行比较，即可以得出日粮组合效应的程度。许多有关组合效应的研究是以饲料有机物或纤维消化率作为衡量指标，研究和评估低质粗饲料补饲蛋白质补充料后其间的正组合效应，以及粗饲料中补饲淀粉类精饲料或可溶性碳水化合物后其间的负组合效应。

（三）利用率

组合效应不仅发生在消化道层次，在组织代谢层次上也有体现，通过改变挥发性脂肪酸、葡萄糖、微生物蛋白质的产量、比例和家畜对这些物质的吸收程度，进而影响饲料养分和能量的利用效率。因此，饲料间的组合效应还可用养分或能值的利用率来衡量。在反刍动物日粮中，由于饲料间可吸收养分的差异对代谢能利用率的影响很大，表现出明显的组合效应。Gill 等（1987）在绵羊和奶牛的研究中发现，在以低质饲草或青绿饲料为主的日粮中添加蛋白质补充料或氨基酸时，会对饲草的代谢能利用率产生正组合效应。

第三节　饲草型全混合日粮加工工艺

一、饲草型全混合日粮技术要点

（一）合理分群

全混合日粮技术注重群体饲养，容易忽略群体内个体间的差异，因此要求动物分群饲喂。根据动物的体况、生理阶段或营养需求不同，将相似状况的动物分在同一组内，集约饲喂管理，同组内动物的营养需求差异越小越好。在奶牛的饲养管理中表现最为明显。对于大型奶牛场，泌乳牛群根据泌乳阶段分为早、中、后期牛群，干奶早期、后期牛群及后备牛群，有条件的还可以把头胎牛作为一个群。对于小型奶牛场，可以根据产奶量分为高产、低产及干奶牛群和后备牛群。一般泌乳早期和产量高的牛分为高产牛群，泌乳中后期牛分为低产牛群。不同的奶牛场应根据自身的牛群状况、生产管理条件等因素确定适宜的分群方式，以确保取得最佳的饲养效果，发挥饲料的最大价值。

（二）日粮配方的调制

在动物合理分群的基础上，充分考虑每群动物的生理阶段、体况、产奶量及气候等因素，并参考动物饲养标准，根据营养需求和预测干物质采食量（DMI），合理制作各自的配方，以满足不同群体的营养需要。

DMI 是配制全混合日粮最关键最重要的一环。对于 DMI 预测，根据有关公式计算出理论值，结合奶牛不同年龄、体重、胎次、产奶量、泌乳阶段、乳脂率和乳蛋白率推算出实际采食量。最容易犯的一个错误是高估牛群的 DMI。实际的干物质采食量低于期望或预估量是非常普遍的事情。

配合日粮时，必须因地制宜，充分利用本地的饲料资源，以降低奶牛饲养成本，提高生产经营效益。

（三）原料营养浓度的检测

准确的原料营养成分浓度是全混合日粮科学配制的基础。不同的原料，即便是同一种青贮或干草饲料，因其调制方式、收割时间、来源产地等不同，饲料自身的营养成分和干物质的含量等也存在明显的差异。因此，全混合日粮的原料应每周或每批化验一次，以保证对各种原料的成分进行科学准确的检测。

（四）水分含量的控制

日粮的水分含量直接关系到日粮干物质的采食量。在奶牛生产中，为了使泌乳量达到最高，就必须使干物质摄入量达到最理想。马里兰大学研究表明，每增加 0.45 kg 干物质采食量，牛奶产量将增加 0.91～1.14 kg。而全混合日粮技术对水分的含量要求更为精确，因此每周要至少检测一次原料水分，以确保配制全混合日粮时足量的干物质。一般全混合日粮水分含量以 35%～50% 为宜，过干或过湿均会影响采食量。据资料表明，如果大量饲喂青贮饲料，全混日粮中水分含量超过 50%，水分每增加 1%，干物质采食量按体重 0.02% 下降，导致产奶量下降 2.5～3 kg。

同时，含水量保持在 35%～50%，可以保证各种原料能较好地附着黏合在一起。

（五）粗饲料品质和切割长度的规范

粗饲料的品质对草食家畜的生产性能和健康状况影响很大。据研究表明，劣质牧草对草食家畜生产性能和健康的影响比低质量、低能量的精饲料影响更大。美国威斯康星大学研究了不同品质的紫花苜蓿干草对奶牛产奶量的影响，结果显示精饲料固定的情况下，牛奶产量随饲草质量的提高而提高，质量高的苜蓿干草，即使只配合精饲料，产奶量也能达到较高水平。饲喂高品质饲草，即使提高日粮中精饲料的比例，也不能明显提高产奶量；低品质的饲草，需要配合高比例的精饲料才能提高产奶量。牧草质量太差，即使增加精饲料的比例，产奶量的提高也很有限。精饲料在日粮中的比重越高，产奶量越高，但比重过高，也会影响奶牛的健康。

常用优质饲草主要有全株青贮玉米、苜蓿、羊草、燕麦干草以及农作物秸秆等农副产品。

（1）优质全株青贮玉米指标。乳熟期或蜡熟期收割，切割长度 0.95～1.9 cm，含水量 65%～70%，pH＜4.2，籽实比例 40%～45%，淀粉含量＞28%，NDF 45%～55%，中性洗涤纤维消化率（NDFD）47%～62%，产奶净能 5.2～6.0 MJ/kg。

（2）优质苜蓿干草标准。成熟早期至中期刈割，叶量多，茎细或中等粗细，无霉变，颜色绿色，CP＞18%，ADF＜32%，NDF＜40%，RFV＞150%，中性洗涤纤维消化率（NDFD）45%～55%。

（3）羊草。品质良好羊草最佳刈割期为抽穗期，CP≥7%，NDF≤60%，ADF≤40%，中性洗涤纤维消化率（NDFD）40%～60%，产奶净能≥5.2 MJ/kg。

（4）燕麦干草。品质良好燕麦干草最佳刈割期为抽穗期，CP 可以达到 10% 以上，NDF 50%～63%，ADF 25%～40%，中性洗涤纤维消化率（NDFD）40%～65%，产奶净能 5.0～6.0 MJ/kg。

饲草的切割长度对草食家畜的瘤胃健康至关重要。如果饲草切割长度过长，会影响动物采食，造成饲喂过程中的浪费；切割过短、过细又会影响草食动物的正常反刍，造成瘤胃 pH 降低，出现一系列代谢疾病。粗饲料的长度是影响反刍动物饲料利用率、瘤胃功能、生产性能及健康状态的重要因素。因此，在配制饲草型全混合日粮时，应注意饲草的切割长度。青贮饲料中应保证 15%～20% 的饲草长度超过 4 cm，对于青贮饲料所占比重较高的日粮，应有适量足够长度的青干草来促进反刍咀嚼以刺激瘤胃维持缓冲体系。如果适度长的青干草含量较低，虽然采食量会相对提高，但一段时间后（大约 7 d），草食家畜尤其是奶牛会出现食欲减退甚至废绝的现象，这是瘤胃酸中毒的表现，如果适时添加长青干草，家畜食欲会得到一定程度的恢复。

（六）混合均匀

选择合适的全混合日粮搅拌设备，对原料进行充分混合。

搅拌时注意：①准确称量、投料；②合适的填料顺序，一般根据搅拌车类型具体安排填料顺序；③适时的搅拌时间。搅拌时间过长，全混合日粮太细，有效纤维不足；搅拌时间太短则混合不均，精粗料易分离，营养不均，影响饲喂效果，一般物料全部填完后再混合 4～5 min。

二、饲草型全混合日粮技术工艺

饲草型全混合日粮制作遵循先干料后湿料，先精饲料后粗饲料，先小密度饲料后大密度饲料的投放原则。一般各种饲料添加顺序如下：干草→精饲料→副料→青贮饲料→湿糟类等。因为粗饲料先混合时可让精饲料充分附着，使精粗饲料混合更均匀，但如果先放入精饲料混合，将会导致精饲料遗漏进搅拌罐的死角，造成精饲料损失，且精粗饲料混合不均匀。在混合过程中，要边加料加水，边搅拌，待物料全部加入后再搅拌 4～6 min，若日粮无 15 cm 以上的粗饲料则搅拌 2～3 min 即可。要确保搅拌结束后的日粮至少有 20% 以上长度大于 3.5 cm 的粗饲料。

各原料组分必须计量准确，充分混合，防止精粗饲料组分在混合、运输或饲喂过程中分离。

三、饲草型全混日粮配套设备

饲草型全混合日粮技术最主要的设备是搅拌机，主要功能是对各原料组分进行精确计量并均匀混合，同时对长纤维粗饲料具有剪切和揉搓的作用。全混日粮搅拌机既可解决高强度的搅拌工作问题，又能解决运输和喂料问题。

（一）搅拌车的种类和特点

该设备按作业形式可分为自走式、牵引式和固定式 3 种，按搅拌箱的结构可分为卧式和立式两种。

1. 自走式搅拌机

自走式搅拌机能够完成除精饲料加工外的所有工作，包括自动取料、自动称重计量、混合搅拌、运输、饲喂等。优点是自动化程度高、效率高、视野开阔、驾驶舒适，是搅拌机中的高端产品，适合现代化大型牛场使用；但是价格昂贵。

2. 牵引式搅拌机

牵引式搅拌机由拖拉机牵引，物料的混合及输送的动力来自拖拉机动力输出轴和液压控制系统。送料时，边行走边进行物料的混合，拉至牛舍即可饲喂。其可使搅拌和饲喂连续完成，并且根据需要可带取料系统。适合通道较宽的牛舍（宽度大于 2.5 m）。由于能够移动，习惯上也被称为搅拌车。

3. 固定式搅拌机

固定式搅拌机一般以三相电机为动力，常见的机型为卧式结构。通常放置在各种饲料储存相对集中、取运方便的位置，将各种饲料原料加工搅拌后，由出料设备卸至喂料车上，再由喂料车拉到牛舍饲喂。该类机型适合全混合日粮加工配送中心和牛舍通道狭窄的养牛小区使用。该类机型价格较低，比较适合我国大多数养牛场。

4. 卧式搅拌机

卧式搅拌机的车厢体内有数条纵向绞龙，用于搅拌和推动日粮向出料口行进，并在绞龙叶片上装有切割刀片，能将日粮很好地切碎与混合。适合比重差异较大、较松散、含水率相对较低的物料混合。其特点是：能完成小批量物料的混合；添加长草比例很小，一般在 10%～20% 内，如果日粮配方需要处理大量长干草，需要先切铡或粉碎；否则容易出现对饲料挤压剪切过细，以及有长草缠轴的现象。厢体截面均呈方形易留有死角残料；一些长料箱绞龙的搅拌轴太长，使用中容易造成轴变形，绞龙容易磨损；容积相同的情况下，配套动力一般大于立式搅拌机；其价格明显高于立式搅拌机。

5. 立式搅拌机

立式搅拌机的搅拌箱呈立桶形，装有螺旋形切碎钻，螺旋形钻呈接近水平工作的切割力（似绞肉机芯），并且在桶壁设计有可伸缩的底刀，使切割的效果提高很多。其优点是可以迅速打开并切碎大型圆、方形草捆，对长草的适宜性好，比较适合含水率相对较高、黏附性好的物料混合。维修方便，使用寿命较长，机箱无死角，卸料时排料干净，不留余料。缺点是混合时间较长。

（二）搅拌机的选择

在全混合日粮饲养技术中，日粮搅拌机的选择非常关键，关系到能否对全部日粮进行彻底混合。

1. 机型选择

根据需要调制的日粮结构组成来决定搅拌机的机型。一般而言，卧式结构中长草添加比例 10%～20%，但事先需要破捆；立式结构可以适应方捆、圆草捆等各种形状，长草添加比例可达 100%。根据牛舍的结构和道路决定选择移动式还是固定式。在移动方式上，自走式或牵引式比固定式节省人工，工作效率高。根据经济状况确定全自走式、牵引式。

2. 容积大小选择

根据养殖场的建筑结构、喂料道的宽窄、畜舍高度和畜舍入口等来确定合适的搅拌机容量；同时根据畜群大小、干物质采食量、日粮种类（容重）、每天的饲喂次数以及混合机充满度等选择混合机的容积大小。在所有因素中，最重要的是养殖规模的大小。

（三）搅拌机的保养和维护

搅拌机在日常使用中应注重保养和维护，搅拌机的正常运转不仅关系日粮混合效果的好坏，而且会影响到养殖场的经济效益。搅拌机应按照保养程序定期进行保养，超负荷运转时应增加保养次数。在计量和运转时，应处于水平位置。在添加粗饲料时，不允许将整包的实心草捆放入搅拌机的机箱内。禁止瞬间往搅拌系统内投入过重的物料，否则称重系统会受到冲击。搅拌量最好不要超过最大容量的 80%，给机箱留有充足的搅拌空间。每次上料完毕后及时清理剩料。加强机器日常的保养，如工作一段时间后用润滑油润滑链条、传动轴、滚筒活塞及支轴，检查皮带松紧、油缸游标尺的油高位置、离合器拉杆松紧，并及时更换空气滤芯、燃料滤芯及液压油滤芯等。

四、饲草型全混日粮的效果评价

（一）感官评价

精粗饲料混合均匀，松散不分离，色泽均匀，新鲜不发热、无异味，不结块。

（二）粒度评价

日粮的粒度对反刍动物瘤胃健康至关重要，因此全混合日粮的粒度是评价全混合日粮效果的一个关键指标。宾州筛是考核全混合日粮混合粒度的重要工具，也被称为草料分析筛、TMR 饲料分析筛、三层饲料分析筛、宾州颗粒分离筛。具体的方法是：动物未采食前从日粮中随机取样，放在上部的筛子上，然后水平摇动 2 min，直到只有长的颗粒留在上面的筛子上，再也没有颗粒通过筛子为止。最后，分别计算长、中、细三部分在日粮中所占的比例。表 5-1 为美国宾州大学针对 TMR 日粮在各层比例的推荐值。

表 5-1　美国宾州大学针对 TMR 日粮的粒度推荐值　%

饲料种类	一层比例	二层比例	三层比例	四层比例
泌乳牛 TMR	15～18	20～25	40～45	15～20
后备牛 TMR	40～50	18～20	25～28	4～9
干奶牛 TMR	50～55	15～30	20～25	4～7

（三）计量监测

准确的计量是确保全混日粮质量的关键，所以日常全混日粮生产过程中必须保证计量准确，并加以监测。要定期对饲料搅拌车的计量装置进行校准，每周至少一次。添加各种原料前先做好报警设定，当报警器鸣叫后要慢加少添，控制好进料数量，尽量做到每个日粮组分零误差。监测 TMR 生产过程中的投料计量，控制每个日粮组分的最大误差在 2% 以内。

（四）营养分析

每月定期对加工后的全混合日粮进行采样分析。将实验室测定的各种营养成分含量，与全混合日粮投料单配方的理论营养成分含量加以对比，二者误差应控制在 3% 以内。理论营养误差计算方法：误差值 =（实验室测定值 – 配方理论值）÷ 配方理论值 ×100%。

第四节 新型全混合日粮加工技术

全混合日粮饲养技术是我国畜牧业向现代化、规模化、集约化发展的趋势，目前在我国一些现代化养殖场如大型奶牛场已普遍应用。但在实际应用过程中存在很多问题，尤其是全混合日粮的含水量较高，导致饲料的贮存期很短，开袋后在短时间内或一次性饲喂不完，极易发霉变质，造成饲料的浪费。为了克服以上这些问题，研发出了一些新型全混合日粮加工技术，如发酵全混合日粮和全混合日粮颗粒化。

一、饲草型发酵全混合日粮

为了克服全混合日粮贮藏难的问题，20 世纪 90 年代日本研发了发酵全混合日粮（fermented total mixed ration，FTMR）技术。FTMR 是指在人工控制的条件下，将新鲜混合的 TMR 饲料放入密闭封存的发酵装置，进行厌氧发酵而调制出的营养平衡、能够贮存一定时间的一种新型日粮。目前欧洲、美国及日本等奶业发达国家已广泛推广使用此技术，我国部分地区也逐渐使用并进行商品化推广。

（一）生产技术

1. 技术要点

发酵 TMR 是综合了全混合日粮技术和青贮发酵技术，在生产过程中需要进行压实、密存、厌氧环境等处理。优质的 FTMR 对于原料的含水量和发酵时间有较为严苛的要求。因此，进行 FTMR 生产时，除了要遵循常规 TMR 相关生产技术外，特别应注意以下两点。

（1）控制原料含水量是成功调制 FTMR 的关键。水分含量过高或过低，均会影响 FTMR 的发酵品质。水分含量过低，原料质地比较粗硬，不易压实，原料间存留空气较多，导致好氧细菌大量繁殖使饲料发霉变质；同时水分过低会使 FTMR 中精粗料混合不均匀，引起反刍动物出现挑食现象，严重的导致酸中毒。反之，水分含量过高，会引起酪酸菌的繁殖活动，产生大量丁酸，使饲料发臭、变黏。通常认为，FTMR 含水量以 40%～50% 为宜。

（2）尽快创造和保存厌氧环境。饲料中好氧微生物大量繁殖极易导致 TMR 的酸败。只有保持厌氧状态，才能有效抑制好氧性微生物的活性，防止 TMR 霉烂、变质。因此，为创造厌氧环境，必须保证发酵设施和设备密闭性能良好，以及饲料原料确保切短或揉搓，装填及时，踩压紧实。

2. 生产方式

全混合日粮裹包技术是 FTMR 最主要的生产方式，目前应用最为广泛。它借鉴了裹包青贮的生产技术，把搅拌好的全混合日粮通过裹包机用拉伸膜打捆裹包，制成裹包 TMR，可有效保持原料的营养价值，作业机械化程度高、机动性强，取饲方便，有效地满足了广大小规模养殖户对 TMR 日粮需求，解决了贮存易变质的难题。裹包的贮存时间不宜超过 15 d，初次饲喂时应有 7～10 d 的过渡期。

具体的生产工艺流程为：①原料预处理。将干草类粗饲料预切，准备添加的微生物制剂；②投放原料。根据 TMR 配方将粗饲料和精饲料按照投料顺序投料到 TMR 搅拌车中，添加微生物制剂，将物料充分混匀搅拌；③产品裹包。将搅拌均匀的物料传送到打包裹膜设备进行打捆裹包；④发酵。发酵 7 d 左右。

新鲜的全混合日粮饲料进行打捆裹包后，虽然在一段时间内饲料的干物质的损失随着贮藏时间的延长会增加，但总体来看对营养成分的含量没有产生明显的负面影响。而增加包膜层数可以显著提高拉伸膜的气密性，延长发酵 TMR 的存放时间。

（二）特点

与常规 TMR 相比，FTMR 具有以下优点。

（1）稳定性良好，便于贮存和运输。常规 TMR 由于水分含量较高，极易发生腐败变质，动物采食后会引起一系列不良反应甚至诱发疾病。尤其在高温、高湿环境下，TMR 饲料中好氧性微生物活动剧烈，24 h 内即可发生变质，因此不利于贮藏和运输。而 FTMR 在密封厌氧的环境下可以安全贮存一定的时间，保质期可以达到 10～15 d，即使开封后在 2 d 内也不会发生腐败变质。

（2）改善适口性，提高饲料的营养水平和消化吸收率。发酵后的 TMR 饲料质地柔软蓬松，具有酸香味，动物喜爱采食。并且发酵过程可提高饲料中营养物质的含量及降解率。杨晓亮的研究表明，TMR 饲料发酵后提高了粗蛋白质的含量而降低了中性洗涤纤维和酸性洗涤纤维的含量。张俊瑜（2010）的研究表明裹包可提高 TMR 中营养物质的瘤胃降解率。

（3）可充分利用非常规饲料资源。我国每年产有大量的农作物副产品，如酒糟、豆腐渣、甜菜渣等价格低廉、营养价值高，但由于其含水量高，极易发生腐败。而 FTMR 可以充分利用这些非常规饲料资源，减少资源的浪费并降低生产成本。

（4）维护动物胃肠道微生态平衡，提高动物抗病力。发酵过程可使 TMR 饲料中有益菌如乳酸菌大量增殖，动物采食后可以有效稳定瘤胃 pH，改善瘤胃内环境，抑制有害微生物的生长和繁殖，增强动物的抗病力，减少代谢疾病。

虽然 FTMR 有很多优点，但在实际应用中，需要配备生产设备，成本较高。与 TMR 相比，FTMR 需要人工或机械拆包饲喂费时费力，而且压实成块，流动性差，分发撒饲不方便，运距受限。

（三）利用

目前，FTMR 主要应用在奶牛养殖业中。王晶等（2009）对泌乳末期的奶牛进行饲喂试验，结果表明裹包 FTMR 与常规 TMR 相比，明显提高了产奶量和产奶效率。周振峰等（2010）研究发现，泌乳中期奶牛饲喂 FTMR 后，奶牛每天的干物质采食量增加了 1.3 kg，日产奶量增加了 7.69%，同时粗蛋白质和粗脂肪的表观消化率也明显增加。经产泌乳末期奶牛饲喂 FTMR 后，日产奶量提高了 2 kg，4% 标准乳、乳蛋白和乳糖产量分别提高了 13.6%、14.6% 和 15.8%；粗脂肪和粗蛋白质的表观消化率分别提高了 17.3% 和 12.6%（张俊瑜，2010）。李长春等（2017）通过研究 FTMR 对肉羊的饲喂效果发现，饲喂 FTMR 提高了羔羊的育肥性能和屠宰性能，并改善了羔羊肉的风味。

二、饲草型全混合日粮颗粒饲料

TMR颗粒饲料是指根据反刍动物在不同生长阶段对营养的需要，将切碎的粗饲料、精饲料和各种营养补充剂充分混匀，调制加工成颗粒状营养均衡的全混合日粮。

（一）特点

与散状TMR相比，TMR颗粒料具有以下优点。

（1）可以显著改善日粮适口性，有效防止牛羊挑食，提高反刍动物干物质采食量。

（2）有利于维持瘤胃及消化系统的正常功能。颗粒化TMR营养均衡，反刍动物采食颗粒化TMR后，瘤胃内可利用碳水化合物与蛋白质分解利用更趋于同步，有利于维持瘤胃内环境的相对稳定，使瘤胃内发酵、消化、吸收及代谢正常进行，有利于提高饲料利用率，并可以有效防止反刍动物消化系统机能的紊乱。

（3）在制粒过程中产热破坏了淀粉结构，增加了饲料中营养成分在小肠内的消化率。颗粒料中由于大量糊化淀粉的存在，将蛋白质紧密地与淀粉基质结合在一起，生成瘤胃不可降解蛋白质，可直接进入肠道消化，以氨基酸的形式被吸收，有利于反刍动物对蛋白氮的消化吸收。若膨化后再制粒可显著增加过瘤胃蛋白质的含量。

（4）有利于大规模工业化生产，制成颗粒后贮运方便，投饲省时省力，减少饲喂过程中饲（粮）草浪费以及粉尘污染，有利于提高规模效益和劳动生产率。

（5）便于根据反刍动物营养需求的变化调节日粮，控制生产，并可以有效地开发利用当地尚未充分利用的农副产品和工业副产品等饲料资源，降低饲料成本。

（二）利用

目前，TMR颗粒料在我国牛羊养殖业中的应用还很少，正处于研究阶段。罗军等（2004）利用TMR颗粒料补饲生长前期的山羊，观察其生长发育，探索舍饲条件下用TMR颗粒料饲喂肉山羊的可行性，结果发现麦秸粉含量为20%的TMR颗粒料制作工艺可行，可作为羔羊的开食料推广。李亚奎等（2011）验证了TMR颗粒料在实际生产中的应用效果，结果表明颗粒化TMR增加了羔羊的日增重和料重比，并提高了经济效益。曹秀月等（2011）进行了肉羊TMR颗粒饲料的研发，并通过饲养试验对不同饲料配比全混合日粮颗粒饲料进行了效果分析，优化出了羔羊育肥TMR颗粒饲料的配方。

思考题

1. 饲草型全混合日粮在畜牧业生产中的意义是什么？
2. 粗饲料分级指数有哪些？
3. 简述组合效应的概念和类型。
4. 饲草型全混合日粮制作的技术要点是什么？
5. 饲草型全混合日粮的生产工艺是什么？
6. 其他饲草型全混合日粮技术有哪些？

参考文献

[1] 王晓光，贾玉山，格根图．畜产品与粮食安全及牧草型全混日粮技术的研究进展．中国畜牧兽医，2011，38（3）：42-46.

[2] 刘丽英．饲草型全混日粮的评价及配方筛选．呼和浩特：内蒙古农业大学，2011.

[3] 张子仪．中国饲料学．北京：中国农业出社，2000.

[4] Forbes E B, Braham W W, Kriss M, et al. The metabolisable energy and net energy values of corn meal when fed exelusively and in combination with alfalfa hay. Journal of Agricultural Research, 1931, 43: 1015-1026.

[5] Blaster K L. The energy metabolism of ruminant. London: Hutehinson, 1964.

[6] SiIva, A T, Orskov, E R. Effect of three difference rumen environments on the rate and extent of the rumen degradability of untreated straw, ammonia treated straw and hay. Proe.Nutri. Soe, 1984, 43: 117.

[7] 闫伟杰．饼柏蛋白与羊草 NDFI 玉米淀粉混合料的组合效应研究．杭州：浙江大学，2005.

[8] 张吉鹍，李龙瑞，卸庆华．稻草与不同饲料混合在体外消化率上的组合效应研究．饲料工业，2010，31（18）：35-40.

[9] Gill M, Beer D E, Buttery P J, et al. The effect of oestradiol-17β implantation on the response in voluntary intake, live weight gain and body composition, to fish mill supplementation of sillage offered to growing cows. Journal of Agricultural Research, 1987, 108: 9-16.

[10] 成立新，贾玉山，杨瑞杰，等．饲草型全混日粮评价与组合效应研究．饲料研究，2013（5）：42-46.

[11] Orskov E R. Feed Sci, World Anim Sci, B4. Elsevier, 1988.

[12] 王晓光．饲草型全混日粮饲用价值评价研究．呼和浩特：内蒙古农业大学，2011.

[13] 李长春，成启明，王志军，等．饲草型 FTMR 对羔羊生产性能的影响．中国草地学报，2017，39（2）：90-95.

[14] 王晶，王加启，国卫杰，等．全混合日粮裹包贮存效果及对奶牛生产和血液生化指标的影响．中国农业大学学报，2009，14（3）：69-74.

[15] 周振峰，王晶，王加启，等．裹包 TMR 饲喂对泌乳中期奶牛生产性能、养分表观消化率及血液生化指标的影响．草业学报，2010，5（19）：31-37.

[16] 张俊瑜．裹包全混合日粮瘤胃降解特性及对奶牛生产性能的影响．乌鲁木齐：新疆农业大学，2010.

[17] 罗军，田冬华，李声永，等．全混合颗粒日粮补饲羔羊的增重效果分析．中国畜牧杂志，2004，40（11）：45-46.

第六章　草产品精深加工与贮藏技术

【学习目标】

- 了解高附加值草产品的概念及草产品精深加工的意义。
- 掌握高附加值草产品的种类和加工原理。
- 了解草产品精深加工与贮藏技术。

牧草是世界上最重要和分布最广泛的植物资源之一，随着人类对草地生态系统功能认识的不断深入，牧草的概念和内涵有了极大的延伸。牧草已不仅仅局限于用作饲草来饲喂家畜，还可以用于生态环境治理、城市美化，以及食品、医药、工业原料等，可通过多元化草产品开发与精深加工，形成一系列高附加值产品。牧草非饲用产品开发利用将为牧草附加值的增加和草业生产领域的拓展起到积极的作用。

高附加值草产品是指通过对牧草的精深加工，提高其附加值而得到的草产品。这些草产品按照其加工利用方式的不同，可以分为食用草产品、草制工艺品、工业原料用草产品及医药用草产品等。

第一节　草产品精深加工概述

一、草产品精深加工的意义

（一）合理开发草原植物资源，是助力国民经济的重要途径

我国草原地域辽阔，经济植物资源丰富，共有 8 000 余种，分属于 260 余科，其中具有开发价值的纤维植物、淀粉植物、油料植物、食用植物、药用植物和蜜源植物等有 3 000 余种。这一宝贵资源，除用于发展畜牧业外，还可以用于开发天然食品、药材、木器、造纸原料等多种方面。目前，这些资源除少部分已开采过度导致破坏严重外，大部分尚未开发利用，仍处于自生自灭状态，如能做到生态效益、牧用效益和开发利用三结合，必将产生更大的生态、经济和社会效益。因此，从实际出发，合理开发利用草原经济植物资源，增加草产品的多元化，发展各具特色的商品经济，也是经济建设中不可忽视的重要课题。

（二）拓展草业生产领域，是增加草产品附加值的有效渠道

目前我国的草产品，以草捆、草块、草颗粒、草粉等初级产品为主，技术含量低。而 20 世纪 80 年代以来，美国、英国、澳大利亚、俄罗斯等国家十分重视从栽培牧草中提取

蛋白质、纤维素、叶绿素、不饱和脂肪酸、β-胡萝卜素等有效物质的技术研究和产品开发，对苜蓿等进行多层次加工和综合利用，以工厂化生产出叶蛋白质、纤维素等，并以此为基料，用于饲料业、食品业和医药业中，取得了较高的经济效益。据估算，苜蓿直接用作饲料，利用率只有20%～30%；若用于深加工，利用率可达65%～80%，相当于每加工1万t鲜苜蓿，可生产叶蛋白质300 t，膳食纤维240 t，干草饼2 000 t，苜蓿绿素油0.3 t，总价值近900万元，是原料售价的7倍。欧盟利用特殊的榨汁、逐级提纯和分离技术设备，每1 t鲜苜蓿提取3 kg以上的高品质蛋白质，按当地价格计算，售价高出原料价格6倍以上。我国应加大对牧草多元化开发和精深加工，拓展牧草产业领域，形成一系列高附加值的草产品，开辟经济发展的新途径。

（三）开发多元化草产品，是满足国民生活需求的客观要求

随着人们生活水平的提高，人们对生活品质的要求越来越高，对食品的要求更高，不仅追求营养和保健，更追求饮食的享受。人们希望食品更清新、更爽口、更方便，要求食品具有更高的感官享受。牧草种类繁多，营养价值全面，其中尤以苜蓿最全面而丰富。苜蓿叶蛋白质总能为20.4～23.9 kJ/g，胡萝卜素含量为500～1 200 mg/kg，叶黄素含量为1 000～1 800 mg/kg，碳水化合物含量为5%～10%，不饱和脂肪酸含量为3%～7%。苜蓿富含大量高品质的蛋白质和人体必需的氨基酸、维生素以及钙和磷等，苜蓿嫩苗可用于制作苜蓿罐头和脱水蔬菜等，西方国家将苜蓿芽菜作蔬菜食用。苜蓿还可以补充人体对微量元素的需要，通过分离苜蓿茎叶，可以利用苜蓿叶蛋白质加工产品获得生物活性钙；苜蓿中磷元素对于青少年的智力发育有益；苜蓿中锌元素的含量也很高，可以开发制作富锌芽菜；苜蓿芽中含有较多的硒元素，并可以通过人工加硒的方法，进一步提高硒的含量。至于我国民间，以新鲜苜蓿制作各种风味食品的方法和技术，形形色色，不胜枚举。牧草的多元化产品开发不仅仅局限于食品领域，还包括染料、化妆品等工业草产品，虫草、甘草等药用草产品，草编等工艺草产品。这些多元化草产品的加工，极大地满足了国民生活的需求。

二、草产品精深加工原理

我国牧草资源丰富，具有较高的开发价值，包括纤维植物、淀粉植物、油料植物、食用植物、药用植物和蜜源植物等种类，为多元化草产品的加工提供了丰富的原料。但由于这些牧草的特点各有不同，因而常常需要对这些牧草进行适当的物理、化学和生物等加工处理，提高其利用价值和附加值。

（一）草产品精深加工原料的特点

1. 食用草的营养功能和保健作用

人工食用草产品目前主要是指以紫花苜蓿为原料来生产的草产品。苜蓿含有丰富且高质量的蛋白质、纤维素和矿物质（如铁、锌等），具有改善营养、增强人们体质及预防富贵病等功效。近年来，人们对苜蓿中的营养成分进行了深入研究和开发，以苜蓿为主要原料或配料的各种食品、保健品以及饮品纷纷涌入市场。

（1）苜蓿蛋白质。苜蓿蛋白质含量高，大部分存在于叶片中。由于蛋白质含量与植株成熟度呈极显著负相关，即株龄越大，粗蛋白质含量越低。因此利用苜蓿的最适宜时期为现蕾期或初花期。对苜蓿蛋白质的食用价值研究主要集中在叶蛋白质方面。苜蓿叶蛋白质的营养价值与日常食品进行比较，苜蓿叶蛋白质产品的蛋白质含量远高于鸡蛋、牛肉等食品，并富含维生素 A、维生素 E、Fe、Ca 等营养物质，而且氨基酸种类齐全，组成比例较为平衡，与联合国粮农组织推荐的成人氨基酸模式基本相符。其中赖氨酸含量比较丰富，可以弥补谷类食品在这方面的不足。

（2）膳食纤维。膳食纤维是功能性食品中的一种重要性功能基料。新鲜苜蓿绿叶经粉碎、榨汁和过滤后分离出的叶渣，含有 70% 以上的总膳食纤维含量，是一种极好的天然果蔬类纤维源，生理功能良好，可促进肠道蠕动，改善肠道消化和吸收，也有轻泻作用。纤维可减缓消化速度和加速排泄胆固醇，可让血液中的血糖和胆固醇控制在最理想的水平。苜蓿的可食纤维含量高达其株重的 20%，是最丰富的可食纤维来源之一，它的膳食纤维含量要远远高于小麦糠、玉米糠等常见的膳食纤维原料。

（3）苜蓿中的维生素和矿物质。苜蓿中维生素种类全面含量而丰富，包括维生素 A、维生素 D、维生素 E、维生素 K、叶酸、泛酸、肌醇和烟酸，特别是维生素 A、维生素 E 含量丰富。维生素 A 是人体必需的微量营养素之一，对视觉发育、免疫功能、生长发育等有重要作用。维生素 E 是一种重要的抗氧化剂，能清除自由基、保护细胞结构的完整。维生素 A 在维持人体正常凝血过程中起着重要作用。

苜蓿中矿物质含量丰富，包括 P、Ca、K、Na、Cl、S、Mg、Cu、Mn、Fe、Co、B、Mo 等以及微量元素镍、铅、锶、钯等。钙可促进骨骼和体格发育，磷对智力发育有益。苜蓿中锌的含量也很高，锌参与体内多种酶的合成，缺乏锌可降低有关酶的活性而影响人体生长发育、免疫防卫、创伤愈合、生殖生育等生理功能。

苜蓿叶片中富含矿物质和维生素，尤其富含维生素 K，用来生产保健茶，可以有效预防和治疗关节炎、哮喘、血液系统失调、疲劳、消化不良、高胆固醇和糖尿病等。

（4）苜蓿中的免疫活性多糖。苜蓿多糖是从紫花苜蓿中提取的植物多糖，据有关的试验报道，苜蓿多糖中不含蛋白质和淀粉，为酸性多糖。苜蓿多糖的免疫增强效应体现在：①对外源凝集素反应的促进作用，在体外，MSP 可以相当明显地刺激 PHA、CONA、LPS、PWM 诱导的有效分裂反应，苜蓿多糖浓度为 31～62 mg/mL 时就有统计学意义；②对机体有产生抗体能力的影响，它能够提高机体淋巴细胞产生抗体的能力。

2. 工艺草及其特点

工艺草经过加工形成各种各样的草制工艺品，其原料生长地域广泛，易得易做。地域不同，草制工艺品的原料也不同，长江流域的草编原料多用野生的苏草、蒲草、茅草等，也有用农作物稻草为原料的。黄河流域的草编原料多为麦草、金丝草、龙须草等。这些适于草编的用草，草茎光滑、节少、质细而柔韧、有较强的拉力和耐折性。草制工艺的加工首先要进行选料，根据草编的不同，选取不同种类、不同部位以及粗细长短的工艺草原料。然后进行漂白与防护剂浸泡。

3. 工业草的原料及其特点

（1）食品工业添加物。

① 淀粉植物及其特点。我国草原上的淀粉植物资源丰富，种类繁多，可开发潜力很大。据统计，内蒙古境内就有橡子、沙蓬粉、灰菜籽、山谷子、野山药等 170 多种，年产量在 5 000 万 kg 以上。一般淀粉植物的淀粉含量都在 20% 以上。例如，百合科植物的球形鳞茎含淀粉 70% 左右、蕨科植物其根状茎含淀粉 20%～46%。淀粉是由碳、氢和氧组成的高分子有机化合物，属于多糖，是由多个缩水葡萄糖单位缩合而成，分子式是（$C_6H_{10}O_5$）$_n$，其主要由直链淀粉、支链淀粉组成，它们的性质不同，所以淀粉中直链淀粉和支链淀粉的不同含量也使淀粉有不同的性质和用途。

淀粉糊化：淀粉与水混合成淀粉乳，预热则变成淀粉糊，此种现象称为糊化。糊化发生的温度称为糊化温度，不同淀粉的糊化温度各不相同。例如，马铃薯淀粉在 56℃开始糊化，而玉米淀粉则在 62℃糊化。各种淀粉糊化后具有不同的性质。淀粉糊化后黏度有很大变化，如继续加热，有的黏度降低很多，有的则降低较少；不同淀粉糊的澄清程度也不相同，有透明、半透明和不透明之分；有的淀粉糊冷却后凝结成冻胶状，强度大，有的淀粉糊则不凝结，仍保持流动状态。这些不同的性质决定着淀粉的不同用途。

淀粉变性：为使淀粉更适合与某种用途的需要，常加以处理，制成变性淀粉。淀粉变性是根据淀粉分子具有醇的性质，与其他化合物生成淀粉衍生物，重要的有硝化淀粉、羧甲基淀粉、丙烯淀粉等。

② 油料植物及其特点。油脂植物通常是指植物某一器官的含油量在 10% 以上的植物，栽培油脂植物的含油量一般在 30% 以上。野生油脂植物很多，我国已发现的油脂植物约 1 000 种，分别隶属于 100 多个科，约 400 个属。生长在草原上的油料植物主要有苍耳子、蒿子籽、木瓜、杏仁等 40 多种，仅内蒙古草原产量就可达 2 000 万 kg，含油量一般为 17%～40%，出油率最高的木瓜籽含油量高达 46.7%，杏仁含油量 50%，出油率 40%～50%，是国际市场上的传统商品，每吨价值 400～500 美元。在内蒙古，山杏主要分布在大兴安岭山麓一带的兴安盟、哲盟、昭盟和阴山地区的乌盟。生长在沙漠草原上的沙蒿种子不仅可供药用，而且又能榨油食用，还可磨面代粮。这些油脂的用途很广，除少部分可供食用外，都可做油漆、油墨、肥皂、涂料等工业原料，其渣饼等副产品还可以做饲料或肥料，有的甚至还有很高的医用价值。

我国虽然油脂植物资源丰富，但资源分散，需要进一步开发利用和深度加工。植物油脂的用途主要有食用和工业用两大方面。油脂可经加水分解而得到脂肪酸和甘油。工业上以油脂或脂肪酸等与碱起皂化反应或中和反应来制造肥皂、化妆品、润滑剂等。用于制取肥皂和化妆品的植物油脂原料主要有椰子油、棕榈油、棉籽油、糠油、木油等。

③ 色素植物及其特点。牧草中含有大量的，如叶绿素、叶黄素、胡萝卜素和类胡萝卜素等，这些色素物质是食品添加剂的重要组成部分，我国目前已开发的食用色素有 50 余种，还有大量可供利用的植物色素资源。这些天然色素物质各有不同的特点。

天然植物色素的优点：绝大多数色素无副作用，安全性高；很多天然色素中含有人体必需的营养物质或其本身就是维生素或具有维生素性质的物质，如 β- 胡萝卜素；有的天然植物色素具有药理作用，对某些疾病具有防治作用。如黄酮素，它对心血管系统疾病及许多疾病有防治作用；天然植物色素色调比较自然，接近于天然物质。

天然植物色素具有很多优点的同时，也具有一些不利的性质特点：大部分天然植物色素对热、氧气、金属等敏感，稳定性较差；绝大多数天然植物色素染色不均匀，染着力差；

天然植物色素对pH变化敏感，色调会随之发生很大变化；天然植物色素种类繁多，性质复杂，就一种天然植物色素而言，应用时专用性较强，范围较窄。

（2）造纸工业草及特点。我国草原上分布着大量的纤维植物，其品种多、产量大。这些植物纤维存在于植物的各部，如根、茎、叶、果实及种子中，其中以茎中的纤维最为重要。在草本植物的韧皮部有许多韧皮纤维，常成束存在，如大麻、亚麻等。草类原料结构疏松、纤维细长，蒸煮时药液易于渗透，蒸煮温度升高快，是很好的造纸原料。利用好这些纤维原料，首先要了解这些植物纤维的理化性质。

物理性质：植物纤维的强度、长度、细度、韧软性、弹性、可塑性、伸长度、吸湿性等物理性质决定了纤维的用途及商业价值。纤维强度大，在造纸过程中能承受长期的打浆处理和加工处理，生产出的纸张质量较高；纤维长度不仅与纸张的撕裂度呈直线关系，而且与抗张度及耐折度、耐破度有关，因此纤维长度是衡量植物纤维好坏的重要指标之一。

化学性质：植物纤维通过水浸，可除去其中的水溶性物质，完成脱胶过程。在稀碱溶液中能分离出木质素、半纤维素、蜡质、脂肪和大部分果胶，而对纤维素无损伤。纤维用碱处理后，余碱可用硫酸中和。含氧化剂的溶液对植物纤维有氧化作用，使之变成脆软的氧化纤维。

（3）化妆品植物原料及其特点。制造化妆品的植物原料主要包括芳香油、色素等，我国是世界上最早应用芳香植物的国家之一。

芳香油的分布：芳香油在植物体内分布较多的器官是花、果实，其次是叶，再就是茎。芳香油的含量在同一植物中可能因植物生长发育阶段、株龄的变化而不断发生变化。地理条件与栽培条件对植物体内芳香油的含量及组成也有不同程度的影响。因此，采收植物原料时，应注意最佳采收时期。

芳香油的性质：芳香油，又称精油或挥发油，是由萜烯、倍半萜烯、芳香族、脂肪族和脂环族等多种有机化合物组成的混合物，是从植物中蒸馏、浸提、压榨和吸附等方法分离制取的具有特征香气的油状物质。在室温下，一般都是易于流动的透明液体，比水轻、不溶于水，能被水蒸气带出，溶于多种有机溶剂、酒精及各种动物油中。

4. 能源草及其特点

所谓能源草是指所有的草类能源植物，是一系列可以作为燃料使用及用作能源生产的草类植物的统称，一般是二年生或多年生高大的丛生草本植物或半灌木、灌木。能源草是最易获得、产量高、储量丰富的木质纤维素生物质之一，作为转化原料潜力巨大。对我国进一步深入研究利用能源草转化燃料乙醇等清洁生物能源意义深远且非常具有可行性。

能源草的基本特征：生长速度快，生物量大；抗性强，对土壤和环境要求低，生产成本低；生长周期、育种改良周期相对较短，产出率高；能效高，富含糖类、纤维类或木质素等生物质能转化的主要成分；生态效益明显，清洁环保。

能源草的木质纤维素结构及其降解成分如下。

木质纤维素是植物细胞壁的组成成分，是维持细胞形状与大小、保护细胞壁免受外界微生物侵袭的最重要屏障。它是由多糖、蛋白质和木质素相互交联后组成的一个网状结构，其中多糖包括纤维素、半纤维素及果胶等，纤维素和半纤维素可以水解产生单糖，而木质素一般难以被利用，且在纤维素周围形成保护层，影响纤维素水解。

纤维素是由葡萄糖脱水生成的糖苷，通过葡萄糖苷键连接而成的直链聚合体，分子式为（$C_6H_{10}O_5$）$_n$，n 为聚合度，其值一般为 3 500～10 000。纤维素经水解生成葡萄糖，该反应式为：$(C_6H_{10}O_5)_n+nH_2O \rightarrow nC_6H_{10}O_6$ 理论上每 162 kg 纤维素水解可得 180 kg 葡萄糖。纤维素大分子间通过大量的氢键连接在一起形成晶体结构的纤维素，使得纤维素的性质很稳定。

半纤维素是由不同多聚糖构成的聚合物，其水解产物包括 2 种五碳糖（木糖和阿拉伯糖）和 3 种六碳糖（葡萄糖、半乳糖和甘露糖），各种糖所占比例随原料而变化，一般木糖占 50% 以上，以农作物秸秆和牧草为水解原料时还有相当量的阿拉伯糖生成（占五碳糖的 10%～20%）。半纤维素中木聚糖的水解反应式为：$(C_5H_8O_4)_m+mH_2O \rightarrow mC_5H_8O_5$，$m$ 为聚合度，每 132 kg 木聚糖水解可得 150 kg 葡萄糖，半纤维素的聚合度较低，无晶体结构，故在 100℃左右稀酸中或常温下酶催化都能完全水解。但因生物质中半纤维素和纤维素互相交织在一起，只有当纤维素水解时，半纤维素才能完全水解。

5. 药用植物及其特点

药用类草本植物是指具有防治疾病功效或有医疗用途的野生和人工栽培的草本植物，是中药的主要部分和中医治疗疾病的重要物质基础，也是制药业的重要原料。我国地域辽阔，地形复杂，气候多变，环境独特。因此，从东到西，由北至南，各地均蕴藏着极为丰富的中草药资源，素有“世界药用植物宝库”之称。现在已知的药用植物有 11 146 种之多，其中又以草本类占绝大多数。这些药用植物，有的分布范围广，遍及沟边、山坡及草原；有的则蕴藏量大，可采量与开发利用价值高，具有得天独厚的资源优势。根据调查显示，我国中草药资源具有明显的地区性特点，在种类上由东北向西南逐渐增多。许多常用的、名贵、医疗用途和利用价值大的种类，在我国的不同地区均有分布。

（二）草产品精深加工的处理

1. 物理处理

（1）机械处理。机械粉碎可以使牧草组织破碎以及植物细胞破裂，是草产品加工的重要步骤，也是苜蓿茶、苜蓿酸奶和植物淀粉加工的关键一步。机械处理可以打破牧草细胞壁，使细菌能够穿过细胞表面的保护层，这样有助于细菌的集群和消化，更有助于微生物的生化作用，将更有利于能源草的厌氧发酵。

（2）蒸煮处理。牧草的大多数细胞壁在高温处理时，某些对酸不稳定的阿拉伯 - 呋喃糖侧链键会裂解，使某些半纤维素链解聚，如在能源草转化生物质能源时，蒸煮处理可以增加能源转化率。如苜蓿汁液饮料中，蒸煮处理可以除去汁液中一些悬浮物质、胶体物质及大部分有害微生物。

2. 化学处理

pH 的剧烈变化对细胞内容物和细胞壁都有水解作用，但碱性溶液的溶解作用更为重要。用氢氧化钠或氨水处理牧草可增加其消化性，氧化处理可影响木质素的降解。如在生物质能源草转化过程中，化学预处理可提高能源草木质纤维素的降解性，增加生物质能源的转化效率。在造纸工业中，亚氨与氨水蒸煮龙须草等原料，用于漂白与增加纸的物理强度。

3. 生物处理

（1）酶处理。酶可以提高牧草的消化率与木质纤维素的可降解性。在使用苜蓿提取乳酸时，加入水解酶可以增加苜蓿的降解性和糖的含量；在能源草加工时，也用纤维素酶降解木质纤维素，提高能源草厌氧消化性。

（2）微生物处理。利用多种微生物如各种细菌、霉菌、酵母菌和食用菌，一方面可使植物和秸秆中的半纤维素、纤维素、果胶得以分解；另一方面游离出来的细胞内容物被乳酸菌、酵母菌利用，可转化为成品质优良的菌体蛋白质，用于制作苜蓿酸奶和提取乳酸。

第二节　草产品精深加工与贮藏技术

一、食用草产品加工与贮藏技术

牧草种类繁多，营养价值全面，随着人们对健康、天然、绿色食品需求的不断增加，许多含有高营养价值的优质牧草越来越受到重视，并被广泛应用于食品中。

人们对优质牧草在食品中的应用做了大量的探索，发现其具有采收期长、营养丰富、纤维含量适中、蛋白质及氨基酸等含量高、植酸及其他抗营养因子少、适口性好等优点。可以直接将其幼嫩的叶、茎或花等可食部分经过简单处理后加工在挂面、酸奶中，或者做成芽菜、袋装菜等食品。例如，苜蓿等优质高蛋白质豆科牧草作为蔬菜食用的历史非常悠久，在《本草纲目》中就有记载。如表 6-1 及表 6-2 所示苜蓿营养丰富，矿质元素全面，其中铁元素含量较高，常食能改善人群铁营养状况；富含钙元素和磷元素，可促进骨骼和体格发育，该结果已在动物试验中得到了证实；锌元素含量也很高，苜蓿芽中还含有较多的硒元素。苜蓿中维生素种类全面，叶黄素、叶绿素、胡萝卜素、维生素 E、维生素 B 等含量丰富，特别是维生素 K 的含量很高，在凝血作用、抗坏血病、增强人体免疫力等方面效果显著。

表 6-1　苜蓿主要营养成分

营养素	鲜草	干草
蛋白质 /%	19.30	17.30
脂肪 /%	3.00	2.10
总糖 /%	5.00	3.00
纤维素 /%	23.20	—
半纤维素 /%	8.60	—
钙 /%	1.72	1.64

续表 6-1

营养素	鲜草	干草
铁 /%	0.03	0.24
锌 /(mg/kg)	17.63	16.98
碘 /(mg/kg)	—	121.25
视黄醇 /(mg/kg)	198.85	61.07
维生素 D/(IU/kg)	160.93	1 289.68
维生素 E/(mg/kg)	596.56	156.97
硫胺素（维生素 B_1）/(mg/kg)	6.39	3.53
核黄素（维生素 B_2）/(mg/kg)	16.09	14.77
烟酸（维生素 B_3）/(mg/kg)	44.31	40.12

表 6-2　苜蓿蛋白质中各氨基酸的含量　g/100 g 蛋白质

必需氨基酸	鸡蛋	苜蓿
精氨酸	6.70	4.60
组氨酸	2.40	2.30
异亮氨酸	6.90	5.20
亮氨酸	9.40	7.50
赖氨酸	6.00	6.40
苯丙氨酸	5.80	4.60
苏氨酸	5.00	5.20
色氨酸	1.60	1.20
缬氨酸	7.40	4.60
蛋氨酸	3.30	1.20
半胱氨酸	2.30	2.30
酪氨酸	4.10	2.90

苜蓿嫩苗可制作苜蓿罐头和脱水蔬菜等，西方国家将苜蓿芽菜作蔬菜食用。苜蓿还可以补充人体对微量元素的需要，可以利用苜蓿叶片通过苜蓿叶蛋白质加工产品获得生物活性钙；苜蓿的磷元素营养对于青少年的智力发育有益；苜蓿中锌元素的含量也很高，可以开发制作富锌芽菜；苜蓿芽中含有较多的硒元素，并可以通过人工加硒的方法，进一步提高硒的含量。至于我国民间，以新鲜苜蓿蔬菜，制作各种风味食品的方法和技术，形形色色，不胜枚举。

食用草产品目前主要是指以紫花苜蓿为原料来生产的草产品。食用草产品的种类很多，如苜蓿芽菜、苜蓿茶、苜蓿营养挂面、苜蓿酸奶、叶蛋白质、膳食纤维等。

（一）苜蓿芽菜的生产技术

1. 苜蓿芽菜的营养价值

苜蓿芽菜是苜蓿种子发芽后产生的。苜蓿芽的生产需要 3～7 d，在芽长到 2.6～3.8 cm 时即可食用。1 kg 苜蓿种子可以生产 10～14 倍的苜蓿芽，苜蓿芽菜的营养价值见表 6-3。

表 6-3 每 100 g 苜蓿芽养分含量

项目	维生素 A（RE）	维生素 C/mg	维生素 B_1/mg	维生素 B_2/mg	维生素 PP/mg	维生素 B_6/mg	叶酸 /μg	热量 /kg	蛋白质 /g
养分含量	16.000	8.200	0.076	0.126	0.481	0.034	36.000	121.000	3.990
占每日推荐摄取量 /%	21.000	27.300	6.000	7.000	2.000	2.000	18.000	1.000	6.000

注：引自 Durtschi（1996）。

苜蓿芽富含大量高品质的蛋白质和所有人体必需的氨基酸以及平衡的维生素。如维生素 C、维生素 B_1、维生素 B_2、维生素 B_3、维生素 B_6、维生素 B_{12}、维生素 D、维生素 E、维生素 F、维生素 K，其维生素 A 的含量最高，比苜蓿种子高出 5 倍多，维生素 A 对于皮肤的光泽和头发的健康必不可少。维生素 K 的含量也很高（其他植物中很稀少），维生素 K 可以防止出血和预防高血压。苜蓿种子生成苜蓿芽后，其维生素 C 和酶的含量比种子提高 40 倍以上，而且酶在体内有助于消化，有助于增强机体活力。苜蓿芽的粗蛋白质含量高达 3.99%，富含矿物质元素，包括钙、铁、钾、锌和其他微量元素，作为一种低热量、低脂肪和低盐食品，苜蓿芽富含胡萝卜素、叶绿素、叶酸和植物激素，其丰富的膳食纤维，可促进消化道蠕动，维护正常消化功能。

除了含有丰富的营养成分之外，苜蓿芽还具有很多促健康因子，包括抗氧化因子。不同蔬菜的抗氧化能力有所不同，以鲜重为基础，以过氧化氢基为对照，大蒜的抗氧化能力最高，为 19.4；苜蓿芽、甜菜、红柿子椒、洋葱、玉米和茄子为 3.9～9.8；花椰菜、马铃薯、甘薯、卷心菜、散叶莴苣、青豆、胡萝卜、南瓜、卷心莴苣、芹菜和黄瓜为 0.5～3.8。苜蓿芽富含刀豆氨酸，其是苜蓿芽中的一种氨基酸类似物，可以抑制胰腺癌、结肠癌和白血病的发生；含有丰富的植物雌激素，所含的植物雌激素的作用类似于人类的雌激素（如异黄酮），但没有任何副作用，可以促进骨组织的形成和增加骨密度，防止骨质疏松症，而且对预防癌症和心脏病方面有很大的作用，还有助于控制更年期的潮热、月经前的不适症状和乳房的纤维囊病；富含食物源皂角苷，皂角苷可以降低胆固醇和有害的低密度脂蛋白的含量。皂角苷还可以刺激免疫系统提高 T 淋巴细胞和干扰素的活动。苜蓿芽的皂角苷含量比种子高 4.5 倍。苜蓿芽也含有大量抗氧化剂，阻止 DNA 遭到破坏。苜蓿芽还是一种很好的天然利尿剂，其对于治疗泌尿系统感染和前列腺紊乱有很好的疗效。苜蓿芽可以分解体内毒素，尤其是肝脏毒素。苜蓿芽中有的还包括抗菌因子，有的还具有促进脑下垂体腺的功能。

值得一提的是，从营养学的角度来看，苜蓿芽所含的营养成分种类多却不充足，它不是糖类、蛋白质与维生素的充足来源。例如，每 100 g 的苜蓿芽，其所含的维生素 A 仅占每日建议摄取量的2%，换句话说，如果要从苜蓿芽中摄取足够的维生素A，每天要吃5 kg的苜蓿芽。另外，每100 g苜蓿芽所含的维生素C，也仅占每日建议摄取量的27.3%。

此外，必须注意的是，并非所有的人都适合吃苜蓿芽。苜蓿芽中的刀豆氨酸会使人类产生自体免疫性的疾病，所以患有红斑性狼疮的病患应避免食用苜蓿芽，以免病情恶化。

2. 苜蓿芽菜的生产工艺

苜蓿芽菜的加工工艺如下。

（1）种子采购。采购的种子通常是袋装的，并且包装袋上包含了厂商名称、地址、生产批号、种子类型和产地等。采购的种子除了常规的发芽率、休眠和硬实的分析外，用于制作芽菜的种子最好有病原体方面的检测。

（2）种子贮藏。种子贮藏过程中要注意防鼠、虫和鸟。开口的袋要注意防止污染。

（3）发芽浸泡。浸泡可以使种子膨胀和表皮变软以利于发芽。在此过程中可以加入次氯酸盐溶液、氯、过氧化氢或乙醇进行种子消毒，还可以通过加热来消灭一些微生物。美国食品和药品管理局要求生产商用2%的$Ca(ClO)_2$溶液进行种子灭菌。如果不进行消毒则需浸泡12 h，含有消毒水的浸泡时间可以短一些。然而，消毒水的浓度和浸泡时间却没有固定的比例。一般来说，消毒水浓度为25～5 000 mg/kg时，相应的浸泡时间为5～120 min。

（4）漂洗。漂洗可以去掉浸泡所产生的残余物。根据发芽浸泡的情况采取或不采取杀菌措施，例如，①消毒水浸泡，清水漂洗；②清水浸泡，消毒水漂洗；③浸泡和漂洗都用消毒水进行。

（5）发芽。不同植物种子的芽菜生产方式和设备有所不同，在生产过程中一般不再添加营养素和添加剂。芽菜的生产一般采用水培的方式。水培有两种方式，一是旋转的圆桶，通常有充足的光照，另一种是固定的容器（发芽箱、发芽床或发芽桶等），受人工气候调节或没有光照。

苜蓿芽菜的生产一般采用可以转动的圆桶。圆桶通常用硬塑料制成，直径和高度都大约为1.5 m。圆桶侧向一边，筒底用链条与地面连接以便转动防止芽菜挤堆，圆桶内通常用相同的塑料四等分。每个圆桶可以容纳29～45 kg种子，45 kg种子可以产生5倍的芽菜。种子放入圆桶后，盖上桶盖后旋转，间歇地向种子上喷水。如每隔10～15 min喷施10 s。水温可以采用室温或加热到24℃。喷水的主要目的是：①防止发芽过程中过热；②去除发芽过程中的副产品，如乙烯气体；③给芽菜补充水分。生产过程中还要向圆桶中鼓入空气。有些生产商在生产过程中已经实现了旋转速度、水温和通风的自动控制。

苜蓿芽菜的生产需要3～7 d，生长到2.6～3.8 cm时即可收获。发芽结束后，用清水冲洗掉多余的种皮。然后用离心机甩干1 min或烘干2 min，冷却和控干后进行包装。

（6）包装。芽菜收获和清洗后，进行大宗包装或零售包装。包装类型有：①塑料袋（有孔或无孔）；②留有部分呼吸膜的玻璃纸；③刚性塑料杯或顶层覆膜的盒状容器；④蛤蜊状容器以便一部分种子继续发芽。

包装一般在原产地进行，但大宗商品可以运到目的地后进行分装。

（7）冷凉贮藏。包装好的产品可以不经冷却直接送到零售商手里或进行冷藏。一般来说，冷藏的时间可以是 1 h，但最好不超过 5 d。冷藏温度一般是 1～4.7℃。

（8）分发。在分发过程中，要根据路途远近、耗时长短和气温高低来考虑运输工具的选用，如货车、小车或冷藏车等。在分发之前，如有条件，最好对大肠杆菌和沙门氏菌进行分析。

3. 苜蓿芽菜的贮藏技术

苜蓿芽菜经过 3～7 d 的生长，收获清洗包装后，可进行冷凉贮藏。一般来说，封口放入冰箱可保鲜 5～7 d，冬季和春季采收的苜蓿芽，堆放室内可保存 3～5 d。塑料袋包装，在 8～10℃冷柜或冰箱内可放 10 d 左右。另外，苜蓿芽还可腌渍贮藏：每 1 000 g 苜蓿芽用盐 100 g，一层苜蓿，一层盐，压实，坛口密封，可贮存 3～5 个月。放在 20% 的盐水中，可贮存 3 个月左右。

（二）苜蓿茶的生产技术

1. 苜蓿茶的保健作用

紫花苜蓿叶片中富含矿物质和维生素，尤其富含雌激素原铁和维生素 K，用来生产保健茶，可以有效预防和治疗关节炎、哮喘、血液系统失调、疲劳、消化不良、高胆固醇和糖尿病等。

2. 苜蓿茶的生产工艺

苜蓿经过切碎、蒸热、空冷、高温干燥、低温干燥、再次切碎、搅拌和烘焙等处理工序，可生产类似绿茶的保健茶。下面简单介绍苜蓿保健茶的制作要点。

（1）从根部割取株高 30～40 cm 的苜蓿。根、茎均可利用。

（2）用切割机切成 1 cm 长的原料。

（3）将切碎原料用 120℃的蒸汽加热约 5 s。蒸汽加热作用有杀菌、灭活氧化酶，并使植物变茶色的物质——叶黄素失去作用。

（4）将蒸热处理后的原料用空气冷却至常温，以防损失维生素。

（5）将冷却后的原料放入粗揉机，用 90～95℃的干燥空气高温干燥 35～40 min。在干燥的同时进行揉合。通过粗揉处理可去掉 80% 的水分。

（6）将粗揉处理后的原料放入干燥机中，用 37～40℃的低温干燥空气干燥约 8 h，然后用粗碎机进一步切碎，使之颗粒化。干燥后的苜蓿尚有青草味。

（7）将茶叶化的苜蓿放入厚不锈钢制的加热锅中，烘焙 10 min 使苜蓿的温度达到 50℃。通过烘焙处理可除掉苜蓿中的青草味，产生近似绿茶的香味。这阶段的制品可作为茶叶饮用。为完全利用苜蓿中的营养成分，应先用粗碎机将干燥制品粗碎至 8.46 mm 以下，然后用冲击式粉碎机将粗碎原料粉碎成约 0.295 mm 的粉末。将苜蓿粉末装入小袋，作为速溶苜蓿茶。

3. 苜蓿茶的贮藏技术

茶叶，如不善加贮藏，就会很快变质，颜色发暗，香气散失，味道不良，甚至发霉而不能饮用。为防止茶叶吸收潮气和异味，减少光线和温度的影响，避免挤压破碎，损坏茶叶美观的外形，就必须了解影响茶叶变质的原因并采取妥善的保藏方法。

（1）影响茶叶品质的因素有如以下几点。

① 温度。高温能加快茶叶的自动氧化，使茶叶的香气、汤色、滋味等发生很大的变化；温度愈高，变质愈快，茶叶外观色泽越容易变深变暗，尤其是在南方一到夏天，气温便会升到40℃以上，即使茶叶已经于阴凉干燥处保存了，也会很快变质，使得绿茶不绿，红茶不鲜，花茶不香。因此要维持或延长茶叶的保质期，应采用低温冷藏。这样可降低茶叶中各种成分的氧化过程，有效减缓茶叶变褐及陈化。一般以10℃左右贮存效果较好，如降低到0～5℃，则效果更好。因此用冰箱冷藏贮存通常是长时间保存茶叶的一个很好选择。

② 湿度。成品茶具有很强的吸湿性，空气中的水分轻易便可被吸收。如果把干燥的茶叶放在室内，且直接接触空气，只需一天的工夫，其含水量便可到达7%左右；放置五六天后，便可上升到15%以上。如果在阴雨潮湿的天气里，每露置1 h，其含水量就可增加1%。在温度较高、微生物活动频繁的月份，一旦茶叶含水量超过10%时，茶叶便会发霉，色香味俱失，不再适宜饮用。因此茶叶必须在干燥的环境下保存，不能受到水分侵袭。若不慎吸水受潮，轻者失香，重者霉变。此时不可将受潮茶叶放在阳光下直接暴晒，而应把受潮的茶叶放在干净的铁锅或烘箱中用微火低温烘烤，同时要不停地翻动茶叶，直至茶叶干燥发出香味。

③ 氧气。氧气能与茶叶中的很多化学成分相结合而使茶叶氧化变质。茶叶中的多酚类化合物、儿茶素、维生素C、茶黄素、茶红素等的氧化均与氧气有关。这些氧化作用会产生陈味物质，严重破坏茶叶的品质。所以，茶叶最好能与氧气隔绝开来，使用真空抽气或充氮包装贮存。

④ 光线。光线对茶叶品质也有影响，光线照射可以加快各种化学反应，对茶叶的贮存产生极为不利的影响。特别是绿茶放置于强光下太久，很容易破坏叶绿素，使得茶叶颜色枯黄发暗，品质变坏。光能促进植物色素或脂质的氧化，紫外线的照射会使茶叶中的一些营养成分发生光化反应，故茶叶应该避光贮藏。

（2）茶叶的贮藏方法。明代王象晋在《二如亭群芳谱》中，把茶的保鲜和贮藏归纳成3句话："喜温燥而恶冷湿，喜清凉而恶蒸郁，宜清独而忌香臭。"现将当前常用的贮茶方法介绍如下。

① 坛藏法。用此法贮藏茶叶，选用的容器必须干燥无味，结构严密。常见的容器有陶瓷瓦坛、无锈铁桶等。另外，需要提醒的是，茶叶通常不宜混藏，因为红茶是经发酵加工而成的，花茶则以花香取胜，而绿茶又自成一体，若一旦有几种风格不一、香气迥异的茶叶贮藏在一起，则会因相互感染而失去本来的特色。

② 罐藏法。目前，有许多家庭采用市售的铁罐、竹盒或木盒等装茶。最好装满而不留空隙，这样罐里空气较少，有利于贮藏。若是双层的，其防潮性能更好。双层盖都要盖紧，用胶布黏好盖子缝隙，并把茶罐装入两层尼龙袋内，封好袋口，装有茶叶的铁罐或盒，应放在阴凉处，避免潮湿和阳光直射。

③ 袋藏法。目前用得最多的是用塑料袋贮藏茶叶，这也是家庭贮藏茶叶最简便、最经济的方法之一。用塑料袋包装茶叶，能起到有效的贮藏作用的关键是：一要茶叶本身干燥，二要选择好包装材料。

④ 冷藏法。用冰箱冷藏茶叶，可以收到令人满意的效果。但有两点是必须注意的：一是要防止冰箱中的鱼腥味污染茶叶；二是茶叶必须是干燥的。

⑤ 瓶藏法。把茶叶装入干燥的保温瓶中，盖紧盖子，用白蜡密封瓶口。

⑥ 真空法。真空法是把茶叶装入复合袋中，用抽气机抽出空气，使之成真空。在常温下贮藏 1 年以上，仍可保持茶叶原来的色、香、味；在低温下贮藏，效果更好。

需要注意的是，苜蓿茶在贮藏中的含水量不能超过 5%，如在贮藏前茶叶的含水量超过这个标准，就要先炒干或烘干，然后再贮藏。而炒茶、烘茶的工具要十分洁净，不能有一点油垢或异味，并且要用文火慢烘，要十分注意防止茶叶焦煳和破碎，以防止柴炭的烟味或其他异味污染茶叶。

（三）苜蓿营养挂面的生产技术

苜蓿加入面粉中制成的苜蓿挂面，可提高面条中蛋白质和膳食纤维的含量，提高挂面的营养价值；此外，苜蓿挂面鲜艳的绿色还给人一种很强的食欲感。

1. 工艺流程

苜蓿叶片→预处理→热烫护色→捣碎打浆→包埋处理→和面→熟化→压延→悬挂晾干→切断→成品。

2. 操作要点

新鲜苜蓿经处理后，加入 100℃的含 0.015% 醋酸锌和 0.3% 的碳酸钠混合液中，烫漂 3 min，加工成浆糊状，用 5% 环糊精包埋 2 d，按 15% 的比例加入面粉中并加 2% 的活性面筋粉、2% 食盐、0.2% 海藻酸钠改善挂面品质，可制得营养丰富的绿色挂面制品，食之可增强人体免疫力。苜蓿挂面具有广阔的市场前景。

（四）苜蓿酸奶的生产技术

以鲜乳和紫花苜蓿为原料生产紫花苜蓿酸奶，不仅增强了酸奶的营养保健作用，也增加了酸奶的风味。

1. 工艺流程

紫花苜蓿→清洗→热烫→打浆→压榨→鲜乳预热、混合→均质→杀菌→冷却→接种→发酵→后熟→检验→成品。

2. 操作要点

（1）紫花苜蓿汁的制备。紫花苜蓿种子 28℃催芽，然后定植在备好的易拉罐中，置光照为 7 000～8 000 lx，昼、夜温度分别为 24℃、16℃，日照达 16 h 的光照栽培室中。培养 35 d 收获（经测定，此时粗蛋白质含量为 24.07%），从第一片子叶叶根剪断，取其上部，洗净投入 20 倍沸水中煮 3 min，以钝化紫花苜蓿中的过氧化物酶和多酚氧化酶。85℃保持于 100 mg/kg 葡萄糖酸锌 5 min，打浆、压榨过滤，得可溶性固形物为 1.5%～2.0% 的紫花苜蓿汁。将残渣加入 10 倍的水，60～70℃热水中浸提 10 min。在提取汁液中加入果胶酶和复合纤维素酶，快速搅拌，40～45℃下酶解 2 h，后用硅藻土过滤，得清亮透明的紫花苜蓿汁。

（2）乳化稳定剂制备。0.15% 单甘酯、0.10% 的卡拉胶与 5 倍的白砂糖充分混合，后用温水溶化。

（3）鲜乳和白砂糖混合。过滤和净化的鲜乳加热至 60～70℃时，加入剩余砂糖，充分搅拌溶化，再将紫花苜蓿加入牛乳中，搅拌均匀。

（4）均质。温度为 55℃，压力为 20 MPa。

（5）杀菌。105℃杀菌 15 min。

（6）冷却。杀菌后的紫花苜蓿汁及牛乳混合液冷却至 42℃。

（7）接种。由等量的保加利亚乳杆菌、乳酸链球菌制成的发酵剂，接种量为 4%。

（8）发酵。灌入经杀菌的酸奶容器中，在 42℃下发酵 4 h，待酸奶充分凝结后取出。

（9）后熟。发酵后酸奶立即移入 0～5℃冷藏，发酵 12 h 即得成品。

（五）膳食纤维提取技术

膳食纤维是健康饮食不可缺少的，纤维在保持消化系统健康上扮演重要的角色，同时摄取足够的纤维也可以预防心血管疾病、癌症、糖尿病以及其他疾病。纤维可以清洁消化壁和增强消化功能，同时可加速食物中的致癌物质和有毒物质的排出，保护脆弱的消化道和预防结肠癌。纤维可减缓消化速度和快速排泄胆固醇，可让血液中的血糖和胆固醇控制在最理想的水平。牧草的膳食纤维含量要远远高于小麦糠、玉米糠等常见的膳食纤维原料。因此牧草是重要的膳食纤维原料。

国内外已研究开发的膳食纤维主要包括谷物纤维、豆类种子与种皮纤维、水果和蔬菜纤维、微生物纤维、其他天然纤维、合成和半合成纤维等六大类约 30 种。牧草植物中可开发的天然纤维品种很多，如甜菜纤维、苜蓿纤维等。苜蓿纤维品质优良，是很好的天然膳食纤维源。

苜蓿膳食纤维的提取工艺包括浸泡、漂洗、脱除草腥味、二次漂洗、漂白脱色、脱水干燥、功能活化和粉碎过筛。对苜蓿叶蛋白质提取后所剩的新鲜苜蓿叶渣，首先要进行浸泡漂洗以软化纤维，同时也洗去了残留在叶渣表面的可溶性杂质。浸泡时要搅拌，加水调节，叶渣浓度控制在 10%～20% 范围内，水温最高不超过 40℃，时间 1～2 h。苜蓿叶渣有浓重的青草味，需要脱除草腥味。脱腥方法很多，以加碱蒸煮法、减压蒸馏脱气法和高压湿热处理法的效果较好。苜蓿叶渣的功能活化处理包括两方面，即纤维内部组成成分的优化与重组、纤维基团的包埋，包埋处理的目的是避免膳食纤维的某些基因与矿物元素相结合，影响人体内矿物质的代谢平衡。活化后的纤维，干燥，粉碎至粒度为 120 目为止，即为最终产品，纤维干基总得率为 75%～80%。苜蓿叶渣的主要成分是纤维，它包括纤维素、半纤维素和木质素，可作为草食家畜饲料，也可用于生产工业酒精。使用苜蓿纤维来生产乙醇的成本比其他生物质原料的成本要低很多。目前，苜蓿纤维的另一重要用途是制取高活性的膳食纤维，作为保健品使用，产品中膳食总纤维含量达 73.80%。将苜蓿膳食纤维粉碎后压制成药片或纤维胶囊，每天服用，可增加胃肠蠕动，减少便秘，清理肠道。高活性膳食纤维制品在面制食品中的添加量，以不超过 6% 为宜。

（六）乳酸提取技术

乳酸通常用作食品添加剂来提高风味和延长货架寿命，使用酶处理可以从豆科植物中提取乳酸。目前，制作乳酸的原料主要是玉米。美国奶牛研究中心的科学家 Koegel 设计了一种提取乳酸的方法。具体做法是先将苜蓿纤维在压力为 10 kg/cm^2 的热水中预处理 2 min，然后加入水解酶和乳酸杆菌，就可以得到高达全部产量 60% 的乳酸。这种方法虽然已经成功从苜蓿中提取出乳酸，但还有待降低成本和提高产量。美国市场每年大约需要 5 万 t 乳酸，其中有一半靠进口。随着苜蓿提取出乳酸技术的成熟，这一市场在以后会逐步增大。

（七）食用叶蛋白质提取技术

食用苜蓿叶蛋白质含有 57.9% 蛋白质和 12.7% 膳食纤维，可以作为一种重要的植物蛋白质来源。水分、脂肪、灰分和可利用碳水化合物含量分别为 7.9%、6.8%、5.4% 和 9.6%。其作为食品，每 100 g 可以提供热量 1.7 MJ、蛋白质 60 g、钙 800 mg、铁 50 mg、β-胡萝卜素 1.4 μg，并由于富含赖氨酸而适用于作为儿童的蛋白质补充来源。叶蛋白质的营养非常丰富，它具有防病治病、防衰抗衰、强身健体等多种生理功能。叶蛋白质制品还可用作面条、面包等食品的蛋白质添加剂，添加比例以不超过 4% 为宜。

提取食用叶蛋白质的一般步骤是：是将苜蓿茎叶分离、清洗，挑选出健康完整的叶片，经打浆处理，打浆 2～3 min 后，倒出草浆用 3～4 层的纱布进行过滤，将浆液和叶纤维分离，为了减少蛋白质的流失，滤渣经过 3 次洗涤后收集所有滤液，得到的滤液可以直接加热，且加热过程中不断搅拌，得到絮状物，然后沉淀这种絮状物，弃去上清液将絮状物离心，最后把离心沉淀物在冷冻机中冷冻干燥，可得到苜蓿叶蛋白质冻干粉。将滤液通过加热得到絮状物是提取叶蛋白质较为传统的絮凝方式，应用最早，最为普遍。另外也可以通过酸凝聚法、碱凝聚法、酸化加热凝聚法、碱化加热凝聚法、发酵法、乳酸发酵法、溶剂法、超滤法、纤维素酶解法等方式提取。

（八）功能性食用草产品

除营养和感官享受之外，还具有调节生理活动功能的食品，称为功能性食品。功能性食品强调食品的生理调节功能，是指其活性成分能充分显示对身体防御功能，调节生理节律、预防疾病和促进康复方面作用的工业化食品。欧美国家通称的“健康食品”（healthy food）或“营养食品”（nutritional food）和我国俗称的“保健食品”，其含义和内容均与“功能食品”相同或相近。“保健食品”这个通俗称谓没有明确和严格的定义，容易产生误解，功能性食品已被普遍接受。功能性食品具备普通食品的两大功能，即营养功能和感官享受功能，另外还具有特殊的生理调节功能。目前，市场上流行的功能性食用草产品的形式主要有饮料、粉剂、片剂和胶囊 4 种。

1. 饮料类

（1）苜蓿汁饮料。苜蓿汁饮料，以苜蓿作为主要原料，经榨液、浸提、煮沸调配而成，含有丰富的维生素、胡萝卜素、叶黄素、钙、铁等矿物质，既可补充营养，维持人体营养平衡，又能增进人体健康，增强人体免疫能力，是一种新型的天然保健饮品。

① 工艺流程：鲜苜蓿→预处理（挑选、清洗）→热烫护色（95℃，3 min）→破碎浸提→粗滤→煮沸→调配→精滤→灌装→杀菌→成品。

② 技术要点如下：

A. 预处理：包括苜蓿挑选与清洗两个步骤。以初花期最佳，盛花期次之，盛蕾期又次之，结荚期最差。应采用初花期前营养丰富、含水量较高的新鲜优质苜蓿。过嫩的苜蓿营养成分不太高，且不太稳定，皂苷含量较高；结荚期由于营养物质沉淀，有效成分难以提取。拣选时应剔除有黑点叶、病害虫及干枯叶，选用含水量高、新鲜光亮的苜蓿叶。除去苜蓿表面的泥沙、污物及微生物，防止杂质进入汁液中，最大限度地防止因清洗不净而导致的变质、变味、变色。清洗后，再次剔除病虫害叶、不健康叶。

B. 热烫护色：烫漂使叶绿素酶、抗坏血酸氧化酶、多酚氧化酶完全失去活性，防止酶促褐变，使组织软化，改变细胞半透性，使细胞原生质凝固，提高出汁率，且有洗涤作用。烫漂时，加入碳酸氢钠调节 pH 至 8.0，使叶绿素在 pH 8.0 条件下水解成叶绿酸、叶绿醇和甲醇。叶绿酸再与碱反应生成稳定的叶绿酸盐，使产品保持绿色。

铜离子、锌离子可以置换叶绿素中心的镁离子，使之生成较稳定的铜、锌叶绿素衍生物。铜离子容易取代镁离子，但要求食品中铜离子残留量不超过 10 mg/kg，而适量的锌对人体有一定的保健作用。所以选用硫酸锌作护色剂。

在这个过程中要注意漂烫时间、温度以及漂烫时离子浓度对苜蓿颜色的影响。

C. 破碎浸提：用组织捣碎机将护色后的苜蓿叶进行破碎，便于提高出汁率及提取其中有效成分。浸提所用水的水质除符合 GB 5749—2006《生活饮用水卫生标准》外，还应符合软饮料工艺用水的特殊要求。浸提时按苜蓿水重量比为 1：（20～30）加水浸提，浸提温度控制在 50～60℃，时间为 80 min。浸提时，每隔 20 min 搅动 1 次，从而提高浸提效果。

D. 粗滤、煮沸：粗滤可以除去浸提液中苜蓿梗及渣，为煮沸和粗滤做好准备，将粗滤后的苜蓿汁煮沸 2 min 左右，除去汁液中一些悬浮物质和胶体物质及大部分有害微生物。

E. 调配、精滤：调配的目的是在保持苜蓿汁本身特有的清香宜人风味的基础上，掩盖其青草气味，以适应消费者需要。调配所用原辅材料有柠檬酸、蔗糖。蔗糖用量为 12% 左右，柠檬酸用量为 0.13% 左右，具体添加量可以根据不同消费者口味而变动。调配后，再进行精滤除去苜蓿汁中的细微颗粒及沉淀物质，使之澄清透明，且在贮藏期间不会产生沉淀和絮状物，不会变质、变味、变色。

F. 杀菌：由于操作过程中有部分氧气溶解于汁液中，这部分氧气在苜蓿汁贮存过程中导致饮料成分氧化，色泽恶化，风味发生变化，引起马口铁罐内壁腐蚀。所以，杀菌前，必须除去苜蓿汁中的气体。

脱气后的汁液进入高压灭菌锅中灭菌，条件是 93℃，保持 30 min，压力为 0.1 MPa。灭菌的目的，一是杀灭微生物，防止苜蓿汁在贮存过程中腐败变质；二是破坏酶类，以免引起各种不良的变化。

（2）葛根饮料。

① 工艺流程：新鲜葛根→清洗→去皮→切碎打浆→浸泡→洗粉过滤→淀粉糊化→液化→

吸附→离心过滤→灌装→杀菌→冷却→产品。

② 技术要点如下：

A. 原料及处理：选择新鲜葛根，为白色或米黄色，无虫害、冻害；刷洗去表皮上的泥土。

B. 去皮、打浆：人工去除薄皮后立即用打浆机粉碎，过 40 目筛，以利于水原料中有效成分的提取，浆液立即入浸泡液以减缓褐变。

C. 浸泡：提取葛根淀粉和有效成分一般方法是打浆后的葛根用石灰水进行浸提，产品色泽较浅，淀粉和总黄酮类物质提取率较高。这是因为在碱性条件下一方面黄酮类物质有较大的溶解度；另一方面分解黄酮类物质的酶的活力被抑制，使得提取液颜色较浅，黄酮类物质的获得率有较大提高。碱液中的 $Ca(OH)_2$ 与果胶形成难溶性的钙盐，降低了体系的黏度，与蛋白质次级键相结合，而促使蛋白质的溶解，使得淀粉提取率有较大提高。但料液的 pH 过高可能使淀粉分子糊化，对黄酮类化合物也会产生破坏作用。

一般浸提工艺条件为：以石灰水为浸泡剂，在 pH 8.5 和 30℃条件下，浸泡时间 3 h，料液比为 1∶4。

D. 洗粉过滤：双层纱布粗滤，除去渣，将滤液用酸调至 pH 6.5，备用。

E. 淀粉糊化：料液 95℃恒温水浴加热，缓慢搅拌至透明，无白色絮片即可，一般时间为 4 min。

F. 液化：采用耐高温 α-淀粉酶，把淀粉水解为低聚糖浆。这里需要注意控制 pH、温度、酶用量和液化时间。一般为 pH 6.5，95℃，酶用量 15 U/g 淀粉，96 min。

G. 吸附过滤：液化所得的低聚糖浆中含有蛋白质、半纤维素、果胶和液化过程中所加的酶制剂等物质，经高温处理或长期放置时易产生絮状沉淀，用 3%～5% 的硅藻土进行吸附，离心分离，产品灭菌后放置。

H. 灌装、杀菌、冷却：灌装后高温短时杀菌 95℃，20 min，保温后冷却至室温。

（3）葛花茶饮料。

① 配方组成：葛花、菊花、金银花质量分数各为 0.5%～1%；食糖（甘蔗或葡萄糖）质量分数为 8% ± 2%；柠檬酸适量。

② 工艺流程：糖→溶解→混合调配→加水定容→加柠檬酸溶液调整酸度→过滤→离心→灌装→密封→杀菌→冷却→成品。

③ 技术要点如下：

A. 三花取汁：将葛花、菊花、金银花三者等量用开水冲泡（花∶水质量比为 1∶20），然后浸泡，榨汁，过滤，即得三花原汁。

B. 调配、离心：将三汁原液、糖液充分混匀，加水定容后加柠檬酸溶液调整酸度。然后离心，即得清亮的茶色饮液。

C. 灌装、密封、杀菌、冷却：杀菌条件是 100℃下杀菌 10～15 min，然后冷却至 38℃左右。

2. 粉剂类

苜蓿粉剂也叫苜蓿全叶粉，是由苜蓿叶片直接粉碎制成，富含维生素、矿物质、脂肪、碳水化合物和蛋白质。由于加工过程没有加热，酶的活性保持得较好。这种粉剂制品在冷凉、干燥的环境下可以保存3年，其营养成分见表6-4。

表6-4　苜蓿全叶粉营养含量表

养分名称	养分含量	
	2 g	100 g
能量	19.80 kJ	990.00 kJ
水分含量	100.00 mg	5.00 g
蛋白质	660.0 mg	33.00 g
脂肪	96.00 mg	4.80 g
碳水化合物		
总量	960.00 mg	48.00 g
糖分	28.00 mg	1.40 g
日粮纤维	640.00 mg	32.00 g
钠	3.80 mg	190.00 mg
钾	50.00 mg	2.50 g
钙	22.00 mg	1.10 g
维生素 E	440.00 μg	22.00 mg
胡萝卜素	50.00 μg	2.50 mg
叶绿素	1.02 mg	51.00 mg

注：引自 Organic Beauty World，Australia，2007.

苜蓿粉剂可以加入西红柿和胡萝卜等蔬菜汁以及果汁中食用，还可以加入面粉中制作面条或面包。

3. 胶囊和片剂

（1）苜蓿片剂。苜蓿集食用和药用于一身。苜蓿片剂由苜蓿粉或苜蓿叶粉，加入树胶、植物纤维素和薄荷油等压片而成。

（2）苜蓿素。苜蓿素以苜蓿嫩芽为主要原料，经清洗、杀菌、消毒，用进口先进设备，采取现代植物细胞破壁技术和瞬间植物活性物质分离先进工艺，配以紫花苜蓿、水萝卜芽、大麦苗浓缩素、低聚异麦芽糖等天然营养成分浓缩精制而成，对人体无副作用，且完整地保留了苜蓿嫩芽及其他植物配料的各种营养成分。苜蓿素不仅营养成分更加丰富而且更容易被人体均衡吸收。人体摄入苜蓿素后，可补充易缺的营养素，促进食物消化吸收。

苜蓿素是防疾病、抗衰老、驻青春、增活力、促健康的优质食品，经常食用苜蓿素可平衡人体的酸碱值，为现代人不可缺少的天然健康食品。

（3）苜蓿胶囊。苜蓿胶囊是从苜蓿中提取的高纯度苜蓿皂苷（脂康素 α）精制而成的保健功能食品。苜蓿收获后，分离出叶片，进行冲洗、榨汁和低温干燥，然后制作成胶囊，这样可以最大限度地保存其原始营养成分。苜蓿皂苷是目前所发现的纯天然物质中唯一能有效在胃中通过酯化反应，降低血脂的活性物质。它能有效阻断动物体对食物中脂类和胆固醇的吸收，调节血脂及胆固醇水平。该研究成果已获得美国食品药品管理局的认证。

苜蓿胶囊是一种非常有效的“血液净化剂”和“血管清洗剂”，它通过提高血液中的高密度脂蛋白的数量，将血液内多余的胆固醇、甘油三酯等脂类物质分解代谢，从而降低人体血液中脂类物质的浓度，清除血液垃圾，同时使人体的脂代谢功能恢复平衡。从根本上预防和阻止心血管系统疾病的发生。

（4）红三叶精华素胶囊。红三叶又名红车轴草，为豆科三叶草属多年生牧草，原产小亚细亚与东南欧，广泛分布于温带及亚热带地区。20 世纪 40 年代以来，有关红三叶异黄酮的研究日益受到重视，已开发出的药品和保健食品达百余种。红三叶中富含钙、钾、镁、磷、维生素 B_1、维生素 C、烟酸等多种营养成分，尤其富含生物活性较高的异黄酮类化合物，质量分数占干重的 0.5%～3.5%。天然红三叶异黄酮主要有芒柄花黄素、鸡豆黄素、黄豆苷元、染料木黄酮等。其中芒柄花黄素、鸡豆黄素是大豆中不存在的异黄酮类化合物。红三叶异黄酮具有弱雌激素作用、抗氧化作用、抗解痉作用、抗癌和利尿作用等，能有效地预防和治疗动脉硬化、冠心病、妇女更年期综合征、骨质疏松、乳腺癌、前列腺癌、肥胖等疾病，而且还具有清洁组织细胞、清除血液和肝脏有害毒素、促进胆汁分泌、止咳止喘、缓解疲劳、强健体质等多种保健作用。目前，较常见的保健产品有以红三叶精华素、异黄酮和其他药用植物配成的胶囊。

（5）地肤皂甙胶囊。地肤，亦称扫帚菜、地麦，为藜科一年生草本植物，已明确地肤的果实主要成分有地肤皂甙 1、2、3、4 四种。具有抑制血糖值上升、抑制血液中乙醇浓度的作用。地肤子作为中药，在《神农本草经》中列为上品，有解毒、利尿、清湿热等作用，用于皮肤湿疮、小便淋沥、脚气水肿等。在日本作为食用食物，为日本东北秋田地方“鱼酱油调料”的配方原料之一，已有百年以上历史。日本民间作为传统的强壮、强精药物，还用于治疗阳痿和利尿。

（6）苜蓿皂苷胶囊。苜蓿皂苷是从苜蓿中提取的具有独特生物学性质的活性物质，是由糖中羟基或非糖类化合物的羟基以缩醛链（苷链）脱水缩合而成的环状缩醛物。苜蓿皂苷可以降低胆固醇和血脂含量，还可通过改善冠状血管的血液循环而减轻冠心病人的心绞痛。苜蓿皂苷有消炎、抗霉菌、真菌作用。Hoagland（2001）通过试验证明苜蓿皂苷在极低的浓度（1.6 mg/L）即可 100% 抑制绿色木霉生长。苜蓿皂苷的生物药理活性在医药、保健上都有很好的应用。目前市场有苜蓿皂苷胶囊，其降血脂、降胆固醇、抗动脉粥样硬化效果好、副作用小，作用机理独特，在市场上竞争力较强。

二、能源草产品加工与贮藏技术

（一）能源草简介

能源草是一系列可以作为燃料使用的草本植物的统称，一般是禾本科多年生高大的丛生草本植物，其体内含有较为丰富的纤维素、淀粉、糖、油脂等物质，这些物质可以通过物理或化学方法转化为固体、液体、气体能源产品，以替代传统的石油、天然气、煤等能源，如芦竹、象草、柳枝稷、草芦等。优质能源草具备生长速度快、生物量大、光合效率高、抗逆性强、适应性广、富含高纤维等特点，在大面积种植情况下，更易于实现机械化作业。我国幅员辽阔，具有高光效的 C4 草本植物就有数千种，利用荒山荒滩、沙地、盐碱地和南方冬闲地发展草本能源植物，符合“不争粮，不争地，不争油、糖”的原则，有利于改善生态环境，对维护粮食安全也具有重要意义。

欧洲和美国对能源草的研究较早，丹麦于1960年开始对芒属植物进行研究，并于1983年建立了首个能源草试验基地。美国于1984年开始启动“能源草研究计划”。芬兰为了确保国家能源供应安全，于20世纪90年代后期开始支持生物质能源的生产，开始大面积种植草芦（*Phalaris arundinacea*），并且种植面积由2001年的500 hm^2增长到2006年的17 000 hm^2。近年来，国外对能源草的研究主要集中在种质资源的收集与开发、生态效应、品种改良、能源转化等方面。

我国对能源草的研究起步较晚，2005年2月通过了《中华人民共和国可再生能源法》，“十二五”国家科技计划启动了农村领域2013年度备选项目“可高效转化的纤维类草本能源植物新品种选育及示范”项目。潘一晨等调查了辽宁省范围内几种野生禾本科草的自然种群特征，得出芒草和狼尾草在贫瘠的土壤上仍然表现出很高的产量，符合能源草的要求，应进行深入研究并利用。另外，曾汉元等测定了5种、李峰等测定了15种草本植物的纤维素和木质素含量，分别得出了河八王、荻和尖叶胡枝子适合作为纤维素类能源草进行开发利用。据初步调查目前我国已种植柳枝稷、芒草、狼尾草等能源草就达数万亩，但真正形成规模产业化的还未见报道。

（二）能源草开发利用产品种类

1. 固体燃料

能源草经粉碎、干燥后在一定温度（80℃）和压力作用下，被压缩成棒状、块状或颗粒状等固体燃料，从而改善燃烧性能，提高热利用效率。这样制成的固体燃料可以直接作为“高效无烟柴炉”的燃料，也可利用干馏技术将固体燃料干馏变成木炭。我国已经初步形成固体成型燃料的产业链雏形，在密云区太师屯镇构建了“能源草边际土地规模化种植—压缩成型与固体成型燃料加工—用户生物质炉燃料利用”的能源农业发展模式。

2. 液体燃料

能源草能够通过不同的转化方式生产生物原油、生物柴油、燃料乙醇等液体燃料。

3. 生物原油

在缺氧状态下，在极短的时间（0.5～5 s）内将生物质加热到500～540℃，迅速冷凝其会变成液体生物燃油。生物原油在常温下具有一定的稳定性，热值一般在16～18 MJ/kg。目前，中国科学院理化技术研究所在天津市武清区建立了“能源草边际土地规模化种植—高温裂解—植物基合成油气及生物质炭技术”示范工程。

4. 生物柴油

生物柴油是以植物油脂和动物油脂、微生物油脂为原料与烷基醇通过交换反应和酯化反应生成的甲酯或乙酯燃料。它是一种可以代替普通柴油使用的环保燃油，是一种可再生能源。1990年，欧洲开始以菜籽油为原料生产生物柴油，并取得了良好效果。Ugheoke等经过研究提出，添加一定浓度的催化剂，可以从油莎草中获得很好的生物柴油。

5. 燃料乙醇

生物质中的纤维素、半纤维素等有效成分经稀酸水解等预处理降解为已糖和戊糖等，后经纤维素酶解发酵可制备纤维素乙醇。纤维素制备酒精技术在19世纪就已经提出，并且美国和前苏联建有生产工厂。Moss研究分析指出，在美国俄克拉荷马州利用柳枝稷生产纤维素乙醇有很大的经济效益。

6. 沼气

沼气是由多种微生物以生物质为底物进行厌氧发酵而产生的一种混合气体，主要成分为甲烷、二氧化碳及氮气、氢气、硫化氢等少量气体。我国在此领域走在了世界前列，自20世纪70年代以来形成的具有中国特色的户用沼气方式甚至被联合国定为一种模式向发展中国家推广使用。在能源草发酵沼气方面，李联华等研究了杂交狼尾草经过预处理后，在厌氧发酵过程中产沼气量的表现，结果表明，热处理能够提高沼气产量，而微波处理会降低产量。

目前，我国正处在经济快速发展时期，需要解决好在经济发展的同时能源需求与供应紧张的矛盾，以及能源消耗与生态环境恶化的矛盾。总的来说，我国资源丰富，但由于人口众多和能源利用效率较低，我国的人均能源消费量远远低于发达国家和世界平均水平。化石燃料毕竟是一次性燃料，会有枯竭的时候，而且其使用过程中会给环境带来污染。

生物质能源的开发利用对于解决我国能源短缺问题意义重大，能源草的种植和利用前景广阔。发展能源草产业，原料供应和转化工艺是限制条件。依据国情，我国种植能源草应遵循“不争地，不争粮，不争油、糖”的原则，充分利用边际性土地。为了使能源草在贫瘠的边际土地上获得更多的产量，育种工作者需要培育出更多的耐盐碱、耐寒、耐旱、耐贫瘠等抗逆性强的优良品种。另外，需要科研机构、高等院校等做好科技攻关项目，努力研发生物、化工技术，为达到能源草的高效转化做好支撑。还需要充分发挥企业和农户的优势，政府做好指导，努力实现能源草产业化，为我国能源安全做出贡献。

三、工艺草产品加工与贮藏技术

饲草饲料除了饲用外，还可以加工成各种各样的草制工艺品。

（一）草制工艺品简介

草制工艺品也叫草编，是利用各种柔韧草本植物如麦秆、蔺草、蒲草、茅草、龙须草、玉米皮等为原料，经手工编织而成的工艺品。其原料生长地域广泛，而且易得易做。草编是中国传统工艺品之一，著名的草编有浙江金丝草编、山东河南的麦草编、广东黄草编、湖南龙须草、台湾草席等，其中以浙江金丝草编和山东麦草编质量最高。浙江是中国草编工艺的传统重点产区之一，其产品从19世纪40年代起就已远销国外。浙江草编有帽子、提袋、地毯、草杂件四大类，其中草杂件类又细分为糖果盒、首饰盒、面包盒、茶垫、靠垫、餐垫、门帘、壁挂、信插、花盆套、拖鞋、草扇、草席、草墙纸等。浙江草编上乘制品有鄞县草席、金丝草帽、马兰草篮，其中马兰草篮在美国曾被誉为“草编明星”。山东的民间草编，据1959年发现的泰安市大汶口文化遗址中出土的陶器看，早在6 000年之前就已存在了。作为一种传统的工艺美术品和农家手工业产品，草编遍及于山东全省。山东草编以麦秸编织的草帽辫最为著名。草帽辫为山东传统工艺品，可以编出100多个花色品种，山东草帽辫与浙江金丝草帽是中国草帽两大驰名工艺。

（二）草编原料

地域不同，原料也不同，长江流域的草编原料多用野生的黄草、苏草、席草（水毛花）、金丝草、蒲草、蒯草、竹壳、箬壳等，也有用人工栽培的农作物稻草为原料的。黄河流域，如河北、河南、山东的草编，多为麦草，另外还有东莞的黄草，浙江的金丝草，湖南的龙须草等。适于草编的用草，草茎光滑，节少，质细而柔韧，有较强的拉力和耐折性；采割来的草料先要挑选，梳理整齐，进行初加工后，方可编制。

（三）草编工艺品分类

一是根据工艺用料的不同进行分类，如麦秸草编、玉米皮编、蒲草编、稻草、龙须草、马蔺草编、麻编等。二是按编织物的用途分类，属于用器类的有篓、筐、盒、盘、箱、茶垫、坐垫、箸笼、饭包、笊篱、菜筛、锅盖、扇子、花盆套、纸篓、信插、茶杯套、草玩具等等；属于衣着一类的有草帽（有礼帽、童帽、斗笠、太阳帽、麻帽等）、草鞋（有传统的冬季穿用的“蒲窝”，也有各式拖鞋与凉鞋）、蓑衣、玉米皮凉衫等，家具一类的有草屏风等；建筑及室内装饰类有草地毯、灯伞、墙壁装饰纸、草墙纸等。此外还有作为半成品的各种各样的草辫儿。三是按工艺分类则有编货、砌货、串货、钉货等。

（四）草编工艺技术

草编首先是选料，根据需要选取不同草本植物、不同部位以及特定粗细长短的原料。接着进行漂白，为改善工艺品光泽、延长其使用年限，大多采用防护剂浸泡。然后进行编辫，我国各地的编辫手法各有特色，极为丰富，如山东草编的工艺方法常用的有平编、绞编、编花（如“马蔺垛”“套扣”“链子扣”“小浪花”“十字扣”“曲径扣”“粽子扣”“梅花扣”等）、锥砌法、串接、串钉、串连、缠扣、缠锯、缠边、缠画、包裹、拧编、卷折、缝绣、粘贴、割花扎勒等。浙江草编具有结、辫、捻、搓、拧、串、盘等多种编织技法。最后是进行润色和加工，如染色和绘画等。

（五）草编工艺品的贮藏方法

草编工艺为延长使用年限，必须要及时晾晒，防止产品发霉或变形。另外，还可采用防护剂浸泡。以下是一种常用防护剂的制作方法。配方以蒸馏水为主要配方成分，再加磷酸铵20%、硫酸铵10%、硫酸铝5%、硼砂4%、叶酸钠0.18%、二硝基苯酚0.036%。制作中采用搪瓷反应锅，不使用铁质或铝质容器，以免与配方溶液产生化学变化。先在搪瓷反应锅里盛装蒸馏水，按蒸馏水的重量，称好相应比例重量的各种原料。将蒸馏水加热至50℃，在恒温条件下，慢慢加入除叶酸钠、二硝基苯酚之外的4种原料，边加边缓缓搅拌，30～40 min后，待溶液呈透明状时，再加进叶酸钠和二硝基苯酚，持续搅拌。此时，溶液温度逐渐降至30～40℃。待其缓慢冷却后静置24 h，溶液的pH即为8.4～8.7，比重为1.9

左右。最后，用定性滤纸或多层纱布过滤，滤液即制作完成。使用时根据草编品的大小和多少，将适量的防护剂倒入容器中，再把草编品浸泡在防护剂中，1～5 min 后取出，防护剂便均匀地沾在草编品表面了。

四、工业草产品加工与贮藏技术

（一）食品工业添加物及原料

1. 淀粉植物及其利用

淀粉是人类的主要食品、热能的来源，每天主食的主要成分便是淀粉。由淀粉制造的食品如糕点、粉丝、粉皮等食用量都很大。淀粉除供食用外，在工业上的用途也很广。造纸、纺织、发酵、医药、铸造、冶金等工业都需要大量淀粉作原料。如造纸工业用淀粉为胶料，以增加纸张的强度，改善纸张的性质，制造纸板、纸袋等也使用淀粉和淀粉制品为胶黏剂。

淀粉还可制造糖浆、淀粉糖和葡萄糖。糖浆的主要用途为制造各种糖果和糕点等食品；淀粉糖主要用于皮革、发酵工业中；葡萄糖主要用于医药工业中，此外。经加工制成如山梨醇、柠檬酸、葡萄糖酸等若干有机物，在工业上用途也很广。

淀粉是植物体贮藏碳水化合物的主要形式。淀粉植物种类很多，我国有近 500 种，可以分为两类：一类是人工栽培的淀粉作物，包括禾谷类作物、豆类作物和薯类作物；另一类是野生的淀粉植物，以山毛榉科、禾本科、蓼科、百合科、天南星科、旋花科等的种类较多，而且淀粉的含量也较丰富。其次是蕨类、豆科、防已科、睡莲科、桔梗科、菱科、檀香科、银杏科等，这些科的淀粉植物种类虽然比较少，但其中不少种类的淀粉含量却很高。常见的淀粉植物有珠芽蓼、油莎草、蕨、菝葜、百合、魔芋、葛根等。

草原上的淀粉植物资源丰富，潜力很大。据统计，内蒙古境内就有橡子、沙蓬粉、灰菜籽、山谷子、野山药等 170 多种，年产量在 5 000 万 kg 以上，一般淀粉含量都在 20%～40%。例如，橡子的淀粉含量在 50% 左右，100 kg 可酿 60° 白酒 30 kg。如用全区产量的 1/2 酿酒，可酿出 6 000 t 优质白酒，节省粮食 3 000 kg。淀粉植物除了绝大部分可以作饲料外，有的还可以熬糖稀、制粉条，作副食用。

2. 植物淀粉的加工及贮藏

制造淀粉是利用淀粉不溶解于冷水并比水重的性质，用水将原料中的淀粉洗出，过筛过渣，将所得淀粉乳置于缸或槽中沉淀，得到粗制淀粉。在粗制淀粉中加入清水，搅拌成淀粉乳，再次沉淀，进一步精制。如此处理可除去原淀粉中的一部分水溶性杂质，提高淀粉的质量，将所得湿淀粉脱水干燥后即得成品。

淀粉加工工艺流程一般经过清选、粉碎、筛浆过滤、漂洗、沉淀、干燥等过程。

（1）选料：清除泥沙、枝叶、须根等杂质，便于加工，提高淀粉质量。

（2）润料：便于脱皮（壳），不需要脱皮（壳）的原料，可以不进行润料。

（3）粉碎：对于籽实原料要求将籽实磨成不含颗粒的细粉。纤维质根茎原料，为了综合利用，在原料粉碎时粉碎成丝状，然后放进清水中搅拌沉淀，直至粉质完全脱净为止。肉质根茎、块茎和鳞茎淀粉植物，为了提高出粉率，可采取蒸煮法，即将洗净的块茎或鳞茎原料切成薄片，进行蒸煮，熟后晒干或烘干，使所含水分不高于15%～20%，然后进行粉碎除渣。

（4）筛浆过滤，用以除去残渣，以提高淀粉质量。

（5）清水反复漂洗，由于各种籽实淀粉的品质色泽不一，在过滤后，要反复进行水漂脱色，淀粉色白的可省去此工序。

（6）沉淀：采用静置沉淀或离心脱水。

（7）干燥：可采用日光晒干或喷雾干燥。

从野生淀粉植物中提取淀粉，必须对原料进行破碎，以破坏其细胞组织，使淀粉从细胞中游离出来便于提取。常用的破碎设备有刨丝机、锤片式粉碎机和砂盘粉碎机等。破碎过筛后得粗淀粉乳，粗淀粉乳含有纤维素、蛋白质等成分，必须除去这些成分才能得到高质量的淀粉。分离纤维多采用筛分的方法，去除蛋白质常用沉淀法或离心分离法。

优质淀粉粉色白净，有光泽，其保存时必须保持干燥，防止潮湿变质，并且防止放在无异味的容器中，密封保存。

3. 植物油脂资源的利用和贮藏

（1）油脂的利用。油脂植物广泛存在于植物界。植物的果实、种子、花粉、孢子、茎、叶、根等器官都含有油脂，但一般以种子含油量最高。我国利用油脂植物的历史悠久，如油料植物大豆已有几千年的栽培和利用历史。油脂是重要的工业原料，也是人们日常生活不可缺少的重要营养物质。油脂的用途十分广泛，具有较高的经济价值。

表6-5　一些牧草种子的含油量和用途

植物名称	学名	种子含油量	用途
播娘蒿	*Descurainia Sophia*	34.80%	
山野豌豆	*Vicia amoena*	18.72%	可制肥皂、润滑油
骆驼蓬	*Peganum harmala*	15.13%	可制肥皂、油漆
蒺藜	*Tribulus terrestris*	11.63%	工业用代替桐油
连翘	*Forsythia suspense*	25.20%	可制香皂、化妆品
马蔺	*Iris pallasii*	37.04%	药用、工业用
碱蓬	*Svaeda glauca*	26.15%	可制肥皂、油墨
四棱荠	*Goldbachia laevigate*	48.00%	工业用油
黄花蒿	*Artemisia annua*	28.75%	可制肥皂、润滑剂
白沙蒿	*Artemisia sphaerocephala*	21.50%	可制油漆
苍耳	*Xanthium sibiricum*	44.63%	
微孔草	*Microula sikkimensis*	43.50%	
胡卢巴	*Trigonella foenum*	6.00%～8.00%	芳香油

（2）油脂的贮藏。油脂保存不当会发生酸败，酸败是由水解和氧化作用所引起。酸败的油脂比重减小、碘值降低、酸值增高，可作为油脂保存中质量检查的指标。根据油脂酸败时化学变化的特点，可把酸败分为两大类，其特点及保存方法如下。

① 水解酸败。水解酸败是由于油脂含有脂肪酶，在水及其他适宜条件下（如25～35℃、pH 4.5～5）。催化油脂的不饱和双键水解，产生游离脂肪酸。含水油脂容易长霉菌和酵母菌，产生脂肪酶和脂肪氧化酶，因此即使在0℃以下保存，也会发生酶水解。所以，长期保存油脂的关键是除去水分。通常把油脂加热灭菌处理，即可达到破坏脂肪酶和去除水分的目的。

② 氧化酸败。氧化酸败比水解酸败更常见，在油脂保存上也更要注意。油脂一般都含有不饱和脂肪酸，不饱和程度越高，即含双键越多，越易发生氧化酸败（如亚油酸）。某些金属（如Co、Mn、Cu、Fe等）、光、水和热等都能加速油脂的氧化变质，使不饱和双键加氧生成过氧化物，后者进一步聚合或分解为具有特殊臭味和味道的低分子游离酸、醛、酮等，可凭借感官来判断。

由于油脂氧化酸败是由多因素引起，长期保存必须消除不利因素的影响。因此，油脂一般都应避光、低温、密闭保存，尽量充满容器，除尽水分和灭菌。必要时也可加入抗氧化剂，阻止或延缓氧化进行。粗制油脂一般含有天然抗氧剂（如维生素E、棉酚、芝麻酚或麦胚酚等），但精制后含量降低，故精制油脂较不稳定，容易氧化酸败。因此，精制油必须加入抗氧化剂（如邻苯二酚），但非天然抗氧化剂多为侵蚀性物质（酚、胺等），较理想的抗氧化剂目前还很难找到。常用的抗氧化剂有五倍子酸的酯类、二丁基甲酚、维生素E等，也可加增效剂（如脑磷脂、维生素C及其酯类）增强抗氧化效果。抗氧化剂、增效剂的选择标准是：能较长期抗酸败；能溶于油脂；无不良气味；无毒性。

4. 天然食品着色剂

食用色素是食品添加剂的重要组成部分。现在应用于食品工业的食用色素可以分为合成色素、仿天然色素和天然色素。天然色素是萃取于天然可食用原料，是以合法的食品加工方法生产的有机色素，如姜黄素取自郁金，花青素取自红色水果。仿天然色素是指天然存在的色素结构，而用化学合成方法制成，如β-胡萝卜素、核黄素、叶绿素铜和焦糖色素等。原花色素是黄烷醇类植物多酚的主体，它们经酸处理会形成花色素。

天然色素安全性高，来源丰富，但缺点是稳定性差、着色力低、成本高。在消费者安全健康第一的原则下，天然色素的发展速度远远超过了合成色素。由于合成色素的安全性比一般食品添加剂更具争议性，因此各国对合成色素均有极严格的限制。

牧草中含有大量的天然色素，如叶绿素、叶黄素、胡萝卜素和类胡萝卜素等。胡萝卜素是维生素A的前体，叶黄素是天然色素，叶绿素在食品和药品生产中有许多用途。提取天然色素替代人工合成色素已是大势所趋。利用液态二氧化碳，可以从苜蓿中萃取出90%的胡萝卜素及70%的叶黄素。我国目前已开发的食用色素有50余种，还有大量可供利用的色素植物资源。具有色素开发前景的牧草有多花木兰、茜草、紫草、裂叶牵牛草、红花、金盏菊、苜蓿等。

5. 蜂蜜的生产和保存

草原上的蜜源植物也很丰富。调查发现，长期认为是害草加以消灭的老瓜头，就属于优良野生蜜源植物。在毛乌素沙漠，这种经济价值很高的老瓜头已经开始种植。老瓜头属于多年生直立半灌木，植株具有毒性，在荒漠沙区生长，繁殖力强。目前，主要分布在宁夏银南地区、内蒙古伊盟和陕西榆林地区的15万km^2草原上，生长面积达243万hm^2，其中养蜂可利用 80 万 hm^2，年贮藏蜜量 7.15 万 t，相当于全国蜜蜂总产量的 1/3，载蜂量可达 150 万群，占全国蜂群总数的 1/4。

草原上丰富的蜜源植物使得其年贮藏蜜量为全国蜜蜂总产量的 1/3。由于蜂蜜是一种弱酸性的物质，为防止产生化学反应，最好不要用金属容器存放，尽量选用玻璃瓶或无毒塑料瓶保存为好。此外，一定要将蜂蜜放到阴凉干燥的地方，并保持贮存环境的清洁。若包装不严，蜂蜜就会从空气中吸一部分水而变稀，当水分含量超过 75% 时，酵母菌就会迅速使蜂蜜发酵变质，若发现已经开始发酵，要把蜂蜜放在玻璃器皿内，放在锅中隔水加热到 63～65℃，保温 0.5 h，可阻止发酵。

（二）造纸工业原料

1. 造纸纤维来源

我国草原上分布着大量的纤维植物，其品种多、产量大。草类原料结构疏松、纤维细长，蒸煮时药液易于渗透，蒸煮温度升高快。现已发现和利用的有野麻、罗布麻、蝎麻、龙须草、芨芨草、芦苇等几十种，仅内蒙古草原上的产量就达 10 亿 kg 左右，其中可用于人造棉的就有 5 000 万 kg 以上，可织近 1 000 万匹布。另外，还有超过 5 亿 kg 的野生植物纤维，可用于造纸、制绳工业等。

龙须草为禾本科多年生草本，全草柔软，民间常作编织原料。全纤维素含量 56.58%，多缩戊糖 20.03%，木质素 14.61%。龙须草草长无节，纤维柔软细长、木质素含量低，容易蒸煮，具有收获率高，漂白性能好，成纸强度高等优点。用亚铵法蒸煮龙须草，亚铵用量 10%～12%。高压保温时间不宜太长，一般以 1～2 h 为宜。蒸煮工艺条件对龙须草纸浆的漂白影响较大，蒸煮温度和保温时间要恰当合适。龙须草浆洁净强韧，纤维细长，有优良的交织力。成纸较细腻平滑，机械强度良好，用于制造高级书写纸和打印纸。

芦苇属禾本科，常生于沼泽地和河岸湖边，茎秆粗而坚韧，可作造纸原料和编织材料。芦苇含多缩戊糖 22.25%，木质素 19.87%，全纤维素 47.79%。亚铵法蒸煮芦苇，亚铵用量 17%～19%，不宜过高。氨水用量 1% 较为适宜，增加氨水用量可以提高纸的物理强度。

芨芨草是遍布于中国各地低湿碱滩草地上的多年生禾本科牧草，它不仅是牲畜的良等饲草，而且秆叶坚韧、长而光滑，是良好的纤维植物。芨芨草含多缩戊糖 25.98%，全纤维 49.15%，木质素 16.52%。常用于纺织筐、草帘及扫帚等，也是制造高级纸和丝的上等原料，用它造成的纸张可以制币印书。禾本科牧草中还有一些牧草如冰草、丝颖针茅、大叶章等都是优良的纸浆原料。

罗布麻属夹竹桃科罗布麻属多年生宿根草本植物，在我国广泛分布，生长在盐碱、沙荒地区，耐盐抗旱。罗布麻是一种优良纤维原料，其品种繁多，不同品种纤维性能差异很大。罗布麻秆皮纤维比苎麻细，单纤维绝对强力高，比棉纤维大 5～6 倍，纤维延伸率小，和苎麻相近。罗布麻皮部的纤维平均长度 11.82 mm，是较好的造纸原料。制浆时耗碱量较高，纸浆白度 70 度，适于作抄制牛皮包装纸的原料。而产于内蒙古哲盟、伊盟和巴盟等地的罗布麻，人工培植条件下精麻产量为 750 kg/hm^2，不仅相当于 0.13 hm^2 棉花所产的纤维，而且纤维品质也好于棉花和亚麻，细度拉力比羊毛还好，可单纺或与棉花、羊毛混纺，可织华大呢、凡尔丁和各种色呢等 10 多种美丽、坚实的衣料。罗布麻的纤维耐腐、耐磨，不怕风吹、雨淋、日晒，可做航空、航海的机器传送带，同时也是制造绳索和渔网难得的宝贵材料。

甘草为豆科多年生草本。根茎发达，长达1～2 m。甘草根茎供药用，其浸膏可作食品、烟草香精的原料。甘草纤维坚韧，可制麻袋和麻绳。提取甘草膏后的残渣可用于造纸。

蓝花棘豆为豆科多年生草本，具木质较长的主根。蓝花棘豆根和茎的皮纤维坚韧，用于制绳和麻袋。蓝花棘豆根和茎纤维含量在30%～36%，资源丰富，可作制取纸浆的原料。

狼毒为瑞香科多年生草本，是天然草地常见的毒杂草，根有毒，可入药。同时狼毒根富含淀粉，可以用于制取酒精。狼毒根和茎纤维含量高，可作造纸原料。

马蔺为鸢尾科多年生草本。基生叶丛生，叶条形，坚韧。茎叶含全纤维30.23%，多缩戊糖12.15%，木质素14.79%。秋季割取茎叶，用于造纸、制绳及人造棉。

唐古特瑞香和鬼箭锦鸡儿都是灌木。唐古特瑞香属瑞香科，全株有小毒可入药，树皮可作为造纸原料。鬼箭锦鸡儿属豆科，可栽培供观赏和作为绿篱。鬼箭锦鸡儿茎纤维坚韧，可制绳索和麻袋，同时也可作为造纸原料。

荨麻科植物狭叶荨麻和宽叶荨麻富含纤维，其茎皮含长纤维，全纤维含量66.71%，用于制作绳索、帆布、马达传送带等，还可以与棉、毛混纺织成各种高级衣料及毛毯等物。荨麻的短纤维可作高级纸张原料和麻胶板、瓦楞纸、隔音板等建筑材料。

此外，牧区的沙柳，可谓沙地植物一宝。沙柳纤维质量高，木质细密，是制造优质纤维板的最佳原料。

2. 纸浆制造方法

纸浆制造方法很多，有发酵法、常压蒸煮法、机械制浆法、连续制浆法，以下介绍几种常用的方法。

（1）硫酸盐法。所用蒸煮剂主要成分有氢氧化钠和硫化钠。原料在蒸煮前切断成片，经过筛选除尘，浆料与药液同时入锅，蒸汽加强，最高温达160～170℃，锅内压力为（7.598～9.117）$\times 10^5$ Pa，总蒸煮时间为3～5 h。

（2）苛性钠法。所用蒸煮剂为氢氧化钠，在蒸煮锅内将原料加压蒸煮制成纸浆。将切好的草与碱液装入锅内（碱与草类的用量比为10%～14%），通常在3.039 $\times 10^5$ Pa及130～140℃温度下进行。

（3）亚硫酸盐法。利用亚硫酸盐或钙盐来蒸煮木材、芦苇、甘蔗、稻草、麦草等原料。如以木材为原料，将木片与亚硫酸盐同时加入蒸煮锅，然后通气升温，并保持一定的压力，直至把浆煮好。

（三）化妆品工业原料

1. 草本香料植物

制造化妆品的原料有数千种。植物性原料主要包括从植物中提取的芳香油、色素、油脂以及增稠剂等。

芳香油，又称精油，是从植物中用蒸馏、浸提、压榨和吸附等方法单离制取的具有特征性香气的油状物质。芳香油是不同化学物质的混合物，在室温下，一般都是易于流动的透明液体。精油能随水蒸气蒸出，溶于多种挥发性有机溶剂。

我国香精资源丰富。据初步统计我国野生香料植物和栽培种类共有 56 科 380 余种。著名的香料植物有玫瑰、薄荷、八角茴香、樟、茉莉、桂花、留兰香、薰衣草等。我国西北地区常见可提取芳香油的草本植物有紫苏、百里香、缬草、黄花蒿、裂叶荆芥、甘草、胡卢巴、烈香杜鹃等。

缬草属败酱科缬草属多年生草本。茎直立，高 0.5～1 m。根状茎粗短，须根细长。叶对生，成叶羽状复叶。伞房花序。瘦果扁平，卵形。缬草耐寒力强，分布于我国西南、西北的山坡草地，20 世纪 60 年代开始引种栽培。缬草根状茎和肉质根含芳香油，具有特殊香气。我国主产区主要采用水蒸汽蒸馏，得油率为 0.6%～2%，而土法蒸馏得油率 0.2%～0.5%。缬草油主要用于化妆品、香水精，还用于调配香烟、酒等。

胡卢巴又称苦豆、香豆，属豆科胡卢巴属一年生草本。高 40～80 cm，茎丛生分枝，三出复叶，互生，蝶形花冠，荚果细长筒形。胡卢巴耐寒，喜冷凉干旱气候，我国有广泛栽培。胡卢巴全株及种子均含芳香油，但含油量较低。加工时用种子制取胡卢巴浸膏，用有机溶剂浸提，也可将种子粉碎后，用水蒸汽蒸馏法提取芳香油。民间将胡卢巴在开花前收获，晒干，碾碎后食用。胡卢巴油又称香豆酊，其香气浓郁，似川芎和芸香香气，主要用于调配香烟，在化妆品种中可用于男性加香用品。

百里香为唇形科百里香属半灌木。具匍匐茎，花枝多数。叶对生，卵圆形，有明显腺点。百里香全株含芳香油 0.15%～0.5%，在民间全株用作香包的填充物及防腐剂。五肋百里香耐旱，适应性强，常栽培用于提取芳香油。提取时用直接蒸汽蒸馏法或水上蒸馏法，采收时间以盛花期全草为佳。五肋百里香油可提取芳樟醇，用于调配日用化妆品香精。

茵陈蒿属菊科蒿属多年生草本。茎直立，株高 40～100 cm，叶二至三回羽状分裂，头状花序，瘦果长圆形。茎叶含芳香油 0.2%～0.3%。提取时，宜在开花盛期割取，趁鲜加工蒸馏。主要成分为乙位蒎烯和茵陈烃，供配制各种清凉剂、喷雾香水用。

2. 芳香油提取方法

水蒸汽蒸馏法操作容易，设备简单，而且对绝大多数植物来讲本法不会分解芳香油中的芳香成分，故应用最广泛。所用设备形式多，将粉碎的植物原料直接放入水中，用直火或封闭的蒸汽管道加热，使芳香油随蒸汽蒸馏出来。如玫瑰花等容易黏着的原料均用此法，另外还有溶剂萃取法。

（四）生物质能源产品

生物质能是以生物质为载体的能量，即通过植物光合作用把太阳能以化学能形式在生物质中存储的一种能量形式，是世界上最为广泛的可再生能源。它的主要形式有沼气制备、生物制氢、生物柴油和燃料乙醇等。美国新的《国家生物燃料行动计划》已将草本植物列入生物燃料第三代燃料。欧美等国相继出台政策法规，不断加大研发力度，生物能源应用规模不断扩大，每年增长率达 30% 以上。生物燃气、生物液体燃料等生物质能源在德国、美国、巴西等国已实现规模化生产和应用。巴西生物液体燃料乙醇已替代 50% 的汽油，是世界上唯一不供应纯汽油的国家。

能源草又称草类能源植物，是一系列可以作为燃料使用及用作能源生产且通过光合作用可产生碳氢化合物的草类植物统称，一般为二年或多年生高大丛生草本或半灌木、灌木植物，是生物质能源中重要的原料之一。

目前，一些草种也已初露端倪可能成为优良能源植物，包括柳枝稷、芒属、杂交狼尾草、高粱草、虉草、割手密、斑茅、荻、芦竹、苜蓿等。

（五）人造棉

人造棉是棉型人造短纤维的俗称，它是用植物纤维经化学方法处理制成人造纤维后，再切成长度与棉纤维相仿的纺织原料和代棉原料。人造棉的弹性好、疏松、洁白，适用于一次性医药用棉及包装用品，也适合代替棉花作棉絮。

生产人造棉的原料主要是植物纤维资源。加工时经过清理、切段、碱化、锤打、漂洗、漂白、油化、干燥、梳理等工序制得。下面以龙须草为例介绍制造人造棉的方法。

将龙须草洗净，切去根部，用铡草机切成 4～10 cm 长的草段，然后进行二次碱化。碱化是制造人造棉的关键，第一次碱化用 2% 烧碱溶液，小火保温 1～3 h。锤打后进行第二次碱化，烧碱浓度为 5%～7%。碱化时间长短以草段成熟为准，用木棒轻轻锤打碱化好的草段，使纤维分离，然后在漂洗池中洗至中性。

将纤维放入漂白缸中，加入 10 kg 浓度为 0.5%～1% 的硫酸溶液浸泡 0.5 h，再加 0.5～0.8 kg 漂白粉与纤维充分搅匀，静置 8～24 h，待纤维变成白色，捞出。反复浸洗 2～3 次，再用 1% 的大苏打溶液浸洗 1 次，洗去残余的酸和氯，绞去水分。

在油化缸中加入 10 倍纤维重量的水量，再加水量 1%～3% 的土耳其红油及少量硫酸，搅匀后放入纤维进行浸泡。油化 4～12 h，捞出，绞干。将纤维置于通风阴凉处晾干，撕开、拍松。用弹花机或疏松机反复进行弹打、疏松，制得人造棉成品。

（六）酶制剂

1. 酶制剂的生产

通过基因工程可以从苜蓿中提取酶。这种生物蛋白酶可以用于很多产品中，如饲料和洗涤剂。据预计，这种酶的市场需要量在未来 10 年会大幅度提升。美国威斯康星大学生物技术中心的科学家已经成功通过基因工程在苜蓿中生产出数量可观的植酸酶。这种酶在生产上用作畜禽饲料添加剂，以替代畜禽饲料中的无机磷，减少畜禽粪便中磷酸盐的排出。在酶的生产过程中只使用 1%～2% 的苜蓿植株，剩下的富含纤维的部分可以用作牛饲料。种植 1 hm^2 这种转基因苜蓿可以提取价值 1 200～2 500 美元的植酸酶。虽然回报丰厚，但目前种植 10 万亩苜蓿已经能满足美国市场需求。另一方面，种质资源的许可制度与转基因过程也限制了这种苜蓿的市场化进程。这些问题一旦得到解决，将会大大加快这一进程。

此外，通过转基因苜蓿来生产其他用途酶的研究也在探索中，如用于造纸业的绿色环保酶、原油生产分解酶等。

2. 酶制剂的保存

（1）影响酶稳定性的因素包括温度、pH 和缓冲液、酶蛋白浓度、氧气。

（2）稳定酶的办法一般包括以下几种：添加底物、抑制剂和辅酶；添加巯基保护剂；添加某些低分子无机离子。

（3）酶的保存方法有如下几种。

① 低温下保存。由于多数蛋白质和酶对热敏感，通常 35～40℃以上就会失活，冷藏于冰箱一般只能保存 1 周左右，而且蛋白质和酶越纯越不稳定，溶液状态比固态更不稳定。因此通常要保存于 −20～−5℃，如能在 −70℃条件下保存则最为理想。极少数酶可以耐热，如核糖核酸酶可以短时煮沸，胰蛋白酶在稀 HCl 中可以耐受 90℃，蔗糖酶在 50～60℃可以保持 15～30 min 不失活。还有少数酶对低温敏感，如鸟苷丙酮酸羧化酶 25℃稳定，低温下失活，过氧化氢酶要在 0～4℃保存，冰冻则失活，羧肽酶反复冻融会失活等。

② 制成干粉或结晶保存。蛋白质和酶固态比在溶液中要稳定得多。固态干粉制剂放在干燥剂中可长期保存，如葡萄糖氧化酶干粉 0℃条件下可保存 2 年，−15℃条件下可保存 8 年。通常，酶与蛋白质含水量大于 10%，室温、低温下均易失活，含水量小于 5% 时，37℃活性会下降，如要抑制微生物活性，含水量要小于 10%，抑制化学活性，含水量要小于 3%。此外要特别注意酶在冻干时往往会部分失活。

③ 在保护剂下保存。很早就有人观察到，在无菌条件下，室温保存了 45 年的血液，血红蛋白仅有少量改变，许多酶仍保留部分活力，这是因为血液中有使蛋白质稳定的因素，为了长期保存蛋白质和酶，常常要加入某些稳定剂。例如：惰性的生化或有机物质，如糖类、脂肪酸、牛血清白蛋白、氨基酸、多元醇等，以保持稳定的疏水环境；中性盐，有一些蛋白质要求在高离子强度（1～4 mol/L 或饱和的盐溶液）的极性环境中才能保持活力。最常用的是 $MgSO_4$、NaCl、$(NH_4)_2SO_4$ 等。使用时要脱盐；巯基试剂，一些蛋白质和酶的表面或内部含有半胱氨酸巯基，易被空气中的氧缓慢氧化为磺酸或二硫化物而变性，保存时可加入半胱氨酸或巯基乙醇。

（七）染料

染料是能使纤维及其他材料着色的物质。许多化学物质都能使其他物质染上颜色，但是如果不能给予清晰的且有一定持久性的颜色，就不能认为是染料。植物染料是从植物根、茎、叶、花、果等部分中提取的天然染料。染料植物主要有巴西木、苏木、姜黄、茜草、红花、板蓝根、木蓝和紫草等。

（八）糠醛

糠醛是大量用于塑料、石油精制、合成纤维的化工原料，也可以利用它生产合成橡胶、染料、油漆等产品。糠醛脱羰基可以得到呋喃，再加氢可得四氢呋喃。呋喃是生产药品、除草剂、稳定剂及精细化工的原料。四氢呋喃是一种极其优良的溶剂，有“万能溶剂”之称，能溶解各种树脂和塑料。

糠醛无法从石油化工中合成，它的原料为含多缩戊糖的植物纤维。谷物外壳、牧草、稻草、玉米秸秆等都是制造糠醛的重要原料。制取糠醛的方法有稀酸加压水解、稀酸常压水解、木材干馏等方法。生产糠醛最常用的方法是升高温度、增加压力，采用稀硫酸作为催化剂，经水解而获得糠醛。

（九）植酸钙

植酸钙是植酸与钙、镁形成的一种复盐形式，又称菲汀。植酸钙可以促进人体的新陈代谢，是一种滋补强壮剂，有补脑，治疗神经炎和神经衰弱、幼儿佝偻等病症的功效。工业上用作防腐剂。植酸钙中含有 20% 的肌醇，是制取肌醇的原料。

植酸钙为无定型粉末，无味无嗅，微溶于水，能溶于 0.1 mol/L 的稀酸中。工业上利用这种性质提取植物种子中的植酸钙。含水的植酸钙受植酸酶的作用而分解，因此需要在烘干后存放或立即制取肌醇。

植酸钙广泛存在于植物种子的糊粉层中。不同植物种子中植酸钙的含量不同，含量为 1%～10%。一般脱脂米糠中含量较高。

（十）甜菜碱

甜菜碱为甘氨酸的三甲基衍生物。它存在于各种不同植物的根、茎和种子中，大麦、小麦、扁豆、豌豆等都含有这种生物碱。甜菜碱在医疗、工业、农牧业生产中有着广泛的用途。

甜菜制糖废料中含甜菜碱 12%～15%。从植物中提取甜菜碱可参照从甜菜制糖废液中回收甜菜碱的方法。将植物原料粉碎或打浆，用水浸泡 2 h，然后加热到 50℃，在搅拌下加入氯化钙，趁热过滤。在滤液中加入盐酸，在 20～30℃下结晶，分离，干燥，得纯度 98.8% 的粗品。

（十一）栲胶

栲胶即植物性鞣料，是鞣制生皮革的一种化工原料。一般从富含单宁的植物材料中经过粉碎、浸提、蒸发、干燥制成。栲胶是由多种不同物质组成的复杂混合物，单宁是其主要成分。

我国鞣料植物很多，其中用于植物鞣剂生产的有落叶松、杨梅、柚柑、槲树等的树皮，橡碗子、花香果的果实等。天然草地中常见的鞣料植物有波叶大黄、皱叶酸模等。表 6-6 列出了天然草地常见的一些栲胶植物。

表 6-6　天然草地常见栲胶植物

植物名称	学名	生境	鞣质含量
皱叶酸模	*Rumex crispus*	沟边湿地	15.70%～38.80%
波叶大黄	*Rheum franzenbachii*	山坡、草原	30.00%
小丛红景天	*Rhodiola dumulosa*	阳坡	28.01%
地榆	*Sanguisorba fficinalis*	山地、湿草原	10.19%～21.67%
粗根老鹳草	*Geranium dahuricum*	山坡、灌丛	20.98%
鹅绒委陵菜	*Potentilla anserine*	草甸、路边	15.25%
叉分蓼	*Polygonum divaricatum*	草地、河边	15%～28.5%
牻牛儿苗	*Erodium stephanianum*	草地、河岸	14.46%

在采收鞣料植物时，应注意采收的部位和季节，采收部位和季节不同，鞣质含量有很大的差异。植物原料粉碎后，一般采用浸提罐组或连续浸提器，用热水以逆流的方法进行

浸提。浸提液经蒸发、净化处理后浓缩成膏状或固体状标准品。

五、药用草产品加工与贮藏技术

（一）天然草原药用植物

中国是药用植物资源最丰富的国家之一，对药用植物的发现和使用，有着悠久的历史。草原是我国药用植物生产的主要产地之一，无论在数量还是在质量上都名列前茅。据统计，我国草原上的野生药用植物约200种以上。这些“弃之为废，用之为宝”的生物资源，是一笔潜力巨大的社会财富。除了贵重的锁阳和肉苁蓉久负盛名外，虫草、贝母、大黄、羌活、黄连、附子、麦冬、川芎、白芍等中药材在国内也颇受欢迎。我国草原上的大宗药材主要集中于豆科、麻黄科、龙胆科、毛茛科、唇形科、伞形科、远志科、菊科、蝶形花科和百合科等。这些著名的药用植物，都是以其粗壮的地下部分为入药对象，如甘草、蒙古黄芪、赤芍、黄芩、防风、狭叶柴胡、远志、知母和苍术等。草原药用植物具有种类多、分布广、藏量大等特点。例如，人称“药中之王”的甘草，各地草原都有分布，以陕北和内蒙古伊盟杭锦旗与阿拉善草原上的质量最好，皮色鲜红，粗细均匀，枝头肥实，质地坚硬，粉多筋少，被列为上等品。甘草生长繁茂，藏量最大，在局部地带20 m^2的面积内竟达40～50株，常形成优势的甘草群。内蒙古草原上年产甘草总量可达200多万kg，新疆年产甘草4 000万kg以上，占全国甘草总产量60%；宁夏草原上的药材约150种，甘草和披针叶黄华年产量可达数十万千克。

甘草和甘草膏都是医药工业的重要原料，甘草根含有芳香物质，是调和百药、温中泻火、许多配方都不可缺少的常用药材；还可作食用、饮料、烟草香精的原料。甘草和甘草膏是我国的大宗出口药材之一，新疆生产的“松树牌”甘草膏，在国际市场上很受欢迎，为名牌产品之一。西北草原上出产的枸杞也是一种贵重药材。北宋著名科学家沈括在《梦溪笔谈》中写道：“枸杞，陕西极边生者，高余丈，大可作柱，叶长数寸，无刺。根皮如厚朴，甘美异于他处者。”枸杞的利用价值极高，全身是宝，既是名贵的药材，又是良好的滋补剂。商业、药材部门称枸杞子是“地道药材，拳头商品”。我国枸杞在中外市场上居于独特地位，以宁夏枸杞品质最佳，占我国枸杞总出口量的90%以上。

肉苁蓉又称大蓉，是寄生在荒漠草原上的一种名叫“梭梭”根上的药用植物。肉苁蓉颜色乳白，萝卜形状，1年可以生长2次。肉苁蓉被誉为沙漠中的人参，不仅是牲畜的高级营养食品，而且也是一种滋阴壮阳、补血益气的名贵药材。内蒙古阿盟和巴盟荒漠草原上出产的苁蓉，肉质厚醇，被评为苁蓉上品，巴盟年产量最高达30万kg，远销国外，供不应求。阿魏是一种贵重的药用胶，过去误认为中国没有这种植物，需从伊朗进口。1958年的药用植物资源普查中，在新疆伊犁草原上发现了数万公顷阿魏，近几年来又在阜康和托里找到了几种药用阿魏。阿魏是多年生块茎植物，从种子萌发到开花结果需9年时间，阿魏胶是在它抽薹开花时节割取的。

在中国草原上还有一味贵重药材叫“冬虫夏草”，简称虫草。生长在海拔4 000～4 500 m的半阴坡高山草丛和高山草甸草原上，是我国四川、西藏、青海、甘肃、云南和贵州等省区的特产。目前我国有15种虫能长出草来，但唯有蝙蝠蛾的幼虫长出来的虫草才有药用价值。虫草是很名贵的中草药，富含脂肪8.4%，粗蛋白质25.3%，碳水化合物 26.9% 以及 7% 的虫草酸、虫草素和 D-甘露醇等多种成分，具有益肺肾，补精髓，止血化痰的功能，主治虚痨咯血、阳痿遗精、腰膝酸痛等多种疾病。

但是中药材在贮藏过程中，常易发生虫蛀、霉变、走油、腐烂等现象，其主要原因为受潮，或长期日晒、受污染等。所以，贮藏时必须先干燥，再放入陶瓷或玻璃容器中密闭，并置于阴凉干燥处，最好在药材下面放些干石灰。易于虫蛀的药物，可装入容器中，用硫黄熏蒸，以杀死害虫和虫卵。

随着医学和农业的发展，药用植物逐渐成为栽培植物。我国西部天然草地蕴含丰富的野生药用植物资源。这些植物有些既有药用价值，又有丰富的营养价值。有些植物地下部分是药材，其地上部分是家畜喜食的优良牧草。许多野生药用植物含生物碱、单宁等有毒有害成分，或者具有毛、刺等附属物，适口性差，不利于家畜采食。家畜采食后影响健康，降低生产性能。天然草地中毒杂草数量的增加，往往是草地退化的表现。因此，对天然草地野生药用植物的合理利用，既可以减少天然草地毒杂草的比例，又可以扩大药用植物资源。

（二）有毒有害草

目前，我国已鉴定并确认的有毒植物约 132 科 1 383 种，但常见的引起家畜中毒的有毒植物约 300 种。毒草连片蔓延，引起家畜中毒并造成严重损失的约 20 种，我国毒草面积达 2 000 万 hm^2。

1. 瑞香狼毒

瑞香狼毒俗称断肠草、馒头花等，隶属于瑞香科狼毒属，多年生、旱生草本或灌木。瑞香科植物在世界上有 50 属 500 余种，主要分布于热带和温带地区，尤以亚洲最多，我国有 9 属 90 余种，主要分布于长江以南各地。

瑞香狼毒全株有毒，根部毒性最大，花粉剧毒。如果在瑞香狼毒花期的草地上放牧，家畜也可能因吸入狼毒花粉，导致中毒。由于成株茎叶中含有萜类成分，味劣，家畜一般不采食其鲜草。然而早春放牧时，家畜由于贪青或处于饥饿状态，常因误食刚刚返青的狼毒幼苗而中毒。多为急性中毒，主要症状为呕吐、腹痛、腹泻、四肢无力、卧地不起、全身痉挛、头向后弯、心悸亢进、粪便带血，严重时虚脱或惊厥死亡，母畜可导致流产。人接触时，可引起过敏性皮炎，根粉、花粉对人眼、鼻、喉均有较强烈而持久的辛辣性刺激。

化学成分研究表明，瑞香狼毒植株中主要含有二萜类、香豆素类、木脂素类以及黄酮类等化合物，在其根部还含有甾醇、酸性成分、氨基酸、三萜成分、树脂以及有毒的高分子有机酸。

瑞香狼毒为传统中药，根粗大，圆柱形，表面棕黄色至红棕色，质韧不易折断，断面有白色绒毛纤维。始载于《神农本草经》，其性味苦平，有杀菌、杀虫、散结、逐水止痛等多方面的药理作用，用于治疗疥疮、顽癣，具有逐水祛痰，破积杀虫之功效，还用于治疗肺、淋巴等的结核病。现代药理学和临床研究表明瑞香狼毒具有抗肿瘤、抗病毒、抗菌等活性。瑞香狼毒的根可用来制成植物性农药——杀虫剂，用于驱虫、杀蝇、灭蛆，防治农作物、饲料牧草上的害虫。

2. 棘豆属植物

棘豆属为豆科植物，全世界有350多种，分布于北半球温带、寒带及其干旱和高山地区。我国约有150种，主要分布于内蒙古、新疆的荒漠和草原、青藏高原及西南横断山脉地区。棘豆属植物中许多种具有毒性，牲畜采食后往往引起中毒乃至死亡，给畜牧业造成极大损失。关于其毒性成分及中毒机理，至今尚未准确查明。有文献报道认为棘豆属植物中含有毒性生物碱，如所含喹喏里西定类生物碱，对试验动物中枢神经产生抑制、呼吸抑制或兴奋、致幻、流产和致畸等作用，所含吲哚里西定类生物碱使哺乳动物组织细胞产生空泡变性；另有文献报道认为其含硒过多，牲畜采食后，由硒引起中毒；还有报道认为与其所含毒性蛋白（蛋白质类溶血毒素）有关；以及以上3种成分综合作用之结果。

现代研究也证实这些有毒植物含有多种化学成分，如小花棘豆含有10种皂苷、10种黄酮（苷）、8种生物碱和其他6种成分；黄花棘豆含有8种黄酮（苷）、8种生物碱和4种皂苷；甘肃棘豆含有12种氨基酸和77种挥发油；二色棘豆含有4种皂苷；黑萼棘豆含有13种氨基酸和至少1种生物碱；急弯棘豆含有6种黄酮（苷）和其他3种成分。此外，尖叶棘豆、多叶棘豆、砂珍棘豆和镰形棘豆分别含5种、4种、2种和1种黄酮（苷）。

该属植物有一定的药用价值，有10余种棘豆在藏药、蒙药等中有一定的使用，多用于消炎、解毒、抗菌、镇静和镇痛等。但对棘豆属药用植物的药理研究很少。据报道小花棘豆总生物碱和黄花棘豆及甘肃棘豆醇提取物对小鼠移植性肿瘤具有不同程度的抑制作用，其作用成分是有毒成分苦马豆素；镰形棘豆总黄酮能增加肾上腺皮质功能，对治疗慢性支气管炎有效。但从总体上看，对棘豆属药用植物的药理研究比较缺乏，而且化学成分研究与药理成分研究没有进行有效的配合。随科学技术的发展和棘豆毒性成分的进一步确定与有效成分的筛选及纯化，其有望成为有益的药用植物。

（三）基因工程药物

采用转基因技术已经从苜蓿中成功提取一种低成本的、可食的用于治疗猪遗传性肠胃炎（transmissible gastroenteritis，TGE）的接种疫苗。目前，科学家正在探索转基因苜蓿生产人类胰岛素的可能性，有试验证明苜蓿中提取出的浓缩物对人类的胰腺活动和胰岛素分泌有影响。苜蓿还可用于生产一种血库中诊疗用的单克隆抗体（immunoglobulin G，IgG），其功能和杂种细胞（在实验室里制造的一种由一个能产生抗体的淋巴细胞与一个骨髓瘤细胞结合而成的细胞，它能繁殖成一种能不断提供某种抗体的无性系）产生的抗体功能十分相似。这种抗体在不同的收割茬次和干草中呈现出稳定的特性。

（四）生物农药

利用植物资源开发农药是农药发展史中最古老、最原始的途径。中国是使用杀虫植物最早的国家，在2 000多年前的《周礼》中就有利用莽草杀虫的记载。1959年出版的《中国土农药志》记载了分布在86个科中的220种植物农药。《中国有毒植物志》中记载的1 300多种植物中有许多种类可作为植物性农药。

生物农药是指直接利用生物产生的生物活性物质或生物活体制成农药。人工合成的与天然化合物结构相同的农药，称生物源农药。我国生物农药按照其成分和来源可分为微生物活体农药、微生物代谢产物农药、植物源农药、动物源农药4个部分。按照防治对象可分为杀虫剂、杀菌剂、除草剂、杀螨剂、杀鼠剂、植物生长调节剂等。植物农药与化学合成农药相比具有许多优点。植物农药容易降解，在自然界中无积累，对植物不产生药害，对环境较为安全。植物性杀虫剂不对天敌产生直接的杀伤作用，对非标靶生物比较安全，用于人类直接食用的蔬菜、水果和茶叶等作物非常适合。研究和开发植物生物农药对保护生态平衡，促进农业可持续发展具有十分重要的现实意义。

水蓼，又名辣蓼，蓼科蓼属一年生植物，分布于东北、华北、河南、陕西及长江以南地区。叶含甲氧蒽醌，茎叶可防治多种害虫，如蚜虫、地老虎、菜毛虫、叶跳虫、金花虫、螟虫、稻花虫、卷叶虫、黄条跳甲等。水蓼，水煮液对小麦叶锈病、条锈病有一定防治效果，水浸液对轮纹斑病菌孢子、棉炭疽病、小麦秆锈病有一定的抑制作用，抑制叶锈病夏孢子发芽效果显著。

无叶假木贼，藜科假木贼属多年生半灌木。分布于新疆、甘肃，生于干旱的荒漠、山地及沙丘地上。一年生枝含毒藜碱，对昆虫有触杀、胃毒及熏杀作用，可防治蚜虫、菜青虫、棉叶跳虫、蓟马、甘蓝蚜虫、菜蛾、苜蓿盲蝽象等。

打破碗花花，毛茛科银莲花属多年生草本，分布于西南等地。全株均可杀虫，可防治棉蚜、稻螟、稻苍虫、红蜘蛛等。水浸液对小麦叶锈病菌夏孢子发芽的抑制效果显著，对小麦秆锈病的防治效果明显。毛茛科中可作农药的还有乌头、白头翁毛茛、铁线莲等。

白屈菜，罂粟科白屈菜属植物，分布于华北、东北、山东、四川及新疆等地。全株可杀虫，防治地蚤、蝶类害虫等。罂粟科中可作为农药的还有博落回。

锈毛鱼藤，蝶形花科鱼藤属攀缘灌木，分布于云南、广东、广西等省区，我国南方广为栽培。锈毛鱼藤是一种很有效的杀虫剂，有效成分鱼藤酮以根部含量最高，对人畜毒性较低，对昆虫有强烈的触杀和胃毒作用，用于防治蚜虫和多种咀嚼式口器害虫，主要用于果树、蔬菜、烟草、茶树、桑树、棉花等作物。

雷公藤，卫矛科雷公藤属藤本，分布于长江以南各省至西南。全株含雷公藤碱而具有强烈的触杀和胃毒作用，根中有效成分含量最高，用于防治菜青虫、铁甲虫、菜毛虫等。

洋金花，茄科曼陀罗属植物，原产于印度，江苏、浙江、福建、广东、湖北等地栽培或逸为野生。地上部分具有杀虫作用，尤其是花毒性最强，主要防治对象为蚜虫、玉米螟、稻螟、红蜘蛛等。

除虫菊，菊科除虫菊属多年生草本，全国各地栽培。含除虫素菊Ⅰ、除虫素菊Ⅱ等有效成分，以花的杀虫效果最好，对昆虫有触杀作用，可防治蔬菜、果树、茶、烟草上的多种害虫。除虫菊水浸液对小麦秆锈病菌及叶锈病菌夏孢子发芽抑制效果显著，对小麦秆锈病防治效果明显。

白藓皮，芸香科藓皮属多年生草本，产自江苏、安徽、河北、黑龙江、吉林、甘肃、新疆等省区。水煮液可防治蚜虫等害虫。

紫茎泽兰，菊科泽兰属植物，可提取灭蚜制剂。

露水草，鸭跖草科蓝耳草属多年生草本，主要产于云南。蜕皮激素含量可达全草干重的1.2%，根部含量更高，可达干重的2.9%，其中主要成分为昆虫体内活性最强的β-蜕皮激素，是含β-蜕皮激素最高的植物之一。露水草在民间用于治疗关节炎，而且栽培容易，是荒地综合利用的一种有发展前途的经济植物。

水竹叶，鸭跖草科水竹叶属植物，产自河南、山东以南各省区。水竹叶含有蜕皮激素。杯苋属、牡荆属、野芝麻属、飞蓬属中也含有蜕皮激素。

荆芥，唇形科荆芥属多年生草本，产自西北、西南、华中等地。含有保幼激素。滨菊、飞蓬中也含有保幼激素。

碧冬茄，茄科碧冬茄属一年生或多年生草本，原产自南美，我国栽培。茎叶中含有2种杀棉铃虫幼虫，并使成虫生长发育紊乱的化学物质。

百部，百部科百部属多年生攀缘性草本，分布于江苏、浙江、安徽、福建、江西、山东、河南等省。水煮液对小麦秆锈病夏孢子发芽有显著抑制效果，粉剂对棉角斑病、棉炭疽病、棉立枯病抑制效果明显，对蚕豆根腐病抑制效果显著。对多种昆虫具有强烈的触杀作用。

蕺菜，三白草科蕺菜属多年生草本，分布于四川、云南、贵州、湖南、广东、江苏、浙江、安徽、湖北等地，为常见种。水煮液对蚕豆根腐病的防治效果显著，对小麦秆锈病夏孢子发芽抑制效果明显。

大黄，蓼科大黄属多年生草本，分布于四川、湖北、陕西等省，为常见种。水浸液、水煮液对马铃薯晚疫病菌孢子发芽、小麦秆锈病夏孢子发芽的抑制效果显著。大黄粉剂对棉角斑病、棉立枯病抑制效果显著，对棉炭疽病抑制效果明显。

酸模，蓼科酸模属多年生草本，我国北方常见。水浸液对小麦叶锈病防治效果显著，对条锈病有明显防治效果，对抑制马铃薯晚疫病菌孢子发芽效果显著。同属中另一种植物皱叶酸模也有相同用途。

商陆，商陆科商陆属多年生草本，分布很广，几乎遍及全国。其粉剂对抑制棉花角斑病及稻热病的效果显著，对棉炭疽病有明显防治作用。水浸液对小麦秆锈病的防治效果明显。与甘草、连翘等原料制成MH11-4可湿性粉剂用于防治烟草花叶病。

淫羊藿，小檗科淫羊藿属多年生常绿草本，分布于浙江、安徽、江西、湖北、四川及福建等地。水浸液对小麦秆锈病及叶锈病夏孢子发芽、马铃薯晚疫病菌孢子发芽、棉花黄枯萎病菌孢子发芽抑制效果显著。

泽漆的水浸液对马铃薯晚疫病的抑制效果显著，对甘薯黑斑病菌孢子发芽抑制效果显著。

大戟，大戟科大戟属多年生草本，广布于我国东北至广东各地。水煮液、水浸液对小麦秆锈病夏孢子发芽抑制效果显著，水浸液对小麦叶锈病菌夏孢子发芽、棉花黄萎病菌孢子发芽抑制效果显著，对棉花枯萎病菌孢子发芽抑制效果明显。

马鞭草，马鞭草科马鞭草属多年生草本，分布几乎遍及全国。水浸液对小麦秆锈病菌夏孢子发芽及小麦叶锈病菌夏孢子发芽抑制效果显著。

益母草，唇形科益母草属草本，分布遍及全国。水浸液对小麦秆锈病菌夏孢子发芽抑制效果显著，对小麦叶锈病菌孢子发芽抑制效果明显，水浸液对小麦叶锈病、马铃薯晚疫病防治效果明显。

白曼陀罗，茄科曼陀罗属一年生草本，分布于河北、河南、江苏、浙江、福建等省。水浸液对小麦秆锈病菌夏孢子发芽、小麦叶锈病菌夏孢子发芽抑制效果显著，对小麦秆锈病、马铃薯晚疫病防治效果明显。

黄花蒿，菊科蒿属一年生草本，分布几乎遍及全国。水浸液对马铃薯晚疫病菌孢子发芽、甘薯黑斑病菌内生孢子的抑制效果显著，水浸液还可杀红蜘蛛、蚜虫等；水煮液对小麦秆锈病夏孢子发芽抑制效果显著。同属中另一种艾蒿可防治红蜘蛛、棉蚜、菜青虫。水浸液对棉炭疽病有抑制效果，对小麦叶锈病、小麦秆锈病及马铃薯晚疫病有一定防治效果。干粉水煮液对小麦秆锈病夏孢子发芽抑制效果显著。

天名精，菊科天名精属多年生草本。水浸液对甘薯黑斑病孢子发芽抑制效果显著，对小麦叶锈病的防治效果显著，对小麦秆锈病的防治效果明显。水浸液对棉花黄萎病及枯萎病菌孢子发芽抑制效果显著。

菖蒲水浸液对小麦秆锈病有一定防治效果，对小麦叶锈病防治效果显著，对马铃薯晚疫病防治效果明显。

藜芦，百合科藜芦属多年生草本，分布于河北、陕西、山西、东北等地。粉剂对棉立枯病的抑制效果显著。还可防治蓟马、蚜虫、菜青虫等。

射干，鸢尾科射干属丛生草本，广布于全国。水浸液对小麦秆锈病夏孢子发芽、小麦叶锈病菌夏孢子发芽抑制效果显著，对小麦秆锈病有一定防治效果，对小麦叶锈病防治效果显著，对马铃薯晚疫病防治效果明显。

蛇床子，伞形科蛇床属二年生草本，分布于山西、内蒙古、东北、河南、河北、江苏等省区，较普遍。水浸液对小麦叶锈病菌夏孢子发芽、甘薯黑斑病菌孢子发芽抑制效果显著。对棉角斑病抑制效果为75%～100%。

思 考 题

1. 什么是非饲用饲草产品？有哪些种类？
2. 简述苜蓿芽菜的营养成分及制作工艺。
3. 简述工艺草产品的分类。
4. 简述工业用草产品的分类。
5. 简述牧草等草本植物在医药用品开发中的作用与前景。

参 考 文 献

[1] 张秀芬. 饲草饲料加工与贮藏. 北京：中国农业出版社，1992.
[2] 玉柱，贾玉山，张秀芬. 牧草加工贮藏与利用. 北京：化学工业出版社，2004.
[3] 曹致中. 草产品学. 北京：中国农业出版社，2005.
[4] 张明华. 中国草原经济植物资源及其开发利用对策. 中国草地，1997，5：74-77.
[5] 杨富裕. 非饲用草产品的开发与利用 // 中国草业发展论坛论文集，2006：121-124.
[6] 张春梅，王成章，胡喜峰，等. 紫花苜蓿的营养价值及应用研究进展. 中国饲料，2005，(1)：15-17.
[7] 贾生平. 苜蓿保健茶的制作. 农村百事通，2005（10）：9.
[8] 乔秀红. 苜蓿汁饮料的研制. 食品加工，2002（10）：92-93.
[9] 牟德华，杨会龙，李艳，等. 葛根、葛花的保健功能及其饮料的制作工艺. 食品工业科技，2000，21（3）：55-56.
[10] 张洪路，周翠红. 葛根混合饮料的制作工艺. 保鲜与加工，2002（3）：33.

[11] 于丽娜，张永忠，辛禹．红三叶草异黄酮在保健食品和医药中应用的研究进展．氨基酸和生物资源，2005，27（4）：65-68.
[12] 曾分有，周海燕，吴永尧．红三叶活性成分及其在保健食品和医药中的应用．现代生物医学进展，2007，17（3）：449-465.
[13] 郑建仙．功能性食品学．北京：中国轻工业出版社，2003.
[14] 张丽芳，张爱珍．膳食纤维的研究进展．中国全科医学，2007，11（21）：1825-1827.
[15] 周坚，肖安红．功能性膳食纤维食品．北京：化学工业出版社，2005.
[16] 于立河，李兴革，赵永焕．冬黑麦草中麦绿素、黑麦草膳食纤维的制取工艺研究．黑龙江八一农垦大学学报，2001，13（3）：6-9.
[17] 潘文洁，薛正莲，姜土．黑麦草膳食纤维的制备研究．中国调味品，2007，（5）：33-35.
[18] 刘朝霞，贾玉山，格根图，等．牧草中提取膳食纤维方法的研究．内蒙古草业，2006，18（14）：15-21.
[19] 王宗训．中国资源植物利用手册．北京：中国科学技术出版社，1989.
[20] 戴宝合．野生植物资源学．北京：农业出版社，1993.
[21] 何明勋．资源植物学．上海：华东师范大学出版社，1999.
[22] 刘胜祥．植物资源学．武汉：武汉出版社，1994.
[23] 中华人民共和国商业部土产废品局，中国科学院植物研究所主编．中国经济植物志（上、下册）．北京：科学出版社，1961.
[24] 谢碧霞，张美琼．野生植物资源开发与利用学．北京：中国林业出版社，1999.
[25] 胡玉熹．植物纤维纵横谈．植物杂志，1990，5：32-35.
[26] 朱应远．龙须草的生长习性、繁殖方法和高产栽培技术．资源开发与市场，1999，2：67-70.
[27] 徐进，张卫明，马世宏，等．葛根在化妆品中的应用初探．中国野生植物资源，2000，3：11-14.
[28] 潘建国．目前美国保健食品主要流行品种及发展趋势（一）．食品科技，2002，2：1-3.
[29] 潘建国．目前美国保健食品主要流行品种及发展趋势（二）．食品科技，2002，3：3-4.
[30] 于新，冯彤，张方明．绞股蓝保健软糖的工艺研究．食品科技，2002，2：32-35.
[31] 张雁，张孝祺，吴伟琪，等．葛根资源的开发利用．中国野生植物资源，2002，19（6）：26-30.
[32] 王薇．营养保健食品的发展与管理．食品科技，1995，2：8-21.
[33] 马忠武．人类益寿之友．植物杂志，1994，3：16-18.
[34] 霍丹群，侯长军．葛根保健食品的开发及利用．资源开发与市场，2000，16（1）：27-28.
[35] 于菊芳．生物农药的作用、应用与功效（二）——植物和动物源农药．世界农药，2001，23（2）：5-7.
[36] 张文吉．新农药应用指南．北京：中国林业出版社，2001.
[37] 土农药科学编辑委员会．中国土农药志．北京：科学出版社，1959.
[38] 刘学端，肖启明．植物源农药防治烟草花叶病机理初探．中国生物防治，1997，13（3）：128-131.
[39] 徐明慧．园林植物病虫害防治．北京：中国林业出版社，1990.
[40] 秦民坚．植物中的昆虫变态激素．植物杂志，1992（5）：5.
[41] 王建书．茄科植物体中的天然杀虫剂．植物杂志，1991（1）：46.
[42] 蔡素雯，杨军．食用叶蛋白的制备及其有效成分分析．西北大学学报：自然科学版，1997，27（3）：231-234.

[43] 赵士豪，马同锁，张红兵．紫花苜蓿酸奶的研制．食品工业，2007，3：52-54.
[44] Bolton J L．Alfalfa botany cultivation and utilization．London： Leonard Hill Books Limited, 1962.
[45] 祝美云，王成章．苜蓿食品的开发应用．食品科技，2007，4：56-58.
[46] 何春年，高微微，佟建明．苜蓿属植物的皂苷类化学成分 . 中国农学通报，2005，21（3）：107-108.
[47] Condny L R, Montgomery A, Houston M．The role of esterin processed alfalfa saponins in reducing cholesterol．Journal of the American Nutraceutical Association, 2001, 3(4): 1-10.
[48] Hoagland R E, Zablotowicz R M, Oleszek W A．Effects of alfalfa saponins on *in vitro* physiological activity of soil and rhizosphere bacteria．Crop Prod., 2001, 4(2): 349-361.
[49] 刘向阳，李道娥．叶蛋白食用研究概述．中国农业大学学报，1997，2（6）：96-100.
[50] 甘肃省科技厅．草产品加工贮藏与利用技术．兰州：甘肃人民出版社，2001.
[51] 中国油脂植物编写委员会．中国油脂植物．北京：科学出版社，1987.
[52] 董欣炜．紫花苜蓿叶蛋白提取工艺研究．重庆：西南大学，2006.
[53] 汪辉，周禾，高凤芹，等．能源草的研究与应用进展．草业与畜牧，2013，1：50-53.
[54] 李平，孙小龙，韩建国，等．能源植物新看点——草类能源植物．中国草地报，2012，32（5）：97-100.
[55] 贾玉山，侯美玲，格根图．中国草产品加工技术展望．草业与畜牧，2016，1：1-6.
[56] 王珺．茶艺．北京：机械工业出版社，2015.
[57] 于观亭．中国茶经．北京：外文出版社，2013.
[58] 苏拔贤．生物化学制备技术．北京：科学出版社，1986.
[59] 焦云鹏．酶制剂生产与应用．北京：中国轻工业出版社，2015.

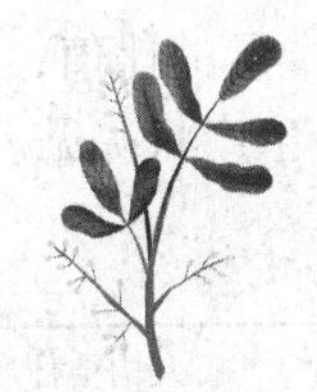

第七章　农作物秸秆饲料化技术

【学习目标】

- 秸秆资源的重要性。
- 秸秆饲料化加工原理。
- 秸秆饲料化加工技术。
- 秸秆饲料贮藏技术。

第一节　农作物秸秆饲料化加工意义

《辞海》解释："秸：农作物的茎秆"，"秆：禾本科植物的茎"。农作物秸秆有广义和狭义之分，狭义的秸秆指田间秸秆，即收获作物主要农产品之后田间剩余的副产品，而广义的秸秆不仅包括田间秸秆，还包括农产品初加工过程中产生的副产品，比如花生壳、玉米芯、稻壳、甘蔗渣等。

国家发改委、财政部、农业部、环境保护部联合发布《关于进一步加快推进农作物秸秆综合利用和禁烧工作的通知》(发改环资〔2015〕2651号)，进一步推进秸秆肥料化、饲料化、燃料化、基料化和原料化利用，力争到2020年，全国秸秆综合利用率达到85%以上。国家发展改革委办公厅、农业部办公厅联合发布的《关于编制"十三五"秸秆综合利用实施方案的指导意见》中，在秸秆饲料化利用重点利用领域指出，秸秆是牛羊粗饲料主要来源，要把推进秸秆饲料化与调整畜禽养殖结构结合起来，在粮食主产区和农牧交错区积极培植秸秆养畜产业，鼓励秸秆青贮、氨化、微贮、颗粒饲料等的快速发展。在秸秆种养结合示范工程中，要求在秸秆资源丰富和牛羊养殖量较大的粮食主产区，扶持秸秆青(黄)贮、压块颗粒、蒸汽喷爆等饲料专业化生产示范建设，重点支持建设秸秆青贮氨化池、购置秸秆处理机械和饲料加工设备，增强秸秆饲用处理能力，保障畜牧养殖的饲料供给。

从《国务院关于发展高产优质高效农业的决定》(国发〔1992〕56号)提出充分利用农区的大量秸秆发展养牛、养羊和其他草食动物，通过秸秆过腹还田，增加有机肥料，培育地力，降低成本，到《关于进一步加快推进农作物秸秆综合利用和禁烧工作的通知》，20多年来一直重视对农作物秸秆的饲料化利用。

一、农作物秸秆资源丰富

目前田间秸秆量估算的通用方法是利用国家统计部门或农业部门公布的作物经济产量，以及作物收获指数(又称经济系数)或者草谷比(又叫秸秆系数)计算得到。其中经济产量指具有经济价值的农产品产量，收获指数指农作物经济产量与生物产量的比值，草谷比指农作物秸秆产量与经济产量的比值。全球前 5 个秸秆资源大国的秸秆生产状况见表 7-1。

表 7-1　2000 年全球前 5 个秸秆资源大国的秸秆生产状况

排序	国家和地区	秸秆总产量 / $\times 10^4$ t	占世界百分比 /%	秸秆耕地单产 /(kg/hm^2)	人均秸秆产量 /kg
	世界	438 862.37	100	3 210	725
1	中国 *	75 893.15	17.29	5 850	595
2	美国	69 925.19	15.93	3 945	2 477
3	印度	45 981.10	10.48	2 835	453
4	巴西	32 066.36	7.31	6 015	1 885
5	阿根廷	12 760.42	2.91	5 100	3 446

注：* 不含台湾省数据。引自毕于运等（2008）。

《关于进一步加快推进农作物秸秆综合利用和禁烧工作的通知》中，据调查统计，2015 年我国秸秆理论资源量为 10.4 亿 t，可收集资源量约为 9 亿 t，利用量约为 7.2 亿 t，秸秆综合利用率达到 80.1%。

在中国传统农业种植结构中，稻谷、小麦、玉米和豆类等是主要的农作物种植品种，这 4 类秸秆资源占总秸秆量的 80% 以上（表 7-2）。

表 7-2　2011 年中国主要农作物秸秆产量

秸秆种类	产量 / $\times 10^4$ t	秸秆种类	产量 / $\times 10^4$ t
稻草	20 100.1	豆秸	3 053.4
玉米秸秆	20 049.2	棉柴	1 976.7
麦秸	13 735.9	薯藤	1 865.6
甘蔗秸	4 920.7	花生秸	1 829.2

注：引自郭冬生和黄春红（2016）。

据估算，2005 年我国陆地植被年生长量即陆地生态系统中的全年净第一性生产力约为 16.13 亿 t 干物质，其中耕地生物质年产量为 155 497 万 t，占 59.51%。2005 年我国秸秆总产量约为 84 183 万 t，占当年全国农田生物质总产量的 54.14% 和全国陆地植被总生长量的 32.22%，分别相当于同年全国 23 574 万 hm^2 林地生物质年生长量的 1.36 倍、26 214 万 hm^2 牧草地总产草量的 2.55 倍和 1 155 万 hm^2 园地生物质（包括枝叶和果实等）年生长量的 7.75 倍。所以我国秸秆产量不仅在农田生物质总产量中占有 50% 以上的比重，而且明显高于林地、牧草地、园地等农用地的生物质年生长量或年产量，从而成为我国陆地植被生态系统中年产量最高的生物质资源。

二、秸秆饲料化可以促进草食畜牧业的发展

我国古代畜牧业的发展，不但提供了日常食用肉、奶等产品，而且供应了军事作战需要的大量马匹。在草场缺乏的农区，秸秆成为发展牧业养殖的主要饲料来源。《陈旉农书》

对秸秆作为饲料在《牧羊》篇中专门记载："新草未生之初，取洁净藁草细剉之，和以麦麸、谷糠或豆，使之微湿"。《全国草食畜牧业发展规划（2016—2020年》中指出，2015年秸秆饲料化利用量达2.2亿t，占秸秆资源总量的24.7%。通过大力推广秸秆青贮、微贮、气爆、压块等处理技术，支持专业化的秸秆饲料化利用企业发展，2020年秸秆饲料化利用量达2.4亿t，年均增长0.2%。

秸秆之所以能够在长期的养殖业发展进程中占据一席之地，是因为秸秆除了可以促进反刍动物瘤胃蠕动、维持机体健康，同时也提供一定的能量和蛋白质营养。而且秸秆的总能值并不低，只是由于木质化造成能量不易被消化利用（表7-3）。

表7-3　4种秸秆饲料的常规营养成分

饲料名称	CP	NDF	ADF	GE	RFV
玉米秸秆	5.70	63.31	38.23	16.89	67.35
稻草	5.37	62.92	37.90	14.95	68.25
麦秸	5.77	67.31	42.22	16.01	60.02
谷草	4.50	68.23	41.77	15.97	59.57

注：引自李洋等（2015）。

随着我国标准化规模养殖与农作物秸秆饲料化利用的快速发展，不同省市或地区的反刍动物对农作物秸秆饲料需求量和农作物秸秆饲料化利用量应当处于一定的平衡状态，充分发挥秸秆饲料的作用。

以玉米秸秆、小麦秸秆、水稻秸秆、豆类秸秆、薯类秸秆和花生秸秆为主，2008—2013年，我国农作物秸秆饲料化利用量呈逐年增长趋势，年均增长2.93%；同期我国农作物秸秆饲料需求量呈现波动增长的趋势，年均增长0.06%。从全国范围来看，2013年农作物秸秆饲料化满足度达到了134.43%，农作物秸秆饲料满足反刍动物对粗饲料需求。从31个省市满足度的空间分布规律来看，江苏、浙江和安徽等21个省（自治区、直辖市）农作物秸秆饲料化满足度为满足；广西和内蒙古（自治区）为基本满足；宁夏和贵州等8个省（自治区、直辖市）为不满足（表7-4）。

表7-4　中国31个省（自治区、直辖市）农作物秸秆饲料化利用量与反刍动物农作物秸秆需求量

$\times 10^4$ t

省份（市）	饲料化利用量	饲料化需求量	省份（市）	饲料化利用量	饲料化需求量
内蒙古	800.98	747.49	江西	526.73	285.06
四川	858.02	797.63	安徽	900.28	271.13
西藏	8.15	490.33	江苏	872.96	110.58
甘肃	295.88	534.40	上海	27.09	9.55
青海	21.89	128.20	浙江	176.21	38.67
新疆	402.21	793.12	广东	349.72	224.42
黑龙江	1 720.28	580.07	广西	405.12	460.04
吉林	1 079.01	479.90	福建	162.43	86.90

续表 7-4

省份（市）	饲料化利用量	饲料化需求量	省份（市）	饲料化利用量	饲料化需求量
辽宁	687.52	486.35	海南	49.05	91.85
河北	1 015.24	624.24	山西	385.62	270.23
河南	1 793.62	1 199.91	陕西	342.46	258.09
山东	1 435.05	895.66	宁夏	102.78	203.18
北京	30.07	27.81	重庆	275.80	164.76
天津	52.03	31.74	贵州	247.02	484.84
湖北	656.39	413.69	云南	491.84	865.94
湖南	723.66	512.55			

注：引自楚天舒等（2016）。

曾经农作物秸秆在我国农区养殖业发展历程中发挥了巨大的作用，但是随着京津和南方发达地区工业化和城镇化的快速推进和环境保护压力增大，畜禽养殖业退养的步伐加快，农作物秸秆的饲料化利用呈现新的动态变化。

三、秸秆饲料化的社会意义

扎实推进秸秆饲料化，可以避免资源严重浪费，减少因秸秆焚烧导致的空气污染、雾霾频发等社会问题。1999 年，在作物收获季节大量秸秆被焚烧，严重污染空气的情况下，国家环境保护总局、农业部、财政部、铁道部、交通部、中国民用航空总局联合发布了第一份禁止秸秆焚烧的《秸秆禁烧和综合利用管理办法》（环发〔1999〕98 号）。

除了发改环资〔2015〕2651 号文件，2016 年 1 月 1 日起施行的《中华人民共和国大气污染防治法》，也明确规定："省、自治区、直辖市人民政府应当划定区域，禁止露天焚烧秸秆、落叶等产生烟尘污染的物质"。

中国农村秸秆露天焚烧平均比例为 20.8%，稻谷、玉米秸秆和麦秸是露天焚烧的三大作物秸秆，其对污染物排放的贡献合计约为 87%（表 7-5）。

表 7-5 秸秆露天焚烧的部分省区污染物排放清单 $\times 10^4$ t

	PM2.5	BC	OC	SO_2	NO_x	CO	NMVOC	NH_3	CH_4	CO_2
全国	138.1	6.4	41.1	8.7	41.8	594.6	94.4	8.0	44.2	15 355.4
河南	14.6	0.8	4.9	1.2	5.6	92.9	13.0	0.8	5.9	1 984.5
安徽	14.1	0.7	4.1	0.9	4.0	60.7	9.0	0.8	4.2	1 658.0
湖南	15.5	0.7	4.1	1.0	3.7	47.6	7.8	0.9	3.9	1 643.4
江苏	11.8	0.6	3.3	0.8	3.3	47.8	7.1	0.7	3.4	1 419.2
山东	10.6	0.4	3.7	0.7	4.0	60.8	9.3	0.6	4.1	1 002.1

注：不包括西藏自治区、天津市、上海市、港澳台地区。

引自彭立群等（2016）。

第二节　农作物秸秆饲料化加工原理

农作物秸秆是由大量的有机物、少量的无机物和水组成的，其有机物的主要成分是纤维素类的碳水化合物，此外还有少量的粗蛋白质和粗脂肪。碳水化合物是由纤维素类物质和可溶性糖类组成。农作物秸秆中的纤维素类物质可水解成可发酵的小分子糖，秸秆中原有的可溶性糖和水解后的小分子糖均可以作为发酵底物和能量来利用。

一、农作物秸秆化学组成

农作物秸秆组成成分复杂，包括纤维素、半纤维素、木质素、粗蛋白质、可溶性糖和粗灰分等，其中纤维素、半纤维素和木质素占据绝大部分的比重。

纤维素在水、酸、碱或盐溶剂中发生溶胀，可以进行碱性降解和酸性水解，以获得小分子的碳水化合物。半纤维素在酸性水溶液中加热时，其糖苷键能发生水解生成木糖、阿拉伯糖、半乳糖和甘露糖等单糖，且比纤维素水解的速度快。木质素的热稳定性较高。粗蛋白质、可溶性糖和灰分是重要的非结构性化合物，粗蛋白质主要由氨基酸构成，可溶性糖主要由小分子糖构成。

农作物稻秆的元素组成包括碳、氢、氧、氮、硫、磷、钾、钠、镁、铁、铜和锌等，如果各元素可以在动物体内消化吸收，均能发挥重要的营养、代谢和调节作用。

表 7-6　5 种农作物秸秆的组成成分

项目	麦秸	稻秸	玉米秸秆	油菜秸秆	棉花秸秆
纤维素 /%DM	38.26	41.30	37.24	41.63	38.27
半纤维素 /%DM	21.94	18.65	17.38	14.84	14.40
木质素 /%DM	21.73	18.51	23.13	19.95	27.68
可溶性糖 /%DM	1.68	5.15	6.24	0.94	2.39
粗蛋白质 /%DM	3.28	5.32	5.89	4.95	6.61
C/%DM	42.46	40.67	44.06	42.89	45.96
H/%DM	5.29	5.27	5.62	5.86	5.88
N/%DM	0.61	0.87	1.07	0.77	1.14
S/%DM	0.36	0.36	0.42	0.63	0.44
O/%DM	42.13	40.95	41.79	43.43	41.84
P/(g/kgDM)	0.57	1.21	1.07	0.81	1.46
K/(g/kgDM)	24.26	16.71	17.94	16.23	13.45
Na/(g/kgDM)	0.93	1.90	0.15	3.56	2.28
Ca/(g/kgDM)	2.09	2.76	1.91	7.78	3.43
Mg/(g/kgDM)	1.23	1.93	2.54	1.16	1.78
Fe/(g/kgDM)	0.49	0.34	0.42	0.22	0.14

续表 7-6

项目	麦秸	稻秸	玉米秸秆	油菜秸秆	棉花秸秆
Cu/(g/kgDM)	3.32	3.47	5.60	2.02	5.08
Zn/(g/kgDM)	7.97	26.73	13.77	12.89	9.47

注：纤维素、半纤维素、木质素测定参考 NREL 方法。引自牛文娟（2015）。

从动物营养的角度出发，木质素基本不可利用，其他化学组分则根据其可降解、可利用的程度而发挥相应的功能（表 7-7）。

表 7-7　4 种秸秆饲料养分瘤胃有效降解率

饲料名称	有效降解率 /%			
	DM	CP	NDF	ADF
玉米秸秆	39.89	36.33	40.34	30.96
稻草	29.94	33.02	35.60	29.59
麦秸	33.03	28.56	33.47	28.87
谷草	30.73	30.65	31.96	28.48

注：引自李洋等（2015）。

二、农作物秸秆木质纤维素

农作物秸秆饲料消化率低，究其原因是由本身化学分子结构和空间构型特点所决定的。植物细胞壁不仅决定植物细胞大小、形状和机械强度，还对植物形态发生、细胞生长和分化、细胞信号传导、水分运输以及应对外界刺激反应也起着重要作用，植物细胞壁主要由纤维素、半纤维素、木质素和壁蛋白等成分组成。

（一）木质纤维素单体

高等植物细胞壁主要分为两种类型：初生壁和次生壁。初生壁在细胞快速伸长过程中形成，主要包括纤维素、半纤维素、果胶和一些结构蛋白。次生壁沉积开始于植物细胞停止伸长时，次生壁要比初生壁厚，而且一般次生壁的沉积分为几层。植物次生壁半纤维素的主要组分为木聚糖，但不同类型细胞壁其支链的取代糖基不同。另外，次生壁中含有大量的木质素，能够提高细胞壁的防水性、强度和抵抗外界生物及非生物侵害能力。根据初生壁细胞壁多糖的不同，植物细胞壁可分为两种类型：Ⅰ型和Ⅱ型。Ⅰ型细胞壁代表植物为所有双子叶植物及非禾本科的单子叶植物，其半纤维素的主要组分为木葡聚糖，另外该类型细胞壁还含有更多的果胶。Ⅱ型细胞壁代表植物为禾本科的单子叶植物，其半纤维素组分主要为阿拉伯木聚糖。相比Ⅰ型，Ⅱ型细胞壁具有更高的纤维素含量、更少的果胶和蛋白质含量。

1. 纤维素

纤维素是 D-葡萄糖以 β-（1，4）-糖苷键连接起来的无分支链状高分子化合物，以水平翻转 180° 的 2 个葡萄糖为单位，平行排布。纤维素的每个葡萄糖基环上有 3 个活泼羟基，即 2 个仲羟基和 1 个伯羟基。因此，纤维素可以发生一系列与羟基有关的化学反应，包括醚化、酯化和接枝共聚等，生成相应的纤维素衍生物。纤维素中存在大量的结晶区和非结晶区以及氢键，因而其晶体结构非常牢固，所以纤维素在一般条件下很难溶解于常见溶剂。

纤维素是由许多纤维素大分子链组成，纤维素大分子链上的羟基通过氢键作用形成具有结晶结构的纤维素（图 7-1），天然纤维素一般为 Iα 和 Iβ 两种类型，这两种类型同时存在，在不同的物种中其比例不同。纤维素结晶度用来表示聚合物中结晶区域所占的比例。纤维素的结晶结构在很大程度上成为酶解纤维素的主要屏障。纤维素晶体结构表现为结晶区和非结晶区交替连接存在，结晶区内纤维素分子规则排列，分子链排列平行，非结晶区（无定形区）高聚物分子链状结构排列不紧密。高结晶度的纤维素不利于酸水解的进行，通过纤维素消晶化及晶型结构的改善，进而增加纤维素的可及度，可以提高纤维素的水解效率。

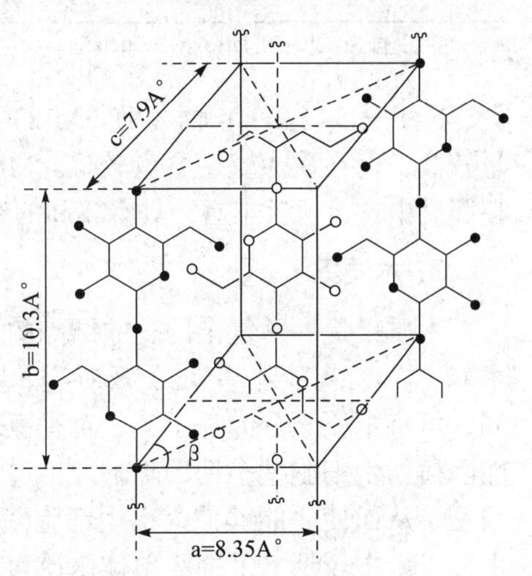

图 7-1　纤维素 I 晶胞结构

引自陈明凤（2011）

纤维素聚合度（polymerization degree，DP），等于纤维素样品总糖量和还原末端量的比值，需要分别测量纤维素样品的总糖量和还原末端的量。聚合度可衡量聚合物分子大小，是纤维素高聚物大分子链上基本结构单元数量。纤维素分子链一般由 300～15 000 个葡萄糖基所构成，其化学结构分子式为（$C_6H_{10}O_5$）$_n$，n 即表示纤维素聚合度。纤维素酸水解过程当中，纤维素聚合度起初降低十分迅速，且极易达到其极限聚合度，之后聚合度很难再降低，低聚合度严重阻碍了酸解的进行。

2. 半纤维素

半纤维素是由两种或两种以上的单糖组成的不均一高聚糖，由于其化学结构的不均一性，天然半纤维素为非结晶态且分子量相对低的多位分枝性的聚合物，其聚合度为 80～200。半纤维素的分子式通常以戊聚糖（$C_5H_8O_4$）$_n$ 和己聚糖（$C_6H_{10}O_5$）$_n$ 表示。

半纤维素结构复杂，它们通过氧键与纤维素连接，以共价键（主要是 *α*- 苯醚键）与木质素相连，以酯键与乙酰基及羟基肉桂酸连接。半纤维素主要是聚 -O- 乙酰基 -4-O- 甲基 - 葡萄糖醛酸木糖，主链是（1→4）-*β*- 吡喃型木糖，平均每 10～20 个木糖单元连接有一个 *α*-（1→2）-4-O- 甲基 - 葡萄糖醛酸。由于其结构无序化程度很高，所以其结晶度和抵抗结构变化的能力比纤维素弱（表 7-8）。

表 7-8　植物初生壁及次生壁中半纤维素种类及分布

多糖	占细胞壁多糖的比例 /%					
	双子叶植物		禾草		裸子植物	
	初生壁	次生壁	初生壁	次生壁	初生壁	次生壁
木葡聚糖	20～25	微量	2～5	微量	10	—
葡糖醛酸木聚糖	—	20～30	—	—	—	—

续表 7-8

多糖	占细胞壁多糖的比例 /%					
	双子叶植物		禾草		裸子植物	
	初生壁	次生壁	初生壁	次生壁	初生壁	次生壁
葡糖醛酸阿拉伯木聚糖	5	—	20～40	40～50	2	5～15
葡甘露聚糖	3～5	2～5	2	0～5	—	—
半乳葡甘露聚糖	—	0～3	—	—	+	10～30
β-(1 → 3，1 → 4)- 葡萄糖	缺失	缺失	2～15	微量	缺失	缺失

注：引自 Scheller 和 Uivskov（2010）。

β-(1 → 3, 1 → 4)- 葡萄糖（MLG）是草本植物特有的半纤维素结构，在初生壁中的含量较高，而在次生壁中含量较低。MLG 不仅是细胞壁的结构组分，同时也是贮存性多糖，在胚乳中含量比较丰富，具有较高的经济及饮食健康价值。

3. 木质素

木质素是一种复杂的、非结晶的、三维空间网状结构的无定型芳香性高聚物，由愈创木基（G）、紫丁香基（S）及对羟苯基（H）结构单元组成，依照苯丙烷侧链取代基的不同，可将木质素分为芥子醇、对香豆醇和松柏醇。G 型单体的聚合和交联相比 S 型单体更能阻碍初生细胞壁多糖的降解；不过 G 型单体较后者有更多的分枝，S 型单体结构则更加线型，从而使之能够伸入次生细胞壁层，相比 G 型单体能更有效阻碍次生细胞壁被降解。由于玉米中较低水平的 S 单体木质素，因而用其饲喂动物能获得更高的肉、奶产出和饲料消化率。

在植物体内木质素与纤维素、半纤维素等一起构成超分子体系，并作为纤维素的黏合剂，增强植物体的机械强度。通过对各类木质素结构模型的研究发现，木质素基本上都是由苯丙烷基单元（C_6—C_3）经碳碳键和碳氧键相互连接和无规则耦合而成的。其单体主要是 β-O-4 连接，还有部分的 α-O-4，5-5 等联合构型。

木质素可从细胞生长的初期就开始积累直到细胞死亡，甚至细胞死亡后木质素的积累还在继续。饲料中的木质素含量和甲基化程度会影响反刍动物对碳水化合物的消化与吸收。

（二）木质纤维素互作

细胞壁木质纤维素各组分间存在相互作用，由于各组分结构的复杂性，使得解析纤维素、半纤维素及木质素三大组分间的互作仍比较困难。

1. 纤维素与半纤维素之间的互作

早期认为半纤维素能通过非共价键同纤维素紧密相连，并提出了“捆绑模型”，该模型认为半纤维素与纤维素表面紧密互作，并将纤维素微纤丝捆绑在一起。另外，在水溶液环境下木葡聚糖（双子叶植物初生壁半纤维素主要组分）只能单层与纤维素互作，即细胞壁中的半纤维素组分不会重叠呈多层覆盖在纤维素表面，而且这一过程不可逆。

Park 和 Cosgrove（2015）根据初生壁半纤维素酶活性及其突变体表型研究，提出了半纤维素与纤维素互作的"化学热点"假说（图 7-2）。"化学热点"假说表明，只有少部分半纤维素用于连接纤维素微纤丝，在植物细胞生长过程中，半纤维素酶将"捆绑"在一起的微纤丝解开，使细胞顺利延伸。因此，要有效降解该细胞壁结构需要半纤维素酶与纤维素酶协同作用。

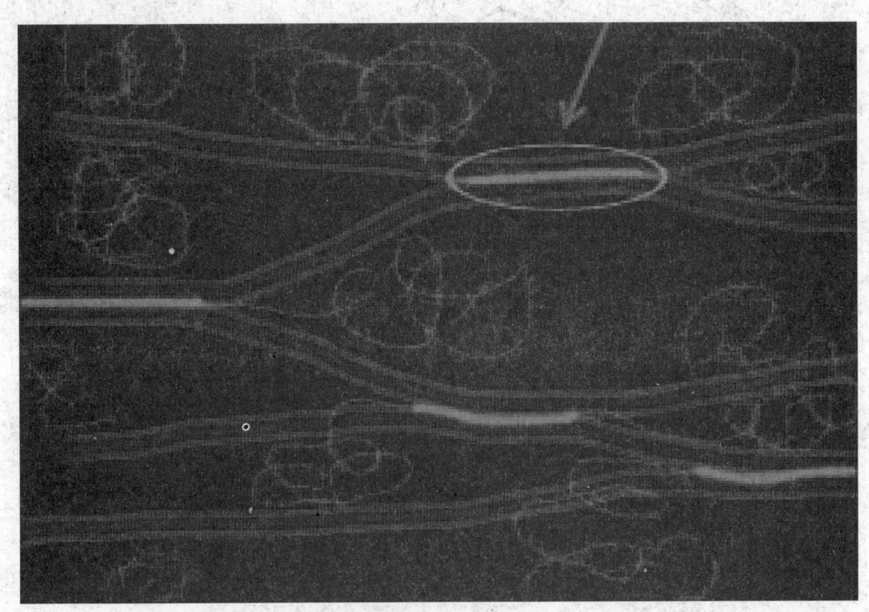

图 7-2　纤维素与半纤维素互作的"热点模型"

引自 Park 和 Cosgrove（2015）

半纤维素比例和组分，都会影响纤维素与半纤维素的互作。芒草半纤维素与纤维素结晶度呈显著负相关，半纤维素能够将纤维素微纤丝分离开，降低纤维素结晶度从而提高纤维素降解效率。半纤维素中的木糖 / 阿拉伯糖是影响芒草生物质降解的关键细胞壁结构因子。

2. 半纤维素与木质素之间的互作

木聚糖与木质素相连可以通过取代基葡萄糖醛酸与木质素形成的酯键，或取代基阿拉伯糖、木糖与木质素形成的醚键相连。木聚糖上的阿拉伯糖能与阿魏酸形成阿魏酸酯键，阿魏酸化的葡糖醛酸阿拉伯木聚糖只在禾本科单子叶植物中发现（图 7-3）。

三、农作物秸秆饲料化加工原理

植物细胞壁中的纤维素、半纤维素和木质素本身难溶、难降解，彼此之间还通过复杂的结构连接从而增加了降解的难度，形成所谓的生物质的抗降解屏障。虽然半纤维素组分在酸性条件下易于水解，水分子与糖环上的羟基竞争质子并形成氢键，从而弱化了 C—C 键和 C—O 键，反应路线可能随 C—C 键和 C—O 键的相对稳定而改变。半纤维素水解产生的糖在酸性溶液中会进一步降解，由于糖环上羟基质子化重排和不同反应条件下水分子结构的差异，使得糖的降解途径多变而且产物复杂。半纤维素在碱性溶液中可以发生剥皮反应及碱性降解反应；半纤维素也可以在特定酶的作用下发生酶解反应。但是半纤维素一般和纤维素交织在一起，由木质素包裹着，结构十分复杂且不确定。秸秆饲料加工时，需要预先处理打破抗降解屏障，对纤维素去晶或者转晶化，提高纤维素降解效率（图 7-4）。

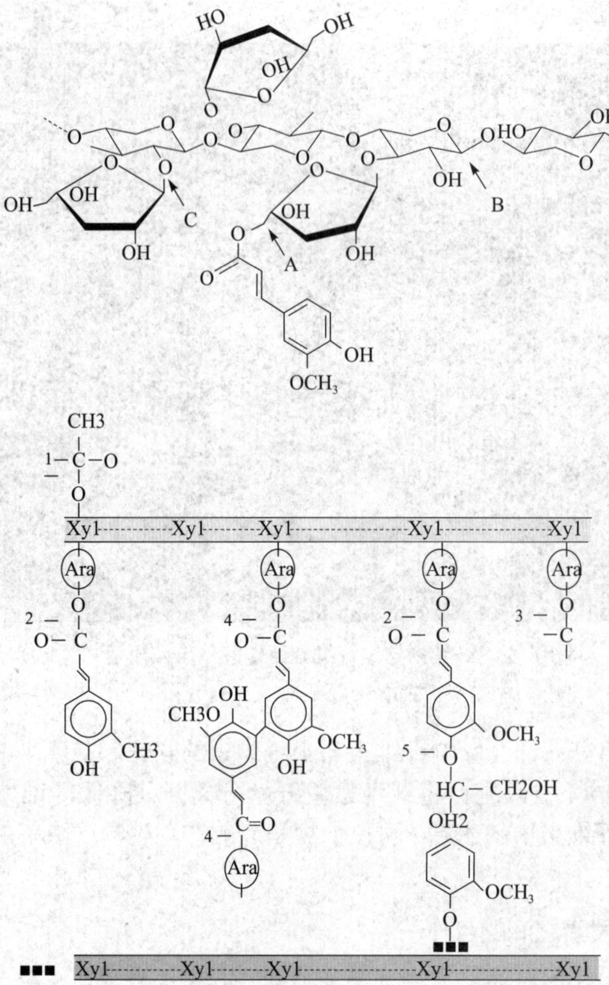

图 7-3 阿拉伯糖与阿魏酸形成阿魏酸酯键

引自 de O.Buanafina M M（2009）

1. 打破抗降解屏障

理论上，在没有木质素存在的情况下，纤维素可以完全被瘤胃微生物消化利用，因此减少木质素的负面作用就显得格外重要。木质素阻碍粗纤维降解的原因主要表现在木质素浓度、木质素单体组成、非核心木质素交联 3 个方面。

当高温液态水的温度高于木质素相转化温度的时候，木质纤维素尤其是在胞间层及次生壁层间区域的木质素由聚集体变成溶融体，形成的球形液滴与细胞壁以平面的形式相接触或者预处理过程中形成的边缘凹陷的盘状液滴汇聚在剥离的次生壁层间，溶融体进而形成很多的球状或者碟状颗粒物，从细胞壁中迁移并挤出进入水解液，当冷却时在细胞壁表

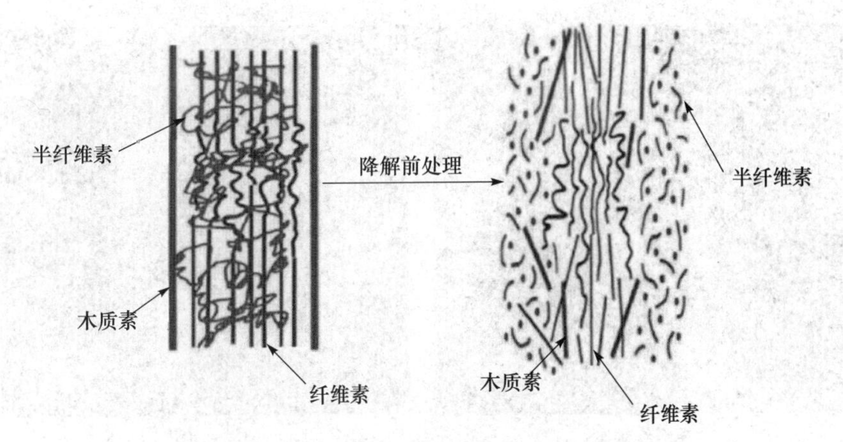

图 7-4　木质纤维素降解前处理示意图

引自 Kumar 等（2009）

面沉积下来。这些沉积在纤维表面以及细胞壁内的木质素对纤维素酶解有一定的抑制作用。因此木质纤维素原料在热处理后接着用热水洗涤，可以有效冲洗掉这些木质素颗粒（图 7-5），从而增加酶与纤维素底物的接触面积，进而提高酶解糖化率。

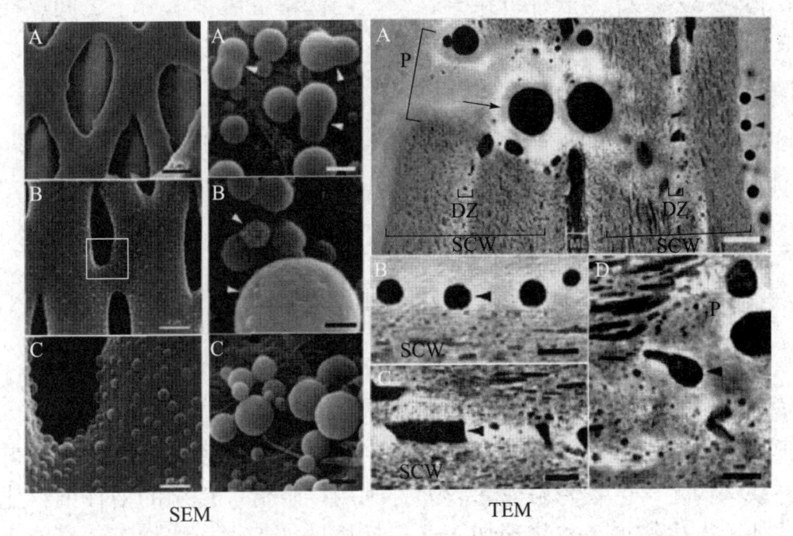

图 7-5　玉米秸秆细胞壁经过稀酸预处理后通过扫描电镜和投射电镜观察到的木质素微球

引自 Donohoe 等（2008）

2. 纤维素去晶化

机械粉碎处理如用球磨、振动磨、辊筒等将纤维素原料进行粉碎处理，纤维素的长链被粉碎成更小的链段，结晶度下降，分子量也同时下降，随着对原料粉碎程度的加大，其表面积增大，结晶度降低。破碎、研磨等机械手段将生物质变成的 10～30 mm 的切片或 0.2～2 mm 的颗粒。微波处理改变了纤维素的晶型，晶型向次晶转化。超声波处理可以降低纤维素结晶度，增加纤维素酶对纤维素的可及度。对于分子量较大和结晶度较高的纤维素，在纤维素的溶剂体系中，纤维素并不能完全溶解，但这些溶剂可以对纤维素起到溶胀作用，这有利于纤维素的后续处理（图 7-6）。

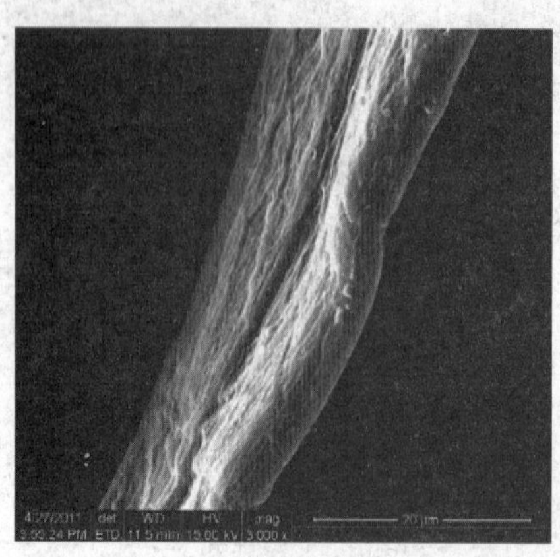

原料纤维素

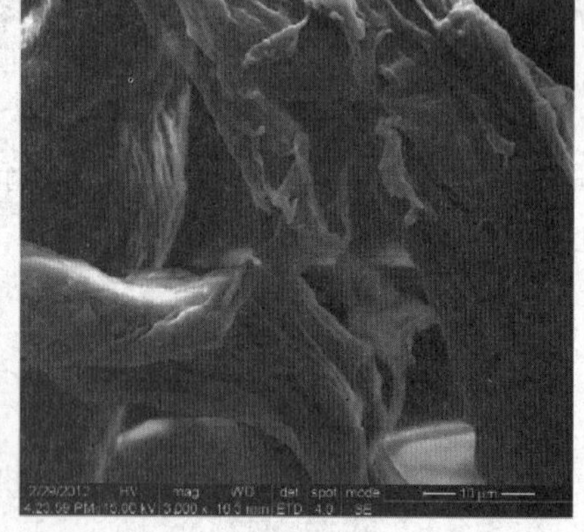

消晶纤维素

图7-6 纤维素消晶前后对比

引自徐诚（2012）

蒸汽爆破后纤维素分子内部氢键被破坏，结晶度下降，在适当的条件下，纤维素的分子量变化不大。

纤维素底物的可及度作为表征纤维素微纤丝与降解纤维素酶分子之间可接触面积大小的一个特征值，其有着十分重要的意义，可利用纤维素底物的比表面积值来表示它。

3. 贮留易溶养分

秸秆饲料除了不易利用的木质纤维素以外，还含有淀粉以及可溶性碳水化合物、含氮化合物、矿物元素等。在秸秆饲料化加工过程中，应当尽量保证可被高效利用的养分不被破坏，而且尽可能增加可利用养分的比例。

第三节 农作物秸秆饲料化加工技术

农作物秸秆是一种具有多种用途的可再生生物资源，其富含氮、磷、钾、钙、镁和有机质等。由于秸秆的化学组成复杂，纤维素、半纤维素和木质素之间又存在着不同的结合力，使得秸秆结构稳定，生物降解效果较差，利用率较低。传统的秸秆饲料化加工包括物理加工、化学加工、生物加工。物理加工又包括机械加工、微波加工、高能辐射加工、高温分解加工。化学加工包括稀酸加工、氨化加工、碱化加工和氨碱复合加工。生物加工包括青贮、酶解、发酵。

一、秸秆饲料物理加工技术

秸秆的物理加工工艺相对比较成熟。机械加工是用机械设备将秸秆切割、粉碎，将秸秆搓成丝状或者条状，以增加饲料和动物消化液的接触面积，使其混合均匀，提高饲料的利用率以及动物的适口性。高温分解加工则是利用热喷或者膨化技术破坏纤维素的结晶，撕断纤维素、半纤维素与木质素的紧密联系，减少木质素对纤维素分解的障碍，增加接触面积，使纤维素消化酶以及微生物可以降解纤维素，从而增加动物的采食量，提高秸秆的消化利用率。

1. 粉碎加工

粉碎加工是对秸秆原料施加外力，使其分裂为尺寸更小的颗粒。秸秆粉碎是最常见的加工工艺。秸秆粗粉碎样品经机械预处理后，水溶性总糖及还原糖含量升高，并且随秸秆颗粒减小而上升，若粒径分布相似则还原糖含量和水溶性总糖含量也相近，球磨处理后秸秆水溶性总糖含量最高（图 7-7）。

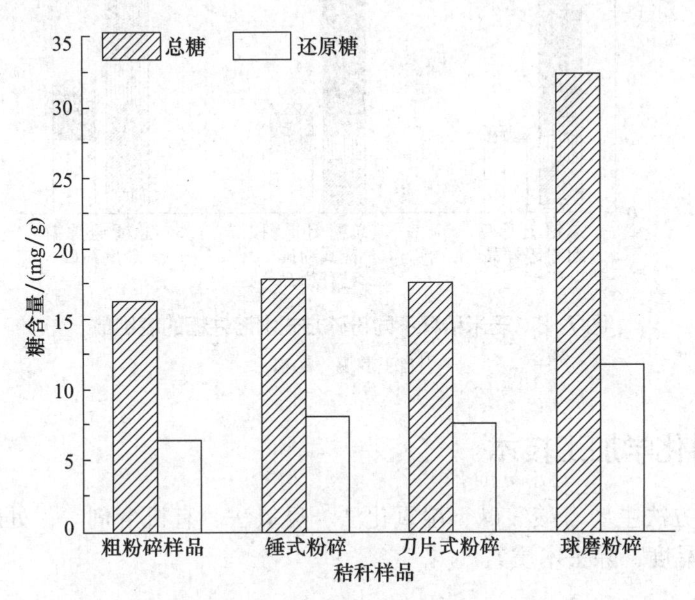

图 7-7　玉米秸秆不同粉碎方式还原糖及水溶性糖含量

引自王璐璐（2014）

机械处理改变了纤维质材料固有的超微结构，使其聚合度降低，各主要成分的分布受到影响，并且纤维素间的氢键断裂，无定形区和结晶区遭到破坏，半纤维素暴露，同时这些暴露的半纤维素在粉碎过程中部分因受到机械力作用被剪切，使得单糖或寡聚糖从多糖分子链上脱落，从而导致水溶性总糖以及还原糖含量增加（图 7-8）。玉米秸秆经球磨处理后增加的水溶性糖主要来自半纤维素分子链的断裂。

2. 热喷加工

热喷加工是将初步破碎（或不经破碎）的秸秆装入压力罐内，在 1 471～1 961 kPa 下加压，持续 1～30 min，然后突然降压喷放即得热喷饲料。秸秆经热喷处理后，纤维细胞撕裂、细胞壁疏松、细胞游离，物质颗粒会骤然变小，颗粒的总面积增大，从而得到质地柔软和味道芳香的饲料。

3. 膨化加工

膨化加工是将含有一定水分的秸秆原料放在密闭的膨化设备中，经过高温、高压处理一定时间后，迅速降压，使饲料膨胀的一种处理方法。秸秆膨化加工后可明显增加可溶性成分和可消化吸收的成分，饲用价值得到提高。

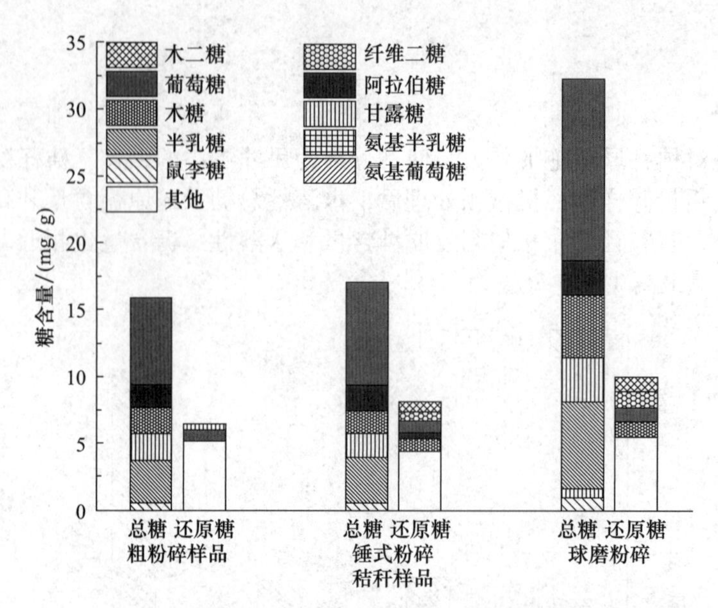

图 7-8 玉米秸秆不同粉碎方式水溶性糖的糖组成

引自王璐璐（2014）

二、秸秆饲料化学加工技术

化学预处理方法主要有酸、碱、湿氧化法、臭氧法、有机溶剂等，处理的目的主要是降低纤维素的结晶度，除去木质素。

1. 稀酸加工

稀酸加工是将秸秆浸泡在稀酸溶液中，或将酸稀释到一定程度后喷洒到秸秆上，然后加热到 140～200℃并反应一定时间（几分钟到 1 h）。采用稀硫酸等酸性物质处理秸秆，可将一部分半纤维素水解为单糖，又可打破半纤维素和木质素对纤维素的包覆，使纤维素更易被酶解和消化，从而提高秸秆的降解率。

在酸性条件下，纤维素的溶解虽然很少，但是其中的 β-(1,4)- 糖苷键或其他糖苷键会发生水解断裂，从而使得纤维素的聚合度降低。稀酸释放的氢离子与水结合形成水合氢离子（H_3O^+），可导致半纤维素中糖苷键的选择性水解，其水解过程与组成的糖基种类和结构类型有关，也与半纤维素聚合度及支链数量和长度有关。酸性环境下，木质素发生的最主要的反应就是芳基醚键（即 β-O-4 键）的断裂与缩合，木质素会发生降解，并脱除小部分木质素。

2. 稀碱加工

稀碱加工是将秸秆在碱的作用下可脱除部分半纤维素和木质素，有利于纤维素的消化和利用。碱水解的机理是利用 OH^- 使木质素的醚键断裂，削弱纤维素和半纤维素的氢键及皂化半纤维素和木质素之间的酯键。随着醚键的减少，部分木质素溶解于反应液中，同时使纤维素膨胀，半纤维素溶解，原料的空隙率增加，碱处理后的原料中纤维素明显得到润胀，纤维素结晶指数降低，纤维素结晶区受到破坏，物料更易于酶解。

常用的加工试剂主要包括氢氧化钠（NaOH）、碳酸钠（$NaCO_3$）、氢氧化钙［Ca（$OH)_2$］、液氨、石灰（CaO）等。

在碱性条件下，纤维素和半纤维素会发生降解反应。尤其在高温强碱作用下，纤维素大分子会水解断裂，变成两个甚至多个断链分子，由一个还原性末端基变成两个或多个还原性末端基，因而又会促进剥皮反应，即还原性葡萄糖末端基逐个剥落的反应。由于还原性末端基对碱不稳定，通过 β- 烷氧基消除反应而从纤维素分子链上剥落下来，产生的新还原端又会重复上述反应。在高温碱性条件下，半纤维素的活性比纤维素的活性高很多，容易发生溶解并迅速分解。其中脱乙酰化反应速率最快且反应程度最完全，而各种糖基的降解速率不同。

三、秸秆饲料物理化学加工技术

1. 蒸汽爆破

蒸汽爆破主要包括自水解和爆破两个过程。蒸汽爆破通常采用高压饱和蒸汽在温度160～240℃（对应的压力为600～3 400 kPa）条件下处理原料，使其充分地发生自水解，时间维持几秒钟到几分钟，之后释放压力。自水解过程释放的乙酸和其他酸催化半纤维素水解。在高温下，水也作为酸催化反应。同时，胞间层的木质素软化并部分降解，从而削弱了纤维间的粘连作用。爆破过程迅速地降压使原料中的气相介质喷出、膨胀、对外做功，细胞从胞间层解离成单个纤维细胞，从而增加了原料的酶解可及性（图 7-9）。

蒸汽爆破过程中存在以下 4 个方面的作用：类酸性水解的作用及热解的作用；类机械断裂作用；纤维素氢键破坏作用；纤维素结构重排作用。

蒸汽预处理过程中，由于木质素会发生缩合和沉积现象，使得其对纤维素酶有着较高的非特异性吸附，降低了原料中纤维素酶的消化性（表 7-9）。

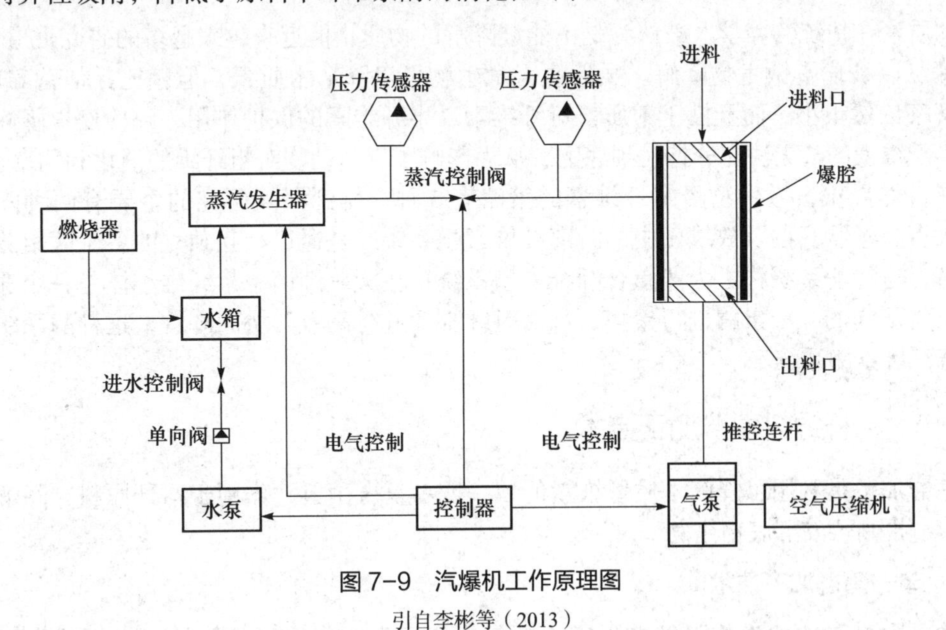

图 7-9　汽爆机工作原理图

引自李彬等（2013）

表 7-9 不同处理组秸秆中的主要成分 %DM

样品	NDF	ADF	纤维素	半纤维素	木质素
普通玉米秸秆	79.26	59.23	41.30	20.02	12.58
爆破玉米秸秆	60.94	51.12	37.80	9.92	7.97

注：引自常娟等（2016）。

2. 氨爆破预处理

氨爆破处理是利用液态氨在相对较低的压力和温度下将原料处理一定时间，然后突然释放压力爆破原料。氨爆破过程中，纤维素的晶体结构被破坏，部分木质素或半纤维素降解，大部分的半纤维素和纤维素保留下来得以充分利用。氨爆破预处理提高了纤维素的酶解率，提高了物料的含氮量，利于微生物发酵，液氨还可以回收，循环使用，整个过程能耗较低。

3. 高温热水预处理

不加任何催化剂，使原料在高温水中维持一定时间。其目的是通过自水解作用将木质纤维素中的半纤维素溶解，从而增加纤维素的酶解可及性，同时避免副产物的生成。为了避免生成抑制剂，预处理 pH 应控制在 4～7。

四、秸秆饲料生物加工技术

生物加工一般是利用自然界中存在的微生物选择性地降解植物纤维素原料中的木质素，从而改善纤维素的酶解性能。近年来，在处理秸秆中研究较多的微生物包括乳酸菌、地衣芽孢杆菌、酵母菌、白腐真菌和 EM 菌等。秸秆通过生物预处理可分解和矿化其木质素。

木质素在传统营养学上被认为是不能被降解的物质，但近来越来越多的研究报道认为，木质素可以被瘤胃微生物降解。虽然瘤胃微生物可以降解木质素，但相比其他营养成分，其降解率依然很小。而且由于木质素对纤维素、半纤维素的保护作用，致使瘤胃降解纤维素、半纤维素的酶无法充分接触到底物，从而影响了反刍动物对粗纤维的消化利用率。

在自然界中，微生物降解纤维素的策略有 5 种，得到深入研究的主要有两种降解策略：大多数丝状真菌及放线菌中的游离纤维素酶系统，是通过相互独立的各个酶组分独立地降解，这种酶系统称之为非复合纤维素酶系统；在厌氧细菌中，纤维小体是一个通过支架蛋白将不同的纤维素酶进行聚集，从而对纤维素进行高效的协同降解，这种酶系统称之为游离纤维素酶系统。

（一）秸秆饲料菌群加工技术

菌群加工是利用可降解木质纤维素的单一或者复合菌群，作用于秸秆原料，降解木质纤维素，提高可发酵底物比例。

1. 单一菌群加工技术

关于木质素的微生物降解的研究主要集中于真菌对木质素的降解。常见的能够降解木质素的真菌共分为3类，分别是：白腐菌、褐腐菌和软腐菌。其中白腐菌的降解能力最强，是自然界中最主要的木质素降解菌。研究得较多的白腐菌有：黄孢原毛平革菌（*Phanerochete chrysosporium*）、射脉菌（*Phlebia radiata*）、变色栓菌（*Thametes verisicolor*）、虫拟蜡菌（*Ceriporiopsis subvermispora*）、烟管菌（*Bjerkandera adusta*）等。其中，黄孢原毛平革菌更是由于其突出的木质素降解能力，而成为真菌降解木质素研究的模式菌株。白腐菌在降解木质素过程中主要通过分泌几种类型的胞外氧化还原酶催化氧化木质素，这些酶分别是木质素过氧化物酶、锰过氧化物酶、多功能过氧化物酶以及漆酶。

自然界中绝大多数细菌难以降解木质素，已经筛选到的能够降解木质素的细菌大多数属于好氧细菌，只有少数在厌氧情况下能生长，另外也有极少数细菌能在极端环境中降解木质素。能够降解木质素的好氧细菌种类繁多，主要集中在放线菌门（Actinobacteria）、变形菌门（Proteobacteria）和厚壁菌门（Firmicutes）等。放线菌门包括链霉菌（*Streptomyces*），微杆菌（*Microbacterium*）和红球菌（*Rhodococcus*）等，变形菌门包括假单胞菌（*Pseudomonas*），伯克霍尔德菌（*Burkholderia*）以及肠杆菌（*Enterobacter*）等。少数厌氧细菌也能够降解木质素，如脱硫微菌（*Desulfomicrobium*）。细菌通过分泌多种过氧化物酶降解木质素，大量降解木质素的放线菌都具有胞外过氧化物酶活性。细菌除了通过分泌过氧化物酶降解木质素，也能通过分泌漆酶降解木质素。与真菌漆酶相比，细菌漆酶具有更好的热稳定性和更宽的最适 pH 范围以及更耐受 Cl^- 等优良特性。

2. 复合菌群加工技术

复合菌群是有两种或两种以上的微生物共同培养、相互作用、相互影响，最终能发挥出群体优势的微生态系统。目前复合菌群构建主要来自人工构建和使用各种方法从自然界中分离。人工构建复合菌群主要是通过从自然界分离的已知的纯菌进行简单混合或者通过化学计量学方法进行优化后所构建的、比复合菌中单个微生物有更好降解效果的微生物组合。目前我国市场上流通的复合菌剂来源主要有3种，这其中比较有名包括诺维信的产品、Bioform 的产品以及有效微生物（EM）。

通过傅立叶红外光谱（FTIR）、核磁共振氢谱（^{1}H-NMR）、扫描电镜（SEM）及气质联用色谱（GC/MC）等技术对玉米秸秆的微观结构及降解产物进行表征。发现2株具有木质素和纤维素降解能力的解淀粉芽孢杆菌复合菌剂可以有效降解玉米秸秆中的木质纤维素。在发酵24 d时，玉米秸秆中木质素、纤维素和半纤维素的降解率分别达到48.4%、30.5%和41.4%。FTIR 和 ^{1}H-NMR 谱图中能观察到木质纤维素分子结构中主要连接共价键，如木质素单体间的 β-O-4 和 β-β 键，木质素与碳水化合物连接键以及碳水化合物中糖环内的价键等明显断裂，木质纤维素被部分降解；SEM 扫描电镜图则显示发酵后秸秆的组织结构出现松散和破坏（图 7-10）。发酵后秸秆中小分子物质的 GC/MS 分析结果显示，其中包含苯丙胺和苯丙酸等保留苯丙烷结构单元的木质素单体衍生物以及苄醇和苯甲酸酯类等木质素单体被进一步降解后的芳香族化合物。玉米秸秆中碳水化合物的 GC/MS 分析结果表明：复合菌剂可将玉米秸秆中的结构性多糖等大分子碳水化合物降解成葡萄糖、木糖、甘露糖及乳糖等还原性单糖，并利用这些还原性单糖生长代谢，进一步产生乙二醇、丙三醇及短链脂肪酸类等代谢产物。

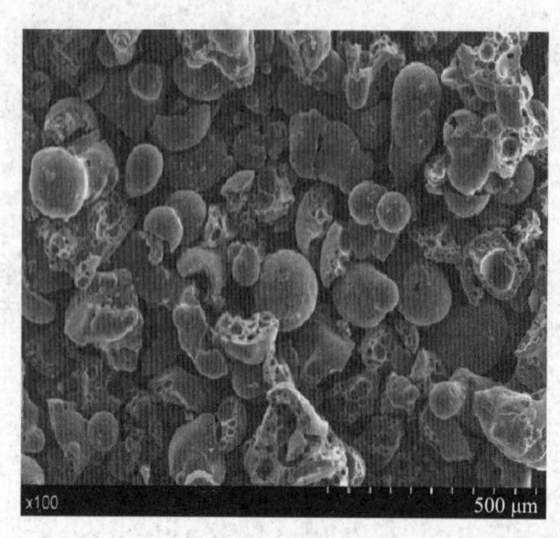

图 7-10 *Bacillus ligniniphilus* L1 降解木质素前（左）后（右）的扫描电镜图

引自谢长校（2016）

（二）秸秆饲料酶加工技术

酶加工是将有效酶剂作用于秸秆原料，降解木质纤维素，提高秸秆饲料中的可利用养分比例的过程（表 7-10）。

表 7-10 不同酶及组合处理对青贮水稻秸秆微观结构的影响

组别	纤维素 /%DM	半纤维素 /%DM	木质素 /%DM	聚合度	结晶度	比表面积
水稻稻秸	33.884	26.422	4.516	430	47.52	1.11
青贮对照	41.984	24.619	4.129	380	45.53	1.12
复合酶制剂	39.368	26.891	4.188	277	42.85	1.15
果胶酶 + 漆酶	39.052	23.681	4.172	265	42.51	1.14
复合酶制剂 + 果胶酶 + 漆酶	37.101	26.233	4.000	166	40.18	1.20

注：引自王玉荣等（2017）。

酶是一种具有生物催化功能的高分子物质，多为蛋白质。它和一般催化剂相似，能在用量少的情况下而实现高效率催化，且在加快催化反应速率的同时，本身不被消耗。木质纤维素降解酶主要是通过微生物发酵制得。

木质素降解酶包括木质素过氧化物酶、锰过氧化物酶、漆酶和多功能过氧化物酶等。纤维素酶是一组酶的总称，主要包括 3 个组分：内切纤维素酶、外切纤维素酶及纤维二糖酶。

第四节 农作物秸秆饲料贮藏技术

秸秆饲料呈现密度低、体积大、易吸湿等特征，秸秆的供应季节较短而利用期为经年以上，故秸秆饲料在加工之后应妥善贮藏，避免养分的损失和不良微生物的增殖。

一、秸秆饲料干贮

秸秆饲料干贮是指降低秸秆饲料水分，减少微生物降解和植物呼吸作用引起的养分损失，符合安全贮藏要求，以自然状态散贮或者以捆、粒等形态贮藏。豆科类茎秆的纤维物质含量高，所以比禾本科作物更难干燥，贮存过程中常常发霉。一般干燥后秸秆的含水率为15%～25%，可以有效地抑制微生物的生长，防止秸秆腐烂。

1. 秸秆饲料散贮

待农作物籽实或营养体收获后，将秸秆就地晾晒至安全贮藏的水分条件，然后在田间或者仓库内散置存放。

由于阳光漂白、雨雪淋湿、微生物滋生、灰尘堆积等不良因素的影响，散秸秆以仓贮效果为佳。一般室内贮藏的秸秆饲料含水率应该控制在12%～15%，从而延长贮存时间。

秸秆饲料粉碎后，同样贮存条件下，养分损失比原样量大，所以粉碎秸秆饲料应尽快利用，或者提供更加适宜的贮存条件（表7-11）。

表7-11　贮存方式和时间对玉米秸秆原料成分的影响

项目	新鲜原料	原样干贮			切碎干贮		
		3月	6月	12月	3月	6月	12月
DM损失率/%	0	4.2	7.7	13.5	5.8	12.5	15.1
葡聚糖/%	28.4	28.8	31.7	33.5	28.9	33.1	33.4
木聚糖/%	17.1	17.1	17.1	18.9	17.8	19.0	20.3
阿拉伯聚糖/%	2.7	2.5	2.6	2.9	2.9	2.7	2.9
乙酰基/%	2.3	4.1	2.9	3.4	4.2	3.3	4.7
酸性洗涤不溶性木质素/%	12.3	13.2	12.6	14.3	12.8	14.9	14.6
总浸出物/%	24.5	24.9	23.5	20.6	20.3	18.7	15.1
葡萄糖/%	8.5	9.2	5.8	7.4	6.2	2.8	1.2
木糖/%	2.4	2.4	1.7	1.9	2.1	1.5	1.4
粗脂肪/%	3.7	3.3	4.2	2.9	3.4	3.0	3.2

注：引自刘志华（2013）。

2. 秸秆饲料成型贮藏

秸秆饲料成型贮藏是将秸秆饲料切碎（粉碎）后，制作为颗粒、草捆等产品，堆积贮藏。秸秆饲料成型化增加了秸秆饲料的密度，减少了吸湿的发生，便于秸秆饲料的运输、贮藏和利用。

捆型玉米秸秆堆垛的层数不能太高，随着堆层增加，玉米秸秆的密实度也在不断增加，下层的秸秆捆已经濒临散捆。所以在玉米秸秆捆贮仓库内，一般堆垛层数到5层为止。继续堆码可能使底层的玉米秸秆捆变形严重，导致堆垛倒塌（表7-12）。

表7-12　玉米秸秆捆密实度和尺寸变化

层数	1	2	3	4	5	6	7
层高/cm	89	89	88	88	87	86	82
密实度/N	245.01	260.41	301.33	309.59	361.11	352.56	312.41

注：引自李壮（2016）。

二、秸秆饲料湿贮

秸秆饲料湿贮是指在秸秆饲料原有水分情况下，不经过自然干燥，以自然状态新鲜贮藏或者密封发酵贮藏。

1. 秸秆饲料保鲜贮藏

在秸秆饲料供应量低、使用量大时，可以短时鲜贮。在自然条件下，秸秆的保鲜期很短，为延长保存期，需要进行保鲜贮藏。温度是影响保鲜贮藏的主要条件之一。由于秸秆饲料资源量大、质量低，一般在生产中不采用此法。

2. 秸秆饲料发酵贮藏

发酵贮藏是在严格密闭条件下，依靠秸秆原有有益微生物或者外源益生菌，在尽可能减少损失的前提下，改善秸秆饲料的物理、化学性状，以利于秸秆饲料的利用。

同自然风干贮藏相比，发酵贮藏能够减少干物质损失，使秸秆中的多聚糖更易于水解，增加秸秆易消化的营养成分，并使其本身的物质结构更为疏松，可显著提高秸秆的可消化性和利用率（表 7-13）。

表 7-13　青贮方法对玉米秸秆化学组成的影响

样品	WSC/%DM	纤维素 /%DM	半纤维素 /%DM	木质素 /%DM	灰分 /%DM	DM/%	DM 损失率 /%
鲜秸秆	14.76	32.54	26.06	12.96	4.05	22.7	—
自然风干秸秆	4.53	37.72	26.36	17.58	5.11	91.5	—
对照	1.81	39.27	21.51	15.51	4.53	18.8	17.0
硝酸组	5.36	36.78	21.91	13.95	4.36	19.8	8.4
乙酸组	12.57	33.82	25.64	13.53	4.23	21.0	2.9
氨水组	1.22	35.79	18.34	15.41	4.82	16.2	24.9

注：引自张利亚等（2016）。

秸秆饲料在发酵贮藏的过程中，养分含量可能存在动态的变化。发酵贮藏玉米秸秆的粗蛋白质和纤维素类物质的含量分别呈不断减少和增加的趋势，这种营养价值低化的趋势，需要引起注意，并加以调控（表 7-14）。

表 7-14　玉米秸秆发酵贮藏营养成分及人工瘤胃中产气量的变化

项目	贮藏时期 /d					
	55	85	115	145	175	205
CP/%	5.95	6.15	6.01	5.89	5.99	6.06
还原糖 /%	1.14	1.11	0.95	1.15	1.89	2.71
纤维素 /%	31.64	31.67	31.77	31.94	32.14	32.59
半纤维素 /%	27.86	27.85	28.09	28.34	28.63	29.08
木质素 /%	6.14	6.15	6.17	6.24	6.29	6.32
产气量 /（mL/g）	99.03	99.38	99.22	97.23	95.27	92.90

注：引自付清茂等（2008）。

虽然随着贮藏时期的延长，水溶性碳水化合物的含量逐渐下降，但是在酶剂或者菌剂的作用下，其减缓的速度降低（表 7-15）。

表 7-15 添加剂处理稻秸发酵贮藏 WSC 含量变化

贮存日期 /d	添加剂处理			
	对照	菌剂	酶剂	菌剂 + 酶剂
40	1.54	1.72	1.51	1.91
90	0.99	1.5	1.36	1.48

注：引自王兴刚（2013）。

思 考 题

1. 秸秆饲料资源的特点是什么？
2. 如何合理地加工秸秆饲料？
3. 秸秆饲料加工技术新进展有哪些？
4. 如何实现秸秆饲料低损贮藏？

参 考 文 献

[1] de O.Buanafina M M. Feruloylation in grasses：current and future perspectives. Molecular Plant, 2009, 2(5): 861-872.

[2] Donohoe B S, Decker S R, Tucker M P, et al. Visualizing lignin coalescence and migration through maize cell walls following thermochemical pretreatment. Biotechnology and Bioengineering, 2008, 101(5): 913-925.

[3] Kumar P, Barrett D M, Delwiche M J, et al. Methods for pretreatment of lignocellulosic biomass for efficient hydrolysis and biofuel production. Industrial & Engineering Chemistry Research, 2009, 48(8): 3713-3729.

[4] Park Y B, Cosgrove D J, Xyloglucan and its interactions with other components of the growing cell wall. Plant & Cell Physiology, 2015, 56 (2): 180-194.

[5] Scheller H V, Ulvskov P. Hemicelluloses. Annual Review of Plant Biology, 2010, 61: 263-289.

[6] 毕于运，王道龙，高春雨，等. 中国秸秆资源评价与利用. 北京：中国农业科学技术出版社，2008.

[7] 常娟，尹清强，任天宝，等. 蒸汽爆破预处理和微生物发酵对玉米秸秆降解率的影响. 农业工程学报，2011，27（4）：277-280.

[8] 陈超玲，杨阳，谢光辉. 我国秸秆资源管理政策发展研究. 中国农业大学学报，2016，21（8）：1-11.

[9] 陈明凤. 纤维素的去结晶. 广州：华南理工大学，2011.

[10] 楚天舒，杨增玲，韩鲁佳. 中国农作物秸秆饲料化利用满足度和优势度分析. 农业工程学报，2016，32（22）：1-9.

[11] 付清茂，雒秋江，欧阳靖，等. 收获和窖存期间玉米秸秆养分变化的研究. 新疆农业大学学报，2008，31（5）：46-50.

[12] 郭冬生，黄春红. 近10年来中国农作物秸秆资源量的时空分布与利用模. 西南农业学报，2016，29（4）：948-954.

[13] 李彬，高翔，孙倩，等. 基于3,5-二硝基水杨酸法的水稻秸秆酶解工艺. 农业机械学报，2013，44（1）：106-112.

[14] 李丰成. 植物细胞壁结构特征与生物质高效利用分子机理研究. 武汉：华中农业大学，2015.

[15] 李红亚，李文，李术娜，等. 解淀粉芽孢杆菌复合菌剂对玉米秸秆的降解作用及表征. 草业学报，2017，26（6）：153-167.

[16] 李洋，辛杭书，李春雷，等. 奶牛常用秸秆类饲料营养价值的评定. 东北农业大学学报，2015，46（4）：76-82.

[17] 李壮. 捆形玉米秸秆运输、储存技术的试验研究. 长春：吉林农业大学，2016.

[18] 刘志华. 粉碎和存储方式对木质纤维素转化影响的研究. 天津：天津大学，2013.

[19] 孟凡辉. 热纤梭菌及纤维小体降解结晶纤维素超微结构分析. 济南：山东大学，2015.

[20] 牛文娟. 主要农作物秸秆组成成分和能源利用潜力. 北京：中国农业大学，2015.

[21] 彭春艳，罗怀良，孔静. 中国作物秸秆资源量估算与利用状况研究进展. 中国农业资源与区划，2014，35（3）：14-20.

[22] 彭立群，张强，贺克斌. 基于调查的中国秸秆露天焚烧污染物排放清单. 环境科学研究，2016，29（8）：1109-1118.

[23] 彭洋平. 中国古代农作物秸秆利用方式探析. 郑州：郑州大学，2012.

[24] 宋文哲. 复合菌群降解木质素的研究. 广州：华南理工大学，2014.

[25] 王璐璐. 秸秆饲粮化的初步研究. 无锡：江南大学，2014.

[26] 王兴刚. 添加乳酸菌与酶制剂对稻秸青贮品质的影响. 南京：南京农业大学，2013.

[27] 王玉荣，陶莲，马涛，等. 不同酶及组合处理对青贮水稻秸秆微观结构的影响. 动物营养学报，2017，29（4）：1401-1408.

[28] 肖领平. 木质生物质水热资源化利用过程机理研究. 北京：北京林业大学，2014.

[29] 谢长校. *Bacillus ligniniphilus* L1降解木质素机理的初步研究. 镇江：江苏大学，2016.

[30] 徐诚. 纤维素的消晶化研究. 南京：南京林业大学，2012.

[31] 许浩，李翔. 木质素对粗纤维瘤胃降解率的影响及提高木质素瘤胃降解率方法的研究进展. 中国奶牛，2017（4）：1-4.

[32] 张利亚，孙优善，吕学斌，等. 不同青贮条件下秸秆组分的变化特性及水解效果. 安全与环境学报，2016，16（1）：258-262.

[33] 郑梦莉，王凯军，张佩华，等. 农作物秸秆饲料化技术研究进展. 中国饲料，2017（11）：5-8，14.

第八章　木本植物资源饲料化技术

【学习目标】

- 掌握木本饲料的概念、分类及营养价值，了解木本植物资源饲料化加工的意义。
- 了解木本植物资源饲料化的加工原理。
- 掌握不同木本饲料的饲用价值，掌握其加工方法。
- 掌握木本饲料贮藏的主要技术。

第一节　木本植物资源饲料化加工意义

一、木本饲料的概念及营养价值

木本饲料是指具有饲用价值的木本植物幼嫩枝叶、花、果实、种子及其副产品，可直接放牧利用，又可采集、刈割、加工后利用，国际上称之为 wood grass 或 woody forage。

木本饲料营养价值丰富，富含多种维生素、氨基酸、蛋白质、微量元素。木本饲料明显的优势是具有较高的粗蛋白质和钙元素的含量。据有关研究统计，与禾本科饲草相比，木本饲料的粗蛋白质和钙的含量分别高 54.4% 和 3 倍以上，粗纤维含量则低 62.5%，粗灰分和磷的平均含量没有太大的差别。从可消化养分上看，木本饲料比作物秸秆高出 1 倍以上，比草本饲料稍低。从概略营养成分上说，木本饲料的营养素都比较全面。

松叶粗脂肪含量高达 8% 以上，松针粉含维生素 550～600 mg/kg，叶绿素 1 350～2 220 mg/kg，胡萝卜素 120～300 mg/kg，激素、抗生素及 P、Ca 等营养元素的含量很可观。洋槐、紫穗槐、桑树、榆树、枸杞、木豆、合欢的叶蛋白质高达 20% 以上，槐叶干粉和紫穗槐叶粉还富含氨基酸、维生素，尤其是胡萝卜素和维生素 B_{12} 含量很高。柳树、桦树、榛树、赤杨的叶胡萝卜素含量为 110～132 mg/kg；核桃叶富含维生素和微量元素、氨基酸；桦树汁含糖丰富，还含 Fe、P、Cu、Mg、K、Na；橡子中富含淀粉，喂猪可代替精饲料。构树叶含胡萝卜素 138.7 mg/kg，饲用利用率高达 90% 以上。杨树叶粗蛋白质和赖氨酸含量丰富，是很有营养的青饲料。胡枝子每公顷产鲜叶 15 000 kg，粗蛋白质含量 16% 以上，且富含维生素，既可用鲜叶饲喂，也可制成叶粉。银合欢枝叶、种子产量高，营养成分丰富，饲用价值高，猪体内消化率可达到 50%～70%。而且木本饲料的能值、有机物质消化率也较高。构树、柳树、梨树、桑树、白杨、泡桐等树叶热能含量很高，消化能值（猪）在 8.4 MJ/kg 以上，代谢能值（鸡）在 6.3 MJ/kg 左右。槐叶消化能值（猪）达 11 MJ/kg，代谢能值（鸡）达 5.4 MJ/kg。盐豆木蛋白质含量、总能、有机物质消化率（羊）可以分别达到 11.16%、16.3 MJ/kg、64.23%。竹类枝叶丰富，营养价值高，含较多的蛋白质、粗脂肪，便于牲畜采食。橡子仁含淀粉 52.5%，50 kg 中的营养相当于 40 kg 玉米饲料。五角枫种子油渣含蛋白质 28%，也是优良的牲畜饲料。用木屑生产制成碳水化合物饲料的成本只有玉米的 50%，而营养价值却是玉米的 60%～80%。水解糖化后的饲料酵母蛋白质含量高达 40%～50%，含氨基酸 20 余种。

由此可看出，木本饲料有着丰富的营养价值符合家畜饲养的营养标准，且含有较高的蛋白质和各种营养物质，是家畜绿色安全健康的饲料粮。因此，重视木本饲料营养价值的开发利用，对木本饲料资源饲料化加工是今后畜牧业饲料发展的方向。

二、木本饲料的分类

木本饲料主要有松科、豆科、杨柳科、壳斗科、蔷薇科等植物。

（一）根据利用部位

根据利用部位，木本饲料可分为针叶、阔叶、籽实三大类。

1. 针叶类

有松树、云杉以及侧柏、木麻黄等。松树分布广、面积大，主要有东北的红松、华北的油松、南方的马尾松等。松针的数量约有 1 亿 t，以利用 1/10 计，可加工针叶粉 1 000 万 t，足够在全国猪、鸡饲料中添加使用。

2. 阔叶类

有杨柳科的小叶杨、胡杨、加拿大杨、毛白杨、旱柳、垂柳、沙柳；豆科的柠条、紫穗槐、刺槐、胡枝子、羊柴、银合欢、合欢、山合欢等；还有一些果树，如苹果树、梨树、杏树、柿树、柑橘树及山楂树、构树、泡桐、梧桐、木槿等。

3. 籽实类

有橡子、榛子、漆树子、楝子、棕榈子、橡胶子等，仅橡子在我国就有 400 余种，几乎遍布全国。据云南省统计，全省每年可产橡子 500 万 t，全国的产量就更可观。

（二）根据外貌特征

根据外貌特征，木本饲料可分为针叶乔木、阔叶乔木、灌木、半灌木、小灌木、木质藤本以及竹类等类型。

1. 针叶乔木饲料植物资源

具有饲用价值的针叶乔木有 6 科 30 属 200 余种，主要有松属、冷杉属、云杉属、落叶松属、柏木属。不同自然地带其代表性的针叶乔木不同：寒温带和温带有落叶松、油松、侧柏、圆柏；热带、亚热带有马尾松、云南松、云杉、杉木、柏木。

我国现有森林面积 1.2 亿 hm^2 以上，其中针叶树约占 50%。全国有松树 30 余种，松针叶蕴藏量约 1 亿 t。

2. 阔叶乔木饲料植物资源

阔叶乔木饲用植物种类丰富，主要有榆属、桦木属、杨属、柳属等。草原地带有饲用价值的阔叶乔木主要有白桦、小叶杨、旱柳、刺槐；荒漠地带阔叶乔木有胡杨、乌柳、沙棘；北方山地分布广泛的有刺榆、山荆子等。在我国南方，有饲用价值的阔叶乔木主要有肥牛树、高山栎、华南朴等。

一般阔叶树树叶约占全树重量的5%，估计每年我国可饲阔叶树叶产量约3亿t，若按30%利用率计，则为0.9亿t，可生产各类叶粉1 800万～2 400万t。

3. 灌木饲料植物资源

灌木类饲用植物根据株高和叶形分为小叶灌木、宽叶灌木、肉质叶灌木、无叶灌木、鳞叶灌木等。小叶灌木主要有锦鸡儿属、绣线菊属、盐豆木属等植物，其中仅锦鸡儿属植物我国就有72种，较重要的锦鸡儿属植物有柠条锦鸡儿、小叶锦鸡儿、中间锦鸡儿等；宽叶灌木主要有黄柳、胡枝子、胡颓子等，热带灌草丛草地有假木豆、大叶胡枝子、马鞍叶羊蹄甲等；无叶灌木为梭梭属、沙拐枣属；鳞叶灌木有柽柳属、水柏枝属；针叶灌木有臭柏；小灌木有绵刺、刺旋花等。

4. 半灌木饲料植物资源

半灌木可分为蒿类、盐柴类、宽叶和垫状半灌木。蒿类半灌木包括蒿属、绢蒿属及类蒿类植物亚菊属、女蒿属等；盐柴类半灌木主要有假木贼属、猪毛菜属等；多汁盐柴类半灌木较重要的有盐爪爪属、碱蓬属等；宽叶半灌木主要有胡枝子属、岩黄芪属、棘豆属等；垫状半灌木主要有西藏亚菊、垫状驼绒藜等。

5. 木质藤本饲用植物资源

木质藤本饲用植物资源也较多，其中野葛、木防己、菝葜等。分布广，具较高的饲用价值。

6. 竹类饲料植物资源

已知可供饲用的竹类植物约19属41种，小竹类主要有箭竹属、簭竹属、短穗竹属等；高竹类较重要的有刺竹属、方竹属、苦竹属等。竹类分布南起海南岛，北至黄河流域，东从台湾，西至西藏聂拉木地区，但以长江流域以南的湿润地区分布较广，尤以热带、亚热带地区种类丰富，多分布在各地的丘陵山地或河谷地带。

三、木本植物资源饲料化加工意义

随着我国经济的发展，人们生活水平日益提高，对奶类、肉类尤其是牛羊肉的需求加大。在我国畜牧业发展的同时，草地面积却不断缩小，畜均占有草地面积大大减少，畜草矛盾日趋尖锐，严重地影响到畜牧业生产的稳定发展。饲料资源生产和供应面临的总体状况是饲料资源总量不足、以粮食为主的能量饲料不足、以粮油加工副产品为主的蛋白质饲料严重短缺、以农作物秸秆等为主的粗饲料资源有余，整个饲料资源供求关系具有精饲料缺、蛋白质饲料缺、绿色饲料缺和总量不足，即“三缺一不足”的特征。

我国是世界上植物物种最丰富的国家之一，具有丰富的木本饲料资源，可开发的前景广阔。我国拥有 8 000 余种木本植物，其中可以用作木本饲料的种类有 1 000 多种，其叶子、嫩枝、籽实以及加工后产生的木屑、刨花等均可饲用。充分开发和合理利用木本饲料资源，占领“空中牧场”，既能为畜禽提供营养丰富而廉价的饲料，补充饲料资源、提高饲料蛋白质含量、降低饲料成本、促进畜牧业发展，又可为木本植物整枝疏叶，促进其生长，还可以防止森林火灾和病虫害的蔓延等。因此，合理利用和开发木本饲料资源，对我国畜牧业发展、改善人们生活水平及生态环境等具有重要意义。

（一）木本植物资源饲料化加工，可以扩大饲料来源

根据我国森林面积、活立木总蓄积量和采伐情况进行估算：每年树叶产量 5 亿 t 以上，相当于全国农作物秸秆总量，放牧草食家畜直接采食、人工采集鲜叶或收集落叶加工量，占树叶总量的 25% 左右，已利用量约 1.5 亿 t，尚有 3.7 亿 t 的潜力有待进一步开发。按生物学测定：树叶占全树重量的 5% 左右，其中针叶林面积约 7 000 万 hm^2，每公顷可产松针 3 t，全国针叶林年产松针 2.1 亿 t。阔叶林面积约 6 500 万 hm^2，枝叶繁茂，产叶量大，平均每公顷产叶量可达 4.1 t，全国阔叶林年产叶量可达 2.7 亿 t。具有较高饲用价值的各种树籽约 100 万 t，其营养价值相当于饲料粮，以橡子为例，其淀粉含量丰富，达 50%～60%，可作为能量饲料；维生素 B_2 含量特别高，几乎是粮食的 7～10 倍。

亚热带地区木本饲料资源丰富，营养价值高，发展潜力大。例如，米老排叶子肥大嫩绿，营养成分含量高，为牛、羊、猪、兔等喜食，是一种饲料资源，经分析测定，米老排鲜叶的粗蛋白质含量比肥牛树树叶的粗蛋白质含量高 2%；饲料桑叶片含有丰富的碳水化合物、蛋白质、脂肪酸、纤维素和矿物质元素，氨基酸种类齐全，达到 18 种，占饲料桑叶干物质的 20%；任豆是豆科速生树种，营养价值较高，其中粗蛋白质含量为 16.6%，粗脂肪含量为 8.2%，粗纤维含量为 25.3%。

（二）木本植物资源饲料化加工，可以补充蛋白质饲料的缺乏

我国常规饲料资源中，蛋白质饲料紧缺，每年缺口约 3 000 万 t，因此研究和开发非常规饲料资源中的蛋白质，尤其是木本饲料资源中的蛋白质将对畜牧业生产的发展起重要作用。据已掌握近 30 种树叶的营养成分看，有 2/3 的粗蛋白质含量超过 10%，其中紫穗槐、洋槐、银合欢、胡枝子和马鹿花等豆科树叶，粗蛋白质含量均在 20% 以上，其他树叶粗蛋白质含量在 10% 左右。如果平均按 10% 计算，每年 5 亿 t 产叶量中则含有 5 000 万 t 粗蛋白质，这是相当可观的蛋白质饲料资源。我国树叶资源已利用量约 1.5 亿 t，同样按 10% 计算，其粗蛋白质含量为 1 500 万 t，即树叶中的蛋白质资源已利用量为 1 500 万 t，尚有 3 500 万 t 的潜力有待于进一步开发利用。

（三）木本植物资源饲料化加工，可以缓解人畜争粮的矛盾

饲料缺乏是我国畜牧业发展的主要限制因子。我国人均耕地少，种植业难以提供足够的饲料用粮；草原面积虽近 4 亿 hm^2，但受地理和气候条件限制，适宜放牧的时间短，平均载畜率低，长期以来盲目开荒及超载放牧，使得草地资源不断被破坏，草畜矛盾十分尖锐。

随着人们生活水平的日益提高，我国居民的膳食结构发生了巨大变化，其显著特征是粮食等主食显著减少。过去 30 年，年人均消费粮食由 227 kg 减至 119 kg，减少了 47%；而肉、奶、蛋等动物性食品显著增加，年人均消费量由 18 kg 增至 47 kg，增加了 161%。在粮食总消耗中，居民粮食消耗量逐年减少，2015 年仅占 27%，很大一部分粮食作为家畜的饲料被消耗了，我国人畜争粮的矛盾十分突出。

早在 1990 年 9 月，钱学森就指出：在 21 世纪我们国家应该利用生物科学技术，通过饲料加工，用含木本植物叶、枝在内的废弃物生产畜禽饲料。我国现有木本饲料资源每年有 6 亿～8 亿 t，按平均利用率 20% 计算，尚有 4.8 亿～5.4 亿 t 待进一步开发。伐木的树枝和木材加工下脚料每年 2 亿～3 亿 t，作为饲料用需深加工、精加工，变成发酵饲料、膨化饲料和饲料酵母，利用难度大，利用率很低，有待深度开发。随着林业建设和森林保护的发展，我国植树造林规模和速度均居世界第一，木本饲料发展潜力激增，预计到 21 世纪 30 年代，森林面积可达到 1.6 亿～1.8 亿 hm^2，每年提供的木本饲料资源（各种树叶、木材加工下脚料、间伐或营林作用落地嫩枝）将突破 10 亿 t。若通过科学合理的加工调制技术对现有的木本植物资源饲料进行处理后，能为家畜提供大量的饲料，从而大大地缓解人畜争粮的矛盾。

综上所述，我国木本饲料资源开发利用前景广阔，并且随着用动物性饲料饲喂反刍动物被禁止，木本植物作为饲料“绿色蛋白质”的作用会更加突出。生态、营养、安全、绿色将会成为当今国际饲料工业发展的必然趋势，从而为木本饲料开发利用提供广阔发展空间。因此，木本饲料作为饲料原料结构中发挥生态价值、经济价值和营养价值为一体的饲料类型，能够减轻畜牧业对粮食的依赖，缓和人畜争粮的矛盾。

第二节　木本植物资源饲料化加工原理

木本饲料资源来源广泛，一般含有丰富的蛋白质、矿物质和维生素等重要的营养成分，并含有动物生长发育所必需的氨基酸，但由于其木质化程度高、含有抗营养因子、具有较重的苦味，或长有小刺、绒毛等限制因素，因而常常需要对木本饲料进行适当的物理、化学和生物学等加工处理，以提高其饲用价值。

一、木本饲料的限制因素

（一）木质化程度高

木本饲料的质地坚硬，木质化程度较高，纤维类物质含量较多，其中木质素是结构牢固的酚的聚合物，不仅不能被家畜吸收，还会影响对其他物质的消化利用，从而降低了木本饲料的饲用价值。其机理是木质素会结合形成一种镶嵌结构，在纤维素、半纤维素等营养物质表面形成保护层，限制了内部营养底物的消化利用。一般木质素含量每增加 1%，粗饲料的消化率就降低 4.49%。

柠条是一种豆科锦鸡儿属多年生灌木，营养丰富，粗蛋白质含量高，含 10 多种氨基酸及多种微量元素，尤其是柠条嫩枝叶，是当地牛羊良好的放牧饲料，在北方地区柠条一直作为冬春季节牛羊放牧的主要粗饲料来源。但是因其木质化程度和粗纤维含量高，且茎秆粗硬并带尖刺，适口性较差，同时易使动物产生饱感，在瘤胃停留时间过长，从而影响采食与消化吸收，消化率和利用率不高。

（二）含有毒素和抗营养因子

木本饲料中抗营养因子和一些毒素的存在是制约木本饲料发展的一个重要因素。木本植物中的氢氰酸、皂甙、单宁等物质都会影响家畜对木本饲料中其他营养素的利用。这些抗营养因子的含量高低直接关系到家畜的采食量和健康水平，主要表现在降低蛋白质消化和利用率、矿物质溶解、适口性和采食量等。

1. 氢氰酸

氢氰酸是毒性最大、作用最快的常见毒物，在植物中主要是以氰甙（或称产氰糖甙等）形式存在，也以游离形式存在。当植物组织被损害或腐烂时，在反刍家畜瘤胃内，水解后产生氢氰酸（HCN），牧草饲料中的氢氰酸含量达到一定量时，即引起畜禽中毒，如氰甙。氰甙在植物界分布很广，特别是蔷薇科植物，其次为禾本科、豆科、忍冬科等。杏、桃、李、梅、樱桃、枇杷等的果仁和叶中含有大量的氢氰酸，限制了其用作饲料的可能。

2. 皂苷

皂苷又称皂角甙、皂素，由甾体化合物或多环的三萜为苷元与寡糖的羟基组成的苷，是一种无定形粉末或结晶，吸湿性强、易溶于水，其水溶液带有辛辣味，振荡时能产生大量持久性泡沫，对皮肤和黏膜有刺激作用，可引起炎症，能溶解红细胞。皂苷味苦，含有皂苷的饲料多具苦味和辛辣味，适口性差，如果喂量过大，草食家畜易患臌胀病。皂苷广泛存在于植物的叶、茎、根、花和果实中。

3. 生物碱

植物中存在一些呈碱性的含氮有机化合物，多以有机盐的形式存在，其中有些具有显著生理效应的叫生物碱。游离的生物碱一般不溶或难溶于水，易溶于有机溶剂，如醇、醚、氯仿等，而其无机盐或小分子有机酸却溶于水。生物碱大都具较强的毒性，分布于 100 多个科的 2 000 多种植物中，主要存在于罂粟科、茄科、毛茛科、豆科、夹竹桃科、马钱子科、茜草科、石蒜科、百合科、麻黄科和水松科等植物中。同科植物具有相同的生物碱，近缘植物含有类似的或者是相同的生物碱。同类植物的不同器官（根、茎、叶、花、种子）和不同植物之间，生物碱的含量不同，并随季节的变化和地区不同而异。

4. 单宁

单宁又称鞣质，是广泛存在于各种植物组织中的一种多元酚类化合物。植物单宁的种类繁多，结构和属性差异很大，目前很难给出其准确定义。但通常将其分为可水解单宁和结晶单宁两大类。各种植物中的单宁不仅含量不同，而且种类也有差异。胡枝子中主要以结晶单宁为主，栎树叶、茶树叶中主要以可水解单宁为主。一般幼嫩枝叶中单宁含量较高，且以可水解单宁为主，成熟果实及落叶中的单宁含量下降，大部分聚合为结晶单宁。即使同是结晶单宁，其组成成分也有很大差异。

Min 等报道，缩合单宁质量含量在 55 g/kg 以上就会减少采食量和消化率；孙海霞等也报道，杨树叶含有中等剂量的单宁（30～40 g/kg）就表现出对蛋白质消化率显著降低的趋势，随着杨树叶用量的增加，饲料中单宁含量也增加，成年绵羊表现出干物质和粗蛋白质消化率显著降低。字学娟研究发现单宁含量高的植物采食量低，适口性差，单宁含量与采食量呈显著负相关。

5. 蛋白质结构复杂

构树叶蛋白质含量高达 24%，含量是大米、玉米的 3 倍，小麦的 2 倍，仅次于大豆；粗脂肪含量相当于玉米，是大米、小麦的 2 倍，仅次于大豆；无氮浸出物含量高于大豆，次于大米、玉米、小麦；氨基酸、维生素、碳水化合物及微量元素也十分丰富。目前对构树叶用作饲料的研究较少，主要集中在直接饲喂或简单青贮后饲喂。但由于构树叶蛋白质结构复杂，大多数以大分子蛋白的形式存在，动物利用效率不高，尤其是家禽和单胃动物的消化道中没有分泌消化构树叶蛋白质的酶，所以其很难被消化吸收，大部分从粪便中排出，因而没有作为饲料原料被人们广泛利用。

综上所述，木本植物用作饲料存在如此多的不利因素，限制了家畜对其采食量和营养物质的消化利用，从而影响了木本饲料的发展。因此，应当优化加工工艺，通过物理、化学和生物等方法来消除或减少其中的抗营养因子，此外可通过寻求不同木本饲料饲喂各种动物的最适添加量，使其最大限度地为动物所利用。

二、加工利用对木本饲料的作用

（一）物理处理

1. 机械处理

植物各部分结构的强度差异很大，幼叶和幼茎很容易弄碎和降解，但老组织就难以折断。这种差异依细胞壁的厚度、强度和坚韧性不同。薄壁组织常易被降解，细胞内容物被释放出来。机械粉碎可使细胞破裂，使细菌能穿过表皮的保护层，这样有助于细菌的集群和消化。不过即使细胞破裂，里面的内容物流出来，细菌也不容易附着在细胞壁的内表面。用扫描电镜研究表明，细胞壁的主要分解菌有 2 种，即黄瘤胃球菌和产琥珀酸厌氧杆菌，它们群集于或靠近细胞壁破裂所形成的横切面。反刍和再咀嚼作用，可使这种表面不断地暴露出来，有助于细菌的这种生化作用。

2. 蒸煮处理

在室温以上进行升温加热，可对饲料进行最适度的化学处理。在远没达到沸点以前，就有一些物质发生变化，特别是膜结构。随温度的升高，许多蛋白质不可逆地变性，以至于冷却后其三级结构不再恢复。

细胞壁纤维实质上不受温度的影响，即使达到或超过水的沸点温度。茎和叶的大多数细胞壁直到温度升高引起一些乙酸和半纤维素间的酯键水解时，才可能受影响。释放出的乙酸使 pH 降低，当温度升高时，某些对酸不稳定的阿拉伯 – 呋喃糖侧链键会裂解，最后某些半纤维素链解聚。这样，当高压蒸煮木本饲料中的纤维性物质时就可释放出一定量的可溶性碳水化合物，并且将细胞壁结构较多地暴露出来以便酶解。

（二）化学处理

1. 无机试剂

尽管植物细胞内的液泡可积累有机酸，且挤出的汁液很酸，但是细胞质的 pH 即使偏离正常一点也足以使细胞致死。

pH 的剧烈变化对细胞内容物和细胞壁都有水解作用，但碱性 pH 的溶解作用更为重要。不溶于中性水的多糖常溶于稀碱中，这个性质长期以来一直被科学家用作分离可溶性和不可溶性多糖的方法。用氢氧化钠、氢氧化钾或氨处理木本饲料可增加其消化性。氧化处理可影响木质素，还可能将多糖中的一些中性糖残基转化成糖醛酸，很可能还通过对细胞壁的作用而影响饲料的消化性。

2. 酶处理

酶预处理可以提高粗饲料的消化率。对于非反刍动物，可利用细菌的 β- 葡聚糖酶，将谷物中不可消化的以混合键连接的葡聚糖转化成葡萄糖。对于反刍动物，可用生成葡萄糖的量来表示纤维素酶处理粗饲料能力的指标。

（三）生物处理

利用多种微生物如各种细菌、霉菌、酵母菌、食用菌，一方面可使植物秸秆中的半纤维素、纤维素得以分解；另一方面游离出来细胞内容物被乳酸菌、酵母菌利用，可转化成品质优良的菌体蛋白质。同时通过微生物的发酵，将复杂的大分子蛋白质降解为氨基酸、小肽等易被动物消化利用的形式，使木本饲料成为应用广泛的绿色饲料资源。

第三节　木本植物资源饲料化加工技术

适当的加工与调制能改善家畜对木本饲料的适口性，增加采食量，提高其消化率和利用率。

一、灌木饲料的加工利用

灌木类饲用植物从温带到热带，从低平地到海拔 5 000 m 以下的高山均有分布。国际上，干旱草原治理中最有前途的改良方向是建立包括灌木、半灌木和草本参加的、能综合利用（饲料、燃料、经济价值）的高产农业植物群落。世界上一些经济发达的国家都把灌丛草地资源看作“绿色黄金”“立国之本”。

半灌木类饲用植物可分为蒿类、盐柴类、多汁盐柴类、宽叶和垫状半灌木。其中尤其以旱生或超旱生植物最为重要，它们种类较多，分布较广，饲用价值大，在西部干旱区常以建群种或优势种出现。胡枝子属、锦鸡儿属，高山柳、桑及南方有刺灌丛是较重要的类群；其中，锦鸡儿属植物我国就有 72 种，是干草原、荒漠草原以至荒漠上良好的饲用、药用及水土保持植物。灌木具有抗逆性强、寿命长、植丛大等特点，对解决干旱缺草年份、枯草季节以及灾年的畜草不平衡问题，具有极其重要的意义。饲用灌木有：柠条、胡枝子、羊柴、花棒、沙棘、黄柳、梭梭、沙拐枣、沙蒿等。

（一）灌木的饲用价值

一些灌木（如豆科灌木）的粗蛋白质含量较高，氨基酸种类齐全，个别灌木（如沙棘）的主要氨基酸含量甚至超过苜蓿草粉；灌木总能较高，但消化能较低；有些灌木的维生素含量较高，如沙棘，维生素 A 和维生素 C 的含量分别为 56 mg/kg 和 29 mg/kg，而苜蓿干草中维生素 A 含量也仅为 65 mg/kg 左右。几种灌木的营养成分见表 8-1。

表 8-1　几种饲用灌木、半灌木的营养成分（占风干物质）　%

种类	物候期	水分	粗蛋白质	粗脂肪	粗纤维	无氮浸出物	粗灰分	钙	磷
小叶锦鸡儿	营养期	14.95	22.48	4.98	27.85	22.36	7.38	2.16	0.52
	结实期	12.26	16.84	3.22	35.25	26.50	5.93	2.99	0.52
中间锦鸡儿	营养期	14.95	22.48	4.98	27.85	22.36	7.38	—	—
柠条锦鸡儿	开花期	10.43	18.26	2.46	35.46	27.61	5.78	—	—
沙柳	结实期	12.34	13.79	14.32	27.47	27.04	5.04	3.08	0.63
优若藜	开花期	19.01	10.08	1.39	35.58	25.90	8.04	2.16	0.17
	分枝期	12.13	14.93	1.69	29.93	35.54	5.78	3.44	0.64
沙拐枣	盛花期	6.27	4.33	1.65	39.20	44.11	4.50	—	—
木地肤	营养期	13.00	16.85	2.18	17.26	35.38	15.33	—	—
	开花期	11.01	11.32	2.40	29.58	36.04	9.65	1.26	0.29
梭梭	营养期	4.30	7.77	4.95	18.47	44.27	20.24	—	—
沙棘	营养期	6.00	11.91	4.50	16.74	56.31	4.54	—	—
沙蒿	营养期	11.54	15.87	6.85	26.00	31.18	8.56	—	—
	开花期	8.75	12.72	12.60	22.65	35.62	7.66	—	—

注：引自玉柱等（2004）。

但是，有些灌木粗硬或带有针刺，不经加工，家畜难以采食，咀嚼时需消耗较多的能量。另外，灌木的木质化程度高，家畜难以消化利用。

（二）灌木的平茬

1. 平茬的作用

生长年限较长的灌木，枝条变粗，木质化程度明显增高，生长势衰退，再生性能下降，抗逆性大大降低，极易遭受病虫危害。家畜采食又会出现挂毛现象。所以，应及时平茬，改善灌木草地的质量（表 8-2）。

（1）增加分枝和嫩枝数。平茬后比未平茬的提高 10% 左右，并使其向半灌木方向发展。

（2）增加可食产量。平茬后可刺激更新芽形成更多的新枝，使单位面积的可食灌木产量提高30%～40%。

（3）增加家畜的采食量和消化率。平茬后形成较多的新枝、嫩叶、木质化程度降低，家畜喜食，且易消化。

（4）控制灌丛高度。如小叶锦鸡儿，平茬可将灌丛高度控制在50～60 cm，便于羊的采食利用，减少冬春放牧时的挂毛现象。

（5）有利于形成下繁形株丛。下繁形株丛可增强防风固沙、保持水土的作用。

表8-2 几种灌木的平茬效果

种类	项目	高度/cm	生活力	枝条			
				当年生枝条		枯枝	
				生物量/g	占株丛总生物量比例/%	生物量/g	占株丛总生物量比例/%
柠条	对照	110～127	弱	69	4	1 650	96
	平茬	70～110	强	900	100	0	0
沙柳	对照	180～190	弱	1 650	30	3 850	70
	平茬	240～260	强	4 000	100	0	0
沙蒿	对照	50～60	弱	584	40	739	60
	平茬	50～70	强	728	100	0	0

注：引自张秀芬（1992）。

2. 平茬间隔期

灌木种类不同，平茬间隔期也不一样。沙柳平茬间隔期为3年，柠条为5年，羊柴和花棒为2年，沙蒿为2～3年。间隔期过长，枯枝增多，影响灌木的利用和生长；而连年对同一地段的灌丛进行平茬，灌丛得不到休养生息，往往造成其生物活力下降。

3. 平茬的适宜时间

灌木平茬一般多在立冬后至翌年早春解冻之前进行。此时，灌木完全停止生长，所积累的营养物质大部分输送到根系中贮藏起来，根系处在冻土层中。平茬地上部分，不会影响灌丛萌发时所需的营养物质，也不会损伤根系。

4. 平茬方式

我国北方地区冬、春季节风多风大，为防止土壤风蚀，要采取隔带平茬，切不可一次全部除光。隔带老枝条，既能防止土壤风蚀，又能达到提高平茬幼枝成活率和更新复壮草场的目的。

5. 平茬方法和留茬高度

灌木平茬应紧贴地面或低于地面1～3 cm为宜。若茬口高出地面，会因失水过多影响枝条萌发和再生；茬口过低易伤根系。茬口要平滑，以利于萌发和再生。平茬时不能只砍粗枝、大枝，而留下小枝、毛枝，否则，灌丛生长势将全部集中在留下的小枝、毛枝上，而减少新萌生的枝条数，削弱灌丛的生长势。

（三）灌木的加工及利用

1. 刈割

木本植物饲料的刈割时期、刈割频度等对其饲用价值和饲料产量起着决定性的作用。孙显涛等对我国华北野生二色胡枝子的研究表明，随着刈割频度的增多，根数、根重、根瘤及可溶性糖等指标明显下降。柠条在开花期粗蛋白质含量最高，而木质素最低，是刈割最佳时期；也可在果后营养期刈割（停止生长前 30～40 d）。刈割时期不同也会影响木本饲料的干物质和粗蛋白质的瘤胃降解率。

2. 加工调制

（1）晒制灌木干草。将灌木的幼嫩部分刈割后，打成 4～5 kg 重的小捆，直接运至贮存场所，略加晾晒后即可堆垛。经该法调制的灌木干草，叶量损失很小，仍保持绿色。在冬春季节，其叶子和嫩枝为家畜所喜食，剩下的粗硬茎秆可用作薪柴。

（2）加工灌木粉。灌木的含水量较低，刈割后稍加晾晒即可加工成灌木粉。灌木出粉率为 80% 左右，生产率一般为 1 000 kg/h，若平茬后不经晾晒直接加工成灌木粉，则生产率较低，仅为 250～300 kg/h。灌木粉的适口性较好，采食率为 60%～80%，高的可达 90%。绵羊和山羊的日食量分别为 1～1.5 kg 和 0.5～1 kg，基本上可以维持家畜体内新陈代谢活动的需要。灌木加工成粉后消化率有所提高，粗蛋白质、粗脂肪的消化率在 50% 以上，干物质在 40% 以上，较难消化的粗纤维也达到 40%。

王珍喜研究认为，粉碎可以提高牛对柠条的采食量，花期柠条粉碎饲喂优于揉碎饲喂。柠条经过粉碎制粒后饲喂家畜，利用率可提高 50%，家畜采食量增加 20%～30%。弓剑将柠条枝叶加工成叶粉，羊消化能为 10.45 MJ/kg，蛋白质消化率为 81.20%，饲喂苜蓿草粉 + 柠条叶粉的羔羊日增重最高。梅淑芳等在研究中发现，马棘嫩枝条晒干后叶片易于脱落，不宜于调制干草，马棘嫩枝叶快速干燥后可制成干草粉参与制作各类配合饲料。

（3）膨化。为进一步提高灌木的消化率和利用率，可将灌木粉进行膨化处理。膨化方法与秸秆膨化基本相同。

（4）氨化。黄文明等研究表明，新银合欢枝叶氨化后粗蛋白质含量显著升高，含羞草素、粗脂肪含量极显著降低，中性洗涤纤维含量显著降低，且对瘤胃 pH 有明显影响，提高了氨释放速度。杨宇衡等研究发现，南江黄羊饲喂添加 20% 的氨化银合欢叶粉配制的精饲料与添加风干银合欢叶粉的精饲料相比，提高了日粮营养物质的消化率和蛋白质利用效率，并改善了生长性能。

（5）青贮。丁武蓉等研究发现，添加 3% 糖蜜的胡枝子青贮饲料的品质最好。玉柱等发现，添加 0.2% Siloguard 的尖叶胡枝子青贮饲料品质最好。

王峰等研究表明，微贮后的柠条粗蛋白质、粗脂肪、粗纤维、木质素含量变化不大，粗灰分含量增加 1.36%，无氮浸出物含量增加 2.59%。微贮处理能够显著改善柠条各营养成分的瘤胃降解特性，显著提高瘤胃降解率，提高消化率。高文俊等研究结果发现，添加蔗糖和甲酸能改善柠条青贮饲料的发酵品质，显著降低青贮饲料的 pH、增加乳酸含量和降低氨态氮含量，显著提高柠条青贮饲料的干物质保存率，青贮之后，硝酸盐含量下降。樊莉娟等研究表明，添加纤维素酶对改善柠条锦鸡儿、尖叶胡枝子和山竹岩黄芪 3 种灌木的青贮效果最佳；添加生物添加剂对华北驼绒藜的青贮效果无改善。

陶莲和玉柱发现，添加乳酸菌制剂、纤维素酶和乳酸菌制剂 + 纤维素酶的 3 个处理组，均可改善华北驼绒藜青贮料的发酵品质；其中添加乳酸菌制剂 + 纤维素酶效果最明显。蒋慧等研究表明，骆驼刺与棉籽壳混贮能改善棉籽壳青贮料的品质。李静等在青贮华北驼绒藜中添加乳酸菌和纤维素酶，可明显改善青贮发酵品质和提高体外消化率。刘瑞香等研究发现，油蒿可以采用青贮方式进行保存，且直接青贮更好。

二、树叶的加工利用

我国有丰富的林业资源，树叶数量大，大多数均可饲用。树叶营养丰富，经加工调制后，不仅能作为家畜的维持饲料，而且可以作为家畜的生产饲料。树叶的加工与利用方式，目前仍以放牧采食为主，采集加工次之。随着科学养畜及配、混合饲料的广泛利用，对树叶的利用将由放牧采食转向采集加工相结合的加工利用方式。

（一）树叶的饲用价值

1. 影响树叶饲用价值的主要因素

树叶的饲用价值决定于诸多因素，主要因素包括以下 3 个方面。

（1）树种。树叶的营养成分因树种而异。豆科树种、榆树、构树等叶子中粗蛋白质含量较高，且氨基酸种类丰富；构树、槐树、柳树、梨树、桃树、枣树等树叶的有机物质含量、消化率、能值较高；紫穗槐青树叶中胡萝卜素含量高达 270 mg/kg，柳树、桦树、榛树、赤杨等青叶中胡萝卜素含量为 110～132 mg/kg，是黄玉米中胡萝卜素含量的 100 倍左右；树叶中的钙含量一般为 1%～2%，如枣树、苹果树、梨树、桃树等树叶中钙含量均在 1.5% 以上，是玉米、高粱等精饲料中钙含量的 25～50 倍。部分树叶的营养成分含量见表 8-3。

表 8-3 部分树叶的营养成分

树种	干物质 /%	占干物质比例 /%						
		粗蛋白质	粗脂肪	粗纤维	无氮浸出物	灰分	钙	磷
洋槐叶（干）	86.8	19.6	2.4	15.5	42.7	6.9	—	0.15
榆树叶（干）	89.4	17.9	2.7	13.1	41.7	14.0	2.01	0.17
榕树叶（干）	91.0	11.3	2.1	23.5	43.2	10.9	—	—
紫荆叶（干）	92.1	15.4	5.5	26.9	37.9	6.4	—	0.10
柳树叶（干）	89.5	15.4	2.8	15.4	47.8	8.1	1.94	0.21
杨树叶（干）	95.0	10.2	6.2	18.5	46.2	13.9	0.95	0.05
构树叶（干）	91.2	26.2	6.2	15.4	24.3	19.1	0.05	1.37
合欢叶（干）	93.1	19.2	8.6	7.1	50.1	8.1	—	0.37
柞树叶（干）	89.6	14.2	5.1	20.2	41.8	8.3	1.10	0.18
桑树叶（干）	89.8	20.6	6.1	9.7	42.7	10.7	2.50	0.20
枣树叶（干）	95.6	11.0	7.6	12.0	53.2	11.8	1.30	0.12

续表 8-3

树种	干物质/%	占干物质比例/%						
		粗蛋白质	粗脂肪	粗纤维	无氮浸出物	灰分	钙	磷
紫穗槐叶（干）	89.0	17.9	4.5	12.1	48.6	6.9	1.36	0.72
香椿树叶（干）	93.1	15.9	8.1	15.5	46.3	7.3	—	—
家杨树叶（干）	91.5	25.1	2.9	19.3	33.0	11.2	—	0.40
泡桐树叶（干）	94.4	18.3	55	10.5	51.7	8.4	1.82	0.06
梧桐树叶（干）	88.9	16.3	5.5	13.5	43.1	10.9	1.97	0.31
葫芦头叶（干）	93.6	10.3	3.0	19.1	54.6	6.6	1.19	0.14
漆树叶（干）	90.8	12.4	2.3	18.6	46.9	10.6	3.31	0.22
废茶叶（干）	89.6	25.0	4.4	18.1	36.7	9.3	—	0.02

注：引自非常规饲料资源的开发与利用研究组（1996）。

（2）生长期。生长着的鲜嫩叶营养价值高；青落叶次之，可用于饲喂反刍家畜，还适宜饲喂单胃家畜和家禽；而枯黄叶最差，仅可勉强饲喂反刍家畜。

（3）树叶中所含的某些特殊成分。有些树叶营养成分含量较高，但因含有一些特殊成分，致使其饲用价值降低。如核桃树、山桃树、橡树、李树、柿树、毛白杨等树种，含单宁，具苦涩味，必须经加工调制后才能饲喂。有的树种到秋季叶中单宁含量增加，如栎树、栗树、柏树等树叶到秋季单宁含量达到 3%，有的高达 5%～8%，应提前采摘饲喂或少量配合饲喂，少量饲喂还可起到收敛健胃的作用。有的树叶有剧毒，如夹竹桃等，不能饲喂家畜。

2. 几种树叶的饲用价值

（1）松针叶的饲用价值。松针富含粗蛋白质、粗脂肪、叶黄素和多种矿物元素。对松针测定表明：粗蛋白质含量为 6%～13%，其中有 20 多种氨基酸，赖氨酸含量占蛋白质的 6.54%。粗脂肪含量为 7%～12%，胡萝卜素含量高达 70～340 mg/kg，叶绿素含量为 1 000～2 000 mg/kg，维生素 C 和维生素 E 含量分别为 400～2 500 mg/kg 和 200～1 000 mg/kg；含矿物质元素多达 30～40 种，比苜蓿的微量元素还要丰富；含多糖类（戊糖）10%～13%，单宁 4% 左右；还含有树脂及精油（松针油含量为 0.5%～0.7%），松香酸、挥发油、α- 蒎烯、β- 蒎烯、黄酮素、槲皮素、山奈醇、乙酸龙脑酯等。此外，松针还含有多种杀菌止痒成分。松针叶粉营养成分见表 8-4、表 8-5 和表 8-6。

由于营养丰富，松针粉添加到饲料中饲喂畜禽，可增强抗病能力，提高畜禽生产性能和饲料转化率，使畜禽毛、羽富有光泽和肉、蛋富有天然色泽，从而提高了活畜禽和畜禽产品的商品性。

表 8-4　松针叶粉常规分析主要成分　%

品种	水分	粗蛋白质	粗脂肪	粗纤维	无氮浸出物	灰分	钙	磷	硅
浙江马尾松	9.70	12.10	8.42	26.18	41.26	2.34	0.63	0.05	0.97
浙江黄山松	10.97	11.92	7.06	28.60	39.17	2.28	1.04	0.01	0.47

续表 8-4

品种	水分	粗蛋白质	粗脂肪	粗纤维	无氮浸出物	灰分	钙	磷	硅
福建马尾松	9.50	11.39	10.31	24.35	41.66	2.97	1.33	0.06	0.90
汪苏马尾松	11.04	9.84	7.62	26.84	42.02	3.00	0.39	0.05	0.87
河北兴隆油松	5.89	6.11	11.49	20.79	—	3.53	0.48	0.09	—
南京林化所材料	—	6.69	9.80	29.56	37.06	2.86	0.59	0.11	—
江苏连云港材料	7.80	8.96	11.1	27.12	41.59	3.43	0.54	0.08	—

注：引自非常规饲料资源的开发与利用研究组（1996）。

表 8-5　松针叶粉中氨基酸含量比例　%

氨基酸	占样品的比例	占样品的比例	占蛋白质的比例
天门冬氨酸	0.61	0.62	9.23
苏氨酸	0.29	0.27	4.62
丝氨酸	0.31	—	5.00
谷氨酸	0.72	0.69	9.74
甘氨酸	0.35	0.53	5.51
丙氨酸	0.39	0.37	5.89
缬氨酸	0.36	0.46	6.02
蛋氨酸	0.07	0.34	0.77
异亮氨酸	0.37	0.33	4.10
亮氨酸	0.57	0.54	8.46
酪氨酸	0.35	0.24	3.46
苯丙氨酸	0.47	0.44	5.77
赖氨酸	0.37	0.43	6.54
组氨酸	0.14	0.40	1.67
精氨酸	0.39	0.27	4.36
脯氨酸	0.34	0.29	3.72
色氨酸	0.08	0.09	—
胱氨酸	0.12	0.17	1.28
总和	6.45	6.48	86.14
样品来源	河北兴隆油松	南京林化所	江苏马尾松

注：引自非常规饲料资源的开发与利用研究组（1996）。

表 8-6　针叶中矿质元素含量

矿质元素	K	Na	Ca	P	Mg	Fe	Cu	Mn	Zn	Co	Se
含量/%	0.46	0.03	0.54	0.08	0.44	0.03	4.00	0.02	0.004	0.58	0.06

注：引自张秀芬（1992）。

（2）槐叶的饲用价值。槐叶营养丰富，含有蛋白质、脂肪、维生素、叶黄素和钙、磷等矿物元素，尤其是紫穗槐和洋槐，属于豆科树种，富含蛋白质。据测定：粗蛋白质含量为 20% 以上，即 2 kg 叶粉相当于 1 kg 豆粕；赖氨酸含量为 1.24%；蛋氨酸含量为 0.2%；钙含量为 1.7% 以上；磷含量为 0.3% 左右；是有待开发利用的重要蛋白质饲料资源。紫穗槐、洋槐、国槐叶粉的具体营养成分见表 8-7。

槐叶饲喂畜禽的效果，得到国内外比较一致的公认，用 4% 的槐叶粉替代适量的紫花苜蓿粉饲喂蛋鸡，产蛋效果无显著差异，用 5% 的洋槐叶粉替代等量麸皮饲喂蛋鸡，产蛋量提高 9% 左右，还可提高蛋黄色级。

表 8-7　槐叶粉营养成分　%

树种	粗蛋白质	粗脂肪	粗纤维	无氮浸出物	钙	磷	水分	灰分
紫穗槐	23.2	5.1	13.0	42.3	17.60	0.31	6.30	8.03
洋槐	21.1	5.4	12.7	44.6	2.00	0.30	6.00	7.90
国槐	18.1	4.3	20.0	45.1	2.46	0.21	5.07	5.10

注：引自非常规饲料资源的开发与利用研究组（1996）。

（3）杨树籽、叶的饲用价值。杨树籽、叶营养比较丰富，含有蛋白质、脂肪、维生素、矿物元素和 10 多种氨基酸。因品种不同、产地不同和利用期不同，营养成分有所差异（表 8-8）。杨树的花絮和籽粒蛋白质含量相当高，仅次于大豆的蛋白质含量（40% 左右），氨基酸比较齐全，尤其杨树花絮，谷氨酸含量高达 11.4%，蛋氨酸和赖氨酸含量分别达到 0.55% 和 1.12%。

表 8-8　胡杨籽、叶和加拿大杨花絮营养成分　%

种类	粗蛋白质	粗脂肪	粗纤维	无氮浸出物	灰分	水分	钙	磷
胡杨籽	32.13	2.84	13.84	32.40	11.57	5.19	0.58	1.45
胡杨叶	8.58	3.73	16.60	49.85	10.53	8.37	1.17	1.17
加拿大杨花絮	30.56	16.60	13.81	22.58	8.92	6.08	1.21	0.29

注：引自非常规饲料资源的开发与利用研究组（1996）。

在大部分地区，杨树叶饲喂草食家畜已有一定的经验，随着科学技术的发展和饲料资源的进一步开发利用，树叶、秸秆和精饲料混合调制会有更科学的配比和配合方法。试验表明，在猪的日粮配方中，用杨树叶粉替代 20% 的麸皮是可行的。对鸡的试验结果表明，用杨树花絮替代部分豆饼，不会影响鸡的生长和饲料消耗。

（二）树叶的采收

采收的方式及采收时间对树叶的营养成分影响较大。采集树叶应在不影响树木正常生长的前提下进行，切不可折枝毁树、破坏绿化。

1. 采收方法

（1）青刈法。适宜分枝多、生长快、再生力强的灌木，如紫穗槐、胡枝子等。

（2）分期采收法。对生长繁茂的树木，如洋槐、榆树、柳树、桑树等，可分期采收下部的嫩枝、树叶。

（3）落叶采集法。适宜落叶乔木，特别是高大不便采摘的或不宜提前采摘的树叶，如杨树叶。

（4）剪枝法。对需适时剪枝的树种或耐剪枝的树种，特别是道路两边的树和各种果树，可采用剪枝法。

2. 采收时间

树叶的采收时间依树种而异，下面介绍几种代表性树种采集树叶的时间。

（1）松针。在春秋季节松针含松脂率较低的时期采集。

（2）紫穗槐、洋槐叶。北方地区一般在7月底至8月初采集，最迟不要超过9月上旬。

（3）杨树叶。在秋末刚刚落叶即开始收集，而不能等落叶变枯黄再收集；还可以收集修枝时的叶子。

（4）橘树叶。在秋末冬初，结合修剪整枝，采集橘叶和嫩枝。

（三）针叶的加工利用

我国针叶树面积占森林总面积的50%以上，约0.7亿 hm^2，蕴藏着巨大的饲料资源。针叶主要可制作成针叶粉、针叶浸出液和针叶浓缩物。

1. 针叶粉

（1）针叶粉的生产工艺如下。

① 原料的采集贮运：针叶的来源主要是生长林有计划的季节整枝及林业副产品，不允许在正常生长的树上采集嫩枝。采集后的新鲜松叶，含水量一般为40%～50%，要保持其新鲜状态。原料贮存时要求通风良好，不能日晒雨淋，采收到的原料应及时运至加工场地，一般从采集到加工不能超过3 d，以保证产品质量。

② 脱叶：对树枝上的针叶，应进行脱叶处理。脱叶分手工脱叶和机械脱叶。手工脱叶，随带的枝条直径以不超过0.8 cm为宜，脱下的针叶含水量一般为65%左右，杂质含量（主要指枝条）不超过35%；机械脱叶要求鲜叶含量不低于60%，果球等有机杂质不超过10%，木质化枝条含量不超过30%。

③ 切碎：用切碎机将针叶切成3～4 cm，以破坏针叶表面的蜡质层，加快干燥速度。

④ 干燥：可采用自然阴干或烘干。烘干温度为90℃，时间20 min，亦可利用工厂余热烘干。干燥后应使针叶的含水量从40%～50%降到20%，以便粉碎加工和成品的贮存运输。

⑤ 粉碎：用粉碎机将针叶加工成2 mm左右的针叶粉，亦可根据用户要求加工成不同细度的产品。针叶粉的含水量应低于12.5%。

（2）针叶粉的贮存。贮藏针叶粉的仓库，可因地制宜，就地取材，但要求干燥、冷凉、通风、清洁、避光，以防吸湿结块并注意防火、防潮、灭鼠及其他酸、碱、农药等造成污染。在良好的贮藏条件下，松针粉可保存2～6个月。也可用棕色的塑料袋或纤维袋包装，以防止阳光中紫外线对维生素的破坏。

（3）针叶粉的利用。针叶粉作为添加饲料适用于各种畜禽，可按适宜比例直接添加到日粮中饲喂，也可添加到配合饲料中。针叶粉应周期性地饲用，连续饲喂 15～20 d，然后间断 7～10 d，以免影响畜产品质量。

由于松针粉中含有松脂气味和挥发性物质，在畜禽饲料中的添加量不宜过多。一般在猪饲料中添加量为 3%～8%，蛋鸡和种鸡饲料为 3%～5%，肉鸡饲料为 3% 左右，鸭和鹅饲料为 10% 左右，牛羊饲料为 8%～15%。

2. 针叶浸出液

针叶浸出液作为畜禽的液体饲料，可促进畜禽的生长和生产，降低羊的支气管炎和肺炎的发病率，增加食欲和抗病能力，所以，又称针叶浸出液为保健剂。

（1）针叶浸出液的制作。将针叶粉碎，放入桶内，加入 70～80℃的温水（针叶与水的比例为 1∶10）。搅拌后盖严在室温下放置 3～4 h，便得到有苦涩味的浸出液。

（2）针叶浸出液的利用。针叶浸出液可供家畜饮用，也可与精饲料、干草或秸秆混合后饲喂。家畜对针叶浸出液有一个适应过程，开始应少量，然后逐渐加大到所要求的量。一般牛、马日给饲量 5～6 L，成年猪和羊 2～3 L，幼畜 0.25～1 L（按日龄由 0.25 L 增加到 1 L）。

3. 针叶浓缩物

针叶浓缩物为浅灰绿色，营养价值很高，亦称为针叶维生素－蛋白质浓缩物，它是畜禽重要的蛋白质、维生素补充饲料，松针浓缩物的营养成分含量见表 8-9。浓缩物的提取率为针叶干物质的 10%。要求制得的浓缩物含水量不得超过 12.5%，以利于贮藏。

表 8-9　针叶浓缩物的营养成分含量（占风干物质）

成分	干物质 /%	粗蛋白质 /%	粗脂肪 /%	粗纤维 /%	胡萝卜素 /（mg/kg）	钙 /%	磷 /%	蛋氨酸 /%	赖氨酸 /%	色氨酸 /%
含量	89.2	55.0	11.2	12.2	250～350	1.3	0.7	0.9	3.9	0.8

注：引自张秀芬（1992）。

（四）阔叶的加工利用

1. 糖化发酵

将树叶粉碎，与适量的谷物粉混合置于容器内，加入 40～50℃的温水，充分搅拌均匀后压实，闷置发酵 3～7 d。经糖化发酵的树叶粉，能改善适口性，减少树叶中单宁的含量，提高树叶粉的营养价值。糖化发酵的树叶粉主要用于饲喂猪、禽等。

2. 叶粉

将树叶粉碎制成叶粉作为配合、混合饲料的原料。在猪、鸡饲料中掺入的比例为 5%～10%。据试验，在产蛋鸡的日粮中掺入紫穗槐叶粉，产蛋率达 70%，饲料报酬为 2.5∶1；喂猪日增重达 0.6 kg，料肉比为 3.33∶1，而对照组日增重为 0.5 kg，料肉比为 3.77∶1。

3. 浓缩物

阔叶浓缩物中除粗蛋白质、胡萝卜素含量低于针叶外，其他营养成分含量与针叶相近，并且还含有一系列有价值的物质（表 8-10）。

表 8-10 阔叶浓缩物的化学成分含量（占干物质）

组分	粗蛋白质 /%	粗脂肪 /%	淀粉 /%	灰分 /%	纤维素 /%	还原物质 /%	胡萝卜素 /(mg/kg)	蔗糖 /%	鞣质 /%
欧洲白杨	17.70	12.01	16.30	1.10	6.53	4.87	193	0.57	1.13
赤杨	23.16	10.38	7.85	2.70	3.31	0.47	130	痕量	0.22

注：引自张秀芬（1992）。

4. 蒸煮

把阔叶放入金属筒内，用蒸汽加热（180℃左右）15 min 后，树叶的组织受到破坏，利用筒内设置的旋转刀片将原料切成类似棉花状物质。这种饲料适合喂牛、羊，在饲料中掺入的比例为 30%～50%。

5. 颗粒饲料

阔叶粉可与其他饲料合理配合，加工成颗粒饲料、饲料块等。

6. 青贮

陶兴无研究认为，新鲜构树叶营养成分全，含量高，晾干后水分适中，可以直接进行青贮。与不加乳酸菌的构树叶青贮料相比，接种 5% 的乳酸菌可以明显加快青贮料 pH 的下降速度，青贮料最终 pH 较低，品质更优。朱琳等研究了添加菠萝皮对构树叶青贮发酵品质的影响，其研究表明，添加菠萝皮能显著降低青贮料 pH、增加乳酸含量，改善青贮发酵品质；与对照相比，添加 20% 菠萝皮的青贮料其氨态氮和 pH 含量最低，WSC 含量和乳酸乙酸比最高，无丁酸产生，青贮发酵品质最好。添加菠萝皮虽然能改善构树叶青贮发酵品质，但添加量不宜过高，否则影响构树叶青贮饲料的营养价值。

7. 微生物发酵

一般酶处理，不会改变底物的粗蛋白质总量，但微生物处理，由于菌体本身含有蛋白质，因此用微生物发酵处理的底物总蛋白质含量均有不同程度的提高。

李海新用米酒曲、复合酶制剂、神农、金宝贝 4 种商品化发酵剂处理构树叶，研究表明粗纤维含量均有不同程度的下降，粗蛋白质含量都有不同程度的增加，其中用神农发酵处理构树叶粗纤维降低最多，为 21.76%，用米酒曲发酵处理的构树叶粗蛋白质含量增加最多，为 5.29%。在各处理中，米酒曲发酵的构树叶粗蛋白质、粗纤维、干物质、无氮浸出物和总能的消化率均是最高的。经过米酒曲发酵剂、酶制剂、神农及金宝贝秸秆发酵剂处理，能不同程度地改善生长猪对构树叶营养物质的消化率，其中，生长猪对米酒曲发酵的构树叶粗蛋白质、粗纤维、干物质、无氮浸出物、磷以及总能的消化率显著高于未经处理的构树叶，接近玉米、豆粕组成的基础日粮的消化率，因此用发酵构树叶替代部分生长猪日粮是可行的。

由于构树叶粉纤维素含量较高，有效能值偏低，在配制构树叶粉日粮时，应注意整体提高日粮的能量水平；构树叶粉的氨基酸不平衡，其主要限制性氨基酸为含硫氨基酸，用构树叶粉作生长猪的饲料时，需注意含硫氨基酸的添加。另外，不同生长地区、不同采收季节对构树叶营养成分尤其是粗蛋白质和粗纤维含量有一定影响，配制构树叶饲料时应予考虑。

三、锯末的加工利用

锯末是一种木质素和纤维素含量很高的木本饲料，数量很大，但利用率不足10%，其余的锯末被抛弃或烧掉，这是一个巨大的浪费。锯末经适当加工调制后，可用来喂猪、鸡、兔和牛，饲喂效果较好，并有抗病的作用。处理锯末可采用的方法有物理法、化学法和生物法。

（一）物理法

1. 蒸煮法

在高温、高压条件下，把锯末做短时间的处理，以便去掉部分木质素，再用机械作用解开纤维，破坏组织结构，或将锯末放入开水中，煮沸6 h后捞出晒干。蒸煮的锯末饲料与70%干草混合饲喂牛、羊，其效果与单纯喂干草相当。

2. 膨化处理

对锯末进行膨化，具体方法与秸秆膨化基本相同。

（二）化学法

将锯末浸泡于浓度为5%的氢氧化钠溶液中，浸泡24 h后捞出。摊开晒干再与其他饲料拌合，该处理锯末适宜喂兔，喂量占日粮的15%。

（三）生物法

1. 发酵

（1）先进行中种发酵，后进行锯末发酵。

① 中种发酵：将米糠和锯末以2∶1的比例混合后，加入发酵素（主要是一些好氧性微生物，如枯草芽孢杆菌），100 kg加发酵素80 g。然后加水，将含水量调至40%左右，搅拌均匀，进行堆积发酵。夏季不需覆盖物；春、秋季可用草席、麻袋等覆盖，但绝不能使用塑料等不透气覆盖物；冬季应在发酵料中放入热水袋或装热水的瓶子，以促进发酵。待发酵料散发出芳香味，并产生酿热（60℃），即可摊开，使其风干。干燥后，装入纸袋于室内保存。

② 锯末发酵：其制作方法与中种发酵基本相同。将锯末、米糠、中种发酵饲料以5∶1∶0.1的比例充分混合，然后缓慢加水，使含水量保持在40%～50%，再搅拌15～20 min，置之发酵2～3 d。发出芳香味和酿热（60℃）后，去掉覆盖物，晾1～2 d即可使用。锯末发酵饲料制成后放置10～30 d也不会失效，但最好马上使用。

（2）直接发酵。锯末60%、草粉（或农作物秸秆、叶粉）20%、糠麸20%进行混合，每100 kg发酵料中加水60～80 kg、发酵面团0.1～0.2 kg、食盐0.2 kg拌匀后装入木箱或缸内发酵。经24 h，表面有淡色结层，发酵料松软，并带有酸、甜、香或酒味，即可饲喂牛、羊等家畜。

2. 培养酵母

采用酶解或酸解法，分解锯末中的木质素、纤维素和半纤维素，使难以利用的高分子碳水化合物转化为简单的碳水化合物。然后，接种酵母菌，利用这些简单的碳水化合物培养酵母。

第四节　木本饲料贮藏技术

木本饲料的贮藏技术是保持其较高的营养价值，减少微生物的分解作用，保证一年四季或丰年歉年的饲草料均衡供应的重要环节。在生产实践中，可以参考农产品的贮藏方法对木本饲料进行贮藏。

一、常规贮藏

常规贮藏是较为经济的贮藏方式，即将加工后的木本饲料送入饲草料贮藏库中，入库后要加强管理，适时通风、密闭，为防止虫害可以加入保护剂，发现虫害要及时熏蒸杀虫。

二、低温贮藏

低温贮藏技术就是利用自然低温条件或机械制冷设备，降低饲草料贮藏库内的温度，并对木本饲料进行隔热保冷，确保在贮藏期间的粮堆平均温度维持在15℃低温或20℃准低温以下的一种贮藏技术。

低温贮藏就是控制木本饲料所处的环境温度，限制有害微生物的生长繁殖，从而达到安全贮藏的目的。在贮藏过程中，最容易使木本饲料变质的微生物是霉菌类，大多数霉菌的最适温度为20～40℃ 。大多数霉菌在低于其生长温度下，生长繁殖停滞，代谢活动降低，对霉菌的产生也有影响。

三、气调贮藏

气调贮藏是一种“绿色”贮藏的方法，可以在减少或不用化学剂的情况下达到杀虫抑霉和保持木本饲料品质的特点，提高了木本饲料贮藏期间的稳定性。研究表明，气调贮藏比常规贮藏更具有明显的贮藏效果。在密封的贮藏环境中 O_2 浓度降低到2%左右、或 CO_2 浓度升高到40%左右、或 N_2 浓度增加到97%以上时，能够有效地杀死害虫、抑制霉菌的生长。

四、缺氧贮藏

缺氧贮藏就是粮食在密封条件下，形成缺氧状态，达到安全贮藏。在良好密封条件下，利用粮食、仓虫、好氧性微生物的呼吸作用，或者采用其他方法，造成一定程度的缺氧和二氧化碳的积累，使害虫窒息死亡、好氧性微生物受到抑制、粮食呼吸强度降低，从而达到安全贮藏的目的。

五、双低贮藏

双低贮藏又称低氧低药贮藏，是气调贮藏与化学贮藏方法结合的贮藏方式，具有操作简单、防治效果好、费用低等优点。

六、真空贮藏

真空贮藏技术广泛应用于20世纪70年代，先后在肉类及果蔬应用方面获得了显著的效果。1986年美国科学家对真空贮藏的方法进一步研究探索后，提出了完整的真空贮藏理论和技术。

其原理为：真空是指在给定的空间内，低于101 kPa的气体状态，真空可以造成低氧环境，它可以减轻物料的氧化作用，防止物料褐变，有利于产品贮藏。其应用主要有真空冷冻干燥、蒸汽喷射真空干燥、微波真空干燥等。

七、辐照贮藏

辐照贮藏是利用电离辐射产生的γ、β、X射线及电子束对产品进行加工处理达到安全贮藏的一种方法。这些高能射线能使微生物发生一系列物理、化学反应，从而抑制其呼吸作用、内源乙烯的产生、过氧化酶等酶活性，抑制发芽，杀灭害虫及寄生虫，防止腐烂，延长产品的贮藏时间。

八、减压技术

减压贮藏是把贮藏场所的气压降低，形成一定的真空度，使密闭容器内空气的各种气体组分的分压都相应降低，氧气的浓度也相应降低。例如，当气压降至正常的1/10，空气中各组分的相对比例并未改变，但绝对含量则降为原来的1/10，即氧气的含量只相当于正常气压的2.1%，从而可形成一个低氧或超低氧的贮藏环境。

思　考　题

1. 木本饲料的定义是什么？一般可如何分类？
2. 简述灌木平茬的作用及平茬的技术要点。
3. 灌木的加工利用方式有哪些？
4. 影响树叶饲用价值的因素有哪些？
5. 针叶和阔叶的主要加工方式有哪些？
6. 简述锯末如何加工利用。
7. 木本饲料的贮藏技术有哪些？

参 考 文 献

[1] 张秀芬. 饲草饲料加工与贮藏. 北京：中国农业出版社，1992.
[2] 玉柱，贾玉山，张秀芬. 牧草加工贮藏与利用. 北京：化学工业出版社，2004.

[3] 非常规饲料资源的开发与利用研究组．非常规饲料资源的开发与利用．北京：中国农业出版社，1996．

[4] 靖德兵，李培军，寇振武，等．木本饲用植物资源的开发及生产应用研究．草业学报，2003，12（2）：7-13．

[5] 李忠喜，张江涛，王新建，等．浅谈我国木本饲料的开发与利用．世界林业研究，2007，20（4）：49-53．

[6] 董玉珍，岳文斌．非粮型饲料高效生产技术．北京：中国农业出版社，2004．

第九章 青绿多汁饲料资源饲料化技术

【学习目标】

- 了解青绿多汁饲料资源饲料化的意义。
- 熟悉青绿多汁饲料的种类。
- 掌握青绿多汁饲料资源饲料化加工技术。
- 了解青绿多汁饲料资源饲料化贮藏技术。

第一节 青绿多汁饲料资源饲料化加工的意义

青绿多汁饲料主要指天然水分含量高于 60% 的饲料，以富含叶绿素而得名，主要包括以一年生饲料作物为主的青刈饲料、牧草、青饲作物、水生植物、菜叶瓜藤类、非淀粉质根茎瓜类等。这类饲料来源广、成本低、采集方便、营养丰富，含有丰富的蛋白质、维生素、钙和磷，其纤维素含量较少，且鲜嫩多汁，对促进动物生长发育、提高畜产品品质和产量都具有重要作用。

一、青绿多汁饲料适口性好、易消化

青绿多汁饲料含水量高、产量高、适口性好、易消化，富含多种维生素及品质优良的粗蛋白质，各种必需氨基酸特别是赖氨酸、蛋氨酸和色氨酸的含量较高，蛋白质生物学效价达 80% 以上。其中禾本科青绿饲料中以鲜物质计算含有粗蛋白质为 1.5%～3%，豆科青绿饲料粗蛋白质的含量为 3.2%～4%。青绿多汁饲料干物质中糖类和淀粉的含量较高，粗纤维含量较低，可以刺激家畜的食欲，增加采食量。另外，用青绿多汁饲料调制的青贮饲料鲜绿多汁，质地柔软，经乳酸发酵，具有酸甜的清香味。并且经过青贮发酵，可以消除饲料本身具有的特殊气味（如蒿类），增强适口性。此外，青绿多汁饲料还含有较多的矿物质和未知生长因子，是一种营养价值比较全面的饲料，对家畜的健康和保持较高的生产力都具有十分重要的意义。

二、扩大饲料来源

青绿多汁饲料来源广泛，瓜菜类饲料、块根饲料、块茎饲料和水生植物饲料都可以用于饲喂家畜。在西北、东北以及南方各省均有大面积的不同种类的青绿多汁饲料，主要生长在各省的林间草地、草山草坡、田间、塘边河滩、旱荒地及农区，不与粮食作物争地。田间青草品质较佳，塘边、河滩的青草质量次之。青绿多汁饲料种类繁多，是牧区的主要

饲料。如果适时青贮为柔软多汁的青贮饲料，可以改善部分植物的异味，成为很好的家畜饲喂饲料。除此以外，家畜不喜采食的野草、野菜、树叶等无毒植物，经过发酵，都可变成良好的青贮饲料。

第二节 青绿多汁饲料的种类

从来源及青绿多汁饲料内含成分不同可分为青绿饲料和多汁饲料两类。

一、青绿饲料

青绿饲料主要有天然新鲜的牧草、人工栽培的牧草、农作物的茎叶、藤蔓以及蔬菜等。其最大的营养特点是蛋白质含量较为丰富，其中豆科类青绿饲料中以鲜物质计算蛋白质含量为3.2%～4%，其他草类植物的蛋白质含量为1.5%～3%。青绿饲料含有种类丰富的氨基酸和维生素，且粗纤维含量相对较少，具有较高的消化率，是饲喂家畜较为理想的饲料。青绿饲料在不同生长阶段的营养价值不同。在幼嫩期时，粗纤维和无氮浸出物的比例为（1～2）: 1，随着青绿饲料的衰老，粗纤维含量随之增加。另外，青绿饲料中蛋白质的含量也会随着生长期的变化而发生变化，青绿饲料的生长期越长，蛋白质的含量越低。一般收割青绿饲料的最佳时期是抽穗期或开花期。

二、多汁饲料

多汁饲料多指块根、块茎类和瓜果类饲料。多汁类饲料最大的特点是含有较高的水分，高者可达90%。并且干物质中糖类和淀粉的含量较高，维生素含量也较为丰富，粗纤维含量较少，多汁饲料中蛋白质的含量与谷类饲料相近。因多汁饲料的粗纤维含量较少，适口性好，可以刺激家畜的食欲，增加采食量，是饲喂家畜的优质饲料。但多汁饲料的蛋白质和矿物质含量较少，并且具有轻泻作用，饲喂时需要和其他类蛋白质类饲料以及粗饲料搭配饲喂。其中甜菜含有较多的糖和蛋白质，但是缺乏维生素和胡萝卜素；甜菜渣含水量较高，为90%，不含胡萝卜素和维生素D；胡萝卜是饲喂种畜的优良多汁饲料，含有丰富的胡萝卜素，有利于提高种畜的繁殖力；马铃薯的淀粉含量较高，可以给奶牛提供能量，但是缺乏钙、磷等微量元素；瓜果类也是良好的多汁饲料，含有较为丰富的维生素和水分。

第三节 青绿多汁饲料资源饲料化加工原理

一般情况下，大部分青绿多汁饲料在饲喂家畜前都需要经过一定的加工处理，一般以物理加工、青贮发酵、叶蛋白质饲料为主。

一、物理加工

物理加工的原理是通过物理方法破坏细胞壁结构，降解有毒物质。植物细胞分为薄壁细胞、表层细胞、厚壁细胞等，其中表层细胞外有一层结构复杂的蜡质层，不易被消化酶分解。实际生产中常利用机械、水、热力等作用，使植物细胞壁破坏、软化、降解，便于家畜咀嚼和消化，同时还可消除混杂于饲料中的泥土、砂石等有害物质，便于动物采食吞咽、增强饲料适口性、提高饲料的营养价值和饲用效果、破坏或消除饲料中的有毒有害成分，达到节约饲料、减少环境污染等效果。主要包括以下几种方式。

（一）切碎（切短）

切碎是加工青绿饲料最简单也是最初级的方法。切碎青绿饲料，有利于家畜采食、吞咽，减少饲料浪费。切碎的长度应视家畜种类而定。饲喂猪，可将青绿饲料切成长1～2 cm；饲喂禽类，可将青绿饲料切成1 cm以下；饲喂牛，可不切青绿饲料也可以适度切。若是块根、块茎、瓜类饲料，则可切成小块、小片或小粒。

（二）打浆

一些营养价值较高，适口性也好的植物（如南瓜藤蔓等），因其茎叶表面有刺或刚毛，所以不能直接饲喂。对这类青绿饲料宜采用打浆技术。其方法是：在打浆机内放一些清水后开动机器，将切碎的青绿饲料放入机槽内（青绿饲料：水一般为1∶1），打成浆后，打开出口，使浆体流入贮料池内，若要提高浆体的稠度，可将其过滤，把滤渣投喂家畜；将滤液倒入机槽内，代替部分水重复使用。

（三）热煮

大部分青绿饲料的最好饲用方式是生喂。但有些青绿饲料或多汁饲料含有毒素，饲用前必须经过热煮。例如，马铃薯及其秧苗中含有龙葵素，生喂这类饲料易引起家畜中毒。因此需要将其煮熟，弃去滤液后投喂家畜。又如，一些野菜类青绿饲料含有草酸盐等抗营养因子；核桃、苦楝、荆条等树叶含有毒性物质。这些青绿饲料饲喂前都应适当地热煮。方法是：将青绿饲料切成长2～5 cm，置于加热容器中，加入适量的水加热，通常以煮开为止，将其过滤，弃去滤液，用滤渣饲喂家畜。

二、青贮及生物发酵

青绿饲料的收获相对集中，大量的青绿饲料不可能在短时间内用完，加之青绿饲料含水量很高，极易腐烂，为了使青绿饲料不腐烂，减少养分损失，同时也为确保青绿饲料的周年均衡供应，有必要对其进行青贮调制。青贮发酵的原理是在厌氧条件下，利用自身附着的乳酸菌或外源添加乳酸菌及生物制剂，将原料中的糖分解为乳酸，抑制有害微生物的繁殖，长期保存或提高其营养品质。

青贮能有效地保存青绿饲料中的营养成分，保持青绿饲料原来青绿时的鲜嫩汁液，气味酸香，适口性好，且能杀死青绿饲料中的病菌、虫卵。青贮饲料的技术关键是：①控制好原料的适宜水分，青贮饲料最佳水分为65%～70%，水分高的要晾晒，或加适量的糠麸类，使水分达到要求；②切短，喂猪的青贮饲料切成1～2 cm长为宜；③压实，在装青贮饲料时，边装边压，逐层压实以减少原料间的空气；④密封不漏气，青贮饲料时添加适量的麸皮、糖蜜、甜菜渣、有机酸、无机酸及甲醛等，有利于乳酸菌的生长繁殖，抑制不良微生物的活动，防止青贮饲料发生腐败；在青贮饲料中添加纤维素分解酶，有利于青贮饲料中的粗纤维转化为糖，提高饲料的消化率。

青贮注意事项：豆科牧草不能单独青贮，要与其他含糖量高的牧草或饲料作物混贮，豆科牧草比例应占60%～70%，禾本科牧草或其他饲料作物占30%～40%这样有乳酸菌的繁殖生长，提高青贮质量。

优质青贮饲料有酒的芳香味，色泽黄绿，质地柔软湿润。青贮饲料的饲喂量依家畜的种类及不同生理阶段和体重等而异。青贮饲料饲喂家畜时要注意的问题为：①青贮饲料必须与精饲料合理搭配使用，防止家畜采食后因体内酸碱不平衡而引起中毒；对过酸的青贮饲料，可加入适量的小苏打中和。②饲喂量不可过大。饲喂时，要由少到多，逐日过渡；霉烂和冻结的青贮饲料不能饲喂。③随吃随取，二次取用时应从窖的一端开始取料，并保持横断面整齐。

结合青贮对青绿饲料进行酶处理。由于青绿饲料含水量高，不宜直接单独青贮，一般添加麸皮、甜菜渣等。由于青绿饲料（干物质）中粗纤维含量较高，具有抗营养作用，因此可以考虑添加酶制剂进行处理，提高青绿饲料利用率。现在酶制剂技术研究进展很快，青绿饲料经过酶的处理可以提高各种养分的消化率。常用的有纤维素酶、β-葡聚糖酶、阿拉伯木聚糖酶、淀粉酶、果胶酶、植酸酶等，它们可共同作用于植物细胞，把纤维素、半纤维素、低聚糖、植酸等复杂的大分子分解成小分子，被动物直接消化吸收。一般选择作用范围广的复合酶，这类酶能够在较宽的温度和pH范围内发挥作用。将酶用于青贮饲料，对提高青绿饲料的营养价值起关键作用。

三、叶蛋白质饲料

叶蛋白质饲料是以新鲜牧草或青绿植物为原料，经压榨后，从其汁液中提取的浓缩蛋白质混合物。叶蛋白质可以分为两类：一类是固态蛋白质，它存在于经粉碎、压榨后分离出的绿色沉淀中，主要包括不溶性的叶绿体及线粒体构造蛋白质、核蛋白质、细胞壁蛋白质，一般难溶于水；另一类为可溶性蛋白质，它存在于经离心后的上清液中，包括细胞质蛋白质、线粒体蛋白质的可溶性部分及叶绿体基质蛋白质组成。可利用的叶蛋白质是可溶性蛋白质的凝聚物。可溶性蛋白质在溶液中保持稳定的亲水胶体状态，其特点是：①水化作用，即蛋白质分子表面附有能有效阻止蛋白质分子沉淀析出的水化膜；②电荷排斥作用，水化膜外还有电荷层能有效防止蛋白质分子的凝聚，故溶液蛋白质颗粒呈溶解状态。若加入影响胶体稳定的物质，蛋白质会聚集沉淀。另外，还有一些因素能使蛋白质分子中的盐键、氢键结构破坏，使蛋白质的生物学性质和理化性质改变，造成蛋白质溶解度降低而凝聚。因此，叶蛋白质是利用破坏水化膜和使蛋白质分子变性降低溶解度的原理来提取的。

一般来说，绿色植物的茎叶均可作为生产叶蛋白质的原料。原料应具备以下条件：①叶片中蛋白质含量高；②叶片多；③不含毒性成分。适用于生产叶蛋白质的原料较多，主要有豆科牧草（苜蓿、三叶草、草木樨、紫云英、苕子等）、禾本科牧草（黑麦草、鸭茅等）、混播牧草、叶菜类（苋菜、牛皮菜、苦荬菜、菠菜、聚合草等）、青刈饲料作物、根类作物（甘薯、萝卜和胡萝卜等）的茎叶、瓜类茎叶和鲜绿树叶等。

叶蛋白质的生产程序如下。

（1）破碎。必须破坏植物细胞结构，才能把叶中蛋白质充分提取出来。试验证明：原料碎得越细，叶中蛋白质的提取率越高。一般采用锤式粉碎机或螺旋切碎机将原料破碎。

（2）压榨。用压榨机将破碎的原料中绿色汁液挤压出来。在生产中，有时会将破碎与压榨两个步骤在同一机器内完成。为了把汁液从草浆中充分榨取出来，压榨前可加入5%～10%的水分稀释后挤压，或先直接压榨，后加适量水搅拌，再进行第二次压榨。残渣可直接喂牛，也可干燥或制成青贮料后喂牛。

（3）凝固。此步骤是将叶蛋白质从绿色汁液中分离出来，常用以下几种方法：①蒸汽加热法。当绿色汁液温度达70℃左右时，其中叶蛋白质开始凝固和沉淀。为了使叶蛋白质从汁液中充分分离出来，可分次给汁液加热。第一次将汁液加热到60～70℃，后速冷至40℃，此次滤出的沉淀中主要是绿色蛋白质。第二次将汁液加热到80%～90%，并保持2～4 min，此次的凝固物主要是白色的细胞质蛋白质。蒸汽加热法简便，适于大规模生产。但有报道说，用该法生产的叶蛋白质溶解性差，对其营养价值有一定的影响。②加碱法是用氢氧化钠或氢氧化铵将汁液调整到pH 8.0～8.5，后立即加热凝聚。该法能尽快地降低植物酶活性，从而提高胡萝卜素、叶黄素等的稳定性。③加酸法是利用蛋白质在等电点附近凝聚沉淀的特性将叶蛋白质从汁液中分离出来。用盐酸将汁液pH调整到4.0～6.4，即可凝结出绿色叶蛋白质和白色叶蛋白质。④发酵法是将汁液厌氧发酵48 h，利用乳酸杆菌产生的乳酸使叶蛋白质凝聚沉淀。用该法生产的叶蛋白质质地较软，溶解性好，易被消化吸收。此法成本低，还能破坏植物中皂角甙等有害物质。但因发酵时间较长，养分有一定的损失。因此，应尽快给汁液接种乳酸菌，以缩短发酵时间。

（4）析出。凝聚的叶蛋白质多呈凝乳状。一般可用沉淀、过滤和离心等法将叶蛋白质离析出来。

（5）干燥。刚提取的叶蛋白质浓缩物呈软泥状，应马上干燥。工业上通用的干燥方法是热风干燥法和真空干燥法。但其产品往往发生褐变，既影响外观品质，又影响营养价值。较好的替代方法是冷冻干燥法，此方法生产出的叶蛋白质品质优良，但成本较高；若进行自然干燥时，最好在叶蛋白质浓缩物中加入适量食盐，防止腐败。生产实践证明：从原料到成品所经历的时间越短，叶蛋白质产品率越高，其中蛋白质、维生素等养分含量也越高。

通常情况下，青绿禾本科植物生产的叶蛋白质中粗蛋白质占30%～50%，青绿豆科植物生产的叶蛋白质中粗蛋白质占50%～60%，且氨基酸组成较合理。青苜蓿叶蛋白质中各种氨基酸含量及其比例较为合理，大致与干脱脂乳蛋白相当，蛋氨酸、半胱氨酸含量略低于鱼粉，但高于大豆饼。叶蛋白质中粗脂肪、无氮浸出物、粗纤维和粗灰分含量分别为6%～12%、10%～35%、2%～4%和6%～10%。每千克叶蛋白质含总能20.4～23.9 MJ。同时叶蛋白质中也含有丰富的叶绿素、维生素、叶黄素、胡萝卜素以及其他维生素等。如每千克苜蓿叶蛋白质中含叶黄素1 100 mg，胡萝卜素300～800 mg，维生素E 600～700 mg。此外，叶蛋白质也含有促进动物生长发育的未知营养因子。

用叶蛋白质代替这些动物饲料中50%～75%甚至更多的其他蛋白质饲料（豆粕、鱼粉、脱脂乳等），动物生产性能不但不受影响，甚至还有提高。用叶蛋白质作为鱼虾的蛋白质饲料，也已取得了良好的养殖效果。叶蛋白质的另一重要用途是作为人类的食品，因其中不含动物性胆固醇，故渐受人们的欢迎。

第四节　青绿多汁饲料资源饲料化加工技术

一、块根饲料的加工利用

（一）饲用甜菜

饲用甜菜又称饲用萝卜，是一种大型甜菜，全国各地都有栽培，主要在东北、华北和西北种植。饲用甜菜适应性强，产量高，适口性好，块根和茎叶的营养价值均较高（表 9-1）。因此，饲用甜菜的全株都是各种家畜良好的多汁饲料。

表 9-1　饲用甜菜的营养成分　　%

部位	水分	占干物质比例				
		粗蛋白质	粗脂肪	粗纤维	无氮浸出物	粗灰分
块根	86.18	0.85	0.36	0.40	11.80	0.60
鲜叶	93.10	1.40	0.20	0.70	4.20	0.40

注：引自董宽虎和沈益新（2003）。

饲用甜菜利用方式多样，饲用甜菜的块根可鲜饲和鲜贮，其茎叶可青饲和青贮。不同的畜种应采用不同的饲喂方式。用饲用甜菜的青贮料和青鲜料饲喂牛和猪，消化率均较高。但在饲喂时必须注意其高水分含量特点，需将其与其他干料配合饲喂，以满足营养需要。用块根喂乳牛，日喂量为 40 kg；喂成年猪，日喂量为 6 kg。用甜菜叶和块根喂猪时，生喂较好。在其熟化的过程中有大量的维生素被破坏并浪费能源，且在放置的过程中容易产生亚硝酸盐，引起急性中毒，严重者甚至导致死亡，需加以防止。青贮饲用甜菜可长期保存，是猪、牛、羊的良好饲料。在饲喂时，青饲料和青贮料都不可长期单一饲喂或喂量过多，否则会出现腹泻、厌食等现象。

（二）胡萝卜

胡萝卜，又称红萝卜和丁香萝卜，是鲜嫩多汁、品质优良的饲料作物。胡萝卜具有产量高、栽培容易、营养丰富、耐贮藏、适口性好等特点，栽培极广。胡萝卜的主要营养物质是无氮浸出物，为鲜重的 6% 以上；其胡萝卜素含量尤为丰富，每千克鲜胡萝卜中含胡萝卜素 200 mg 以上，含水量 90% 左右，粗蛋白质 0.8%，粗脂肪 0.2%，粗纤维 0.8%，灰分 0.8%。在饲喂奶牛时，加入一定量的胡萝卜可提高产奶量及品质，饲喂幼畜有利于其生长和发育。胡萝卜叶青绿多汁，营养丰富，风干萝卜叶的粗蛋白质含量在 20% 以上，其中约有 50% 是纯蛋白质，是猪、牛、羊、兔的良好饲料。喂猪，需粉碎或打浆，牛、羊、兔可整喂、鲜喂，也可以晒干备用。胡萝卜块根和叶也可以切碎和其他青绿饲料混贮。

加工生产胡萝卜浓缩汁和胡萝卜果汁饮料后产生的胡萝卜渣，营养物质含量丰富，同样是饲喂家畜的良好饲料，但由于其适口性较差，因此要进行进一步的加工利用。新鲜胡萝卜渣直接饲喂简单易行，但存放时间短，易发生酸败变质，因此需要干燥以延长存放时间。一般有晾晒 - 烘干和直接烘干两种干燥方式。前者受天气影响大，需要大量的劳力和场地，在晾晒过程中易受污染发生霉变。而后者的效果较好，虽然增加了成本，但能较大程度地保存胡萝卜渣中的类胡萝卜素，提高饲料营养价值。此外，胡萝卜渣烘干后可以粉碎成胡萝卜渣粉，然后加入配合饲料或颗粒饲料中混合饲喂家畜。胡萝卜渣还可以用以调制青贮饲料。选用1～2 d内生产的新鲜胡萝卜渣，要求无霉变，无污染，无异物。由于胡萝卜渣含水量高，因此可采用机械挤压减少水分或者加入适宜干料或与其他营养价值高的新鲜豆科植物混贮，以降低水分含量达到青贮水分要求。如将麦秸和苜蓿切短至3～5 cm后与胡萝卜渣混合，糠麸可与胡萝卜渣直接混贮使含水量达到青贮要求。另外，鲜胡萝卜渣酸度大，适口性差，可在调制过程中加入适量尿素、氢氧化钙、氢氧化钠等碱性物质以改善适口性。

二、块茎饲料的加工利用

块茎饲料有菊芋、甘蓝和马铃薯等。菊芋和甘蓝类植物，其特点是含水量高，达80%～95%，属多汁饲料，富含糖类、矿质元素和维生素，纤维素含量低。表皮薄嫩，组织柔软，适口性好，易消化，消化能为2.0～4.7 MJ/kg。

（一）马铃薯

马铃薯，又称土豆、洋芋和山药蛋等。在块茎饲料中，占有重要的位置。马铃薯是我国重要的栽培作物之一，在东北、华北、西北和西南地区都有栽培，主要集中在东北、内蒙古和西北的黄土高原地区。它既是粮食作物、蔬菜作物和工业原料，又是重要的饲料作物。马铃薯有较高的块茎产量，一般为30～45 t/hm^2。其营养物质的主要成分是淀粉，占鲜块茎重的14%～22%；块茎的干物质含量较高，一般为17%～26%；粗纤维含量低，约占干物质的4.4%。

马铃薯为多种家畜所喜食，消化率高，更适于作猪饲料。用马铃薯饲喂各种家畜，猪的消化率高于马和反刍动物的消化率。由于生饲的消化率低，而且对猪的生长具有明显的抑制作用，因此需熟饲，以提高适口性和利用率。马铃薯含有被称作龙葵素的生物碱，具毒性，但含量较低，对家畜无害。当块茎变青、发芽时，其含量增加，此时饲喂家畜容易出现中毒现象。因此，当马铃薯发芽或变青时，应将芽或变青部位去掉，或经蒸煮后才可饲喂，以避免家畜中毒。

（二）甘薯

甘薯，又称红苕、白薯、番薯等，是我国种植最广、产量最大的薯类作物。其营养丰富，具有很高的饲用价值，其营养成分见表9-2。

表9-2　甘薯的营养成分　%

类别	水分	占干物质比例				
		粗蛋白质	粗脂肪	粗纤维	无氮浸出物	粗灰分
块根	68.8	5.77	1.29	4.17	84.62	3.53
茎蔓	88.5	12.17	3.84	28.7	43.48	12.17
粉渣	89.5	12.38	0.95	13.33	71.43	1.9

注：引自董宽虎和沈益新（2003）。

甘薯块根及茎蔓均为优良饲料，块根中含有大量淀粉，维生素含量丰富，如维生素B、维生素C、胡萝卜素等，常作为畜禽精饲料，可以鲜喂，也可以切片晒干利用。用甘薯块根喂育肥猪和泌乳奶牛，有促进消化、累积体脂肪和增加乳量的效果。生薯块含有胰蛋白酶抑制剂，会降低饲料蛋白质的消化率，通过加热可以消除它。猪对熟甘薯的蛋白质消化率约比生甘薯高1倍。甘薯作为配合饲料原料使用时需要切片、制丝和干燥粉碎。甘薯易冻、怕潮，新鲜甘薯切片晒干后易于贮藏。人工晒的甘薯片胡萝卜素损失较大，快速干燥法损失较少。甘薯粉加入配合饲料中时，宜制成颗粒饲料。甘薯经洗出淀粉后的残渣液干燥可制成甘薯粉渣。甘薯粉渣蛋白质含量低，利用率差，成分以碳水化合物为主，粗纤维含量高。甘薯粉渣中几乎没有维生素和矿物质，对鸡和猪只能适量应用（表9-3）。

表9-3 甘薯养分的消化率

样品	家畜	消化率/%				代谢能/(MJ/kg)
		粗蛋白质	粗纤维	粗脂肪	无氮浸出物	
叶	绵羊	80.80	55.00	84.00	86.00	9.99
干草	牛	64.50	35.70	72.80	74.10	8.91
鲜块根	绵羊	37.50	79.30	51.60	95.50	13.34
块根粉	绵羊	14.00	37.00	74.00	90.00	11.34

注：引自董宽虎和沈益新（2003）。

（三）木薯

木薯，又称树薯。热带多年生植物，有苦木薯和甜木薯两种。甜木薯供人类食用，苦木薯供饲料用或榨取淀粉用。木薯块根淀粉含量约占干物质的80%，粗纤维含量较低，占干物质2.41%，因此有效能值较高，常作单胃动物的能量饲料。木薯块根中蛋白质含量低，且品质差，非蛋白氮含量高，蛋氨酸十分缺乏。脱水木薯用作配合饲料的原料，应注意营养平衡和适口性问题（表9-4）。

木薯块根含有氢氰酸，皮部含量最高，甜木薯中氢氰酸含量低于苦木薯。在饲喂前对木薯进行去皮、浸泡、蒸煮、干燥等去毒处理和青贮，可以使氢氰酸减少或消除。

表9-4 木薯的营养成分 %

类别	干物质	占干物质比例				
		粗蛋白质	粗脂肪	粗纤维	无氮浸出物	粗灰分
块根	37.31	3.24	0.70	2.47	92.15	1.40
木薯头	84.63	7.54	0.32	35.85	45.52	10.77
木薯叶	70.96	18.60	6.92	20.42	46.32	7.41

注：引自南京农学院（1980）。

三、叶菜瓜果类饲料的加工利用

叶菜瓜果类饲料质地柔软，细嫩多汁，木质化程度低，草食动物容易消化，是一种优良多汁的青绿饲料，直接饲喂是叶菜类饲料最直接、最简单、也是应用最广泛的一种利用方式。直接饲喂分为直接鲜喂和粉碎打浆后与其他饲料拌喂两种方式。因叶菜类饲料饲用特性不同、利用动物不同，不同的叶菜类饲料的适宜刈割期和利用方式有很大差异，可制成青贮饲料、干草、草粉和草颗粒等。

（一）聚合草

聚合草叶片肥厚，柔嫩多汁，富含粗蛋白质、氨基酸、矿物质和维生素、能量高，在莲座期干物质中含粗蛋白质 24.2%，粗脂肪 2.9%，粗纤维 12.0%，无氮浸出物 39.2%，粗灰分 21.8%，是猪、牛、羊、鹿、禽、鱼的优质青绿多汁饲料，可切碎或打浆后饲喂，也可调制成青贮饲料或干草粉。聚合草有粗硬刚毛，粉碎或打浆后直接饲喂或拌入其他干料及配合饲料饲喂。聚合草含有聚合草素，即双稠吡咯啶生物碱，能损害中枢神经和肝脏。因此聚合草不宜大量长期单一饲喂，宜和其他饲料搭配饲喂。对刚断奶的幼畜一般用量为日粮的 10%～25%，肥育家畜为日粮用量的 30%～40% 为宜。青饲喂猪，以日喂量 3.5～4.0 kg 为宜，喂猪时应根据猪的大小，调整配合饲料与青饲料的比例。其青贮饲料喂奶牛，日喂量可达 30～40 kg，其干草粉在鸡日粮中以不超过 10% 为宜。喂鸡、鸭、鹅时，一定要充分切碎。

（二）串叶松香草

串叶松香草含水量高，以青饲利用或调制青贮饲料为主，也可晒制干草。青饲时随割随喂，切短、粉碎、打浆均可；青贮时，因含水量高，需进行含水量的控制，控制为 60% 左右，可与其他牧草或作物混贮，也可单独青贮。因其有异味，初喂家畜时，家畜多不爱吃，需经驯化，即可变得喜食。奶牛日喂量 15～25 kg，羊 3 kg 左右，在猪的日粮中可代替 5% 的精饲料。干草粉在家兔日粮中可占 30%，肉鸡日粮中以不超过 5% 为宜。串叶松香草可直接整株饲喂牛、羊、兔，也可将鲜草切碎、加上麸皮或玉米面拌匀后饲喂鸡、鸭、鹅。喂猪时，可将鲜草切碎拌精饲料发酵 1 d 后饲喂，以提高适口性，避免猪呕吐、拉稀等不良现象。但串叶松香草叶面粗糙，叶质较硬且密生刚毛，畜禽采食必须要有一个适应过程。

（三）苦荬菜

苦荬菜叶量丰富，鲜嫩可口，略带苦味，适口性好，粗蛋白质含量较高，且粗纤维含量较低，是猪、牛、羊、兔、家禽、鱼特别喜食的青绿多汁饲料（表 9-5）。苦荬菜具有促进食欲和易消化、祛火祛病的功能。饲喂苦荬菜，能减少疾病，也不必补饲维生素，可节省精饲料。苦荬菜可作青饲利用，也可调制成干草和青贮饲料。苦荬菜主要采用鲜喂，喂猪效果最佳，饲喂时可以直接饲喂也可以切碎打浆拌上麸糠，可以增加采食量和消化率，还可以防止便秘，增进健康，饲喂提高泌乳量。青饲时要生喂，每次刈割的数量应根据畜禽的需要量来确定，不宜过多。另外，不要长期单一饲喂，以防引起偏食，和其他饲料混喂较好。青贮时在现蕾至开花期刈割，也可用最后一茬带有老茎的鲜草，可单独青贮，与禾本科牧草或作物混贮效果更佳。喂猪时每头母猪日喂 7～12 kg，精饲料不足时可占日粮比例的 40%～60%。

表 9-5 苦荬菜的营养成分 %

茬次	占干物质比例				
	粗蛋白质	粗脂肪	粗纤维	无氮浸出物	粗灰分
1	19.50	4.96	15.16	40.17	13.10
2	20.01	4.77	15.36	37.18	12.97
3	16.77	4.35	16.58	44.38	10.34

注：引自马野等（1994）。

（四）菊苣

菊苣茎叶柔嫩，特别是处于莲座期的植株，叶量丰富、鲜嫩，富含蛋白质及动物必需氨基酸和其他各种营养成分。其营养价值见表 9-6。菊苣叶片柔嫩有少量乳汁，略带苦味，茎枝细，木质化程度低，叶片中含有咖啡酸等生物碱，对幼龄畜禽及下痢畜禽具有显著的防痢止痢作用。

表 9-6 菊苣的营养成分 %

生长年限	生育期	水分	占干物质比例				
			粗蛋白质	粗脂肪	粗纤维	无氮浸出物	粗灰分
第一年	莲座叶丛期	14.15	22.87	4.46	12.90	30.34	15.28
第二年	初花期	13.44	14.73	2.10	36.80	24.92	8.01
第三年	莲座叶丛期	15.40	18.17	2.71	19.43	31.14	13.15

注：引自董宽虎和沈益新（2003）。

菊苣以青饲为主，也可放牧利用，或与无芒雀麦、紫花苜蓿等混合青贮，亦可调制干草。在莲座叶丛期适宜青饲猪、兔、禽、鱼等，猪日喂 4 kg，兔日喂 2 kg，鹅日喂 1.5 kg；抽茎期则宜于牛、羊饲用。菊苣代替玉米青贮饲喂奶牛，每天每头多产奶 1.5 kg，并能有效地减缓泌乳曲线的下降速度。用菊苣饲喂肉兔，在精饲料相同的条件下，可获得与苜蓿相媲美的饲喂效果。

（五）饲用甘蓝

饲用甘蓝是甘蓝（或称为卷心菜、莲花白、包菜）的一个饲用型品种。饲用甘蓝与蔬菜型甘蓝在植物学特征上存在较大差异。蔬菜型甘蓝卷心结球，而饲用甘蓝不结球，具有很高的茎，茎上生有多而肥大的叶片。饲用甘蓝，在我国南北各地均可栽培种植，是一种优良的叶菜类饲料作物。饲用甘蓝具有产量高、品质好的特点，是重要的青绿饲料作物。饲用甘蓝一般产量为 3 000～4 500 kg/ 亩（1 亩≈ 666.7 m^2）。其营养价值较高，主要成分为无氮浸出物含量占干物质的 46.6%，粗纤维含量较低，约为 14%，其营养价值见表 9-7。

表 9-7　饲用甘蓝的营养成分　%

类别	干物质	占干物质比例				
		粗蛋白质	粗脂肪	粗纤维	无氮浸出物	粗灰分
饲用甘蓝	11.99	20.3	4.25	14	46.6	14.85

注：引自玉柱（2010）。

饲用甘蓝鲜嫩多汁，适口性好，为各种畜禽所喜食，主要以青饲利用为主。当株高达到 50 cm 时，即可割叶青饲利用。一次割 2 片，每 2 d 左右割一次。至霜冻即将来临时，将老茎齐地一次性割回利用。在生长旺盛期，产量较高、集中，直接青饲难以利用完时，可采取青贮的方法，进行贮藏利用。

用于喂猪时，可青饲或粉碎打浆后饲喂。饲用甘蓝是奶牛的良好饲料，但由于其含有一种称作芥苷的化学物质，在挤奶前饲喂甘蓝，挤出的奶中存有芥子气味。因此，宜在挤奶后饲喂。饲用甘蓝鲜饲含水量较高，应避免单一饲喂，宜将它与其他青干饲料及精饲料配合饲喂。否则，会不利于幼畜的生长发育和降低家畜的生育能力。

（六）南瓜

南瓜又称中国南瓜和窝瓜。具有较长的栽培历史和较广的种植区域，在我国的南北各地均有种植。南瓜产量高，营养丰富，耐贮藏。其果实为多种禽畜所喜食，藤蔓也是良好的饲料。因此，南瓜是一种优良的瓜菜类饲料作物，南瓜有菜用南瓜和饲用南瓜之分。饲用南瓜的产量较菜用南瓜高，其瓜果产量可达 37～60 t/hm^2，鲜茎叶产量为 22.5～30 t/hm^2。南瓜淀粉含量高，纤维含量少。饲用南瓜的水分高达 90% 以上，粗蛋白质含量为干物质的 13.85%，无氮浸出物为干物质的 67.69%，粗纤维占 10.77%，其营养价值见表 9-8。

表 9-8　南瓜的营养成分　%

类别	水分	占干物质比例					钙	磷
		粗蛋白质	粗脂肪	粗纤维	无氮浸出物	粗灰分		
南瓜	90.70	12.90	6.45	11.83	62.37	6.45	0.32	0.11
南瓜藤	82.50	8.57	5.14	32.00	44.00	10.29	0.4	0.23
饲用南瓜	93.50	13.85	1.54	10.77	67.69	6.15	—	—

注：引自董宽虎和沈益新（2003）。

南瓜肉质致密，适口性好，产量高，营养好，便于贮藏和运输，是猪、牛、羊、鸡的好饲料。其瓜和藤蔓不仅能量高，而且还有较多的蛋白质和矿物质，并富含维生素 A、维生素 C、葡萄糖和胡萝卜素。南瓜收获时，应在外皮变硬时采摘；过早采摘的南瓜含水量高，干物质含量少，适口性差，不耐贮藏。南瓜果肉具甜味，适口性好，畜禽均喜食。南瓜可切碎直接喂猪，或蒸煮后熟饲，以提高淀粉的消化率，代替部分精饲料；喂奶牛可增加产奶量及牛奶中的脂肪含量；成熟南瓜喂鸡，能提高产蛋率和促生新羽，缩短换羽期。南瓜藤多调制成青贮饲料，可单贮，也可与其他牧草混贮，作为猪、牛、羊、兔的饲料。南瓜多以青饲利用为主，因其含水量在 90% 以上，故不宜单一饲喂。在饲喂鸡时，粉碎后拌入精饲料；喂猪需粉碎或打浆，拌入糠麸；喂牛必须粉碎，以防噎食。

四、水生植物饲料的加工利用

水生饲料质地柔软，木质化程度低，细嫩多汁，易被草食动物消化，是一种优良多汁的青绿饲料，直接饲喂是水生类饲料最直接、最简单、也是应用最广泛的一种利用方式，但生喂时往往使寄生虫病蔓延；同时，由于含水量高，干物质含量少，能量低，故饲喂时应注意和其他饲料搭配，以满足畜、禽、鱼类对营养的需要。直接饲喂分为直接鲜喂和粉碎打浆后与其他饲料拌喂两种方式。

我国水面开阔，有大量的河流、池沼、湖泊、沟渠等闲散水面，充分利用水面资源放养水生饲料，可为畜牧生产提供大量青绿饲料。

（一）水葫芦

水葫芦，又称凤眼莲、洋水仙、假水仙、水绣花等，是一种野生的水生植物。原产于珠江流域，在长江以南的各省、市、自治区均有分布。山东、辽宁、河北、陕西等地也已引进，并生长良好。水葫芦具有生长快、产量高、利用期长、适应性强、易于管理的特点，是养猪业普遍应用的水生饲料。

水葫芦主要以无性繁殖的方式进行繁殖。繁殖能力强，速度快。当放养水塘水面已长满水葫芦时，即可采收。采收时，应先捞取发育较老和密度大的，采收量以不露空余水面和剩余植株能相互接触为宜。水葫芦的产量很高，在南方地区种植，采收青鲜饲料 5 万 kg/亩左右。

水葫芦虽然产量很高，但其水分过大，适口性较差，饲用价值偏低。其主要营养成分含量为水分 94%，粗蛋白质 1.2%，粗纤维 1.1%，无氮浸出物 2.3%（表 9-9）。

表 9-9　水葫芦的营养成分　　%

类别	水分	占干物质比例				
		粗蛋白质	粗脂肪	粗纤维	无氮浸出物	粗灰分
鲜样	93.90	1.20	0.20	1.10	2.30	1.30
干样	0.00	19.67	3.28	18.03	37.70	21.32

注：引自董宽虎和沈益新（2003）。

水葫芦既可青饲，也可制作青贮饲料和发酵饲料。将水葫芦青饲时，应洗净其根部的泥土，用净水冲洗后即可饲喂。进行青贮加工时，因其具有高含水量，应先将捞出的水葫芦晾晒 1～2 d，切碎并拌入糠料降低其水分，再进行青贮。发酵利用时，应将新鲜的水葫芦切短打浆，并拌入糠料后发酵 1～2 d，产生酸香味时即可饲用。水葫芦在阳光下干燥相当快，但干燥过程中叶片容易脱落。水葫芦晒蔫后，切碎，拌入麦麸或糖蜜、稻草一起青贮，将这些青贮饲料逐步添加在日粮中，饲喂效果良好。水葫芦的汁液也可用于生产叶蛋白质精饲料，或作为生产酵母的基质。饲喂水葫芦时，要避免单一长期饲喂，应与其他干料配合饲喂。

（二）水花生

水花生，又称水苋菜和喜旱莲子草等。在我国长江流域各地均有生长，以江苏和浙江两省为多。水花生具有生长快、产量高、茎叶柔软、适口性好、种植方便等特点，是一种较好的青绿水生饲料。

水花生的含水量与其他水生饲料相比，含水量稍低，营养价值较高。鲜样营养成分含量为水分 90.79%，粗蛋白质 1.28%，粗纤维 4.03%。水花生生长快，茎枝茂盛，当长出水面 20～30 cm 时即可收割。过晚收割，会出现因郁闭度过大而腐烂的情况。水花生产量较高，可收鲜草产量为 22.5～37.5 t/hm^2。水花生茎叶柔软，猪、羊均喜食。可青饲利用，也可青贮或晒制干草。青草喂猪时，最好切碎打浆后与其他精饲料混合饲喂。由于水花生的含水量稍低，稍加晾晒后进行青贮可制成品质优良的青贮饲料。长期单独饲喂水花生，家畜就会出现生长发育不良和生产能力下降的现象。

（三）水浮莲

水浮莲，又称大浮萍、大叶莲、水莲花和水白菜等。它是一种野生的水生植物，分布于热带和亚热带。原野生于珠江三角洲一带的沼泽地，在长江和黄河流域都有养殖。水浮莲具有产量高、生长快、利用期长的特点，但适口性稍差，是养猪常用的青绿水生饲料。放养水浮莲可有效利用水面，扩大饲料来源，促进家畜饲养业的发展。

当水浮莲长满放养水面时，即可采收。捞取量以不超过放养水面的 20% 为宜。由于其生长快，产量可高达 560 t/hm^2。养殖技术简单，既可作绿肥又可作饲料，在生产上受到普遍重视。目前，我国南方、华中、华北、东北的养殖面积已达数百万公顷。水浮莲虽然产量很高，纤维素含量低，根叶很柔软，但是水分多，适口性较差，饲用价值较低。其鲜样的主要营养成分含量一般为水分 95.35%，粗蛋白质 1.28%，粗纤维 0.75%，无氮浸出物 1.3%。

水浮莲一般采用直接青饲或制作青贮饲料，多作为猪的饲料。因其青嫩多汁，故多青饲，但以切碎打浆后与糠料或干粗饲料混合饲喂为宜。青贮时，因水分较高，可晾晒 2～3 d 后，与干粗饲料混合青贮。水浮莲水分高，营养价值低，应避免单一长期大量饲喂，需与其他干料配合饲喂。饲喂水浮莲有时会发生中毒现象，停喂后即可消失。

五、果渣饲料的加工利用

果品经过加工处理后余下的下脚料——果渣（果核、果皮和果浆等）经适当加工即可用以饲喂家畜。我国是世界盛产水果的主要国家之一，每年可生产大量的水果，产生大量的果品下脚料，因此，开发利用这部分资源不仅节约资源又具有保护环境的重要意义。

（一）果渣的营养价值

果渣中含有丰富的矿物元素、氨基酸以及较高的蛋白质、维生素、粗纤维、粗脂肪、果糖等营养物质。如苹果渣粉中含铁 299.00 mg/kg，是玉米粉的 4.9 倍；含赖氨酸 0.41%、蛋氨酸 0.16%、精氨酸 1.21%，分别是玉米粉的 1.7、1.2、2.75 倍；含维生素 B_1 0.90 mg/kg、维生素 B_2 3.80 mg/kg，其中后者是玉米粉的 3.5 倍。通常 1.5～1.7 kg 苹果渣粉相当于 1 kg

玉米粉的营养价值。

新鲜的果渣一般含水量为65%～85%，如未及时处理或未及时饲喂则很容易发生腐败、霉变，影响饲喂效果。果渣中还含有果胶和单宁，果胶属于多糖类物质，具有黏性，与营养物质结合，会阻碍消化作用；单宁属于多酚类物质，其分解产物具有刺激性和苦涩味。且鲜果渣酸度大，pH一般为3～4，这些都会影响果渣饲料的适口性，降低果渣利用率。

（二）果渣的加工处理

（1）果渣加工成果渣干粉，可以加入全价配合饲料或颗粒料中，还可进一步进行膨化处理其加工工艺流程如图9-1所示。

新鲜下脚料 ⟶ 粗粉碎 ⟶ 烘干 ⟶ 粉碎 ⟶ 成品打包

图9-1　果渣干粉加工工艺

（2）果渣饼粕和皮渣粉的加工工艺流程如图9-2所示。

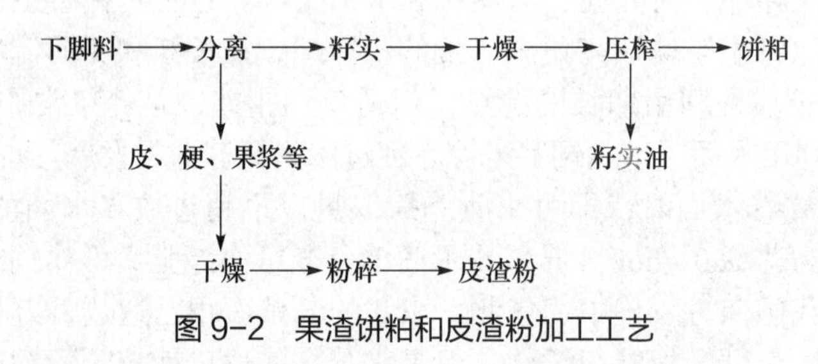

图9-2　果渣饼粕和皮渣粉加工工艺

（3）果渣青贮饲料。最好选用果品加工厂1～2 d内生产的新鲜果渣，要求无霉变、无污染、无异物。因新鲜果渣含水量较高，一般可通过晾晒、挤压使果渣水分降低，还可通过与其他低水分饲料按照一定的比例进行混贮，以达到水分要求。

（4）微生物发酵果渣蛋白质饲料，其加工工艺流程如图9-3所示。

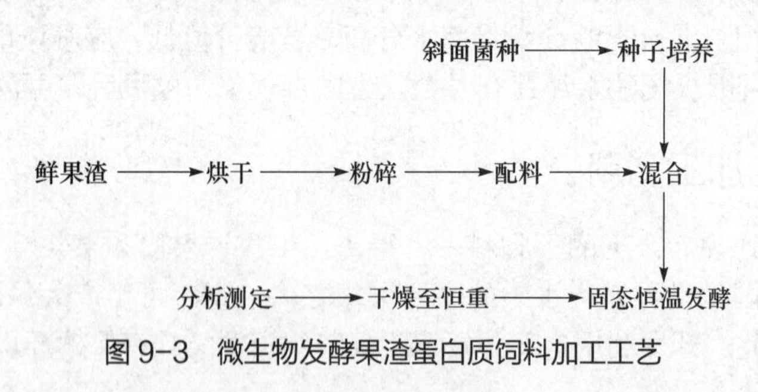

图9-3　微生物发酵果渣蛋白质饲料加工工艺

利用产朊假丝酵母、果酒酵母和绿色木霉3个菌种混合进行果渣的固态发酵，产物中的主要成分会发生明显变化，粗蛋白质、真蛋白质、粗脂肪、灰分含量分别提高了74.63%、165.40%、50.67%、53.41%，而中性洗涤纤维和酸性洗涤纤维则降低了61.34%和35.01%，营养价值得到显著提高。

果渣中加入一定量的氮源，通过发酵可以被消化道微生物直接利用合成菌体，增加了进入消化道蛋白质的总量；果渣中的多酚类物质经微生物发酵后，失去抗营养特性，同时果胶物质经发酵后，也会提高果渣中的纤维素和半纤维素的利用率，从而使果渣中营养物质的消化利用率大大提高。

第五节　青绿多汁饲料贮藏技术

青绿多汁饲料含水量高达 70%～90%，这类饲料在大面积种植时，收获集中，产量较高，青饲剩余的饲料则会面临贮藏问题。青绿饲料生理代谢活跃、气孔分布多、表面积大，采收后降解代谢旺盛，极易出现失水萎蔫，甚至黄化腐烂。多汁饲料适口性好、易消化；含有丰富的糖类、淀粉、维生素及矿物质，纤维素含量低，表皮薄，组织柔软，多由大型细胞及较大的细胞间隙构成。因此，在收获、运输和贮藏过程中，极易造成机械损伤、失水萎蔫以及微生物侵染，降低品质，甚至造成腐烂。但正常的根茎类饲料，具有一定的耐贮性和抗病性。因此，采取正确的贮藏措施，安全贮藏，是十分必要的。

根据青绿多汁饲料的上述特点，贮藏的主要任务是维持青绿多汁饲料正常的生命活动，保持其青绿多汁的状态和良好的适口性；尽可能降低青绿多汁饲料的生理代谢活动，以减少营养物质的消耗，延长贮藏期。

一、青绿多汁饲料采收后的生理活动

叶菜类饲料可饲用部分大多为叶片，其生理代谢活跃、气孔分布多、表面积大，采收后降解代谢旺盛，极易出现失水萎蔫，甚至黄化腐烂。水分、碳水化合物与蛋白质代谢造成其采收后营养物质的损失与改变，极大地降低其饲用品质。其中维生素和矿物质极易氧化或溶于水。叶菜类饲料失水后导致其木质化及纤维化从而降低品质和适口性。另外，其硝酸盐含量高，且含有机酸、高级醇、醛类物质等，有特殊芳香气味，而这些物质在贮藏保鲜过程中很容易分解与挥发，使叶菜类饲料产生异味。

采收后的块根、块茎仍是有生命的机体，贮藏期间仍进行着各种生理活动。采收是一个根本性的转折，整个代谢平衡发生了极大的变化，从而引起品质和重量的不断下降。呼吸作用是根茎类饲料在贮藏期间的主要生理过程。其实质是糖类物质的氧化分解，并产生水与二氧化碳，同时释放出能量。

$$C_6H_{12}O_6+6O_2 \longrightarrow 6CO_2+6H_2O+2\ 817.32\ kJ$$

根茎类饲料的有氧呼吸强度，比谷类作物的籽实要大十几倍到几十倍。因此，根茎类在呼吸时，需氧气多，放出热量、水和二氧化碳也比谷物多。

在缺氧条件下（空气中含氧在 3% 以下），可进行缺氧呼吸，形成二氧化碳和酒精。

$$C_6H_{12}O_6 \longrightarrow 2C_2H_5OH+2CO_2+100.32\ kJ$$

缺氧呼吸所产生的能量少，在这种情况下，为了维持生命活动所需要的能量，就必须分解更多的贮藏物质，因而对贮藏不利。此外缺氧呼吸的中间产物是乙醛，最终产物是酒精。如果这些物质积累过多，会引起根茎类中毒、变黑和窒息死亡。

块根、块茎在贮藏中进行的有氧呼吸产生的能量，只有一小部分用于维持生命活动及合成新物质，大部分以热能的形式释放，使环境温度升高。因此，从减少营养物质消耗并

创造适宜的贮藏环境的角度来说，贮藏期间应尽可能降低其呼吸作用，但不能禁止呼吸作用。呼吸失调会发生生理障碍，也会削弱根茎类原有的抗腐性，所以要维持尽可能低的且正常的呼吸过程。

二、块根、块茎饲料的贮藏

（一）贮藏方式

块根、块茎的鲜贮方式包括堆藏、沟藏（埋藏）、窖藏和通风库贮藏几种基本形式。这些方式的结构设备很简单，都是利用自然低温来尽量维持所需要的贮藏温度。

1. 堆藏

堆藏是将块根、块茎直接堆放在田间地面或浅坑中，或在荫棚下堆成圆形或长条形的垛，表面用土壤和席子、枯秆等覆盖，以维持适宜的温湿度和保持其水分，防止受热、受冻以及风吹雨淋。堆藏适用于较温暖地区的越冬贮藏，在寒冷地区一般只作秋冬之际的短贮。贮藏堆的宽度和高度应根据当地气候特点而定，垛不能太宽太高，否则不易通气散热，致使贮堆中心温度过高引起腐烂，一般宽约 3 m。堆的长度不限，以贮量多少而定，但也不宜太长，以利于操作管理，贮堆一般都呈脊型顶，以防止倒塌。

2. 沟（埋）藏

沟（埋）藏是将块根、块茎堆放在沟或坑内，达到一定的保温目的，面上一般只用土壤覆盖。沟（埋）藏的保温保湿性能比堆藏好，广泛应用于我国北方各地。贮藏沟的宽、深度依各地的气温、块根和块茎的种类及对温度的要求而定。

3. 窖藏

窖藏与沟藏相似，但可自由进出及检查产品，也便于调节温湿度，因此适于贮藏多种块根、块茎，贮藏效果较稳定，风险较小。窖藏主要有棚窖、井窖和窑窖几种形式，在我国南北方各地都有应用。棚窖是临时性的贮藏所，建造时，先在地面挖一长方形的窖身，窖顶做棚盖，顶上开设若干个窖口（天窗），供出人和通风之用。大型的棚窖常在两端或一侧开设窖门，以便于贮藏物下窖，并加强贮藏初期的通风降温，天冷时再堵上。井窖应在地下水位低、土质黏重坚实的地区修建，不需棚盖，坚固耐用，一次建成后可连续使用多年。井窖的窖身深入地下，即在地面向下挖直径约 1 m 的井筒，深 3～4 m，再从井底向周围挖一至数个高约 15 m，宽 1～2 m 的窖洞。窖洞的顶呈拱形，底面水平或成 10° 的坡度，向内或向外倾斜，因目的不同而异。井筒口应围土并做盖，四周挖排水沟，有的在井盖上设置通风口。窑窖通常是在土质坚实的山坡或土丘上挖窑洞。一般长 6～8 m，宽 1～2 m，高 2～2.5 m，拱形顶，窖底如同井窖，窖门比窖身稍缩小，设置门或挂帘。为避免阳光直射，窖身多坐南朝北或坐西朝东。

4. 通风库贮藏

通风贮藏库和棚窖的形式和性能很相似，是棚窖的发展，但其是以木、砖、水泥建造的固定建筑，因此亦称固定窖。它也是利用空气对流的原理，引入外界的冷空气从而降低温度。但因为是固定的，建造时设置了更完善的通风系统和隔热结构，所以降温和保温效果都比棚窖好很多。一旦建成，可以长期利用，所以是一种经济实用的方式。通风贮藏库虽然主要适用于北方地区，但在长江流域及更南的地区也可发挥作用。

通风贮藏库可分地上式、半地下式和地下式 3 种类型。地上式可以在库墙底部设进气口，在库顶设排气口。通风降温的效果最好。半地下式约有一半的库体在地面以下，因而增大了土壤的保温作用。地下式库体全部深入土层，仅库顶露出地面，保温性能最好，但通风降温效果最差。为了在秋季容易获得适当的低温，冬季又便于保温，在温暖地区宜用地上式，酷寒地区须用地下式，半地下式介于两者之间。

（二）影响贮藏安全的因素

1. 温度

温度在很大程度上决定了块根、块茎的贮藏时间和贮藏质量。整个贮藏期应控制最适当的窖温，使呼吸降到既能维持块根、块茎最低生命活动的需要，又不致于遭受冻害，以确保块根、块茎的新鲜完好。窖温越高，呼吸越强，贮藏物质消耗就越多，失重也就越严重，从而导致品质和耐贮性下降，甚至出现后期的空心现象。窖温越低，呼吸越弱，养分消耗少，失重也少，但不能低于一个临界低温，否则就会出现反常的高呼吸。不同的块根、块茎对贮藏温度有不同要求。甘薯贮藏的安全温度以 11～14℃为宜。马铃薯的适宜贮藏温度是 3～5℃。这样的呼吸强度低而平衡，营养消耗较少，也不会导致薯块过早发芽。

2. 湿度

适宜的环境湿度可促进伤口愈合，对保鲜有极大的促进作用。贮藏期间块根、块茎需保持表面干燥，但窖内应保持一定的湿度，使块根、块茎保持细胞的膨压而呈现新鲜状态。如果窖内湿度过低（80% 以下），会促使薯块的水分蒸发，甚至大量脱水萎蔫、皱缩和空心，同时淀粉加速水解为糖，饲用品质和耐贮性下降，贮藏期缩短。反之，提高窖内相对湿度，不仅保鲜好，品质好，失重少，发芽多，而更重要的是在入窖初期能促进伤口愈合，降低腐烂率。但是，窖内湿度也不是越高越好，如高达 95%～100% 反而有害，不仅皮色易褪色变褐，更重要的是病菌容易繁殖。湿度过高，还会引起贮藏堆上层的块根、块茎潮湿或贮藏库的水分凝结，常促使块根、块茎过早发芽而造成损失。此外，窖内的相对湿度，还对块根、块茎的维生素 C 和胡萝卜素含量有影响。为了保证贮藏效果，块根、块茎的贮藏库内湿度应控制在 85%～90%。当湿度过高，或者出现冷凝水时，可用石灰吸潮，勤换覆盖的稻草来降低湿度，或减少温差来消除冷凝水：湿度过低时，应加水补湿，尤其在贮藏后期，气温回升后，为防止萎蔫空心，更应补水保湿。

3. 空气质量

贮藏环境中氧气和二氧化碳的浓度与植物的呼吸作用和伤口愈合有关。块根、块茎刚收获后，呼吸强度特别高。在入窖初期，呼吸耗氧较多，同时呼出的二氧化碳也多。因此，在密闭的窖内，氧气越来越少，二氧化碳累积越来越多，从而使呼吸作用降低，这样对伤口愈合不利。随着时间的延长，窖内氧气含量可低于临界值 4.5% 左右，有氧呼吸不能正常进行，从而转向无氧呼吸，这不仅使养分损耗增多，同时酒精累积可使块根、块茎中毒，而且二氧化碳累积达到 4%～5% 时，还会引起组织窒息而产生黑心，甚至窒息而死。因此，在贮藏前期应注意通风换气，不断地补充新鲜空气。在贮藏的中、后期，呼吸释放的二氧化碳逐渐累积，当含量提高到 1% 左右时，有抑制呼吸代谢的作用，对安全贮藏有利。这时一般以密闭为主，必要时才短期辅以通风换气措施，以保证薯块有较强的生命力。

三、青绿饲料的贮藏

青绿饲料主要有天然新鲜的牧草、人工栽培的牧草、叶菜类饲料以及水生饲料等。叶菜类饲料鲜嫩多汁，适口性好，蛋白质含量高，维生素含量丰富，产量高，易被消化吸收，适应性强，是畜禽水产不可多得的优质青绿多汁饲料。目前常用的叶菜类饲料有白菜、串叶松香草、菊苣、聚合草、苋菜、苦荬菜和小白菜等。水生饲料质地柔软，细嫩多汁，木质化程度低，草食动物易消化，是一种优良多汁的青绿饲料。常见的水生饲料有水葫芦、绿萍、水竹叶等。因青绿饲料水分含量比较高，一般在 90% 以上，所以生产中一般以鲜喂为主，在产量比较集中的时候也可进行适当的调制和贮藏，主要的贮藏方式有：青贮、调制干草粉和水中冻贮。

（一）贮藏方式

1. 堆藏、沟藏、窖藏

目前适合叶菜类饲料的贮藏技术主要有堆藏、沟藏、窖藏，这些方法简单、快捷、成本低且见效快。堆藏是指叶菜类饲料采收后直接放在田间或者堆放在院子里，上面覆盖枯秆或塑料等覆盖物贮藏的方法。这种方法能防晒、防冻和防雨，维持适宜的温度与湿度，避免叶菜类饲料过度蒸腾和受热，适用于大白菜和小白菜等短期贮藏。沟藏是将叶菜类饲料堆放在沟内，上面覆土的一种贮藏方法，适合于菠菜等。这种贮藏方法的缺点是通风透气效果较差，中心部位温度较高，易出现黄化和腐烂现象。窖藏是指利用地窖进行贮藏的一种贮藏方法。此种方法在我国北方比较常见，多用来贮藏越冬大白菜。

2. 发酵或青贮

在青贮前先消毒杀虫，生产中一般用 1∶5 000 的硫酸铜溶液或浓度 0.1% 的石灰水，可杀灭水生饲料所携带的一些寄生虫。对放养水生饲料的塘库进行消毒，以杀灭传播姜片吸虫的中间宿主——扁卷叶螺。另外，给水生饲料施肥，严禁直接施用未经充分腐熟的人畜粪，施用人畜粪时，应事先进行高温发酵，以杀灭肥料中各种寄生虫卵。水生饲料含水量高，调制青贮前先要晾晒降低水分，一般应晾晒 1 d。将晾晒到适宜含水量的水生饲料按照常规青贮的程序进行装填、发酵、贮藏以得到良好质量的青贮饲料。

3. 调制干草粉

水生饲料易晒干，干后易碎，可用粉碎机粉碎制成草粉。

4. 水中冻贮

将水花生等水生饲料留在水中，经冬季低温处理后茎叶发甜，羊、猪均喜食。

（二）影响安全贮藏的因素

1. 原料

青绿饲料贮藏时受原料特性影响较大。主要包括以下几个方面。

（1）青绿饲料含水量。青绿饲料含水量较高，而只有当含水量适当，才能获得良好的乳酸发酵，减少营养品质的损失，保存良好的青绿饲料。当水分含量过高时，大量的流汁渗出，造成养分的损失，并且梭菌在高水分条件下活跃，使青贮饲料中丁酸积累，蛋白质分解，大量氨态氮产生，致使青贮品质恶化。当水分含量不足，其在进行青贮调制时不易被压实，导致植物细胞呼吸作用增强，有氧菌活跃，养分大量消耗，过度产热，最终使青绿饲料腐败变质。

（2）青绿饲料切断、压实。未经切剪的青绿饲料过长，不利于装填紧实。因此，需按照不同的材料及贮藏方式剪切到适宜的长度，提高饲料密度，同时排出间隙空气，使青绿饲料细胞渗出液润湿饲料表面，利于有益菌繁殖，促进发酵。另外，须填装压紧，填装不紧实，会因空气过多，氧化作用强烈，造成养分损失。

2. 温度

温度是影响青贮饲料品质好坏的一个重要因素。通常乳酸菌的最适生长发育温度为20～30℃。在含糖量少，环境温度30～40℃条件下，乳酸菌繁殖被抑制，而不良细菌得以繁殖，但在含糖量高的情况下，温度对微生物繁殖的影响小。

思 考 题

1. 青绿多汁饲料资源饲料化加工的方法有哪些？
2. 青绿多汁饲料资源饲料化加工的原理是什么？
3. 果渣饲料加工处理的流程有哪些？
4. 影响青绿多汁饲料安全贮藏的因素有哪些？

参 考 文 献

[1] 李建国. 果渣作为饲料资源的开发与利用. 畜牧与饲料科学，2005，6：10-12.

[2] 王国桥. 青绿饲料的加工技术. 河南畜牧兽医（综合版），2015，36（7）：25-26.

[3] 魏刚才，王永强. 香猪高效养殖技术一本通. 北京：化学工业出版社，2010.

[4] 赵书广. 中国养猪大成. 2版. 北京：中国农业出版社，2013.

[5] 卢献颖. 奶牛优质牧草与多汁饲料的饲喂及经济效益. 现代畜牧科技，2013（3）：62-62.

[6] Yitbarek M B, Tamir B. Silage additives: review. Open Journal of Applied Sciences, 2014, 4(5): 258-274.

[7] Driehuis F. Silage and the safety and quality of dairy foods: a review. Agricultural & Food Science, 2013, 22(1):16-34.

[8] 韩春梅，张新全，杨春华，等. 苜蓿叶蛋白的开发利用现状. 草业科学，2005，22（9）：23-27.

[9] 唐忠厚，魏猛，陈晓光，等. 不同肉色甘薯块根主要营养品质特征与综合评价. 中国农业科学，2014，47（9）：1705-1714.

[10] 田静，朱琳，董朝霞，等. 处理方法对木薯块根氢氰酸含量和营养成分的影响. 草地学报，2017，25（4）：875-879.

[11] Mohd-Setapar S H, Abd-Talib N, Aziz R. Review on crucial parameters of silage quality. Apcbee Procedia, 2012, 3(8):99-103.

[12] 董宽虎，沈益新. 饲草生产学. 北京：中国农业出版社，2003.

[13] 于岚，朱淑颖，孙来玉，等. 微生物固体发酵转化水生植物的研究. 环境科学与技术，2010，33（1）：73-76.

[14] 杨柳燕，张奕，肖琳，等. 固体发酵提高水生植物发酵产物蛋白含量的研究. 环境科学学报，2007，27（1）：37-41.

[15] 胡跃高，李志坚，赵环环，等. 绿色饲料的地位及其生产与研究进展. 自然资源学报，2000，15（2）：194-196.

[16] 李艳，赵月芝，贾念军，等. 浅析青饲料机械加工技术. 农村牧区机械化，2008（4）：17-18.

[17] 王凯. 奶牛青绿多汁饲料的种类及饲喂注意事项. 现代畜牧科技，2016（10）：67.

[18] 马野，宋显成，张力军，等. 高产青饲料作物——早熟苦荬菜. 中国草地，1994（1）：78-79.

[19] 罗燕，李君临，郭旭生，等. 刈割茬次对多花黑麦草青贮品质的影响. 草地学报，2016，24（05）：1150-1153.

[20] Nishino N, Li Y, Wang C, et al. Effects of wilting and molasses addition on fermentation and bacterial community in guinea grass silage. Letters in Applied Microbiology, 2012, 54(3): 175-181.

[21] Mcdonald P, Henderson A R, Macgregor A W. Chemical changes and losses during the ensilage of wilted grass. Journal of the Science of Food & Agriculture, 2010, 23(9): 1079-1087.

[22] 玉柱，孙启忠. 饲草青贮技术. 北京：中国农业大学出版社，2011.

第十章　低毒牧草资源饲料化技术

【学习目标】

- 了解常见低毒牧草对家畜的毒害作用。
- 了解低毒牧草去毒加工的意义。
- 掌握低毒牧草的种类及特点。
- 掌握低毒牧草的去毒加工方法。

第一节　低毒牧草饲料化加工意义

中国天然草原面积近 4×10^{8} hm^{2}，约占国土面积的41.7%，是耕地面积的3倍左右，林地面积的2倍多，其中可利用草原面积 3.31×10^{8} hm^{2}，占草原总面积的84.3%，居世界第二位。这些草原的存在，对民族地区畜牧业的发展和生态建设起到重要支撑作用。由于过度放牧、气候等因素导致草地退化、沙漠化，牧草产量下降，载畜能力降低，严重制约了草地畜牧业的可持续发展。造成草原退化的主要因素有荒漠化、毒草化、盐碱化、干旱和鼠害，其中毒草化是继荒漠化后第二大严重灾害因素。据不完全统计，中国天然草地毒草危害面积约 3.33×10^{7} hm^{2}，草地有毒植物约101种，主要分布在北部和西部。严重危害牲畜的毒草草地面积约2 000万 hm^{2}，北方的棘豆中毒、中原地区的栎树叶中毒、南方的紫茎泽兰中毒已成为我国草地上的三大公害。在内蒙古、宁夏、甘肃、陕西、新疆等省、区，牲畜中毒死亡率很高。长期以来，由于草原毒草危害未引起足够的重视，加之缺少有效的治理技术和成熟的配套措施，致使毒草危害日益严重。在牧区，草场过度放牧、滥垦、滥挖等不合理利用，导致草地严重退化，毒草中毒呈现上升趋势，毒草甚至被称为草地的“绿色杀手”。特别是近几十年来，毒草已在中国西部草原上蔓延成灾，优良牧草减少，毒草滋生蔓延，草畜矛盾日益增大，客观上增加了家畜误食或采食毒害草的机会，使毒草中毒的发生概率增大，给当地的生态和社会经济带来极大危害，制约了当地畜牧产业的可持续发展，因此，亟待开展天然草地低毒牧草资源的加工调制技术研究与推广，对维护天然草地畜牧业健康生产具有重要现实意义。

牧草是草食动物饲料的重要来源，与此同时，牧草在单胃动物、家禽及水产日粮中的比例越来越高，而动物产品是人类的食物和食品工业的原料，所以牧草与人民生活水平和身体健康息息相关。牧草无疑是多种病原菌、病毒及毒素的重要的传播途径，如黄曲霉毒素、农药、兽药和各种添加剂等，有一部分物质通过牧草危害畜禽，而且在畜产品中的残留物对人体有害，有一部分物质虽然有利于促进畜禽生长和减少畜禽疾病，但在畜禽体内内的残留物对人体有害。作为人类动物性食品的生产原料，饲料安全问题直接影响到畜禽产品的食用安全，饲料安全是保证畜禽产品安全的第一个环节，是农产品源头质量安全管理中的首要环节，饲料安全得不到保证，畜禽产品安全便无从谈起。牧草是草食动物赖以生长的基本食物，其质量与安全性是影响草食动物生产性能和健康状态的关键因素，也是保证畜禽产品安全的前提条件。优质安全的牧草能促进动物充分发挥生产性能，使之达到最佳生产状态；而有毒有害物质超标的牧草，不仅会阻碍动物的生长发育，影响畜禽产品的产量和品质，更可能会引起动物中毒、发病甚至死亡，给养殖户经济效益带来损失，更严重的是，有些有毒有害物质会蓄积在动物体内，进入人类食物链，一旦食用这类动物产品后，会危害人类自身的生命健康。

牧草中毒是指牧草饲料本身含有有毒物质，因其加工调制、贮存、使用不当，而引起家畜中毒的现象。牧草中毒是舍饲畜禽常见的中毒之一。在大规模集约化饲养的情况下，由于牧草中毒，给畜牧业生产带来极大危害，随着工业发展与大面积使用农药对环境的污染，更增加了发生概率，有些牧草中的有毒物质还可通过畜产品间接地危害人类健康。因此，对含有有毒有害物质的饲草料进行去毒加工，或进行科学地利用和贮存，化害为利，变废为宝，不但具有重要的经济效益，而且对保护人类健康亦有重要的意义。

第二节　低毒牧草饲料化加工原理

一、牧草中毒素的来源

1. 牧草本身含有毒物质

有些牧草本身含有毒有害物质。如小花棘豆、草木樨、沙打旺、串叶松香草等。这些牧草在饲喂前需进行必要的去毒加工，并按一定的比例与其他的饲料搭配，方可避免对畜禽的毒害作用，并可扩大饲料资源。若喂前不采取去毒加工处理，或长期大量饲喂，往往导致畜禽中毒。

2. 牧草加工调制方法不当

一些牧草由于加工调制方法不当，产生有毒有害物质。如有些青绿牧草本身不含有毒物质，但由于焖煮或堆放时间过长，会产生亚硝酸盐，过量采食后引起畜禽中毒。

3. 饲喂技术不当

日粮中配方比例不当，彼此间混合不均匀，或长期大量饲喂单一饲草料，会使畜禽发生中毒。如大量单一饲喂青苜蓿会让家畜患臌胀病；长时间大量或单独饲喂水浮莲时，可引起家畜的间隔中毒症。

4. 饲喂腐败发霉牧草

牧草贮藏保管不当，会促使各种霉菌和腐败菌滋生繁殖，引起牧草发霉、变质和腐烂，产生大量的毒素，家畜采食后引起中毒死亡。

5. 病虫害危害，产生有毒有害物质

饲喂病虫危害的牧草或牧草在生长和贮藏过程中，由于遭受病虫害的侵袭，使得茎、

叶、花、种子或块根、块茎等受害部分发生变质，产生有毒有害物质。

6. 牧草中夹杂有毒植物

大都是有棘刺、毛茸、针等防御组织，或有异味、苦味。一般情况下，家畜能避食。但在十分饥饿时，或有毒植物夹杂在其他牧草中，难以择食，被家畜采食后引起中毒。如醉马草、乌头等常在刈割时混杂于其他牧草中，家畜采食后中毒甚至死亡。

二、牧草中有毒有害物质及毒性原理

（一）苷类

植物中，糖分子中的环状半缩醛形式的羟基（通称为苷羟基）和非糖类化合物分子中的羟基脱水而成具有环状缩醛结构的化合物叫作苷，又称之为配糖体、糖苷质、苷、糖杂体等。苷类一般味苦（少数味甜，如甜叶菊含味极甜的苷），易溶于水、醇，极易被酸或存在于同种植物中的酶水解为糖及苷元。如具有酯键（苷元与糖以羧基结合）者，还易被碱所水解，只有碳键苷难于水解。它分布在植物全株中，但大部分是无毒的，少部分是有毒的，如龙葵素、棉酚等。由于苷元化学结构的类型以及所生成的苷生理活性特点等不同，苷又可分为多种类别，如皂苷、氰苷、强心苷、蒽苷、黄酮苷等，黄酮苷多无毒。

1. 氢氰酸

氢氰酸（HCN）是毒性最大、作用最快的常见毒物，在植物中主要是以氰苷（或称产氰糖苷等）形式存在，也以游离形式存在。当植物组织被损害或腐烂时，氰苷水解后产生氢氰酸，牧草饲料中的氢氰酸含量达到一定量时引起畜禽中毒。氰苷在植物界分布很广，尤以蔷薇科植物为最，其次为禾本科、豆科和忍冬科等。最常发生中毒的植物有高粱的苗、叶和其糠，亚麻籽饼、亚麻穗和蕾，杏、桃、李、梅、樱桃和枇杷等的果仁和叶，三叶草、南瓜叶、棉豆、未成熟的竹笋、黑接骨草、紫杉、水麦冬和木薯等植物。能引起中毒的氰苷有亚麻苦苷、甲基亚麻苦苷、野樱苷、黑接骨木苷、水麦冬苷、紫杉菲苷等。

2. 芥子苷

芥子苷又称硫葡萄糖苷，油菜籽饼的有毒物质为含硫葡萄糖苷和芥酸。硫葡萄糖苷本身是非活性物质，在不同的处理条件下，细胞遭到破坏，在酶的作用下裂解生成多种有害物质。其主要成分有噁唑硫酮、硫氰酸酯和异硫氰酸酯和腈类等。芥子苷广泛存在于十字花科和白菜花科等植物的叶、茎和种子中。

噁唑硫酮和硫氰酸酯能够使单胃动物甲状腺肿大，并且干扰甲状腺素的生成。异硫氰酸酯和噁唑硫酮具有刺激性辛辣气味，影响饲料的适口性，腈的毒性大约是噁唑硫酮的8倍，可致使动物肝脏、肾脏增大，严重时导致死亡。

3. 皂苷

又称皂角苷、皂素，如苜蓿皂苷、大豆皂苷和甜菜皂苷等。由甾体化合物或多环的三萜为苷元与寡糖的羟基组成的苷，是一种无定形粉末或结晶，吸湿性强、易溶于水，其水溶液带有辛辣味，振荡时能产生大量持久性泡沫，对皮肤和黏膜有刺激作用，可引起炎症，能溶解红细胞。皂苷味苦，含有皂苷的牧草具苦味和辛辣味，适口性差，如果喂量过大，草食家畜易患臌胀病。皂苷广泛存在于植物的叶、茎、根、花和果实中。饲用植物如大豆、花生、莱豆、羽扇豆、豌豆、鹰嘴豆、苜蓿、三叶草、油菜籽饼及甜菜中均含有皂苷。植物中皂苷含量和生长环境温度有关，也和生长季节有关。饲用植物如苜蓿、大豆、油菜籽饼和羽扇豆中的皂苷均为三萜皂苷。

4. 龙葵苷

又称马铃薯毒素或茄碱，多存在于茄科植物中，如马铃薯块茎及其茎叶中。一般成熟的块茎含量为 0.000 4%，而未成熟、青紫、发绿及发芽马铃薯中，龙葵苷含量高达 0.50%，绿叶中 0.25%，花 0.70%，薯皮 1.00%，发芽后的芽内高达 4.70%。生产中饲喂龙葵苷含量高的马铃薯易发生中毒现象。

5. 强心苷

具有强心作用，其苷元为五元或六元不饱和内酯环的甾体衍生物。强心苷多为无色结晶或无定形粉末，一般能溶于水、甲醇、丙酮等极性溶剂，具有较强的毒性。它主要分布在夹竹桃科、玄参科、百合科、萝藤科、十字花科、卫矛科的植物中。

6. 蒽苷

大多为黄色、橙黄色或橙红色。饲草料中含量过多，会引起畜禽腹泻。它多存在于被子植物的蓼科、豆科、茜草科、鼠李科、百合科和低等植物地衣类和菌类代谢产物中。

（二）硝酸盐及亚硝酸盐

许多青绿牧草和树叶类饲草等都不同程度地含有硝酸盐，新鲜的十字花科叶菜中硝酸盐含量高达 2 000 mg/kg。牧草中含有的硝酸盐，对畜禽毒性较低，但转化成亚硝酸盐后毒性增大，而致使畜禽中毒。牧草中的硝酸盐在一定条件下可转变成为亚硝酸盐，如牧草经害虫危害、家畜踩踏或在堆放过程中组织结构被破坏的情况下，当外界温度、湿度达到一定范围时，还原性细菌即把硝酸盐变为亚硝酸盐；饲料在小火焖煮或潮湿堆放发热的情况下能够促使硝酸盐转变为亚硝酸盐；反刍动物食入的牧草饲料搭配不合理，含硝酸盐饲料太多时，也可在瘤胃中被瘤胃微生物转化成亚硝酸盐而大量蓄积。

反刍动物瘤胃中的理化和生理条件都较适合于将 NO_3^- 还原为 NO_2^-。对牛来说，除直接摄入过多的亚硝酸盐可发生亚硝酸盐中毒外，摄入较多富含硝酸盐的饲草料也会提高亚硝酸盐中毒的风险。羊的瘤胃将亚硝酸盐转变为氨的能力强于牛，故对亚硝酸盐的敏感度比牛低。亚硝酸盐进入血液后，亚硝酸离子与血红蛋白相互作用，使正常的血红蛋白氧化成高铁血红蛋白。在机体内，正常红细胞内高铁血红蛋白只占血红蛋白总量的 1% 左右，当机体大量摄入亚硝酸盐时，高铁血红蛋白大量增加，出现高铁血红蛋白血症，从而引起机体组织缺氧。动物体内高铁血红蛋白占血红蛋白总量的 20%～40% 时，即可出现缺氧症状；占 80%～90% 时，即引起动物死亡。羊长期采食硝酸盐、亚硝酸盐含量较高的饲料后，可导致亚硝酸盐中毒症。可引起母畜受胎率降低，因胎儿发生高铁血红蛋白症而导致死胎、流产或被胎儿吸收；硝酸盐含量高时，可使胡萝卜素氧化，妨碍维生素 A 的形成，引起维生素 A 缺乏症；硝酸盐和亚硝酸盐可在体内争夺合成甲状腺素的碘，有致甲状腺肿大的作用；其还参与致癌物 N－亚硝基合成物的合成，该类化合物对动物是强致癌物。

（三）生物碱

植物中存在一些呈碱性的含氮有机化合物、多以有机盐的形式存在，其中有些具有显著生理效应的称为生物碱。游离的生物碱一般不溶或难溶于水，易溶于有机溶剂，如醇、醚和氯仿等，而其无机盐或小分子有机酸却溶于水。生物碱大多具较强的毒性，如曼陀罗、毒芹和白屈菜等有毒植物所含的乌头碱和毒芹碱；有的生物碱有剧毒，少量即可致死；多数生物碱具有强烈的生物效能，可作为药用，如吗啡是最早使用的一种镇痛剂。

生物碱分布于100多个科的2 000多种植物中，主要存在于罂粟科、茄科、毛茛科、豆科、夹竹桃科、马钱子科、茜草科、石蒜科、百合科、麻黄科和水松科等植物中。同科植物具有相同的生物碱，近缘植物含有类似的或者是相同的生物碱。同类植物的不同器官（根、茎、叶、花和种子）和不同植物之间，生物碱的含量不同，并随季节的变化和地区不同而异。

（四）单宁

单宁又称鞣质，是广泛存在于各种植物组织中的一种多元酚类化合物。植物单宁的种类颇多，结构和属性差异很大，目前很难给出其准确定义。但通常将其分为可水解单宁和缩合单宁两大类。谷物饲料中高粱的单宁含量较高，据报道，中国高粱（3 039个样品）的单宁平均含量为0.98%，变幅为0.03%～3.27%，其中南方和干燥地区的高粱品种中单宁含量较高。高粱单宁主要存在于其种皮和果皮中，且含量与种皮的颜色呈正相关。此外，大麦和谷子中也含有少量单宁。植物单宁含量与土壤肥力有直接关系。

羽扇豆、蚕豆和香豌豆等豆科籽实以及红豆草、百脉根、胡枝子和沙打旺等豆科牧草中均含有较高的单宁。各种植物中的单宁不仅含量不同，而且种类也有差异。高粱、红豆草、百脉根和胡枝子中主要以缩合单宁为主，栎树叶、茶树叶和角豆中主要以水解单宁为主。一般幼嫩枝叶中单宁含量较高，且以水解单宁为主。成熟果实及落叶中的单宁含量下降，大部分聚合为缩合单宁。即使同是缩合单宁，其组成成分也有很大差异，如百脉根单宁的相对分子质量为6 800～7 100；红豆草单宁相对分子质量较大，为17 000～28 100。

单宁味苦涩，适口性差，在日粮中的比例过大时，会影响家畜的食欲，使采食量减少。单宁还可降低饲料的消化率，高单宁的高粱要比低单宁高粱消化率低9%～15%。由于这两个原因造成营养不足，影响了畜禽的生长和生产。进入消化道的单宁，具有收敛作用，可与胃肠道黏膜的蛋白质结合，与肠黏膜表层形成不溶性的鞣酸蛋白膜沉淀，使胃肠道的运动机能减弱而发生弛缓，这就会造成肠道内容物排出受阻而发生便秘，使其在体内停留的时间过长和腐败，引起自身中毒。大量的单宁与胃肠道内蛋白质结合随粪便排出体外，不易被吸收，从而导致蛋白质缺乏症。单宁还与肠道内多种金属离子发生沉淀作用，使其不易被吸收，造成畜体内矿物质缺乏而导致代谢机能紊乱。然而，亦有研究表明，单宁在草食动物粗蛋白质利用及调控肉质方面发挥着越来越多的积极作用。

（五）光过敏物质

光过敏物质是一种对阳光具有特殊作用的红叶质，当家畜大量采食后，光过敏物质被吸收进入血液，在阳光下，导致白色皮肤的家畜积聚太阳光能而破坏血管壁，引起皮疹，同时中枢神经系统和消化器官亦发生障碍。如荞麦茎叶、苜蓿和三叶草等植物中均或多或少含有一些光过敏物质。

（六）挥发油类

挥发油又叫精油，是将植物与水蒸气共同蒸馏时所得到的各种挥发性物质的总称。它存在于许多植物的全株中，是一类具有芳香味的挥发性油状有机物，难溶于水，易溶于醇、醚等有机溶剂中，对中枢神经系统有强烈的刺激作用。含挥发油而可能引起中毒的植物有毒蒿、毛茛科植物、细辛、樟树（油）、土荆芥、侧柏叶等。

针对上述有毒、有害物质的一些特性，以及在牧草中的分布情况，采取一些去毒加工或科学饲喂方法，可消除或降低饲草料中的某些有毒、有害物质，使饲草料得以安全地被利用，并能提高饲草料的报酬。

三、影响饲草料毒物含量的因素

（一）饲草料的种、品种、生育期、植株部位和个体差异

（1）据测定，燕麦、苏丹草、狐茅、玉米、大麦和黑麦等硝酸盐含量高，为硝酸盐积累者；而苜蓿、雀麦、鸭茅和白三叶硝酸盐较低，亚硝酸盐非积累者。即使同一植物，品种间的差别也较大，如不同品种间燕麦硝酸盐含量的高低相差 1 倍；高粱品种间氢氰酸含量差别可达 50% 以上。因此，在生产中即可选种低毒的牧草和饲料作物种及品种，在天然草地放牧利用时也应有所选择。

（2）一般随牧草和饲料作物生育期的推移，有毒物质含量下降。如苜蓿在孕蕾前硝酸盐含量为 0.18%，结实后下降到 0.12%；经过对 11 个高粱品种叶片氢氰酸含量进行统计，营养期的叶片氢氰酸含量要比蜡熟期叶片高 20 多倍。

（3）同一种植物植株个体间的有毒成分也有所不同，这一属性给选育低毒或无毒优质牧草和饲料作物提供了有利条件。如黄芪属牧草含有 3- 硝基丙醇和 3- 硝基丙酸，但就植株而言，含 3- 硝基丙醇的则不含 3- 硝基丙酸，即二者不存在于同一植株中；苏丹草、白三叶受损后，有些植株产生氢氰酸，有些则不产生。

（4）同一植株的茎、叶、花、根、果实和种子中有毒成分的含量不同。如玉米、燕麦茎秆的硝酸盐含量高于叶子和花序；高粱叶子氢氰酸含量高于茎秆，茎秆上部叶子含量高于下部叶子。

（二）环境条件的影响

（1）随海拔高度增加，含氰苷的白三叶植株数量有明显的下降。Levin 认为，植物生物碱的毒性与含生物碱植物的地理位置有关，热带植物生物碱的毒性比温带植物大得多。

（2）当土壤中含有一定量的有效氮素时，在干旱条件下，会使植株硝酸盐大量积累；当植株含水量下降时，氢氰酸含量则增加。

（3）当土壤缺乏微量元素铜、镁和钼时，牧草和饲料作物的硝酸盐就会大量积累；土

壤石灰含量高时，硝酸盐含量也会大量增加。

（4）高粱植株，在气温为 –5℃左右时，随气温下降（霜冻或冷冻），氢氰酸含量增加。一般认为低温是硝酸盐含量大量积累的主要原因。

（5）低光照会使许多牧草和饲料作物的硝酸盐含量增加。澳大利亚有报道指出，某种禾草因遮阳影响，硝酸盐含量很高，结果使在该牧场上放牧的 19 头牛全部中毒死亡。遮光也能增加生物碱含量。

（三）农业技术措施的影响

（1）刈割次数和刈割高度对牧草和饲料作物有毒成分含量有一定的影响。如燕麦刈割后的再生草饲喂家畜易发生中毒。

（2）一般施肥可增加饲草料中有毒成分含量。给牧草和饲料作物施氮肥能够增加硝酸盐含量；增施氮肥量会提高某些草的生物碱含量，且施氨态氮肥对提高生物碱含量要比施硝态氮肥明显。磷肥对饲草硝酸盐含量也有一定的影响，但不显著。燕麦营养期施用钾肥增加了植株中硝酸盐含量。氮肥对苇状狐茅生物碱含量影响最大。高粱氢氰酸含量随土壤有效氮的增加而有提高的趋势。

了解影响牧草有毒成分的因素，其目的是有针对性、有区别地对饲草进行加工利用，以避免畜禽饲草料中毒，提高牧草的利用率和转化率。

四、低毒牧草脱毒原理

（一）青贮发酵

青贮发酵是指在厌氧条件下经乳酸菌发酵来贮藏牧草的方法。牧草青贮可以保持青绿多汁饲料的营养特性，扩大饲料来源，提高饲料利用率，并且可以延长牧草的保存时间，有助于解决季节和年度饲草不平衡问题。青贮饲料不仅气味芳香、营养价值高、适口性好，且具有可长期保存、有利于集约化生产、营养物质损失少等许多优点。青贮饲料的诸多优点使其在畜牧业生产中得到广泛的应用，尤其在反刍动物饲养实践中，它已成为不可缺少的基础饲料。

饲用植物中不仅自身可能存在某些有毒有害成分，还会从其生长的环境中吸收和富集一部分有毒有害物质，青贮通过厌氧的微生物发酵，微生物能消耗一定的有毒有害物质，且产生大量的有机酸和某些毒害物质发生反应，减缓毒性。例如，沙打旺中主要的有毒成分在家畜消化道被分解为 3- 硝基丙酸，而青贮发酵过程中所产生的有机酸能够与 3- 硝基丙酸起酯化作用，从而降低了其含量；“疯草”中主要毒素含量可通过青贮中微生物的分解达到较低水平，家畜采食青贮后的“疯草”，不会中毒；苜蓿、山黧豆等豆科低毒牧草通过按一定比例和其他饲草青贮后，毒素含量大大降低。

（二）蒸煮浸泡和酸碱处理

蒸煮和浸泡作为最常用去毒途径，因其成本低，易操作而被广泛使用，通过高温加热使有毒有害物质变性、挥发，降低其含量。在使用含氰苷的牧草时去毒处理一般采取用水浸泡、加热蒸煮的方法，这些方法能够有效地去毒。在去除草木樨中的双香豆素时，可用清水浸泡草粉再进行清洗，能够去除大部分香豆素；变异黄芪中苦马豆素能够被浓盐酸降解，通过较长时间的浸泡可降低其含量；山黧豆中主要毒素 β- 草酰胺丙酸可通过长时间浸泡，之后冲洗，去除率达到 90%；皂苷易溶于水，可将草粉用水浸泡，再与其他饲料混拌后饲喂，浸泡后还可提高苜蓿草粉的适口性；在蒸煮好的青绿饲料中加入碳酸氢铵，它可与亚硝酸盐起反应，使亚硝酸盐含量减少，同时产生碳酸氢钠和碳酸氢钾，这两种成分有健胃作用，可以中和因家畜食用青饲料而在体内产生的酸，其反应式如下。

$$NaNO_2+NH_4HCO_3 \rightarrow NaHCO_3+2H_2O+N_2$$

$$KNO_2+NH_4HCO_3 \rightarrow KHCO_3+2H_2O+N_2$$

（三）合理搭配

低毒牧草造成家畜中毒往往与日粮中所占比例有关，摄入过量时，导致毒素大量积累，使家畜中毒，合理的搭配不仅能够降低毒素对家畜的影响，还能提高饲草的利用率。草木樨在反刍动物饲粮中可占粗饲料的 60%～80%，饲喂育肥猪草木樨草粉占饲粮的 15%～20%，可防止香豆素及双香豆素对家畜的毒害；在日粮中按 15%～20% 的比例掺入小花棘豆饲喂家畜有较好效果，不会引起中毒，既利用了“疯草”的高营养成分，也避免了中毒的发生；用沙打旺饲喂家畜时，由于单一饲喂，家畜的瘤胃会产生苦味，应搭配其他饲草，以提高利用率和预防瘤胃产生苦味；对于含毒量较高的羽扁豆，尽量与其他饲草搭配饲喂，且比例不宜过高，防止家畜中毒。

第二节 低毒牧草去毒加工技术

为充分利用牧草资源，对低毒牧草采用去毒加工处理和科学的饲喂方法，消除或降低有毒有害物质的含量，以达到扩大饲草资源，安全有效地提高牧草利用率的目的。

一、草木樨

（一）中毒机理及症状

草木樨含香豆素，香豆素含量因种类、植株部位、生育期和栽培条件的不同而有差异。白花草木樨香豆素含量为干物质的 0.84%～1.22%，黄花草木樨为 1.05%～1.40%，细齿草木樨为 0.03%。同一品种不同部位中花的含量最高，其次是叶与种子，茎与根含量最少。不同生育期，幼嫩时含量少，孕蕾、开花至荚果青绿时最多，枯黄期少。一日内，早晨和傍晚含量少，中午前后含量最多。栽培在少雨、干旱地区香豆素含量较高，反之含量较低。一般而言，香豆素本身无毒、适口性不佳，它是双香豆素的前体。

草木樨中双香豆素含量较低，营养期为（3.47 ± 0.80）mg/kg，开花期为（2.78 ± 0.80）mg/kg，结实期为（1.85 ± 0.36）mg/kg。一般是在潮湿炎热的条件下，调制干草或草粉及青贮过程中草木樨原料感染霉菌，在霉菌的作用下，由香豆素转变为具有毒性的双香豆素。因此，鉴定草木樨质量的主要标准是：① 草木樨本身所含香豆素的多少，一般在幼嫩时或秋后刈割调制后的干草毒性小；② 干草与青贮料是否发霉，若发霉则毒性变大。

双香豆素主要具有抗凝血作用。畜禽体内的凝血因子在肝脏中合成时，需维生素 K 参与，而双香豆素的结构与维生素 K 的结构相似，与维生素 K 发生竞争性拮抗作用，妨碍了维生素 K 的利用，使肝脏中凝血酶原和凝血因子合成受阻。由于凝血机制发生了障碍，动物表现为出血不止，甚至由于在去势、去角、手术、分娩时引起严重出血不止而死亡。双香豆素还可以通过胎盘对胎儿产生毒害作用。双香豆素进入畜体后，须待血浆中原有的凝血因子耗尽后（1～2 周）才能发挥作用，因此草木樨中毒多在采食后 2～3 周发生。一般认为家畜饲料中含 10 mg/kg 双香豆素，即出现临床病理变化；含量为 20～30 mg/kg 时，血凝时间过长，可引起亚急性中毒以致死亡；含量为 50 mg/kg 时，使家畜发生急性中毒而死亡。草木樨中毒常见于牛、绵羊和马等。

（二）去毒加工

1. 适时刈割

草木樨中香豆素含量最高的时期为孕蕾期至开花期，为保证安全饲用及提高适口性，青刈、调制干草或青贮时最好于孕蕾前刈割。

2. 科学调制加工

调制过程中必须防止草木樨发霉变质，以免香豆素向双香豆素转化。草木樨茎叶在风干过程中，香豆素会大量逸失。据报道，叶片风干 10 d，香豆素可减少 70%～75%。因此，饲喂草木樨时，喂干草比青饲料更安全。调制草木樨干草时，不要堆放，应将刈割的草木樨薄薄地铺在地上暴晒一段时间，然后阴干。草木樨干草不宜打捆贮藏，水分含量过高时，有利于双香豆素的合成，干草贮存时防湿防霉。

3. 科学配比

青饲时应与其他青饲料掺混饲喂；反刍动物饲粮中可占粗饲料的 60%～80%，喂育肥猪草木樨草粉占饲粮的 15%～20% 为宜，对妊娠母畜和小畜，饲喂要少。在外科手术和孕畜产前的 30 d，应停喂草木樨。必要时，可采用添加维生素 K 的办法，防止中毒。当放牧地上草木樨较多且在开花期，应改换牧地或割除后，再行放牧。

4. 浸泡法

去毒对双香豆素含量高（50 mg/kg 以上）的草木樨，可用清水浸泡的方法，草粉与水的比例为 1：8，浸泡 24 h 可去除 84% 的香豆素和 41% 的双香豆素。亦可用 1% 的石灰水浸泡 4～8 h，再用清水冲洗后饲喂。

二、沙打旺

（一）中毒机理及症状

沙打旺为低毒黄芪属植物，含有多种脂肪族硝基化合物。据报道，植株中叶的硝基化合物含量高于茎与花。沙打旺全株在整个生育期中硝基含量的变化范围为 0.12～0.50 mg/g

（鲜重）或 0.55～1.70 mg/g（干物质）。脂肪族硝基化合物可引起家畜急性或慢性中毒。也有报道，沙打旺有毒成分有生物碱毒芹素、葫芦巴碱、腺嘌呤等。

植物中以葡萄糖酸酯形式存在的硝基化合物，在家畜消化道中分解成 3- 硝基丙酸和 3- 硝基丙醇。它们可损伤中枢神经系统、肝、肾和肺，抑制多种酶的活性。对动物的最低致死量，按亚硝基（NO_2^-）计，分别为 50 mg/kg 及 125 mg/kg。中毒的程度因畜禽的敏感性不同而异。对牛、羊等反刍动物一般没有毒害作用，如牛每毫升的瘤胃液含 NO_2^- 的量不超过 1 mg 的水平时，牛瘤胃液微生物能使脂肪硝基化合物经 4 h 水解为 3- 硝基丙酸和 3- 硝基丙醇，再经过 28 h 代谢为无毒无害的物质；在绵羊体内，只经过 7 h 即可完成此代谢过程，因此不引起中毒。有时饲喂沙打旺的牛、羊瘤胃带有苦味。

单胃畜禽猪、鸡对沙打旺中的有毒成分较敏感，易发生中毒，当饲料中亚硝基含量达到 200 mg/kg 时，即可引起猪、鸡中毒。

（二）去毒加工

1. 调制成干草或者干草粉

沙打旺青饲由于苦味较重，家畜一般不喜食。可调制成干草或者干草粉，提高适口性。

2. 青贮沙打旺

青贮可减少毒性，提高适口性，反刍动物与单胃动物均喜食。其原因是沙打旺在青贮发酵过程中所产生的有机酸与 3- 硝基丙酸起酯化作用，减缓了毒性。

3. 调制发酵饲料

模仿牛、羊瘤胃条件，将沙打旺草粉进行人工发酵去毒，可用于饲喂猪、鸡、兔和鱼。

4. 限制喂量

沙打旺饲喂牛、羊等反刍动物时，应搭配其他饲草，以提高利用率和预防瘤胃产生苦味；沙打旺草粉用于饲喂猪，占日粮的 15%～30%；喂鸡，占日粮的 3%～5%；喂兔，占日粮的 20%～50%；制成颗粒配合饲料喂鱼效果较好。

三、疯草

“疯草”是指豆科黄芪属和豆科棘豆属有毒植物的统称，“疯草”主要分布于我国内蒙古、西藏、新疆、青海、陕西、山西等省、市、自治区，是我国主要毒草之一。内蒙古巴音洪格日、乌力吉、银根、图克木等 4 个苏木的 2 100 万亩草场上均分布有疯草，已导致 69 735 头（只）牲畜中毒，2 180 多头（只）牲畜中毒死亡，造成直接经济损失百万余元。由于“疯草”的危害，常造成骆驼、马、驴、羊等家畜中毒，引起流产、不孕，公畜无性欲，消瘦，最终导致死亡。

“疯草”的营养成分较高，如表 10-1 所示，其中粗蛋白质含量与苜蓿相近，是一种高蛋白质饲草，对于某些干旱、缺草，尤其是蛋白质缺乏的地区来说，是一种非常好的营养全面的牧草，有待于合理利用。

表 10-1　疯草和苜蓿营养成分比较　%

牧草种类	采样地点	干物质	粗灰分	粗脂肪	粗纤维	粗蛋白质	无氮浸出物	钙	磷
变异黄芪	乌力吉	91.40	29.30	1.50	16.70	14.40	29.50	1.88	0.10
小花棘豆	吉兰太	91.30	2.60	1.40	18.80	12.70	37.80	1.53	0.14
苜蓿	腰坝	87.00	8.30	2.60	25.60	17.20	33.30	1.52	0.22

注：引自达能太（2005）。

（一）中毒机理及症状

"疯草"中主要毒性成分为苦马豆素。苦马豆素主要通过抑制高尔基体 α- 甘露糖苷酶Ⅱ、溶酶体 α- 甘露糖苷酶和内质网 / 胞质 α- 甘露糖苷酶活性，使细胞内蛋白的 N- 糖基化合成、加工、转运以及富含甘露糖的寡聚糖代谢等过程发生障碍，导致细胞表面膜黏附分子、细胞膜受体正常功能变化，出现生殖、内分泌及免疫功能异常和细胞广泛空泡变性，使家畜中枢神经系统和实质器官受到损害，造成细胞功能紊乱，尤其是神经细胞功能紊乱，而使家畜表现出一系列神经症状。当生殖器官的组织细胞发生空泡变性时，可导致繁殖机能障碍。

山羊中毒后，初病时，精神沉郁，食欲下降，目光呆滞，对外界反应不敏感，迟钝，继而出现头部水平震颤，呆立时仰头缩颈，行走时后躯摇摆，步态蹒跚，追赶或急转弯时极易摔倒，放牧时不能跟群，被毛粗乱，无光泽，后期出现拉稀、脱水，后躯麻痹，卧地不起，出现心律不齐，最后衰竭死亡。绵羊出现临床症状的时间较晚，表现为转圈、摇头、卧地不起等症状。怀孕母羊多流产。马中毒后，病初行动缓慢，不愿走动，离群站立，食欲正常，后腰背僵硬，行动困难，易受惊。后期则头颈僵直，视力减退，步态蹒跚，容易跌倒，转弯困难。最后采食饮水困难，后肢麻痹，衰竭而死亡。骆驼病初行动变得缓慢，呆立不愿走动，不合群，不听从主人的使唤，行为反常，牵拉时后退，拴系时骚动向后坐，四肢发颤而失去快速运动的能力，易受惊，摔倒后不能自行起立，继而出现步态踌躇，饮水减少或基本停止，最后因机体极度衰竭而死亡。

（二）去毒加工

1. 青贮"疯草"

按 50% 的比例加入玉米秸秆（高粱）切成 5～7 cm，按照常规方法进行青贮，3 个月后行饲喂，不会引起家畜中毒，而且有较好育肥效果，青贮时间过短会影响毒素的降解。

2. 混合饲喂

正常饲草中按 15%～20% 的比例掺入饲喂羊有较好效果，不会引起中毒，这样既利用了"疯草"的高营养成分，也避免了中毒的发生，既解决了牧区蛋白质饲料严重缺乏的问题，也合理利用了"疯草"。

3. 浸泡

国外有报道，将变异黄芪用 0.3% 工业用盐酸浸泡 24 h 后捞出，再用清水冲洗 1～2 次，放在通风阴凉处自然干燥备用。应用时将脱毒的变异黄芪按30%比例混入其他草（料）中再进行饲喂，不会出现中毒症状。这种脱毒方法比较简单、方便，费用低，牧民易掌握，有推广应用价值。

四、小冠花

（一）中毒机理及症状

小冠花植株含有3-硝基丙酸和3-硝基丙酸糖苷，在各生育期中，以盛花期含量最高，同一植株以花中含量最高，叶次之，茎最低。随着外界气温升高，有毒成分含量增加。每克小冠花干草中含亚硝基12 mg。亚硝基的含量与生育期、植株部位、气温有关，在各生育期中，以盛花期为最高；同一植株以花中最高，茎最低，叶居中；随气温升高，亚硝基含量增加（表10-2）。

表10-2 亚硝酸含量随植株部位和气温变化的情况

项目	植株部位				气温			
	花	叶	茎	根	17	22	27	32
亚硝基含量 /(mg/kg)	20	12	4	4	2.2	5.0	6.6	10.3

注：引自Faix（1978）。

小冠花中毒主要发生在猪、鸡等单胃动物，是由于3-硝基丙酸糖苷在畜体内代谢产生亚硝酸根离子，进入血液后，使低铁血红蛋白氧化成高铁血红蛋白，使其丧失携氧功能。此外，3-硝基丙酸及其糖苷也能部分进入畜体内，如脑组织和肌肉组织，而直接产生毒性作用。

对反刍动物牛、羊等，一般不发生中毒（其原理与沙打旺中毒相似），但瘤胃微生物的解毒能力有一定限度，过量也会发生中毒。

（二）去毒加工

与沙打旺去毒加工相同。

五、山黧豆

能引起中毒的山黧豆有草香豌豆（又叫山棱豆、马牙豆）、永寿山黧豆、扁荚山黧豆、短山黧豆、硬毛山黧豆及中国西北白色大粒农家品种等。

（一）中毒机理及症状

山黧豆的有毒成分分为神经山黧豆毒素和骨山黧豆毒素。神经山黧豆毒素（有β-草酰胺丙酸、β-二氨基丙酸、β-氰基-L-丙氨酸），主要使人畜神经发生中毒症状，草香豌豆中含量最多，未成熟种子中含毒量更大。种子中有毒成分含量在0.1%～0.8%。骨山黧豆毒素（有β-氨基丙腈），能引起动物骨骼畸形和主动脉破裂，主要存在于草香豌豆、矮山黧豆、硬毛山黧豆中。

山黧豆引起中毒的一般为单胃动物。

（二）去毒加工

1. 选种、引种

低毒品种如国外选育的单吉尔山黧豆，种子中基本不含 β- 草酰胺丙酸；黑龙江山黧豆、协作山黧豆、扁荚山黧豆等含 β- 草酰胺丙酸均在 0.2% 以下。

2. 合理搭配

必须与其他饲料合理搭配饲喂，一般用量不应该超过日粮的 20%。反刍动物日粮中限制在 50% 以下。

3. 水溶脱毒法

将山黧豆粉碎加水浸泡，比例为 1∶3，浸泡 24 h 中间换水 2 次，此法可去除 90% 左右的 β- 草酰胺丙酸。

4. 淀粉加工

有些地区用山黧豆种子加工淀粉或粉条，可去除毒素达 99% 左右，但淀粉浆内含毒素，必须经过沉淀后去掉上清液，才可以利用。

5. 调制青贮

青贮山黧豆茎叶可与其他禾草、农作物秸秆及杂类草混合调制成混合青贮饲料。

六、羽扁豆

（一）中毒机理及症状

羽扁豆特别是种子都含有生物碱，以种子和豆芽中含量最高，达 0.30%～1.08%。据报道，羽扁豆的生物碱多达 12 种以上，其中最毒的是羽扁豆碱（又叫金雀儿碱）。羽扁豆毒碱大部分集中在种子里，其次为茎叶。结实期最危险。干燥不能使其脱毒，所以不论种子和干草，家畜大量长期采食，易引起中毒。各种家畜均可发病，以绵羊多见，山羊次之，牛、马、猪也能中毒。如体重 45 kg 的绵羊，喂 0.6 kg 成熟的羽扁豆荚即可致死。主要症状为中枢神经障碍、运动神经末梢麻痹及肝脏变性和萎缩等疾病。如运动疯狂、停食、口吐白沫、呼吸困难等。

（二）去毒加工

（1）冲洗浸泡。将羽扁豆反复淋雨或置于流水中浸泡 24 h，直到苦味消失为止。取出晒干或蒸煮后即可利用。

（2）科学配比。虽经去毒处理的羽扁豆，也应限制饲喂量，一般不宜超过日粮的 10%～15%。

（3）选育、种植低毒品种，如种植甜羽扁豆等。

七、三叶草

（一）中毒机理及症状

叶草中的红三叶、白三叶、绛三叶等对家畜都有一定的毒性，大量饲喂可引起家畜中毒。三叶草的有毒成分，各报道说法不一。有车轴草素、光敏感物质、肝毒素、氰苷、百脉根苷、皂苷等；也有报道，白三叶草含植物胶质甲基酶。

马易中毒，牛、羊等反刍动物和猪也偶尔发生。马中毒以后以神经症状最为显著。牛主要发生瘤胃臌胀，似蹄叶炎，母牛中毒后孕期延长。

（二）去毒加工

1. 限制饲喂量

不宜连续大量饲喂，采用与其他饲料搭配饲喂或交替饲喂。放牧地应将三叶草与禾本科牧草按 1∶2 混播。

2. 青贮

与其他饲料混合青贮。

3. 调制成干草或干草粉

发现中毒后，应及时更换其他饲料，不用药物治疗，经过 6～8 d 即可恢复正常。

八、苜蓿

（一）中毒机理及症状

苜蓿中含有皂苷和光过敏物质红叶质两种有毒成分。皂苷在苜蓿的叶、茎、根中都有分布，根中皂苷毒性最大，叶次之，茎最小。青饲时，反刍家畜采食量过大，易发生臌胀病，严重时 30 min 即可死亡。这是由于苜蓿中含有大量的皂苷，它在瘤胃中形成大量的持久性泡沫，使瘤胃臌胀。也有一些人认为，反刍家畜瘤胃臌胀病是出于苜蓿含有可溶性蛋白质所致。该病在各地都曾发生过，造成许多家畜死亡。如河北省昌黎县一养兔厂，由于大量青饲苜蓿，许多兔因患臌胀病而死亡。对于单胃家畜，皂苷能抑制机体的酶系统，特别是抑制琥珀酸脱氢酶。因此过多饲喂，能抑制单胃家畜的生长。对于皂苷的有害作用，家禽比猪敏感得多。此外，皂苷还具有溶血作用。

苜蓿还含有光过敏性物质红叶质，当家畜采食并经阳光照射时，可在皮肤的无色素部分发生红斑和皮炎为主要特征的疾病，这种病统称为中毒性光过敏或光过敏性中毒。易发生光过敏性中毒的还有荞麦和三叶草。该病只发生在有白色被毛的家畜及有阳光照射的条件下，缺少任何一个条件都不发病。

（二）去毒加工

1. 合理搭配

预防措施为放牧苜蓿前先喂一些干草或粗饲料，露水未干前暂缓放牧；放牧应采用苜蓿与禾本科牧草混播或采用与其他草地进行轮牧。青刈饲喂时与其他饲草搭配饲用，不宜单一、大量饲喂青鲜苜蓿。

2. 调制成干草或草粉

苜蓿干燥后，皂苷含量降低。

3. 青贮

青贮过程中产生的有机酸，可使皂苷分解成寡糖和甾体化合物或三萜类，从而降低了苜蓿中皂苷的含量。

4. 添加胆固醇或含胆固醇多的物质

据报道，皂苷可与胆固醇结合为复合体，使苜蓿中的皂苷下降。

5. 禾本科牧草混种或混合饲喂

6. 浸泡苜蓿草粉

根据皂苷易溶于水的特性，可将草粉用水浸泡 1～2 d，然后捞出，再与其他饲料混拌后饲喂。浸泡后还可提高苜蓿草粉的适口性。但是，浸泡的苜蓿草粉的添加比例也不能太高，否则，会使家禽日粮中的粗纤维含量超过限定量。

九、紫茎泽兰

紫茎泽兰的入侵和大量蔓延给我国特别是西南地区的生态环境及农业造成了巨大的破坏和经济损失。由于紫茎泽兰常常形成密集成片的单一优势群落，导致当地原有植物逐渐衰退和消失，给农、林、牧、副业带来极大的危害。紫茎泽兰的光合效率高、生物量大，经脱毒处理后作为饲料加以利用，可大大节约其防除成本，同时取得良好的经济效益和生态效益。

紫茎泽兰为菊科（Compositae），泽兰属多年生草本植物，原产于中美洲。据测定，每公顷可产紫茎泽兰鲜草 45 t 以上，其干物质能量为 17.22 MJ/kg，且在我国有大面积的分布，如能把它作为饲料资源加以利用，对于缓解我国目前饲料原料短缺的现状有重要意义。紫茎泽兰的粗蛋白质含量为 20% 左右，是一种理想的饲料资源。从营养成分来看（表 10-3），紫茎泽兰的粗蛋白质含量略高于非蛋白质饲料和一般牧草，粗纤维自变量略高于糠麸类饲料。对氨基酸的分析表明（表 10-4），紫茎泽兰含有 16 种氨基酸，其中 8 种必需氨基酸的含量都比较高。

表 10-3　紫茎泽兰营养成分表（按干物质计算 %）

营养成分	粗蛋白质	粗纤维	粗脂肪	粗灰分	无氮浸出物
含量	19.74	17.25	13.47	4.3	45.24

表 10-4 紫茎泽兰饲料氨基酸组成 %

名称	含量	名称	含量	名称	含量	名称	含量
赖氨酸	0.56	蛋氨酸	0.15	酪氨酸	0.40	苯丙氨酸	0.77
缬氨酸	0.86	谷氨酸	1.80	亮氨酸	1.23	异亮氨酸	0.70
丝氨酸	0.56	精氨酸	0.68	脯氨酸	0.80	天冬氨酸	1.35
甘氨酸	0.82	丙氨酸	0.95	苏氨酸	0.67	组氨酸	0.25

注：引自韩龙（2010）。

（一）中毒机理及症状

紫茎泽兰含有中草药特殊气味，主要成分是香茅醛、香叶醛、乙酸龙脑酯、樟脑等易挥发性成分，当大量紫茎泽兰在一起时，挥发成分富集对人畜具有熏昏作用。另外在对其进行人工防除时可引起手臂红肿，甚至出现接触性皮炎。

紫茎泽兰含有的主要毒素有单宁类（水解单宁和缩合单宁）7.81%，香豆素类 0.34%，挥发油类（芳香油）每 100 g 含 0.8 mL。用新鲜紫茎泽兰饲喂黑山羊，可出现全身肌肉紧张、震颤、阵发性痉挛、面部浮肿、精神沉郁、行动迟缓、食欲下降等症状；在日粮中紫茎泽兰占饲草比例在 50% 以上时，山羊生长停滞，怀孕母羊流产，对繁殖性能影响较大，特别是摄入量累计达 15 kg 以上时极为明显。用其喂鱼能引起鱼的死亡，用其垫羊圈，可引起羊蹄腐烂。家畜误食或吸入紫茎泽兰的花粉后，能引起腹泻、气喘、鼻腔糜烂流脓等病症。云南省临沧地区 1962—1986 年因紫茎泽兰引起的马匹死亡 72 278 匹，华坪县某乡因紫茎泽兰引起的马病每年高达 80 余匹，死亡 40 余匹。

（二）去毒加工

目前我国对紫茎泽兰进行脱毒的途径主要为微生物发酵处理。采用固态微生物发酵脱毒，脱毒剂由地衣芽孢杆菌、蜡状芽孢杆菌、嗜酸乳杆菌、青春双歧杆菌组成，将固态微生物脱毒剂按一定比例混入紫茎泽兰湿料中堆积发酵 4～5 d，待发酵温度达 45℃即可干燥，在发酵干燥后的紫荆泽兰草粉中添加天然硅酸盐的蒙脱石，能吸附动物消化道黏膜的多种毒素。发酵脱毒处理后的紫茎泽兰，其单宁降解率 >70%，香豆素降解率为 67%，芳香油降解率为 91.2%。几种微生物成本较低，使大规模工业生产成为可能，其生产工艺流程如下。

紫茎泽兰粗粉碎→接入生产菌种（10%）→堆沤发酵→待紫茎泽兰变黑后取出晒干→加入蒙脱石→粉碎包装。

这一处理模式简单易行，投资低，见效快，生产成本低于市场上糠麸的价格，而且其营养成分没有被破坏。

脱毒饲料饲喂动物后均不会产生毒害作用，且能够保持较好的日增重。杨发根等（1998）用脱毒紫茎泽兰饲喂猪的试验研究表明，紫茎泽兰占日粮组成 10%～15% 时，每头猪的毛利润与对照组没有显著差异，大于 20% 时，则毛利润下降，因此紫茎泽兰占日粮的 15% 为宜。周自玮等用紫茎泽兰作为饲料饲喂山羊，对比脱毒与未脱毒的效果，试验研究表明，未脱毒直接饲喂，可能导致肝细胞、肾组织、心肌、淋巴等损伤，免疫功能异常。

脱毒后的紫茎泽兰不但无毒，而且其适口性明显改善。张无敌等用市场上出售的两种紫茎泽兰饲料 M-A2 和 M-A5 饲喂敏感动物——肉用仔鸡，研究结果表明，两种市售饲料饲喂后无任何中毒表现和不正常的生理反应，肉质品尝鲜嫩无异味。M-A2 饲料生产工艺简单，成本仅为 0.25 元 /kg，且不会破坏营养成分。

十、银合欢

银合欢的营养价值较高，其嫩枝叶产量高，营养丰富；种子蛋白质丰富，氨基酸平衡，经过有效的脱毒处理后是一种优良的蛋白质饲料，对扩大植物性蛋白质来源，补充饲料的不足，尤其在饲料严重不足的热带地区，更是一种理想的饲料来源，合理地利用银合欢对促进畜牧业的发展有重要意义。

银合欢（*Leucaenaleucocephala* Lam.）为豆科灌木或小乔木。其适应性强、速生高产、营养价值高、适口性好、易于栽培，鲜嫩茎叶年产量达 37～60 t/hm^2。银合欢叶片干物质中粗蛋白质含量达 22%～29%，含有丰富的氨基酸、胡萝卜素、多种维生素和微量元素，其枝叶和豆荚都是牛、羊喜食的好饲料，被誉为“奇迹树”，还被联合国粮农组织的饲料专家誉为干旱地区的“蛋白质仓库”，是联合国粮农组织向亚太地区推广的多用途优良树种之一。

（一）中毒机理及症状

银合欢枝叶中含有含羞草素（β-N-（3- 羟基 -4- 吡啶酮）-α- 苯丙氨酸）及其瘤胃降解产物，3- 羟基 -4（1 氢）吡啶酮，会引起反刍家畜脱毛、流涎、甲状腺脾大、生长发育迟缓、生产性能下降、消瘦、步态失调直至死亡等多种毒性反应。我国的银合欢枝叶含羞草素的含量高达 3%～4%，含羞草素是一种氨基酸类毒素，主要存在于银合欢种子、叶片和根系等器官中。

含羞草素的主要毒性是抗细胞有丝分裂并能引起反刍家畜脱毛、血液中的甲状腺素浓度降低、生长发育迟缓、生产性能下降等多种毒性反应。牲畜进食银合欢后在口腔液的酶或瘤胃微生物的作用下，把含羞草素分解成 3- 羟基 -4（1 氢）吡啶酮，这种化合物在血液循环系统中浓度高，导致了甲状腺肿大，使家畜食欲很快下降，增重缓慢，胃食道溃疡，脱毛，饲养效果很差甚至死亡。母畜进食银合欢多量，生下的仔畜甲状腺亦肿大，而且很明显，体重也非常小。

（二）去毒加工

（1）银合欢于沸水中煮 1 h，可降低大部分含羞草素。

（2）在强碱环境下（pH10.5～12.5）加热 2 h，含羞草素降解率达 90%。

（3）将银合欢叶片于 70℃干热 48 h，含羞草素含量降低 54.8%。

（4）通过堆积发酵技术使鲜贮的银合欢嫩叶含羞草素降解 50%。

（三）微生物发酵

乳杆菌（*Lactotacillus*）、牛链球菌（*Stretocusbovis*）和生孢梭菌（*Costridium sporogerues*）在宿主体外纯培养 3 d，对含羞草素的降解率为 44%～59%。单独接种嗜酸乳酸杆菌，当菌液接种量为8%，发酵温度30℃，银合欢碎度约0.5 cm时，发酵25 d，银合欢含羞草素降解率达80%以上。

十一、马铃薯

（一）中毒机理及症状

马铃薯及其茎叶含有龙葵素（马铃薯素、茄碱）、茄啶、腐败素及硝酸盐。未成熟、青紫、发绿及发芽马铃薯中，龙葵素含量高达0.5%（干物质），绿叶中约含0.25%，花中含0.7%。贮藏不当腐败的块茎龙葵素含量可达0.58%～1.38%。当龙葵素含量为0.02%以上时，可引起中毒。

龙葵素可引起胃肠和神经症状为主要特征的疾病。龙葵素在健康完整的消化道黏膜中吸收很缓慢，当消化道黏膜受损及发炎时，则吸收迅速。吸收后的龙葵素可引起以胃肠炎和神经症状为主要特征的疾病。发病的时间不一，快者几小时，慢者4～7 d，常见于猪、牛和马，特别是阉牛、产奶牛最易发生，而羊和鸡较少发生。

（二）去毒加工

1. 薯块去毒加工

对已发芽、变绿和霉烂的马铃薯，首先要挑选、去除，然后加入适量醋（或稀盐酸）和水充分煮熟。也有报道认为，加入少量石灰水、小苏打和氯化钙能减轻毒素。煮过的水不能饮用。马铃薯粉渣也应煮熟饲喂。马铃薯喂量应少，即使好的马铃薯，一般也不超过日粮的50%。

2. 茎叶去毒加工

马铃薯青绿茎叶一般与其他饲草（如青饲玉米、高粱及其他禾草）进行混合青贮，也可以煮熟后滤水再饲喂或晒制加工成草粉，与其他饲料配合饲喂。

3. 预防措施

母畜在妊娠末期不宜用马铃薯饲喂。

十二、含亚硝酸盐的青绿饲料

一些青绿饲料都含有较多的硝酸盐和少量的亚硝酸盐，特别是小白菜、萝卜叶、花菜、甜菜、菠菜、芥菜叶、油菜叶和燕麦苗等（表10-5）。硝酸盐本身无毒，但是在一定条件下可以还原为亚硝酸盐。目前已知近90个属的植物可引起亚硝酸盐中毒。

表10–5　几种青绿饲料硝酸盐和亚硝酸的含量

饲料名称	硝酸盐 /（mg/kg）	亚硝酸盐 /（mg/kg）	备注
小白菜叶	1 621.8	6.7	新鲜
萝卜叶	1 219	9.9	新鲜
萝卜块茎	7 126	2.84	新鲜

续表 10-5

饲料名称	硝酸盐 /(mg/kg)	亚硝酸盐 /(mg/kg)	备注
南瓜叶	750	500	放置 3～5 d
红薯蔓	1 240	111	放置 3～5 d
水浮莲	100	5.0	放置 1 d

注：引自贺普霄（1984）。

（一）亚硝酸盐的产生

硝酸盐通过反硝化细菌酶的作用，并在一定的条件下，还原成亚硝酸盐。

1. 青贮饲料堆放时间长及发霉腐烂

青贮饲料在堆放过程中，由于氧化呼吸作用或发霉腐烂而产生大量的热，使堆内温度升高。而且青贮饲料的水分含量高，这就为反硝化细菌的活动创造了有利的条件，使亚硝酸盐的含量增加。如新鲜芹菜亚硝酸盐的含量为 0～0.1 mg/kg 自然放置第 4 天则增加到 2.4 mg/kg，到第 6 天并有腐烂的情况时竟高达 340～386 mg/kg。

2. 蒸煮不充分

蒸煮青饲料时火力不足，蒸煮不透，煮后焖在锅里，不搅拌或搅拌不匀，又不揭开盖，使未煮透的青饲料在 40～60℃放置较长时间，则亚硝酸盐含量增加。

3. 青饲料浸泡时间长

在室温下，用清水浸泡切碎的青饲料，亚硝酸盐的含量随浸泡时间的延长而增加，且以 20～40 h 为最高，可达 100 g/kg。

4. 用含有硝酸盐和亚硝酸盐的水拌饲料

如农田排水，浸泡过大量植物的井水、泉水或池塘水等。

5. 瘤胃微生物的作用

青绿饲料中的硝酸盐在瘤胃微生物和酶的作用下，还原成亚硝酸盐。亚硝酸盐进一步转变成氨，合成氨基酸和蛋白质。但当瘤胃 pH 和微生物区系发生变化及饲料中的硝酸盐含量过高时，氨基酸合成受阻，亚硝酸盐则增多。

（二）中毒机理及症状

亚硝酸盐进入血液后，使血液中的低血铁红蛋白（$Hb{\bullet}Fe^{2+}$）氧化成高铁血红蛋白（$MHb{\bullet}Fe^{3+}$）。这种变性的血红蛋白使红细胞失去携氧的功能，从而造成家畜全身急性缺氧，导致呼吸中枢麻痹、窒息而死。高铁血红蛋白在血液中达 10%～20%，则可引起黏膜发绀，但其他症状并不明显；如达到 60% 以上时，可引起死亡。

亚硝酸盐中毒，属急性中毒，多发生在春、秋两季，猪比牛、羊敏感，牛比羊敏感。猪每千克体重食入 70～75 mg 亚硝酸盐，牛每千克体重食入 650～750 mg 亚硝酸盐即可引起中毒或死亡。

（三）去毒加工

1. 合理分配

青饲料应随采随喂，喂多少采多少，若暂时喂不完，应薄层散开，不要堆放。经长期堆放或已发霉腐烂的饲料，不能饲喂，对新鲜饲草切勿乱堆乱踩，严防霜冻，快运快用。

2. 充分蒸煮

有些青饲料，若需煮熟后喂，应大火快煮（及时开盖），凉后再喂。喂多少，煮多少。

3. 科学饲喂

不要长期单一饲喂富含硝酸盐的饲料，应与其他饲料搭配饲喂。硝酸盐含量高的饲料饲喂反刍动物时，需搭配富含糖类的饲料，以供给氨基酸合成时所需的氢、能量和相应的酮酸，避免亚硝酸盐在瘤胃内富集。在放牧场应进行轮牧。

4. 田间管理

在种植青绿牧草时，适量使用钼肥，减少植物体内硝酸盐的积累；临近收获放牧时要控制氮肥的用量，减少硝酸盐的富集。选育低富集硝酸盐的青绿牧草品种。

5. 检测亚硝酸盐

饲喂青饲料多的饲养场，应经常检测饲料中的亚硝酸盐。常用的方法有联苯胺法：试剂为10%联苯胺和10%醋酸等量混合液。检测时取被检饲料汁液1～2滴，滴在滤纸上，然后取试剂1～2滴也滴在滤纸上与被检饲料汁液混合，如呈现橘红色，说明饲料中含有亚硝酸盐。

十三、含氰苷的青绿牧草

（一）含氰苷青绿牧草种类

最常见的有高粱苗、玉米苗、三叶草、马铃薯幼芽、南瓜蔓、亚麻（叶及穗、蕾）、木薯、亚麻籽饼和桃、李、杏的叶子及其核仁、未成熟的竹笋等。特别是高粱、玉米的再生苗氰苷含量最高。

（二）中毒机理

引起中毒的氰苷有亚麻苦苷、甲基亚麻苦苷、蜀黍苷、杏仁苷、野樱苷等。氰苷本身无毒，当植物组织受伤（破碎、粉碎）、堆放发霉、枯萎、受霜、雹损害或发育不良时，与植物体内相应的酶接触，即水解成氢氰酸，导致畜禽中毒。另外，含氰苷的饲草料，在反刍动物瘤胃微生物和单胃畜禽的胃酸作用下，转化成氢氰酸。氢氰酸中毒主要是氰离子抑制细胞色素氧化酶，使血红蛋白携带的氧不能进入组织细胞而缺氧。各种畜禽均可发生氢氰酸中毒，但多见于猪、牛、羊等家畜。

（三）去毒加工

1. 水浸蒸煮和发酵

将含氰苷的饲料在水中浸泡 0.5～1 d，籽实应浸泡 2～3 d，可减少氰苷含量，浸泡时应勤换水浸泡，不能污染水源，含氰苷的饲料在不加盖蒸煮过程中，应勤搅拌，使产生的氢氰酸挥发出去，可去除 95% 的氰苷；饲料发酵也可使氰苷减少。如木薯去皮切成小段，煮熟，放入清水浸泡 1～2 d，即可饲用，或将鲜薯加热 30 min，氢氰酸也可全部消失；亚麻籽饼用水浸泡后煮熟，煮时将锅盖打开，可使氢氰酸挥发而脱毒。

2. 去除含毒最高的部位

如马铃薯幼芽、木薯皮氰苷含量高，应先削皮去芽，再采用浸泡、蒸煮等处理，才能饲喂。

3. 控制喂量

要与其他饲料配合饲喂，即使经去毒处理后也应控制喂量，一般不超过日粮的 12.5%～20%。应特别注意不要让空腹家畜采食含氰苷的饲料，如防止早晨放牧时，路过高粱苗、玉米苗和亚麻地而采食中毒。用木薯块根作饲料时，可占饲粮的 15%～30%，在配合饲料中的用量一般以 10% 为宜。亚麻籽饼（粕）饲喂单胃动物一般不超过 20% 为宜，最好间歇饲喂。

4. 化学处理

利用氢氰酸易与氧和硫结合而失去毒性，遇醛或酮可生成羟基氰而失去毒性的特性，可利用化学处理使其脱毒。

5. 营养调控

木薯的蛋白质含量低，尤其缺乏蛋氨酸，故木薯用作饲料时，应与蛋白质含量较高的饲料搭配，并添加一些蛋氨酸。添加硫代硫酸钠或硫酸钠等含硫的化合物，在其体内硫氢酸酶的作用下，可与氰结合，生成硫氢酸盐随尿排出。在含有 50%～55% 木薯粉的肉鸡饲粮中添加 0.25%～0.30% 硫代硫酸钠，在含有 50% 木薯的猪饲料中添加 0.2% 的蛋氨酸，均可取得良好的饲养效果。

除此之外，还应在青绿牧草品种上下功夫。植物中氰苷的含量因品种不同而差异很大。因此，可选育低毒品种，新西兰和澳大利亚已选育出低氰苷的白三叶牧草品种。

思　考　题

1. 什么是低毒牧草？试举例说明。
2. 对草木樨的脱毒加工方法都有哪些？
3. 氢氰酸对动物有哪些影响？
4. “疯草”是指什么？怎样对疯草进行去毒加工？
5. 苜蓿的有毒成分是什么？怎样降低毒素的影响？
6. 亚硝酸盐的危害和去除方法有哪些？

7. 如何对沙打旺进行去毒加工？

参考文献

[1] 玉柱，贾玉山．牧草饲料加工与贮藏．北京：中国农业出版社，2010.

[2] 玉柱，贾玉山，张秀芬，等．牧草加工贮藏与利用．北京：化学工业出版社，2004.

[3] 赵国琦．草产品加工与利用．北京：中国农业出版社，2017.

[4] 陈喜斌．饲料学．北京：科学出版社，2003.

[5] 杨凤．动物营养学．2 版．北京：中国农业出版社，2006.

[6] 王忠艳．饲料学．哈尔滨：东北林业大学出版社，2005.

[7] 汪玺．草产品加工技术．北京：金盾出版社，2002.

[8] 杨发根，段家锦，朱桂玲，等．紫茎泽兰脱毒作猪饲料原料的研究．粮食与饲料工业，1998，5：19-20.

第十一章　食品工业副产品饲料化技术

【学习目标】

- 了解食品工业副产品基本类型。
- 了解食品工业副产品饲料化的意义。
- 了解食品工业副产品饲料的营养情况。
- 掌握几种食品工业副产品饲料化加工技术。
- 掌握几种食品工业副产品饲料贮藏技术。

第一节　食品工业副产品饲料化加工的意义

食品工业副产品是饲料资源的重要组成部分，多是提取了原料中碳水化合物后剩下的含水较多的残渣，包括制糖工业副产品（如甜菜渣、糖蜜）、榨油工业副产品（如豆饼、葵花饼等）。其中，除含有较多的粗纤维外，还含有一定量的粗蛋白质、粗脂肪、矿物质等营养素，具有一定的饲用价值，可以作为畜禽饲料使用。

食品工业副产品饲料化加工，具有突出优点。食品工业副产品作为饲料资源节约了饲料工业的成本，增加了副产品的利用，转化了副产品的使用，提高了经济效益，推动了食品工业副产品饲料化的发展。

当前我国农业迅猛发展，农产品加工特别是食品工业副产品得到了广泛的重视，食品工业副产品发展历程中经历了起步阶段、快速发展阶段、稳定发展时期，缓解了农业结构调整、人畜争粮、环境压力的矛盾，增加了畜牧业饲料来源，拓宽了畜牧业可持续发展的资源路径。

一、我国饲料资源开发现状

（一）饲料资源开发不断创新

饲料工业是联合种养的重要产业，为现代养殖产业提供了物质需要以及支撑，为农作物及其生产加工副产品提供了转化增值的渠道，与动物产品的安全稳定息息相关。我国饲料工业经过了 40 多年的快速发展，形成了饲料加工、饲料原料、饲料添加剂、饲料机械等门类齐全的产业体系，“十三五”是养殖业转型升级的关键时期，饲料的工业发展迎来了新的机遇，采用的发酵生物技术、干燥新技术开发新型饲料原料如玉米加工副产品、生物发酵饲料原料等这些技术已经相对成熟，使我国的饲料资源开发稳步前进。

（二）饼粕资源的开发利用

我国饼粕类资源十分丰富，主要有大豆饼粕、菜籽饼粕、棉籽饼粕、花生粕、芝麻饼粕、油茶饼粕、葵花籽饼粕、亚麻籽饼粕、红花籽粕等。这些原料都富含植物蛋白质，其蛋白质含量一般都在 20% 以上。这些饼粕经过一系列的加工脱皮等技术和原料经过生物发酵后，开发成养殖动物的饲料产品，其外观蓬松变软，气味芳香，抗营养因子降解，营养价值显著上升，开发利用率也随之增加。在牛羊等反刍动物养殖中，棉籽饼粕、大豆饼粕等在家畜日粮中已经成为重要的配方饲料资源，甚至成为开发利用的日常必需饲料化产品，饼粕资源在饲料化开发利用中资源性地位突出。

（三）能量饲料资源开发利用

能量饲料是指饲料干物质中粗纤维少于 18%，粗蛋白质少于 20% 的一类饲料。主要指粮食工业副产物（糠麸类）、酿造工业副产品（糖渣、酒糟等），占主导地位的是麦麸、稻糠、糖渣、酒糟。在畜禽全价配合饲料中，能量饲料可占到 60%～85%。能量饲料价格的高低，决定着配合饲料的成本和畜禽养殖的效益，当玉米等籽实能量饲料价格居高不下时，可以开发利用一些食品工业副产品等能量饲料，以降低饲料成本，提高经济效益。当前我国的食品工业副产品能量饲料资源数量大、种类多、分布广、有的营养价值也很高，这些物质经过开发与利用，大部分具有较高的营养价值，可以补充家畜所需的蛋白质、矿物质以及微量元素等，同时这些食品工业副产品能量饲料代替部分常规的能量饲料，可拓展我国能量饲料资源开发利用的渠道，适当降低养殖成本，获得可观的经济价值，助力畜牧业的可持续发展。

二、食品工业副产品饲料化的意义

缓解人畜争粮矛盾，促进产业结构调整，助益生态环境健康，增加畜牧业饲料来源。据专家预测，2030 年我国人口将达到 16 亿之多，粮食的总需求量为 7.43 亿 t，超过目前生产能力的 50%。同时耕地面积进一步缩小，大约只有现在的 80%。虽然有关专家指出，通过增加复种指数和利用科学技术提高单产，我国粮食产量在 2030 年有望达到 7.1 亿 t，但这仍存有明显变数。到 2020 年、2030 年、2050 年我国粮食原粮需求的 43%、50%、60% 将用作饲料。可以说，21 世纪中国的粮食问题，实际上是解决畜牧业所需的饲料粮问题。食品工业副产品饲料化可有效缓解人畜争粮矛盾，增加畜牧养殖业的饲料来源。随着我国粮油加工、轻工食品发酵等行业的快速发展，出现了大量的食品工业加工副产品和发酵副产品，如玉米酒精粕（DDGS）、酒糟、酱渣、醋渣、果渣、味精渣、酵母蛋白等，这些资源的工业化利用，将产生大量的饲料原料。因此，食品工业副产品资源的开发利用，不但是关系到中国养殖业可持续发展，同时关系到中国粮食安全和环境安全等问题。故应将食品工业副产品资源的开发利用放到战略高度来认识、来对待。

第二节 食品工业副产品饲料化加工原理

食品工业副产品饲料化加工原理复杂，根据原料来源不同，加工原理差异明显。植物油料副产品饲料化以颗粒化、饼粕化为主；粮食加工副产品饲料化加工以糠麸、次粉为主，材料形态细碎，甚至多形成粉状物；食品工业酿造行业副产品饲料化以糟渣类为主，糟渣类多粉碎程度均一，但多数原料含水量高。食品工业副产品饲料化加工原理总体上注重副产品材料脱毒加工、防霉加工、脱水加工、便于运输贮藏加工、便于家畜调制日粮饲喂利用加工等方面来饲料化处理，饲料化后的产品，无论形态、质量均以力求“安全、便捷、高效”为加工原理的基本准则。

一、植物油料副产品饲料化加工原理

饼粕是大豆和油料籽实提油后的副产品。除脂肪外，饼粕类各种营养成分的含量均高于单位质量的原料。压榨法提油后的残渣称为饼，用溶剂浸提后的残渣为粕。我国是一个农业大国，各种植物油料深加工的副产物，如大豆饼粕、花生饼粕、菜籽饼粕、向日葵饼粕、棉籽饼粕、亚麻仁饼粕及某些野生油料植物（如黄须菜）的饼类，都是很好的蛋白质饲料资源。经过适当加工处理，在饲料工业可得到很好的利用。

（一）大豆饼粕

大豆饼粕是目前使用量最多的植物性蛋白质饲料，其用量占饼粕类饲料的 70% 左右。大豆饼粕风味好、色泽佳、适口性好，可用作各种畜禽的饲料，用于猪和鸡配合饲料的效果是其他饼粕类不能代替的。其蛋白质含量高于其他饼粕，在 40%～47%；必需氨基酸的组成和比例较好，赖氨酸含量较高，可达 2.5%，且与精氨酸的比例适宜，约为 1∶1.3，异亮氨酸与亮氨酸的含量也较高；缺点是蛋氨酸和胱氨酸含量不足。大豆饼粕中钙、磷的含量高于其他植物性饲料，B 族维生素含量较低，生产实践中应注意补充B族维生素。

豆饼含有抗胰蛋白酶、脲酶、血细胞凝聚素、皂苷、甲状腺肿诱发因子等有害物质，其中以抗胰蛋白酶为主，它可抑制胰蛋白酶的活性，降低蛋白质的消化率，使畜禽的胰脏肿大，饲料的代谢能降低，并且过多消耗蛋氨酸，引起氨基酸的不平衡，导致畜禽发育迟缓。为提高豆饼（粕）的利用价值，应进行科学的加工调制，以消除这些有害物质。抗胰蛋白酶和脲酶等是可溶性性蛋白质经加热处理可使其失活，消除有害作用，增加适口性，使蛋白质的消化率从 83% 提高到 90%。熟榨豆饼（粕）抗胰蛋白酶等有害物质已经基本被破坏，无须加热处理，可直接作饲料；冷榨和浸提饼、粕，则需在饲喂之前适当加热。加热时应事先向豆饼（粕）中加水，使其水分含量调整到 16%，温度为 110℃、加热 3 min。如果加热温度过高，时间过长会使其蛋白质变性，赖氨酸和精氨酸的活性降低，胱氨酸也遭到破坏，结果会降低蛋白质的消化率和氨基酸的生物学价值。

（二）花生饼粕

花生饼粕是以脱壳花生米为原料，经压榨或浸提取油后的残余部分。花生饼粕的营养价值较高，粗蛋白质含量为 37%～49%，且消化能高，平均消化能为 14.49 MJ/kg，具有甜香味，适口性良好，在植物性蛋白质饲料中仅次于豆饼。花生饼粕的矿物质含量与其他饼粕基本接近，钙含量为 0.2%～0.3%，磷含量为 0.4%～0.7%。花生饼粕含有少量抗胰蛋白酶，也应适当加热处理。花生饼粕易感染黄曲霉菌，致使带有黄曲霉毒素，因此在高温季节不宜长期存放。

花生饼粕的蛋白质中氨基酸组成比例失调，类似谷物蛋白质中氨基酸组成。其精氨酸含量高达 5.2%，是所有动、植物饲料中最高的。但赖氨酸和蛋氨酸含量较低，赖氨酸含量仅为豆粕的 50%。由于精氨酸和赖氨酸是一对具有拮抗关系的氨基酸，二者在吸收和肾脏重吸收过程中存在着竞争关系，加剧了赖氨酸的缺乏。因此，花生饼粕适合与赖氨酸含量高的鱼粉等饲料合理搭配使用。在补充这些氨基酸的同时还要补充维生素 B_{12}，在猪和鸡的日粮中尤为重要。

（三）菜籽饼粕

菜籽饼粕中粗蛋白质含量为 36%～38%，其含量和消化率均低于大豆饼粕；但含有较高的赖氨酸、含硫氨基酸、色氨酸、苏氨酸等必需氨基酸也都能满足猪、鸡的需要量。油菜籽实含硫葡萄糖苷类化合物，其本身无毒性，但籽实破碎后，其所含芥子酶在一定水分和温度条件下，对其水解产生噁唑烷硫酮和异硫氰酸酯，这些物质能引起甲状腺肿大和损伤。异硫氰酸酯具有刺激性气味，可降低采食量，并对肠黏膜有刺激作用。菜籽饼粕在畜禽饲粮中的适宜用量主要决定于其中毒素的含量。幼雏饲粮中一般不用，产蛋鸡不应超过 5%，青年鸡不高于 2%～5%，成年鸡不超过 5%～10%。肉猪用量宜在 5% 以下，母猪应在 3% 以下，仔猪用量在 4%～5%，成年猪为 5%～8%。反刍家畜对菜籽饼的毒性不很敏感，肉牛饲粮中用 5%～20% 无不良影响，乳牛饲粮中用量在 10% 以下，产乳量、乳脂率均正常。

（四）向日葵饼粕

向日葵饼粕也称为葵花粕，是指葵花籽经预压榨或直接浸出法榨取油脂后的一种副产品，呈松散的片状、粉状，颜色呈葵花籽特有的灰色或灰黑色，具有葵花籽特有的香味，但是向日葵饼粕一般脱壳不净，向日葵壳进入家畜的口腔，经过家畜的咀嚼造成口腔中的软组织损伤，导致咀嚼能力下降，之后进入胃肠道，导致家畜不易消化，出现消化不良、胃肠道出血、便秘等一系列危害。其营养价值取决于脱壳程度。我国的向日葵饼粕，含粗纤维 20% 左右，每千克有 5.94～6.94 MJ 代谢能；带壳很少的向日葵饼粕，粗纤维含量为 12%，每千克代谢能为 10.03 MJ。向日葵饼粕粗蛋白质含量一般在 28%～32%，赖氨酸含量低，只有 1.05%～1.16%，蛋氨酸含量较高。B 族维生素含量丰富，钙、磷含量比一般饼粕多。

（五）棉籽饼粕

棉籽饼粕是棉籽提取棉籽油后的副产品。饲喂状态的去壳棉籽饼粕粗蛋白质含量可达 41%，甚至 44%，代谢能可达 10.03 MJ/kg 左右；未去壳的棉籽饼粕，相应为 22% 和 6.27 MJ/kg 左右。棉仁饼粕中赖氨酸含量不足，平均 1.29%～1.39%，精氨酸含量高，为 3.5%～3.75%。棉籽饼粕中含钙量为 0.15%～0.35%，磷含量为 1.05%～1.40%；B 族维生素丰富。在反刍动物饲养中，棉籽饼粕蛋白质具有高的过瘤胃值。棉籽饼粕中含有棉酚，应注意去毒加工处理。榨油过程的高温高压处理，可使大部分毒性强的游离棉酚转变成结合棉酚，消解或降低棉籽饼粕的毒性。而菜籽饼中有毒物质具有刺激性气味和苦味，采用坑埋法、化学药剂处理、发酵法、可解除其毒素，提高菜籽饼的饲用价值，这样才能减轻对动物的危害，提高经济效益。

（六）亚麻籽饼粕

亚麻籽饼粕富含蛋白质，主要由白蛋白和球蛋白组成，是优质植物蛋白质。其氨基酸组成与大豆相似，赖氨酸、蛋氨酸缺乏，富含色氨酸。亚麻籽含 34% 的油脂，亚麻粕机榨法含 5% 左右的粗脂肪，浸提法约含 1% 粗脂肪。亚麻籽饼粕脂肪含量最高的是不饱和脂肪酸，其中亚麻酸所占比例较大，为其他常用植物油所不及。亚麻酸是动物机体不能合成又是生命活动必需的 ω-3 高不饱和脂肪酸的前体物，动物采食亚麻籽饼粕日粮后，肉、蛋、奶也会含有大量的 ω-3 高不饱和脂肪酸。有人用亚麻饼粕饲喂小鼠，结果其血清中总胆固醇、非高密度脂蛋白胆固醇及肝胆固醇含量均显著降低。随着人们对 ω-3 高不饱和脂肪酸日渐感兴趣，亚麻籽饼粕作为饲料原料直接使用受到重视。

二、粮食加工副产品饲料化加工原理

（一）全脂米糠

糙米精制过程中所脱除的果皮层、种皮层及胚芽等混合物称为全脂米糠，其内可能混合有少量不可避免的粗糠、碎米及碳酸钙，粗纤维含量应在 13% 以下。全脂米糠所含碳水化合物占 30%～35%，以纤维及半纤维居多，半纤维的组成复杂：67.9% 为还原糖，其中以五碳糖居多。米糠蛋白质主要有 4 种，谷蛋白、球蛋白、清蛋白、醇蛋白的氨基酸组成与一般谷物类似，第一第二限制氨基酸分别为赖氨酸及蛋氨酸，精氨酸含量特别高。米糠含油高达 10%～18%，大多属不饱和脂肪酸，油酸及亚油酸占 79.2%，油中亦含有 2%～5% 天然维生素 E。全脂米糠含有丰富的维生素 B 族及维生素 E，但维生素 A、维生素 D、维生素 C 则少。米糠含磷量虽高，但多属植酸态磷（占 86%），故利用率不佳。米糠中植酸盐含量特别高，为 9.5%～14.5%。全脂米糠中含有胰蛋白酶抑制因子，加热可去除，否则采食太多会造成蛋白质消化不良。

（二）脱脂米糠

全脂米糠经溶剂或压榨提油后残留的米糠即为脱脂米糠，粗蛋白质含量应在 14% 以上，粗纤维含量 14% 以下。脱脂米糠属低能量的纤维性原料，与全脂米糠成分上的不同，主要在于脂肪与脂溶性物质已被脱除，仅余 2% 左右的脂肪，其他蛋白质、粗纤维、矿物质、碳水化合物等成分均与全脂米糠类似。此外，造成脂肪酸败的脂解酶则完全破坏，引起生长抑制的胰蛋白酶抑制因子亦减少很多，故耐贮性提高，适用范围增加。

（三）麸皮和次粉

麸皮有小麦、大麦、燕麦等麦类麸皮，常见的麸皮以小麦麸皮为主。小麦精制过程中可以得到 23%～25% 的小麦麸，3%～5% 的次粉和 0.7%～1% 的胚芽，据统计，我国每年小麦麸和次粉产量分别达 1 000 万 t 和 100 万 t 以上，主要用作饲料。麦麸为小麦最外层的表皮，小麦被磨面机加工后，变成面粉和麸皮两部分，麸皮就是小麦的外皮，多数当作饲料使用，而小麦麸含有丰富的膳食纤维，是动物体必需的营养元素，可提高食物中的纤维成分，可改善大便干结情况，同时可促使脂肪及氮的排泄，对临床常见纤维缺乏性疾病的防治作用意义重大；所以二者可以合并使用，对畜禽有益。

麸皮的成分与脱脂米糠类似，但氨基酸组成较佳，消化率也略优于脱脂米糠，维生素中 B 族及维生素 E 含量高，维生素 A、维生素 D 则少，磷多属植酸态磷，约占 75%，因含植酸酶，故磷利用率优于脱脂米糠，脂肪 4% 左右，不饱和脂肪酸居多，因含脂解酶，故易变质生虫。纤维含量高，属低能量原料。

（四）玉米蛋白粉

玉米蛋白粉是生产玉米淀粉的副产品，主要营养成分是蛋白质；因加工工艺和精制程度不同，蛋白质含量的变化幅度很大，生产上通常分 40% 以上和 60% 以上两种规格。其赖氨酸和色氨酸含量严重不足，但蛋氨酸与胱氨酸含量较高。玉米蛋白粉含叶黄素较高，为玉米的 15～20 倍，对蛋黄和皮肤的着色效果相当好。玉米蛋白粉多用于养鸡，用量宜控制在 5% 以下。也可用于猪饲料。乳牛、肉牛饲料中也可适量应用，其过瘤胃蛋白质含量较高。

从表 11-1 可见，玉米加工副产品中成分齐全，营养丰富，蛋白质含量较高，是制作饲料的优质原料。耿春银等研究表明，玉米副产品中富含维生素、矿物质及营养因子等，可用于畜禽动物的日粮中；张建华等认为，玉米浆的营养价值可以和鱼粉及大豆粕相媲美。早在 1998 年，孟宪梅等就阐述了利用玉米皮生产饲料酵母以代替部分鱼粉是开发饲料蛋白质资源的重要途径。晏家友亦发现玉米蛋白粉蛋白质含量高达 60%，并作为蛋白质资源广泛应用在养殖业中。

表 11-1 玉米加工副产品的组分及含量 %

项目	纤维	蛋白质	脂肪	水分及挥发物	不溶性杂质	灰分	水分
玉米皮	6～16	7～22	5.7			1～3	11～13
玉米浆		≥ 60				12	≤ 62
玉米蛋白粉	3～5	55～65	5～7			0.5～3.7	9～12
玉米胚芽粕	9.5	18～23	1.9			3.8	10～12
玉米油				≤ 0.2	≤ 0.2		

注：引自典姣姣等（2015）。

三、糟渣类副产品饲料化加工原理

（一）发酵、酿造工业的各种渣类

酒精液体酒糟（以玉米为原料生产酒精）、白酒生产的固体酒糟、酱油生产的酱渣、加工豆腐的豆腐渣、加工淀粉的粉渣及食醋酿造的醋渣等，经加工或发酵生产的饲料蛋白质，都是较为理想的蛋白质饲料。各种糟渣的成分见表 11-2。从表 11-2 中可看出，多数糟渣粗蛋白质都在 20% 以上（干计），部分含量在 10% 以上。若经过微生物发酵粗蛋白质还能提高 5%～8%。所以，都可作为蛋白质饲料资源。目前，通过微生物发酵已生产了玉米酒糟粕（GGDS）、酱渣和酒糟等活性蛋白质饲料。

表 11-2　各种糟渣成分　%

名称	水分	粗蛋白质	粗脂肪	粗纤维	无氮浸出物	灰分	钙	磷
玉米酒精糟	9.5	27～28						
固体酒糟	9.5	8～12						
酱油渣	9.5	25～28	7～8	12～16	30～32	5～6	0.4～0.5	0.12～0.16
豆腐渣	9.5	22～24	7～8	14～16	38～40	5～7	0.7～0.8	0.45～0.5
醋糟	9.5	10～12	5～6	20～22	4.0～4.5	12～15	1.5～2.0	0.15 以下
粉渣	9.5	10～14	5.5～6	15～18	35～37	5～6	0.5～0.6	0.35～0.4

注：引自施安辉等（2001）。

1. 白酒糟

我国年产白酒约 500 万 t，每生产 1 t 白酒可产 3～4 t 湿酒糟，总量为 1 500 万～2 000 万 t，是值得开发的饲料资源。湿酒糟含水 70%～80%，干燥后（含水低于 10%）产量有 400～550 万 t，蛋白质含量 10%～25%。

2. 啤酒糟

啤酒糟是酿酒谷类除去可溶性碳水化合物之后的残渣，其蛋白质、粗纤维、脂肪、维生素及矿物质含量与酿酒谷类相似。其粗蛋白质含量占干重的 22%～27%，粗脂肪占 6%～8%，亚油酸占 3.4%，无氮浸出物占 39%～48%，钙多磷少，粗纤维含量较高，单胃动物利用率低，大多数用于奶牛的日粮中。

3. 酒精糟

我国年产酒精 300 多万 t，消耗粮食 900 多万 t，主要为玉米，可产 3 300 万～4 500 万 t 酒精废液，干燥制成酒糟，如 DDG、DDGS 等，营养物质保存较好，蛋白质在 25% 以上，适口性好，是猪、奶牛和肉牛的良好蛋白质来源。

4. 酱糟和醋糟

我国约有 40 多万 t 酱糟和醋糟，开发利用潜力很大。这两种糟的营养价值因原料加工工艺不同而有差异，粗蛋白质、粗纤维和粗脂肪含量较高，而无氮浸出物则较低。风干酱糟含水 10%，消化能（猪）8.74～13.81 MJ/kg，粗蛋白质 19.7%～31.7%，粗纤维 12.7%～19.3%，含盐量 5%～7%；风干醋糟含水量 10%，含粗蛋白质 9.6%～20.4%，粗纤维 15.1%～28%，消化能（猪）9.87 MJ/kg，含丰富的微量元素铁、锌、锡、锰等。

（二）面筋、粉渣、豆腐渣、果蔬渣

面筋、粉渣、豆腐渣、果蔬渣等糟渣类副产品粗蛋白质含量也在20%左右，对其综合利用有利于发展畜牧业，而且可以保护环境、减少污染。面筋、粉渣、豆腐渣、果蔬渣加工调制时注意防止霉变腐烂是把握的重要环节，一般随食品工业产品加工后随时产生随时利用为妥，这类原料多数形态为固体粉状，多作为家畜日粮混拌的材料进行添加使用，多数无须增加其他加工工艺。以下只简要说明马铃薯淀粉渣和果蔬渣两类。

1. 马铃薯淀粉渣

马铃薯淀粉渣是马铃薯加工淀粉后的副产品，其含水量高，含杂菌多，容易变质且不易烘干，但由于其含有大量的淀粉、纤维素、半纤维素、果胶等有效成分，具有很高的开发利用价值（表11-3）。马铃薯淀粉渣应注意脱水处理与防霉保护。

表11-3 鲜马铃薯淀粉渣中主要组成成分 %

	湿基	干基
干物质含量	11.0	—
灰分	0.5	4.5
蛋白质 / 氨基酸	0.95	8.65
粗脂肪	1.24	11.31
中性洗涤纤维	0.43	3.90
酸性洗涤纤维	1.51	13.75
钙	0.006	0.056
磷	0.011	0.098
淀粉	4.07	37
纤维素	1.87	17
果胶	1.87	17

2. 果蔬渣

根据国家统计局资料，2012年，中国水果产量为15 105万t。其中苹果3 841万t、柑橘3 168万t、梨1 707万t、葡萄1 054万t、香蕉1 156万t，还有为数不少的菠萝等水果。我国水果约有38%用于深加工，每加工1 000 kg水果就能产生下角料400～500 kg，烘干后得到干果渣120～165 kg。据报道，2003年，中国果渣产量为620万t，估算2012年为700万～900万t。果渣经微贮发酵制作蛋白质饲料，能使粗蛋白质、真蛋白质和粗脂肪分别提高74.63%、165.45%和50.67%，粗纤维降低61.34%。但目前果渣未能得到有效利用。

苹果渣：苹果渣营养丰富，干渣含粗蛋白质6.2%、粗纤维16.5%、无氮浸出物61.5%、钙0.13%、磷0.12%、含铁量为玉米的4.9倍；赖氨酸、蛋氨酸和精氨酸分别为玉米的1.7倍、1.2倍和2.75倍。柑橘皮渣：我国柑橘产量居世界之首，其中40%用于深加工，大量加工下脚料未能利用。葡萄渣：中国盛产葡萄，80%用于酿酒，13%鲜果食用，7%用于加工果汁。葡萄渣主要由籽（8%～10%）、皮（20%～25%）和梗（10%～15%）组成。目前，

葡萄渣利用很少，大多数被废弃，少数用作燃料，很少用作饲料。番茄酱渣：番茄酱渣由55%～58%的种子和42%～45%的果皮组成，干物质含粗蛋白质10%，粗脂肪12%～22%，赖氨酸含量比大豆高13%；维生素E含量特别高，故有较强的抗氧化功能。果蔬渣采取适当加工工艺时时，同样注意脱水处理及防霉保护，有助于果蔬渣长期安全利用。

（三）糖料渣

1. 甘蔗渣

我国年产甘蔗渣1 600万t，甘蔗渣含纤维素44%～46%，如不经过处理，动物的消化率只有20%～25%。经氨化发酵处理后，粗蛋白质达到8%～11%。多种微生物共生发酵甘蔗渣能使纤维素降低60%，粗蛋白质和粗脂肪提高数倍。

2. 甜菜渣

我国年产甜菜渣670万t，甜菜渣含粗蛋白质9.2%～12.9%、粗纤维16.7%～23.3%，其中粗纤维消化率高达80%，含钙0.91%。

甜菜渣是一种甜菜制糖工业的副产物。其适口性好，营养物质较丰富，是一种优质廉价的饲料资源，常作为反刍动物饲养中的能量饲料补充料，但是甜菜中含有较多的游离酸（如草酸），大量饲喂易引起家畜的酸中毒。其次，甜菜渣中含有硫葡萄糖苷，饲喂孕畜可引起先天性甲状腺肿，甜菜渣中的甜菜碱对犊牛和胎儿可能有毒害作用，围产期家畜应该避免或者减少食用，甜菜渣中含有少量的硝酸盐，可引起动物体组织急性或持续性缺氧，以上都是甜菜渣对家畜造成的副作用及其危害。

3. 糖蜜

糖蜜是制糖工业的副产品之一，组成因制糖原料、加工条件的不同而有差异，其中主要含有大量可发酵糖（主要是蔗糖），因而是很好的发酵原料，可用作酵母、味精、有机酸等发酵制品的底物或基料，可用作某些食品的原料和动物饲料。糖蜜又称糖稀，是以甘蔗、甜菜等为原料的制糖业的副产物。国内外60%用作饲料。糖蜜产量较大的有甜菜糖蜜、甘蔗糖蜜、葡萄糖蜜、玉米糖蜜，产量较小的有转化糖蜜和精制糖蜜。

制糖过程中，糖液经浓缩析出结晶糖后，残留的棕褐色黏稠液体即为糖蜜。属能量饲料，因味甜，多用作家畜饲料调味料或TMR黏合剂。按制糖原料不同可分为甘蔗糖蜜、甜菜糖蜜和淀粉糖蜜等。各种糖蜜的营养成分有差异。一般甘蔗糖蜜和甜菜糖蜜以转换糖量表示，其总糖量分别为48.0%、49.0%；水分分别为25.0%、23.0%；粗蛋白质分别为3.0%、6.5%。淀粉糖蜜是以谷物淀粉经酶水解后制造葡萄糖的副产品，以葡萄糖量表示，其总糖量为50.0%以上，水分为27.0%，粗蛋白质量甚微。

糖蜜常被大量的微生物污染，大致包括野生酵母、白念球菌以及乳酸菌一类的产酸菌。为了防止糖液染菌，保证发酵的正常进行，除了加酸提高糖液的酸度外，最好还要进行灭菌，灭菌方法有两种。

（1）加热灭菌。通蒸汽加热到80～90℃，维持1 h即可达到灭菌的目的。稀糖液的加热除了灭菌外，还有利于澄清作用，但加热处理需要耗大量的蒸汽，又需要增设冷却、澄清设备，一般工厂不宜采用。

（2）药物防腐。中国糖蜜酒精工厂常用防腐剂为：漂白粉，用量为每吨糖蜜 200～500 g；甲醛，用量为每吨糖蜜用 40% 甲醛 600 mL；氟化钠，用量为 0.01%；五氯代苯酚钠，用量为 0.004%。使用时应注意五氯代苯酚在酸性环境中分解成五氯苯酚和钠盐，所以应添加强碱在未酸化的糖蜜稀释液中。

中国吉林新中国糖厂酒精车间曾用多种药物对严重染菌糖蜜进行了灭菌试验，分别加入含量为 92% 的五氯代苯酚钠 0.000 4%，含量为 40% 的甲醛 0.084%，漂白粉 0.006%。试验结果说明五氯代苯酚钠的效果最好，漂白粉次之，甲醛更次之。

第三节 食品工业副产品饲料化加工技术

一、植物油料副产品饲料化加工技术

（一）大豆饼粕

豆粕是大豆提取豆油后得到的一种副产品。按照提取的方法不同，可以分为一浸豆粕和二浸豆粕 2 种。其中以浸提法提取豆油后的副产品为一浸豆粕，而先以压榨取油，再经过浸提取油后所得的副产品称为二浸豆粕。在整个加工过程中对温度的控制极为重要，温度过高会影响到蛋白质含量，从而直接关系到豆粕的质量和使用；温度过低会增加豆粕的水分含量，而水分含量高则会影响贮存期内豆粕的质量。一浸豆粕的生产工艺较为先进，蛋白质含量高，是我国国内目前现货市场上流通的主要品种。

大豆饼在大豆提油过程中由于经高温高压处理，豆饼内的抗胰蛋白酶等有害物质已被破坏，用于饲喂畜禽，适口性好，消化率高达 90% 左右。

大豆饼与大豆粕饲料化加工工艺大同小异，其一般过程可概括如下。

（1）大豆原料—清理破碎—轧胚—蒸炒—入榨—磨细冷却—大豆饼。

（2）大豆原料—清理破碎—轧胚—浸提—脱溶烘干—大豆饼。

以下几种饼粕饲料化加工工艺同上。

（二）花生饼粕

花生饼粕易感染霉菌，产生黄曲霉毒素，中毒事例经常发生。生产过程中，花生壳混入量对成分影响最大。连壳花生粕因含壳多，故纤维高，其他成分则相对降低，因此能量需求高之饲料应避免使用。

花生粕对幼雏及成鸡的能量值差别很大，生的花生粕会引起雏鸡的胰脏肥大，故花生粕以使用于成鸡为宜，大鸡料可使用至 6%，产蛋鸡可使用至 9%。为避免黄曲霉毒素中毒，使用 4% 以下为好。花生粕对猪的适口性相当好，但因赖氨酸及能量含量低，故其饲养价值低于大豆粕，仔猪饲料中可取代 1/3 大豆粕。肉猪采食太多花生粕时，肉质有变差的趋向，脂肪软化产生软体脂，因此饲料中用量以不超过 10% 为宜。

有相关规定黄曲霉毒素含量不得超过 1 ppm，饲料中用量亦受限制，以防中毒。雏鸡、肉鸡：前期不可使用，其他 4% 以下。猪：哺乳期不可使用，其他 4% 以下。水产禁用。

（三）菜籽饼粕

菜籽饼粕与其他植物性蛋白质来源最大不同在其能量价值变化相当大，随品种、测定方法及对象动物而有很大差异。随着菜籽脱皮加工技术的发展，占菜籽 15%～18% 的菜籽皮成为菜籽加工中除菜籽油和菜籽饼粕之外的又一大副产品。菜籽皮的主要成分为粗纤维 44%，粗脂肪 3%～5%，粗蛋白质 12%～16%，无氮浸出物 34%，以及单宁、植酸等物质。如何合理利用这部分菜籽皮，直接关系到菜籽脱皮加工技术的推广以及菜籽加工企业的综合效益。目前菜籽皮的利用研究中生产反刍动物饲料最多，反刍动物利用纤维素的能力强，菜籽皮中纤维素含量较高，是反刍动物饲料的良好原料。

菜籽饼粕加工新工艺——菜籽饼粕同步提取多酚、多糖、植酸和浓缩蛋白质工艺。该工艺技术在获得高质量浓缩蛋白质的同时得到了菜籽多酚、多糖和植酸，实现了综合利用。该工艺技术中菜籽多糖的得率为 2.8%，多酚为 2.82%，植酸为 2.34%。菜籽浓缩蛋白质中蛋白质含量为 70.2%，抗营养物质硫甙、多酚和植酸的含量分别为 0.76 μmol/g、1.33 mg/g 和 3.01%，分别降低了 96.6%、95.9% 和 38.5%，在这种加工技术中提高了菜籽饼粕的利用效率。

（四）向日葵饼粕

向日葵饼粕赖氨酸为第一限制氨基酸，但含硫氨基酸量高；粗纤维量随壳的比率而不同，脂肪量则随提油方式而不同，能量变化大，但比大豆粕低。B 族维生素含量比大豆粕高，烟酸含量尤其突出，钙磷含量比一般油粕类多。连壳者因能量低，肥育效果差，肉鸡不宜使用，脱壳者可少量用于肉鸡，但因赖氨酸、亮氨酸、蛋氨酸含量低，价值并不高，蛋鸡宜用 10% 以下，脱壳者可增加用量至 20%，使用太高会造成蛋壳的斑点现象。仔猪饲料避免使用，以免影响氨基酸的平衡，肉猪可利用，但连壳者因纤维含量高，用量受限，脱壳者可取代一半的大豆粕，但要补充维生素及赖氨酸，不可当蛋白质唯一来源。尤其要注意，加热过度者效果很差；压榨粕含脂高，采食太多易造成软脂，影响胴体品质。

在加入皮壳饲喂畜禽时，会造成畜禽的口腔、消化道出血溃疡、消化机能紊乱、便秘等。如何减少皮壳对畜禽的影响，是饲养的关键技术。皮壳采用生物发酵技术，或经过高温处理，掌握好高温的时间，避免造成营养物质的流失，这样皮壳相对变软，动物采食量增加，口腔及消化道都能适应处理过的皮壳，减少了动物对采食的影响。

（五）棉籽饼粕

棉籽饼粕含壳太多的棉籽粕能量不高，肉鸡饲料应避免使用，其他饲料则使用 5% 以下为宜。家禽对棉酚的敏感性比猪低，但在不影响生长的低剂量下可引起蛋的脱色问题。以蛋鸡而言，饲料中棉酚含量若在 200 ppm 以下，即不致影响产蛋率。若要避免蛋黄在储存期间脱色，则应限制在 50 ppm 以下，否则鸡蛋在储存期间蛋白可能呈现粉红色，蛋黄出现绿黄或暗红色及斑点状，蛋黄的 pH 高时，更加速变色反应。亚铁盐的添加可增加棉酚的耐受性，阻止小肠对棉酚的吸收。一般所用亚铁盐为硫酸亚铁，量为棉酚含量的 4 倍，针对蛋黄变色，添加后其耐受量可提高至 150 ppm。肉用仔鸡对棉酚的耐受量为 150 ppm，添加铁盐后可增加至 400 ppm。

棉籽压榨粕脂肪含量高，但脂肪中含有 1%～2% 的环丙烯脂肪酸，会使蛋黄硬化，加热即成海绵状，称之海绵卵，而且蛋黄变得脆弱，渗透性增加，更加快棉酚的变色反应，而且该环丙烯脂肪酸会引起产蛋率及孵化率的降低。品质优良的棉籽粕（溶剂提油且棉酚含量低者）可取代一半大豆粕而无不良影响，但要补足所缺的赖氨酸。品质不好或取代量太高则影响适口性，并有中毒现象。

游离棉酚含量超过 0.04% 的棉籽粕，在使用上必须很谨慎。猪只对游离棉酚的耐受量为 100 ppm，超过此量即抑制生长，并可能中毒死亡。与鸡一样，棉酚的毒性可因添加铁盐而避免，最具功效的铁盐是硫酸亚铁。棉籽粕是猪的优良色氨酸来源，但它的赖氨酸含量很差，鉴于产品的不稳定及棉酚毒性问题，一般乳猪、仔猪饲料不推荐使用。棉籽饼粕饲料化工艺技术，如图 11-1 所示。

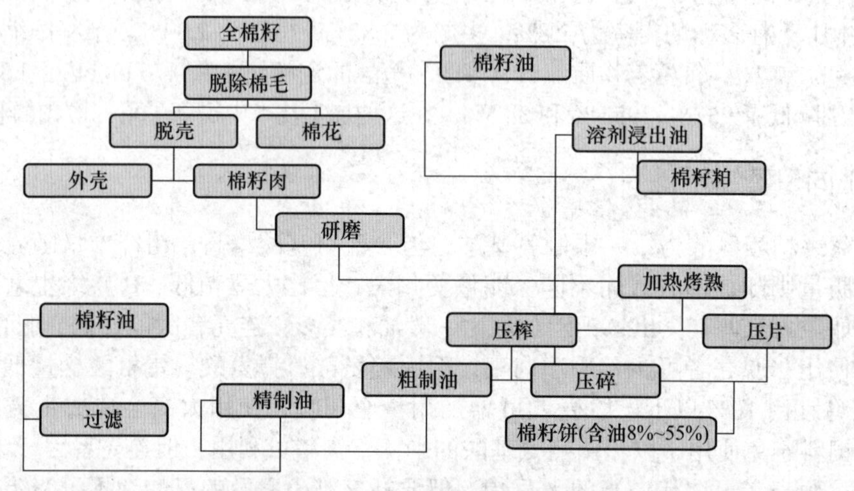

图 11-1　棉籽饼的生产工艺流程图

二、粮食加工副产品饲料化加工技术

（一）全脂米糠

全脂米糠可补充鸡所需的维生素 B 族、锰及必需脂肪酸，以全脂米糠取代玉米饲养鸡，则见饲养效果随用量的增加（20%～60%）而变差，其原因是胰蛋白酶抑制因子的存在。全脂米糠易变质，故鸡料中以使用 5% 以下为宜，粒状饲料则可酌量增至 10%～20%，用量太高会影响适口性。由于米糠中的生长抑制因子对鸭影响甚微，鸭的饲料用量可达 50% 也不会明显影响鸭的生长及产蛋。

全脂米糠对猪适口性不佳，饲养肉猪随用量的增加而降低饲料效率，尤以久贮的全脂米糠更为明显，此外全脂米糠会软化屠体脂肪，降低屠体品质，故肉猪饲料添加量应在 20% 以下，仔猪饲料避免使用，因易导致下痢现象。

全脂米糠为草食性及杂食性鱼完全饲料的重要原料，可提供鱼类的必需脂肪酸，且脂肪利用率也高，故对生长效果颇佳。维生素中肌醇很高，是鱼类所欠缺的重要维生素。鱼对全脂米糠的蛋白质的利用率并不好。

（二）脱脂米糠

脱脂米糠的能量含量不高，不适用于肉鸡，但蛋鸡、种鸡则可加以利用，而不用担心变质及生长抑制问题。脱脂米糠有补充维生素 B 族及锰的效果，只要不影响能量需求，可尽量使用。要注意的是，用量太高时，因米糠含植酸多，会造成钙、镁、锌、铁、磷等矿物质利用率降低。

品质良好的脱脂米糠对猪的适口性甚佳，不必担心对屠体品质有任何不良影响，是很好的纤维来源原料，但为避免造成能量不足，肉猪用量宜在 20% 以下，仔猪也可少量使用。

（三）麸皮

糠麸类饲料是粮食加工后的副产物，全国年产量在 2 200 万 t 以上，有 85% 可用于饲料，其中以小麦麸产量较高，其次为米糠，还有高粱糠、玉米糠、小米糠等其他杂糠。麸皮能量不高，故不适作肉鸡饲料用，但种鸡、蛋鸡在不影响能量需求下可使用，一般蛋鸡、种鸡用量在 10% 以下。麸皮具轻泻性，故有助通便之效，是种猪饲料良好原料，肉猪利用性亦佳，饲养价值与脱脂米糠类似或略佳，但能量需求高的教槽及哺乳猪饲料则不适用。杂食鱼、草食鱼饲料可利用，因脂肪不高，故能量偏低，对鱼类的用量不宜太高，但所含蛋白质消化率比米糠高很多。

（四）小麸皮和次粉

小麸皮即麸皮中的较细者，成分略优于大麸皮。小麸皮的成分特性与大麸皮类似，但所含淀粉较高，纤维较低，故能量亦比大麸皮高，利用方法同大麸皮，但饲养价值更高。用在水产饲料的饲养效果优于大麸皮，且因细度较细，黏性较高，故可得较佳的粒料品质。随精制程度的提高，淀粉含量越多能量越高。

（五）玉米

微生物发酵玉米加工副产品可提高和改善其营养价值，促进动物的新陈代谢及消化吸收。张金玉等提出用微生物发酵饲料直接饲喂动物可促进畜禽的生长发育；国外学者 Gill 等试验发现微生物乳酸杆菌能够增强机体的免疫力，这些益生菌菌株可提高动物的免疫力，改善动物的健康；陈洁梅等研究表明用芽孢杆菌发酵豆粕能够去除一些抗营养因子，以易于动物的吸收；Sogaard 等研究发现发酵过程能产生很多畜禽本身不能合成的酶，如纤维素酶、葡聚糖酶和果胶酶，发酵饲料可降解一些大分子物质，提高饲料的利用率；Suzuki 等研究发现给猪饲喂含枯草芽孢杆菌的发酵饲料 3 周后，粪便中有益厌氧菌量明显上升，而一些有害的需氧菌和病原菌的数量都显著下降，表明发酵饲料可维持动物体内微生态平衡，具有一定防病治病的作用。

玉米加工副产品发酵蛋白质饲料是利用微生物对玉米皮、玉米浆、玉米蛋白质粉和玉米胚芽粕进行混合发酵，把原料中的淀粉和半纤维素分解合成生物性蛋白和多种维生素，同时把饲料中的大分子营养物质分解成小分子物质，更有利于动物的消化吸收，发酵饲料中也有大量的益生菌存在，抑制有害菌，从而减少动物消化道疾病的发生。在生产过程中，菌种的选择是至关重要的，其他发酵条件也都会影响发酵产品的质量。如刘飞研究发现降低饲料的 pH，有利于发酵饲料的长期保存。王兴华等试验表明，黑曲霉 H6 和木霉 M3 的接种质量比为 4%∶2%，酵母以 Y_3 1%、Y_2 1% 和 Y_{26} 1% 的接种量发酵原料 60 h，发酵产物中的粗纤维含量减少了 6.9%，蛋白质含量增加了 10.1%。龚仁试验用复合菌剂为枯草芽孢杆菌、产朊假丝酵母、米曲霉和黑曲霉以 2∶1∶1∶1 的比例，接种量为 1.5%，发酵工艺条件为氮源为 1.5% 的尿素，发酵基质含水量为 50%，发酵温度为 30℃，发酵时间为 48 h，研究发现发酵产物中的粗蛋白质显著增加。

玉米加工副产品发酵蛋白质饲料能够改善饲料的适口性和营养价值，可促进畜禽动物的肠道消化吸收作用，提高饲料的利用率。诸多研究表明，微生物发酵蛋白质饲料可以改善畜禽动物的生长性能和健康状况，提高采食量，降低料肉比。

（六）马铃薯淀粉渣

目前对于马铃薯淀粉渣利用开发方法主要有发酵法、理化法和混合法。发酵法是利用微生物发酵，将马铃薯淀粉渣发酵制备各种生物制剂和有机物料；理化法是用物理、化学和酶等方法对马铃薯淀粉渣进行处理，从马铃薯淀粉渣中提取一些有效成分；混合法是把酶法处理和发酵处理两种方法结合在一起的处理方法。

作为淀粉生产的废渣，马铃薯淀粉渣的处理和转化问题一直没有得到很好的解决。无论是从马铃薯淀粉渣中提取有益物质，还是利用马铃薯淀粉渣生产发酵产品，技术上面临的主要问题就是马铃薯淀粉渣的营养价值较低，经济上面临的瓶颈就是马铃薯淀粉渣转化产品的效益较差、市场化推广难度较大。利用马铃薯淀粉渣发酵生产禽畜饲料，是未来马铃薯淀粉渣处理的最有发展潜力的方向。如何在马铃薯淀粉渣的处理技术和经济效益之间找到合适的平衡点，既能解决马铃薯淀粉生产企业废料处理的问题，提高企业环保水平，增加企业经济效益，又能降低饲养成本，促进畜牧业的良好发展，是马铃薯淀粉渣综合利用中应该主要考虑的问题。

（七）大豆皮

国外关于大豆皮在饲料工业中的应用报道比较多，而国内大都是将大豆皮与豆渣或者豆粕一起混合加工成饲料加以利用，很少有将大豆皮分离出来单独用作饲料的报道。目前，也有将豆皮中低价值的蛋白质水解得到氨基酸，再与铜盐或稀土作用生成复合氨基酸络合物，作为饲料添加剂加以利用。氨基酸稀土饲料添加剂能向动物机体提供最佳吸收剂型，具有易被消化吸收、抗干扰、稳定性好，使畜禽增长、增质量明显等特点，因而是发展稀土饲料添加剂的必然趋势。大豆皮中含有丰富的膳食纤维，并且具有其他饲料替代品（如麸皮、棉籽、甜菜和柑橘的下脚料）所不具备的优点，可以添加到其他高能量但纤维含量低的精饲料中，不仅可以减少因为高精料日粮导致的酸中毒，形成对瘤胃有利的 pH，而且能刺激瘤胃液中分解纤维素的微生物快速生长，增强分解纤维素的活力，这对于哺乳期的奶牛来说优点更为明显。同时在一定程度上也解决了饲料浪费的问题。

三、糟渣类副产品饲料化加工技术

糟渣类资源来源于酿造工业、制糖业、副食加工业等，有酒糟、醋糟、酱油糟、豆渣、粉渣、甜菜渣、果渣等。全国年生产各类糟渣可达 3 000 万 t 以上，有 95% 可用于饲料。目前只有 50% 用于饲料，其余则被浪费，这类资源的开发潜力是很大的。

（一）玉米酒糟及可溶物

玉米酒糟及可溶物（DDGS）是由 DDC 和 DDS 组成。DDC 是指将玉米酒糟作简单过滤、将滤渣干燥而获得的饲料，其中含有除淀粉和糖以外的其他成分，如蛋白质、脂肪和维生素。DDS 是指玉米经发酵提取酒精后的稀残留物中的酒糟可溶物干燥处理的产物，其中含有一些可溶物、发酵物、发酵产生的未知生长因子、糖化物、酵母等。将 DDC 和 DDS 按一定比例（通常是 7∶3）混合烘干即得到 DDGS。在采用干法生产酒精时，每 100 kg 玉米能产生大约 36 L 酒精、DDGS 和 CO_2 各 32 kg。DDGS 中除碳水化合物外，其他成分为原料的 2～3 倍。因样品来源不同，营养成分有一定差异。

据国外 300 个样品分析，各种营养成分均值为：粗蛋白质 27.15%，粗脂肪 10.67%，粗纤维 6.21%，灰分 4.5%，钙 0.43%，磷 0.76%。据国内报道，国产 DDGS 含粗蛋白质 28.7%～32.9%，粗脂肪 8.8%～12.4%，粗纤维 5.4%～10.4%。DDGS 中氨基酸含量和可消化氨基酸水平通常是玉米的 3 倍，赖氨酸消化率为 46%～84%。脂肪含量是玉米的 3～4 倍，亚油酸含量达到 2.3%。蛋鸡、种鸡饲料中使用 5%～10% 可改善产蛋率、受精率、孵化率及蛋重，并减少软便现象。肉鸡饲料为避免影响热能需求，用量宜少。肉猪饲料中，以啤酒糟取代蛋白质来源的一半仍可保持正常的增重及饲料效率，但需补充所缺乏的赖氨酸。补足赖氨酸后，以 20% 及 40% 啤酒糟用于怀孕母猪饲料仍可得相当满意的繁殖成绩。因纤维含量高，仔猪饲料中避免使用。

食品酿造工业副产品，酒糟类制取工艺流程，如图 11-2 所示。

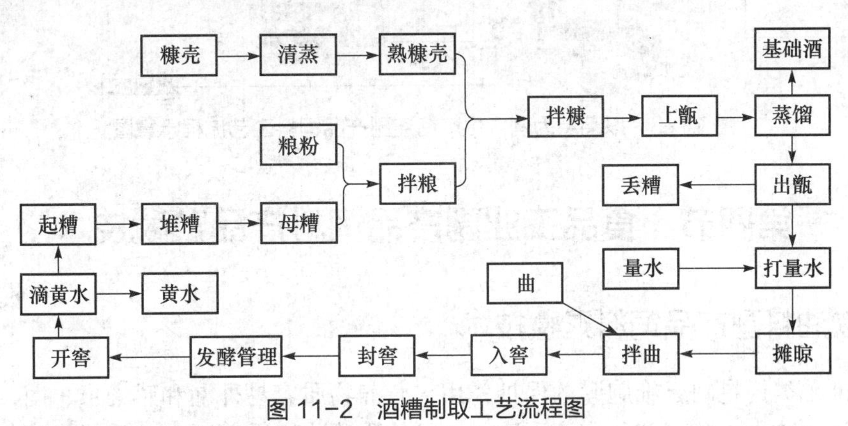

图 11-2　酒糟制取工艺流程图

（二）制糖副产物的开发利用

我国制糖原料主要是甘蔗和甜菜。糖渣是榨糖后的残渣，糖蜜是制糖过程中产生的含糖废液。糖蜜经发酵进行粗馏过程中产生的高浓度有机废物称酒精废醪液。酒精废醪液含丰富的氮、磷、钾和有机质，其中含有 10%～12% 的固形物，固形物中 70% 为有机质，如酵母菌体、蛋白质、糖分、氨基酸、维生素、有机酸等。滤泥是在制糖过程中，蔗汁通过澄清，由压内机或真空吸滤机过滤后的残渣，一般占压榨量的 3%～4%。滤泥含甘蔗纤维、蔗糖和蔗蜡凝胶体，含粗蛋白质 15%～17%，粗脂肪 10%～15%，总糖分 10%～15%，还有部分微量元素。

糖蜜是一种能量饲料原料，含糖 40%～46%，主要含蔗糖、果糖、葡萄糖等可溶性糖类；含蛋白质 3%～6%，还含有生物素、胆碱和可溶性 B 族维生素；含烟酸 300～800 mg/kg，肌醇 500 mg/kg，锰 20 mg/kg，钴 0.5 mg/kg。糖蜜可在日粮中添加一定比例饲喂猪、家禽和草食动物。糖蜜也可制作尿素糖蜜舔砖。舔砖是以糖蜜、尿素、食盐、维生素、矿物质和微量元素为主要营养成分，添加一定量的凝固剂和填充剂压制而成，供给舔砖是反刍动物补充蛋白质和微量元素的有效方法。糖蜜也可在青贮中应用。糖蜜主要含可溶性糖类，而可溶性糖是制作青贮饲料的关键，含量在 4% 以上可以制作出上等优质青贮料；而含量在 2.5% 时，质量难以保证；含量在 1.5% 以下时多为劣质青贮料。豆科植物含糖量低，难以青贮，若在其中添加一定比例糖蜜，能缩短青贮发酵进程，改善青贮效果，提高青贮品质。

生产糖渣副产品饲料工艺流程，如图 11-3 所示，糖渣生产技术以菊芋为例。

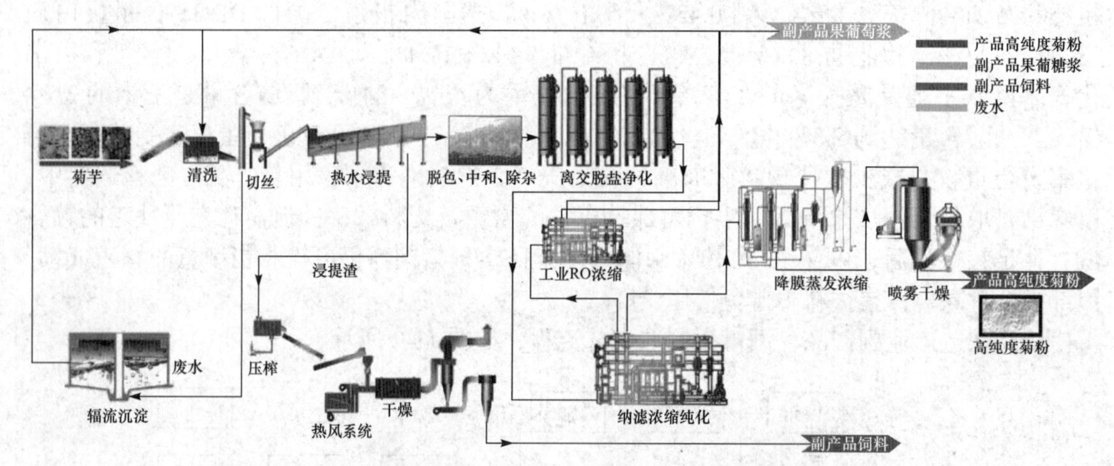

图 11-3　以菊芋为例，生产糖渣副产品饲料工艺流程示意图

第四节　食品工业副产品饲料产品贮藏技术

一、植物油料副产品饲料贮藏技术

由于饼粕类饲料缺乏细胞膜的保护作用，营养物质容易外漏和感染虫、菌，因此保管时要特别注意防虫、防潮和防霉。入库前，可使用磷化铝熏蒸灭虫，用邻氨基苯甲酸进行消毒，仓库铺垫也要切实做好。垫糠要干燥、压实，厚度不少于 20 cm，同时要严格控制水分，最好控制在 5% 左右。

贮存宜放于干燥通风处，以夏季不超过 1 个月，冬春不超过 2～3 个月为宜，用前应做好毒素的检测工作。

（一）饼粕的贮藏特点

1. 易发热、生霉、生虫

饼粕种类较多，有豆饼、菜籽饼、棉饼、花生饼、芝麻饼等。无论哪种饼粕，皆因营养成分外露，粗蛋白质含量高，极易受虫、霉污染。危害饼粕的害虫主要有拟谷盗和蛾类等，这些害虫的繁殖和排泄物均可导致饼温上升，发霉变质。因此，油料饼粕宜在低温、干燥、封闭处贮藏。

2. 易自燃

油饼自燃的原因在于螺旋压榨后饼温较高（90℃左右），若不及时降温，饼温即可迅速聚积到 250℃以上，使饼内水分大量蒸发，并产生裂纹。当饼温下降时，油饼又可从空气中吸引大量水分，并产生放热现象。鉴于油饼导热性不良，当热量积累到一定程度时，便会产生自燃。此外，据研究油饼水分含量低于 5%，在贮藏、运输过程中，因摩擦、日光直射，也可导致油饼自燃。

对于饼粕吸湿引起自燃的原因，研究认为，在缺少水蒸气条件下，氧化过程对饼类自燃无显著影响。但当吹入湿空气时，则可使饼温迅速升高（3 d 达 200～250℃），从而引起自燃。

（二）饼粕贮藏方法

1. 库内薄糠覆盖堆垛法

先在库底铺垫 10～20 cm 干糠（干沙亦可），然后平放饼块，堆垛时饼间稍留孔隙，要求铺一层饼，夹一层 10 cm 干糠，结顶时再覆 0.2～0.3 m 干糠，不必收尖。垛高因库房高度而异，四周与饼间孔隙用大糠塞满，然后密封贮藏，以防返潮和鼠虫危害。

2. 露天垛存

选高而且干燥的地方，用 40～60 cm 干大糠垫底，上铺席 2 层。垛宽以 6 饼宽为度，长度不限。堆垛时要求随时用干糠填塞饼间孔隙，上部收尖。垛好后，包 3 层席，夹上秸秆把后，再封席 2 层即可。

3. 其他贮藏法

缺氧贮藏法。用机械、生物或添加亚硫酸钠等法脱氧，使氧气浓度降到 20% 左右或将 CO_2 浓度提高到 40%～50%。

中性气调法。指用 83%～88% 氮气、12%～13% 二氧化碳气体和 1%～2% 氧气减少酸化，抑制微生物活动，使安全贮藏期可延长至 200～260 d。

甲醛贮藏法。按 100 g 豆饼加入 0.25～1 g 甲醛于塑料袋中密封 72 h，再摊开晾 72 h。

二、粮食加工副产品饲料贮藏技术

（一）麦麸的贮藏

1. 麦麸贮藏特点

麦麸易酸败、生虫、霉变。酸败原因与麦麸脂肪含量较高有关（1.3%～1.8%）。另外，麦麸、糠粉等灰杂多，结构松散，堆内孔隙大，易吸潮。贮藏不当，极易产热、生虫、霉变。危害麦麸的害虫主要有狼尾虫、拟谷盗、大谷盗、粉斑螟蛾、米黑虫和粉螨等。

2. 麦麸的贮藏方法

重视消毒工作。搞好库房及用具清洁、消毒。袋装麻袋最好熏蒸后使用，以防害虫感染。

降温入库、勤翻勤倒。新出机的麦麸水分含量低（仅 12% 左右），但温度较高，即使低温季节，也常在 30℃左右，因此麦麸贮藏时切记降温入库。降温方法是出机时先包装通风降温，待温度降至 15℃左右时，再脱包散装贮藏。冬季麦麸贮藏，应做到勤翻勤倒，以防发热结露生虫。春暖季节麦麸贮藏则应严封，以防外层湿热侵入。

加强检查。检查重点是质量和饲味。发现发热质变或霉变结块者应及时处理。对贮藏麦麸要做到随时测温，温度超过 30℃时应迅速翻倒，降堆通风。若感染生虫，应将有虫麸包或堆头四周的麸包（以 6 包高度为宜）用磷化铝熏蒸。总之，麦麸贮藏稳定性差，一般贮藏期不应超过 3 个月。取用时同样坚持“推陈贮新”原则。

（二）米糠的贮藏

米糠中脂肪含量高，导热不良，吸湿性强，极易发热酸败。贮藏米糠时，应避免踩压。入库的米糠要及时检查，勤翻勤倒，注意通风降温。米糠贮藏的稳定性比麸皮还差，不宜长期贮藏，要及时推陈贮新，避免造成损失。

三、糟渣类副产品饲料贮藏技术

糟渣大多是提取了原料中的碳水化合物后剩余的多水分残渣物质，主要包括酒糟、酱油糟、醋糟、淀粉工业下脚料、糖蜜、甜菜渣、甘蔗渣、淀粉渣、菌渣等。但糟渣含有较高的水分和无氮浸出物，容易腐败变质，不易运输保存，若不及时处理经发霉变质后不但不能利用还会导致环境污染。

（一）酒糟的贮藏

以往多用干晒法。但据试验，该法常使营养物质损失 65%。为减少损失，近年又推出封闭贮藏法。封闭贮藏法形式较多，分缸贮、窖贮和堆贮，但无论何种方法，都要求所贮酒糟含水量达 65%，pH 4.2～4.4，最适温度 10℃左右。并要求所贮酒糟层层压实、严封。

新鲜酒糟可采取直接贮存法，即先将鲜糟静置 2～3 d，待表面渗出液体后除去清液再加入新鲜酒糟，如此层层加入。最后 1 次清除清液时应留 1 层水，以隔绝空气，然后严盖即可。此外，按酒糟和粗料 4∶1 混合，控制含水量达 70%～75% 也可取得较好贮藏效果。

（二）糖渣、糖蜜的贮藏

糖渣贮藏一般可降低水分后单独窖贮，也可与其他粗料拌匀后混贮，方法与酒糟贮藏相同。此外，糖渣、糖蜜与其他饲料混合制粒亦可，但贮藏最佳含水量应控制在 12% 以下为宜。为防止糖蜜在贮藏过程中产生水分凝结，糖蜜贮藏时最好先通过温热（低于 40℃）、通风和再循环系统处理。据研究糖蜜贮藏的最佳温度为32～38℃，贮藏时期应严防雨水淋入，否则进水发酵，产生二氧化碳和乙醇气体会使糖蜜品质降低。

近年发现，甜菜糖蜜尚可供作制造赖氨酸和提取甜菜碱的原料。这一发现无疑对糖蜜贮藏的重要性和深层开发指出了一条新路。

（三）豆腐渣的贮藏

豆腐渣多以鲜用为主，数量大时才考虑贮藏。贮藏方法可采用单独干贮，也可采用与酒糟贮藏类似的酒糟豆腐渣混贮。即贮藏时先在缸底铺30 cm酒糟一层，再装填豆腐渣，最后再覆一层约60 cm厚的酒糟压实，封盖，严防雨水淋入。另有风干贮藏是长久利用的良好办法。风干贮藏有自然晾晒及机械烘干贮藏两种。潮湿糟渣类食品工业副产品机械风干贮藏工艺流程，如图11-4所示。

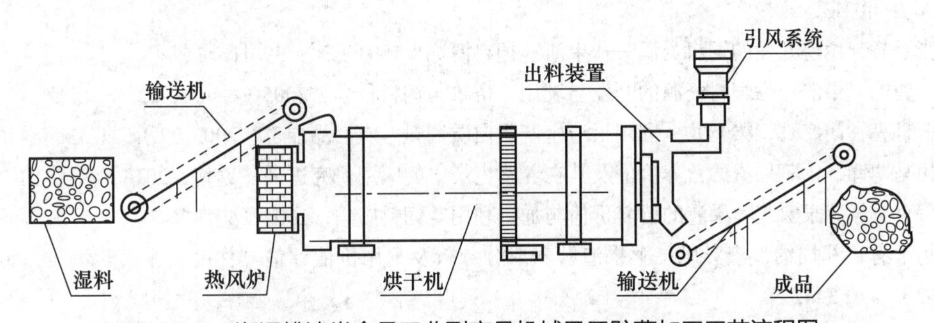

图11-4　潮湿糟渣类食品工业副产品机械风干贮藏加工工艺流程图

思　考　题

1. 能够作为饲料的几种工业原料类型都有哪些？
2. 糟渣类饲料副产品饲料化技术有哪些？
3. 食品工业副产品饲料化的重要意义有哪些？

参 考 文 献

[1]　杨胜．饲料分析及饲料质量检测技术．北京：北京农业大学出版社，1996.
[2]　姜懋武．饲料原料简易检测掺假识别．沈阳：辽宁科学技术出版社，1998.
[3]　周国安．饲料手册．北京：中国农业出版社，2002.
[4]　张宏福，张根军．饲料企业质量管理手册．北京：中国农业大学出版社，2002.
[5]　叶国清．饲料原料质量控制．饲料广角，2002（14）：18-19.
[6]　李爱科，郝淑红，张晓琳，等．我国饲料资源开发现状及前景展望．畜牧市场，2007（9）：13-16.
[7]　郭芳，王红茹．粮食保障战．养猪，2013（4）：2-3.
[8]　郭芳，王红茹，李雪．缺粮的中国．新闻周刊，2013（28）：5-6.
[9]　陈锡文．粮食增产可持续性令人担忧．养猪，2011（1）：1.
[10]　张晓平．全球大豆生产逐年上升，主产国进出口贸易各具特点．中国猪业，2013，8（6）：14-15.

[11] 外媒称中国粮食自给自足政策有微调. 参考消息，2014-2-13（16）.
[12] 张心如，黄柏森，郑卫东，等. 非常规饲料资源的开发与利用. 养殖与饲料，2014（4）：21-29.
[13] 常见动物饲料的分类及组成. 甘肃畜牧兽医. 2014，44（2）：65-66.
[14] 董玉珍，岳文斌. 非粮型饲料高效生产技术. 北京：中国农业出版社，2004.
[15] 王利宾，孙利娜，郜希君，等. 花生副产品的营养特点及其在畜牧生产中的应用. 饲料博览，2011（3）：30-32.
[16] 宋志坤. 常用饼粕类饲料的营养及饲喂. 现代牧业科技，2017（1）：37.
[17] 李德发. 饲料大全. 北京：中国农业出版社，2001.
[18] 董玉珍，岳文斌. 非粮型饲料高效生产技术. 北京：中国农业出版社，1999.
[19] 施安辉. 当前酿酒工业固体酒糟生态型综合利用的前景. 山东食品发酵，2004（3）：9-11.
[20] 施安辉，单宝龙，贾朋辉，等. 国内蛋白质饲料资源开发利用的现状及前景. 饲料博览，2006（6）：40-43.
[21] 张登辉. 亟待开发的饲料资源——果渣. 饲料博览，1991（3）：39-41.
[22] 李建国. 果渣作为饲料资源的开发与利用. 畜牧与饲料科学，2005（6）：10-12.
[23] 曹日亮，胡广真，梁光龙. 利用果渣生产蛋白质饲料. 农产品加工，2003（1）：31-32.
[24] 司马博铎. 干苹果渣的营养价值及其在养猪生产中的应用研究进展. 养猪，2013，（1）：21-23.
[25] 贺克勇，薛泉宏. 苹果渣的营养价值与加工利用. 饲料广角，2004（4）：26-27.
[26] 杨福有，祁周约，李彩凤. 苹果渣营养成分分析及饲用价值评估. 甘肃农业大学学报，2000，35（3）：340-344.
[27] 吴厚以，孙志高，王华 . 试论我国柑橘加工业发展方向. 食品与发酵工业，2006，32（4）：85-89.
[28] 张石蕊，陈铁壁，金宏. 柑橘加工附产品中饲料营养物质的测定. 饲料研究，2004（1）：28-29.
[29] 姚焰础，刘作华，杨正云. 重庆市三峡库区柑橘渣的营养物质和苦味物质研究. 中国饲料，2011，（21）：19-20.
[30] 焦必林，王华，吴厚以. 柑橘皮渣发酵饲料研究. 饲料与畜牧，1992（3）：6-9.
[31] 姚焰础，杨飞云，刘作华. 柑橘渣青贮过程中营养物质和苦味物质含量的动态变化规律研究. 中国饲料，2012，（7）：14-15.
[32] 吉宏武 . 葡萄酒厂下脚料的综合开发利用途径. 食品研究与开发，2000，21（3）：29-31.
[33] 孔祥浩，郭金双 . 葡萄渣饲用价值研究概述. 中国饲料，1997（6）：37-38.
[34] 所许宏，杭瑚，郝晓. 葡萄籽的化学成分及其抗氧化性质的研究. 食品工业科技，2000，21（2）：18-19.
[35] 李凤英，李润丰. 葡萄籽中主要化学成分及其开发利用. 河北职业技术学院学报，2002，16（2）：65-67.
[36] 敬思群，杨文菊. 番茄渣、皮成分分析及在食品加工业中的应用. 新疆大学学报，2006，5（2）：197-200.
[37] 兰芳，王玉芳 . 番茄酱渣的营养价值及开发前景. 饲料博览，2009（2）：33-34.
[38] 郭长江，韦京豫，杨继军. 66 种蔬菜水果抗氧化活性的比较研究. 营养学报，2003，25（2）：203-207.
[39] 田晓燕. 几种动物性蛋白质饲料的开发利用. 饲料与畜牧，2002（4）：26-28.
[40] 种启平. 利用微生物菌体开发蛋白质饲料源（一）. 畜禽业，1999（3）：30-32.

[41] 汪志铮. 变废为宝大力开发饲料来源. 农村实用工程技术，1992（1）：8-9.
[42] 于新东. 豆粕的用途及鉴别方法. 养殖技术顾问，2014（5）：64.
[43] 高艳华，袁建国. 玉米深加工副产品的开发利用. 山东食品发酵，2010（2）：45-47.
[44] 王普，虞炳钧，陈铭. 玉米皮渣直接固态发酵生产饲料蛋白的研究. 饲料工业，1997（6）：27-29.
[45] 王拓一，张杰，吴耘江，等. 马铃薯渣的综合利用研究. 农产品加工（学刊），2008，142（7）：103-105.
[46] 杨希娟. 马铃薯渣开发利用前景分析. 粮食加工，2009，34（6）：68-70.
[47] K D Cunningham, M J Cecava. Nutrient digestion, nitrogen and amino acid flows in lactating cow fed soybean hulls in place of forage or concentrate. dairy Sci, 1993, 76 (11): 3523-3535.
[48] 李新生，周华水，田君. 以豆皮粉制取混合氨基酸稀土饲料添加剂. 粮食与饲料工业，1998（2）：29-30.
[49] 王继强，张波. 大豆皮的营养价值及在畜牧业中的应用. 饲料博览，2004（2）：24-25.
[50] 闫荣阶，王中华. 非常规饲料资源的开发地位与途径. 山东畜牧兽医，2000（6）：16-17.
[51] 郭福存，江南. DDGS 的营养价值及限制因素. 中国家禽，2007，29（10）：43-44.
[52] 张召. 玉米酒糟的营养及其在养猪日粮中的应用. 湖北养猪，2013（1）：45-46.
[53] 张永发，刁其玉，闫贵龙. DDGS 在家畜中的应用现状及前景. 国外畜牧学——猪与禽，2011，31（1）：1-2.
[54] 闫荣阶，王中华. 非常规饲料资源的开发地位与途径. 山东畜牧兽医，2000（6）：16-17.
[55] 刘刚. 甘蔗饲料资源的开发利用. 饲料研究，2000（12）：1.
[56] 王允圃，李积华，刘玉环，等. 甘蔗渣综合利用技术的最新进展. 中国农学通报，2010，26（16）：370-375.
[57] 聂艳丽，刘永国，李娅，等. 甘蔗渣资源利用现状及开发前景. 林业经济，2007（5）：61-63.
[58] 娄仁. 开发利用甘蔗制糖副产品. 饲料研究，1988（6）：26-29.
[59] 李改英，付彤，廉红霞. 糖蜜在反刍动物生产及青贮饲料中的应用研究. 中国畜牧兽医，2010，37（3）：32-34.
[60] 覃树华 . 尿素舔砖的营养、制作方法和使用方法. 广西畜牧兽医，2000（6）：12-13.
[61] 赵亮亮，董宽虎，张端忠. 添加不同水平糖蜜对燕麦青贮的影响. 草原与草坪，2007（5）：49-53.
[62] 李改英，高腾云，傅彤，等. 不同糖蜜添加量对紫花苜蓿青贮品质和发酵过程的影响. 华中农业大学学报，2008，27（5）：625-628.
[63] 丁武蓉，干友民，郭旭刊. 添加糖蜜对胡枝子青贮品质的影响. 中国畜牧杂志，2008，44（1）：61-64.
[64] 李忠. 饲料的贮藏. 养殖技术顾问，2013（6）：76.
[65] 董庆爱. 几种食品工业副产品的饲用价值及其利用. 饲料工业，1992，6（6）：36-37.
[66] 熊刚初，邓秀新. 台湾省食品工业发展的历程和意义. 世界农业，2002（11）：18-20.
[67] 钮琰星，黄凤洪. 油菜籽加工技术研究进展. 中国油脂，2007，32（10）：7-10.
[68] 白福玉，郑华，蒋爱民. 低值水产品及水产副产品的加工与综合利用. 农产品加工（学刊），2007，4（4）：76-79.
[69] 张跃彬，高正卿. 蔗糖副产物滤泥、糖蜜酒精废醪液的开发利用. 中国糖料，2009（1）：63-67.

第十二章 东北区草产品加工

【学习目标】

- 了解东北区草产品生产的基础条件与主要饲草原料特性。
- 掌握东北区主要草产品生产技术。
- 掌握东北区主要草产品贮藏技术。
- 了解东北区草产品产业化发展策略。

东北区的饲草生产发展历史悠久。清末奉天官牧场（今辽宁省黑山县）就已经试种苜蓿，此后奉天省农业试验场、铁岭种马场都种过上百亩苜蓿，制干草饲喂牛、马等。新中国成立以后，东北区的人工草地建植迅速发展，逐渐成为我国重要的饲草生产基地之一，2015年，东北区累计种草保留面积达到189.24万hm^2，为草食畜牧业的发展奠定了物质基础。

第一节 东北区饲草生产特点

一、地理区域和地貌特点

东北区包括黑龙江、吉林、辽宁三省以及内蒙古自治区呼伦贝尔市、兴安盟、通辽市、赤峰市。东北部隔黑龙江、乌苏里江与俄罗斯相望，西北部与俄罗斯、蒙古交界，西南与内蒙古、河北相连，东南部隔鸭绿江与朝鲜为邻，南到渤海、黄海。境内含大兴安岭、小兴安岭、长白山以及三江平原、松嫩平原和辽河平原。

从地貌上看，西侧山地有大兴安岭，东侧有长白山山地，北部有北西走向的小兴安岭，这三列山地围成半圆形的“马蹄铁”状，在其内侧环抱着肥沃的东北平原。地形大体西北部、北部和东南部高，东北部和南部低。山地的岭脊海拔一般为1 000～1 500 m，山地向平原过渡是丘陵漫岗。大兴安岭向南偏东为努鲁儿虎山，长白山山地向西为千山，使“马蹄铁”收口变窄，它们之间怀抱辽河平原。

二、自然气候条件

东北区地处北半球中纬度地带，欧亚大陆东缘，太平洋西岸。依据温度指标含有北温带、中温带、南温带，属温带湿润半湿润大陆季风气候。年太阳总辐射量为4 200～5 200 MJ/m^2，自北向南、从东到西有增加的趋势。偏北的黑龙江部分地区太阳总辐射量最大月份出现在

6月，偏南的辽宁大部分地区出现在5月，中部吉林各地出现在5月或6月。

全年平均气温–2～10.2℃，北部漠河为–4℃，南部营口、大连地区为9～10℃，南北气候差异显著。大兴安岭北部≥0℃积温在2 100℃以下，≥10℃积温为1 400～1 700℃，积温少，且各年数值变化大，无霜期只有100～110 d。中部地区年平均气温为0～5℃，≥0℃积温为2 700～3 500℃，≥10℃积温为2 500～3 000℃，无霜期为120～160 d。南部的辽东半岛≥0℃积温为3 900℃左右，≥10℃积温为3 500℃左右，无霜期为170～180 d。

东北区地理位置距海洋较近，夏秋受太平洋季风影响强烈，降水较西北丰富，各地年降水量为400～1 000 mm，吉林、辽宁东部个别地区降水量高于1 000 mm。依据水分条件从东部山区到西部平原可分为湿润、半湿润和半干旱3个地区。

年降水量500 mm等值线在黑河—哈尔滨—阜新一线，贯穿南北。等值线以西年降水量少于500 mm，以东年降水量多于500 mm。年降水量较少的黑龙江省泰来县、吉林省白城市，均不足400 mm。年降水量最多的中心地区是长白山东坡的天池和宽甸，分别为1 333 mm和1 137 mm。东北区全年降水量季节分配不均，冬季降水量只占全年的1%～5%，夏季占60%～70%，秋季多于春季。

该区地带性土壤有大兴安岭北段寒温带的棕色针叶林土，长白山山地和小兴安岭温带的暗棕壤，辽宁半岛的棕壤，山地向平原过渡地带丘陵漫岗上的黑土（典型黑土和碳酸盐黑土）和黑钙土。隐域性土壤有松嫩平原、三江平原、辽河平原上的白浆土、草甸土、沼泽土、潮土等。东北区土壤有机质、腐殖质含量丰富，尤其是黑土、黑钙土、草甸土等有机质或腐殖质层深厚。

东北平原区地形平坦，景观开阔，地带性土壤为黑钙土和栗钙土。由于东北平原是个闭流区，有独特的现代积盐过程，周围百余条无尾河向中部平原漫散，这些河流的化学径流所积累的有害盐类成为地表盐碱成分的主要来源，再加上深层水压的影响，地下水有较高的矿化度，形成了土壤盐积化过程，使各类非地带性土壤（盐碱土）得以充分发育，形成大片的盐碱地。

三、主要饲草种类

（一）天然牧草

东北区的天然草地是欧亚草原带的一部分，牧草资源有如下特点。

1. 植物区系构成混杂

北部的大、小兴安岭主要为兴安植物区系；东部山地主要为长白植物区系；辽东半岛和辽西低山丘陵为长白、华北区系共存；西部主要为蒙古植物区系，并渗透到辽西北地区。该区草原植被特点不但反映了地区自然综合体的一般特性，同时也反映了该区自然综合体的特殊性。

2. 草原植被物种比较丰富

松嫩草原每平方米最多有30余种植物，草原植物有826种，其中高位芽植物53种，占6.42%；地上芽植物25种，占3.03%；地下芽植物217种，占26.27%；一年生植物199种，占24.09%，优良牧草百余种。该区草原植被与森林植被相连，因此草原群落中常见到与森林共有的植物物种。草原群落中以中生植物、旱生植物占优势，达 80% 以上。

3. 群落结构、草场类型多样

由于土壤类型复杂，植物随着土壤的变化出现不同植物群落，形成了大大小小的各类复合体。由于水分变化，草原由东向西形成湿润草原、草甸和干草原等地带性植被。此外，还有一些非地带性隐域性植被类型，生长在特定的生态条件下，如草甸、沼泽植被及沙生植被、盐生植被、水生植被等。

东北区草原主要分布在西部平原、东部丘陵山区和中部平原河滩地、沼泽地、盐碱地。主要草原类型有：干草原类、草甸草原类、草甸类、沼泽类、山地灌丛类、山地丘陵草丛类等。

最北部的大、小兴安岭山地两侧无林地段牧草茂盛，山间还有大面积湿地。森林与农地接壤地段有大面积的森林草地，森林冬季阻滞了寒风的袭击，夏季减少了地表径流，为牧草的生长创造了良好的条件。大兴安岭东侧和东部的山地及沿海广大丘陵地区，由于海洋性气候的影响，雨水较多，气候湿润，多为黑钙土、淡黑钙土、腐殖层较薄，有明显的碱化层，自北向南草类共有种为拂子茅、草地早熟禾等。东部山区林下草原草质好、产量高，未开发面积大。

位于大兴安岭东侧、小兴安岭西侧的松嫩草原是温带草原的一部分，也是欧亚大陆草原带的东端。这里水热条件好、种类丰富，与我国温带草原相比，松嫩草原面积仅是全国温带草原面积的 1/40，而植物种类占 20.7%，约为 1/5，具有蒙古、华北、长白和兴安 4 个植物区系成分。松嫩平原海拔一般为 150～200 m，湿地沿河呈带状分布。平原西部风沙堆积，沙丘间积水形成水泡子或苇塘。

中部自长春、公主岭间向西经长岭至通榆一线，海拔 200 m 左右，松辽分水岭相对高度不过 50～100 m，经流水切割成波状起伏，分水岭以北为松嫩平原，分水岭以南的辽河平原，平均海拔为 50～200 m。东部的山地丘陵海拔为 300～1 000 m。丘陵地带草山、草坡区水热条件充沛，农作物秸秆资源丰富。

在三江平原地带主要为沼泽化草地，黑龙江、松花江汇流区也有大面积的沼泽草地。沼泽化草地以各类薹草、小叶樟为主，伴生有杂类草，覆盖度达 90%，亩产干草 300 kg。

东部山地地跨黑龙江、吉林、辽宁三省，以长白山为主体，包括张广才岭、老爷岭、完达山、哈达岭和辽宁半岛境内长白山脉的千山山脉。森林砍伐后即有灌木草丛覆盖，主要灌木植物有荆条、胡枝子等，草本植物有大油芒、野古草、草地早熟禾、白羊草、糙隐子草等。

4. 平原面积大，草产量高

东北区 8 月是草产量高峰，松嫩草原平均产量为 2 064.6 kg/hm^2，比全国重点牧区 11 个草原片区平均产草量高 29.8%，大大高于新疆、西藏、内蒙古、青海、甘肃的产草量。

（二）栽培牧草

苜蓿和羊草是目前东北区栽培范围最为广泛、规模化生产和商品化程度最高的代表性牧草种类。2014 年统计数据显示，东北区苜蓿种植面积为 351.8 万 hm^2，占全国总面积的 4.94%，产量 140.4 万 t；商品羊草产量 96.2 万 t，占当年全国流通羊草总量的 41.7%，其中黑龙江省 71.3 万 t，吉林省 24.9 万 t。

东北区内不同区域因气候条件的差异，适宜栽培的牧草草种有所差异。分布在黑龙江西北部的大兴安岭山地，适宜栽培的禾本科牧草主要有羊草、披碱草、老芒麦等，豆科牧草主要有野豌豆、苜蓿、沙打旺、草木樨等。小兴安岭区位于中温带的北部，该区土壤肥沃，受日本海气流影响，雨量和湿润度都高于大兴安岭和松嫩平原地区，羊草、苜蓿、无芒雀麦、老芒麦等牧草适宜该区栽培。

东部山区包括黑龙江东南部、吉林和辽宁东部的广大山地，以长白山为主体，包括张广才岭、老爷岭、完达山、哈达岭和辽宁半岛境内长白山脉的千山山脉。土壤多为棕壤，约占 70%。属于温带暖湿气候，冬季多雪，对牧草越冬返青有利。该地区在以往的建立人工草地改良草山、草坡过程中，种植过苜蓿、胡枝子、无芒雀麦、沙打旺、披碱草、老芒麦等。境内的黑龙江适宜栽培的牧草有苜蓿、胡枝子、三叶草、无芒雀麦等，吉林境内适宜栽培的牧草有苜蓿、胡枝子、猫尾草等，辽宁境内适宜栽培的牧草有苜蓿、猫尾草、无芒雀麦等。

三江平原区主要为沼泽化草原，位于黑龙江、乌苏里江、松花江和完达山之间。适宜该区栽培的牧草有苜蓿、无芒雀麦、山野豌豆等。松嫩平原区松嫩草原的所在地，行政区域包括黑龙江省齐齐哈尔市、大庆市、绥化市和吉林省的白城地区、四平市的双辽市等。根据其气候、土壤特点，以及生产实践和研究结果，适宜该区栽培的牧草有羊草、苜蓿、沙打旺、披碱草、冰草、老芒麦等。其中，在轻碱地和改良退化草地以种植羊草为主；在土质肥沃、水肥条件好的地区种植苜蓿经济效益和生态效益最佳；在瘠薄沙岗种植沙打旺，既可获得较好的经济效益，又可防风固沙。松辽平原位于松花江辽河流域的平原部分，该区种草历史悠久，许多牧草都进行了引种试验和栽培技术的研究，适宜该区栽培的牧草有苜蓿、无芒雀麦等。

辽西低山丘陵区，属于冀北山地，从华北平原向蒙古高原过渡的由低山丘陵和山间盆地组成的区域。该区冬季积雪少，沙多风大，水土流失面积大，适宜该区栽培的牧草有沙打旺、羊草、苜蓿等。

1. 羊草

东北区羊草栽培历史较短，20 世纪 50 年代末 60 年代初在黑龙江大面积试种成功，目前东北区禾本科牧草栽培中以羊草人工种植面积最大，已成为本区主要栽培草种之一，先后培育了东北羊草、吉生 1 号羊草、吉生 2 号羊草、吉生 3 号羊草、吉生 4 号羊草等牧草新品种，在本区应用较广。

2. 苜蓿

苜蓿是该区重要栽培牧草之一。新中国成立后，原东北农业科学研究所与锦州、哈尔滨、佳木斯、克山等农业试验站联合进行了主要优良牧草区域试验，结果一致认为紫花苜蓿是东北地区最优良的牧草之一。20 世纪 50 年代在苏联“草田轮作制”的影响下，各国营农牧场曾大面积种植苜蓿，收到良好的效果。近年来，受产业拉动，苜蓿种植面积不断扩大，成为苜蓿主产区之一。培育出肇东苜蓿、公农 1 号苜蓿、公农 2 号苜蓿、公农 3 号苜蓿、公农 4 号苜蓿、公农 5 号苜蓿、龙牧 801 苜蓿、龙牧 803 苜蓿、龙牧 806 苜蓿等苜蓿品种，适于东北地区种植，具有较强的抗寒、抗旱和高产优质性能。

3. 沙打旺

沙打旺在本区已有 50 余年的栽培史。由于在沙质地沙打旺生长较其他牧草好，可在沙化的草地上种植或进行补播，保持水土能力很强，是山区优良的水土保持植物，又适于飞机播种。20 世纪 60 年代初期，一些科研部门开始试种，1996 年阜新县从山东大量引种，当年播种了 7 332 亩，获得了成功。以后就在阜新、朝阳地区很快推广，成为东北地区沙打旺种子生产基地。1970 年吉林省农业科学院从辽宁章古台引种试验，并从河北大名县引种，在通榆县边沼乡播种近千亩。20 世纪 70 年代中期，逐渐向北推移到黑龙江和内蒙古呼伦贝尔盟、兴安盟等。为了解决在北方沙打旺种子成熟困难的问题，辽宁省农业科学院土壤肥料研究所选育出了早熟沙打旺新品种。通过小区试验证明播后第二、第三年亩产干草 362.7～822.7 kg；在中部、东部水肥条件好的地方，生长繁茂，株高可达 140～170 cm，亩产干草 985～1 211 kg；在山坡地产量一般为 400～500 kg/ 亩。

4. 胡枝子

胡枝子是东部山区、半山区野生豆科灌木，人们很早就利用其嫩茎叶作为饲料，饲喂家畜。吉林省延边、通化以及辽宁省的丹东地区是胡枝子的主要产地。胡枝子生长繁茂，根系发达，延边州草原站飞播胡枝子获得成功，为大面积改良和恢复草山草坡植被、防止水土冲刷开辟了新途径。经过延吉、龙井、辉南、辽阳、岫岩和朝阳等 9 个试验点研究，胡枝子在东部山区具有广泛的适应性，可以育苗移栽，也可雨季直播。播种方法以带状条播和鱼鳞坑穴播效果较好，第二、第三年亩产干茎叶 450～575 kg。朝阳地区由于干旱，产量较低，亩产仅 130 kg。

5. 无芒雀麦

无芒雀麦喜肥、耐湿，在水肥条件较好的情况下生产潜力较大，在东北区的三江平原及东部雨量充沛和土地肥沃的山区栽培较多，松嫩平原和松辽平原也有栽培。吉林省农科院多年对无芒雀麦的栽培实践研究表明，在本区的北纬 41°～48°，均能良好的生长，对自然气候具有广泛的适应性；无芒雀麦对土壤的要求也不严格，在微酸性至微碱性（pH 6.5～7.5）的土壤均能正常生长；与苜蓿混播建植草地是理想的混播组合。

6. 冰草

冰草是长寿禾草，但产量较低，在该区降水量为 300～400 mm 地区生长良好。松嫩沙地、扶余沙地、舍力沙地、杜蒙沙地、泰来沙地、齐齐哈尔沙地均有大量的野生群落分布。

冰草生长 2～3 年后即可形成良好的草层，适于退化草地补播，具有固沙作用。适宜栽培的冰草品种有杜尔伯特扁穗冰草、龙牧 11 号扁穗冰草等。杜尔伯特扁穗冰草在黑江县杏山乡试验点播种 3 年，平均每亩干草达 262 kg。在泰康县红旗马场实验点，平均干草亩产量达 273 kg。

7. 碱茅

碱茅在东北地区有 6 种，其中以小花碱茅和朝鲜碱茅分布较广，数量较大，是草食家畜喜食的优良牧草，仅次于松嫩草原上的羊草，在合理轮牧和保持适宜载畜量的前提下，是较理想的天然或人工畜牧地。2～5 年生的碱茅草地，宜作刈割草地利用，需要放牧时，应在 6 年生以后开始放牧利用。育成的碱茅品种有白城小花碱茅、白城朝鲜碱茅、吉农朝鲜碱茅、“吉农 2 号”朝鲜碱茅等。

（三）饲料作物及副产物

1. 饲料作物

青贮玉米、饲用高粱等在东北区具有长期的引种栽培历史，尤其是青贮玉米的种植面积呈现逐年增加的趋势。近年来，燕麦作为饲料作物也在东北区尝试种植，在苜蓿地轮作以及与饲用玉米两茬栽培方面取得了良好的应用效果。

2015 年以来，在国家“粮改饲”“镰刀弯”地区种植结构调整以及大力发展草牧业等政策的支持和引导下，东北区的饲料作物栽培面积不断增长。在农业部“镰刀弯”地区粮食玉米种植结构调整指导意见中指出，黑龙江和吉林等冷凉地区，要结合区内畜牧业发展的要求，大力发展青贮玉米等牧草生产，满足畜牧业发展对优质饲料的需求；在黑龙江、吉林、辽宁等地的农牧交错区，要结合畜牧业发展需求以发展青贮玉米和粮豆轮作、花生、杂粮生产为主的生产模式。由此可以预见，青贮玉米等饲料作物将在东北区获得进一步的快速发展。目前，青贮玉米生产中以青贮专用品种、兼用品种为主流，通过栽培试验筛选出了一批适合于东北区气候特点的青贮玉米品种（品系），主要包括中原单 32 号、龙青 1 号、吉单 4011、郑单 958、华农 1 号、阳光 1 号、高油 106、铁吉 11、高油 4515、科多 4 号、龙幅单 208、吉饲 9 号、东青 1 号、先玉 335 等。

2. 农业副产物

东北牧草栽培区是我国重要的商品粮生产基地，种植制度主要为一年一熟，仅辽东半岛为两年三熟。主要栽培作物以玉米种植面积最大，2015 年黑龙江、吉林、辽宁玉米播种面积分别为 582 万 hm^2、380 万 hm^2、242 万 hm^2，产量为 7 753 万 t，按照玉米籽实与秸秆比例 1∶1.2 估算，秸秆产量约 9 304 万 t。大豆种植面积次之，但较以往面积有减少趋势，其秸秆和豆类可用于喂羊。水稻近几年种植面积在不断增长，马铃薯种植面积也在增长（表 12-1）。

表 12-1　东北区主要农作物的种植面积与产量

作物种类	播种面积 / 万 hm^2			产量 / 万 t		
	辽宁	吉林	黑龙江	辽宁	吉林	黑龙江
玉米	241.68	380.00	582.11	1 403.50	2 805.73	3 544.14
小麦	0.56	0.03	7.11	2.68	0.10	21.78
稻谷	54.49	76.17	314.78	467.70	630.10	2 199.68
豆类	11.45	28.46	247.61	27.20	48.64	437.23
马铃薯 *	6.09	6.68	24.04	40.10	55.70	106.60

注：引自中国统计年鉴（2015，2016）。

本区不但有粮食及粮、油、糖的加工副产品，为养殖业提供了饲料来源，而且还有多条江河、湖泊等 330 余万 hm^2 的水面，可提供大量的水生饲料，其东南有 2 100 km 的海岸线可产大量的蛋白质饲料。

第二节　东北区草产品加工贮藏适用技术

一、干草加工贮藏技术

目前，东北区的干草产品以羊草和苜蓿干草为主，燕麦干草的生产呈增加趋势，其中本区域生产的羊草干草是全国商品羊草的主要来源之一。干草产品类型多以小型方捆为主，少见大型方捆和圆捆。在生产技术方面，根据东北区气候特点，普遍采用地面自然晾晒干燥法，具有成本低、效益高等优点，也便于开展机械化作业；贮藏方式以打捆后堆垛贮藏为主，散干草贮藏多为农牧民小规模生产时采用。

（一）东北区常规干草加工技术

以苜蓿和羊草规模化生产为例，东北区常规干草加工工艺流程见图 12-1。其中，集草作业通常根据产草量的高低进行，一般羊草需进行集草作业；二次打捆多用于商品干草生产，提高运输的效率。

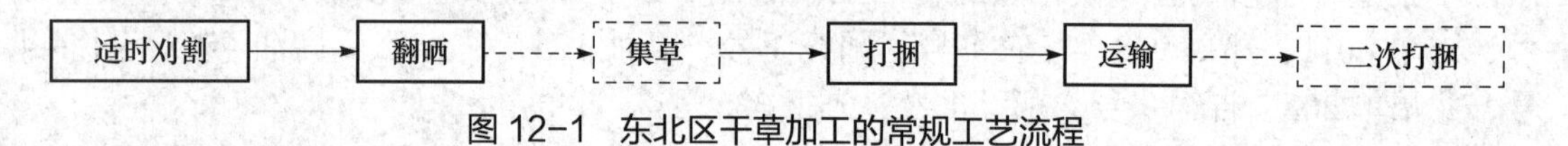

图 12-1　东北区干草加工的常规工艺流程

1. 收获技术

根据收获原则，在牧草生长到适宜收获期实施刈割，时期的掌握可根据牧草生长的质量、产量曲线确定，也可以根据具体的草产品生产目标确定。通常，羊草的适宜收获期可选择在抽穗期至开花期，苜蓿适宜在现蕾到初花期刈割。东北区冬季气候寒冷，苜蓿、羊草等多年生牧草每年最后一茬收获时间还应考虑越冬的要求。

收获时，除考虑干草质量和产量外，刈割留茬高度还需不影响后茬生长，同时避免土壤混入。苜蓿收获留茬高度以 6 cm 左右为宜，羊草以 4～6 cm 为宜，土地不平整时可适当提高留茬高度。

收获时根据饲草特点选择适宜的收获机械，苜蓿等茎秆不易干燥的饲草需采用带有压扁功能的收获机械。对于面积较大的收获情况，应适当提前开始收获的时间，以确保大部分的牧草能够在适宜收获期收获。此外，收获前需留意天气情况，确保 3 d 以上的晴朗天气。

2. 翻晒与集草

苜蓿生产时，为了促进植株干燥均匀，可进行 1～2 次翻晒，翻晒和集草作业应在苜蓿含水量降至 40%～50% 之前完成，避免干燥的叶片因机械作业大量损失。羊草可在刈割后翻晒一次，在羊草水分降至 35%～40% 时，将半干的羊草集成草垄或草堆，堆高 2.0～2.5 m，直径 3.0 m，保持草堆通风。

3. 打捆

在晴朗的天气下晾晒 2～3 d，饲草含水量降低到 15%～18% 时，即可进行打捆作业。对于叶片易损失的苜蓿，可在早晚露气不重但略有回潮的情况下实施打捆作业，以减少叶片损失引起的营养物质流失。打捆机可根据生产的干草类型选择大型草捆打捆机（大型圆捆多见）和小型打捆机（小型方捆多见），需留意使用大型草捆打捆机时，因生产的草捆密度大，不利于存放过程中的水分进一步散失，因而打捆时水分应比小草捆水分更低一些，以确保安全贮藏。在打捆过程中，应该特别注意防止将田间的土块、杂草和腐草打进草捆。

此外，近年来在国内干草实际生产过程中，已经开始出现使用防霉剂产品的情况，可根据需要在干草打捆过程中添加防霉剂。东北区使用防霉剂有利于实现应对天气突变等不良条件下的提前打捆。对于苜蓿干草，可适当提高打捆水分，降低叶片损失，保存牧草营养价值。此外，考虑商品干草的长期贮藏，可以通过添加防霉剂提高保存过程中的安全性，延长保存时间。

4. 二次压缩打捆

为了提高商品草的流通效率，降低运输成本，对于打捆密度较低的羊草、苜蓿小型干草草捆，可在仓库里或贮草坪上贮存 20～30 d 后，当其含水量降到 12%～14% 时进行二次压缩打捆，两捆压缩为一捆，其密度可达 350 kg/m^3 左右。高密度打捆后，体积减小了一半，更便于贮存和降低运输成本。

（二）冻干草加工技术

东北高寒地区，可以利用秋末冬初的低温干燥天气进行冻干草的调制。霜冻后，饲草停止生长，经过 1～2 周后，实施刈割和干草调制。一年生饲草可通过调节播种期，使之在生长季结束时达到适宜生育期。以燕麦为例，可通过轮作、套作等栽培措施调节燕麦的播种期，使燕麦在生长季结束时恰好处于抽穗至开花期，从而实现于霜冻后进行收获。多年生牧草霜冻前已进入越冬状态下的休眠期，此时刈割地上部对越冬性和生长寿命没有影响。霜冻后的饲草，茎秆变得脆硬，更易于刈割。刈割后的草垄铺于地面，不需翻转，可直接在地面上冻干脱水，待牧草含水量降至 17% 以下，即可打捆收获，地面冻干的时间需要 1 周左右。

在东北高寒区调制冻干草具有诸多优点。首先，调制冻干草可以避开夏季高温、高湿季节，缓解雨季调制干草的困难，减少饲草营养物质的损失。其次，冻干草可以保持饲草本身的绿色色泽，叶片和花序损失很少，调制的干草品质好，营养价值高，适口性强。对比冻干草与常规干草的营养成分发现，相同的燕麦品种同时期刈割后，冻干草与常规干草的主要营养成分基本一致，但冻干草的胡萝卜素含量比常规干草提高 1 倍多，表明冻干脱水调制干草，不仅对营养成分无影响，而且有助于胡萝卜素的保存。再次，冻干草的调制简单易行，劳动力需求低，而且由于调制时期已经处于霜冻来临之际，避开了田间生产管理工作繁重的季节，有助于缓解劳动力不足的问题。

（三）干草贮藏技术

东北区的干草贮藏大体可分为露天贮藏和草棚（草库）贮藏两种。

1. 露天贮藏

露天贮藏通常为农牧民或小规模饲养者所采用，也多见于大规模饲草生产或贸易过程中的短期贮藏或转运贮藏。东北区进入秋冬季节以后，天气干燥、寒冷，有利于干草的贮藏，管理得当，露天贮藏可以获得良好的贮藏效果。鉴于目前东北区干草生产以干草捆为主，着重介绍干草捆的露天贮藏技术。

图 12-2 干草草垛的垛基

（1）垛基的建设。为了防止土壤污染、回潮以及雨水浸润等因素对干草质量的影响，干草捆应避免直接接触地面，需要在堆垛前建设适宜的垛基。应选择在地势较高的地段建设垛基，避免雨水和积雪汇集对草垛基部的影响。地面应相对坚实，避免堆垛后造成地面大幅沉降。垛基可因地制宜采用砖石、木料等建设，保持跺基表明平整并具有一定的强度，垛基高度不低于 25 cm（图 12-2）。垛基周围设置适宜深度与开阔度的排水沟，及时排除堆垛区域的雨水、冰雪融水。

（2）堆垛。草垛大小一般为宽 5～5.5 m，长 20 m，高 18～20 层干草捆。底层草捆应和干草捆的宽面相互挤紧，窄面向上，整齐铺平，不留通风道或任何空隙。其余各层堆平（窄面在侧，宽面在上下）。为了使草捆位置稳固，上层草捆之间的接缝应和下层草捆之间的接缝错开。从第 2 层草捆开始，可在每层中设置 25～30 cm 宽的通风道（图 12-3），在双数层开纵向通风道，在单数层开横向通风道，通风道的数目可根据草捆的水分含量确定。干草一直堆到 8 层草捆高，第 9 层为“遮檐层”，此层的边缘突出于 8 层之外，作为遮檐，第 10、第 11、第 12 层以后成阶梯状堆置，每一层的干草纵面比下一层缩进 2/3 或 1/3 捆长，这样可堆成带檐的双斜面垛顶。垛顶采用防雨、防晒苫布等进行覆盖，避免雨淋和阳光暴晒对干草质量的影响（图 12-4）。

图 12-3 干草草垛的通风孔

图 12-4 干草草垛的露天存放

（3）管理。要对干草垛时常观察、管理。对于刚刚收获的干草，堆垛后需仔细监测水分进一步散失的情况和草垛内的温度变化，一旦发生温度积累上升的情况，需及时进行处理。秋季收获的干草可以利用外界气温条件，合理开启覆盖苫布，促进通风实现加快干燥和散热。必要时散垛释放温度和水分后再重新堆垛。及时查看覆盖物的完好情况，避免老化和破损对干草品质造成影响。冬季应根据积雪程度，清理垛顶，尽量避免结冰造成的苫布损坏等。

2. 草棚（草库）贮藏

东北区干草贮藏设施主要包括干草棚和草库，其中草棚通常四周没有墙体，以支柱和顶棚构成，建设条件良好的草棚具有较高的举架，地面硬化，能够抵御风雪的影响（图 12-5）。贮藏时，草棚内草捆应堆垛整齐，需进行通风散水的干草也应在堆垛过程中设计通风道。草棚内堆垛草捆时，应合理设计通行道路，以便对干草进行管理。贮藏期间的管理应严禁烟火，避免意外发生，在设计草棚、草库和草垛堆垛过程中还应充分考虑防火要求。此外，东北区冬季积雪现象较为普遍，需及时清理草棚顶部积雪，防止造成草棚坍塌。

图 12-5　干草草棚

二、青贮加工贮藏技术

目前，东北区青贮工艺以青贮窖（壕）、拉伸膜裹包工艺为主，青贮原料主要包括饲用玉米、苜蓿、羊草、一年生牧草等。

（一）羊草青贮技术

羊草是东北区常见的饲草原料，从不同生育期的营养成分变化来看，总的趋势是粗蛋白质、粗灰分的含量在抽穗前期较高，开花期开始下降，成熟期最低；而粗纤维的含量，从抽穗至成熟期逐渐增加。从产草量上看，一般产量高峰出现在抽穗期至开花期。根据多年生禾本科牧草的营养动态，同时兼顾产量、再生性以及下一年的生产力等因素，羊草调制青贮时适宜在抽穗至开花期收获，秋季应在停止生长前 30 d 刈割。

东北区羊草适时收获时通常水分含量不高，不需晾晒即适宜进行青贮调制，典型草原地区的羊草往往含水量更低，刈割后应尽快入窖，避免水分散失对青贮调制造成不利影响。

由于羊草植株水分含量不高，整株青贮不易压实，为了提高压实效果，羊草宜切碎后青贮。根据机械配套情况，切碎可以在田间进行，也可以将整株的羊草原料运回青贮设施处进行切碎处理。青贮设施多采用青贮窖，可采用砖石结构的地下或半地下式永久窖，在地下水位较低的草原牧区，也可采用地下式的简易青贮窖进行羊草青贮调制。调制过程须严格遵循青贮技术规程，保证压实和密封质量，避免霉烂变质。

此外，由于羊草青贮属性并不理想，为了提高青贮品质，在调制青贮时宜采用化学或生物添加剂以提高青贮品质，添加剂选择以促进乳酸菌发酵、抑制不良微生物发酵为宜。

（二）苜蓿青贮技术

东北区的苜蓿青贮主要用于解决雨季苜蓿调制干草收获困难的难题，并有利于为家畜终年均衡提供多汁饲料。目前，生产中主要采用窖贮和拉伸膜裹包青贮形式，窖贮形式因本地区设施条件基础好、机械投资低，在养殖生产中广泛采用，调制拉伸膜裹包青贮则多以商品销售为目的。

1. 工艺流程

由于苜蓿晾晒后，从田间转运回青贮设施所采用的手段差别，具体采取的工艺流程有所差异（图 12-6 和图 12-7）。大规模生产采取捡拾切碎机时，生产效率高，水分控制相对均衡准确，但机械成本高；采取人工采集运送回场地的方式，效率低，劳动强度大。

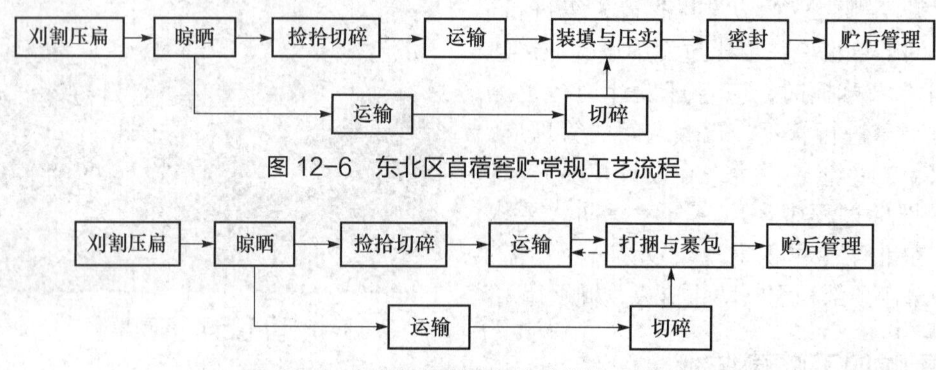

图 12-6　东北区苜蓿窖贮常规工艺流程

图 12-7　东北区苜蓿裹包青贮常规工艺流程

2. 技术要点

（1）收获技术。苜蓿青贮适宜刈割期为现蕾到初花期，不宜过早或过迟，对于东北区最后一茬草的收获，应充分考虑苜蓿越冬的需要。采用刈割压扁机刈割，田间晾晒或运输至场地晾晒（分段作业时），调节水分至 50%～60%，有条件可实施翻晒。

（2）捡拾切碎或切碎。对达到目标含水量的苜蓿，采用捡拾切碎机（图 12-8）进行苜蓿捡拾、切碎至 2 cm 左右。对于田间晾晒后整株运输，或直接刈割后运输至场地晾晒，在青贮设施附近开展切碎处理。作业过程尽量减少土壤混入。

图 12-8　苜蓿捡拾切碎机

（3）青贮窖装填、压实与密封。按照前文所述的窖贮技术严格执行调制作业。

（4）打捆、裹包。该技术环节也可分为田间作业和场地作业两种。需要特别注意的是，如果苜蓿含水量较低，原料较为粗糙，需适当提高裹包层数以保证安全贮藏。此外，目前生产中存在能够同时完成捡拾切碎、打捆、裹包作业的作业机械（图 12-9），切碎长度较长但也能保证高密度打捆，可在实际生产中根据机械性能调整作业参数。

（5）添加剂或混合原料的采用。由于苜蓿难于稳定贮藏，且不易调制出高品质的青贮饲料，目前东北区的苜蓿青贮时普遍采用添加剂或混合青贮方式，以确保调制成功。添加剂和混合原料应选择能够改善乳酸发酵的类型，按照添加工艺严格执行。

（三）饲用玉米青贮技术

饲用玉米青贮饲料是东北区主要的青贮饲料种类。目前生产中主要采用窖贮工艺调制

图 12-9　苜蓿草捆青贮一体机

引自 http://www.claasofamerica.com

青贮饲料，近年来也出现了利用切碎裹包青贮工艺进行全株玉米青贮饲料生产的案例。鉴于前文对饲用玉米青贮工艺已有诸多介绍，工艺技术在此不再赘述。生产中需留意东北区生长期较短，在选择饲用玉米品种时应充分考虑收获时的成熟期，青贮调制也应考虑霜期对原料属性的影响，以确保青贮品质。

（四）秸秆微贮技术

秸秆是东北区重要的农作物副产物饲料资源。其加工可采用物理粉碎、膨化、化学处理、微生物发酵、酶处理等多种技术手段。目前，针对东北区玉米、水稻等粮食作物秸秆产量比较大的特点，微贮技术在生产中较为多见，应用范围广、效果好。

1. 工艺流程

秸秆微贮与青贮的工艺流程相似（图 12-10），原理也以依赖优良微生物（尤其是乳酸菌）发酵为核心，首要的差别在于原料属性差异所带来发酵调控技术差异。秸秆因采收于作物成熟后，植株往往老化，水分条件和附着微生物数量难以达到直接调制的需要，且纤维化程度高，可供微生物利用的可溶性碳水化合物类底物含量较低。因此，使用秸秆原料调制微贮饲料时，需要对水分进行调节，同时补充有益微生物。

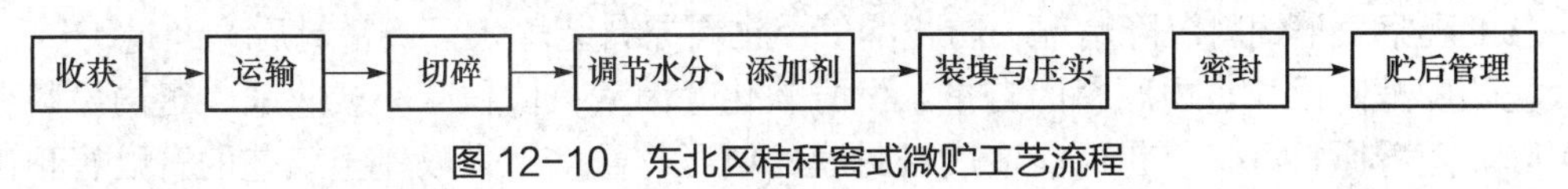

图 12-10　东北区秸秆窖式微贮工艺流程

2. 技术要点

（1）原料的选择与处理。秸秆原料应在籽实收获后，立即抢收秸秆，尽可能使秸秆仍保持较高营养价值。以东北区生产量最大的玉米秸秆为例，应在蜡熟末期及时采摘果穗，抢收茎秆原料，此时玉米秸下部只有少数叶片变黄，一些粮饲兼用品种在籽粒成熟后，茎秆和叶片大部分仍保持绿色，具有较高的含水量和营养价值，尤其适合进行微贮。当秸秆下部枯黄较为严重时，为了提高饲料价值，可选择性使用秸秆的上半部作为微贮原料。秸秆收获时，还应尽量保持秸秆清洁，避免泥沙和霉变的秸秆作为微贮原料。

秸秆收获方式可根据生产条件采用人工收获或机械收获方式。针对目前联合收获采收籽实较为普遍的条件下，使用捡拾打捆机进行秸秆收获的方式正逐渐在东北区推广应用，但捡拾过程中应留意减少泥土的混入。

（2）切碎或揉搓。为了使秸秆能够在微贮过程中充分压实，同时便于水分浸润、微生物发酵，以及便于动物采食，需要对秸秆进行物理加工。目前，生产中以切碎为主，对于粗硬秸秆可采取揉搓，达到破裂茎秆的目的。切碎长度应根据秸秆属性、家畜饲喂要求制定，一般玉米秸秆以 1 cm 左右为宜，稻秸等质地相对柔软的秸秆可适当增长。

（3）调节水分和添加添加剂。籽实收获后，农作物秸秆的含水量往往过低，不易压实和发酵。因而，秸秆一般需要喷洒少量水以提高其含水量，含水量以达到 60% 左右为宜。此外，也可以将它们与水分含量较高的鲜刈原料、农副产品混合填装，达到调节水分和营养价值的目的。

添加剂通常在水分调节过程与补充喷洒的水同时加入秸秆原料中，可在秸秆粉碎处理过程或装填前与水分一起均匀添加。添加剂宜选用具有促进乳酸发酵功能的微生物菌剂，也可辅助添加纤维降解酶类的添加剂，以达到增加发酵底物，降解秸秆纤维，提高消化率的目的。

（4）装填与压实。与青贮调制相似，装填过程与压实过程交替进行。由于秸秆不易压实，因此需要格外重视压实质量，充分保证压实效果和装填密度，以确保微贮发酵效果。

（5）密封。可参照青贮窖调制技术密封。

（五）贮藏管理技术

鉴于青贮、微贮等发酵饲料在贮藏设施方面几乎无差异，因此，在此将东北区青贮、微贮饲料的贮藏管理技术一并加以阐述。青贮饲料品质的好坏，除了与青贮原料、青贮技术有关外，还与管理措施密切相关。青贮过程中营养价值的损失可以通过良好的管理措施而降到最低。

1. 窖式发酵饲料的贮藏管理

由于利用青贮窖贮藏发酵饲料往往贮量较大，在短时间内不可能饲喂完，因此一定要注意开封之前和开封之后妥善管理，以免造成浪费和不必要的损失。

（1）观察发酵饲料沉降情况，防止漏气。饲料原料装填入窖、密封后，经过 5～6 d 就进入乳酸发酵阶段，窖内原料因自重、发酵软化等因素，体积减小或收缩，窖内原料会发生沉降。随着原料沉降，有可能造成密封膜的镇压物悬空，采取覆土工艺的青贮窖顶出现裂缝，导致空气进入窖内。因此，从密封后的第 3 天开始就应该每天检查一次窖顶的变化情况，及时发现沉降过程中出现的问题，增加镇压物或进行补土，直至沉降过程结束。

（2）尽量避免密封膜破损。完成青贮窖密封后，除必要的管理措施外，尽量不对密封膜进行机械性操作，避免造成密封膜破损，破坏密封环境。防止老鼠对密封膜造成的损坏，应采取安全有效的措施防治鼠害，尽量采用物理措施防鼠，必须使用鼠药时，一定要注意安全，并记录鼠药投放地点，切忌混入饲料中或被家畜误食。密封膜一旦发生破损需立即采取修补措施，减少饲料的损失。

（3）采取防雨、防雪措施，防止进水。青贮窖在进行最后的封盖时，要考虑到窖顶的防水问题，窖顶最好要光滑，有一定的坡度，确保出水流畅，窖的周围应该有排水沟，将雨水、冰雪融水及时排出，防止流入窖内。

（4）开封后的贮藏管理。青贮窖开封大多从一侧开启，尽量保留较小的截面暴露在空气中。开封前，应清除密封时镇压的覆盖物，以防止杂物混入青贮饲料中引起变质。大型青贮窖需根据用量逐渐撤去镇压物和密封膜，切忌过度打开密封膜，尽量确保发酵饲料处于较好的厌氧条件下。

取用过程尽量保持取料面的平整，避免造成物料松散和氧气侵入，引发品质下降和霉变。每次取用后应尽量采取密封措施，减少氧气对饲料品质的影响。此外，青贮窖开封后应连续利用，以减少贮藏损失，必须暂停使用时，应及时采取密封措施，并在窖口采取添加剂处理等，以减少贮藏的风险，并在条件恢复后尽快取用，冬季还应做适当的保温措施。

此外，东北地区冬季寒冷，不利于开封后不良微生物的活动，但夏季微生物活跃，饲料品质下降较快，因此，应时时保持良好的贮藏管理习惯，确保良好的饲料品质。

2. 草捆裹包发酵饲料的贮藏

东北区裹包饲料较为的理想贮藏地点，可放置在硬化的平台地面上，上建顶棚减少雨雪和阳光的影响。露天放置时，应选在地势较高、平坦的区域，清除地面杂物，避免雨水浸入以及因地面条件不好造成的草捆变形、拉伸膜破损等。贮藏过程中定时检查拉伸膜的破损和老化情况，同时尽量减少贮藏过程中的搬运操作，以防机械措施造成拉伸膜破损。同时，防止鼠、鸟对拉伸膜的损害。一旦发生拉伸膜破损应及时修补，有条件的情况下，应尽快饲喂。

草捆发酵饲料由于开封后立即饲喂，一般可避免有氧腐败等问题，但是，也应在饲养中合理掌握用量，开封后尽快饲喂，避免过度开封造成饲料的损失。此外，冬季取饲时，可把即将饲喂的饲料预先置于畜舍内，降低饲料低温、结冰等对饲喂造成的影响。

三、草粉与草颗粒的贮藏技术

草粉和草颗粒产品通常对保持含水量具有较高的要求，在生产后大多采用内附塑料膜的编织袋包装，贮藏均需库房，对贮藏条件要求较高，在此一并阐述。

草粉和草颗粒的贮藏应建设专用的库房，满足干燥、阴凉、避光等要求，同时不应混合存放农药、化肥、消毒剂等有毒有害物质和易挥发物质，避免产品受到污染，保证良好的贮藏环境。同时，灌装时应考虑贮藏与利用的便利性，控制单位包装的质量能够便于堆垛和对接饲料生产、利用企业或农民的需求，以小于50 kg为宜。贮藏时，包装好的饲料应规范堆垛，预留管理通道，便于盘点和管理（图12-11）。仓库可设计挡鼠板和防鸟网等设施，尽量减少动物对饲料造成损失。此外，在东北区实际工作中，可根据天气条件，利用秋冬季节的低温、干燥天气开闭仓库，获得有利于草粉和草颗粒

图12-11　草颗粒的堆垛贮藏

保存的冷凉环境。

第三节 东北区草产品产业化生产策略

一、东北区草产品产业化的机遇与风险

（一）草产品产业化发展的机遇与优势

1. 地域条件适合发展饲草生产

东北区土地肥沃，草地资源丰富，气候条件适宜多种优质饲草生长，在人工草地建植、草地恢复与重建方面具有良好的自然条件基础，适合发展全株玉米、苜蓿、羊草等高产优质饲草生产，可为草产品产业发展提供大量的饲草资源。同时，东北地区平原地带地域广阔，适合开展机械化作业，为规模化生产提供了良好的基础条件。此外，东北区的农业生产规模庞大，农副产品种类繁多、产量巨大，可作为发展复合型草产品的配合原料来源。

2. 草产品的市场前景好

东北区是我们重要的草食家畜饲养区，本地区的牛、羊等草食动物的饲养需要大量的饲草产品供给。目前，我国每年从国外进口大量的饲草产品，且进口量呈现逐年大幅增长的趋势，已成为国际草产品贸易中的主要进口国之一。统计数据显示，2016 年中国进口苜蓿干草总计 146.31 万 t，相比 2015 年的 121.36 万 t 增加 20.57%，而 2010 年进口量仅为 20 万 t 左右；2016 年中国进口燕麦干草总计 22.27 万 t，同比增加 47.00%。由此反映出国内养殖企业对饲草产品——特别是高质量的饲草产品具有迫切的需求，开展饲草生产具有良好的市场前景。

从生产饲草的效益来看，与种植粮食玉米相比，种植牧草和饲料作物的效益更加理想。根据牧草产业技术体系 2011—2014 年调研不同饲草与粮食作物收益对比分析表明，种植苜蓿、黑麦草和青贮玉米纯收益均高于粮食玉米和小麦。因此，现阶段东北区大力发展草业可获得比传统作物经营更加理想的收益预期，如果结合种养一体化模式考虑，将更加有助于提高产业的效益。

3. 政策导向与资金扶持有利于促进发展草产业

现阶段，正值我国开展“粮－经－饲”三元种植结构调整以及国家大力发展草牧业的重要历史时期，东北区又是农业部开展“镰刀弯”地区粮食玉米种植结构调整的主要地区之一，发展草产业迎来了大量的国家政策支持，发展饲草生产与加工业现已成为东北区农业产业结构调整、促进生态建设以及实现农民增收等多方面政策的归着点。国家针对“粮改饲”试点、草牧业、农牧交错区、退耕还草、苜蓿发展计划等方面的政策均可惠及东北区的饲草产业。

在资金扶持方面，国家在饲草生产的基础设施和原料生产等方面均有政策性补贴扶持。如在农机购置和饲草存贮设施建设方面，国家给予财政补贴；原料生产方面，苜蓿规模化生产单元、天然草地退耕还草均有财政补贴。这些财政性补贴有助于降低草产业运营成本和风险。

（二）草产品产业化发展的风险

1. 对自然灾害和不利气候条件的抵御力弱

东北区开展的饲草生产，对气候条件具有高度的依赖性，一旦遭遇极寒、干旱、洪涝等自然灾害或类似的极端气候条件，将对饲草产业带来重大打击。以苜蓿为例，越冬是制约苜蓿生产的首要因素，一旦发生极端寒冷天气，将对苜蓿的返青和多年利用带来重大影响；并且，目前东北区开展的苜蓿生产大多依赖天然降水，缺乏充足的灌溉设施，在抵御干旱气候、实现高产稳产方面存在极大的不确定性。

2. 基础设施配套条件有待改善

以现代化草产业发展的思路定位，目前东北区的基础设施条件仍有待改善。在水利设施建设方面仍无法达到全面的必要灌溉条件，天然草地生产过程中对道路等基础设施的建设仍需进一步加强，饲草产品的存贮设施贮量仍存在不足等，这些问题仍需产业发展过程中进一步解决。此外，适合草产品规模化生产的专业机械设备种类和数量也难以满足产业高速发展的需求。

3. 技术与人才储备不足

现代农业发展依赖现代化的产业技术支撑，已在世界范围内获得极大的认同，发展东北区的现代草产业，开展技术研发与储备，发挥科技的增益增效作用势在必行。东北区的传统种植业，以农作物生产为主，人工草地建植和草产品的工业化生产在农业生产领域属于新兴的产物，在技术储备方面存在明显的不足。部分大型企业在引进设备、种子等农业设施和农资的同时，寄希望于依托供货商连带引进草产品生产和加工技术，这种做法在给饲草生产和产品经营带来极大不确定性风险的同时，也严重暴露了产业技术储备不足的隐患。以苜蓿生产为例，东北区开展苜蓿草产品生产过程中，如何解决苜蓿收获与加工技术难题成为产业发展的瓶颈问题，通过科技工作者与企业联合研发，针对性开发出了适宜的技术措施，目前苜蓿收获加工问题才得以初步解决，但生产高品质、质量稳定的高端苜蓿草产品，仍有很多技术难题需要进一步攻克。

专业人才储备不足也是现阶段东北区草业发展的重要制约因素。原因有两方面，一方面是饲草加工领域的专业人才数量客观上难以满足生产要求；另一方面在于企业对人才的重视程度和薪酬待遇难以达到与其他农业领域技术人才相媲美的水平，难以体现其应有的价值，加之基层开展饲草生产与加工的技术人员的工作环境较为艰苦，因此造成人才流失较大。此外，除了专业的生产技术人员，饲草加工业领域中专业的技术服务和市场营销人员也存在匮乏的情况。

4. 资金投入较大

现代化的草产业发展，通常是以大面积适宜土地、大规模贮存设施、专业化机械、专业的技术和营销人员等要素支撑的，往往伴生的是大额的资本投入和资金流动。据调查，加工能力 5 万 t 以上的企业，仅生产设备投资均超过千万元。土地租赁、设施和机械的建设与购置（租赁）、农资、人员费用等成本也需要较大的投入，并且往往初期投入比较大，资金周转周期相对较长。

5. 市场机制仍不健全

饲草产品的优质优价市场机制尚未完全形成，是我国饲草产品市场发展中仍存在的客观问题。如何准确确定产品的市场定位，通过调节草产品产量和质量实现收益的最大化仍是开展饲草产品产业化生产中需面对的难题。在此过程中，如何准确实现草产品的订单式目标生产、建立产品的客观评价机制以及建立地区性或行业性协同定价机制等仍有诸多问题需要探讨。

6. 政策性扶持仍存在盲点

国家的政策性财政扶持仍需进一步细化。与传统种植业相比，粮食生产大多能够获得国家的财政补贴，且无论种植单元大小均可获得，而在草业生产方面目前仍仅对特定草种的大规模生产单元予以补贴，在原料生产方面农民的积极性仍难以充分调动。在草产品远距离调运方面，大部分的地区仍未将饲草产品纳入鲜活农产品管理体系，运输成本大大高于普通的农产品。类似的政策性扶持仍有待加强。

二、东北区草产品产业化生产策略

1. 建立以龙头企业为核心的适宜经营模式

东北区的饲草生产中“公司 + 基地 + 农牧户”的经营模式应用广泛，龙头企业多为开展畜牧业经营或草业经营的大型实体，兴建了较为完整的原料供应基地、产品生产和销售一体化的经营体系，通过与农牧民建立原料购销合同或租赁土地的形式实现基地的建设，在原材料主产区和农牧民建立巩固的联盟关系，与农牧民联合经营；农牧民则作为一个独立的经营实体，以劳动力、土地、资本等生产要素作价入股按比例分配利益的方式，依托基地与企业进行一体化经营，形成“风险共担，利益共享”的经济共同体。这种经营模式的优点在于：公司具备一定的实力，有完整的市场体系，能够有良好的市场信息；农牧户具备一定的技能和实力，能单独从事原材料的供应活动，成为一个独立经营实体；能够形成稳定的原材料供应体系，保障企业发展的需要。但是，由于产业发展中企业起主导作用，具有多方面优势，农牧户生产虽然具有独立性，但相对受到限制，地位不对等，利润分配机制存在失衡的情况；企业需逐一面对农牧民个体，经营协调工作繁重；在这种模式下，农牧民提供的依然是初级产品，这就决定了农牧民分得的利润份额是很小的一部分，农牧民增收效果很小。

“公司 + 合作社 + 农户”与“公司 + 基地 + 农牧户”结合型是解决上述问题的有效方式。优点在于：草产品产业化经营中面对的农牧户多，如果由企业直接面对农牧户，交易成本较高；这种结合模式使得农牧户的利益有所保障，同时克服了合作社拓展市场能力低的问题；企业负担有所减轻，可将主要精力投入到市场开拓上。

龙头企业作为草产品产业化经营核心，主要开展以下 3 个方面工作：① 进行广泛的市场信息搜集、加工以及整理；② 努力为合作社与农牧户提供资金、技术和设备支持；③ 负责产品的生产销售和市场开拓。合作社是农牧民利益的代表，主要责任包括：充分发挥代表的作用，代表农牧户与龙头企业之间进行生产经营会商并签订生产经营合同；依据与龙头企业之间的合同，为农牧户制订切合实际的生产计划；为农牧户提供资金支持并与农技服务中心一起组织技术服务。农牧户作为牧草产业化的生产主体，主要职责是依据合作社所分配的任务进行生产。

目前，东北区的苜蓿草产品规模化生产中大多采取公司租赁农牧民土地，建立苜蓿生产基地，进行集中连片经营的方式。分析其原因在于，东北区苜蓿生产对专业机械、管理技术、收获技术等要求较高，农牧民个体往往难以独立完成原料生产和管理过程，且初期投资较大，小面积单元资金回笼慢，农牧民无力独立组织生产。农牧民通过将土地作为生产资料租赁给公司进行生产，同时可为公司提供苜蓿生产所需的劳动力，获得劳动报酬，从而实现公司与农牧民双方受益。

全株玉米的生产中，也有经营实体采取与上述苜蓿生产相同的经营模式。另外一种模式是由公司与农牧民签订购销合同，约定保底价格，农牧民自主完成全株玉米的生产。其中，经营细节因公司不同，组织形式略有差异，有些公司将主要生产资料（种子、肥料、农药等）集中采购供给农牧民，既可以降低农牧民的生产成本，也有利于生产符合公司生产质量目标的较为一致的原料；在收获方面也存在农牧民分散收获和公司集中收获等形式的差异。

东北地区秸秆饲料资源的传统利用模式是由农牧民将秸秆自行收集后，运送至公司，在公司场地内集中加工处理。尽管目前这种生产组织形式仍然存在，但存在收获效率低、秸秆质量参差不齐等弊端，随着劳动力成本提高，以及农村劳动人口老龄化，该模式已难以匹配规模化生产的需要，正逐步被机械化主导的生产模式所取代。公司或合作组织通过购置秸秆采收机械，进行秸秆收获、运输等生产，可大大加快采收效率，提高秸秆收获质量，提高秸秆的利用价值。

此外，随着专业化饲料生产企业的出现，依托饲草生产基地和常规饲料，并开发副产品饲料资源的专业化 TMR 中心的雏形正在东北区萌生。该模式以中小型饲养单元为对象，为其提供营养全面的 TMR 饲料，可为解决饲养者组织饲料生产遇到的技术、人员等难题，降低饲料成本，同时也提高饲草产品的应用范围与附加值。

2. 转变经营理念

正确认识到现代化饲草生产是自然资源、技术、人才、市场等资源要素密集型的产业，应以经济作物的视角看待饲草种植、以农产品加工的视角看待草产品加工、以农产品营销视角看待经营草产品，草产品加工业应视为与现代农业和畜牧业密不可分的产业。在这样的理念指导下，才能将草产品产业化不断引向更高水平，实现长远发展。同时，应该具备品牌培育意识，注重打造草产品名牌，结合塑造品牌设计长远的发展计划。

3. 确定适宜的经营规模

草产品生产规模的合理性与否决定其生产效率，也决定着经营过程中对外部环境的适应能力。适度规模经营具备以下优势。第一，适度规模经营可以使基础设施建设的作用和设施利用率达到较高的水平，同时单位草产品所分摊的固定资产投入能够降低到经营主体能够接受的水平。第二，适度规模可使人力和物力资源得到更合理的分配，使草地资源在整个区域的投入更加节约。第三，适度规模使生产经营者能够更容易地与市场对接，有利于提高其市场地位。

4. 改善市场营销策略

市场因素是实现草产品产业化的决定性因素。依据现代营销学理念，草产品的内涵应包括 3 个层次：核心产品、有形产品、附加产品。核心产品体现在满足养殖业追求的效用或利益方面，同种类产品的效用或利益相似，产品之间差异很小；有形产品体现在满足同种效用或利益的前提下质量水平的高低，产品各具特色，发挥自己的特点；附加产品提供的是附加利益或服务，能够增加产品的价值，使消费者需求得到更好的满足，从而使产品具有较强的竞争力。因此，草产品的经营应重点体现在有形产品和附加产品上。

具体来说，首先应在价格确定方面根据客户的采购规则决定产品定价策略，考虑价格对客户选购草产品的影响。可根据实际情况采取投标定价、认知价格定价、随行就市定价等多种形式。其次，建立跨区域的经济合作组织，促进基地与龙头企业的对接。围绕主导产业，成立区域性的经济合作组织，充分发挥其组织、协作、融资及服务功能，增强辐射能力，逐步建立具有实质功能的草业行业性协会，为引进和挂靠大的草产品加工企业创造条件，同时成立部分特色种养协会，为各地的特色产品开拓市场做准备。再次，加快信息化建设步伐。大力推进草产业信息化，加强草产品市场价格与供求技术等各类信息的采集、处理、发布，疏通信息传播渠道，可以增强企业获取信息与应用信息的能力，以市场为导向调整优化生产结构，避免生产经营的盲目性和趋同性，进而提高经济效益，促进农牧民收入的增加。

思 考 题

1. 剖析东北区开展草产品产业化生产的优势和不足。
2. 如何优化适合于东北地区草产品加工和贮藏技术体系？
3. 东北区在产业化发展方面如何开展系统、高效的经营？

参 考 文 献

[1] 陈冲，张晓华. 辽宁加快推进粮改饲发展草牧业的几点建议. 新农业，2016（1）：47-49.

[2] 陈积山. 紫花苜蓿在黑龙江的发展现状及对策. 第四届（2011）中国苜蓿发展大会论文集，2011：4.

[3] 陈曦. 关于辽宁实施“粮改饲”的思考. 中国畜牧业，2015（19）：21.

[4] 国家牧草产业技术体系. 中国栽培草地. 北京：科学出版社，2015.

[5] 黑龙江省质量技术监督局. 羊草干草调制与贮藏技术规程（DB23/T 1562—2014），2014.

[6] 贾玉山，格根图. 中国北方草产品. 北京：科学出版社，2013.

[7] 贾玉山，侯美玲，格根图. 中国草产品加工技术展望. 草业与畜牧，2016（1）：1-6.

[8] 刘卓，王英哲，任伟，等. 朝鲜碱茅新品种“吉农 2 号”的选育. 安徽农业科学，2016（25）：119-121.

[9] 马有祥. 推广粮改饲构建新型种养关系. 甘肃畜牧兽医，2017（3）：19-20.

[10] 石自忠，王明利，胡向东，等. 我国牧草种植成本收益变化与比较. 草业科学，2017（4）：902-911.

[11] 孙启忠，柳茜，陶雅，等. 我国近代苜蓿栽培利用技术研究考述. 草业学报，2017（1）：178-186.

[12] 王明利. 有效破解粮食安全问题的新思路：着力发展牧草产业. 中国农村经济，2015（12）：63-74.

[13] 王文跃. 吉林省西部牧草适宜生长区域划分的研究. 安徽农业科学，2013（1）：166.

[14] 吴迪，刘慧林，崔蕾，等. 气候条件对辽宁西北部草原区天然牧草生长发育及产量的影响. 现代畜牧兽医，2016（12）：14-20.

[15] 辛晓平，徐丽君，徐大伟. 中国主要栽培牧草适宜性区划. 北京：科学出版社，2015.

[16] 徐安凯，孙祎龙. 无芒雀麦适应区域与生产性能的研究牧草与饲料. 2010，4（3）：28-30.

[17] 徐丽君，徐大伟，辛晓平. 中国羊草适宜性区划与种植现状分析. 中国农业资源与区划，2016，（10）：174-180.

[18] 杨曌，李红，黄新育，等. 龙牧 11 扁穗冰草生物学特性及生产性能研究. 草业与畜牧，2014，（3）：6-12.

[19] 玉柱，贾玉山. 牧草饲料加工与贮藏. 北京：中国农业大学出版社，2010.

[20] 玉柱，孙启忠. 饲草青贮技术. 北京：中国农业大学出版社，2011.

[21] 张晓庆，穆怀彬，侯向阳，等. 我国青贮玉米种植及其产量与品质研究进展. 畜牧与饲料科学，2013（1）：54-57.

[22] 张英俊，张玉娟，潘利，等. 我国草食家畜饲草料需求与供给现状分析. 中国畜牧杂志，2014，（10）：12-16.

[23] 中华人民共和国国家统计局. 中国统计年鉴. 北京：中国统计出版社，2001—2015.

[24] 周道玮，孙海霞，钟荣珍，等. 东北农牧交错区“草地 - 秸秆畜牧业”概论. 土壤与作物，2012（2）：100-109.

[25] 周道玮，王学志，孙海霞，等. 东北草食畜牧业发展途径研究. 家畜生态学报，2010（5）：76-82.

第十三章　华北地区草产品加工

【学习目标】

- 了解华北干旱半干旱地区饲草生产特点。
- 了解华北干旱半干旱地区主要种植的饲草品种。
- 掌握华北干旱半干旱地区干草的加工和贮藏技术。
- 掌握华北干旱半干旱地区青贮技术。

第一节　干旱、半干旱地区草产品加工

一、干旱、半干旱地区饲草生产特点

（一）华北干旱、半干旱地区的自然条件

华北地区包括河北、内蒙古、北京、天津和山西等五省（市、自治区），华北干旱、半干旱地区主要包括内蒙古自治区东部与河北的相邻区域以及山西的燕山山脉地区，地处内蒙古高原向辽河平原的过渡地段，大兴安岭南段山地，西、南两面为燕山山地与辽西山地的边缘，中、东部为辽河平原，地势西高东低，北、西、南三面多山，地势较高，西部地势最高，东中部海拔较低。从地貌特点来看北部低山丘陵区、西部高原区、南部燕山北麓山地丘陵区、东部西辽河上游平原，西界周围地形条件复杂，地貌类型多样，除砂质、沙砾质高平原以外，还有沙漠和沙地等以及西部干燥剥蚀山地。

华北干旱、半干旱地区地处内陆和中温带，受蒙古高压的控制，属于温带干旱、半干旱大陆性季风气候，春季降水量少，升温快，蒸发量大，湿度小，辐射强，多风沙天气，春旱突出；夏季时间短促，日照长，雨量集中，普遍高温，温差大；秋季气温下降快，霜冻早临，晴天多；冬季漫长寒冷，降雪较少，寒潮频繁。年平均气温 6.0～9.2℃，极端最高气温 39.4℃，极端最低气温 −32.6℃，年≥10℃的有效积温达 3 500℃以上，无霜期 128～177 d。年内降水量分布不均，7～8 月降水量最大，占全年降水的 60% 以上。

（二）华北干旱、半干旱区饲草生产特点

华北干旱、半干旱地区饲草生产主要包括天然草地生产和人工草地生产两部分。

1. 天然草地生产特点

华北干旱、半干旱地区天然草地面积大、分布广，草地植物资源丰富，草地畜牧业生产在当地国民经济中占有重要的地位。近年来，由于干旱、风蚀、水蚀等自然因素和草地

开垦、过度放牧、滥砍滥挖、污水排放等人为因素的影响，草地受到不同程度的干扰，生态环境形势严峻。

（1）内蒙古干旱、半干旱天然草地生产特点。

① 内蒙古天然草地资源概况。内蒙古属于干旱大陆性气候，处于干旱、半干旱地区，除大兴安岭北麓年降水量在 400 mm 以上外，其余地区均在 400 mm 以下，绝大部分降水量在 150～300 mm，有些地区降水量还不到 100 mm。内蒙古现有天然草地 7 880.45 万 hm^2，约占自治区土地面积的 67%，占全国草地面积的 22%，其中可利用面积为 6 359 万 hm^2，占草地总面积的 80.7%。内蒙古天然草地资源丰厚，具有发展草地畜牧业的优势，但是事实上，内蒙古草地普遍处于退化状态，退化面积占草地总面积的 59% 左右。草原植被退化程度：荒漠草原 > 典型草原 > 草甸草原，主要原因是不合理的开垦和放牧，也导致内蒙古牧草产量在不断下降，全区天然草地牧草产品与 20 世纪 50 年代相比普遍下降了 50%～70%，其中典型草原下降了 30%～40%，草甸草原下降了 50%～70%，荒漠草原下降了 50%。

② 内蒙古天然草地饲草品质特点。内蒙古天然草地畜产品的生产能力低，高品质高产的天然草地占全区天然草地可利用面积的 0.5%。中、低品质的高产草地占天然草地面积的 6.3%。天然草地中高产草比重低，占全区天然草地可利用面积的 6.8%，而低产草比重过大，占全区天然草地可利用面积的 66.7%。苏尼特—乌拉特高平原属于荒漠草原，代表性类型是小针茅和沙生针茅草原；阴山南麓与鄂尔多斯高原中东部丘陵地区，是暖温型草原地带，草原的原生类型是以本氏针茅占优势的草原为主；黄土高原西部地区是暖温型荒漠草原地带，草原植被的原生群落以短花针茅草原为代表。

（2）河北省干旱、半干旱天然草地生产特点。

① 河北省天然草地资源概况。河北省天然草地总面积 474 万 hm^2，占全国草地面积的 1.2%。大部分草地分布在冀北、冀西北山地，其中 80.3% 的草地分布在北部的承德、张家口等地，主要包括温性草甸草原、温性草原、暖性灌草丛、暖性草丛、山地草甸草原、低地草甸、沼泽 7 个草地类，根据其地形地貌、气候、土壤、草地生境条件等将河北省草地分成 2 个区，坝上高原区和山地丘陵区。

坝上高原区，地势平均海拔 1 200～1 500 m，为内蒙古高原的一部分，属于寒温带气候，冬季寒冷漫长，光照强烈，优势植被为真旱生的多年生草本植物。主要分为温性草甸草原、山地草甸和温性草原 3 类草地，其中山地草甸的面积最大。

山地丘陵区，主要分布在河北省西部、西南、西北及东北的太行山区及燕山山区，气候温和，年均温 4～17℃，山地地区因受温暖季风和地貌的影响，水热条件优越。主要有山地草甸、暖性草丛和暖性灌草丛 3 类草地。

② 河北省天然草地饲草品质特点。坝上高原区草地植物组成多以多年丛生、根茎型植物为主，生活型植物以地面芽植物为主。温性草甸草地以羊草、苔草、委陵菜为主，山地草甸以苔草、地榆、早熟禾为主；温性草原以羊草、茵陈蒿、苔草为主；山地丘陵区，山地草甸草地以苔草、珠芽蓼、地榆为主；暖性草丛以黄背草、白羊草、胡枝子为主；暖性灌草丛以羊胡子草、铁杆蒿、胡枝子为主。因此，河北省天然草地饲草质量和产量都不高，低产草比重大。

（3）山西干旱、半干旱天然草地生产特点。

① 山西天然草地资源概况。山西省地处黄土高原东缘，地形复杂，丘陵和山地面积占

全省总面积的80%以上。天然草地的垂直分布非常明显，从高至低的垂直分布规律为：高山草甸、亚高山草甸、针阔混交林、山地灌丛、灌木草丛。全省天然草地有野生饲用植物80多种，其中主要饲用植物10多种。主要饲用植物中，禾本科、豆科、莎草科、菊科植物最多，家畜喜食或乐意食用的优良饲草种类多且产草量高。全省灌木草丛类分布最广，面积最大，在恒山和内长城以南等地区均有分布，占草地总面积的一半以上；其次是山地灌丛类草地，面积占全省草地总面积的1/5左右，在省内南北低山区广泛分布。北部的山地草原类草地是地带性植被，占全省草地总面积的11.8%，居第3位。

② 天然草地饲草品质特点。不同类型的草地，其利用时间长短和季节也不同，如高山草甸和亚高山草甸，属于优良放牧场，但只能仲夏和初秋利用，利用时间短；低山和丘陵灌木草丛类草地终年可放牧利用。天然草地主要分布在山区，坡度大，下繁草多，天然草地中良好割草场比例很少。北部草地的质量微差而产量偏低；中部和中南部草地质量高而产量中等；南部草地质量中等而产草量高；高山草地质量高而产草量低；亚高山草甸和山地草甸的质量和产草量均高；低山与丘陵草地的质量和产量都居中等；低湿草甸的质量中下等，而产量则随基质条件的差异而变化，但从总体来看产量较高。

2. 干旱、半干旱区地人工草地饲草生产特点

（1）干旱、半干旱地区人工草地概况。内蒙古人工草地种植面积逐年增加，种植的饲草品种，呼伦贝尔和锡林郭勒盟以披碱草、老芒草、猫尾草、冰草和羊草为主，通辽市、赤峰市、鄂尔多斯市、呼和浩特市、巴彦淖尔市以紫花苜蓿和沙打旺为主。人工草地类型也在多样化，如有短期人工草地、中期人工草地和长期人工草地，还有旱作人工草地和少部分灌溉人工草地等。河北省干旱、半干旱地区人工草地种植饲草品种主要有青贮玉米、青莜麦（饲用燕麦），其次为紫花苜蓿，青贮产量常年在200万t左右，干草产量100万t左右。草产品类型主要为干草捆、青贮，其中商品草主要为干草捆、拉伸膜裹包青贮。山西省干旱、半干旱地区人工草地饲草品种主要有青贮玉米、燕麦等，草产品种类主要为青贮饲料。

（2）干旱、半干旱地区主要种植品种。

① 燕麦。中国是裸燕麦的发源地，距今有5 000多年的种植历史，现在大部分地区种植的均为裸燕麦，只有少部分地区种植普通燕麦，俗称皮燕麦。裸燕麦在我国华北地区称之为“莜麦”，属禾本科燕麦属一年生草本植物，它是人类和动物可直接利用的粮食及饲料作物之一。

内蒙古、山西、河北为华北早熟燕麦区的主产区。燕麦草富含高水平的有效纤维，高度的水溶性碳水化合物（≥15%），含糖量较高（可达20%），适口性好，吸收消化效果好，较适用于犊牛、泌乳牛，因其钾、钙含量较低，尤其适用于干奶牛和围产期奶牛，是一种难得的优质禾本科粗饲料。

② 玉米。玉米在世界谷物栽培面积中仅次于小麦、水稻，排名第3。玉米是主要的粮食作物，同时也是主要的饲料作物，被誉为“饲料之王”。青贮能较好地保存玉米的营养成分，青贮玉米品质优良，以乳熟期到蜡熟期收获玉米将其青贮最好，并可大量贮备供冬春饲用。

③ 小麦。小麦是世界上种植面积最广的作物之一。几千年来，小麦一直作为人类的口粮。由于青贮全株小麦具有饲用价值高的优点，一些国家和地区开始注重开发青贮全株小麦的饲用价值。全株小麦青贮与全株玉米青贮的发酵效果、干物质水平以及饲喂效果相近，

可供牛羊采食。虽然全株小麦青贮的淀粉含量没有全株玉米青贮高，但小麦青贮制作的优良青贮饲料的能量转化率略高于全株玉米青贮。此外，全株小麦青贮饲料质量稳定性好，在夏季奶牛饲喂全株小麦青贮饲料，有助于提高奶牛的采食量并缓解夏季奶牛热应激。

④ 紫花苜蓿。紫花苜蓿是我国分布最广、栽培历史最久、经济价值最高的豆科牧草，被誉为"牧草之王"。它是各种畜禽均喜食的优质牧草，营养价值很高，不论青饲、放牧或是调制干草、青贮、加工草粉，适口性均好。紫花苜蓿的干草或干草粉是家畜的优质蛋白质和维生素补充料。调制青贮饲料是保证紫花苜蓿营养物质的有效方法，但紫花苜蓿单独青贮比较困难，常与禾本科牧草、青玉米或农作物秸秆等混合青贮。

二、干旱、半干旱地区草产品加工适用技术

干旱、半干旱地区的草产品加工的特点是以干草加工为主，青贮贮藏为辅。

（一）天然草地草产品加工适用技术

1. 天然牧草干草调制技术

（1）准备工作。根据牧草的种类、天气情况、场地状况及生产条件，选择适宜的干燥方法，并对刈割的牧草采取压扁、切断等措施，加快牧草的干燥速度。

（2）天然牧草的适时收获。天然草地牧草的收获原则是以草群中优势种适时收获期为基准收获期。其中针茅刈割期为开花前，年刈割 1～2 次，刈割留茬高度 6～8 cm；羊草、老芒麦、披碱草、无芒雀麦适宜的刈割期为抽穗期，年刈割 1 次，留茬高度 6～8 cm；冰草适宜的刈割期为抽穗至开花期，年刈割 1～2 次，刈割留茬高度 6～8 cm；羊茅适宜的刈割期为抽穗期，年刈割 1～2 次，刈割留茬高度 4～6 cm；芨芨草适宜的刈割期为抽穗到开花前期，年刈割 1 次，刈割留茬高度 12～14 cm；芦苇适宜的刈割期为抽穗期，年刈割 2～3 次，刈割留茬高度 8～10 cm。

（3）晾晒。为了使植物细胞迅速死亡，停止呼吸，减少营养物质的损失，选择晴朗的天气刈割，第二天清晨翻晒一次，自然晾晒 2～3 d 牧草水分降至 35%～40% 时，将半干的草集成草垄或草堆，堆高 2.0～2.5 m，直径 3.0 m，保持草堆通风，使水分含量降到 15%～20% 即可打捆。

（4）原地打捆。在晾晒 2～3 d 后，使干草含水量在 18% 以下时，可进行打捆。采用牵引式打捆机作业，方草捆截面长为 30～43 cm，宽为 40～61 cm，高为 50～120 cm；圆草捆直径为 100～180 cm，长为 100～170 cm。

（5）草捆贮存。草捆打好后，应尽快将其运输到仓库里或贮草坪上码垛贮存。码垛时草捆之间要留有通风间隙，以便草捆能迅速散发水分。底层草捆不能直接与地面接触，以避免水浸。在贮草坪上码垛时垛顶要用塑料布或防雨设施封严。

（6）二次压缩打捆。草捆在仓库里或贮草坪上贮存 20～30 d 后，当其含水量降到 12%～14% 时即可进行二次压缩打捆，两捆压缩为一捆，其密度可达 350 kg/m^3 左右。高密度打捆后，体积减小了一半，更便于贮存和降低运输成本。

2. 天然牧草青贮技术

天然牧草干草调制主要以自然干燥法为主，但其对牧草营养的损耗量大，干草贮藏 15

个月以后，以草垛和草捆形式贮藏的野生牧草干物质损失分别可达29.7%和32.7%，明显影响牧草的有效利用率。草原牧区"伏草"收获加工的时间一般正值雨季，调制干草的难度非常大，雨淋等原因造成的营养物质损失一般可达干物质总量的20%～30%。而天然草地牧草青贮可以避免牧草的营养物质流失，改善适口性，提高采食量和消化率，降低饲料中病虫害对家畜生长发育的不良影响，改善牧草的气味或质地，有效防除针茅对家畜的伤害，扩大饲料来源。此外，牧草青贮饲料可有效节约成本，提高饲草的安全性。

（1）生产环境条件。

① 天然草地要求。天然牧草原料生产地环境应为典型草原，鲜草产量应高于2 000 kg/hm^2；双子叶类杂草比例低于30%。调制和贮藏地环境、水源、空气质量应符合DB62/T 798和DB62/T 799的要求。

② 调制加工气候条件。调制加工时应避开降雨天。带雨作业时，降水量以不影响割草机作业为准。

（2）原料适时刈割期。确定牧草的适宜刈割期时，要把单位面积草地牧草干物质产量和可消化营养物质的含量兼顾起来，全面衡量。选择植物群落中建群种植物，在生长发育过程中产量相对较高、品质相对较好的时期进行刈割。

（3）调整含水量。含水量最好在60%～65%，天然牧草含水量不足时，可在其中喷洒适量的水，原料含水量过大，可适当晾晒或加入一些粉碎的干料，如麸皮、草粉等。

（4）添加剂使用。为了保证天然牧草青贮的成功率，一方面添加青贮添加剂抑制有害微生物的生长繁殖，减少营养物质的降解损失，保证青贮发酵品质；另一方面可在原料中掺入一定比例的营养性添加剂，提高青贮品质。目前，常用的青贮添加剂主要有乳酸菌、甲酸、蔗糖、玉米面、纤维素酶、半纤维素酶等。其中玉米面的添加量为天然牧草总重量的2%～5%。

（5）装填。将水泥青贮窖（池）清扫、消毒备用。将适时刈割的天然牧草逐层装入窖内，每装15 cm厚时可用人踩踏、石夯、履带式拖拉机压等方法将原料压实，特别注意将窖壁四周压实。原料装至高出窖口50～100 cm，使其呈中间高周边低，圆形窖为馒头状，长方形窖呈弧形屋脊状。圆柱形窖或小型容积窖应在1 d内装完。在装填过程中避免雨水进入窖内。大型窖也要在2～3 d内完成。天然草地牧草在密度为350～400 kg/m^3，贮成率显著且综合评定饲用价值较高，稳定性较好。

天然草地牧草青贮原料草种复杂，具有水分含量低、附着乳酸菌数量低、可溶性碳水化合物含量低的"三低"特性，属于调制优质青贮饲料难度较大的原料，目前仍缺乏有效的专用添加剂，天然草地牧草青贮作为重要的饲料调制方式，具有广阔的推广利用前景，而对其添加剂的进一步研究也将成为天然草地牧草青贮的重要研究方向。

（二）干旱、半干旱地区人工草地草产品加工适用技术

1. 燕麦干草的调制技术

燕麦属于一种一年生的冷季型谷物作物或牧草，主要分布在冷凉、湿润和温和的气候地区如内蒙古、河北和山西农牧交错区。燕麦适应各种土壤，即使在酸性土壤中生长，其产量也比其他谷物作物高。燕麦干草富含纤维，蛋白质含量高，蛋白质质量优，脂肪含量

高，是马、奶牛、肉牛、家禽和幼猪的优良饲料，但由于其能量相对较低，基本不用作肥育饲料。燕麦干草的调制过程中需要注意以下 4 点。

① 收获技术。燕麦最佳刈割期一般为 7—9 月的抽穗期、开花期和灌浆期，此时刈割燕麦粗蛋白质含量高，酸性洗涤纤维含量低，可获得高品质青干草，但此阶段亦为华北干旱、半干旱地区的雨季高峰期，收获的燕麦水分含量大，不易贮藏。此外，确定燕麦的适宜刈割期还要考虑饲草的用途。用于泌乳奶牛则需要早刈割；用于干乳牛和肉牛则可以晚刈割。晚熟的燕麦品种通常产草量会高，但品质会比早熟和低矮的燕麦品种低。目前，一些奶牛场计划种植燕麦与豌豆的混播草地，在初穗期刈割，豌豆品种通常选用箭筈豌豆。除了要确定适宜的刈割时期和留茬高度外，还需考虑饲草收割机的选择，以及确定适宜的草行宽度。目前常用的收割机有悬挂式往复割草机与旋刀式割草机，可根据具体情况选择适宜的割草机。此外，草行宽度是宽幅的 70% 较为适宜。割草机最好带有压裂茎秆功能。

② 翻晒技术。燕麦干草调制过程中需翻晒 2～3 次。翻晒要在含水量达到 40% 前进行，否则易造成叶片脱落。

③ 集拢。翻晒处理后比较松散，不易打捆作业，故在打捆前通过集拢作业将草行收窄并适当压紧。

④ 打捆。含水量过高时打捆易发生霉变，过低时又会造成大量的叶片破碎脱落，降低产量及品质。因此，科学合理的建议是在草行含水量在 15%～18% 时进行打捆作业，大草捆和高密度草捆要求的含水量还要低一些。打捆作业必须在晴天进行。

⑤ 利用技术。一般开花期至乳熟期刈割国产燕麦干草的产奶净能在 1.1～1.4 Mcal/kg DM，粗饲料可全部使用优质燕麦干草和全株青贮苜蓿而不会引起奶牛瘤胃酸中毒。燕麦干草不仅用于围产期奶牛，还可替代苜蓿应用于泌乳奶牛，使用量为 2～3 kg，以降低饲料成本。为改善育成牛的产奶性能，建议饲喂 1～2 kg/（头·d）燕麦干草，可替代苜蓿，减少精料。

2. 全株玉米青贮技术

玉米青贮是草食家畜重要的粗饲料来源，全株玉米青贮以营养价值高、保存效果好等优点得以在畜牧业生产中大量使用。地区和气候不同，栽培的全株玉米青贮品种不同，可根据当地的气候、养殖特点和相应全株玉米青贮产量来决定种植品种。品质较好的全株玉米青贮，以 65%～70% 含水量为宜。谷物占总干物质的 40%～45%，淀粉平均含量占干物质的 28%，消化率为 80%～98%。秸秆占总干物质的 50%～55%，其中叶子占干物质的 15%，茎秆占干物质的 20%～25%，玉米穗和包叶占干物质的 20%；中性洗涤纤维（NDF）平均含量占干物质的 45%，消化率为 40%～70%。

（1）全株玉米青贮的适宜刈割期。全株玉米青贮收获的最佳水分含量为 65%～70%。根据全株玉米青贮品种的成熟期和种植时间，来确定刈割的最佳时期。全株玉米的适宜收获期一般抽丝后 42～47 d，此时水分含量每天平均下降 0.5%。但这只是一种估测方法，最好采用实测法：在准备做全株玉米青贮的大田里一行中随机选取 3～5 棵，全株粉碎后用微波炉或烘干炉来进行实际测定。

（2）全株玉米青贮制作过程。

① 适宜的留茬高度。全株玉米收获时合理的留茬多控制在 15～20 cm，同时也取决于地面平整情况和全株玉米青贮干物质含量。留茬过低会夹带泥土，泥土中含有大量的梭菌属等腐败菌，易造成青贮腐败；另外，全株玉米青贮根部粗纤维含量过高，草食家畜不易消化，采食量降低。留茬过高使全株玉米青贮产量降低，影响经济效益，也影响耕种。

② 铡短长度。全株玉米青贮切割的合适长度为 0.95～1.9 cm。目前我国青贮切割机械的切割长度多为 1.5 cm 和 3.0 cm 两个规格，如果改为 3.0 cm，则可降低干物质损失率 5.53%；同时应根据玉米青贮的 DM 含量来确定切割长度，DM 含量小时，应适当增加切割长度。

③ 装填和压实。根据养殖规模，可先收割再运输到青贮窖时粉碎，也可采用大型玉米青贮专业收割机。全株玉米青贮入窖和压实应同步进行。压实要尽快，尽量减少青贮与空气的接触时间，每层青贮的厚度应以 15～20 cm 为宜。高出窖墙 50～100 cm 时即可封窖。压窖机械要求自重大，一般采用宽轮胎四轮拖拉机，其压实的效果要好于链轨式拖拉机。压实密度以不小于 750 kg/m^3 为宜。大型青贮窖或地上青贮要用拖拉机反复压实。较大的青贮窖应保证在 2～3 d 内完成装填过程。

④ 密封。青贮原料在压实后可高出池沿 40～50 cm，凸出的部分可呈长方形或圆形。装填完成后要立即严密封埋，可应用黑白塑料布薄膜对青贮饲料进行覆盖，白面向上，黑面朝下，两片膜的链接处应至少重叠 1.0 m，膜上用轮胎布满窖面压实。塑料膜四周要留有小沟，以便于雨季排水。

⑤ 管护和应用定时检查。发现土层有裂痕或塌陷要及时调整镇压物，以防雨水渗入。此外还要防止鼠类破坏和牲畜踏踩。一般封窖后的 1～2 周应对青贮窖边的轮胎进行调整，尽量减少青贮与窖墙之间的缝隙。

全株玉米青贮一般封窖后 35～40 d 可开窖使用。使用时结合全株玉米青贮的日耗用量、横截面的大小，确定取料的深度，每天取料的距离应超过 1 m。注意取料面的整齐，以避免二次发酵。

（3）紫花苜蓿青贮技术。

① 青贮方式。紫花苜蓿的青贮方式一般采用裹包青贮和窖贮两种方式。裹包青贮即将紫花苜蓿刈割、切短、打捆后，使用具有拉伸和黏着性能的薄膜将其缠绕包裹后形成密封厌氧环境进行青贮的方式。窖贮则是利用壕式青贮窖进行青贮的方式。

② 原料的收获。紫花苜蓿的收获应考虑单位面积上营养收获最大量，苜蓿青贮的最佳刈割收获时期是在初花期（10% 植株开花），适宜的留茬高度为 5 cm，末次刈割根据每年的霜冻期来确定，一般控制在霜冻期来临前 1 个月完成刈割，留茬高度为 10～11 cm。若土地平整，集中连片，生产条件允许，建议使用自走式割草机，其作业效率高，收净率高。紫花苜蓿收获前，认真收集当地天气信息，确定割草时间。如遇降雨推迟刈割，雨后当地表不湿黏、轮胎不沾泥时，即可收获。

③ 青贮含水量调控。紫花苜蓿青贮适宜含水量为 60%～65%，当两手用力握拧苜蓿，以手指缝露出水珠而不往下滴为宜。晾晒期间，草条要尽量宽些，但不能大于捡拾切碎机作业宽度；晾晒过程中，若需要搂草作业，应注意耙齿高度适宜，避免苜蓿被土壤、异物污染。

④ 装填或打捆。装填时间越快青贮表面与空气接触的时间越短养分和干物质的损失越

少，发酵品质越高。青贮原料由内到外呈楔形分层装填，原料每装填一层压实一次，每层铺得不能太厚，在 10～15 cm 时为宜，不得超过 30 cm，宜采用压窖机或其他大中型轮式机械压实。压窖机械应从窖一侧到另一侧，依次反复压实，压实的速度要快，装填过程中不能停止，直至封窖。压实应特别注意窖的两侧，采用机械或人工踩实。压窖机械重量越大压实效果越好，装窖到封窖时间越短越好。当青贮表面苜蓿含水量低于 30% 时，不能再用机械压实，否则易造成苜蓿外翻表面不平整。含水量 60% 时，装填密度≥650 kg/m^3；含水量 50% 时，密度≥550 kg/m^3。裹包青贮原料切碎长度不应超过 7 cm。使用青贮打捆机对紫花苜蓿原料进行切碎打捆，草捆密度达到 550 kg/m^3 以上。

⑤ 裹包或密封。裹包青贮时，打捆后应迅速用 6 层以上的拉伸膜完成裹包。窖贮封窖前，可在苜蓿青贮堆表面覆盖约 15 cm 的玉米青贮。封窖时，要使用完好的黑白膜进行覆盖，膜的上面再压轮胎，轮胎应该以 1.6～2.1 个 /m^2 为宜，陡坡可将轮胎用绳索连在一起。

⑥ 开窖使用。封窖后 1～2 周对青贮窖边的轮胎、沙袋等镇压物进行调整，尽量减小青贮与窖墙之间的缝隙，要经常检查窖顶，发现塑料膜有裂缝、下沉时要及时修补封严，同时注意窖四周及窖顶的排水。苜蓿青贮贮藏时间一般在 60～150 d。苜蓿青贮的开窖取用和管理对生产至关重要，取料方法不当容易引起二次发酵。青贮料每天的取用厚度为 20～25 cm，可避免表面青贮饲料二次发酵。在夏季由于温度较高，建议取用 30 cm 以上，而冬季取料厚度可约为 20 cm 以上。

（4）全株小麦青贮技术。

① 原料收获。一般小麦生育期进入乳熟期—蜡熟期初期收获青贮为好。采用青贮收割机收割，留茬高度控制在 10 cm 以内，小麦铡短长度 2～3 cm 为宜。

② 装窖。青贮窖从装窖到封窖尽量短时间内完成装填和压实，较小的青贮窖尽量保证 2 d 内装封完。同时要保证原料的新鲜，从收割到卸车不超过 4 h。

③ 压实。小麦秸秆是中空的，所以在制作小麦青贮时压窖非常关键，每一层的厚度要控制在 10～15 cm。保证压窖密度≥DM 200 kg/m^2。选用轮式装载机的压实效果要好于链轨式推土机。

④ 封窖。小麦青贮压窖后顶部容易腐烂，为防止顶部腐烂，需在顶部撒食盐进行防腐，每平方米撒 2～4 kg 的食盐。压实后的青贮存贮高度不能超过窖体高 20 cm，要与青贮窖侧墙面持平。青贮窖密封要封 3 层膜（2 层透明膜，1层黑白膜），并压上轮胎，增加密封性。

三、干旱、半干旱地区草产品贮藏适用技术

草产品的合理贮藏可减少贮藏过程中营养物质的损失。因此，调制好的草产品应及时、妥善收藏保存。草产品的贮藏方法可视当地自然条件、设备设施情况以及生产需要而定。

（一）散干草的贮藏

1. 草露天堆垛

露天贮藏是华北干旱、半干旱地区最常用的干草的贮藏形式，是目前最经济、省事的

青干草贮藏方法，适用于需草量大的大型养殖场。具体的贮藏方法如下。

（1）地址的选择。露天贮藏选择地势高燥、平坦、离畜舍较近的地方，搭建高出地面的平台，台上铺30 cm厚的树枝、石块或作物秸秆做防潮底垫，四周挖好排水沟。

（2）水分要求。露天贮藏散干草调制的干草水分含量达15%～18%时方可进行堆藏。

（3）堆垛形式。堆藏方式有长方形垛和圆形垛，长方形草堆一般高6～10 m，宽4～5 m；圆形草堆底部直径3～4 m，高5～6 m。堆垛时，从外向里堆，先堆第一层，使里边的一排压住外面干草的梢部。如此逐排向内堆排，最后堆成外部稍低中间隆起的形状。堆垛时应尽量压紧，缩小干草与外界环境的接触面。

（4）封垛。封顶用绳索纵横交错系紧。垛顶用薄膜封顶，防止日晒雨淋，以减少损失。

（5）堆垛管理。为了防止草垛塌陷漏雨，干草堆垛2～3周内，及时严查封严。草垛四周打防火道，做好干草防水、防火的工作，特别预防干草发酵自燃引起火灾。

2. 草棚堆藏

由于雨淋、日晒、风吹导致露天贮藏散干草褪色，营养成分损失，还会造成干草霉烂变质，营养物质的损失最多达20%～30%，胡萝卜素损失50%以上。因此干旱、半干旱地区条件较好的牧场应建造简易的干草棚或专用贮存仓库，避免日晒雨淋的影响。草棚堆贮与露天堆垛基本相同，要注意干草与地面、棚顶保持一定距离，便于通风散热。

（二）干草捆的贮藏

由于散干草体积大，养分损失大，不便贮运，生产中常把青干草压缩成长方形或圆形的草捆贮藏。草捆垛的大小根据贮存场地的大小来确定，一般对于露天堆放的草捆干草垛长20 m，宽5～5.5 m，高18～20层。草棚的草垛高度可根据草棚的高度而定，草捆垛顶高度要距离草棚边沿30～40 cm，有利于通风散热。

具体操作方法为：将干草捆宽面向上，整齐铺平，上层与下层的草捆摆放方向要纵横交替。上层草捆之间的接缝应和下层草捆之间接缝错开。在每层中设置5～10 cm宽的通风道，在双数层开纵通风道，在单数层开横通风道，通风道的数目可根据草捆的水分含量确定。

（三）半干草的贮藏

华北干旱、半干旱地区7～9月是降雨集中季节，该季节饲草产量最高季节，也是干草最不易调制的季节，因此为了适时刈割牧草，加工优质干草，可在半干时进行贮藏，借助化学添加剂和微生物添加剂减少营养物质损失，能使牧草保持青绿。

1. 化学添加剂处理

（1）氨类化合物处理。氨类化合物（氨水、液氨等）可有效杀死霉菌孢子，抑制腐败菌等大部分有害细菌的繁殖，降低草捆内温度，提高干草的消化率及粗蛋白质含量。具体操作方法：牧草适时收割后，在田间经短期晾晒，当含水量降至35%～40%时即打捆贮存。打捆时，逐捆注入浓度为25%的氨水，然后将堆垛用塑料膜覆盖密封。氨水用量为青干草重量的1%～3%，处理时间应根据温度不同而异，一般在25℃，处理21 d以上。

（2）尿素处理。尿素能通过高水分干草上的脲酶的作用被快速分解产生氨，起到防腐和提高半干草品质作用，经济适用，操作简便。苜蓿干草在含水量为 25% 时打捆，尿素的添加量为 4%。

（3）有机酸处理。有机酸类能够抑制高水分干草贮存期内真菌、放线菌的生长繁殖，微生物的活动，但乳酸菌对其不敏感，仍有生活力，并能产生一定量的乳酸、乙酸等，可使干草得以安全保存。丙酸及其盐类是最常用的有机酸抗菌剂。含水量 20%～25% 的小方捆添加 0.5%～1.0% 有机酸；含水量为 25%～30% 时，用量不低于 1.5%。

2. 微生物防腐剂处理

利用微生物的竞争特性，与干草捆中其他腐败微生物竞争，从而抑制其他腐败细菌的活动。在干草收获时接种微生物可以减少打捆的水分限制，加快收获速度，发酵酸又可控制有害微生物的活动，以获得高品质的干草。目前研究较多的干草接种菌主要是乳杆菌、片球菌和链球菌属的乳酸菌。从国外引进的先锋 1155 号微生物防腐剂是专门用于紫花苜蓿半干草的微生物防腐剂。

四、干旱、半干旱区草产品产业化生产策略

华北干旱、半干旱地区由于受气候波动、蒸发强烈、冬季严寒和水热资源的限制，在发展人工饲草料生产的同时，必须实行轮换休牧制度，设定合理的禁牧期，有利于牧草返青和正常生长，保持草原生产力的水平和生态系统健康。华北干旱、半干旱地区草地要分区规划，保障干旱、半干旱地区草地正常生长，提高草地质量，促进草地的可持续利用与畜牧业发展。

（一）草甸草原类型区草产品加工发展趋势

草甸草原类型区主要分布在林间、林缘、河滩及其湿地，多为零星片状分布，集中连片分布较少。该类地区草产品以生产天然干草为主，畜牧业的发展要以肉牛养殖为主，饲草利用要走放牧与舍饲养殖结合的道路，实施划区轮牧。

（二）典型草原类型区草产品加工发展趋势

典型草原类型区区域最大，发展短期、复种和混播型高产人工草地或饲料粮基地，补饲畜牧养殖冬春季节饲草不足，遵循自然规律，坚持“因地制宜、生态优先、先封后建、先草后灌”的治理原则，利用的方式分为刈割和放牧，平坦缓坡草地利用机械化刈割，两年刈割一次为最佳，陡坡进行放牧利用，放牧要严格控制草地载畜量和放牧季节。合理进行水资源的配置，开发适宜的土地，建设节水的人工草地与饲料地，在降水量 350 mm 以上的草原地区，如大兴安岭东、西两麓和阴山南、北的山前丘陵地区是建设饲草基地的主要地区，可以建立各种非灌溉及适度补灌的人工草地与饲料地。饲草产品加工以干草生产为主，青贮为辅。

（三）荒漠草原类型区草产品加工趋势

荒漠草原类型区主要分布在黄土高原北部及长城沿线一带，仅次于典型草原。以沙

地、戈壁为主，地域广阔平坦，自然条件差，不适宜于农业种植和林业建设。人工草地的发展和以小叶锦鸡儿为主的灌木放牧林基地建设潜力较大，草产品加工以灌木青贮为主。

（四）农牧交错区饲草生产以干草生产为主，青贮加工为辅

华北干旱、半干旱农牧交错区饲草种植面积较大，种植饲草品种（饲草地类型）主要有青贮玉米、青莜麦（饲用燕麦），其次为紫花苜蓿，主要草产品为干草和青贮。燕麦单产水平普遍较低，以河北省坝上地区单产最高为 100 kg/667 m^2 左右，高的可达 200 kg/667 m^2 左右以上；内蒙古自治区和山西省的平均产量在 75 kg/667 m^2 左右。

总之，建立符合华北干旱、半干旱地区天然草地自然修复、人工草地建设与作物秸秆相结合的饲草产业体系，把畜牧业放在与粮食生产同样重要的战略地位，按照轮封轮牧的方式合理利用天然草地进行放牧，同时，充分利用人工牧草和作物秸秆进行舍饲，使畜牧业养殖走放牧与舍饲结合的道路，实现生态与经济双赢的目标。

第二节　湿润（黄淮海）区草产品加工

一、湿润（黄淮海）区气候和饲草生产特点

湿润（黄淮海）区位于我国东部，北至长城、南至淮海、西至太行山和伏牛山地、东至渤海与黄海，包括北京市、天津市、河北省大部、山东省、江苏省苏北地区、安徽省淮北地区。区内有 48 000 万亩的黄淮海平原，3 000 万亩后备宜农荒地和 550 万亩沿海滩涂，还有山东中南部的山地丘陵，胶东地区的低山丘陵。区内土地资源丰富，且土层深厚，土壤肥力较高。地带性土壤为砂姜黑土、黄潮土、盐碱土和褐土，海滨、湖泊周围主要是草甸土和盐土，古河道及河流岸边多风沙土，土壤含盐量较高。黄潮土是湿润区主要的耕作土壤，再利用和改造的潜力很大。

湿润区植被以温性草原和温性草甸草原为主，主要有克氏针茅、长芒草、冰草、糙隐子草组成，主要的饲用植物有羊草、无芒雀麦、羊茅、早熟禾等。京津地区天然草地总面积约 1 395 万亩，其中 62% 是灌丛草地。人工草地主要分布在远郊县，保留面积约 6 万亩。河北省主要草地为温性草甸草原、温性草原、暖性灌草丛、暖性草丛、山地草甸草原、低地草甸、沼泽，天然草地面积 7 140 万亩。山东省天然草地 288 万亩，主要为典型草甸、盐生草甸和沼泽草甸。其他省份有平原草甸类草地、低湿地草甸类草地、山地丘陵草丛类草地、山地丘陵草丛类草地、山地丘陵灌草丛类草地、山地丘陵疏林灌草丛类草地、平原疏林草地与疏林灌草丛草地。

在草产品生产方面，湿润（黄淮海）区有独特的优势。黄淮海地区夏季酷热多雨，冬季寒冷干燥，年均温 11～15℃，无霜期 180～220 d，年降水量一般 400～800 mm，降水量适中但四季分布不均。湿润（黄海海）区光热水土资源匹配较好，有利于农林牧业综合发展，是我国农业发展最早的地区之一，也是我国农业综合开发的重点地区之一。湿润（黄淮海）区包含了我国农牧交错带的华北段。在这个区域，天然草原、人工草原与农田交错

分布，是我国草原畜牧业的主产区。但是，华北黄淮海地区牧草种植区域大多存在土地盐碱化、土壤瘠薄等问题，缺乏灌溉设备设施，北部区域冬季干旱低温问题严重。

本区域种植面积较大的饲草品种主要有紫花苜蓿、青贮玉米、黑麦，其他饲草品种有多花黑麦草、小黑麦、饲用燕麦、饲用高粱、高丹草等（表 13-1）。紫花苜蓿主要分布在盐碱地、黄河滩区、河滩地等中低产田区域，青贮玉米主要分布在奶牛养殖场周边的农田区域，黑麦主要是利用冬闲田进行种植。种草主体主要包括农户、草企业、草业合作社、奶牛场四大类。

表 13-1　黄淮海地区主要牧草特点

草种	气候适宜性	土壤适宜性	品质	干草亩产 /kg	利用方式	利用年限
燕麦	耐寒喜雨不耐热	除干燥沙土外均适应	优质	350～450	兼用	一年生
黑麦	耐寒耐旱不耐热	不耐盐碱不耐涝	优质	600～750	刈割	一年生
小黑麦	耐寒耐旱耐热耐阴	适应性强，耐贫瘠	优质	1 200～1 800	刈割	一年生
高丹草	耐寒耐旱耐热	不耐涝，沙土不适应	优质	2 500～4 000	刈割	一年生
饲用高粱	喜温耐寒不耐寒	耐贫瘠，耐盐碱	良好	1 500～2 000	刈割	一年生
青贮玉米	喜温不耐寒	不耐酸土	优质	1 000～1 200	刈割	一年生
紫花苜蓿	耐寒耐旱不耐热	耐贫瘠耐盐碱，不耐涝	优质	750～900	兼用	4～8 年

注：引自农业部畜牧业司国家牧草产业技术体系（2012）。

黄淮海地区牧草种植模式基本为以下 4 种。

1. 单作模式

以种植春播青贮玉米、饲用高粱为主。

2. 轮作模式

一是苜蓿、作物轮作模式，苜蓿连续利用 6～7 年，轮作作物种植 2 年；二是夏播青贮玉米、冬小麦轮作模式。

3. 套作模式

以棉花、春玉米、春花生套种黑麦、毛苕子、二月兰为主。

4. 间作模式

主要以各类果园、生态林间作紫花苜蓿、黑麦、二月兰为主，以及春玉米间作苜蓿模式。

二、湿润（黄淮海）区草产品加工适用技术

华北黄淮海地区畜牧业发达，而且牛奶企业较多，奶牛存栏量大，对优质饲草需求量巨大。黄淮海地区适宜种植的饲草有青贮玉米、饲用高粱、苜蓿等，每种饲草有其适合的加工技术。目前，黄淮海地区种植的优质紫花苜蓿、青贮玉米等基本上本地转化和利用，

但与需求相比，草产品供应略显不足，仍然需要进口草产品弥补缺口。

（一）紫花苜蓿加工适用技术

在黄淮海地区进行紫花苜蓿种植有明显的优势，黄淮海地区气候、水土等自然条件好，苜蓿每年能够刈割 4～5 茬，而且单产较高。华北黄淮海地区第一茬苜蓿主要用于制作干草，而第 2 茬、第 3 茬紫花苜蓿收获时期适逢降雨季节，对干草制作不利。如果能够避开降雨，仍然可以调制干草。而在连续降雨的天气条件下，紫花苜蓿很难调制成干草，即使勉强制成干草，品质也很低。目前，黄淮海地区开始在雨季进行紫花苜蓿青贮饲料的调制。

紫花苜蓿除了制成干草和青贮饲料之外，还可以进一步加工成草粉、草颗粒、草块、烘烤苜蓿等，其中烘烤苜蓿主要作为宠物粮食，具有发展潜力。商品草主要有紫花苜蓿干草捆、草颗粒、苜蓿草粉、苜蓿拉伸膜裹包青贮等。

1. 黄淮海紫花苜蓿适时收获技术

紫花苜蓿是多年生牧草，在黄淮海地区每年一般收获 4～5 茬，所以适时收获紫花苜蓿很重要，不仅关系到紫花苜蓿的年产量、品质和再生情况，还对草产品质量有很大影响。苜蓿适时收获包括收获时期、收获次数和刈割留茬高度。通常情况下，需要综合考虑紫花苜蓿的产量、茎叶比例、总可消化营养物质含量、对再生性能的影响及单位面积土地上获得的总营养物质产量。

（1）苜蓿的刈割期。苜蓿完整的生长周期包括营养期、现蕾期、初花期、盛花期和结荚期，每个时期对应的营养价值都不同（表 13-2）。

表 13-2　苜蓿不同生长时期质量指标

生育期	粗蛋白质 /%	酸性洗涤纤维 /%	中性洗涤纤维 /%
营养期	22	28	38
现蕾期	20	30	40
初花期	18	33	43
盛花期	16	41	53
结荚期	14	43	56

在苜蓿生产中，收获时要兼顾苜蓿产草量和营养价值，因为它们是重要的生产指标。刈割时期的选择影响到收获时乃至制成的草产品的产量和营养价值。适宜的刈割期需要满足 3 方面的条件：有利于苜蓿生长发育和提高产量、保持苜蓿含有较高的营养价值、有利于产量的持久性及收割后根系营养物质的积累。

随着苜蓿生育期的延长，苜蓿株高增加，在现蕾前期，苜蓿处于营养生长阶段，植株株高增加较快，现蕾前期以后为苜蓿生殖生长阶段，株高增加缓慢，在盛花期，株高达到峰值。苜蓿鲜草产量与株高呈指数相关关系，株高可反映产量情况，在盛花期收获可获得最高的单茬苜蓿的产量，但一年苜蓿总产量受到影响（表 13-3）。

表 13-3 苜蓿收割时期与总产量

刈割期	第一茬刈割日期	两茬间平均间隔时间 /d	刈割次数 / 次	平均株高 /cm	全年鲜草产量 /（kg/ 亩）	全年干草产量 /（kg/ 亩）	鲜干比
分枝期	4.20	20	8	56.5^{Ce}	3323.1^{Bd}	568.9^{De}	5.84^{Aa}
现蕾前期	5.3	25	7	72.3^{Bd}	$3\,646.8^{Aa}$	716.9^{Cd}	5.09^{Bb}
现蕾期	5.8	29	6	76.8^{ABc}	$3\,581.4^{Ab}$	846.7^{ABb}	4.23^{Cc}
初花期	5.15	35	5	78.9^{Ab}	$3\,446.1^{ABc}$	853.0^{Aa}	4.04^{CDEcd}
盛花期	5.25	42	4	80.3^{Aa}	$3\,260.0^{Be}$	844.8^{ABb}	3.86^{DEde}
结荚期	6.10	56	3	79.6^{Aa}	$2\,856.6^{Cf}$	772.3^{BCc}	3.70^{Ee}

注：表中上标字母表示不同的显著性差异。

从一年总产量来看，在初花期刈割可以获得最高的干草产量。另一方面，从总营养物质产量角度来看，在初花期刈割可以获得最高的干物质产量。所以，以初花期为收获时期可以保证营养物质和干草产量实现年度最大收益。

而在最后一次刈割时，还需要考虑苜蓿越冬的问题。苜蓿越冬与根部含糖量有关，一般来说，苜蓿每年最后一茬收获时，收获时期还会影响苜蓿根部营养物质含量，在初花期-盛花期刈割，营养物质积累较多，有利于越冬和次年再生。

综合考虑，苜蓿适宜的刈割期为初花期（10% 植株开花），此时刈割可以获取较高的干草产量和营养物质产量，并能够使苜蓿保持较高的生产能力和持久性。

（2）苜蓿的收获次数。苜蓿的刈割次数是指在每年植株生长期内的割草次数。刈割的合理与否直接影响当年收获苜蓿的产量和质量，间接影响到后来年份生产力的维持与提高。一般来说，苜蓿刈割 3 次以上产草量最高。

黄淮海地区相对温暖湿润，全年积温适中，无霜期相对较长，如果种植土地肥沃，配合良好的栽培管理水平，苜蓿每年可以刈割 4～5 次。苜蓿为多年生豆科牧草，在最后一茬收获时，需要考虑刈割时间对翌年返青和生长状况的影响，一般来说，为了保证苜蓿根系积累足够的糖类，满足越冬和发芽的需要，最后一次刈割要在停止生长前 20～30 d 前进行。

（3）苜蓿的刈割留茬高度。苜蓿一年可收获多次，每次收获后从根茎萌发新枝条。刈割留茬高度的选择需要综合考虑后续茬次牧草生长和总草产量（表 13-4）。留茬过高，当茬苜蓿产量较低，还会造成基部茎叶损失，同时旧茬也会在一定程度上抑制再生草的生长，再生草产量会受到一定影响；留茬过低，当茬苜蓿产量较高，但是影响苜蓿再生能力和新生枝条的生活力，甚至影响再生草的成活率，再生茬次生长期延长，整年草产量反而下降，而连续低茬刈割会引起苜蓿草地的急剧衰退。

表 13-4 留茬高度与产量

茬次	留茬高度 /cm	平均株高 /cm	鲜草产量 /（kg/ 亩）	干草产量 /（kg/ 亩）	鲜干比
当茬草（第 1 茬）	3～4	81.8	946.5^{Aa}	326.4^{Aa}	2.90^{Bc}
	5～6	82.5	925.6^{Bb}	316.6^{Bb}	2.92^{ABab}
	7～8	82.6	908.2^{Cc}	309.9^{Bc}	2.93^{ABab}
	9～10	82.3	885.5^{Dd}	299.7^{Cd}	2.95^{Aa}

续表 13-4

茬次	留茬高度 /cm	平均株高 /cm	鲜草产量 /(kg/ 亩)	干草产量 /(kg/ 亩)	鲜干比
再生草（第 2 茬）	3～4	75.8	576.5^{Cc}	196.9^{Cc}	2.93^{Ab}
	5～6	77.2	593.6^{Bb}	201.5^{ABab}	2.95^{Aab}
	7～8	77.5	607.2^{Aa}	205.1^{Aa}	2.96^{Aab}
	9～10	76.7	590.5^{Bb}	198.7^{BCbc}	2.97^{Aa}
全部茬次（共 5 茬）	3～4	78.8	2 871.3^{Dd}	979.9^{Bd}	2.93^{Ab}
	5～6	79.85	2 992.5^{Aa}	1 015.5^{Aa}	2.95^{Aab}
	7～8	80.05	2 967.8^{Bb}	1 006.7^{Ab}	2.95^{Aab}
	9～10	79.5	2 920.5^{Cc}	985.7^{Bc}	2.96^{Aa}

注：表中上标字母表示不同的显著性差异。

留茬高度在 5～6 cm 时，一年每亩地苜蓿鲜草和干草产量最高。随着留茬高度的增加，茎叶比下降，苜蓿蛋白含量增加，纤维含量下降，鲜草产量下降。一般情况下，用割草机进行机械化刈割时，留茬高度为 8～10 cm。

苜蓿越冬情况与多种因素相关，根部营养物质丰富程度是影响因素之一，冬季根部贮存的营养物质越多苜蓿抗寒抗旱能力越强，有利于越冬返青。末次刈割的留茬高度对越冬前苜蓿根的干重、体积、CP 含量和总糖含量的影响均较大，刈割留茬高度为 7～8 cm 时较为合适，其次为 5～6 cm、9～10 cm 和 3～4 cm，其原因可能是一定的留茬高度保证留有苜蓿植株的生长点和再生点、再生速度和存活力适宜，根部干物质和营养成分的累积速度也较快，有利于苜蓿的正常越冬和来年的再生；留茬太高或太低都不利于营养物质积累。

2. 青饲

青饲是苜蓿刈割后运回、切碎、舍饲，是苜蓿的一种主要利用方式。青饲时应随割随用，不能放置太久。新鲜苜蓿蛋白质含量高，适口性好，牲畜喜食。苜蓿一般在现蕾期至初花期刈割，可以直接饲喂奶牛、肉牛、羊、兔、驴、猪、鸡、鸭、鹅等畜禽。饲喂量与动物种类和动物所处的生长时期有关，猪和禽类一般饲喂上半部纤维含量较低的部分，且需要切碎或打浆。新鲜苜蓿下半部纤维较高的部分可以饲喂大型家畜，可以单独饲喂，也可以与禾谷类秸秆、青贮玉米饲料等混合舍饲。

青饲时，苜蓿一般处于开花期前，皂苷含量较高，皂苷是一种由甾体化合物或多环三萜与寡糖组成的物质，受到振荡时产生大量而持久的泡沫。草食家畜采食过多新鲜苜蓿后，瘤胃中形成大量泡沫且不能排出，易患臌胀病，引起死亡或产乳量下降。为防止此类病症发生，可在饲喂新鲜苜蓿前饲喂干草或粗饲料；待苜蓿上面露水蒸干后饲喂；或与其他禾本科牧草搭配饲喂，且每天鲜饲量不能过大。

3. 苜蓿干草调制

苜蓿干草饲用价值高，是优质的粗饲料，可以代替部分精饲料或者制成配合饲料。苜蓿干草的制作过程包括刈割、干燥、捡拾打捆、二次高密度打捆和贮存等。苜蓿干草调制方法简单，成本低，能够长期安全贮藏，平衡全年饲草供应。

青绿饲料含水量高，苜蓿鲜草含水量为75%～80%，腐败微生物容易繁殖并使青绿饲料腐败变质，通过干燥，将含水量降到18%以下，防止霉变损失，保存营养成分，实现长期保存的目的。

在干燥的过程中，有两个变化阶段：第一阶段是在活细胞中进行的以异化作用为主导的生理过程；第二阶段是在死细胞中进行的在酶的参与下以分解为主导的生化过程。在这两个阶段，糖、蛋白质、胡萝卜素含量降低，维生素D含量增加。生理变化过程发生在苜蓿的含水量从刈割时75%～80%降低至40%左右过程中。在这个阶段，养分损失量一般为5%～10%，主要水分散失方式是游离于细胞间隙的自由水通过维管系统、细胞间隙和气孔散失出去，水分降低速度较快。生化变化过程发生在苜蓿含水量从40%下降到18%以下过程中，在这个阶段，主要水分主要散失途径是从细胞内部进入细胞间隙，通过角质层蒸发。由于角质层里含有部分蜡质，水分降低速度慢，是苜蓿干燥过程的主要耗时阶段。影响苜蓿水分散失的因素有外界气候条件，苜蓿植株内、外水分移动的阻力和苜蓿各部位的散水强度。

在干燥过程中，植物的呼吸作用、机械作业、阳光的照射和漂白作用、微生物繁殖和发热以及雨淋都会引起干草调制过程中的营养损失。干燥时间越长营养损失越多，为了最大限度保存苜蓿营养，应当尽量缩短干燥时间。

（1）晾晒。在黄淮海地区可以采用以下两种方法进行晾晒。

① 地面晾晒法。通过割草机刈割后，将牧草平摊在草趟，就地干燥。当牧草水分含量下降至40%左右，可以进行一次翻晒。为避免苜蓿叶片损失，翻晒作业可以在晚间或者早晨进行，同时将草搂成松散的草垄，或者堆成小堆，继续晾干，然后调制成干草。

② 草架晾晒法。将牧草刈割并在地面上干燥，当含水量为45%～50%时，将牧草自下而上，逐层堆放到草架上，继续晾晒。干草架子有独木架、三角架、幕式棚架、铁丝长架、活动架等。架上干燥可以将苜蓿由上至下保持一定的斜度铺在草架上，厚度小于70 cm，保持蓬松的状态以利于通风。草架晾晒法需要一定的设备投入，相对于地面干燥法，草架晾晒法需要的劳动力较多。

（2）缩短干燥时间。以下几种措施可以有效地缩短干燥时间。

① 选择合适的天气。黄淮海地区苜蓿收获时期与雨季同期，为获得全年最高的干草产量，可以适当地进行收获时期调整。一般第1茬苜蓿在5月进入收获期，为了方便后期收获，可以在5月中旬收获现蕾期苜蓿，刈割后施肥，根据土地情况，适时灌溉以促进第2茬苜蓿生长发育。在6月底收获第2茬苜蓿，并调制干草。进入7月后，降水较集中，可以避开这一段时间，8月下旬刈割第3茬苜蓿，给第4茬苜蓿留下较充足的生长时间。在降水量较集中的月份进行刈割时，根据气象信息，选择在2～3 d内无降水、天气和空气湿度适宜的条件下，可以采取小范围分批作业的方式进行干草调制。

如果天气条件不适合进行干草调制，可以将收获的苜蓿调制成青贮饲料。

② 喷洒化学干燥剂。苜蓿等豆科牧草在刈割前，最好用干燥剂处理。化学干燥剂能够改变苜蓿角质层的结构或溶解体表蜡质，促进水分的散失，有效缩短田间干燥的时间。常用的化学干燥剂有碳酸钾、碳酸钙、碳酸钠、氢氧化钠、磷酸二氢钾、碳酸钾与长链脂肪酸混合液、长链脂肪酸甲基酯乳化液与碳酸钾混合液等。

一般情况下，空气越干燥苜蓿含水量越高，使用干燥剂的效果越好。喷洒干燥剂和刈割应该同时进行或者喷洒后迅速刈割，还要注意摊薄苜蓿，加速干燥进程。

③ 适当压扁。苜蓿植株各部位含水量不同，表面积和解剖构造也有区别，各部位在刈割后水分散失速度不同，茎秆的水分散失速度是最慢的，当叶片完全干燥时，茎秆的含水量还很高。所以，缩短茎秆干燥时间可以缩短整个干燥时间。

采用茎秆压扁的方法可以使干燥时间缩短 1/3～1/2，而且干物质损失减少 2～3 倍，碳水化合物损失减少 2～3 倍，粗蛋白质损失减少 3～5 倍。茎秆压扁后，角质层、维管束被破坏，减少水分蒸发的阻碍，加快水分散失速度，有效减少茎秆干燥时间。

不同程度的压扁对干燥的影响也不同（表 13-5）。轻压使茎秆纵向出现裂纹，但是茎秆不会裂开；重压使茎秆裂开。在苜蓿不同生长时期刈割并采取不同压扁处理的数据可以看出，轻压扁的粗蛋白质、胡萝卜素含量较高，粗纤维含量较低。

还可以将茎秆压扁后，添加浓度为 2% 的碳酸氢钠，干燥的效果也很好。

表 13-5 处理与营养物质含量关系

生育期	处理	粗蛋白质 /%	胡萝卜素 /（mg/kg）	粗纤维 /%
现蕾初期	烘干	28.11	194.00	16.20
	重压扁	21.81	170.60	19.90
	轻压扁	27.78	150.60	19.61
	未压扁	26.65	108.00	20.94
现蕾盛期	烘干	22.10	170.0	23.60
	重压扁	18.42	160.0	27.26
	轻压扁	20.54	140.0	26.81
	未压扁	19.27	80.0	29.36
初花期	烘干	20.61	166.9	33.83
	重压扁	15.99	154.8	33.13
	轻压扁	18.10	137.6	33.07
	未压扁	16.84	58.1	33.09

注：引自洪绂曾（2009）。

④ 小捆干燥。当苜蓿含水量降低至 40% 左右时可以打成小捆，可以有效减少机械作业次数，缩短干燥时间并保存大量营养成分；含水量较低时打捆叶片损失较多；含水量较高时打捆，不仅降低了苜蓿干燥速率，还有可能发生热害和霉变。

⑤ 翻晒。在苜蓿含水量降到 40% 左右时，翻晒一次可以缩短苜蓿干燥时间，营养损失也较小。翻晒次数会影响叶片的保存，苜蓿大量的营养物质在叶片中，多次翻晒导致叶片脱落。在上述几种促进苜蓿干燥的处理中，压扁程度对粗纤维、胡萝卜素的含量影响最大，翻晒次数和打捆干燥的影响次之。

⑥ 大棚干燥。在苜蓿干燥过程中，还可以在塑料大棚中进行干燥。塑料大棚内气温一般高于大棚外，而且平均湿度较低，昼夜更替和天气对塑料大棚的影响较小，可以促进苜

蓿干燥，有利于营养物质保存。

（3）刈割时防止雨淋。刈割苜蓿时，注意收听天气预报，避开雨天刈割。如遭雨淋，苜蓿色泽由绿变淡，落叶数量增多。雨淋后还会增加苜蓿含水量，拖延了干燥时间，如水分掌握不当，在保存期间易发霉变质，造成质量下降，生产受损（表 13-6）。

表 13-6　调制方式与营养物质含量　%

处理	蛋白质	糖分	淀粉	纤维
实验室	17.83	4.18	10.71	27.50
野外调制	13.77	2.25	12.40	30.51
雨天野外调制	11.33	0.75	14.14	36.49

注：引自洪绂曾（2009）。

地面晾晒一段时间后，苜蓿含水量降至 40%～50% 时，可用搂草机将苜蓿搂成草垄；当含水量降至 35%～40% 时，可以搂成小草堆。在进行搂草和集草时，一定要选择在含水量合适的时期进行作业，防止因苜蓿含水量较高造成的腐败霉变或含水量较低导致大量叶片脱落。

（4）堆垛要求。苜蓿在田间晒干后，含水量降至 15%～18%，应及时拉运上垛，堆垛作业可以用人力完成或干草堆垛机操作。草垛应选在地势较高、不易积水的地方；草垛的形状有长方形和圆形两种，原则是高大于宽（雨淋面小），宽度一般为 4～5 m，长度应根据草量的多少，一般不少于 9 m；堆垛时，垛底可以铺上不少于 25 cm 高的树枝、秸秆或砖块等。堆垛时可以根据条件采用逐层堆垛或者逐段堆垛的方式进行。堆垛时要注意将垛顶堆成弧形，利于排水，减轻雨淋损失。堆垛完成后，可以在垛顶覆盖劣质草、杂草或秸秆，高度应在 50 cm 左右，并用重物或绳索捆住，防止被风吹散。如有条件，还可在垛顶覆盖帆布或塑料布防止太阳光损害或雨淋损失。

（5）打捆。在气候潮湿、雨水较多的黄淮海地区，调制干草时应及时打捆或堆垛。用捡拾打捆机可以将苜蓿压制成草捆。草捆形状有方形和圆形两种。方草捆密度较大，每立方米 160～300 kg；圆草捆密度小一些，每立方米 110～250 kg。将草捆用固定式高密度二次打捆机进行二次打捆，可以制成每立方米 320～380 kg 的高密度草捆（表 13-7）。

表 13-7　不同规格草捆对含水量的要求

规格	含水量要求	重量 /kg
小方捆	＜20%	30～35
大方捆	＜16%	300～900
大圆捆	＜16%	250～550
露天存放大圆捆	＜20%	250～550

注：引自洪绂曾（2009）。

（6）苜蓿干草的贮藏。苜蓿干草的贮藏地点最好选择地势较高、平坦干燥的地方，底部垫起铺平。

表 13-8 草捆贮存方式与营养损失

贮存方式	营养损失 /%	
	贮存 9 个月	贮存 12～18 个月
仓库	<2	2～5
简易草棚	2～5	3～10
防雨布苫盖	5～10	10～15
露天存放不苫盖	5～20	15～50

注：引自洪绂曾（2009）。

苜蓿干草在贮藏过程中，温度、颜色、重量和营养成分等指标会发生变化，它们的变化情况与干草含水量和贮藏条件有关。

在贮藏过程中，苜蓿草捆内部温度变化趋势呈现“上升—下降—上升—下降”的规律。温度变化的幅度与草捆含水量有关，含水量越高变化趋势越明显。温度的变化也与霉菌的活动相关，草捆水分和有氧环境为霉菌的繁殖提供了条件，在温度升高的同时，美拉德反应加剧，蛋白质结合成为难以消化的结合蛋白，降低了干草消化率。霉菌的活动使温度升高，而温度升高会抑制霉菌活动，温度下降，这种温度波动变化情况在含水量下降到安全水平时停止。霉菌数量在贮藏 10 d 左右到达最高值，随后数量下降。整个贮藏过程营养成分降低，含水量越高营养损失率也越大。出于安全贮藏的角度，苜蓿草捆的含水量需要控制在 20% 以下，也可以通过添加防霉剂抑制霉菌繁殖。

除干草防霉剂（主要成分为丙酸、丙三醇、甘油二酯）外，在干草中喷洒 CaO、尿素、无水氨和丙酸，也有利于干草保存。

4. 苜蓿青贮调制技术

苜蓿属于豆科牧草，蛋白质含量和缓冲能较高，收获时期含水量较高，而可溶性糖含量低，直接用来调制青贮，产生的乳酸不足以将 pH 降至 4.2 以下，而且还会产生大量的渗出液，养分流失。在新鲜苜蓿的青贮过程中，很容易产生丁酸，形成劣质的青贮饲料，甚至不能饲喂。为了调制成功的苜蓿青贮，需要选择合适的方法。

黄淮海地区在收获第 2 茬、第 3 茬苜蓿时，雨热同期，调制苜蓿干草受到影响，为避免或降低损失，可以将苜蓿调制成青贮饲料。

（1）苜蓿半干青贮技术。半干青贮也叫低水分青贮，将苜蓿进行晾晒，当含水量降至 45%～60% 进行青贮，就形成了苜蓿半干青贮。在低水分环境下，不利于丁酸菌的繁殖，即使 pH 不能下降至 4.2，也能调制成优质青贮。在调制过程中，需要一定的晾晒时间，为了控制原料的营养损失，应在 36 h 内完成晾晒或萎蔫。这个过程一般在田间进行，在晾晒的过程中需要防止苜蓿受到雨淋。当含水量降至合适程度时进行翻晒，翻晒过程中尽量避免带入泥土。含水量降至 50% 左右，可以捡拾、切碎并进行青贮。切碎长度一般在 1～1.5 cm，装填过程应迅速，装填完成后应及时密封。

（2）苜蓿添加剂青贮技术。苜蓿半干青贮有利于调制成优质的苜蓿青贮。在黄淮海地区，存在雨热同期的问题，如果收获时进行晾晒，还是有可能遇到雨水天气，造成损失。

收获时苜蓿含水量在 80% 左右，直接青贮加工，会发生排汁或腐败，很难获得优质的青贮饲料。以高水分苜蓿为的原料，直接青贮情况下，有必要采用添加剂来保证青贮饲料的品质。添加剂可以改善青贮效果，但是难以避免梭菌活动造成的营养损失。因为在高水分的条件下，较低的 pH 并不能抑制有害菌的生长，它们将可溶性碳水化合物与蛋白质降解为丁酸和氨态氮，即使 pH 下降至 4.0 左右，依然可以检测到丁酸的存在。目前经研究证明添加乳酸菌和纤维素酶、丙酸、甲酸、饲用枣粉、蔗糖和绿汁发酵液等都能有效地提高高水分苜蓿的青贮品质，但是青贮饲料的 V-Score 较低，真蛋白质降解较多。

（3）苜蓿混合青贮技术。苜蓿与其他禾本科饲草、农业副产品等进行混合青贮可以较好地解决苜蓿可溶性碳水化合物不足和缓冲能高等问题，达到在收获后及时进行青贮保存营养物质的目的。

苜蓿一般与含水量较低、糖分含量较高的禾本科牧草混合青贮，能够调节糖含量，解决苜蓿青贮难题。玉米粉、全株玉米、甜高粱、红三叶、鸭茅和芦苇都可以和苜蓿混合青贮。可以通过混播的种植方式，便于收获时混合青贮。此外，也可将玉米秸秆、甜菜渣、米糠、酒糟等副产品混入苜蓿原料中，进行混合青贮。

在混合青贮原料中添加化学或生物添加剂，如乳酸菌、纤维素酶制剂、绿汁发酵液、甲酸和蛋白酶抑制剂等都可以提高青贮饲料的品质。

5. 苜蓿成型草产品制作

从我国饲料工业发展看，蛋白质饲料资源不足，虽然苜蓿蛋白质含量高，但在饲料工业使用过程中，由于粗纤维含量、容重等因素受到限制，为提高紫花苜蓿使用量，必须研究紫花苜蓿的综合加工技术。开发紫花苜蓿颗粒饲料，可以作为配合饲料中蛋白质补充料、维生素补充料及色素来源，降低高档蛋白质饲料、维生素饲料及饲料添加剂的使用量，可降低配方成本。研究紫花苜蓿叶粉颗粒饲料的加工工艺，提高苜蓿产品的营养价值和商品价值，提高配合饲料中的使用量，进而提高苜蓿的综合经济效益，促进草业发展；降低配合饲料配方成本，促进饲料工业发展。

紫花苜蓿加工成草粉作为家畜配合饲料的主要原料使用，主要起平衡日粮氨基酸、提供丰富的维生素的作用，并提供优质纤维素。脱水苜蓿掺进蛋禽的日粮中，可加深蛋黄的颜色，饲喂种禽可提高繁殖力，饲喂肉鸡可增加皮肤色素沉着。已经证明，在种母猪的日粮中脱水苜蓿占 10% 时，能提高排卵率、窝仔成活率。据报道，用脱水苜蓿和其他牧草一起饲喂奶牛，能提高牛奶产量。脱水苜蓿和尿素相结合可替代奶牛日粮中的大豆粕。研究证明，饲喂脱水苜蓿的奶牛能提高泌乳的持久性，降低牛奶的乳脂率。用含有脱水苜蓿的日粮饲喂肉牛和羔羊能显著提高日增重，有较高的胴体重和较高的屠宰率。

黄淮海地区除了发展干草和青贮产品外，开发成型草产品也是发展趋势。

（二）青贮玉米加工适用技术

黄淮海地区属暖温带半湿润气候类型，地势平坦，土层深厚，无霜期长达 170～220 d，降雨量较丰富，雨热同季，夏季降雨量占全年总降雨量的 70% 以上，非常适合夏播玉米生长。该区一般采用小麦－玉米两熟制栽培，种植方式以小麦－玉米间套种和两茬复种为主。该区的热量资源还不是十分充足，种一季有余，种两季不足，受前、后两茬冬小麦的约束，玉米播种时间非常紧张，而种植青贮玉米，由于收获期较早，可在一定程度上缓解该矛盾。

本地区为一年两熟，玉米种植方式多种多样，间套复种并存。主要种植方式有：小麦－玉米两茬复种、小麦－玉米两茬套种和玉米豆类间作。黄淮海地区主要种植夏播玉米，前、后两茬冬小麦会影响玉米的生长，一般选择中早熟品种。

黄淮海地区玉米常见玉米害虫为玉米螟、桃蛀螟等钻蛀性害虫和地老虎、蝼蛄、蚜虫、蓟马、红蜘蛛、黏虫等苗期害虫。常见病害为玉米小斑病、茎腐病、南方锈病、褐斑病、粗缩病等，在选择玉米品种时，一般需要选择对当年易患病害有一定抗性的品种。

全株玉米调制青贮时，适期收获是非常重要的，优质的青贮原料是调制优良青贮饲料的物质基础。适期收获能获得较多的全株玉米产量和较高的营养价值。

专用青贮玉米和粮饲通用型玉米的收获时期需要综合考虑籽实成熟度和秸秆的老化程度来确定，一般是乳熟期至蜡熟期，收获时收获包括玉米粒在内的整株玉米。

籽粒做粮食、秸秆做青贮原料的兼用玉米，在蜡熟末期采摘籽粒，在玉米茎叶下部仅有 1～2 片出现枯黄时，收割秸秆青贮。兼用玉米一般选用在籽粒成熟时其茎秆和叶片大部分呈绿色的杂交种。在整株用作调制玉米青贮时，宜在出现 1/2～2/3 乳线时收获。

植株含水量也可以作为判断适宜收获期的方法，一般 65%～70% 的含水量是最适收获期。如果收割时全株玉米含水量超过 70%，则由于汁液的流失容易造成养分的损失，而且青贮玉米的酸度增加，导致奶牛干物质采食量下降，同时也降低了玉米产量。如果水分低于 60%，青贮玉米不易压实，空气含量高容易引起褐变。

1. 留茬高度

全株玉米青贮收获时留茬高度一般为 15～20 cm。留茬高度过低，易混入泥土，造成腐败；纤维含量过高，奶牛采食量降低。留茬高度过高，会造成产量降低，影响经济收入。

2. 青贮玉米制作

玉米青贮原料必须进行切短处理，常用的切短设备有青贮饲料联合收割机、青贮切碎机、铡草机、揉碎机等。一般建议玉米的切短长度不超过 2 cm，并且较细的切短有利于青贮发酵和动物利用。

玉米青贮装填原料时必须均一，且要求充分压实。玉米的茎、叶、籽粒的比重各不相同，装填时容易发生分离，造成青贮设施内的原料不均一，导致空气残留较多，易于发生部分发霉。此外，压实与装填需要同时交替进行，小型青贮设施可采用人工踩实，大型青贮设施采用双轮拖拉机压实。为保证青贮饲料质量，压实密度一般在 750 kg/m^3 左右。

装填压实后，需立即进行密封，减少暴露在空气中的时间。青贮装填时，顶部应该形成中间凸起，便于降水等排出。青贮设施的密封多采用密闭性良好的塑料薄膜进行覆盖，塑料薄膜重叠处至少应交错 1 m，盖好后在薄膜外层压上废旧轮胎等重物，促进空气的排出。封窖后，需定期检查窖顶和窖口，注意防范鼠类、鸟类破坏。

3. 青贮饲料贮藏工艺

在黄淮海地区，可以采用地面堆贮、窖贮、壕贮、拉伸膜裹包青贮形式进行青贮制作。无论是青贮仓、青贮窖还是青贮堆，后期的贮藏工作都很重要，有效地密封是保证青贮饲料成功贮存并减少损失的关键。可以从以下几点来确保密封：在收获和碾压结束后，用塑料布遮盖饲草，埋紧塑料布的边缘来密封草堆，在青贮上放大量的轮胎压紧塑料布，保持塑料布和饲料之间的紧密接触。塑料布重叠处要至少交错 50 cm 以上，并使用青贮专用胶带密封。塑料布务必保持清洁干燥，不可以褶皱，来保证青贮胶带的使用效果。塑料布也可以交错 1 m，然后再用轮胎或沙袋压在重叠处。在用塑料布遮盖饲草时，保证表面呈一定角度，使雨水能够沿塑料布流下，避免在青贮表面形成坑洼，防止青贮中渗入雨水。将塑料布边缘埋入土中，防止被风掀开。

拉伸膜裹包青贮可以集中堆放贮藏，堆放时大型裹包青贮平铺一层，小型裹包青贮可以堆成两层或三层，外面覆盖一层旧的青贮裹包膜更有利于保存。

无论是何种形式的青贮，在保存的过程中需要经常检查，如果发现破损需要及时修补。

三、湿润（黄淮海）区草产品产业化生产策略

黄淮海地区是我国草产品加工优势带，在黄淮海地区有众多奶牛、肉牛、肉羊和肉兔企业，这些企业对草产品的需求较大，是我国畜牧业的主要产区。但是黄淮海地区是我国的传统农业区，粮食作物种植面积较大，草产品种植优势不显著，草产品企业发展较缓。

（一）草产品产业化发展的优势

黄淮海地区气候、水土等自然条件较好，土地较平坦，适合发展现代化的草产业。

（二）亟需解决的问题

目前市场上牧草品种较多，选择适合黄淮海地区的品种是建立现代化草产业的基础。而对于牧草品种的选择方面，需要科研和监管两方面的努力。在本地区，种植的苜蓿有一定比例的进口品种，而进口品种不适应黄淮海地区的土壤和气候特点，持久性、抗逆性等问题突出，本地品种品质和产量比较差，影响苜蓿的推广应用。青贮玉米品种较少，种植的大部分是粮饲兼用品种，甚至有的地区还采用黄贮的方式进行青贮饲料的制作。黄淮海地区牧草种植多选在盐碱化、贫瘠的土地，同时缺乏灌溉设备，北部地区干旱、低温影响产量。

牧草种植方面，机械化程度较低，牧草生长过程中节水灌溉、微咸水开发利用、科学施肥技术、混播技术等也在制约草产品产量。收获环节机械程度低，人工收获加工效率低下，影响草产品质量，草产品质量又影响到草产品价格，生产方利益受损。

（三）生产经营模式

1. 家庭牧场模式

家庭牧场是以家庭经营为基础，从草场、牲畜到产品，形成一个较为完整的产业链条，自主经营，自我积累，自身发展，自负盈亏。家庭牧场规模较小，经营形式灵活多样，运营成本低，但是抵御风险的能力较弱。

2. 联户经营模式

联户经营是在家庭承包经营的基础上，按照一定的合作模式，将土地资源、劳动力资源、草产品资源、牲畜资源、机械资源进行整合，联合生产经营。经营的主体是合作的普通牧民，成员较少，管理结构简单。联户经营的优势是优化劳动力资源和生产资料的配置，有效提高了生产效率。

3. 合作社经营模式

合作社经营是以牲畜、土地使用权、生产机械等生产资料为股金，在生产、加工与运

销环节建立的合作组织。合作社的成员是生产者和所有者，收益按比例分配，形成稳定的利益关系，能够提高生产积极性并提高农户收入。

4. 企业经营模式

企业经营模式是用现代工业的管理办法组织现代畜牧业的生产和经营。企业以经济效益为中心，以国内外市场需求为导向，充分利用科学技术，为自身的产业和产品服务，优化组合生产要素，形成畜牧业和农村经济区域化布局、专业化生产、一体化经营、社会化服务、企业化管理，形成一体化的经济运营模式和运行机制。这样的企业经营模式，也是中国大部分企业未来的发展方式。

5. 公司加农户经营模式

公司加农户经营模式是指有实力的企业与农户签订经济合同，明确各自的权利、义务和责任，通过契约机制形成的利益共同体。企业可以向农户提供产前、产中、产后服务，按照合同收购产品，企业利用自己的加工销售渠道，对草产品进行加工或利用草产品生产畜牧产品并销售。这种方式可以一定程度上控制草产品质量，实现企业与农户的双赢，带动区域草产品产业发展。

四、发展策略

（一）草畜结合，加快饲草就地转化利用

黄淮海地区是我国农产品主产区，但随着种植结构调整和养殖行业的兴起，养殖量中速增长，草地畜牧业较为发达，是我国草食家畜养殖的重要热点地区。

黄淮海地区有区域粮食生产基地的优势，草食牲畜有奶牛、肉牛、肉羊，它们是推动牧草产业发展的重要客户。黄淮海地区是我国重点建设的奶牛产业之一，当地建设了大型的现代化牧场和牛奶生产企业，奶牛饲养水平不断提高，有效促进青贮玉米、优质苜蓿的就地转化利用。制约当地奶牛饲养业进一步发展的重要因素是优质饲草供应不足。奶牛可以利用当地的青贮玉米、苜蓿等粗饲料，黄淮海地区是我国四大肉牛优势区之一，肉牛、肉羊等可利用品质略差的牧草产品或农作物副产品等。黄淮海地区不仅适用于建造大型奶牛生产企业，还适于发展肉牛、肉羊等育肥产业。

为提高黄淮海地区的草产品产业发展，可以根据当地的牲畜种类和需求，调整当地青贮玉米和苜蓿种植品种和草产品形式。推广“养殖企业 + 种植大户”“养殖企业 + 种植合作社”“养殖企业 + 自由种植基地”“专业饲料收贮企业 + 种植基地 + 养殖企业”4种种养结合模式。按照草食牲畜的需要进行牧草的种植、收获、加工等各环节，加快饲草就地转化利用效率。

（二）构建专业化饲草加工产业链条

黄淮海地区地势较为平坦，牧草种植面积较大，土地流转速度加快，农机合作社等社会服务组织增多，农机化水平不断提高，这也为该地区实现现代化和专业化饲草加工提供了基础。

在黄淮海地区，大型现代化生产企业具有生产和利用饲草的机械和技术优势，小型企业或个人养殖户虽然有进行饲草加工或使用饲草产品的需求，但是受到资源、技术、条件的限制，无法实现饲草产品的加工和生产。建立专业化的饲草产品加工产业链条，不仅可以充分利用已有的饲草加工装备资源，还可以形成集种子繁育和销售、牧草种植、加工、贮运和销售等完整的产业链条。

思考题

1. 什么是天然草地和人工草地？
2. 干旱、半干旱区如何制备干草？
3. 有哪些适合干旱、半干旱区天然草地牧草青贮技术？
4. 干旱、半干旱区饲草贮藏的方法有哪些？

参考文献

[1] 翟颖佳. 中国华北地区和西北东部干旱气候变化特征. 兰州：兰州大学，2014.
[2] 周丹. 1961—2013年华北地区气象干旱时空变化及其成因分析. 兰州：西北师范大学，2015.
[3] 张众，刘天明. 我国人工草地类型划分探讨. 中国草地，2004（5）：33-37.
[4] 李博. 中国北方草地退化及其防治对策. 中国农业科学，1997（6）：2-10.
[5] 韩永伟，高吉喜. 中国草地主要生态环境问题分析与防治对策. 环境科学研究，2005（3）：60-62.
[6] 宋理明，娄海萍. 环青海湖地区天然草地土壤水分动态研究. 中国农业气象，2006（2）：151-155.
[7] 李英年，张法伟，刘安花，等. 矮蒿草草甸土壤温湿度对植被盖度变化的响应. 中国农业气象，2006，（4）：265-268，272.
[8] 冯缨，张卫东，李新杰. 天山北坡中段草地植物资源构成及垂直分布. 生态学杂志，2005（05）：542-546.
[9] 河北省畜牧水产局. 河北草地资源. 石家庄：河北科学技术出版社，1990.
[10] 河北省畜牧局. 河北草地建设. 石家庄：河北科学技术出版社，1997.
[11] 赵雪，宝音，赵文智. 河北坝上脆弱生态环境及整治. 北京：中国环境科学出版社，1997.
[12] 胡自治. 草原分类学概论. 北京：中国农业出版社，1997.
[13] 胡自治. 人工草地分类的新系统——综合顺序分类法. 中国草地，1995（4）：1-5.
[14] 胡自治. 世界人工草地的发展及其分类现状. 国外畜牧学——草原与牧草，1995（2）：1-8.
[15] 胡自治. 人工草地在我国21世纪草业发展和环境治理中的重要意义. 草原与草坪，2000（1）：12-18.
[16] 孙福忱. 论人工草地生产在黑龙江省农业生产中的地位和作用. 当代畜牧，2003（2）：41-42.
[17] 徐双才. 人工草地肉牛放牧系统夏季留茬高度试验. 草业科学，2003（2）：57-59.
[18] 刘军萍. 不同刈割条件下的人工草地羊草叶片的再生动态研究. 东北师大学报（自然科学版），2003，（1）：117-124.
[19] 焦菊英，王万忠. 人工草地在黄土高原水土保持中的减水减沙效益与有效盖度. 草地学报，2001，（03）：176-182.
[20] 刘秀峰，唐成斌，刘正书，等. 贵遵高等级公路边坡人工植被状况调查研究. 草业科学，2001，

（4）：65-70，74.
[21] 刘建新，吴跃明，叶均安，等. 干草秸秆青贮饲料加工技术. 北京：中国农业科学技术出版社，2003.
[22] 张英俊. 牧草标准化生产管理技术规范. 北京：科学出版社，2014.
[23] 如何合理贮藏干草. 湖北畜牧兽医，2009（12）：31.
[24] 徐健. 肉牛常用饲料——青干草的调制与贮藏. 现代畜牧科技，2016，（6）：59.
[25] 任清，赵世锋，田益玲，等. 燕麦生产与综合加工利用. 北京：中国农业科学技术出版社，2011.
[26] 玉柱，贾玉山. 牧草饲料加工与贮藏. 北京：中国农业大学出版社，2009.
[27] 田长叶，张斌. 燕麦实用技术. 北京：中国农业大学出版社，2016.
[28] 白廷军，杨茁萌. 燕麦干草的生产与利用. 中国奶牛，2015（8）：26-28.
[29] 刘家秀. 玉米秸秆青贮技术及饲喂青贮料的注意事项. 畜牧与饲料科学，2011（7）：48-49.
[30] 李向林，万里强. 苜蓿青贮技术研究进展. 草业学报，2005（2）：9-15.
[31] 单贵莲，初晓辉，陈功，等. 紫花苜蓿青贮技术及其应用探讨. 草业与畜牧，2011，（7）：21-25.
[32] 翟桂玉. 全株小麦青贮饲料生产技术. 今日畜牧兽医，2016（7）：27-28，32.
[33] Phillip LE. Effects treating Lucerne with an inoculum of lactic acid bacteria or formic acid upon chemical changes during fermentation，and upon the nutritive value of the silage for lambs. Grass and Forage Science, 1990, 45(3): 337-344.
[34] Alli I. The effect of molasses on the fermentation of chopped whole-plant maize and Lucerne. Journal of the Science of Food and Agriculture, 1984, 35(3): 285-289.
[35] 王成杰，周禾，汪诗平. 北京苜蓿干草调制期气候适宜性研究. 草地学报，2004，12（4）：281-284.
[36] 贾玉山，孙磊，格根图，等. 苜蓿收获期研究现状. 中国草地学报，2015，37（6）：91-96.
[37] 李真真，白春生，余奕东，等. 水分含量及添加剂对苜蓿青贮品质及 CNCPS 蛋白组分的影响. 中国奶牛，2016，319（11）：1-6.
[38] 洪绂曾. 苜蓿科学. 北京：中国农业出版社，2009.
[39] 尹强. 苜蓿干草调制贮藏技术时空异质性研究. 呼和浩特：内蒙古农业大学，2013.
[40] 农业部畜牧业司国家牧草产业技术体系. 现代草原畜牧业生产技术手册. 北京：中国农业出版社，2012.
[41] 玉柱，贾玉山. 牧草饲料加工与贮藏. 北京：中国农业大学出版社，2010.

第十四章　西北区草产品加工

【学习目标】

- 了解我国西北干旱区气候、环境特点及牧草产业优势。
- 了解西北区主要草产品种类及适用的加工、贮藏技术。
- 了解西北区草产业产业化发展情况及趋势。

西北地区长期以来是我国重要的饲草、牧草种子和草业科教重要基地，商品苜蓿种植面积就占全国的60%以上，苜蓿种子田占全国的70%以上。该地区草产品品质优良，是我国乃至世界上最优秀的牧草生产区域之一。自从我国西部大开发与“一带一路”相继实施以来，西北地区的草产品产业发展迅速。作为新兴产业，草产品在西北地区发展较快，但也存在诸多的不足。西北区草产品的生产与农业气候条件、水土资源密切相关，具有较强的区域性，同时目标市场、产品结构等布局在很大程度上影响草产业的发展。

本章内容主要以我国西北内陆干旱区甘肃、宁夏、新疆为代表，介绍该区域草产品生产的特点，适宜的加工、贮藏技术，以及西北地区草产品产业化生产策略。结合我国西北地区气候、水资源、土壤等自然条件以及农牧产业现状和科技水平，从适宜的草产品种类，特色的加工、贮藏技术等方面，介绍西北地区草产品产业现状及发展趋势；从国家、地方政府的草产业政策方面分析西北地区草产品如何利用优势建设我国草产品优势产业带。

第一节　西北区饲草生产特点

一、西北地区气候水热条件的特点

从气候及地理分区角度看，一般认为我国西北地区包括陕、甘、宁、青、新、蒙等6省（区），地处中温带欧亚大陆腹地，属温带、暖温带干旱和半干旱气候区。不同省区亦有一些地域气候特点，如宁夏属温带大陆性半湿润、半干旱气候，具有南寒北暖、南湿北干的特点。甘肃气候类型较多，包括温带季风气候、亚热带季风气候、温带大陆气候以及高原高寒气候。新疆远离海洋，深居内陆，形成明显的温带大陆性干旱气候，昼夜温差大，日照充足，以天山为界，分为南疆和北疆，南疆温度高于北疆。内蒙古西部地区属于温带大陆性气候，干旱少雨。从牧草产品生产看，甘肃、宁夏、新疆的干旱、灌溉区是我国西北地区的主要草产品生产区域，这些地区水热条件决定了西北地区牧草病虫害较少，草产品品质优良等特点。

（一）水热分布

西北地区全年平均降水量在50～400 mm，平均为300 mm，大部分地区蒸发量大于降水量。是我国日照时数最长的地区，年日照时数可达3 000 h左右。宁夏地区年均温5～10 ℃，年降水量200～700 mm，由南向北递减，夏季降水占51%～65%，冬季占1%～2%，降水量分配表现出时间和空间的不均衡。甘肃除高山阴湿地区外，大部分地区干旱少雨，温差较大，全年降水量由东南向西北递减，河西走廊降水量较少，基本在200 mm以下。新疆年降水量145 mm，北疆年均温4～9℃，南疆7～14℃，是中国降水量最少的地区，降水量北疆多于南疆，西部多于东部。西北牧草生产栽培区主要包括宁夏吴忠市以北、甘肃武威市以西、新疆地区，这些地区由于地势平坦，水热资源丰富，大面积牧草种植和生产发展较快。

（二）积温条件

各种喜温作物一般都在日平均气温10℃以上的条件下才能完成生命周期。宁夏部分地区为黄灌区，这一带日照充足，热量资源比较丰富，年日照3 000 h左右，≥10℃的年积温3 200～3 400℃。宁夏南部年均温多在7～10℃，≥10℃年积温2 600～3 400℃。甘肃境内陇东、陇中≥10℃，年积温2 500～3 000℃，兰州、临夏、甘南年积温2 500℃。新疆≥10℃的年积温较高，其分布是由南向北，由盆地向山区逐渐减少。阿拉善高原、河西走廊、塔里木、准噶尔、柴达木盆地，年日照时数2 500～3 000 h，≥10℃年积温2 800～4 500℃。

（三）西北地区的灌溉条件

我国西北内陆干旱农区主要有两大类构成，一类是拥有较好内陆河灌溉的绿洲农区，另一类是缺少灌溉条件的丘陵雨养农业区。绿洲农区在新疆、河西走廊、银川平原地区已经形成了大规模的草产品产业。雨养农业区主要集中于甘肃陇中、陇东及陕北地区，在国家退耕还草等政策的影响下，也形成了较大规模的饲草种植。除了黄河灌溉区外，在甘肃河西地区主要依靠石羊河、黑河、疏勒河等几大内陆河在中下游形成的较大面积的绿洲区域。在新疆依靠塔里木河、伊犁河、额尔齐斯河、叶尔羌河、阿克苏河等河流在南疆、北疆形成较大面积的绿洲。这些以高寒冰雪融水和山地降水为水源的河流构成了我国西北地区灌溉水资源丰富的草产品重要生产基地。农业用水是我国西北地区最大的水资源消耗产业，如新疆每年农业用水占每年总用水总量的90%以上，发展节水灌溉系统是西北地区农业可持续发展的关键一步。长期以来，西北地区已经形成较为完善的水利系统，近些年随着饲草产业的发展，这些水利系统已经能够支持人工牧草田的种植和生产。

二、西北地区土地资源

（一）耕地面积

在全国耕地红线及基本农田保护政策指导下，西北地区耕地得到较好的保护。甘肃全省总土地面积45.5万 km^2，全省有耕地后备资源75.1万 hm^2，可开垦为耕地的69.2万 hm^2。甘肃是我国主要的牧业省份之一，草地资源十分丰富，可利用草原面积2.52亿余亩，占全省土地面积的37%；新疆农林牧业土地面积约6 800万km²，占总面积的41.19%，其中可垦土地933万km²，可利用天然草原4 800万km²；宁夏全区土地总面积5.195万km²，耕地1 932.1万亩，占全区土地总面积的24.8%。目前在土地流转政策支持下，很多大面积耕地已经流转为人工牧草生产基地。

（二）土壤类型及适宜栽培的牧草

1. 甘肃地区

甘肃河西绿洲灌区耕地主要为绿洲灌耕土、荒地，北部荒漠区主要以灰漠土、灰棕漠土为主。祁连山东段土壤垂直分带明显，由下而上依次为灰钙土、栗钙土、灰褐土或黑钙土、亚高山草甸土、高山草甸土。

甘肃适宜种植的牧草有紫花苜蓿、红三叶、红豆草、老芒麦、垂穗披碱草、无芒雀麦、燕麦、饲用高粱、青贮玉米等。河西走廊绿洲地区地势平坦灌溉条件好，适宜种植的牧草主要有紫花苜蓿、红豆草、草木樨、毛苕子、燕麦等，是我国各类优质牧草的高产带和最佳制种地区。河西走廊北部主要以低山丘陵沙漠、戈壁为主，适宜种植的牧草有燕麦、柠条锦鸡儿、细枝岩黄芪、芨芨草等。陇中、陇东地区利用川区平坦农田可以种植紫花苜蓿、燕麦、红三叶、饲用高粱、青贮玉米等。

2. 宁夏地区

宁夏地带性土壤由南向北分布有黑垆土、灰钙土和荒漠土等，非地带性土壤，由于山地起伏，海拔不同，导致气候、植被发生变化，进而引起土壤的垂直变化，一般由下而上分别为山地灰褐土、山地棕土、山地草甸土等。

宁夏引黄灌区年降水量小，空气干燥，可为牧草收割提供连续无雨的天气，所产牧草产量高、质量好。宁夏多年生栽培牧草以紫花苜蓿为主，占绝对比例，主要品种有皇冠、WL343HQ、三得利及柏拉图等。宁夏南部山区和中部干旱带主要有陇东苜蓿、陕北苜蓿、新疆大叶苜蓿、美国威龙、朝阳苜蓿，及中苜3号、甘农4号等国产紫花苜蓿，个别县还有红豆草。南部山区一年生牧草以饲用高粱、燕麦为主，中部干旱带以青贮玉米和糜子、谷子为主，黄河灌区以青贮玉米和苏丹草为主，较适宜的紫花苜蓿品种主要有中苜1号、中苜3号、甘农4号等。

3. 新疆地区

新疆土壤种类丰富，灰钙土分布于伊犁河谷；棕钙土分布在塔城盆地和准噶尔盆地北部；白板土主要分布在天山北麓的中段；草甸土主要分布在河流两侧及洪积扇下缘。

新疆多年生牧草以紫花苜蓿、红豆草、沙打旺、无芒雀麦、披碱草、冰草、猫尾草为主；一年生牧草以青饲玉米、草木樨、苏丹草、大麦、燕麦、箭筈豌豆等为主。北疆东部水热资源不足，人工草地发展受到限制，在平原区可种植苜蓿，在山区可种植老芒麦、燕麦。南疆地区人工草地主要分布在有灌溉条件的地区，苜蓿、苏丹草、燕麦、豌豆等是主要栽培的牧草品种。

（三）西北地区土地流转对草产品生产的作用

土地流转政策的实施推动了西北地区草产品产业的发展，很多企业以此为契机转入到草产品产业领域，促进了西北地区草产品产业的发展。由于西北地区气候、水土资源的优势，土地流转政策助推了西北地区成为我国重要的优质草产品生产基地。在甘肃河西走廊地区，新疆北疆灌溉区，陇中、陇东，宁夏银川平原等地区，大规模的土地流转用于发展草产品产业越来越频繁，这也推动了产业管理，草业协会商会等机构的发展。

甘肃、宁夏、新疆各个地区分别以粮改饲、草牧业、产业扶贫等国家政策为契机，大力推动土地大面积流转发展草产业，相关企业迅速发展起来。例如，甘肃永昌县、定西安定区、庆阳环县、宁夏西吉县等地区，积极开展土地适度规模经营，促进土地向牧草产业流转，呈现快速发展势头。牧草产业发展也带动了土地流转量呈逐年上升趋势，且增幅较大，农户土地流转意愿增强，牧草产业水平也快速提高，降低了劳动力需求，农村青年劳动力加速向城市流动也间接促进了土地流转进程。由于现代草产业发展对农业土地集中连片需求越来越强烈，农村土地流转正由分散、零星逐步向集中连片、适度规模经营方向发展。

三、西北地区草产品生产

（一）传统畜牧业的草产品

放牧畜牧业一直是西北地区畜牧业的主要利用方式，这种放牧除了利用草原外，更多地利用农耕土地进行放牧，主要是在农作物收获后进行放牧利用，对专业牧草产品需求较低（图 14-1）。随着人们对牧草认识越来越深入，一般小农牧户也越来越多地依靠牧草产品进行传统畜牧业生产。传统小农牧户进行饲草种植，主要饲草作物有饲用玉米、饲用高粱、燕麦、箭筈豌豆，以及利用小麦、玉米秸秆等，而种植苜蓿等豆科牧草并不多；主要草产品以青饲、干草为主，也有部分青贮、黄贮等，以自然堆放和干草架晒制贮存较为常见（图 14-2）。

图 14-1　西北区农作物收获后秸秆用于放牧（尚占环，2012；宁夏贺兰县）

图 14-2　西北区传统的秸秆堆放和晒制（尚占环，2008；甘肃天祝县）

（二）季节畜牧业对草产品的需求

我国西北地区季节畜牧业对草产品的需求取决于冷季的饲草储备及气候状况，一般在自然灾害较严重的时候，草产品需求量较大。牧区草地的季节利用不平衡，枯草期较长，达 6～8 个月，长者达 8～9 个月，冷季缺少足够的饲草贮备，而冬季正是家畜怀孕、产羔的关键时期，且枯草期牧草的营养物质含量较青草期下降50%～80%，生产力水平低下，成为制约西北季节畜牧业发展的主要因素。因此，西北地区季节畜牧业对草产品的需求越来越突出，主要表现为冷季对草产品储备和利用的大量需求，其中青干草、草颗粒以及青贮、黄贮等都是冷季大量需求的草产品。尽管目前西北地区的农牧民在冬季饲草储备方面已经做了很多工作，饲草短缺有了很大程度的缓解，但在广大牧区由于冷季草产品短缺造成畜牧业损失仍很大，因此优良饲草的储备工作仍然是西北地区畜牧业的重要工作。

（三）西北牧草种植

据中国草协会测算，目前我国各类商品草生产能力达到了每年800万t，预计到2020年能达到1 000万t。西北地区是我国最早发展牧草种植的区域，大规模的牧草种植和草产品加工也从西北地区逐渐扩展到全国。随着畜牧业发展迅速，专业化草产品生产越来越受到重视，在专业机构、企业带动下，很多农牧民加入草产品行业。西北各省区已经形成我国规模最大的草产品产业。

“十二五”期间，甘肃省人工草地留床面积从2 269万亩增加到2 410万亩，人工草地面积超过了总耕地面积的1/3，紫花苜蓿留床面积从932万亩增加到1 010万亩，更新新种面积达到490万亩，商品牧草面积从171万亩增加到294.4万亩。甘肃省内草业种植合作社及种植加工营销企业增长迅速，从60家增加到110家，生产加工能力从49万t增加到310万t，商品牧草由116.5万t增加到236.7万t。新疆牧草种植面积变化较大，数据统计显示全区2005年牧草种植面积为345.4万亩，在2008年则高达3 148.1万亩，而后逐渐降低，到2012年为765万亩。“十二五”期间新疆多年生人工牧草种植面积2 000多万亩，保留面积800多万亩，一年生牧草种植面积也达到600多万亩，总草产品产量1 000万t。“十二五”期间宁夏地区牧草种植快速发展（图14-3），全区多年生牧草种植面积达到585万亩，苜蓿种植面积占95%，一年生禾本科牧草种植面积稳定在250万亩。

图14-3　宁夏宝丰集团在宁东荒漠土地上利用黄河水灌溉建设的牧草基地（尚占环，2015；宁夏宝丰基地）

第二节　西北区草产品加工与贮藏技术

一、西北区草产品加工技术

（一）青饲牧草及主要种类

西北地区用于青饲的饲草种类繁多，与青干草和青贮饲草相比而言，其最大的特点是多汁、富含叶绿素。主要包括天然牧草、栽培牧草、青饲作物、叶菜类、非淀粉质根茎瓜类。这类饲料种类多、来源广、营养物质丰富、生物学产量高，对于促进动物生长发育、提高畜产品品质等具有重要作用。

1. 天然牧草青饲利用

在西北干旱地区能刈割利用的天然草场较少。西北干旱区大多草原类型为干草原或荒漠草原，在放牧季节能够直接利用的饲用植物种类很多，但可利用的生物产量较低，这也是西北地区天然草原家畜载畜量较低的原因。

2. 燕麦 / 饲用型甜高粱 / 青饲玉米

燕麦、高粱、玉米在我国西北地区都可以直接作为青饲饲草。燕麦是西北地区常见的饲用牧草，其叶多茎少、柔软多汁、适口性好，是一种很好的青绿饲料。西北地区的燕麦含糖量高，是奶牛、肉羊、肉牛的优质饲草。西北地区青饲玉米有生物学产量高、适应性强，地上部分全株干物质的粗蛋白质含量高、纤维素含量较低、适口性好等诸多优点。

饲用型甜高粱在干旱、缺水的边际土壤条件下产量高，品质与青饲玉米相近，特别适宜在我国西北地区干旱、半干旱、沙漠盐碱化的边际土地推广种植。饲用甜高粱秸秆富含蔗糖和葡萄糖，制成的饲草料适口性好，猪、牛、羊等喜欢采食，是家畜、家禽的优良配合饲料和补充饲料。研究表明，一定量的饲用甜高粱作为奶牛饲料能够降低奶牛疫病发病率。一般西北地区饲用型甜高粱作为青饲能够收获 2 次，但要注意甜高粱植株在 1.2 m 以上，6 叶以上作为青饲能够避免家畜食用植株体内产生过量氢氰酸中毒。

3. 苜蓿

我国西北地区大部分区域只要满足水分条件，都适宜苜蓿生长，且产量、品质都非常优良（图 14-4）。可以选择的品种有甘农系列苜蓿、新疆大叶紫花苜蓿、“新牧 1 号”杂花苜蓿、“新牧 3 号”紫花苜蓿、阿勒泰杂花苜蓿、北疆紫花苜蓿、阿尔冈金杂花苜蓿、金皇后紫花苜蓿等，这些品种在西北灌溉区生产表现较好。苜蓿一般主要用于制备干草、青贮等，作为青饲较少，如果作为青饲一般要与其他禾本科饲草搭配食用。

图 14-4　甘肃河西走廊苜蓿种植
（尚占环，2016；甘肃永昌）

4. 红豆草

目前红豆草在西北地区种植面积逐渐减少，作为青饲饲草的使用也不多见。实际上红豆草是一种非常优良的饲用牧草，在同等环境条件下稍比苜蓿抗旱。甘肃红豆草是 1990 年通过全国牧草品种审定委员会审定，登记为地方品种，适宜在宁夏及甘肃部分区域种植，在气候温良、干旱有灌溉的地区也适宜种植。奇台红豆草为优良地方品种，在奇台地区栽培历史已达 50 年之久。昭苏红豆草也是优良的地方品种，适合在新疆地区种植。蒙农红豆草 1995 年经全国牧草品种审定委员会审定，登记为育成品种，适宜在内蒙古中、西部半干旱地区及邻近的陕西、宁夏等地区种植。

5. 沙打旺

沙打旺主要作为抗风沙型的生态草种，目前也较少用于青饲饲草。沙打旺适应性强、产草量高，是半干旱地区理想草种之一。"黄河 2 号"沙打旺 1990 年通过全国牧草品种审定委员会审定，登记为育成品种，适宜在西北地区无霜期 150 d 以上，≥10℃年积温 2 000℃以上，海拔 2 000 m 以下的地区种植。

6. 垂穗披碱草、老芒麦

垂穗披碱草、老芒麦等多年生禾本科牧草是优良的青饲饲草。西北地区相对缺乏优良的刈割型多年生禾本科牧草，垂穗披碱草是多年生丛生型草本植物，返青早、枯黄迟、抗寒性强。在河西、陇东、新疆等冷凉山区可以大力发展垂穗披碱草、老芒麦等多年生禾本科刈牧兼用的人工草场。比较适宜西北干旱区的主要品种有甘南垂穗披碱草、康巴垂穗披碱草、"青牧 1 号"老芒麦、同德老芒麦。这些已经驯化或引入的品种经试验和推广在西北干旱冷凉地区都可以很好地生长。

（二）青干草及主要种类

西北干旱区青干草生产加工具有先天的气候优势，是我国调制加工青干草最佳区域。在很多地方，收割完牧草或秸秆后，就地晾晒的青干草能贮存很长时间。

1. 燕麦青干草

借助西北干旱地区优良的光照资源，调制优质的燕麦青干草非常方便（图 14-5）。西北地区燕麦最佳刈割期一般为 7—9 月的抽穗期、开花期和灌浆期，此时刈割燕麦粗蛋白质含量高，酸性洗涤纤维含量低，可获得高品质青干草，但要注意田间晾晒时间过长会使牧草养分损失较大。

图 14-5　河西走廊燕麦青干草晾晒

（尚占环，2014；甘肃永昌）

2. 玉米青干草

西北地区的传统畜牧业，农牧户多用玉米秸秆作为家畜的粗饲料，专用青贮玉米也可以用来制作玉米青干草。玉米青干草在使用时可以切碎，也可以揉丝。玉米青干草打捆加工中，打捆机打捆必须要打紧，一般应将其含水量控制在 20%～30%，小草捆直径 50～70 cm，重量基本在 45～50 kg 为合适密度。

3. 甜高粱青干草

根据在甘肃永昌地区种植和制作的饲用甜高粱青干草试验，一般选择晴朗的天气刈割，刈割后，先在种植田里按 3～5 cm 厚度铺开晾晒。进行机械打捆操作之前，甜高粱青干草含水率为 15%～30% 是最佳期，一般需低于 35%。正常的草捆压实度在 145～175 kg/m^3 间变化，平均为 160 kg/m^3 左右。草捆的合理贮存是保证青干草饲料质量最重要的环节，堆垛时甜高粱青干草的含水率一般以 20%～30% 为宜。

4. 苜蓿青干草

西北地区苜蓿青干草调制比较容易，干旱少雨的气候特别适合紫花苜蓿青干草生产，田间收获率高，损失少（图 14-6）。为了兼顾苜蓿的质量和产量，适宜在现蕾期至初花期收割。适时收获和青干草合适的打捆包装是保证青干草品质的重要条件。干燥方法很多，有高温快速烘干干燥法、翻晒通风干燥法、草架干燥法、阴干干燥法、常温鼓风干燥法、压裂茎秆干燥法。这些方法都广泛应用于西北地区的苜蓿青干草生产。打捆后放置的苜蓿青干草在贮藏较长时间后一般需要二次打捆，然后再出售。

图 14-6 甘肃河西地区苜蓿青干草圆草捆（白彦福，2016；甘肃永昌）

5. 其他青干草种类

沙打旺调制青干草的最佳收割期为 9 月上旬，采用小捆平铺晾晒法效果最好。红豆草主要用于青饲和调制干草，调制干草在盛花期刈割，留茬高度为 5～7 cm。红豆草的再生性差，一般当年收割鲜草 1～2 次，第 2 年以后，每年可收割 2～3 次。晒制干草，应在开花早期进行刈割。披碱草适宜在我国西北干旱寒冷的草原地区生长，是青藏高原地区很有饲用价值的栽培牧草，可用于建立人工草地，调制干草。同苜蓿和红三叶干草相比，百脉根干草茎秆柔软，纤维素含量低而碳水化合物含量较高。由于百脉根某些品种的花器中含有极微量的氢氰酸，这些品种在开花时略有毒性，但作为干草利用时则完全无毒。西北地区青干草的调制应本着快速、经济、简单、易行的原则，尽量减少调制过程中营养物质的损失，青干草产品在西北地区应该特别注意减少风吹日晒。

（三）青贮

青贮饲草料在西北干旱地区有着长久的生产和应用历史。不论小规模的发酵池、青贮袋，还是大规模的青贮壕、青贮塔等青贮设备都已广泛地应用。青贮草产品主要还是满足本地区畜牧业对饲草的需求。裹包青贮和现代物联网的发展在一定程度上缓解了饲草料长距离运输难的问题，促进了西北草产品向我国东南沿海区域流通。西北地区常见的青贮草产品形式主要是窖贮、袋贮、裹包等，不同的原料在具体处理过程中有一些不同的要求。西北地区冬季气候寒冷，特别应该注意青贮饲料的结冰问题，结冰的青贮饲料会对家畜繁殖性能产生不利影响，也会造成饲草料损失。

1. 窖贮

西北地区窖贮应用范围较广，由于能做到就近加工和利用，降低饲草成本，几乎所有养殖场都配有窖贮设施（图 14-7）。西北地区可以根据地势、地形和环境选择地下、半地下或地面等形式的青贮窖。在黄土高原地区可以根据有利的地形建立半人工的窖贮设施，形状可以做成方形、圆形，也可以做成半地下青贮窖，深度和高度应根据地下水位情况、土质等灵活设计。小农户可以采用小型连窖池设施进行小规模的青贮饲料制作，既利用方便，又能降低青贮饲草的二次发酵损失。

图 14-7　武威某养殖场的青贮窖
（尚占环，2016；甘肃武威）

2. 小袋包裹

小农牧户制作的小型袋装青贮制作简易，方便家畜利用，且成本较低。一般采用小型打捆包装机械，也可以使用真空抽取设备，尽量降低原料内的空气含量，提高青贮品质。与传统窖贮相比，压缩打捆袋装青贮突破了传统窖贮的地域局限性，其取料、运输都较为简便灵活，且能较长时间保存，在实际采食时可根据使用量用多少取多少，减小了二次发酵造成的损失，十分方便。

3. 机械缠膜裹包

图 14-8　新疆的苜蓿裹包青贮
（何辉，2016；新疆）

规模化机械缠膜裹包青贮在我国西北地区发展较快（图 14-8），已经成为西北地区输出商品化草产品的重要产品形式，其特点是保存时间长、方便运输。规模化机械缠膜青贮对机械作业要求较高，特别是打捆缠膜机械，一般裹包重量在 500 kg 以上，根据含水量不同制作不同的密度裹包青贮饲料。同时裹包青贮也解决了豆科牧草不易青贮的问题。制作裹包青贮原料含水量一般低于高水分青贮，在 45%～55% 范围内较好。近几年裹包青贮饲草在西北地区得到了迅速发展，机械化设备也发展较快，但是效果较好的机械一般都是进口机械，相关国产牧草机械需要大力发展。

4. 混合青贮

西北地区主要利用本地牧草、秸秆、青饲、瓜菜、农副产品进行混合青贮，一般在小型养殖场应用较广泛。一般将高水分、低水分、多汁高糖及低糖饲草进行混合，以获得较好的发酵效果。西北地区适用于制作混合青贮的原料较多，除了牧草、秸秆外，胡麻、油菜、番茄、马铃薯、葡萄等加工后的副产品也可以作为混合青贮原料，包括柠条、甜菜等亦是应用非常广泛的混合青贮原料。

（四）颗粒化草产品

我国西北地区加工颗粒化饲草料的历史较长，是我国最早开发生产草颗粒的地区。将苜蓿、燕麦等优良饲草加工成颗粒化饲草，对延长饲草保存期、降低饲草体积、提高适口性都有重要的作用，其产品一直畅销全国。牧草颗粒产品实际上属于成型饲草料的一种，是利用机械将较干的牧草直接加工成颗粒状，这种方法便于运输和贮藏，而且贮存长久不易坏，在加工时还可以添加一些营养价值高的成分以改善其营养价值。在西北地区紫花苜蓿颗粒化草产品一直是主要的商品化草产品。近些年随着各种饲草原料及农副产品在饲料上的加工利用，各种饲草颗粒产品被加工生产，西北地区牧草颗粒品质优良，适合反刍动物、宠物、鱼类以及单胃家畜食用。

（五）全混合日粮成型饲草产品

全混合日粮成型饲草产品面临机械水平和成本的挑战，但是近年来TMR饲养技术在解决粗饲料利用方面越来越受到重视。西北地区丰富的饲草和农副产品能够为加工成型TMR产品提供原料，促进成型TMR产品的商品化。国内外研究表明，TMR饲养技术可以增加饲喂频度，提高以低质粗饲料为主的饲料干物质采食量，使瘤胃pH稳定维持在较高水平，有利于纤维素的分解，充分发挥粗饲料营养素互补的生产潜力，提高粗饲料的利用率，而且为粗饲料科学合理利用提供了一条新的发展之路。

二、西北区草产品贮藏适用技术

由于西北地区干旱少雨，气候干燥，青干草草捆、草块、草颗粒及草粉、青贮等主要的草产品贮藏较容易，且成本较低。但是草产品在贮藏过程中会因为呼吸作用、氧化作用、酸败、虫害、鼠害、微生物和人为的因素造成饲料营养价值的变化，贮藏不当，不仅引起饲料色泽，黏稠度等外观特征的改变，而且会导致风味的改变，适口性下降，维生素、碳水化合物、蛋白质、氨基酸等养分损失。总体而言草产品的贮藏主要为了维持牧草较高的营养物质含量，以及保存饲草芳香味道和绿色，有助于家畜采食和消化代谢。西北地区由于蒸发量较大，蒸散强度较高，牧草营养损失也较大。因此在西北干旱地区如何合理地贮藏草产品是西北草产品产业的重要课题。不同草产品在形态、含水量以及营养成分等有不同的特点，那么贮存方式也相对有差异。

（一）青干草的贮藏

1. 青干草的贮藏形式

图 14-9　甘肃某草产品企业青干草贮藏设施（尚占环，2016；甘肃永昌）

青干草的贮藏方法一般根据干草的不同形式进行划分。在西北地区青干草贮藏应该注意风沙对草产品品质的影响，苜蓿干草安全贮藏的最大含水量可以相对高些，疏松干草25%，打捆干草20%～22%，切碎干草18%～20%，干草块16%～17%，苜蓿干草粉10%～12%。贮藏一般在四周通风的带顶棚防雨水的贮藏设施内（图14-9）。

2. 青干草贮藏含水量的判定

青干草的含水量高低是决定其在贮藏过程中是否变质的主要标志。①含水量15%～16%的干草，紧握时发出沙沙声和破裂声，草茎易折断，叶片干而卷。②含水量 17%～18% 的干草，紧握或搓揉时无干裂声，只有沙沙声，松手后干草束散开缓慢且不完全。叶卷曲，弯折茎的上部时，放手后仍保持不断，这样的干草可以堆藏。③含水量 19%～20% 的干草，紧握草束时不发出清楚的声音，容易拧成紧实而柔软的草辫，搓拧或弯曲时保持不断，不适于堆藏。④含水量 23%～25% 的干草，搓揉没有沙沙声，搓揉成草束时不散开，手插入干草有凉的感觉，不易堆垛贮藏。

3. 青干草贮藏辅助技术

西北地区气候条件特别适合青干草直接露天晒制（图 14-10）。近些年由于西北地区降雨量增加，对青干草晒制产生了不利影响，防霉剂的使用量也随之增多。快速的收贮机械化、专业化发展是西北地区草产品适应气候变化、市场需求的重要方面。青干草在高水分条件下打捆贮藏，若无任何干燥技术，草捆营养价值会下降，而在青干草贮藏期间添加干燥剂可减少牧草营养损失。当草产品含水量高于 12.5%～13% 时，添加防霉剂也可以减少牧草贮藏期间营养物质的损失，并且适宜的防霉剂可以延长贮存时间。

图 14-10　苜蓿青干草的晾晒
（白彦福，2016；甘肃永昌）

4. 青干草的质检方法

西北地区青干草品质优良，品质检测一般采用牧草品质评定标准。在实际生产中，除了有资质检测机构出具营养检测证明外，一般采用感官判断颜色、气味、牧草种类等表观特征，估计青干草的优劣程度。但是由于西北地区气候干燥，蒸发量大，青干草很快在外层形成干层，会影响青干草感官评定效果，一般打开草捆查看草捆内部。

青干草的颜色和气味是判断青干草调制和贮藏好坏的标志。青干草的绿色程度越高，表示青干草的保存越好，按照颜色的变化可以分为 4 类：第一类鲜绿色，表示青草刈割适时，调制过程未遭到雨淋和太阳的暴晒，贮藏过程未遇到高温发酵，能较好地保存青草中的养分，属于优良干草；第二类淡绿色（灰绿色），表示干草的晒制与贮藏基本合理，未受到雨淋发霉，营养物质无重大损失，属于良好的干草；第三类黄褐色，表示青草收割过晚，晒制过程中虽受到雨淋，贮藏期间内曾经过高温发酵，营养成分损失严重，但尚未失去饲用价值，属于次等干草；第四类暗褐色，表明干草的调制和贮藏不合理，不仅受到雨淋，而且已发霉变质，不宜作饲用。

（二）青贮饲草的贮藏

1. 青贮饲草贮藏形式

适用于西北区的青贮贮藏形式主要有袋装草捆青贮、大圆草捆堆状青贮、方捆堆状青贮和拉伸裹包青贮，具体青贮贮藏形式取决于养殖场或草产品企业的设施情况，也取决于存放时间。例如，裹包青贮草产品有的存放时间较短，可以直接在露天放置贮藏，有的存放时间较长则需要有存放仓库（图 14-11）。

图 14-11　裹包青贮在仓库和露天贮藏（白彦福，2016；甘肃河西地区）

2. 青贮过程营养损失

西北地区气候干燥、少雨、太阳辐射充足、昼夜温差大，青贮贮藏的饲草，特别是贮藏设施周边的饲草容易受气温、辐射影响，造成损失。其他损失还有田间刈割过程暴露造成的损失，发酵和出液等损失。在西北地区应该注意减少这些损失，可通过好的覆盖管理达到这一目的，同时在原料收获时候应该快速进入青贮环节。

3. 青贮饲草贮藏注意事项

青贮饲草贮藏时注意随取随用，使用后还要密封好取料口，大型养殖场一般使用地下式的青贮窖，通常用砖、水泥作材料，窖底有一定坡度以利于排水。小型养殖户可使用袋装青贮，一般用聚乙烯塑料袋，装袋后密封好。如发现青贮料表层有发霉变质的现象，应及时取出抛弃，以免引起家畜中毒或者其他后患。尽量减少冬季使用青贮贮藏方式，特别是小型袋装青贮方法。

（三）成型草产品的贮藏

1. 成型草产品的贮藏要点

成型草产品在西北地区应该注意密封贮藏，防止水分过多散失，造成粉化。水分与环境温度有关，一般颗粒温度降到比室温高 5℃以下，水分降至 12%～13% 时就便于贮存，草产品不易发霉变质。长期保存的成型草产品在降雨量高的季节可以加入一定量防霉剂防止其发霉变质。

2. 成型草产品冷藏

在设施条件允许的厂区可以将成型草颗粒低温贮藏，来延长草颗粒保存期和维持更多的营养成分。一般冷藏颗粒饲草的水分含量允许比一般贮藏高 1%～2%，不会产生变质。

3. 成型草产品仓贮注意事项

成型草产品一般采用较密封的仓库贮藏，在库房中应摆放整齐，合理安排使用库房空间，建立“先进先出”制度。在同一库房中摆放多种饲草时，要预留出足够的距离，以防发生混料和发错料，保持库房的清洁。对于因破袋而散落的饲草应该重新转袋并包装，检查库房的顶部和窗户是否有漏雨现象，定期对饲草成品库进行清理，发现变质或者过期的饲草及时处理。

第三节　西北区草产品产业化生产策略

我国西北地区自然生态环境脆弱，但是却具有得天独厚的牧草生长气候和环境，因此不论在牧草种子繁育基地，还是饲草种植、草产品加工，西北地区都是我国乃至全球最优良的产业带。但是如何将我国西北地区切实建设成我国乃至全球优良草产品产业带，是当前西北地区草业发展战略的重大课题之一。在现代农牧业发展趋势下，西北区草产品优良产业带建设应该以标准化生产、专业化分工、规模化经营、社会化服务为路线图；立足我国西部生态环境保护，充分发挥草产品产业在西北地区的先天优势，以高新技术带动产业发展为策略，将草产品产业作为我国西北地区生态置换型的主导产业来发展，使之成为我国西北地区生态建设、“一带一路”建设的引擎产业。

一、西北区草产品产业发展面临的问题

自 20 世纪 90 年代以来，草业发展逐渐得到国家政府、企业、农牧民的认识，越来越多的政策支持草业发展，作为我国农牧业结构调整重要产业之一。21 世纪以来，草业产业基本格局已经形成，特别在我国西北地区，草业科技、人才培养、产业基地、企业发展、优良产品等方面都已经成为我国草产品的重要区域，已经形成我国农牧业区域布局态势。但是受国际农牧业发展低成本运行、高稳品质草产品产业影响，我国草产品产业与其他农牧业产业一样受到严重瓶颈制约。作为我国优势的草产品产业带，西北地区草产品产业发展在机遇与挑战中如何发展，成为当地政府、企业、农牧民的重要任务。特别是在近几年来，随着国家生态建设、土地流转等政策实施，草产品产业发展如何与国家政策接轨，从村、乡、县、市等如何制定切合实际的政策，保障西北地区草产品产业始终成为我国优势产业，这是当前要解决的突出问题。

（一）土地格局对草产业的影响

在村、乡层面上分割块状的土地给牧草种植、收割、加工大规模机械化作业带来严重困难。因此，如何建立村、乡与企业的信用机制，先行先试，切实打通产业规模化发展中土地制约问题，这不仅是我国西北草产业的难题，亦是我国农牧业转型阶段的普遍难题。深化土地流转政策改革，发挥土地政策改革在推动现代农业发展中的作用，是我国土地政策深化改革的重大抉择。其中草业以其产业规模化发展为重要特点，将是国家土地政策深化改革的首先受益产业。

（二）高新技术问题

现代社会经济高速发展，生态环境建设压力日益严峻，只有科技发展才是解决二者矛盾的关键。我国西北地区草业产业长期低水平运行，产品品质不稳定，配套技术始终落后，草业全产业链的各种技术、机械、原材料始终受制于欧美国家，不仅造成我国草业高成本、

低水平的局面，更加剧了农牧业对欧美依赖的程度。因此只有推动国家、民间资本支持变革型高新技术在草业上技术创新，才能在将来发展有自己的产业，彻底解决高成本、低水平草业运行的问题。因此，西北地区应该抓住这个历史机遇，投资和引入高新技术产业，推动草业产业的自主发展的能力建设。

（三）产业管理和服务体系问题

我国西北地区长期处于教育、科技、管理等低水平发展区域，也被长期视为贫穷落后地区，这确实造成了草产业发展长期处于低水平运行的状态。因此以草产业高水平运行发展为契机，切实解决产业管理、服务体系落后问题，以先进的管理服务理念和技术体系对接草业优势产业发展趋势，这样才能托起西北地区优良产业。

二、西北区草产品产业化的必要性

（一）农业结构调整及生态环境保护的需要

近年来，在我国食物消费和食品安全新趋势的驱动下，随着畜牧业的发展和农业结构调整的推进，我国越来越重视草畜一体化发展。国内对优质牧草产品的需求持续增加，当前草产品的生产远不能满足巨大的市场需求，优质饲草产品的短缺已成为草食畜牧业发展的瓶颈。因此草产品的生产应面向社会、生态、经济等诸多方面的需求，迫切需要实施产业化生产。

西北草产业在我国农业产业结构调整、生态环境保护和建设以及提高人民的物质生活水平中扮演的角色越来越重要，不仅具有很高的经济效益，而且具有巨大的生态效益和社会效益。另外，西北地区既是我国生态屏障区，也是生态环境遭受严重破坏的地区。在西北地区发展草业，既符合西北地区的地域优势，更符合西北生态治理的大局，是改善西北地区生态环境的重要内容。

（二）草牧业市场化发展的需要

草牧业概念和模式已经进入国家政策，而草产品是草牧业的核心。随着研究工作的深入和农业产业结构的调整与优化，发展草牧业已受到社会各界越来越广泛的关注。当前我国牧草生产规模有限与国内外旺盛的需求形成强烈反差，而且供需之间的缺口还将随着我国草食畜牧业的迅速发展而继续扩大。因此草产品产业化发展是推动畜牧业发展的物质基础，有利于开发草地资源潜力，提高草地资源的产出效率，有利于满足市场需求，有利于增强我国牧草产业的整体竞争力，有利于帮助农牧民脱贫致富，有利于草原和相关地区的社会稳定和构建和谐社会。

（三）草畜产业链协调发展的需要

饲草产品产业化发展是现代畜牧业快速发展的必然要求，草业的健康发展必然形成产业化，走农牧业结合之路。草产品市场需求是其产业化发展的根本动力，现代畜牧业的发展为草产品提供了巨大的消费市场。草产品是发展草食家畜的重要物质基础，种草养畜是广大农牧民增加收入的重要途径，草产品产业化生产是草畜产业链全面发展的必由之路。

这里最根本的一点就是，草畜产业全产业链要配套协调发展。

（四）优势产业持续发展的需要

草产品产业化发展是西北地区社会经济发展的必然，更是西北地区优势产业带建设战略的重要内容。实施草产品产业化生产，是调整产业结构、发展草食畜牧业的重中之重，也是发展生态农业、生态环境建设，实现可持续发展的一项绿色产业。草产品产业化生产是现代农业产业化的重要组成部分，是推进草业及畜牧业可持续发展，实现农牧民增收的重要手段。草产品产业化生产将产、加、销各个环节结合起来，形成利益共享、风险共担的机制，解决生产与市场脱节的问题，促进草产业优质、高效发展，更能推动农牧业的现代化进程。

三、西北地区草产品产业化现状

（一）草产业政策的作用

1. 牧草产业政策引领

西北地区长期以来一直重视牧草产业的发展。以甘肃为例，甘肃省确立的建设草业大省的战略，推动了牧草种子与牧草产品基地建设的步伐，人工草地的面积逐年扩大，牧草产品种类增多，牧草加工企业生产能力不断提高，生产规模也逐渐扩大。尤其在最近几年，国家草牧业、粮改饲及镰刀弯区饲草产业规划，推动了更大规模的草产品产业的发展，西北大部分处于国家镰刀弯地区，草产业的发展在这些地区是重中之重。甘肃、宁夏、新疆连续将牧草种植补贴提高；内蒙古、甘肃先后推出了草产品运输过路费减免政策，推动了草产品产业发展。

在西北地区，国家的退牧还草、退耕还林还草最直接的结果就是牧草产业的兴起，大规模的牧草种植带动了草产品加工产业。例如，在退耕还林还草补助政策的带动下，甘肃省牧草种植规模每年基本稳定在 300 000 hm^2 左右，优良高产牧草品种比例不断增加，且种植面积向效益比较突出的优势区域集中，草畜产业结合日益紧密。在定西、庆阳等地已形成了较为明显的牧草优势产业区和产业带，华池、环县等县苜蓿留床面积超过 66 667 hm^2。以岷县、通渭为主的定西南部地区特色草产业蓬勃发展，目前已建成红三叶、猫尾草原料基地 2 067 hm^2，建成年加工 20 万 t 的生产线。宁夏、新疆等地的牧草产业规模也迅速扩大，很多企业资金转移到牧草产业。饲草是草业的核心，是草食畜牧业的核心，需要很好的国家和地方的政策支持，才能支撑草食畜牧业的稳固发展。

2. 草产业与扶贫

西北地区是我国扶贫的重点区域，草产业作为专业扶贫的重点产业在西北地区得到了很大发展，农牧民生计与草产业紧密联系。在产业扶贫主导下，西北地区以草产品加工企业为主要扶贫产业逐渐得到各级政府的认可，并在一些县区作为主导扶贫产业获得支持和发展。例如，定西市岷县属国家扶贫困县，境内气候高寒阴湿，有天然可利用草原 290 万亩，发展草牧产业具有得天独厚的优势。精准扶贫、精准脱贫工作开展以来，岷县坚持把草牧产业作为发展农村经济的主导产业和富民强县的支柱产业来抓，充分发挥草业对脱贫攻坚的“助推器”作用，为促进农民持续增收和生态持续好转奠定了坚实基础。在西北地区，生态建设和扶贫是国家大计，草业正是这两个国家大计发展的助推器，因此坚持把草业作为生态建设和扶贫工作重点产业，符合西北地区自然和社会产业发展环境。例如，宁夏彭阳县坚持草业扶贫，小农户依靠种植紫花苜蓿年收入 1 万元以上农户就达到了 253 户。

3. 特色牧草产品发展政策

特色牧草产品是结合西北地区本地特有牧草种类及其产品加工形成的产业，是区域性草产业发展的重点。甘肃是陇中紫花苜蓿、甘肃红豆草、岷山红三叶、岷山猫尾草的原产地，草产品类型多种多样，包括裹包青贮、草颗粒、青干草等。例如，甘肃定西南部地区，特别是岷县特色草产品的产业化基础不断夯实，岷县已建成 3 个红三叶加工企业和 3 个草业协会，示范推广岷山红三叶和猫尾草 1 460 hm^2，留床面积稳定在 2 267 hm^2，累计种植面积达 3 000 hm^2。由于岷山红三叶药、草兼用功能的开发及其产品的良好市场效益，农民的种植积极性较高，已经形成了从种植、种子生产到草产品加工的产业化布局。岷县猫尾草已经成为我国东南地区赛马专用饲草（图 14-12）。在甘肃南部地区，特色牧草种植已辐射到南部地区的漳县、渭源、卓尼、成县等县的 20 多个乡镇。宁夏、新疆也都结合本地原产地、特色牧草品种加大力度发展特色草产品。

图 14-12　定西猫尾草青干草晒制
（尚占环，2013；甘肃定西）

4. 甜高粱饲草产业的发展

甘肃饲用甜高粱产业发展是一个典型的地区草产业政策推动作用代表，甘肃省是我国首个将甜高粱产业作为省重点农牧业工程发展的区域。从草产业范围讲，饲用甜高粱种植与饲草加工属于现代草业内容。饲用甜高粱种植、加工与利用在我国西北地区有着悠久的历史和传统。近些年受苜蓿、燕麦、饲用玉米的影响，饲用甜高粱在饲草比例中逐渐降低。但是饲用甜高粱凭借在我国西北干旱地区优良的适应能力逐渐在近几年得到重新重视，并在近两年迅速成为西北地区重要的饲草加工产业，饲用甜高粱可以加工利用的草产品有青饲料、青干草、青贮饲草、揉丝青贮、草颗粒等。

在甘肃省大力推动下，饲用甜高粱产业得到了广大农牧业行业认可，并推动了饲用甜高粱育种、加工、利用技术和产业的发展（图 14-13）。甘肃省率先完成了我国第一个甜高粱全产业链发展规划，并纳入甘肃省“十二五”“十三五”发展规划中，给饲用甜高粱草产业在我国西北的发展注入了巨大活力。新疆也有饲用高粱种植与利用的悠久历史，并且有本地育成的品种，近几年种植面积和饲草加工发展也较快。

在中低产田区域发展饲用甜高粱种植有很大的优势，目前饲用甜高粱草产品加工中最需要解决的是机械化问题。但是将饲用甜高粱草产品作为商品草难度较大，成本较高。因此更多推荐短距离就地种植利用，同时中小型农牧户将饲用甜高粱作为家畜饲草，能解决青干草短期短缺问题。目前甘肃省饲用甜高粱在畜牧业中的应用越来越广泛，人们对合理利用甜高粱饲喂家畜的效果认识也越来越深入，一些技术问题也逐渐得到解决。饲用甜高梁逐渐成为甘肃省较重要的饲草产业之一。

图 14-13　甘肃饲用甜高粱草产品种植、收获、加工和利用（尚占环，2016；甘肃黄羊镇）

（二）西北区草产业企业发展

甘肃、新疆、宁夏等地草产品企业逐渐发展壮大。从大业集团落户甘肃省投资加工苜蓿草产品开始，不到 10 年时间，年加工草产品能力达到万吨以上的企业已经有 20 余家。甘肃牧草加工企业从 2009 年的 55 家发展到 2014 年的 98 家。牧草种植规模化程度不断提高，在酒泉、张掖、金昌、白银、庆阳等地形成较为明显的优势产业区。张掖市有 3 家龙头企业建成了年加工能力 350 000 t 的草产品生产线。草产业效益稳中有增，有草捆、草颗粒、草块生产线 45 条，草产品加工生产总量 223 000 t。甘肃全省草产品企业布局是以加工符合国家和行业标准的草捆、草颗粒、草块等商品草为目的，从西到东，各市、州均有规模较大的草产品加工企业，其中酒泉市 5 家，张掖市 5 家，武威市 7 家，定西市 4 家，白银 1 家，庆阳 6 家，天水市 3 家，金昌市 3 家，临夏州 1 家，甘南藏族自治州 2 家，平凉市 4 家，陇南市 1 家。“十二五”期间甘肃草业种植合作社及加工营销企业增长迅速，从期初的 60 家增加到期末的 110 家，生产加工能力从 49 万 t 增加到 310 万 t，商品牧草产品由 116.5 万 t 增加到 236.7 万 t。宁夏以苜蓿为主的草产品原料生产基地（优质高产苜蓿示范基地）81 个，面积 26 万亩，年生苜蓿干草 20 多万 t。全区牧草种植企业、牧草专业合作社 62 家，牧草种养加工一体化奶牛养殖场 10 家，具有一定加工能力的牧草加工企业达到 79 家，草产品加工企业数量和加工能力初具规模，为进一步提升和推动产业发展打下了一定的基础。

四、产业化发展对策

近十几年以来，随着国家西部大开发重要战略的实施，退牧还草等一系列政策的出台，西北区牧草产业取得了较快的发展。按照农业部全国苜蓿产业发展规划，在西北区到2020年，新增或改造提升优质苜蓿种植面积280万亩、种子田10万亩，建成优质苜蓿种植面积5万亩以上的重点县129个，苜蓿干草平均单产旱作达到450 kg/667 m^2、水浇地达到800 kg/667 m^2，二级及以上标准的苜蓿干草比例达到60%以上，万吨级草业龙头企业50个以上。这对西北区草产业发展有着重要推动作用，也给西北区牧草产业发展带来更大的挑战。

由于我国西北地区科技水平和生产方式落后，牧草产业总体还非常落后，产品品质不稳定，市场机制不健全，尚未形成一个完整的产业体系，远不能满足草食畜牧业快速发展的需求，更缺乏在国际市场上的竞争能力。因此西北区草产品产业化生产要以市场需求为导向，积极开拓国内外市场，以科技创新为手段，依靠各类龙头企业和协会组织的带动，将草产品的种植、生产、加工、销售、草畜转化等各环节连成一体。

（一）标准化生产体系

当前西北区草产品生产中存在产品结构不合理、深加工能力差、标准化生产的技术体系不健全等诸多问题，草产品在品种、数量和质量上均不能满足国内外市场的需求。我国农业普遍存在原料多而加工少的情况，而且加工多以初加工为主，深加工技术落后。据调查，国际市场上苜蓿产品的原料和加工品价格分别为50美元/t和120～240美元/t，国内市场则分别为600～800元/t和1 000元/t左右。大力发展草产品的深加工，将是西北区草产品产业化发展的重中之重。目前国内草产品生产标准差异很大，没有具体权威的标准来约束市场，导致企业和客户的信任度下降，影响草业的进一步发展。饲草安全是食品安全的第一道关口，标准化生产体系和检测体系建设是保证草产品产业化健康发展的关键。

草产品质量标准建设要与国际标准接轨，并严格执行国家颁布的农畜产品质量标准和技术操作规程，同时要加强地方标准的制定，尽快制定和完善西北区草产品原料、产品质量、安全卫生、添加剂生物安全质量、生产环境卫生监测及转基因等方面的权威标准。建立和完善草产品质量检测中心，建立草产品主产区检测和企业自检机制。

（二）建立利益联结机制

实行草产品产业化生产经营，就要打破传统的生产格局和经营方式，构建适应集约化、工业化、市场化的经营体制和运行机制，使农户、基地和龙头企业之间建立稳定、健全、合理的利益联结机制。使各农户分散的生产及其产品逐步走向规范化和标准化，促进产业增长方式从粗放型向集约型转变。形成农、工、商一体的产业链，通过内部管理链条，将生产、加工、销售有机结合在一起，按照市场要求进行产品开发、加工和销售。产业化的健康发展，需要产业领域各方面的共同努力，要切实加强系统与系统之间的协调与相互配合，发挥产业领域各方面的优势和积极性，整合各方面的力量，加强合作，形成共同发展的合力。

建立利益共同体，并最终实现农牧民收入提高、农业经济发展的目标。建立健全龙头企业与基地农户的利益联结机制，以合同的形式明确龙头企业与农牧户双方的权利与义务，规范龙头企业对资金、技术投入和农牧户所提供产品的质量、时限要求，充分发挥龙头企业的带动作用和开拓市场的能力。形成契约联结，以合同、协议、订单等契约方式明确各方的利益关系，把产业化的各个环节联结起来。建立现代草产业企业制度，既要考虑到农牧民的利益，也要考虑到企业的利益，真正形成风险共担、利益共享的利益共同体。

（三）完善健全产业链

草产业对加强西北地区生态建设、保护农业生态环境、促进农业经济持续、快速发展和增加农牧民收入具有非常重要的作用。要将草产品产业化发展作为调整农牧业结构、实现畜牧业大突破的大工程，强化宏观指导，因地制宜地建立可靠、平衡、可持续发展的生产体系，使农牧业真正走向良性循环。

草产品产业链是从经营方式上把草产品生产的产前、产中、产后诸环节有机地结合起来，实行商品贸易、产品加工和生产的一体化经营。通过这种连接，使草产品的种业、种植、收获、加工、贮运、销售等相互衔接，将草畜与关联产业紧密结合起来，相互促进，发展高效循环、优质安全、资源节约、环境友好的现代草牧业发展道路。

2008 年以来，国家相继发布《国家粮食安全中长期规划纲要（2008—2020 年）》《全国节粮型畜牧业发展规划（2011—2020 年）》《关于促进草食畜牧业加快发展的指导意见》《关于加快转变农业发展方式的意见》等重大决策，为草业的发展指明了发展方向。发达的畜牧业是建立在发达的饲草生产基础之上的，发达的草产业需要发达的畜牧业消化和吸收，两者相互为支撑。

草产品产业链的建立是现代畜牧业快速发展的必然要求。发展“草畜 +”产业将草畜和关联产业紧密结合起来，符合“产出高效、资源节约、产品安全、环境友好”的原则，符合国际畜牧业的发展方向。草畜一体化必须将牧草种植与畜禽养殖紧密结合，建立牧草种植—饲草料加工—畜产品生产—高品质食品加工—贸易（物流）全产业链生产体系，最终达到生态、循环、有机、高效、高值的目的。另外，草畜一体化必须从整个产业链出发，科学衔接产业链、创新链、资金链和价值链，综合考虑经济、生态和社会效益，因地制宜，建立适合地方特点、具有地方特色的产业发展模式，做到效益好、代价低、可持续发展。

（四）创新自主品牌

越来越多的草业企业开始认识到品牌是竞争制胜的法宝，品牌是推动企业价值发展的重要动力。当前西北区草产品生产产业缺乏龙头企业、优势品牌的支持，无法很好应对全球经济一体化带来的严峻挑战。要推进西北区草产品产业化生产，就必须使草产品商品化，并形成优势自主品牌。草产品商品化就要求在质量和规格上实行标准化的管理，要有法律认可的身份证明。产业化必然带来草产品生产的规模化和标准化，这是实施品牌战略的基础。更为重要的是产业化经营格局下，草产品品质稳定性进一步加强，草产品产业化经营实施品牌战略是其提升市场竞争力的必然选择。

（五）拓宽国内外市场

草产品产业化的发展目标不应仅限于促进当地养殖业的发展，而应着眼于国际市场，充分发挥草产品产业化对社会、经济和生态建设的综合效益。世界范围来看，到目前为止，已开发的草产品有草粉、草颗粒、草块、草饼、草捆和浓缩叶蛋白质，其中紫花苜蓿是生产和销量最大的草产品。

当前，国内市场对草产品的需求旺盛，西北区有发展草产品产业化的广阔地域及得天独厚的牧草生长环境。西北区草产品不但要积极供应于本地域畜牧业的发展需求，也要拓宽国内市场，乘全国物联网建设之势，将西北区草产品销往我国草产品资源缺乏的地域，以促进全国畜牧业的可持续发展。国际市场对草产品需求巨大，美国、加拿大和澳大利亚是草产品的主要出口国，日本、韩国和东南亚地区，还有中国台湾是主要的进口地区。西北区牧草产业的发展也需要利用国际市场。

西北区草产品实施产业化生产能满足国际市场对于牧草产品的质量需求，也会对中国整个牧草产业的发展起到积极效应。“一带一路”沿线国家对牧草进口量非常高，且很多国家与中国地理位置毗邻，并且与中国有历史贸易经验。可以发挥这种地缘和历史优势，不断提高优质牧草的种子研发、栽培技术、生产加工技术以及信息技术，出口草产品到“一带一路”沿线国家，推动中国牧草产品质量与国际接轨。甘肃省借“一带一路”建设契机已经多次就草业产业与中亚、南亚相关国家、机构开展合作、培训和技术转移，逐步推动了甘肃省草产品产业向国际发展（图 14-14）。

图 14-14 中亚、南亚代表来甘肃参观考察草产品企业（尚占环，2014；甘肃定西）

（六）建立科技支撑和人才储备体系

“科学技术是第一生产力”，草业科技水平与其产业化发展息息相关，直接影响着其产业化水平。当前，从事草业生产的劳动力文化水平较低，科技普及率低，草产业宣传教育滞后也是制约其产业发展的一个重要因素。在产业化发展过程中应注重教育、科研和技术推广工作，运用高新技术开展牧草产业基础研究，注重牧草产业科研开发和技术培训，不断增强产业发展后劲。加强草业科技投入和深入研究，重点攻克当前生产中存在的技术难题，力争在建立现代牧草种子培育、牧草产品开发技术创新、标准化生产和创建品牌方面有所突破，并为新阶段草业的跨越式发展提供新的技术储备。

西北地区要继续加强我国草业人才培育优势地位建设，必须依靠科技进步和专业科技人才的支撑，以推动产业化的顺利发展。因此，应大幅度增加草业科研投入，加大草业科研、教学、推广基础设施建设力度，吸引高技术人才投身草业科研事业。努力增强草业科技成果转化能力，广泛运用先进技术提升草业发展的整体技术水平。通过各种人才培养计划、科研项目的带动、国际交流与合作等形式，培养和造就一批草业科技带头人，着力培养草业技术推广高层次人才队伍。

（七）健全社会服务体系

西北区发展草业意义重大，长期以来草产业一直被视为当地畜牧业的附属产业，对其独立的生态和经济功能重视不够。草产品产业化生产的实现要靠健全的社会服务体系来支撑。随着草产品产业化经营的发展，产业化程度越高，对社会化服务的要求也会越来越高，这不仅需要专业性的社会服务，而且更需要综合产业服务，要求具备多层次的全方位服务能力。草产品产业化服务体系应由3方面组成：政府提供的社会化服务、各种协会组织提供的专业服务以及龙头企业提供的企业化经营服务。

思考题

1. 我国西北区草产品生产的区域性特点及区位优势有哪些？
2. 我国西北区牧草产业国家层面政策有哪些？
3. 我国西北区主要草产品种类及其加工技术工艺。
4. 青干草及青贮饲草贮藏关键技术及注意事项。
5. 如何实现我国西北区草产品产业化发展战略？

参考文献

[1] 阿地拉·阿卜杜外力. 昌吉州畜牧业产业化发展研究. 乌鲁木齐：新疆师范大学，2016.

[2] 白彦福. 甘肃饲用甜高粱青贮发酵品质、瘤胃降解特性及技工工艺. 兰州：兰州大学，2017.

[3] 常根柱. 中国西北干旱草地生态区划分及宜栽牧草. 草原与草坪，2007，(1)：82-86.

[4] 单安山. 饲料与饲养学. 北京：中国农业出版社，2004.

[5] 董世魁，蒲小鹏，胡自治. 青藏高原高寒人工草地生产 - 生态范式. 北京：科学出版社，2013.

[6] 洪绂曾. 中国多年生栽培牧草区划. 北京：人民出版社，2004.

[7] 侯向阳. 奶牛优质饲草生产技术研究进展. 北京：中国农业大学出版社，2011.

[8] 胡春花，孟卫东，张吉贞. 积极发展青饲玉米，促进海南草食畜牧业发展. 广东农业科学，2013（7）：117-119.

[9] 黄文忠，魏玉文，金荣圣. 青贮技术与装备的应用. 农业科技与装备，2010，(4)：97-98.

[10] 贾秀敏. 内蒙古河套灌区苜蓿产业化发展对策研究. 北京：中国农业科学院，2006.

[11] 康鹏. 松原市退耕还草地带苜蓿种植及加工调制技术研究. 长春：吉林大学，2009.

[12] 李德立. 中国农业产业化经营的品牌战略研究. 哈尔滨：东北林业大学，2006.

[13] 李海兵，徐斌. 草业发展的重要意义. 草业科学，2002，19（12）：63-64.

[14] 李珊珊，李飞，白彦福，等. 甜高粱的利用技术. 草业科学，2017，34（4）：831-845.

[15] 李珊珊，李飞，白彦福，等. 甜高粱饲用价值及饲喂奶牛技术. 草业科学，2017，34（7）：1534-1541.

[16] 刘信. 我国农业科技产业化发展模式与运行机制研究. 北京：中国农业大学，2004.

[17] 马爱锄，黑亮，雷国材，等. 西北干旱地区生态环境建设中的草畜产业问题研究. 干旱地区农业研究，2003，21（2）：145-148.

[18] 毛新安. 常用饲草的调制与储藏. 中国畜禽种业，2016，12（5）：82-83.

[19] 潘文杰，唐增. 甘肃省苜蓿企业的发展现状、问题及对策. 草业科学，2014，31（7）：1396-1403.

[20] 潘文杰. 基于价值链的甘肃省苜蓿企业发展现状调查. 兰州：兰州大学，2014.

[21] 曲永利，蒋微，李胜利，等. 青贮玉米与扁豆混播青贮营养价值评定的研究. 中国畜牧杂志，2010，46（13）：72-74.

[22] 任继周，胥刚，李向林，等. 中国草业科学的发展轨迹与展望. 科学通报，2016，(2)：178-192.
[23] 任继周. 草业科学. 北京：科学出版社，2014.
[24] 尚占环，郭旭生，丁路明，等. 后学科时代与中国草业科学发展. 草原与草坪，2008，6：45-48.
[25] 陶更，张琳，邹新平. 苜蓿青贮技术研究现状. 北京：中国苜蓿发展大会，2013.
[26] 田兆龙，冯立伟. 传统畜牧业如何向现代畜牧业转型升级. 中国畜牧业，2011，5：38-39.
[27] 汪彤彤，刘荣厚，沈飞. 防腐剂对甜高粱茎秆汁液贮存及酒精发酵的影响. 江苏农业科学，2006，3：159-161.
[28] 汪武静，王明利，金白乙拉，等. 中国牧草产品国际贸易格局研究及启示. 中国农学通报，2015，31(26)：1-6.
[29] 王成章，王恬. 饲料学. 北京：中国农业出版社，2011.
[30] 王丹，杨中平. 全株玉米秸秆压缩打捆袋装青贮技术的研究. 湖北农业科学，2010，49(1)：177-179.
[31] 王富裕，王顺霞，辛健，等. 宁夏栽培草地发展现状调查. 宁夏农林科技，2010，(5)：45-47.
[32] 王加亭，刘彬. 全国牧草种植生产情况(2016). 中国畜牧业，2016，9：39-41.
[33] 王加信. 营养强化的秸秆颗粒饲料生产工艺. 饲料工业，1989，(8)：25-26.
[34] 王瑾. 试论西北生态现状及草业在生态治理中的作用. 农业科技与信息，2009(10)：6-7.
[35] 王巧玲，花立民，杨思维. 不同干燥方式对不同生育期燕麦失水和营养成分的影响. 中国草地学报，2014，4：92-98.
[36] 王庆国，张大柱，于强，等. 青贮窖的合理设计. 草原与草业，2005，17(3)：22-24.
[37] 王庆锁. 中国苜蓿产业化发展战略和主要栽培技术研究. 北京：中国农业科学院，1999.
[38] 王秀云. 呼伦贝尔市牧草产业化研究. 北京：中国农业大学，2004.
[39] 武冬梅，李冀新，孙新纪，等. 甜高粱汁发酵贮藏技术的研究. 酿酒科技，2009，5：105-106.
[40] 辛晓平，徐丽君. 中国主要栽培牧草适宜性区划. 北京：科学出版社，2014.
[41] 徐婷，崔占鸿，张晓卫，等. 青海高原人工饲草加工方法的比较研究. 饲料工业，2014，(23)：51-53.
[42] 闫建英. 高粱高产机械化栽培技术. 农业技术与装备，2010，9：20-22.
[43] 杨富裕. 草食畜牧业发展正当时——推进草畜联动加快一体化发展. 中国畜牧业，2016，15.
[44] 杨青川，王堃. 牧草的生产与利用. 北京：化学工业出版社，2002.
[45] 玉柱，陶莲，陈燕，等. 添加玉米秸秆对两种三叶草青贮品质的影响. 中国奶牛，2009，4：15-18.
[46] 张辉，傅力，逄焕明，等. 不同贮藏方式对甜高粱茎秆含糖量的影响. 中国农学通报，2009，25(14)：296-298.
[47] 张英俊. 牧草产业技术研究进展. 北京：中国农业大学出版社，2013.
[48] 张毓平. 甘肃现代草业发展有限公司发展模式的案例研究. 兰州：兰州大学，2011.
[49] 赵国华. 高产优质豆科牧草红豆草的栽培技术及收获利用. 新疆畜牧业，2009，6：52-54.
[50] 威军，程庆军，张福耀，等. 自然生长状态下贮藏的甜高粱研究. 中国农业科技导报，2008，10(6)：101-104.
[51] 中华人民共和国农业农村部. 全国苜蓿产业发展规划(2016—2020)(农牧发〔2016〕15号). 北京，2016.
[52] 中国畜牧业协会草业分会. 第四届中国草业大会论文集. 西宁，2016

第十五章　青藏高原区草产品加工

【学习目标】

- 了解青藏高原区饲草生产特点。
- 掌握青藏高原区主要草产品加工技术。
- 掌握青藏高原区草产品贮藏适用技术。
- 了解青藏高原区草产品产业化生产策略。

第一节　概　　况

一、青藏高原区饲草生产概况

青藏高原是世界海拔最高的高原，面积约占全国的25%，平均海拔4 000 m以上，被称为“世界屋脊”“第三极”，包括西藏全部和青海、新疆、四川、甘肃、云南的部分地区。其中，西藏是青藏高原的主体和海拔最高的地区。青藏高原高寒缺氧、空气稀薄、太阳辐射强烈、蒸发量大，昼夜温差大，土壤肥力贫瘠，高原腹地年平均温度在0℃以下，大片地区最暖月平均温度也不足10℃。严酷的自然条件使天然草地及人工草地的生产性能受到了严重影响，制约着当地畜牧业的发展。该区域主要的地带性植被高寒草地产草量普遍较低、季节性生产不平衡，是我国草地单位面积产草量最低的地区之一。人工种草是青藏高原家畜冬季补饲、抗寒、抗灾的重要来源，在畜牧业生产中占有十分重要的地位。燕麦、垂穗披碱草、老芒麦、紫花苜蓿、箭筈豌豆、黑麦草及高羊茅等人工栽培牧草在青藏高原地区已经得到引种驯化与改良，并培育出了一批能够适应高寒气候条件的当地品种，此类牧草适于青饲、晒制干草、青贮及放牧利用，是牧区优质的饲草资源。但在高寒地区适宜栽培的牧草种类仍较少，尤其缺少适宜的豆科牧草品种，蛋白质饲草资源相对缺乏。在青藏高原藏民族聚居区，农牧民群众历来非常重视农作物秸秆的利用。青稞作为青藏高原种植面积最大的粮食作物，每年都有大量的青稞秸秆资源，这些秸秆被广泛用来直接饲喂家畜、烧火做饭、盖房、取暖和肥田等，特别是应用青稞秸秆作为饲草，在一定程度上可以缓解区域牧草短缺的问题，但这些利用都较为传统和低效。

青藏高原区在区域性和乡土草种的发展方面起步较晚，虽然培育出如燕麦、披碱草、老芒麦等地方品种和国家牧草品种，但草产品种类单一、质量参差不齐。加之地理条件等多种因素，饲草种植区域分散，连片集中规模发展牧草种植不多，“适地适草”发展规划的程度不高。在人工饲草的种植技术上，绝大部分农牧民种草还是停留在传统意识阶段。农牧民种草多以满足家庭牲畜需要为首要目标，还没有上升到“种草—增收”的意识上来。种植管理技术比较粗放，以简单撒播为主、靠天收草，少精耕细作和施肥等，在一定程度上制约着青藏高原区饲草业和畜牧业的规模化发展。

二、青藏高原牧区饲草生产特点

青藏高原牧区人工草地建设滞后，冷季家畜缺草严重，特别是当发生自然灾害时，家畜因缺草掉膘或死亡现象突出。青藏高原区饲草生产一直是自给自足模式。草的贮藏、加工还停留在粗放的层面。通常，农牧民小规模饲养主要依靠天然草地，规模化种植专用人工饲草不多。仅有规模较大的家畜养殖户租用一些土地种植一定面积的饲草以解常规饲草来源不足的问题，而平时则通过大量收购农作物秸秆作为主要饲草来源，冬季缺草时主要还是依靠青稞、小麦秸秆。

当前，国家和青藏高原各省区各级政府非常重视发展人工草地，牧区人工草地种植也正在规模化发展。人工草地田间管理粗放，多为单一草种的人工草地，草地的群落稳定性较差，牧草产量低。受经济状况和饲草资源限制，牧民可购买的饲草量有限，其饲草储备主要来自天然沼泽地割草和人工种草。此外，部分牧民利用夏季闲置圈窝，在圈窝种植一年生牧草，利用空闲土地和有机肥料，增加冬春饲草储备，以改善高寒牧区冬春牲畜饲草不足的问题。

三、青藏高原农区饲草生产特点

青藏高原农区传统饲草生产，主要以农作物秸秆为主。农作物秸秆是指成熟作物，尤其指麦类等粮食作物茎叶部分的总称。传统上各家各户都有养殖一定数量牲畜的习惯，以满足家庭对各种畜产品的需要。从农区粮食作物的品种特点上看，无论是小麦还是青稞，农民最喜欢的品种大多是株高在 90 cm 以上的中高秆品种，其目的就是粮草兼用，既收获了粮食又获得了秸秆作为牲畜饲草料。但是，农作物秸秆缺乏牲畜生长所必需的蛋白质和淀粉等营养，通常不经任何处理就直接饲喂，这种未处理过的秸秆不仅消化率低，粗蛋白质含量低，适口性差，采食量也不高，仅能“填饱肚子”。这种以低质的农作物秸秆作为主要饲料的畜牧业生产方式，仅能提供“维持牲畜生命的基本需要”。虽然有少数农牧民将农作物秸秆铡成小段或制成干草捆，但很少能够采用青贮、氨化、微贮等利用方式，饲草的贮藏仍是以传统的露天堆藏为主。近几年来，逐步有大型企业及政府层面的饲草料生产加工项目，正在规模化生产青贮饲料、青干草、草块和草颗粒等，进行跨区域生产销售及冬季短缺季节饲草料的储备与救灾。

近年来随着发展农区畜牧业呼声的提高以及供给侧结构改革，农区种植业结构又逐步向“粮－经－饲”三元结构转变，农民也开始在耕地上采取多种模式种植紫花苜蓿、玉米、箭筈豌豆、燕麦、小黑麦等青饲作物，还有优质牧草黑麦草、豌豆等。这些优质的饲草料主要在夏秋季节随刈随喂，部分制作成青干草及青贮饲料用于冬春季节的补饲。

四、青藏高原主要饲草作物种类

青藏高原区栽培牧草及农作物种类主要有青稞、油菜、燕麦、垂穗披碱草、老芒麦、早熟禾、箭筈豌豆、紫花苜蓿、多年生黑麦草及苇状羊茅等。

燕麦是一种优良的饲用麦类作物，燕麦籽实含有大量易消化和高热量的营养物质，燕麦籽粒中蛋白质、脂肪、维生素、矿物元素、纤维素五大指标均居小麦、玉米、水稻、大麦、高粱之首，主要用于人类的食用和家畜，特别是马、牛、羊的精料。近年来，随着人工草地的建立，燕麦开始在青藏高原牧区大量种植，已成为高寒牧区枯草季节的重要饲草资源。新鲜的燕麦茎叶较其他麦类作物的茎叶营养更丰富，嫩而多汁，青饲或调制干草均适宜，适口性好，消化率高，可调制成优质的青贮饲料。

垂穗披碱草为疏丛型禾草，茎秆直立，基部的节稍呈膝曲状，株高 50～90 cm。耐寒、耐旱性较强，在青藏高原寒冷干旱地区适应性强，生长良好，且可以自然越冬。在青藏高原有大面积的种植，尤其是西藏高原海拔 4 500 m 的那曲等地大面积种植且生长良好，形成垂穗披碱草草场。垂穗披碱草叶量多，质地较柔软，营养价值高，适口性好，各类家畜均喜食，易于调制干草。调制的青干草应在开花前刈割，属中上等品质牧草，开花前营养价值较高，开花后期营养价值略有下降。

箭筈豌豆是一年生豆科牧草，茎叶柔软、叶量丰富、适口性好、特别是蛋白质含量较高，其鲜草中粗蛋白质含量与紫花苜蓿相当，是一种优良的草料兼用作物。青藏高原区箭筈豌豆被广泛种植，主要与燕麦、青稞等禾本科作物混播种植，目前也与多年生黑麦草和苇状羊茅混播。箭筈豌豆根系具有固氮能力，可增加土壤中氮含量，而禾本科作物对其有支撑作用，可以避免箭筈豌豆因蔓匍匐腐烂，混播之后可以提高箭筈豌豆的产量。

紫花苜蓿是豆科苜蓿属多年生牧草。紫花苜蓿产量高、适应性强、营养价值高，以其粗蛋白含量高而著称，是一种各类家畜都喜食的优质牧草，素有“牧草之王”称号。苜蓿在青藏高原农区及农牧复合区都有零星种植，通常作为补充饲草，生长季一般可以刈割 2～3 次，简单晒制成青干草贮藏起来，待冬季饲料短缺时进行饲喂牛羊。

多年生黑麦草属禾本科黑麦草属冷季型牧草，原产于南欧、北非和亚洲西南部，现广泛分布于世界各地的温带地区。多年生黑麦草在我国青藏高原地区已经得到引种驯化与改良，能够适应高寒气候条件，且长势良好。第一次刈割后可利用再生草进行放牧，耐践踏，即使采食稍重，其再生能力也很强。多年生黑麦草无论鲜草还是干草均为上乘，适口性好，为各种家畜所喜食。其营养生长期较长，草丛茂盛，富含粗蛋白质，适于青饲、晒制青干草及放牧利用，是牧区优质的饲草资源。

苇状羊茅是多年生疏丛型禾本科牧草，适应能力较强，是建立人工草地和补播天然草场的重要草种。苇状羊茅抗寒能力强，在冬季寒冷条件下可安全越冬，在青藏高原地区可以普遍种植。苇状羊茅叶量丰富，较粗糙，品质中等，适期刈割，可保持较好的适口性和营养价值，其鲜草和干草为牛、马、羊喜食。

青稞系禾本科大麦属，又称裸大麦，是藏区农牧民不可替代的主粮，也是藏区主要饲料和酿造业等农产品加工业的重要原料。青稞具有耐旱、耐瘠薄、生育期短、适应性强、产量稳定、易栽培等优点，是高原冷凉、干旱农区可以种植的少数几种作物中的优势作物，也是青藏高原最具特色的作物之一。在青藏高原藏民族聚居区，青稞是种植面积最大的粮食作物。青稞秸秆质地柔软，富含营养，适口性好，用作饲料易消化，是牛、羊、兔等草食畜禽的优质饲料，也是高原冬季牲畜的主要饲料。

第二节 青藏高原区草产品加工技术

一、青藏高原区牧草青干草调制技术

青藏高原立足青藏高原区生产实际，青干草加工依然是农牧民青睐而且首选的草产品加工方式。青藏高原区雨季大部分集中在6—8月，而每年这些月份恰逢该地区牧草收获期，这就在客观上要求该地区必须掌握快速高效的青干草晾晒方法来应对天气等客观因素对该地区青干草生产及干草品质的影响。青干草调制的传统方法为刈割后原地堆垄或堆垛晾晒，待其自然风干。此法虽操作简单，但耗时较长，且极易受天气因素影响，如在晒制期遇连续阴雨，则会造成草样霉变或腐烂，严重影响了青干草感官品质及营养品质。在高寒牧区青干草生产中，采用压扁和切节的物理方法能获得高质量的青干草。压扁处理可有效减少植株角质层及纤维素对水分蒸发的阻碍，压扁植株茎秆的同时还能将植株中部分汁液挤出，使得其含水量低于植株的正常含水量，有利于水分的散失。除传统物理方法外，青干草调制还可采用草架晾晒法，采用草架干燥法也可调制出优质青干草，尽管草架晾晒成本略高，但草架通风好，可加快青草干燥速度，在多雨季节搭架晒制干草可明显加快干燥过程并有效防止叶片脱落。因此草架晾晒法也适宜于青藏高原高寒牧区进行青干草调制。但草架干燥过程相对烦琐，草架需在刈割饲草之前就提前搭好，一定程度上增加了干燥成本与劳动力投入，故进行青干草规模化生产时不建议采用草架晾晒，而草量较少时，建议使用此法。

青藏高原高寒牧区牧草收获季多阴雨天气，青干草在贮藏期内因吸湿回潮等原因造成其实际含水量接近20%～23%含水区间的情况，超过平原地区试验确立的15%～18%的“安全含水量”理论。由于青藏高原高寒牧区平均气温低于平原地区，早晚温差大，因此青藏高原高寒牧区青干草贮藏安全含水量在20%～30%区间范围内较为合适。

二、青藏高原区农作物秸秆和牧草混合青贮技术

（一）农作物秸秆和牧草混合青贮加工技术

混合青贮是根据青贮材料的不同特性，为了调制出发酵品质优良的青贮饲料，将两种或者两种以上的青绿原料按照一定的比例混合后进行青贮。混合青贮主要基于以下3种情况进行：第一是将低水分原料与高水分原料混合，调节青贮材料水分，以提高青贮的成功率；第二是将水溶性碳水化合物含量较低材料与含糖量较高材料混合，调节发酵底物含量，提高青贮饲料的发酵品质；第三是将结构粗糙的材料与结构柔软易压实的材料混合，可以使青贮窖内空气快速排除，迅速达到厌氧环境。混合青贮可最大程度地保存饲料的营养成分，改善适口性，提高营养价值，扩大饲料来源。

青藏高原农区主要种植的农作物有青稞、小麦和燕麦等，相应地有大量的农作物秸秆。从满足冬春季节牲畜饲料需求的实际出发，充分利用农区农作物秸秆资源，合理加工处理，提高饲用价值，扩大饲料来源，减少冬春季节农牧区因饲料不足引起的牲畜死亡或掉膘损失，可以将农作物秸秆与禾本科牧草混合青贮。例如，黑麦草和苇状羊茅的水分含量和水溶性碳水化合物含量均较高，若与农作物秸秆混合青贮恰好可以弥补农作物秸秆因水分含

量低和发酵底物不足而难以青贮的难题；农作物秸秆中粗蛋白含量较低，而纤维含量较高，若与营养价值高的黑麦草或苇状羊茅混合青贮可在获得发酵品质优良的青贮饲料的同时，提高营养价值和消化率，从而实现长期高效利用农作物秸秆资源的目的。此外，农作物秸秆与禾本科牧草混合青贮时，要注意采用适宜的混合比例，比例的筛选要平衡两方面因素：第一是获得良好的发酵品质；第二是农作物秸秆的最大化利用。表 15-1 总结了西藏常见的农作物秸秆与牧草的最适宜混合比例。

表 15-1　西藏常见的农作物秸秆与牧草混合青贮的最适宜混合比例

混合对象	最佳比例	参考文献
青稞秸秆：多年生黑麦草	3：2	原现军等，2013
苇状羊茅	2：3	赵庆杰，2012
青饲玉米	4：1	李龙兴等，2015
燕麦秸秆：多年生黑麦草	3：2	郭刚等，2014
苇状羊茅	2：3	甘家付，2011

（二）酒糟在混合青贮中的应用

在青藏高原地区，出于经济成本和实际操作考虑，制作青贮过程中添加乙醇制剂是不现实的。但青藏高原区有丰富的青稞酒糟，且长期以来青稞酒糟未被合理有效利用。如果将青稞酒糟用作青贮添加剂替代品，则可以大大提高农作物秸秆的利用率。

酒糟是酿酒过程中的副产物，含粗蛋白质、粗脂肪，并含有氨基酸、维生素、矿物质及菌体自溶产生的多种生物活性物质。但湿酒糟含水量高，不宜贮存、难以运输，容易导致酒糟中水溶性营养物质流失，影响其营养价值。为了能够减少营养物质损失和长期保存湿酒糟，将酒糟添加到干物质含量较高的农作物秸秆中进行混合青贮，不仅有助于酒糟的储藏，也可将干物质含量较高不宜被动物利用的原料开发为青贮饲料，扩大饲料来源。由于酒糟富含粗蛋白质，可作为蛋白质的原料来饲喂动物，许多学者将酒糟与其他农副产品、牧草、矿物质、维生素等物质混合青贮研制出全混合日粮。

青藏高原区青稞酒糟数量巨大，因为青稞酒是西藏人民最重要的传统饮品。另外由于青稞酒酿造仍停留在家庭手工酿造水平，酿造技术落后，导致青稞难以充分糖化发酵，致使酒糟中残留大量营养成分。酒糟中残留的大量酒精具有抑制好氧性微生物的作用，将青稞酒糟添加到混合青贮饲料中可以在青贮早期抑制有害微生物的活性，减少其对发酵底物的竞争，促进乳酸发酵，改善发酵品质，同时还可以提高青贮饲料的营养价值和消化率。例如，在燕麦秸秆和黑麦草混合青贮的基础上，添加青稞酒糟可以获得发酵品质优良且营养价值较高的青贮饲料。

（三）全混合日粮调制技术

全混合日粮 (total mixed ration，TMR）是根据奶牛不同生长发育阶段的营养需求，将粗料、精料、矿物质和维生素等按适当比例配比制成营养均衡的全价饲料。TMR 具有改善适口性、提高干物质采食量、促进奶牛均衡采食、维护瘤胃健康、减少奶牛发病率和提高产奶量等特点。青藏高原地区酥油和奶酪需求量大，且随着生活水平的不断提高，对牛奶的需求不断扩大。但因饲料营养成分不均衡限制了西藏当地改良奶牛的生长发育与生产性能的发挥。在西藏地区因地制宜地将农作物秸秆、全株玉米、栽培牧草和精料合理设计配制成全混合日粮，可实现营养均衡供给，提高改良奶牛的生产性能。

第三节　青藏高原区草产品贮藏适用技术

一、干草制作草粉及草颗粒贮藏适用技术

虽然各种调制技术与方法是生产优质干草产品的技术保障，但生产出来的优质干草产品还应得到完善的贮存，如果离开了合理的贮存，优质干草产品将变为劣质产品。因此优质干草产品的贮存技术同样也应该受到高度重视。青藏高原区地广人稀，交通不便，以调制的干草制作成草粉、草颗粒，有利于区域内各地之间的调配。

以调制的干草粉碎做成草粉有利于贮存和运输，更重要的是草粉可以作为饲料原料，直接用于畜禽全价配合饲料的生产。营养利用方面，优质的草粉含有丰富的蛋白质、维生素、矿物质成分，其消化率比干草更高，添加草粉的畜禽配合饲料对于提高动物的免疫力、增强机体抗病力、维持和提高种畜禽良好的繁殖性能，都具有非常重要的作用。一般草粉可大量用于草食类畜禽饲料，但由于粗纤维含量过高，在某些单胃动物饲料中要限量应用。

把调制的干草加工成草颗粒便于贮存和运输。草颗粒只有原料干草体积的 1/4 左右，饲喂方便，可以增加适口性，改善饲草品质。草颗粒加工可以按各种家畜家禽的营养要求，配制成含不同营养成分的牧草颗粒。而且农作物的副产品、秕壳、秸秆以及各种树叶等加工成草颗粒皆可用于饲喂家畜家禽。根据测定，用豆科饲草做牧草颗粒，最佳含水量为 14%～16%，而禾本科饲草为 13%～15%。由于含水量甚低，适于长期贮存而不会发霉变质。

二、袋装青贮适用技术

青贮的方式方法很多，常用的有窖贮、地面堆贮、青贮塔等。结合青藏高原区农牧业生产实际及生活居住地小而分散的特点，袋装青贮贮藏饲草料比较有优势。袋装青贮有以下优点：第一是袋装青贮密封性好，原料范围相当广泛。除传统的玉米秸秆和青稞秸秆外，还可青贮常规方法不易成功的高蛋白质牧草，如苜蓿等。还可制作低水分青贮，也可多种牧草混贮。第二是用时少，成本低，时间地点比较灵活。如果青贮塑料袋保管好，还可以连续使用，更能降低成本；第三是操作方便。只要有塑料口袋，将把铡短的青贮原料装满、压实，排出空气，就地保管，就地存放，既不用挖窖，又能防止污染，减少损失，技术操作简单，家庭青贮两人即可操作；第四是适宜户贮，便于推广。塑料袋青贮适用于养畜少的农牧民。挖土窖大量青贮浪费工时和原料。塑料袋袋装青贮，农牧民可以不受条件限制，根据自己需要而青贮，便于推广科学贮藏饲草料技术。

塑料袋袋装青贮的制作过程如下：第一是青贮袋的制备。选用无毒的筒式聚乙烯塑料薄膜，单层厚度为 8～12 丝，幅宽 1 m（即周长 2 m），剪成 2～2.5 m 长为宜，用封口机或电烙铁加热后压合一端，做成不漏气的袋子；第二是原料的制备。将青贮原料用铡草机切

成长 1～5 cm，边切碎边装袋。青贮原料含水量以 65%～75% 为佳，如含水量过高可适当晾晒后再装。为提高青贮饲料的品质，在有条件的情况下可选择添加糠或麦麸 5%～10%。也可不添加任何原料直接青贮；第三是装袋封口。先装袋的两底角，填实压紧。然后层层装填层层压紧。不能人站入袋内踩压，以免压破塑料袋，用手压紧即可。装满后封口；第四是贮后管理。应放干燥通风处，最好放在室内或棚内。如需露天存放，应拿一块塑料布盖好，避免阳光暴晒和雨淋；第五是饲喂方法。经 4～6 周发酵后即可开袋饲喂，每次开袋取料后立即扎紧袋口，防止空气进入造成杂菌污染。用完青贮饲料之后，把袋洗净晾干，可连续使用 2～3 年。

三、燕麦青干草、青贮调制技术

燕麦在高寒地区具有独特的适应能力，在放牧家畜冷季补饲中发挥着其他饲草饲料作物不可替代的作用。将燕麦调制干草、制作青贮饲料或配合饲料饲喂家畜，具有很大的发展空间和开拓潜力。

（一）燕麦青干草调制

燕麦青干草生产过程中，通常快速将水分降到适宜含水量，以确保燕麦青干草的营养品质。高寒牧区燕麦调制成干草应在抽穗期进行刈割；刈割后可以因地制宜地采用各种晒制方法。刚收割的燕麦青草含水量在 75%～80%，经过干燥达到贮存条件的干草含水量应在 15%～18%。传统方法常用草架晾干，待水分降至 40%～50% 时，自下而上均匀堆放在搭制好的草架上面，通风性更好，干燥速度也较快。但这种方法只适用于小规模生产，生产面积较大时使用有一定困难。还可将割下的燕麦直接从地里运至晒场进行晾晒，加快干燥速度。鉴于高寒牧区燕麦抽穗期及灌浆期的株高在 150 cm 以上，茎粗为 0.4～0.7 cm，秆壁厚为 0.8～1.5 mm，茎秆基部比较硬，如果将茎秆压扁再进行晾晒，可以进一步加快干燥速度，缩短晾晒时间，降低不良天气的影响概率。另外高寒牧区秋冬季气温较低，可以尝试用高水分（含水量 27%～30%）打捆代替传统的低水分打捆，配之以合理的贮藏，能够保证青干草的品质。

（二）燕麦拉伸膜裹包青贮

目前燕麦的青贮大多采用窖贮、壕贮等传统的青贮方式，为避免营养成分的大量损失及饲喂方便，可以采用拉伸膜裹包青贮技术制作燕麦青贮饲料。青贮用燕麦一般在抽穗期至蜡熟期进行刈割，也可用带有成熟籽粒的燕麦全株青贮。刈割时留茬高度为 6～10 cm。青贮时的水分含量至关重要，水分过高或过低都会影响青贮饲料的质量。燕麦青贮时的含水量应控制在 65%～70%。先用机械压扁切短，长度为 10～15 cm，以提高打捆密度及方便裹包压实。同时切短后，其细胞汁液渗出，使其表层糖分含量升高，有利于乳酸菌的生长繁殖。经压扁切短后进行打捆，打捆形式为圆柱体，打捆密度在 650～850 kg/m^3。打捆后使用青贮专用膜裹包。膜的厚度为 0.025 mm，拉伸比范围 55%～70% 时，青贮包的营养成分损失最小。在裹包青贮中，裹包层数的选择非常重要，包膜层数一般为 4～8 层，且拉伸膜必须层层重叠 50% 以上。裹包好的燕麦青贮包可以在自然环境下堆放在平整的土地或水泥地上，经过 4~6 周完成发酵，形成青贮饲料。

第四节　青藏高原区草产品产业化生产策略

青藏高原区畜牧业目前面临的一个重要问题是：广大农牧区地广人稀，交通不便，农牧民放牧养畜观念落后，存在冬春季饲草饲料的不足导致家畜“夏肥、秋壮、冬瘦、春死”的现象。为了解决这一难题，青藏高原区需要将饲草生产系统工程提到重要位置。为此着重开展饲草饲料作物新品种引进筛选、饲草高产栽培、饲草贮藏加工利用技术等研究以及农牧民饲草生产模式探索等一系列工作。

一、建植人工草地、改善种植结构

在青藏高原区积极推动农业结构调整，实施“粮－经－饲”三元种植结构。实施林下种草、粮草间作、果间种草，加快人工种草和草地改良步伐。鼓励草食畜禽养殖场（区、户）开展农作物秸秆混合青贮及优质牧草等专用饲料饲草作物种植基地建设。大力推广紫花苜蓿、饲用玉米、垂穗披碱草、老芒麦、早熟禾、燕麦、黑麦草等高产优质饲草品种，不断扩大饲草种植面积，增强优质饲草供应能力。

二、建立和完善饲草生产加工体系

依据良好的发展环境，在青藏高原区适宜种草的区域，以饲草业为主导综合发展，充分发挥资源优势和区位优势，保护恢复天然草原资源与生态，建立和完善饲草生产、加工一体化，大力发展可持续的饲草产业经济。培育现代化养殖技术示范区（户、场），提高农作物秸秆资源的利用率和转化率。加强青贮基础设施建设，全面普及青贮饲料加工贮藏技术，提高其在饲草产业中的比重。此外，青藏高原区自产青稞、小麦、蚕豆、油菜、豌豆及玉米、黄豆等蛋白质饲料和能量饲料，又有丰富的糠麸、饼粕类饲料和食品、酿造业副产品，同时矿物饲料资源也很丰富，要大力开发、发展配合饲料生产。

三、加大科技投入

加大科技投入是保障青藏高原区畜牧业可持续发展的重要途径。优质青贮饲料生产加工技术要以生态安全为前提，积极开展优质饲草饲料作物的引种工作，探索适用于青藏高原区当地的饲草栽培技术，因地制宜地对草产品进行加工利用，深入混合青贮、青贮饲料分装及抗有氧腐败等关键技术的研究，积极探索通过利用生态型添加剂提高青贮发酵品质，此外要开展青藏高原区天然乳酸菌资源收集、鉴定、评价及利用等研究工作，开发适用于当地的青贮乳酸菌制剂。

四、提高牧草饲料生产的组织化程度

提高牧草饲料生产的组织化程度是推进牧草饲料产业化进程的关键。第一是要积极培育和扶持种植大户，充分发挥他们的示范、辐射、带动作用，带动牧草饲料作物的规模化种植和优质品种的连片种植，提高牧草种植的稳定性和一致性，突出重点；第二是要积极

发挥草业科技人员的技术优势，加强技术指导和培训，不断推广新的牧草种植模式，实现标准化生产；第三是要积极引导和培育农民专业协会等形式的农民合作化组织，发挥其在产销衔接、信息技术服务、组织销售、协调销售价格等方面的作用，促进规模化、产业化生产。

思 考 题

1. 剖析青藏高原区开展草产品产业化生产的优势和不足。
2. 如何优化适合于青藏高原区草产品的加工和贮藏技术体系？
3. 青藏高原区在产业化发展方面，如何开展系统、高效的经营？

参 考 文 献

[1] 甘家付. 西藏地区燕麦秸秆与苇状羊茅、多年生黑麦草混合青贮的研究. 南京：南京农业大学，2011.

[2] 郭刚，原现军，林园园，等. 添加糖蜜与乳酸菌对燕麦秸秆和黑麦草混合青贮品质的影响. 草地学报，2014，22（2）：409-413.

[3] 呼天明，边巴卓玛，曹中华，等. 施行草地农业推进西藏畜牧业的可持续发展. 家畜生态学报，2005，26（1）：78-80.

[4] 李龙兴，郭刚，原现军，等. 添加剂对西藏青饲玉米和青稞秸秆混合青贮发酵品质的影响. 草地学报，2015，23（2）：401-406.

[5] 尚永成. 浅谈青海省饲草业现状及发展战略. 草业与畜牧，2006，8：77-80.

[6] 尚占环，姬秋梅，多吉顿珠，等. 西藏"一江两河"农区草业发展探讨. 草业科学，2009，26（8）：146-141.

[7] 薛艳庆. 青海省草业产业化存在的问题及对策. 四川草原，2006，12（4）：54-56.

[8] 杨淑荣. 西藏自治区草地生态环境安全与可持续发展问题研究. 草业学报，2003，12（6）：24-29.

[9] 原现军，闻爱友，郭刚，等. 添加酶制剂对西藏地区青稞秸秆和黑麦草混合青贮效果的影响. 畜牧兽医学报，2013，44（8）：1269-1276.

[10] 原现军，王奇，李志华，等. 添加糖蜜对青稞秸秆和多年生黑麦草混合青贮发酵品质及营养价值的影响. 草业学报，2013，22（3）：116-123.

[11] 原现军，余成群，李志华，等. 西藏青稞秸秆与多年生黑麦草混合青贮发酵品质的研究. 草业学报，2012，21（4）：325-330.

[12] 玉柱，贾玉山. 牧草饲料加工与贮藏. 北京：中国农业大学出版社，2010.

[13] 赵庆杰. 西藏青稞和小麦秸秆与多年生黑麦草和苇状羊茅混合青贮的研究. 南京：南京农业大学，2012.

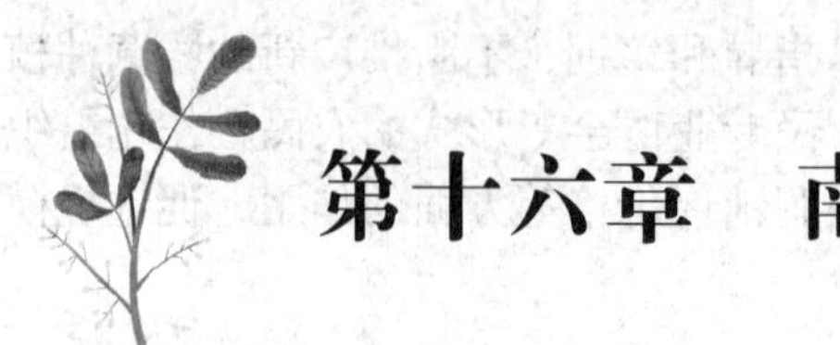

第十六章　南方草产品加工

【学习目标】

- 了解南方草产品生产的基础条件与主要饲草原料特性。
- 掌握南方主要草产品生产技术。
- 掌握南方主要草产品贮藏技术。
- 了解南方草产品产业化发展策略。

第一节　南方饲草生产特点

粮食是战略物资（任继周，2013），粮食安全问题事关国计民生和社会稳定。保障国家粮食安全备受中国政府重视，也是学术界研究的热点问题（姚成胜和黄琳，2014；陈秧分等，2014）。2014 年我国粮食总产量 60 709.9 万 t，虽然实现了“十一连增”，但粮食进口量却在不断攀升，而且我国粮食生产基础脆弱，粮食增产余地几乎到了极限（任继周，2013）。然而，随着居民生活水平的提高，人均口粮消费量虽趋于平稳，但畜产品消费增长将引起饲料粮需求大幅度增加（胡小平和郭晓慧，2010）。我国当前的畜禽结构和饲喂习惯，致使人畜争粮矛盾愈发突出，解决饲料粮的供需问题已成为我国粮食安全的最主要任务之一（王济民和肖红波，2013）。作为节粮型畜种，草食家畜是居民牛羊肉和奶制品等畜产品的主要来源，发展牧草产业，推动耗粮型畜牧业向节粮型畜牧业转型是解决粮畜矛盾的重要途径。

纵观我国牧草产业发展形势不难发现，与南方地区相比，北方地区牧草产业发展相对较早也较为成熟，但面临着牲畜超载、草原退化、草地畜牧业生产力水平下降的严峻形势，牧草产业发展难度与代价也在不断地加大。此外，随着我国粮食生产重心的北移，“北粮南运”格局逐步形成（闫丽珍等，2008），北方地区水土资源短缺的矛盾更加突显。然而，当前南方地区耗粮型畜牧业的发展现实，进一步加剧了这一矛盾，加快南方地区畜牧业转型势在必行。我国南方地区光、热、水、土资源及牧草种质资源丰富，适宜于牧草产业的发展，这为发展节粮型畜牧业创造了很好的条件。充分挖掘南方农业资源潜力，发展牧草产业，增加牧草生产供给，这对于缓解北方饲草种植的土地承载压力，确保我国粮食安全具有重大现实意义。

一、南方饲草资源丰富，开发利用潜力大

我国南方草地地区为秦岭—淮河一线以南、青藏高原以东地区的草地，包含西南岩溶山地灌丛草业生态经济区和东南常绿阔叶林—丘陵灌丛草业生态经济区。行政区划包括江苏、安徽、湖南、湖北、四川、云南、贵州、广东、福建、江西、浙江、海南、台湾 13 个

省，重庆、上海 2 个直辖市和广西壮族自治区，以及香港、澳门 2 个特别行政区（文中简称南方，统计分析中不包括香港、澳门和台湾），共 1 416 个县（市、区），土地面积 262.76 万 km^2，占我国国土面积的 27.6%，人口数大约 7.7 亿，占我国总人口数的 57.4%（熊小燕等，2016）。南方平均降雨量 1 000～2 000 mm，年平均气温 10～15℃，无霜期 180～300 d，基本无雪灾、风灾等（祝远魁，2012）。大于等于 10℃的地区积温一般为 6 500～9 500℃。冬季低温期，随纬度与海拔高度不同有明显的地区差异。

南方气候温暖湿润，水热资源丰富，草地生产力高。根据农业部草地资源调查资料显示，南方天然草地总面积为 7 958 万 hm^2，占全国土地面积的 8.3%，为南方土地总面积的 30.51%，其中可利用的草地面积占 70% 以上，是南方重要的自然资源之一。同时，我国南方地区牧草种质资源丰富多样。据不完全统计（张炳武等，2013），天然牧草资源种类多达 3 000 种以上。为支撑快速发展的草食畜牧业，自改革开放以来，南方地区先后引进牧草品种千余个，经过多年的栽培和筛选、区域试验，共选出适宜于南方种植的禾本科、豆科及其他科牧草品种数十种。其中，2013 年仅四川省种植披碱草（*Elymus dahuricus*）、老芒麦（*Elymus sibiricus*）、紫花苜蓿（*Medicago sativa*）和黑麦草（*Lolium perenne L.*）分别达 65.5 万、66.5 万、11.9 万和 9.3 万 hm^2，贵州省黑麦草和三叶草（*Trifolium repens*）种植面积分别为 30.1 万和 20.7 万 hm^2，狼尾草［*Pennisetum alopecuroides*（L.）Spreng.］推广种植面积达 20.6 万 hm^2。值得一提的是，地方牧草品种发展迅速，如扁穗牛鞭草（*Hemarthria compressa*），属无性繁殖、多年生牧草，因其出苗快、植株高大、叶量丰富、适口性好，在西南地区广受欢迎，目前已推广种植 1.6 万 hm^2。

我国南方地区丘陵山地面积约为 2 亿 hm^2，其中草山草坡约有 0.63 亿 hm^2（林祥金，2002），但是长期以来我国南方草地资源未得到有效合理的开发利用，仍存在把草地当成荒山荒坡的现象。与此同时，南方部分省区农田复种指数不断降低，如浙江省复种指数由 2000 年的 1.9 下降到 2013 年的 1.1，农闲田利用率低。因此，南方未开发的天然草地及农闲田为牧草产业发展提供了丰富的土地资源。目前，经两院院士考察论证，南方地区约有 1 300 万 /hm^2 草山草坡宜于近期开发利用，如若高效利用和合理经营，可年产牛、羊肉 300 万 t，相当于 2 400 万 t 粮食（皇甫江云等，2012），可养活 7 000 多万人（许秀斯等，2013）。

二、南方牧草生长周期长，单位面积生产力高

南方大多数牧草生长周期为 240～300 d，一般天然草地产干草量可达 4 500～6 750 kg/hm^2，栽培草地的黑麦草（*Lolium perenne*）鲜草产量可达 75～120 t/hm^2，每年可刈割 3～4 茬（王明利，2012）。如果采用冷季型与暖季型牧草轮作，还可保证牧草周年供应，全年均能为家畜所利用。20 世纪 80 年代以来（何忠曲等，2009），农业部先后在南方实施了 30 多个草地畜牧业综合开发项目，证明 0.067～0.133 hm^2 改良草地可养 1 头优质绵羊，生产力是北方草地的 6～10 倍。

南方牧草以夏季产草量为最高。据调查，在丘陵区草丛草场中，夏季产草量比春秋高 20%～30%；在灌丛草场中，夏季产草量比春秋高 30%～40%。因此，夏季是最佳利用季节。与北方草地相比，南方草地基本无雪灾、旱灾、风灾和沙漠化等自然灾害，发展草地畜牧业的风险小。但是，我国亚热带地区水热分布不均，水旱灾害比较频繁，尤其是长江

中下游一带，夏季极端气温有时高达 43℃，裸露的土壤表面，温度常达 60～70℃，加之高温所带来的干旱，常严重制约温带饲料作物和牧草的生长；而在冬季和早春又常有严寒和霜冻，致使热带饲草成活率低。不过，近十几年来经过筛选引种，这个问题得到了很大的改善。

三、南方草地生物量较高，但天然牧草质量较差，饲草料综合利用率低

南方属热带、亚热带气候，特点是夏季高温多雨、冬季温和少雨、雨热同期，无霜期长，有利于农作物和牧草生长。因此，南方草地单位面积生产力高，人工草地干物质产量可达 500～700 kg，单位面积的载畜量可以达到北方的 5～7 倍（赵有璋，2011）。但南方草地牧草营养价值较低：豆科牧草较缺乏，而且大部分禾本科牧草茎秆粗硬，粗纤维含量高，粗蛋白质含量却非常低。这些牧草一旦抽穗，便迅速老化，适口性差。南方主要农作物秸秆一般粗蛋白质含量为 3%～5%，粗纤维含量多的高达 40% 以上（赵楠等，2009）。用这些资源作为家畜饲料远远达不到草食家畜对日粮的营养需求，必须大量补饲精料，以补充日粮中可消化能和蛋白质的不足，所以南方牧草实际利用率只有 25%～30%。据测定，我国南方草丛、灌草丛类草地可食牧草产量平均 1 500～2 500 kg DM/hm^2，牧草干物质中粗蛋白质和代谢能含量分别为 81.5 g/kg 和 6.9 g/kg，比全国平均水平低 20% 左右；粗纤维含量为 410.7 g/kg，比全国平均水平高 17.0%（卢欣石，2002）。

南方农作物秸秆资源丰富，以小麦、玉米和稻草秸秆为主，年产秸秆量大约 3 亿 t，但利用率低，只有 37% 左右用于家畜饲料，其余基本以焚烧形式处理为主，不但造成资源的浪费而且导致了严重的环境污染（熊小燕等，2016）。此外，家畜喜食的花生秧、豆秸等优质秸秆饲料也因收集、保存、加工和调制技术的缺乏，没有得到充分利用。虽然南方草地的天然牧草种类繁多，但其营养价值较低，以致牧草实际可利用率低。

南方牧草多以禾本科草居多，大多数天然禾本科牧草属于矮小型牧草，不便于人工或机械收割，牧草机械收割难度大，这些更加降低了南方牧草的综合利用率。

四、南方草地分布较零散，草地分布区的社会经济条件差

由于南方地理环境复杂，以丘陵、山地为主，区内河川众多，相互隔离，形成了相对封闭的小环境，所以南方的天然草地大多为零星草地，草地植被主要为草丛、灌草丛类以及少量的低地草甸和山地草甸类。据徐庆国和刘红梅（2009），调查在可利用的草场中，上千公顷的连片草场面积约为 20%。并且，我国南方地区丘陵广布，地形崎岖不平，地貌类型多样，导致土地平整度差，即使在相对平坦的地区，也存在“大平小不平”的问题，这阻碍了牧草生产的机械化经营。此外，20 世纪 80 年代以来实行的家庭联产承包责任制，导致农用地小块分割、破碎化严重，加上当前土地流转模式的多元化，市场发展不健全，难以实现牧草集中连片的种植。

我国南方山区成片的天然草场主要分布于云南、贵州等省，海拔大多在 1 500 m 以上，其气候条件较好，夏秋季无高温，水分蒸发量小，冬无严寒，饲草生长茂盛，加之土地面积相对较大，人口少，种植业不发达。草场大多山高路远，交通不方便，商品经济不发达，开发难度大。农民文化水平低，生活比较贫困。农民虽有养猪、牛、山羊及少量的马、驴的习惯，但规模较小。草场是近山用得多，远山用得少，破坏得多，开发利用养畜少，草

多畜少的矛盾突出。据罗爱兰等（1995）估算，南方山区每年在山上枯黄老化烂掉的天然鲜草 5 000 万～7 000 万 t。

同时，虽然近年来南方草业发展的速度较快，但整体水平还较低，单位面积载畜量仅为每公顷 2～3 个绵羊单位（欧阳克蕙等，2006），说明南方草地生产仍处于粗放经营阶段。草业生产的规模化、集约化程度还很低。迄今为止，南方 13 个省区目前已建成的人工草地和改良草地仅占总草地面积的 4% 不到（刘金祥，2004），大大少于美国的 15% 和新西兰的 75%（王堃等，2002），不能满足畜牧业稳定、优质、高产的需要。在新西兰和澳大利亚每公顷草地建设投资约合 1 200 元人民币（王跃东和朱兴宏，2004），而南方目前不到 15 元（韩清芳等，2005），造成许多开发项目基础设施不配套，科技含量低，质量不高。由于缺乏资金投入与科技支撑，导致人工草场建设普遍存在品质差、经营粗放、效益低等缺点，生产规模得不到扩大，新建的草场难以稳定持续发展。在畜牧业发达国家，如新西兰、英国、瑞士和丹麦等国，草地畜牧业产值比种植业高 1～8 倍，而在南方许多地方种草效益不如种田，大大挫伤了农民对发展草牧业的积极性。

第二节　南方主要栽培牧草

我国南方栽培牧草主要有象草、黄竹草、多花黑麦草、甜高粱、苏丹草、杂交狼尾草、紫花苜蓿、白三叶、菊苣、串叶松香草等。

象草又名紫狼尾草，为多年生禾本科植物，原产于非洲、澳大利亚和亚洲南部等地，植株高大，分蘖能力强，是热带及亚热带地区普遍栽培的高产牧草，目前在我国南方已大面积栽培利用。象草喜温暖湿润的气候和肥沃的土质，但对土壤要求不高，沙土、黏土、微碱性土壤和酸性贫瘠土壤均能种植。喜肥需水，耐旱性强但在水分充足时才能达到高产。结实少，发芽率低，因此多采用无性繁殖。南方一般每年可刈割 5～8 次，每公顷产鲜草 35～75 t。象草产量和营养价值均较高，适时刈割草质柔嫩，适口性好，牛、羊、马、鱼均喜食，南方多青饲或调制青贮饲料。

皇竹草系多年生禾本科植物，由于其具有较强的分蘖能力，被称之为“草中之皇帝”。皇竹草以无性繁殖为主，在我国南方部分地区根茎不能过冬，在秋末要将其茎保存起来，第二年春天按节扦播繁殖。黄竹草对土壤没有多高的要求，沟、塘、堤、坝、坡地均可种植。据测定，其干物质的粗蛋白质含量达 18.46%，主要适合青饲牛、羊、鹿等以及调制青贮饲料。

多花黑麦草又称越年生黑麦草，营养物质丰富、茎叶干物质中含粗蛋白质 13.7%、品质优良、适口性好，适合饲喂各种家畜。黑麦草一般产品有青贮、干草，但在我国南方适宜青贮或鲜喂。多花黑麦草生长期长、生长迅速，刈割时间早、再生能力强，长江以北地区一般一个生长期刈割 2～3 茬，亩产 5 000 kg 左右，长江以南地区一个生长期刈割 3～5 茬，亩产 5 000～10 000 kg。

甜高粱为一年生禾本科植物，系禾本科高粱属粒用高粱的变种，原产于非洲，作为饲用及糖料作物被长期栽种，有“北方甘蔗”之称。甜高粱较高粱籽粒小，苗期分蘖能力强，喜温暖环境，抗旱、耐涝、耐盐碱，在多数半干旱地区均可生长，在长江下游地区普遍种植，是高产优质的青饲料。甜高粱茎秆富含糖分，营养价值高，植株高大，每亩可产青饲料 6 000～10 000 kg，被誉为“高能作物”。其用途十分广泛，它不仅产粮食，也产糖、糖浆，还可以做酒、酒精和味精，纤维还可以造纸。

苏丹草属一年生禾本科植物，原产于北非苏丹地区，目前在欧洲、北美洲和亚洲大陆均有栽培。苏丹草喜温不耐寒，抗旱能力强，生长期需水较多但不耐湿。再生性好可多刈，在沙壤土、重黏土、弱酸性土和轻度盐渍土上均可种植，最适在黑钙土和暗栗钙土上栽培。茎叶产量高，通常每公顷产鲜草 60 000～75 000 kg。含糖丰富，营养价值高，适于调制青贮饲料。苏丹草也是池塘养鱼的优质青饲料，素有“养鱼青饲料之王”的美称。

杂交狼尾草为多年生禾本科植物，植株高大，株高达 3.5 m 左右。喜温暖湿润气候，耐高温、耐旱、耐湿也耐盐碱。最适在土质深厚且保水性能良好的黏土生长，适宜在长江流域以南栽培，多采用分根或茎段扦插繁殖。该草产量高，一般每公顷产鲜草 15 000 kg，干物质含粗蛋白质 8.5%～10.4%，饲用价值较象草高，但草质粗老被毛，适口性较差。

紫花苜蓿简称紫苜蓿、苜蓿，属多年生豆科植物，是世界上栽培最早、面积最大的牧草、被公认为是牧草之王。在水肥比较好的条件下，紫花苜蓿一般一年可以割 3～5 茬，一般亩产鲜苜蓿 5 000～6 000 kg。紫花苜蓿在我国也是栽培历史最悠久，分布面积最广的一种优良牧草。紫花苜蓿富含蛋白质、维生素和矿物质，并且其蛋白质的氨基酸组成比较齐全。我国南方雨水多、空气湿度大，晒制干草比较困难，多采用鲜料或紫花苜蓿青贮等方式直接饲喂家畜。

白三叶为豆科三叶草属多年生草本植物，原产于欧洲和小亚细亚，为世界上分布最广的一类豆科牧草，在我国长江以南地区大面积种植。白三叶喜温暖湿润气候，一般生长 8～10 年，适宜生长温度 15～25℃，较红三叶、杂三叶耐热抗寒，能耐湿耐阴，适合各种土壤。白三叶产量低但品质极好，茎叶细软，叶量特多，营养丰富且富含蛋白质。具匍匐茎，再生能力强，适宜放牧利用。

菊苣为菊科多年生草本植物，播种一次可利用 10～25 年。其特点第一是适应性强，适合南方各地种植。第二是利用周期长，通常每年的 4～11 月都可刈割。第三是病虫害较少，只在低洼易涝地区易发生烂根，但还未发生其他病虫害。第四是用途广，不仅可作饲料还可加工成蔬菜等。菊苣干物质含粗蛋白质 17%～21%，动物必需的氨基酸含量高而且齐全，牛、羊、猪、兔、鸡、鹅都喜采食。菊苣最适合青饲。每年可刈割 4～6 茬，年亩产鲜草 8 000～10 000 kg。

串叶松香草是菊科多年生草本植物，一般生长期 10～12 年，适合在我国南方种植、特别适合沟、塘、堤、坝、坡地种植。串叶松香草莲座叶丛期干物质含粗蛋白质 22%，且富含维生素。青割切碎后适合喂猪、牛、羊、兔等。一般每年刈割 3～4 茬，每亩鲜草产量 10 000～15 000 kg。

第三节　南方草产品加工适用技术

牧草加工业代表了现代先进的牧草专业化生产方式，体现了当代越来越细的社会分工，在明细分工的基础上，实现高效协作的客观经济规律。从国外牧草产业化进展的程度来看，在实现牧草商业化的过程中，牧草加工是整个产业链的中心环节。因此牧草加工为牧草商品化创造了条件，也带来了丰厚的经济效益。在美国的干草生产中，苜蓿草粉和草捆每年的出口金额都超过了 5 000 万美元，加上苜蓿和禾本科混播干草及其他牧草的干草产值达到133亿美元，干草产品用于饲养奶牛、肉牛、羊、禽所产生的毛皮制品其总值达到1 400亿美元（韩清芳等，2005）。美国苜蓿种植业、畜牧业的总产值占到农业总产值的55%～60%，目前美国是全球苜蓿种植面积、干草产量、出口额最大的国家之一。

全球生产加工草产品主要包括干草、青贮饲料、草块、草颗粒、草粉和叶蛋白质共6类。根据牧草原料的不同，草产品又分为紫花苜蓿、猫尾草、燕麦、黑麦草、高羊茅、苏丹草、狗牙根，以及豆科和禾本科混播后的干草产品，草产品主要作为家畜或家禽饲料利用，目前推广的主要草产品以苜蓿为主。在我国南方这些草产品加工技术都有应用，但是因为天气条件所限，南方干草主要用于短期的饲草饲喂，均衡供应还需要借助干草加工产品和青贮饲料。同时，由于我国奶牛业对苜蓿草产品的需求旺盛，国内草产品的加工应用多集中在对苜蓿的加工调制研究上。

一、干草加工

随着畜牧业的发展特别是肉牛和乳牛业的发展，干草生产已逐渐成为各国畜牧业发展过程中十分重要的部分。在家畜饲喂过程中，干草不仅是冬季枯草期家畜的主要补充饲料，而且在反刍动物和马的日粮组成中具有特别重要的意义，是一种不可代替的粗饲料。干草中富含较多的磷、钙、维生素和微量元素，按营养物质的基本成分来分，优质干草也是一种最好的平衡饲料。除此之外，干草还可以提供维持家畜各种生物能。随着国外干草生产机械化和科学化的发展，大大提高了干草生产效率及质量。各国的实践经验证明，增加干草生产是发展畜牧业的根本保证。

优质干草是我国草产业的主要产品，从发达国家牧草产业发展的历程来看，在实现牧草商业化的过程中，草产品加工是整个产业链条的中心环节，是牧草从分散生产走到社会化生产再到商品的重要步骤。干草加工是牧草商业化过程中不可或缺的技术手段，它可以实现牧草的专业化、规模化、社会化生产，符合产业化对生产过程中的组织经营要求。既是联系种植业和养殖业的重要环节，又是草畜结合的桥梁和纽带，因此干草在草产业的发展过程中发挥着重要作用。

干草是在适宜的时期刈割，经过自然晾晒或人工干燥调制而成的能长期贮存的草产品。优质青干草颜色青绿、叶量丰富、质地柔软、气味芳香、适口性好，并含有较多的蛋白质、维生素和矿物质。近年来，随着我国畜牧业的不断发展，牲畜头数的不断增加，家畜对于干草的需求不断增加。

在南方，调制青干草时正是该地区雨水比较多的时候，不仅造成了牧草利用率低、营养物质流失严重，而且在收贮过程中常有霉变、腐烂发生，容易引起家畜中毒，给畜牧业生产带来严重危害。所以对南方干草的调制加工工艺要求更加严格。

（一）自然干燥法的几种方式

1. 地面干燥法

将收割后的牧草在原地或者运到地势比较高且干燥的地方进行晾晒的调制干草的方法。通常收割的牧草干燥4～6 h使其水分降至40%～50%，用搂草机搂成草条继续晾晒，使其水分降至35%～40%，用集草机将草集成直径为0.5～1 m的草堆，保持草堆的松散通风，直至牧草完全干燥。南方牧草收获季节大多为高温高湿、雨水充沛的季节，这种方式一般很少使用，主要适用于一些小型牧场和家庭牧场收获贮藏小部分的饲草。

2. 草架干燥法

南方收割牧草季节大多为雨季，为了缩短牧草干燥时间，防止干草变褐、发黑、发霉腐烂。一般可利用木棍、铁丝搭建成简易的三角架或用长的横木架将刈割的牧草放在草架上进行晾晒干燥，这种方法有利于通风，可使干燥速度相应加快，调制出的干草营养价值损失较小。割下的草在田间晒至水分降至45%～50%时，将草一层一层放置于草架上，放草时要由下而上逐层堆放，或打成直径10～20 cm的小捆。草的顶端朝里，堆成圆锥形或房脊形。堆草应蓬松，厚度不超过70～80 cm，离地面20～30 cm，堆中应留通道，以利于空气流通。牧草堆放完毕后，将草架两侧牧草整理平顺，让雨水沿其侧面流至地表，减少雨水浸入草内。

3. 发酵干燥法

在南方潮湿多雨的地方，很难只利用阳光来晒制干草，而必须结合利用草堆的发酵发热降低水分来共同完成牧草的干燥过程。发酵干燥法就是将收获后的牧草先进行摊晾，使其水分降低到50%左右时，将草堆集成3～5 m高的草垛，把草垛逐层压实，草垛的表层可以用土或薄膜覆盖，使草垛发热并在2～3 d内使垛温达到60～70℃，随后在晴天时开垛晾晒，将草干燥。当遇到连绵阴雨天时，可以保持在温度不过分升高的前提下，而使发酵的时间延长，此法晒制的干草营养物质损失较大。

（二）人工干燥的几种方式

为了更好地利用青干草，减少损失，同时避开南方雨水季节带来的危害，人工干燥技术在南方得到了越来越多的推广与利用。

1. 吹风干燥

利用电风扇、吹风机和送风器对草堆或草垛进行不加温干燥的方法，常温鼓风干燥适合于牧草收获时期的昼夜相对湿度低于75%而温度高于15℃的地方使用。在特别潮湿的地方鼓风用的空气可以适当加热，以提高干燥的速度。

2. 高温快速干燥

南方规模化的企业为了加快牧草干燥，避开高温湿润对干草的影响，大多采用高温快速干燥法。工艺流程一般是先将鲜草切短，通过有高温气流的滚筒烘干机，使水分从70%～80%迅速降到15%～18%，滞留时间因机械性能参数不同而有差异，烘干温度从上千度到几十度不等，滞留时间也从几秒钟到几小时不等。这种方法干燥的牧草营养损失很少，一般营养损失不超10%；但需要一定的设备和配套工艺技术来完成，并且需要较高的投入。所以在南方的使用仅限于大型的企业。

（三）物理化学干燥法

南方为了减少雨季干草营养价值的损失，加速牧草干燥速度，在生产实践中，常常运用物理和化学的方法来加快干燥以降低牧草干燥过程中营养物质的损失，目前应用较多的物理方法是压裂草茎干燥法，化学方法是干燥剂添加干燥法。

1. 压裂草茎干燥法

牧草干燥时间的长短主要取决于其茎秆干燥所需要的时间，叶片干燥的速度比茎秆要快得多，所需的时间短，如豆科牧草当叶片水分含量干燥到 15%～20% 时，其茎的水分含量为 35%～40%。为了使牧草茎叶干燥速度保持一致，减少叶片在干燥过程中的损失。常利用牧草茎秆压裂机将茎秆压裂压扁，清除茎秆角质层和维管束对水分蒸发的阻碍，加快茎中水分蒸发的速度，最大限度地使茎秆的干燥速度与叶片干燥速度相同步。压裂茎秆干燥牧草的时间要比不压裂茎秆牧草干燥时间缩短 1/3～1/2。

2. 化学添加剂干燥法

将一些化学物质添加或者喷洒到牧草上，经过一定的化学反应使牧草表皮的角质层被破坏，以加快牧草株体内的水分蒸发，提高干燥速度。目前应用较多的干燥剂主要有碳酸钾、碳酸钙、碳酸钠、氢氧化钾、磷酸二氢钾、长链脂肪酸酯等。这种方法不仅可以减少牧草干燥过程中叶片损失，而且能够提高干草营养物质的消化率。

为了调制优质青干草，在牧草干燥过程中，就要因地制宜地选择合适的干燥方法。在选择使用自然晒制法时应掌握好气候变化，选择适宜的气候条件来晒制干草。尽可能避开阴雨天气。在人力、物力、财力比较充裕的情况下，可以从小规模的人工干燥方法入手逐步向大规模机械化生产发展，提高所调制干草的质量。无论是何种调制方式都要尽量减少机械的和人为造成的牧草营养物质损失。

南方牧草生长旺季雨水多、湿度大、鲜草料多、如何利用雨季天气晒制大量的干草，是一个较困难的问题，须借助其他设备加以干燥。若采用一般干燥方法，耗能（电、煤）多、成本高，而且草料营养物质损失大。因此，必须在加工技术上进行攻关，建议由饲料工业部门牵头，组织畜牧、机械加工等有关部门的专家协作攻关，力争在短期内能研制出耗能低、效果好、能适应于南方各地使用的成套加工设备。

二、草捆加工

南方气候多雨湿润，非常不利于干草的运输与贮藏，为了更好地利用干草，同时避免浪费，干草的贮藏一般采用干草捆的形式。干草打捆是将收割的牧草干燥到一定程度后，将晒干的干草打成干草捆。为了保证干草的质量，在压捆时必须掌握牧草的适宜含水量。一般认为，比贮藏干草时的含水量略高一些，就可压捆。南方一般较潮湿，适宜打捆的牧草含水量为 30%～35%。每个草捆的密度、重量应由压捆时牧草的含水量来决定。

根据打捆机的种类不同，打成的草捆分为小方草捆、大方草捆和圆柱形草捆 3 种。小方草捆的打捆是利用常规打草机进行作业，沿草条收捡牧草并将其打成长方形草捆。这种草捆通常长、宽、高分别为 0.5 m、0.35 m、0.45 m 或者 1.2 m、0.45 m、0.6 m 等，草捆的密度大约是每立方米 160～300 kg，每捆的重量 15 kg～70 kg 不等。打捆机一般每小时可打制小方捆 5～15 t，小方捆可以在田间存放和饲喂家畜。大方草捆是使用大长方形打捆机制成，其体积为 1.22 m×1.22 m×（2～3）m，重量在 800～900 kg，密度在每立方米 240 kg 左右。打捆机的工作能力为每小时 18 t。大圆柱草捆的制作是将干草打成长 1～1.7 m，直径 1～1.8 m 的草捆，草捆密度为 110～250 kg/m^3。每一个草捆的重量为 600～850 kg。圆柱草捆是将草一层层地卷在草捆上，田间存放时有利于雨水的流散，能在野外存放较长的时间，但这种形状不利于装载运输，因为这种形状每一次的运载量要小于方形草捆的运载量。圆柱形打捆机每小时一般可以打捆干草 6～13 t。

同时，为了减小草捆体积，降低运输成本，一般都会对草捆进行二次打捆，方便远距离运输草捆。方法是把两个或两个以上的低密度草捆压缩成一个高密度紧实草捆。高密度草捆的质量为 40～50 kg。二次压捆需要二次压捆机。同时，要求干草捆的水分含量达到 14%～17%，如果含水量过高，压缩后水分难以蒸发容易造成草捆变质。

三、草粉加工

为了满足各种饲喂对象对不同养分的饲料要求，各国都在寻求既有饲养价值而又经济的新饲料和蛋白质资源。在开拓饲料资源的过程中，人们对以牧草为原料制成的草粉产生了极大的兴趣。草粉的开发利用在一些发达国家的饲料工业中占有重要地位，它不仅是重要的优质蛋白质饲料，而且有利于降低饲料中粮食的比重，从而有效地控制饲料粮不断增加而导致饲料成本上升的局面。我国的草粉生产已经进入了规模化发展阶段，取得了很大的成就。而且，因为草粉比青干草体积小，与空气接触面小，不易氧化，适宜在南方大量发展来弥补青干草不易贮存的缺点。

依据草粉的加工原料和生产工艺将草粉简单地分成两类——特种草粉和一般草粉。特种草粉是以苜蓿等豆科牧草的幼嫩枝叶为原料加工而成的草粉，其蛋白质含量在 25% 以上，粗纤维在 18% 以下，维生素和矿物元素能高出一般草粉 50% 左右。可以作为畜禽的蛋白质、维生素补充料。以人工干燥方法制成的草粉，其营养价值更高。这种草粉克服了一般草粉纤维过高的缺陷，应用价值大。在反刍动物和单胃动物饲料中都可大量使用，特别是对病弱畜禽、幼畜、种用畜禽在改善身体状况、提高机体抗病力、增强免疫力、维持良好的繁殖性能、增加利用年限等方面均有非常显著的效果。一般草粉是利用全株苜蓿采用自然或人工方法干燥后粉碎而制得。这种草粉与特种草粉相比可利用营养物质含量稍低，但是是目前生产中应用最多的类型。

目前，加工草粉多采用先调制青干草，再用青干草加工草粉的方法，再加工时，要控制青干草的水分在 14%～17%，也有采用干燥粉碎联合机组的，从青草收割、切短、烘干到粉碎成草粉一次制成，这样既省去了干草的调制与贮存，又直接得到了优质的草粉，而且还能减少在加工过程中的营养物质损失，但生产成本高。如果能降低生产成本，将是非常好的草粉加工方式，为饲草的加工与贮存提供很大的便利，同时还可以适应南方多雨不利于调制干草的弊端。

现在中国南方青干草、优质草粉非常缺乏。目前除四川、广东等几个省的局部地方能小规模生产出干草制品外，其他尚无成批合格产品供应市场。因此开发利用中国南方草业应将干草制品的研究、生产列为草业发展模式的主要内容之一。

四、草颗粒加工

畜牧业的健康、快速发展是满足人们对畜产品数量和质量需求的重要保障，也是现代草牧业发展的一个重要课题。随着我国草地畜牧业的迅速发展，以及集约化、规模化程度的迅速提高，牧草产品越来越多地受到人们的重视与青睐。牧草产品加工形态由散状、粉状向块状、颗粒状方向发展。我国生产的牧草颗粒产品在国内热销的同时也受到海外市场的追捧，供不应求，市场需求量逐年增加，由于我国生产量无法满足出口需求，导致市场缺口每年在 15%～20%（成文革等，2016）。在南方，随着畜牧业的快速发展，南方的草颗粒加工发展也越来越迅速。

牧草颗粒是草产品饲料的一种，是由被粉碎机充分粉碎的草粉与水蒸汽按照生产要求，充分混匀并经颗粒机压榨而形成的产品（曹致中，2004）。草颗粒的广泛应用，给蓬勃发展的南方畜牧业提供了很大的便利与优势。

（1）可以在南方全年供应饲草。南方冬季饲草枯黄，所含营养素减少，家畜缺鲜草。而夏季暖季型牧草生长旺盛，营养丰富，鲜草剩余量大。因此为了扬长避短，充分利用暖季型牧草，经刈割、晒制、粉碎、加工成草颗粒保存起来，冬季可以饲喂畜禽。冬季用草颗粒补喂畜禽，可用较少的饲草获得较多的肉、蛋、奶。

（2）体积小，便于运输与储藏。草颗粒饲料由于通过粉碎、压缩、挤压等工艺，体积为普通牧草产品的 30%～50%（武文革等，2016），更加便于贮存、运输、装卸、包装等。南方气候潮湿多雨，不利于牧草贮藏，但是草颗粒饲料生产过程中，通过制粒机挤压，使草颗粒的密度大幅提高，减少了与空气的接触面积，病菌等均被灭除，使产品在南方雨季里产生霉变的概率大幅降低。

（3）可使家畜的采食量增加。草颗粒饲料的加工过程中，粉碎的干草原料和水蒸气在特定的温度和压力下压制成草颗粒饲料，在这过程中会使饲料中的淀粉糊化、增强所含生物酶的活性，可使颗粒饲料的适口性更佳，提高家畜的采食量（张大维等，2016）。

（4）可有效地扩大牧草产品加工原料。通过牧草加工技术，进行粉碎、并经过一系列的工艺加工成家畜喜爱的草颗粒产品（温学飞等，2005），不但扩大了牧草加工原料的来源，也使草颗粒饲料的种类多元化。如草木樨具有香豆素的特殊气味，家畜轻度厌食，但制成草颗粒后，则变成适口性强、营养价值高的草产品，锦鸡儿、优若藜、羊柴等饲料，其枝条粗硬，经粉碎后加工成草颗粒，就成了家畜所喜食的饲料，从而扩大了饲料来源。其他如农作物的副产品、秕壳、秸秆以及各种树叶等加工成草颗粒皆可用于饲喂家畜。

（5）提高饲料的消化率。草颗粒生产过程中，特定的温度和压力下，可以有效地灭除寄生类昆虫的虫卵和病菌，可减少由外界原因造成的消化不良，以及病虫滋生造成的疾病对家畜消化系统的影响，可使消化率提高 10% 以上（武文革等，2016）。

加工草颗粒关键技术是调节原料的含水量。首先必须测出原料的含水量，然后拌水至加工要求的含水量。一般用豆科饲草做草颗粒，最佳含水量为 14%～16%，而禾本科饲草为 13%～15%。草颗粒的加工通常用颗粒饲料轧粒机。草粉在轧粒过程中受到搅拌和挤压的作用，在正常情况下，从筛孔刚出来的颗粒温度达 80℃左右，从高温冷却至室温，含水量一般要降低 3%～5%，故冷却后的草颗粒的含水量不超过 11%～13%。由于含水量甚低，适于长期贮存而不会发霉变质。草颗粒加工可以按各种家畜家禽的营养要求，配制成含不同营养成分的草颗粒。其颗粒大小可调节轧粒机，按要求加工。

五、草块加工

在南方，另外一种比较方便运输与贮藏的草产品就是草块。草块的制作就是利用机械将干草或草粉压制成密实的块状产品，依据生产的形式又可分为 3 种类型即田间压块、固定压块和烘干压块。田间压块要求干草的水分含量在 10%～12%，且豆科牧草的比例应占 90%。压成草块的密度为 750～850 kg/m^3，草块的大小为 30 mm × 30 mm ×（50～100）mm。固定压块使用固定压块机强迫粉碎的干草通过挤压钢模，形成大约 3.2 cm × 3.2 cm ×（3～5）cm 的干草块。固定压块制成的草块密度在 600～1 000 kg/m^3。烘干压块就是将从田间刈割的牧草先切成 2～5 cm 的草段后，将其用运送器输送到烘干滚筒，使水分由 75%～80% 降到 12%～15%，后直接进入压饼机压成厚度为 10 mm，直径为 50～65 mm 的草饼，这种草块的密度为 350～450 kg/m^3（翟桂玉，2003）。

南方有大量的农作物秸秆资源，为了将这些农作物秸秆合理利用，减轻南方地区的饲草压力，开展了秸秆块或秸秆饼的研究和推广工作。秸秆块或秸秆饼就是将农作物秸秆磨碎、添加黏合剂和精料、矿物质（骨粉、石粉等），或拌和适当比例的尿素和糖蜜，压制成块状或饼状。这种饲料可增加家畜的采食量，特别是牛，非常喜欢吃，耕牛增膘快，奶牛产乳量增多。而且还可减少精料的用量，降低了饲养成本，减少了家畜疾病的发生。

六、青贮

青贮是贮存饲草的一种非常行之有效的方式，就是将饲草刈割后在厌氧的条件下利用乳酸菌发酵，或者利用外源添加剂促进乳酸发酵，降低 pH，抑制有害微生物活性，从而达到长期保存青绿饲料的一种简单、高效的贮藏方式。经过青贮后的饲草，具有酸香味、柔软多汁、耐贮藏、适口性好，可全年供给。青贮饲料现在已经是南方一种重要的贮存饲料。很多牧草作物都能制成青贮饲料，而且可用于各类家畜的饲喂。大力推广青贮技术已经成为南方地区快速发展草牧业的重要举措。

南方地区调制青贮饲料的原料种类繁多。优良的青贮原料要求有适当的含糖量，以保证乳酸菌大量繁殖。优质的青贮原料主要有：玉米茎叶、高粱茎叶、甘薯与甘薯秧、向日葵盘、木薯及木薯叶、甜菜叶、南瓜、菊芋、芜菁、甘蓝和黑麦草、王草、象草等禾本科牧草等。含糖量较少，适合与优质青贮原料混合青贮的原料有：苜蓿、紫云英、草木樨、毛苕子、大豆、豌豆、花生秧、三叶草、苦麦菜、金花菜、胡萝卜秧、马铃薯与马铃薯秧等。含糖量极低，必须进行混合青贮、添加剂青贮才能成功的有南瓜蔓、西瓜蔓。

青贮设备主要有青贮窖、青贮壕、青贮塔和青贮袋等。对青贮设备的要求有：①青贮窖必须保证不透气；②青贮窖内壁必须平滑垂直；③青贮窖的窖壁不应透水，地下室或半地下室青贮窖的底部，必须高出历年最高地下水位 0.5 m；④青贮窖要有一定深度，一般宽深比例为 1∶1.5 或 1∶2，利于压实；⑤青贮塔要具有防冻能力。青贮设备的容积大小要根据原料多少来决定。一般青贮窖、青贮壕 1 m^3 可装青贮原料 500～600 kg、青贮塔 1 m^3 可装青贮原料 650～750 kg。青贮设备的横切面大小要考虑饲养牲畜的头数和饲喂青贮饲料时间的长短，要求每日从青贮窖中取出的青贮饲料的厚度不应少于 10 cm。原料多时以选择长方形的青贮壕为好，原料少时以选择圆形的青贮窖为好。青贮窖地址应靠近畜舍，土壤坚实，地势高燥，背风向阳，地下水位较低，四周有一定空地，远离水源和粪池。

（一）常规青贮饲料的调制

1. 青贮原料的收割和切短

选择晴天，待到原料植株达到收割最佳期（玉米可在乳熟期至蜡熟期、禾本科牧草可在孕穗期至抽穗期、豆科牧草期在现蕾期至开花初期、薯秧类要在收薯或霜前 1～2 d）收割。原料收割后立即运到青贮地点切短，长短为牛 3～5 cm、羊 2～3 cm，粗茎原料或粗硬的细茎原料切成 2～3 cm，叶菜类和幼嫩原料不可切。如有多种原料，在切碎的同时要按比例混匀。

2. 装料与压实

装窖前先在窖底铺一层 15～20 cm 厚的麦草或其他农作物秸秆，窖壁四周可铺一层塑料薄膜，尽可能做到密封，防止透水漏气。叶菜类、水生饲料等含水量大的原料，在装填时要掺入适量的糠麸以调节含水量。装填青贮原料时，应逐层装入，每层装 15～20 cm，随装随压实。添加糠麸、谷实等进行混合青贮时，要在压紧前分层混合。压实的方法：小型窖可用人力踩踏，大型长壕可用链轨拖拉机等，要特别注意压紧窖的边缘及四角。层层装填、压实，直至高出窖口 50～60 cm 为止。

3. 密封和管理

装满原料后即可加盖封顶。先覆盖一层塑料薄膜，再盖一层切短的秸秆，厚 20～30 cm；然后盖上洁净的湿土，厚 30～50 cm，并做成馒头形（圆窖）或屋脊形（长窖），盖土的边缘要超出窖口四周外围，以利于排水。封窖后在距窖四周约 1 m 处应挖排水沟，以防雨水流入窖内。

（二）袋装青贮

南方由于特殊的气候条件，低温期短，雨水多，湿度大，时常阴雨潮湿，采用青贮窖（池）青贮，靠窖边周围的青贮原料，时常由于返潮渗水湿度过大，比较容易发霉变质，造成青贮饲料利用率降低。近年来，通过不断的实践，人们发现采用袋装青贮方法进行牧草青贮，能取得较好效果。

1. 青贮袋制作

青贮袋外袋的选择：可以选择收购使用目前市场用于装鸡鸭颗粒料的编织袋，最好选择有 2 层的（外层编织袋，内层塑料袋）。

青贮袋内袋制作：选用无毒的筒式聚乙烯塑料薄膜，根据所选编织袋的袋内尺寸进行下料，下料时塑料薄膜要长出编织袋口 12～15 cm（便于扎口密封），用封口机或电烙铁加热后压合一端，制成略大于编织袋的袋内尺寸的塑料薄膜袋。

2. 青贮室修建

青贮室建设：选择南北坐向房间，南北向有密闭的窗户（方便换气），南向有取用门。门窗要有 7 cm 以上的框料，边要凸出 3 cm。然后，用泡沫和皮革钉门窗边和框，使门窗密闭不漏风，室内墙面用水泥粉刷。青贮室使用前，要检查墙是否有裂缝，门窗是否密闭不漏气，否则，要进行修补。

青贮室设备：青贮室内用木条和钢管制成存放青贮袋的架，存放架每层要限制贮料青贮袋存放层数，以防压力过大，压坏青贮袋。

3. 青贮原料装填与管理

将青贮的草料用铡草机切成长 1～3 cm，边切边装袋。青贮的草料应将其含水量控制在65%左右，过高时应进行晾晒。为提高青贮饲料的品质，在有条件下可选择添加尿素、食盐、统糠或麦麸，也可不添加任何原料直接进行青贮。装袋时，先装袋的两底角，层层装填时用手压紧，并抖动摇晃青贮袋，使青贮原料装填更结实，装满后，层层将袋口旋转扭紧后，层层用细绳扎紧。青贮后的管理，应注意保持室内通风干燥和做好防鼠工作。要避免阳光射入室内。

4. 青贮饲料的饲用

青贮原料一般经过30 d的青贮，经乳酸菌发酵，袋内青贮饲料带黄绿色，有浓郁酸香味，质地柔软。饲用时，根据需要量取出相应的袋数，进行开袋饲喂，每次开袋取料后立即扎紧袋口，防止空气进入导致杂菌污染。每次用完青贮饲料后，要将袋洗净晾干，以便来年使用。采用室内袋装青贮方法青贮牧草，由于采用密室架子存放方法，解决了青贮袋破损的问题。加上青贮袋采用3层，外层是编织袋，牢固，内两层是塑料袋密封性好，因此，适用青贮原料范围广，除传统的玉米秸秆、禾本科牧草及田间杂草外，还可青贮常规方法不易成功的蛋白质含量高的豆科牧草及多种牧草混合青贮。该方法使用的青贮袋，如保管好，可使用4～6年，方法简单，投资小，贮期长，可以随取随喂，使用方便。同时可以避免和降低因南方地区青贮池壁水分多，造成部分青贮饲料发霉变质的现象发生，提高青贮饲料的利用率，是一项值得采用的好方法。

（三）微贮技术的利用

南方每年的农作物秸秆资源大量被浪费，如果能被很好地利用，不仅可以减少农作物秸秆燃烧造成的环境污染，而且还可以在一定程度上缓解南方饲草短缺的问题。秸秆微贮饲料，就是在农作物秸秆中加入具有高效活性的微生物菌种，经一定的发酵过程，使农作物秸秆变成具有酸香味、草食家畜喜食的饲料。秸秆微贮饲料具有消化率高、适口性好、安全可靠、操作简便等优点。奶牛每头每天喂10～25 kg微贮饲料，年需5 000 kg以上；马、驴、骡每天喂5～10 kg，羊1～3 kg。

1. 农作物秸秆微贮原理

秸秆发酵活干菌是由木质纤维素分解菌和乳酸菌通过生物工程技术制备的高效复合干菌剂，秸秆在厌氧环境下，木质纤维分解菌通过酶促作用可将秸秆中大量的木质纤维素类物质降解为可发酵的糖类，可发酵糖类又被活干菌复合体系中的乳酸菌转化为乳酸和挥发性脂肪酸，使pH降低到4.5～5.0，抑制了丁酸菌、腐败菌等有害细菌的繁殖。秸秆微贮饲料的含水量一般在60%～70%。当含水量高时，降低了秸秆中糖和胶状物的浓度，不能产生足够的乳酸，易导致饲料腐败变质。而含水量过少时，秸秆不易被踩实，残留的空气过多，不能保证厌氧发酵条件的迅速达到，乳酸及其他有机酸生成量减少，发酵品质降低。

2. 秸秆微贮饲料生产方法

微贮饲料和青贮饲料调制方法相似，各地应因地制宜，选择合适的调制方法。

（1）土窖微贮法。选择地势高、土质硬、向阳干燥、排水容易、地下水位低、离畜舍近、取用方便的地方。根据贮量挖的长方形窖（深度以2～3 m为宜），在窖的底部和周围铺一层塑料薄膜，将秸秆放入池内，分层喷洒菌液压实，上面盖上塑料薄膜后覆土密封。

这种方法的优点是贮藏量大，成本低，方法简单。

（2）塑料袋窖内微贮法。首先是按土窖微贮方法选好圆形窖，将制作好的塑料袋放入窖内，分层喷洒菌液，压实后将塑料袋口扎紧覆土。这种方法的优点是不易漏气进水，适于处理 100～200 kg 青贮原料。

（3）大型窖微贮法。一般奶牛场采用大型窖微贮法，调制时可采用机械化作业方式，提高生产效率，压实机械可使用轮式拖拉机或履带式拖拉机。喷洒菌液用的潜水泵规格选用扬程 20～30 m，流速每分钟 30～50 L 为宜。配置菌液用的水箱可用牛场饮水的水箱，水箱容积一般在 0.5～2.0 m 为好，最好有两个水箱以便交替使用，喷头可自制，一端用 40～50 cm 的铁管，将铁管的一端用铁锤打扁，呈鸭嘴状，另一端连在胶皮管上即可使用，这种方法适用于大型牛场及育肥场，一次处理 50 t 以上，具有省工、省时、效率高等特点。

（4）水泥池微贮法。此法与传统青贮方法相似，将农作物秸秆切碎，按比例喷洒菌液后装入池内，分层压实、封口。这种方法的优点是，池内不易进水进气，密封性好，经久耐用。建窖大小应根据养牛羊头数来决定，每立方米微贮窖可容纳秸秆 200～300 kg，一般情况下，生产一窖微贮饲料，可饲养 2～3 个月即可，如常年饲养应多建几个微贮窖，以便交替使用。这样做的目的是避免开窖后来不及饲喂，时间长，造成局部变质的问题，若是一户养了 1～2 头牛，则建议使用塑料袋微贮。

同时，在微贮麦秸和稻秸时应根据自己拥有的材料，加入 5% 的大麦粉或玉米粉、麸皮。这样做的目的是在发酵初期为菌种的繁殖提供一定的营养物质，以提高微贮饲料的质量。加入麦粉或玉米粉、麸皮时，铺一层秸秆撒一层粉。

秸秆微贮后，窖池内贮料会慢慢下沉，应及时盖上使之高出地面，并在周围挖好排水沟，以防雨水渗入。气温较高的季节封窖 21 d，较低季节则封窖 30 d 即可完成微贮发酵，可开窖取料。取料后，不可暴晒，当天取当天用。

（四）裹包青贮

尽管青贮饲料应用普遍，制作方法也较简单易行，但由于我国南方地区气候炎热，湿度大，原料水分含量较高，霉菌容易滋生繁殖，青贮饲料腐败率偏高的现象普遍存在。裹包青贮是一种新型的青贮饲料加工方法，与传统的窖贮、堆贮、塔贮等青贮方式相比，具有饲料质量高、浪费小、环境污染少、易于运输和商品化、保存期长、成本低等特点。用专用膜密封裹包起来，进而创造出厌氧发酵环境，利用乳酸菌发酵产生乳酸，当乳酸在青贮饲料中累积到一定浓度时，青贮饲料中各种微生物的繁衍被抑制，从而达到长期保存青绿多汁饲料及其营养的一种贮藏方式。

第四节　南方草产品贮藏适用技术

牧草的收获和保存，是大多数国家畜牧业生产中的重要环节。通过安全贮藏，可以把饲草料从旺季保存到淡季，为家畜在饲草料缺乏时提供营养丰富的饲草料。南方因为其气候因素，每年都会有很长一段时间的阴雨季节。我国南方广大的阴雨潮湿地区的饲草饲料加工贮存不仅是一项技术措施，而且是合理开发利用饲草料资源，解决饲草饲料不足，减少粮食消耗的重要途径，也是加快阴雨潮湿地区草地畜牧业发展的一项战略措施。对以高产优质人工草地为主的全草型畜牧业生产，牧草的加工贮存是其现代化、科学化管理，保证丰产丰收的重要手段。为了避免“旺季烂，淡季断，旺季浪费、淡季补粮”的传统畜牧业生产的被动局面，利用现代生物技术与机械技术，对季节性的牧草生产进行加工贮存，是以后重点研究内容。

一、干草贮藏

干草贮藏是饲草生产中的重要环节，可有效地保障和平衡一年四季饲草的均衡供应，尤其是在南方，气候湿润、水热资源丰富，干草很容易吸水变潮，一方面会造成干草营养价值降低，另一方面发霉的干草不利于保存与贮藏，所以在南方，合理的干草贮藏方式就显得更加重要。

（一）散干草堆藏

散干草贮存主要是堆放，方式有两种，即长方形垛和圆形垛。长方形垛一般宽为4.5～5 m，高6～6.5 m，长8 m以上；圆形垛一般高6～6.5 m，直径4～5 m，在进行堆垛时应选择地势比较高且干燥的地方堆垛，垛底用树枝、秸秆等做底垫，厚25 cm以上，垛底周围挖排水沟，沟深20～30 cm，沟底宽20 cm，沟上宽40 cm。堆垛时要一层一层地由低向高堆，每一层都要压实压紧，并且始终保持中部隆起，高于周边，利于排水。在堆至全高的1/3或1/2时开始将垛放宽，到每边宽于垛底0.5 m，以利于排水和减少雨水对草垛的漏湿，垛顶应较尖，可用劣质草或草苫子及塑料布进行覆盖并用重物镇压或绳索固定，以避风害。干草堆贮存可用人工操作完成亦可用堆垛机完成。但是在南方，因为气候多雨，非常不利于干草贮存，所以一般散干草只会短暂地进行堆藏，用于短期的饲喂。

（二）草棚堆藏

在南方气候湿润地区或条件较好的牧场和农户应建造干草棚或青干草专用贮存仓库，以避免日晒雨淋。草棚应建在离动物圈舍较近、易管理的地方，要有一个防潮底垫，堆草方法与露天堆垛基本相同。堆垛时干草和棚顶应保持一定距离，有利于通风散热。也可利用空房或房前屋后能遮雨的地方贮藏。

南方夏季天气高温高湿，必须要注意防范高温和火灾。因为青干草仍含有较高的水分，各种生理变化并未完全停止。如果不注意通风，再加上周围环境湿度大或漏雨，致使干草水分升高，引起酶和微生物共同作用，导致干草内温度升高，严重时甚至会发生火灾。一般在南方，要经常检测干草贮存仓库或用温度计测量草捆内温度，可以用一根一端用尖塞封闭、直径为5 cm，长度为3 m的探管来监测干草的温度。先将管子插入草垛或大型草捆中，再向管中放入一支温度计。要从草捆的不同位置和深度测定温度。温度计在每个测温点要放置15 min后方可读数。如果干草温度低于50℃时视为安全；如果在50～60℃间则视为危险区，应密切监视干草情况；如果温度高于70℃，就有可能着火。干草升温至一定的危险程度时，应将其转移到防火区域。一般在2～3周内着火的危险性就会消除。

同时，不论是哪种贮藏方式，在南方因为其湿润的气候特点，所以在干草贮藏过程中，干草水量要控制在14%～17%，若水分含量过高，容易发生霉变，不能贮存；水分含量过低，会造成叶片脱落，降低干草的品质。为了适应南方的天气特点，在干草贮存实践中添加各种防腐防霉以及抗氧化添加剂是最为行之有效的技术措施，常用于干草贮存的添加剂主要包括化学防腐剂和微生物防腐剂两大类（余成群等，2010）。

干草贮存中常用的化学防腐剂有铵类化合物、尿素和有机酸类抗真菌剂。铵类化合物已经被成功用于高水分含量干草的打捆贮藏，可有效杀死霉菌孢子，抑制腐败菌等大部分有害细菌的繁殖，降低草捆内温度，减少热害（王成杰和玉柱，2009）。铵类化学物质不仅具有防腐防霉功能，而且由于其所具有的碱化作用，还能提高干草的消化率及粗蛋白质含量。研究表明在海岸狗牙根（*Cynodon dactylon*）干草捆中注入氨水后，降低了干草的半纤维素、中性洗涤纤维含量，提高了干物质的体外消化率，用氨水处理草木樨（*Melilotus suaveolens*）干草还能阻止香豆素的形成（高彩霞等，1996）。但氨水在处理干草过程中存在大量损失且对机械有一定损害，作为防腐剂是不实际的。无水氨是一种有效的杀真菌剂，弱碱性，具备了干草防霉剂的大多数标准（王成杰和玉柱，2009），并且其中的氮还可以作为反刍动物的营养源而被利用，用无水氨处理干草能提高干草的总氮含量。Wool-ford 和 Tetlow（1984）研究也发现，在含水量为15%～30%的鸭茅（*Dactylis glomerata*）草中加入3.6%的氨或氢氧化铵均能提高总氮的含量。

尿素也能用于干草的贮存，尿素能通过高水分含量干草上的脲酶的作用快速分解产生氨（Tetlow，1983），进而对干草贮存起到防腐作用，且在操作上也比氨水简便，国内外研究者对此进行了广泛的研究。Al-hadhrami 等（1989）报道用2%和4%尿素处理高水分（25%～30%）含量的苜蓿干草，贮存4周后，4%尿素处理对霉菌的抑制效果最大，2%尿素次之，高水分无尿素处理干草的干物质损失最大；贮存4个月后，酸性洗涤纤维(ADF)、木质素、中性洗涤纤维(NDF)含量均以高水分无尿素处理干草最高，尿素处理次之，低水分干草最低，而体外干物质消化率以高水分无尿素处理干草最低，低浓度尿素处理稍高，高浓度尿素处理和低水分干草最高。

有机酸类抗真菌剂的特性早已为人们所熟知，有机酸盐是食品的常用防腐剂。添加有机酸类主要是为了抑制高水分含量干草贮存期内微生物的活动。丙酸及其盐类是最常用的有机酸抗菌剂（张增欣和邵涛，2009），能够抑制干草贮存期内真菌、放线菌的生长繁殖，但乳酸菌对其不敏感，仍有生活力，并能产生一定量的乳酸、乙酸等可使干草得以安全保存（余成群等，2010）。Nash 和 Easson（1997）以0、1%、2%、3%和4%的丙酸处理水分含量为27%、35%和45%的干草，结果发现，所有对照均100%发霉，而随着丙酸添加量的增加，干草发霉和发热程度被延迟或减少，干物质、水溶性碳水化合物的损失逐渐降低。White（1997）认为丙酸、丙酸铵是经过测定后最有效的防腐剂，研究发现当用1.25%的丙酸处理干草时，干草捆内几乎没有发热现象。丙酸铵防止霉变的效果要略逊于丙酸，但是它没有刺激性气味，挥发性和腐蚀性较小，使用更安全（余成群等，2010）。有机酸类防腐剂的有效性与长效性主要由牧草种类、干草含水量和添加剂有效成分的量来决定（余成群等，2010）。另外有机酸类物质具有一定腐蚀性，在使用过程中应注意对工作人员和机械设备进行安全保护。

二、草捆贮藏

干草捆的体积小，密度大，易于贮存。一般露天堆成草捆垛或者贮存于草棚中。在南方一般采用在专用的仓库或干草棚内堆垛贮藏，草捆垛的大小一般设计为宽 5～6 m，长 20 m，高 18～20 层。草捆垛的底层要将草捆的宽面挤紧。窄面向上，整齐铺平，不留空隙；往上各层的层与层间草捆的接缝要相互错开，以保证草捆的稳固。在层与层间要留有交叉方向的通风道。当堆到一定高度时，要逐步缩进成阶梯形，形成有檐三角屋顶型结构，垛顶要用草帘或其他遮雨物进行覆盖。

在南方多雨地区，干草捆水分一定要达标，如果水分不达标，空气湿度太大，干草捆就会发霉、发热，草捆内部被霉菌分解成粉末状，造成重大损失。并且，在干草捆水分安全达标的情况下，干草捆在南方多雨季节也不能久贮。由于空气湿度大，有时接近饱和湿度，干草又具有吸湿性，放置一段时间后，干草捆吸潮，表面变软、发霉，影响饲用品质，严重时甚至变质报废，多雨地区奶牛场不能一次性存贮大量干草，以免给生产带来不利影响。

同时，要常备杀虫灭鼠药，远离火源，草捆用塑料袋包装，提高草捆商品化水平。为了很好地贮存干草捆，可加入干草防腐添加剂，防腐添加剂中含多种乳酸发酵微生物，通过发酵产生乳酸、乙酸和丙酸，降低草捆 pH，抑制有害微生物繁殖，防止草捆发热腐烂，使干草获得较佳的颜色和气味。

三、草粉贮藏

草粉属于季节草产品，大量的利用却是全年连续的。并且，草粉属粉碎性牧草，颗粒较小，比表面积（表面积与体积之比）大，与外界接触面积大。这就使草粉在贮藏和运输过程中极易造成营养物质的氧化损失，并且具有很强的吸湿性，易吸潮结块，微生物及害虫也乘机侵入并繁殖，严重时会导致草粉发热霉变，大大降低其营养价值。在南方这个问题更加值得注意，因而合理的贮藏方式是南方草粉发展的关键。贮藏有两种方式：一是原品贮藏；二是产品贮藏。

（一）原品贮藏

原品贮藏是指直接贮存草粉，贮藏方式为袋装和散装。在运输或短期贮藏时多用袋装，麻袋、塑料袋均可。长时间散装贮藏多用密闭塔或其他密闭容器。草粉贮藏中最容易损失的养分是胡萝卜素，一般散装存 5 个多月，胡萝卜损失为 50%～60%。主要包括如下 3 种常用的贮存技术。

1. 干燥低温贮存技术

根据草粉的含水量，选择适宜的贮藏温度来贮藏草粉，将草粉装于袋内或散装于大容器内，当水分含量低于 12% 时，于 15℃以下贮存，含水量在 13% 时，贮藏的温度应在 5～15℃。

2. 密闭低温贮藏技术

干草粉营养价值的重要指标是微生物和蛋白质的含量。因此，贮藏青干草粉期间的主要任务是如何创造条件保持这些生物活性物质的稳定性，减少分解破坏。许多试验和生产实践证明，只有在低温密闭的条件下才能大大减少草粉中微生物、蛋白质等营养物质的损失。低温密闭贮藏时应把容器内的空气转变为下列成分：氮气85%～89%、二氧化碳10%～12%、氧气1%～3%。要求青干草粉含水量在13%～14%、温度在15℃以下。在低温条件下贮藏青干草粉，其胡萝卜素损失是常温贮藏的1/3，粗蛋白质、维生素B_1、维生素B_2等营养物质的损失很小。

3. 添加剂贮存技术

在草粉中添加抗氧化剂和防腐剂以防止草粉中脂肪和维生素等营养物质在贮存过程中的氧化变质。草粉中添加的常用抗氧化剂有乙氧喹、丁羟甲苯，常用的防腐剂有丙酸钙、丙酸、丙酸钠等。

贮藏青干草粉、碎干草的库房可因地制宜，就地取材。但应保持干燥、凉爽、避光、通风，注意防火、防潮、灭鼠及避免其他酸、碱、农药等造成的污染。贮藏草粉的草粉袋，以坚固的麻袋或编织袋为好，这样能具备良好的通透性。要特别注意贮藏环境的通风，以防吸潮；单件包装重量以50 kg为宜，以便于人力搬运及饲喂。

（二）产品贮藏

产品贮藏是将草粉加工成块状、颗粒状或配合饲料，因为加工成型过程中可以添加一些稳定剂或保护剂，在加压之后，可以减少养分散失。

四、草颗粒、草块贮藏

草颗粒和草块的体积小、密度大，便于运输和贮藏，但与草粉一样都有易吸潮易氧化的特点，当进行贮藏时要保持其含水量在12%～15%及以下。在南方高温、高湿地区，应加防腐剂，以防止出现霉变。草颗粒和草块最好用塑料袋或其他容器密封包装，确保草颗粒和草块的适宜含水率。据资料（张秀芬和贾玉山，1992）显示，在阴雨连绵的环境条件下，一定要添加防霉剂，最常用的防霉剂是氧化钙。在湿度为54%的环境下，添加氧化钙的草颗粒在第25天时，依然没有发霉。

五、青贮贮藏

（一）密封贮藏，合理取样

南方由于气候炎热，湿度大，原料水分含量较高，霉菌容易滋生繁殖，青贮饲料腐败率偏高的现象普遍存在。所以对于青贮的贮藏和取用都要有很严格的要求，减少青贮饲料变质发霉和损失。

对于青贮窖来说，贮后1周内，要随时检查、修整封土裂缝、下陷等，避免雨水流入和漏气。贮后约1个月即可开窖取喂。取用时圆窖自上而下逐层取用；长方形窖可先开一端，逐段取用，在开启青贮窖时随用随取，从下向上取用，开启的面积不能太大，在便于取料的基础上越小越好，取出后要及时封口。不能掏洞取草，以免暴晒、雨淋、冻结或生虫，影响青贮饲料的质量。

对于袋装青贮，袋内发酵温度应控制在40℃以下，超过40℃就会影响乳酸菌的正常活动，不利于青贮发酵。每袋上部要留40～50 cm长度，用绳子紧贴青贮饲料处扎紧袋口，不能留空隙，密封贮藏。一般存放于房檐下或屋内阴凉处便于取喂的地方。同时最好在开袋后1～3 d用完。根据需要饲喂量取料，取料后应立即扎紧袋口，防止进入空气污染变质。对于存放的房间来说，应注意保持室内通风干燥和做好防鼠工作，要避免阳光射入室内。

（二）防止“二次发酵”

青贮饲料在开窖饲喂后，由于窖内温度升高而使接触空气部分的青贮饲料产生霉变，称为“二次发酵”。二次发酵又称为好气性腐败，是指已经发酵完成的青贮饲料，在温暖季节开启使用后，空气随之进入，好氧性微生物在这种条件下大量繁殖，青贮饲料中的养分遭到了大量损失，出现好气性腐败，并产生大量的热量。

为了防止青贮饲料二次发酵，主要应做好以下4点：第一是青贮饲料切碎时不宜太长；第二是水分含量应在60%～70%，存放密度要高，一般青贮饲料适宜的装填密度为每立方米存放700～800 kg；第三是要适时收割，尤其应防止受霜冻；第四是每次取出青贮饲料后应用塑料布将青贮饲料表面盖好压实，防止空气浸透。

（三）添加剂青贮

为了有效地保存青贮饲料品质和提高营养价值，防止发生霉变，可在青贮饲料中加入适量的添加剂，在加入添加剂时一定要注意与青贮原料混合均匀。常用的防霉抑制剂，抑制能力依次为丙酸＞山梨酸钾，以丙酸的抑菌作用最为突出。丙酸作为青贮添加剂可以有效地抑制霉菌的繁殖，但在实际生产中直接把丙酸作为防霉剂也存在一些问题：丙酸为无色液体，具有挥发性故在贮存过程中损失快，造成浪费。

丙酸容易被饲料中的盐或蛋白质等中和，从而降低或失去活性。丙酸在青贮早期能有效抑制霉菌生长，但由于其较强的挥发性导致在青贮后期药效持续力短。由于丙酸具有腐蚀性和低毒性，故易造成安全隐患。丙酸含有游离羧基，可以破坏微生物细胞内部结构致使细胞脱水死亡，从而使微生物的正常代谢受阻而发挥防腐作用，但添加的丙酸大部分可与饲料中的钠、镁等结合形成丙酸盐类，仅有少部分丙酸产生游离羧基。这也是制约丙酸发挥功能的一个重要因素。

第五节　南方草产品产业化生产策略

一、重视发展草业经济

发达国家重视发展草业经济，人工牧草已成为种植业的第一大产业。美国和加拿大人工牧草面积所占比例高达40%，法国、英国、新西兰等国家50%以上的耕地种植牧草，人工牧草单位面积合成的生物量多，经济效益高，且产业链长，增加了追加值和附加值。饲用谷物在发达国家中占谷物总面积的50%以上，是种植业的第二大产业。近年来，欧美国家青贮玉米种植面积逐年增加，成为主要饲用作物之一。牧草产业发达的国家，牧草除了满足国内畜牧业需求之外，还大量出口国外，带来巨大的经济效益。例如，美国苜蓿草粉和草捆每年的出口金额已超过 5 000 万美金，而其国内草产品及畜牧产值相加可达上千亿美元，草地农业已成为美国农业的重要组成部分。

但是，长期以来，受“以粮为纲”传统指导思想的影响，我国饲用作物的生产还没有得到足够的重视。从目前状况来看，当前畜牧业质量和安全问题突出，拉动了国内对优质牧草的需求，使得进口量迅速上升，对国外市场的依存度较高；从发展趋势来看，以目前耕地减少速度和人口增加率估计，到 2030 年，靠有限的耕地很难满足 16 亿人口对粮食的直接或间接需求，这就要求我国减少饲养耗粮家畜，增加草食家畜，将人类不能食用的草产品、农副产品等转化为人类可利用的畜产品，有效缓解资源的短缺。所以，重视牧草产业的地位，调整种养业结构，有计划地完善牧草产业体系的建设是形势发展提出的迫切要求。因地制宜的发展牧草产业，逐步从传统农业生产中脱离出来，使之成为一个独立化、专业化的产业，注重产前、产中、产后的链接，带动、促进一系列产业化的发展，从而提高整个农业系统的效益。

二、保障牧草数量和质量是发展种草养畜产业的核心

近年来随着我国畜牧业的发展，草种和草产品需求量呈快速增长的趋势，但我国草产品生产水平低，国产草种和饲草产品数量严重不足，且质量较差。优质草产品数量的短缺导致饲草料严重依赖国际市场，在 2008 年奶业“三聚氰胺”事件后进口草种和饲草产品市场占有率不断增加，国际市场在一定程度上制约了我国畜牧业发展，因此，加快发展国内饲草料产业，研发适宜我国环境的牧草品种，提高生产效率，加大生产量是目前需要解决的首要问题。草产品的质量直接影响下游畜产品的质量，在牧草收割和调制过程中造成的发霉腐烂、农药残留及病虫害等问题，使得草产品产量和质量降低，制约了畜牧业的发展。保障牧草数量质量安全是发展种草养畜产业的核心，加强草种和饲草产品的监管迫在眉睫。

同时，牧草种子是发展牧草的重要物质基础，需尽快建立起我国牧草种子质量监督检查机构，制定各项种子检疫制度，保证种子生产者、使用者和销售者的利益，健全种子出售后的技术指导服务，科学种植和管理，保证牧草产量和质量。还应注意检验人员素质的培养提高，加强业务培训，提高业务水平，定期进行资格审查，以保证种子及草产品检验工作的质量。

三、大力推进饲草规模化和集约化种植，提高种草效益，发展青贮饲料产业

发达国家以养殖业为主导进行农业结构调整，形成了种植业和养殖业良性循环。为了满足养殖业对饲草料的需求，其种植业结构已发生了显著变化。规模化是种植业实现集约化经营、标准化生产和产业化开发的基础，发达国家已把推进适度规模经营作为发展现代农业的理性选择，20 世纪 60 年代以来，都不同程度地采取了扩大农户种植经营规模的做法，以促进种植业现代化发展。

草业本身就是一个在自然因素和人为因素的影响下，通过人类经营进行的牧草生产、牲畜增殖增重和畜产品生产过程，以及草、畜产品加工流通、草地多种用途开发的增值过程。南方良好的自然、地理、经济与人文环境，用以发展高科技、高效益的综合草业经济

潜力极大。但是，规模化种草养畜基础设施建设需要投入大量的资金，而且农民收入不高，投入能力不强，规模化难以形成。虽然各级政府采取了一些措施，激励金融资本、民间资本投入畜牧业生产，但资金投入量与其他行业相比，与畜牧业发展的实际需要还有很大的差距。

所以，南方草业要通过规模化、集约化人工草地的高产出、高效益显示草业生产的高效性，同时还要以此来增加国家和农民对草地畜牧业的投入意识，扭转目前存在的农田与草地间的生产差距。更可以凭借邻近港澳、面临东南亚的地理优势，逐步形成以市场为导向、以牧工商为龙头、产供销一条龙、产前产中产后服务一体化的新机制。还要充分利用南方丰富的矿藏和水资源、野生动植物资源、奇特的地质地貌景观和历史文化遗产、民族风情等旅游资源，发展有南方地域特色的草产业，使南方草业的结构更趋完善。

同时，加强种植业与养殖业的结合，提高养殖业产值占农业总产值的比重。综合分析发达国家的现代农业系统，草食畜牧业在维持稳定和增加产值方面发挥着重要的作用，其共同特点是把发展畜牧业作为发展现代农业的重大国策。澳大利亚、新西兰和欧洲等农业发达的国家和地区畜牧业产值占农业总产值的比重较高，为50%～80%，远远高于传统种植业的比重。种植业和畜牧业有机结合也是发达国家的成功经验之一。饲草料种植和加工利用，为畜牧业发展提供了可靠的物质基础。畜牧业发展为种植业提供了大量的有机肥，为种植业产品的综合利用拓展了更多的空间。

南方地区为了避免高温高湿对干草带来的不利影响，大力发展草牧业应该加大力度推广青贮饲料在南方各个地区的普及。因地制宜地大幅度增加青贮专用玉米、饲用玉米等适宜青贮的饲料作物的种植，解决家畜饲草料严重缺乏的问题。

四、加强饲草科技队伍建设，研发高效生产技术

草牧业发达国家对草产业科学研究工作非常重视，不仅科研机构和科研人员稳定，而且经费充足，研究手段先进，研究内容紧密结合生产。目前我国科技在牧草产业上的贡献率与发达国家相比还有很大的差距，需要我们大家一起努力。

科技人才方面缺乏从事牧草生产的专业技术人员。要加强饲草科技创新人才队伍建设，开展基层农技人员培训，造就一支年龄结构合理、专业技术过硬、学科门类齐全的专业技术队伍，提高饲草经营主体应用现代科技的能力和经营管理的水平。

针对农区发展草产业技术基础较为薄弱的问题，第一是坚持研推一体化；第二是依托草地监测和品种区域试验，培养草业技术人才队伍；第三是联合专家团队和推广队伍，成立绿色低碳循环技术攻关；第四是鼓励青年科技人员直接深入企业开展技术服务，攻克南方牧草青贮关键技术；第五是通过指导建立直接为企业服务的专家团队；第六是制定天然草地改良技术标准和草地建植技术方案，通过技术培训，指导各地发展草业生产；第七是召开现场会，推广草地畜牧业关键技术。注重草畜结合，培训技术队伍和人才，努力提高产业发展的技术支撑能力。

近年来，在新型作物选育方面，南方在以饲用玉米、饲用桑、饲用大豆、饲用油菜、饲用苎麻及高粱等为代表的新型饲用作物品种研发，取得了初步成效，但仍缺乏优质、高产、抗逆、耐刈割的多年生饲用作物新品种，所以推进饲用作物新品种的选育和饲用作物推广应用新模式、新机制、新工艺的研发与集成，可以有效地解决南方农区饲用作物生产

短缺问题。

在机械方面，南方牧草生长旺季雨水多、湿度大，鲜草多，如何利用雨季天气晒制大量的干草，是一个较困难的问题，须借助其他设备加以干燥。若采用一般干燥方法，耗能（电、煤）多，成本高，而且草料营养成分损失大。因而必须在加工技术上进行攻关，建议由饲料工业部门牵头，组织畜牧、机械加工等有关部门的专家协作攻关，力争在短期内能研制出耗能低、效果好，能适应于南方各地使用的成套加工设备。首先，必须加快适合南方农区生产条件和特点的中小型农机具的开发，尤其是加大收割、切碎、打包和加工、储运等农机具的研发力度；其次要研发相应的农机农艺融合技术，以适配机械化作业需求，推进饲用作物的规模化种植，实现集约化经营，推动产业化发展，提高饲用作物的效益；第三是制定各项草产品的质量标准和安全标准，提高产品质量，确保产品安全；第四是加强青干草加工技术、秸秆综合利用技术、不同类型和不同牧草品种青贮技术，以及包装、储运技术等的研发，提高粗饲料的加工水平和商品生产率，提高综合经济效益。

五、多种途径支持种草养畜业，保障其持续健康发展

长期以来，我国对农业的投入主要集中在种植业领域，专门针对牧草产业的支持很少，而且政策零散，没有形成一个较为完善的政策支持系统。我国对草牧业的政策支持还处于起步阶段，应加强相关的基础研究和政策研究，系统了解国内外现有状况及存在的问题，深入研究发达国家的发展经验，再根据我国南方目前的发展状况，针对不同的畜产品和牧草产品的特点及面临的形势，政府应该采取多种政策支持和资金投入形式，逐步建立和健全相互配套的支撑体系。

（一）积极发挥龙头企业的作用

大力培养发展主体多元、形式多元、竞争充分的专业化社会服务组织，推行合作式、订单式、托管式等服务模式，同时利用合作经济组织与南方龙头企业自身优势，充分发挥其社会化服务职能；政府要大力调动农户积极性，养殖生态安全的草食家畜，需要大力支持有实力的龙头企业创建具有地域特点的草食家畜产品品牌，推动畜产品加工业转型升级，加强畜产品加工技术创新。

（二）完善法律法规，投入资金大力支持

政府应该积极制定南方地区相应的政策和法律法规，创造宽松的服务环境，提高社会化服务组织的积极性。种草养畜是一个资金占用量非常大的产业链，尤其是养牛行业。政府财政资金应该倾向于回乡创业的青年群体，这是我国南方地区草牧业发展的新型力量，能够充分发挥才能，配置农村闲置的土地资源，同时可以最大项目发挥家庭高效组织功能，能够将现代信息产业的技术应用到草牧业，创新能力较强。政府资金应该大力扶持适宜南方地区机械研制，不断提高南方地区农户种草的生产效率。政府资金也应该倾向于进一步研发适宜南方地区耕地种植的牧草品种，尤其大力开发提高草山产草量的种子配套系和耕作机制，拓宽资源的范围。

（三）完善服务内容，拓展服务范围，提高服务能力

政府要全方位地提供土地承包、技术推广、产品加工、质量安全和经济信息、金融保险等服务，让多层次、广覆盖、可持续的农村金融服务体系惠及草牧业。加大适宜南方草牧业的金融产品的开发和创新，降低草牧业融资成本。利用“村镇银行”“小额信贷”等社会资本，为草牧业发展做好资金支持。将发展养畜保险业务作为支持畜牧业的重要手段，支持南方地区开展草畜保险等业务，最大限度降低草牧业风险，保障南方地区草牧业持续稳定快速发展。

同时，与非农产业相比，牧草种植效益依然较低，产业发展亟需政策扶持，建议国家将牧草也列入粮食扶持政策之中，统一享受“四补贴、一奖励”政策。宏观区域尺度上，可以将南方地区划分为不同政策区，从冬闲田利用、更换作物品种、天然草地改良等视角制定区域差异性牧草种植补贴政策，推动南方牧草产业发展。政策供给方面，建议尽快制定出台南方牧草良种补贴、牧草机械购置补贴、草产品加工企业补贴等政策，推进南方牧草产业化发展。具体的可以参照种粮补贴政策实施，如开展牧草良种补贴，建议每年每公顷补贴 150～225 元；充分考虑南方牧草种植、收获等对机械的需求（尤其是小型机械），确定合适的补贴机械名录；草产品加工企业补贴，对年加工量 5 000 t 以上的企业，每多加工 1 t 进行一定额度的补贴。同时，建议对牧草专业合作社等给予一次性 15 万元的补贴。

（四）健全产品市场体系，形成信息反馈灵、流通成本低、运行效率高的农产品营销网络

大力支持“互联网 +”等信息工程建设，提高牧场智能化养殖水平，同时实现用互联网直接销售优质、健康、生态的草食畜产品。让农户、加工企业和销售公司在智慧产业理念的指导下不断提高草牧业产业的产值，带动农户脱贫致富。

思 考 题

1. 南方主要栽培牧草有哪些？简述其特性。
2. 南方青贮饲料生产要点有哪些？
3. 南方干草调制技术与北方的不同点有哪些？

参 考 文 献

[1] 任继周. 我国传统农业结构不改变不行了——粮食九连增后的隐忧. 草业学报，2013，22（3）：1-5.
[2] 姚成胜，黄琳. 我国食物资源安全状况评价及其对策研究. 农业现代化研究，2014，35（6）：703-709.
[3] 陈秧分，钟钰，刘玉，等. 中国粮食安全治理现状与政策启示. 农业现代化研究，2014，35（6）：690-695.
[4] 胡小平，郭晓慧. 2020 年中国粮食需求结构分析及预测——基于营养标准的视角. 中国农村经济，2010（6）：4-15.
[5] 王济民，肖红波. 我国粮食八年增产的性质与前景. 农业经济问题，2013（2）：22-31.

[6] 闫丽珍，石敏俊，闵庆文，等．中国玉米区际贸易与区域水土资源平衡．资源科学，2008，30（7）：1032-1038．
[7] 熊小燕，徐恢仲，张继攀，等．中国南方养羊业的发展现状、潜力和建议．中国草食动物科学，2016，4：58-62．
[8] 祝远魁．南方肉牛产业发展的优势和途径．中国牛业科学，2012，38（1）：61-63．
[9] 中华人民共和国农业部畜牧兽医司．中国草地资源数据．北京：中国农业科技出版社，1994．
[10] 张炳武，张新跃．我国南方高效牧草种植系统．草业科学，2013，30（2）：259-265．
[11] 全国畜牧总站．中国草业统计．2011—2013．
[12] 林祥金．我国南方草山草坡开发利用的研究．四川草原，2002（4）：1-16．
[13] 国家统计局．中国统计年鉴．北京：中国统计出版社，2000—2014．
[14] 皇甫江云，毛凤显，卢欣石．中国西南地区的草地资源分析．草业学报，2012，（2）：75-82．
[15] 许秀斯，汤建伟，刘丽，等．三论“人口、粮食、磷资源、肥料”．2013，（1）：1-8．
[16] 王明利．2011 中国牧草产业经济．北京：中国农业出版社，2012．
[17] 何忠曲，郇恒福，何华云，等．我国南方草业发展存在的问题与对策．热带农业工程，2009，（6）：83-86．
[18] 赵有璋．羊生产学．3 版．北京：中国农业出版社，2011．
[19] 赵楠，张文，刘贵林，等．我国草业发展的潜力在南方．2009 中国草原发展论坛论文集，2009，133-136．
[20] 卢欣石．中国草情．北京：开明出版社，2002．
[21] 徐庆国，刘红梅．关于加强和改进我国南方草业的思考 //2009 中国草原发展论坛论文集，2009，81-86．
[22] 罗爱兰，李科云．中国南方草业发展模式研究．地理学与国土研究，1995（5）：39-42．
[23] 欧阳克蕙，王堃．中国南方草地开发现状及发展战略．草业科学，2006，23（4）：17-22．
[24] 刘金祥．中国南方牧草．北京：化学工业出版社，2004．
[25] 王堃，韩建国，周禾．中国草业现状及发展战略．草地学报，2002，10（4）：293-297．
[26] 王跃东，朱兴宏．云南省岩溶地区草业现状及发展对策．草业科学，2004，21（9）：49-52．
[27] 韩清芳，贾志宽，王俊鹏．国内外苜蓿产业发展现状与前景分析．草业科学，2005，22（3）：22-25．
[28] 成文革，才源，李子勇，等．浅谈牧草颗粒的发展现状．农业与技术，2016，36（19）：31-34．
[29] 曹致中．草产品学．北京：中国农业出版社，2004．
[30] 张大维，邴国强，甘振威，等．不同灭菌方法对实验动物配合颗粒饲料营养成分的影响．饲料工业，2012（02）：40-43．
[31] 陈亮，张凌青，洪龙，等．饲喂柠条颗粒饲料营养成分分析及对肉牛育肥效果试验．黑龙江畜牧兽医，2014（21）：95-98．
[32] 温学飞，王峰，黎玉琼，等．柠条颗粒饲料开发利用技术研究．草业科学，2005（03）：26-29．
[33] 翟桂玉，将牧草调制成干草产品的加工及贮存技术．江西饲料，2003，2：23-26．
[34] 余成群，荣辉，孙维，等．干草调制与贮存技术的研究进展．草业科学，2010，27（8）：143-150
[35] 王成杰，玉柱．干草防腐剂研究进展．草原与草坪，2009（2）：77-81．
[36] 高彩霞．苜蓿干草贮藏技术的研究现状与进展．草原与畜牧，1996（4）：9-14．
[37] Woolford MK, Tetlow RM. The effect of ammonia and moisture content on the preservation and chemical

composition of perennial ryegrass hay. Animal Feed Science and Technology, 1984, 39: 75-79.

[38] Tetlow RM. The effect of urea on the preservation and digestibility *in vitro* of perennial ryegrass. Animal Feed Science and Technology, 1983, (10): 49-63.

[39] Alhadhrami G, Huber JT, Higginbotham GE, et al. Nutritive value of high moisture alfalfa hay preserved with urea. Journal of Dairy Science, 1989, 72: 972-979.

[40] 张增欣，邵涛. 丙酸对多花黑麦草青贮发酵动态变化的影响. 草业学报，2009，18（2）：102-107.

[41] Nash MJ, Easson DL. Preservation of moist hay with propionic acid. Journal of Stored Products Research, 1977, 13: 65-75.

[42] White JS. Nutrient conservation of baled hay by sprayer application of feed grade fat with or without barn storage. Animal Feed Science and Technology, 1997, 65: 1-4.

[43] 张秀芬，贾玉山. 豆科青鲜草加工颗粒饲料的研究. 中国草地，1992，3：55-59.

植物拉丁文名对照表

序号	植物种名	拉丁名	备注
1	紫花苜蓿	*Medicago sativa*	绪论
2	羊草	*Leymus chinensis* (Trin.) Tzvel.	绪论
3	沙打旺	*Astragalus adsurgens*	第一章
4	牛鞭草	*Hemarthria altissima*	第一章
5	白三叶	*Trifolium repens* L.	第一章
6	贝加尔针茅	*Stipa baicalensis Roshev*	第一章
7	麻花头	*Serratula chinensis* S.Moore	第一章
8	杂三叶	*Trifolium hybridum*	第一章
9	黑麦草	*Lolium perenne* L.	第一章
10	老芒麦	*Elymus sibiricus* Linn.	第一章
11	鸭茅	*Dactylis glomerata* L.	第一章
12	无芒雀麦	*Bromus inermis* Leyss.	第一章
13	芦苇	*Phragmites communis*	第一章
14	披碱草	*Elymus dahuricus* Turcz.	第一章
15	冰草	*Agropyron cristatum*	第一章
16	针茅	*Stipa capillata* Linn.	第一章
17	草木樨	*Melilotus suaveolens* Ledeb.	第一章
18	红三叶草	*Trifolium pratense*	第一章
19	红豆草	*Onobrychis viciaefolia* Scop.	第一章
20	拂子茅	*Calamagrostis epigeios* (L.) Roth	第一章
21	羊茅	*Festuca ovina* Linn.	第一章
22	芨芨草	*Achnatherum splendens*	第一章
23	聚合草	*Symphytum officinale* L.	第一章
24	串叶松香草	*Silphium perfoliatum* L.	第一章
25	苦荬菜	*Ixeris sonchifolia* Hance	第一章
26	木地肤	*Kochia prostrata* (L.) Schrad	第一章
27	猫尾草	*Uraria crinita* (L.) Desv. ex DC.	第一章
28	鸭茅（鸡脚草）	*Dactylis glomerata* L.	第三章
29	苏丹草	*Sorghum sudanense* (Piper) Stapf	第三章
30	高羊茅	*Festuca elata*	第三章
31	绛三叶	*Trifolium incarnatum* L.	第三章
32	燕麦	*Avena sativa* Linn.	第三章

续表

序号	植物种名	拉丁名	备注
33	大麦	*Hordeum vulgare* Linn.	第三章
34	一年生胡枝子	*Lespedeza davurica* (Laxm.) Schindl.	第三章
35	杂种狗牙根	*Triticum aestivum* L.	第三章
36	珍珠粟	*Pennisetum glaucum*	第三章
37	柠条	*Caragana korshinskii Kom.*	第三章
38	沙棘	*Hippophae rhamnoides* Linn.	第三章
39	山桃	*Amygdalus davidiana* (Carrière) de Vos ex Henry	第三章
40	紫云英	*Astragalus sinicus* L.	第三章
41	籽粒苋	*Amaranthus hypochondriacus* L.	第三章
42	菊芋	*Helianthus tuberosus*（L. 1753）	第三章
43	多花黑麦草	*Lolium multiflorum* Lamk	第三章
44	野山药	*Dioscorea nipponica*	第六章
45	山杏	*Armeniaca sibirica* (L.) Lam.	第六章
46	沙蒿	*Artemisia desertorum* Spreng. Syst. Veg.	第六章
47	芦竹	*Arundo donax* Linn.	第六章
48	象草	*Pennisetum purpureum* Schum.	第六章
49	柳枝稷	*Panicum virgatum*	第六章
50	草芦（虉草）	*Phalaris arundinacea* L.	第六章
51	狼尾草	*Pennisetum alopecuroides* (L.) Spreng	第六章
52	河八王	*Narenga porphyrocoma*	第六章
53	荻	*Triarrherna sacchariflora*	第六章
54	尖叶胡枝子	*Lespedeza hedysaroides*	第六章
55	油莎草	*Cyperus esculentus* L.	第六章
56	藺草	*Schoenoplectus trigueter* (L.) Palla	第六章
57	蒲草	*Typha angustifolia*	第六章
58	龙须草	*Juncus effusus*	第六章
59	苏草	*Elsholtzia rugulosa* Hemsl.	第六章
60	席草（水毛花）	*Scirpus triangulatus*	第六章
61	金丝草	*Pogonatherum crinitum* (Thunb.) Kunth	第六章
62	箬壳	*Ventrifossa macroptera*	第六章
63	珠芽蓼	*Polygonum viviparum*	第六章
64	蕨	*Pteridrium aquilinum*	第六章
65	菝葜	*Smilax glauco*	第六章
66	百合	*Lilium brownii*	第六章

续表

序号	植物种名	拉丁名	备注
67	魔芋	*Amorphophallus konjac*	第六章
68	葛根	*Pueraria lobata*	第六章
69	播娘蒿	*Descurainia sophia*	第六章
70	山野豌豆	*Vicia amoena*	第六章
71	骆驼蓬	*Peganum harmala*	第六章
72	连翘	*Forsythia suspense*	第六章
73	马蔺	*Iris pallasii*	第六章
74	碱蓬	*Svaeda glauca*	第六章
75	四棱荠	*Goldbachia laevigate*	第六章
76	黄花蒿	*Artemisia annua*	第六章
77	白沙蒿	*Artemisia sphaerocephala*	第六章
78	苍耳	*Xanthium sibiricum*	第六章
79	微孔草	*Microula sikkimensis*	第六章
80	胡卢巴	*Trigonella foenum-graecum*	第六章
81	蒺藜	*Tribulus terrestris*	第六章
82	茜草	*Rubia cordifolia*	第六章
83	紫草	*Lithospermum erythrorhizon*	第六章
84	裂叶牵牛	*Pharbitis nil*	第六章
85	红花	*Carthamnus tinctorius*	第六章
86	金盏菊	*Calendula officinalis*	第六章
87	丝颖针茅	*Stipa capillacea*	第六章
88	大叶章	*Deyeuxia langsdorffii*	第六章
89	罗布麻	*Apocynum venetum*	第六章
90	甘草	*Glycyrrhiza uralensis*	第六章
91	蓝花棘豆	*Oxytropis coerulea*	第六章
92	狼毒	*Stellera chamaejasme*	第六章
93	唐古特瑞香	*Daphne tangutica*	第六章
94	鬼箭锦鸡儿	*Caragana jubata*	第六章
95	狭叶荨麻	*Urtica angustifolia*	第六章
96	宽叶荨麻	*Urtica laetevirens*	第六章
97	缬草	*Valeriana officinalis*	第六章
98	百里香	*Thymus mongolicll*s	第六章
99	五肋百里香	*Thymus quinguecostatus*	第六章
100	茵陈蒿	*Artemisia capillaries*	第六章

续表

序号	植物种名	拉丁名	备注
101	芒属	*Miscanthus*	第六章
102	割手密	*Saccharum spontaneum* Lim.	第六章
103	皱叶酸模	*Rumex crispus*	第六章
104	波叶大黄	*Rheum franzenbachii*	第六章
105	小丛红景天	*Rhodiola dumulosa*	第六章
106	地榆	*Sanguisorba fficinalis*	第六章
107	粗根老鹳草	*Geranium dahuricum*	第六章
108	鹅绒委陵菜	*Potentilla anserine*	第六章
109	叉分蓼	*Polygonum divaricatum*	第六章
110	牻牛儿苗	*Erodium stephanianum*	第六章
111	水蓼	*Polygonum hydropiper*	第六章
112	无叶假木贼	*Anabasis aphylla*	第六章
113	打破碗花花	*Anemone hupehensis*	第六章
114	乌头	*Aconitum carmichaeli*	第六章
115	白头翁毛茛	*Ranunculus japonicus*	第六章
116	铁线莲	*Clematis chinensis*	第六章
117	白屈菜	*Chelidonium majus*	第六章
118	博落回	*Macleaya cordata*	第六章
119	锈毛鱼藤	*Derris ferruginea*	第六章
120	雷公藤	*Tripterygium wilfordii*	第六章
121	洋金花	*Datura metel*	第六章
122	除虫菊	*Pyrethrum cineraiifolium*	第六章
123	白鲜	*Dictamnus dasycarpus*	第六章
124	紫茎泽兰	*Eupatorium adenophorum* Spreng.	第六章
125	露水草	*Cyanotis arachnoidea*	第六章
126	水竹叶	*Murdannia triquetra*	第六章
127	荆芥	*Nepeta Cataria*	第六章
128	飞蓬	*Erigeron acer*	第六章
129	碧冬茄	*Petunia hybrida*	第六章
130	百部	*Stemona japonica*	第六章
131	蕺菜	*Houttuynia cordata*	第六章
132	大黄	*Rheum officinale*	第六章
133	酸模	*Rumex acetosa*	第六章
134	商陆	*Phytolacca acinosa*	第六章

续表

序号	植物种名	拉丁名	备注
135	淫羊藿	*Epimedium brevicornu*	第六章
136	泽漆	*Euphorbiae helioscopiae*	第六章
137	大戟	*Euphorbia pekinensis*	第六章
138	马鞭草	*Verbena officinalis*	第六章
139	益母草	*Loenurus sibiricus*	第六章
140	白曼陀罗	*Datula metel*	第六章
141	天名精	*Carpesium abrotanoides*	第六章
142	菖蒲	*Acorus calamus*	第六章
143	黎芦	*Veratrum nigrum*	第六章
144	射干	*Belamcanda chinensis*	第六章
145	蛇床	*Cnidium monnieri*	第六章
146	假木豆	*Dendrolobium triangulare* (Retz.) Schindl.	第八章
147	野葛	*Pueraria lobata* (Willd.) Ohwi	第八章
148	木防已	*Cocculus orbiculatus*	第八章
149	花棒	*Hedysarum scoparium*	第八章
150	沙拐枣	*Calligonum mongolicum*	第八章
151	梭梭	*Haloxylon ammodendron* (C. A. Mey.) Bunge	第八章
152	马铃薯	*Solanum tuberosum* L.	第九章
153	甘薯	*Dioscorea esculenta* (Lour.) Burkill	第九章
154	木薯	*Manihot esculenta* Crantz	第九章
155	菊苣	*Cichorium intybus* L.	第九章
156	甘蓝	*Brassica oleracea* L.	第九章
157	水葫芦	*Eichhornia crassipes* (Mart.) Solms	第九章
158	水花生	*Alternanthera philoxeroides* (Mart.) Griseb.	第九章
159	水浮莲	*Nymphaea tetragona* Georgi	第九章
160	小冠花	*Coronilla varia*	第九章
161	山黧豆	*Lathyrus quinquenervius* (Miq.) Litv.	第九章
162	羽扁豆	*Lupinus polyphyllus*	第九章
163	银合欢	*Leucaena leucocephala* (Lam.) de Wit	第九章
164	垂穗披碱草	*Elymus nutans* Griseb.	第十四章
165	毛苕子	*Iicia villosa* Roth.	第十四章
166	箭筈豌豆	*Vicia sativa* L.	第十四章
167	苇状羊茅	*Festuca arundinacea* Schreb.	第十五章
168	青稞	*Hordeum vulgare* Linn. var. nudum Hook.f.	第十五章